Christopher von Bülow

Beweisbarkeitslogik

Gödel, Rosser, Solovay

Logische Philosophie
Herausgeber:
H. Wessel, U. Scheffler, Y. Shramko, M. Urchs

λογος

Herausgeber der Reihe Logische Philosophie

Horst Wessel

Unter den Linden 61
D-14621 Schönwalde
Deutschland

WesselH@philosophie.hu-berlin.de

Uwe Scheffler

Institut für Philosophie
Humboldt-Universität zu Berlin
Unter den Linden 6
D-10099 Berlin
Deutschland

SchefflerU@philosophie.hu-berlin.de

Yaroslav Shramko

Lehrstuhl für Philosophie
Staatliche Pädagogische Universität
UA-324086 Kryvyj Rih
Ukraine

kff@kpi.dp.ua

Max Urchs

Fachbereich Philosophie
Universität Konstanz
D-78457 Konstanz
Deutschland

max.urchs@uni-konstanz.de

Bibliografische Information Der Deutschen Bibliothek

Die Deutsche Bibliothek verzeichnet diese Publikation in der Deutschen Nationalbibliografie; detaillierte bibliografische Daten sind im Internet über http://dnb.ddb.de abrufbar.

ISSN 1435-3415
ISBN 3-8325-1295-0

Logos Verlag Berlin
Gubener Str. 47, 10243 Berlin, Tel.: +49 030 42 85 10 90
INTERNET: http://www.logos-verlag.de

Das Tao, das ausgedrückt werden kann, ist nicht das ewige Tao.

Wenn es bei einem Namen genannt werden kann, ist er nicht der ewige Name.

—Lao-Tse, *Tao Te King*

Für Anne Mone

Inhaltsverzeichnis

Einleitung **1**

I Beweisbarkeit in der formalisierten Arithmetik **5**
1 Syntax und Semantik von $\mathcal{L}_{\mathrm{Ar}}$ 5
2 **FA**-Beweise und -Beweisbarkeit 11
3 Arithmetisierung von Syntax und formaler Beweisbarkeit . . . 19
4 Beweisbarkeitsprädikate 30

II Modallogik **41**
5 Syntax und Semantik von $\mathcal{L}_{\mathrm{M}}$ 41
6 Die modallogischen Systeme **K**, **K4** und **GL** 46
7 Vollständigkeitssätze für **K**, **K4** und **GL** 53
8 Verstärkung des Vollständigkeitssatzes für **GL** 59

III Modallogik für Rosser-Sätze **67**
9 Syntax und Semantik von $\mathcal{L}_{\mathrm{R}}$ 67
10 Konstruktion von $\mathcal{L}_{\mathrm{R}}$-Modellen 78
11 Axiomatische Systeme für die Rosser-Modallogik 83
12 Korrektheits- und Vollständigkeitssatz für **R** 90

IV Modallogik und FA-Beweisbarkeit **101**
13 Übersetzungen von $\mathcal{L}_{\mathrm{R}}$ in $\mathcal{L}_{\mathrm{Ar}}$ 101
14 Die Funktion klt und das Prädikat Lim 111
15 Eigenschaften von klt und Lim 118
16 Die Solovayschen Vollständigkeitssätze 127

V Beweisbarkeitslogik für Rosser-Sätze **137**
17 Eine rekursive Aufzählung der **FA**-Theoreme in **FA** 137
18 Das Beweisbarkeitsprädikat KltTh 144
19 Eigenschaften von KltBF 149

20 KltTh ist ein zu Th äquivalentes Standard-Beweisbarkeitsprädikat . . . 160
21 Arithmetische Vollständigkeitssätze für **R** und **RS** . . . 166
22 Anwendungen . . . 170

VI Äquivalente Rosser-Sätze **181**
23 Arithmetisierung der Semantik . . . 181
24 Das Beweisbarkeitsprädikat ListTh . . . 202
25 ListBF ist ein Δ-pTerm . . . 210
26 Eigenschaften von ListTh . . . 225
27 Äquivalente Rosser-Sätze . . . 234

Literaturverzeichnis **261**

Anhang: Der erste Gödelsche Unvollständigkeitssatz – Eine Darstellung für Logiker in spe **263**
1 Vorbemerkung . . . 263
2 Worum es geht . . . 265
3 Wie der Beweis funktioniert . . . 270
4 Die verwendete Logik . . . 272
5 Die ‚Repräsentation' der Logik in der Arithmetik . . . 277
6 Selbstbezüglichkeit: Das Diagonallemma . . . 286
7 Erster Unvollständigkeitsbeweis . . . 290
8 Zweiter Unvollständigkeitsbeweis . . . 291
Literaturverzeichnis . . . 293

Symbole und Schreibweisen **295**

Register **299**

Einleitung

Kurt Gödel zeigte 1931 in seiner klassischen Arbeit „Über formal unentscheidbare Sätze der Principia Mathematica und verwandter Systeme I", dass noch nicht einmal die wahren Sätze der Arithmetik, geschweige denn die der gesamten Mathematik, als die Theoreme irgendeines formalen Systems erhalten werden können. Genauer besagt der erste Gödelsche Unvollständigkeitssatz: Jedes ω-konsistente formale System für die Arithmetik (mit entscheidbarem Beweisbegriff) ist unvollständig. Das Hilbertsche Programm, die Grundlagenkrise der Mathematik mit unanfechtbaren mathematischen Mitteln konstruktiv zu beenden, wurde dadurch schwer erschüttert.

Zum Beweis dieses Satzes erfand Gödel eine Methode, arithmetische Aussagen als natürliche Zahlen zu codieren, so dass er ihre Beweisbarkeit in einem formalen System mittels dieser ‚Gödelnummern' als arithmetische Eigenschaft formulieren konnte. Weiter zeigte er, wie zu jeder arithmetischen Eigenschaft eine Aussage konstruiert werden kann, die sich selbst (oder genauer: ihrer eigenen Gödelnummer) diese Eigenschaft zuspricht (Diagonallemma). Insbesondere gibt es arithmetische Aussagen, die von sich selbst behaupten: „Ich bin (im betrachteten System) nicht beweisbar." Solche ‚Gödel-Sätze' sind dann tatsächlich nicht beweisbar. Somit sind sie aber wahr und belegen daher die Unvollständigkeit des betrachteten formalen Systems.

John Barkley Rosser verbesserte 1936 Gödels Ergebnis, indem er zeigte, dass allgemeiner jedes *konsistente* formale System für die Arithmetik unvollständig ist. Dies ergibt sich, wenn man statt Gödel-Sätzen so genannte Rosser-Sätze betrachtet, die ungefähr besagen: „Wenn ich beweisbar bin, dann auch meine Negation."

Nun kann man Formeln der modalen Aussagenlogik in die Sprache der Arithmetik ‚übersetzen', indem man Aussagevariablen durch arithmetische Aussagen ersetzt und den Notwendigkeitsoperator als formalisiertes Beweisbarkeitsprädikat liest. 1976 bewies Robert M. Solovay, dass das modallogische System **GL** gerade diejenigen Formeln liefert, die unter allen solchen Übersetzungen beweisbar sind. Dadurch wird es möglich, das formalisierte Beweisbarkeitsprädikat mit modallogischen Mitteln zu untersuchen, d.h. Beweisbarkeitslogik zu treiben.

1979 machten Solovay und David Guaspari auch Rosser-Phänomene zugänglich für modallogische Methoden: Sie erweiterten in geeigneter Weise die Sprache der Modallogik, bewiesen einen semantischen Vollständigkeitssatz für ein passend gewähltes modallogisches System **R** und zeigten schließlich, dass auch hier die Theoreme genau die unter allen arithmetischen Übersetzungen beweisbaren Formeln sind.

In der vorliegenden Arbeit werden diese Resultate von Guaspari und Solovay, zusammen mit den nötigen prädikaten- und modallogischen Grundlagen, ausgeführt und etwas verallgemeinert. Ich habe versucht, den Gegenstand so darzustellen, dass er sowohl leicht zugänglich für interessierte LeserInnen mit Grundkenntnissen in Mathematischer Logik ist (die Kapitel I, II und IV können für sich genommen auch als Einführung in die Beweisbarkeitslogik dienen) als auch informativ für Beweisbarkeitslogik-KennerInnen (das gilt speziell für die Kapitel III, V und VI).

Als Anhang ist eine Darstellung des ersten Gödelschen Unvollständigkeitssatzes beigefügt. Dort versuche ich, den Satz und seinen Beweis präzise, ausführlich und zugleich so anschaulich wie möglich zu präsentieren. Besonders die einführenden Abschnitte 2 und 3 können auch ohne besondere Mathematikkenntnisse mit Gewinn gelesen werden. MathematikphobikerInnen werden sich die Lektüre der späteren Abschnitte 4–8 wohl ersparen wollen; aber mit ein bisschen Routine in formaler Logik wird man auch von diesem Teil des Anhangs profitieren können.

Vann McGee schreibt über George Boolos' *The Logic of Provability* (1993): „Boolos' style of writing is unusually kind to the reader." Meine Hoffnung wäre, dass mit diesem Buch auch ich mir ein solches Lob verdient hätte. Einen Makel wird man meiner Arbeit wohl ankreiden können: Während die einzelnen Bäume recht genau betrachtet werden, sieht man von dem Wald, den sie bilden, nicht furchtbar viel. Wem es um das Verständnis der motivierenden Leitfragen und der großen Zusammenhänge in der Beweisbarkeitslogik geht, den muss ich an bessere Logiker verweisen, als ich einer bin: Boolos, Guaspari, Smoryński, Solovay – und sicher noch viele andere, in deren Werk ich mich nicht vertieft habe. Mein Ehrgeiz war nur, die kleinen und mittelgroßen Aspekte der Beweisbarkeitslogik leicht zugänglich darzustellen.

Die Arbeit orientiert sich in den prädikatenlogischen Teilen methodisch an Boolos 1993 (d.h. es wird nicht auf rekursive Funktionen und Prädikate zurückgegriffen, sondern auf so genannte Pseudo-Terme). Die prädikatenlogischen Schreibweisen und die Terminologie sind an Prestel 1986 angelehnt.

Meine Notation birgt einige wenige Besonderheiten: Ich mache gern möglichst klar, welche Aussagen wo in einen gegebenen Beweis eingehen. Dazu schreibe ich die Nummer(n) der betreffenden Aussage(n) klein über das Symbol des Folgerungs- oder Umformungsschrittes, in dem sie verwendet wird/werden; z. B. so:

$$(\Box A \to \Box A \wedge \Box\neg A) \overset{[6.7]}{\leftrightarrow} (\Box A \to \Box(A\wedge\neg A)) \overset{(2)}{\to} (\Box A \to \Box\bot).$$

In der gleichen Weise verwende ich Ausrufezeichen, um bestimmte Beweisschritte gewissermaßen zu betonen:

Offensichtlich gilt:

$$\mathbb{N} \models \mathsf{Th}(\alpha) \prec \mathsf{Th}(\neg\alpha) \overset{!}{\Longrightarrow} \mathbb{N} \models \mathsf{Th}(\alpha) \overset{(SBP2)}{\Longleftrightarrow} \mathbf{FA} \vdash \alpha,$$

nämlich um sie als diejenigen Schritte hervorzuheben, auf die sich eine vorhergehende Erläuterung bezog. Das Ende eines Beweises schließlich wird durch ein „■" am rechten Rand gekennzeichnet. Ansonsten wird im Falle von Unklarheiten das Verzeichnis der Symbole und Schreibweisen oder das Register helfen, die Stelle zu finden, an der eine Notation eingeführt wurde.

Ich bin vielen Personen zu Dank verpflichtet, darunter den folgenden: Bei Peter Schroeder-Heister habe ich Formale Logik gelernt, bei Alexander Prestel und Ulf Friedrichsdorf Mathematische Logik und Modelltheorie. Gerade was die Beweisbarkeitslogik angeht, hat Ulf Friedrichsdorf mich immer wieder freundlich und kompetent unterstützt, bei echten wie eingebildeten Problemen.

Was ich bei Otto Stolz über die Grundlagen der Programmierung gelernt habe, war auch beim Aufschreiben von Beweisen sehr fruchtbar.

Bei Uli Stier habe ich gelernt, mich am eigenen Schopf aus Sümpfen zu ziehen.

Nichts motiviert so gut wie der Glaube anderer an die eigene Person. Für Interesse, Ansporn und moralische Unterstützung danke ich Luc Bovens, Bernd Buldt, Igor Douven, Ludwig Fahrbach, Christoph Fehige, André Fuhrmann, Gottfried Gabriel, Stephan Hartmann, Paul Hoyningen-Huene, Michael Mathiss, Jürgen Mittelstraß, Brigitte Parakenings, Hans Rott, Peter Schroeder-Heister, Wolfgang Spohn und Jacob Rosenthal. Einen besseren Freund und Gesprächspartner als Jacob kann man sich nicht wünschen.

André Fuhrmann verdient noch eine gesonderte Erwähnung: Ohne seinen ganz konkreten Veröffentlichungstipp hätte es dieses Buch vielleicht nie gegeben.

Während der letzten zwanzig Jahre in Konstanz habe ich zu großen Teilen an drei Orten gelebt: im Hilbertraum, dem Mathe-Fachschaftsraum der Uni, und in meinen zwei Wohngemeinschaften in der Chérisy-Kaserne. Das waren nette Zeiten; und wenn es in der WG mal nicht so nett war, so war es dafür eine lehrreiche Erfahrung.

Meine Eltern, Eckhart von Bülow und Brigitta von Bülow-Nooney, haben mir das Studium ermöglicht und mich dabei nach besten Kräften unterstützt. Vermutlich sind sie auch in irgendeiner Weise mitverantwortlich für meinen Hang zum Perfektionismus, ohne den dieses Buch wohl anders aussähe.

Uwe Scheffler, Mitherausgeber der Reihe *Logische Philosophie*, und Susanne Makosch vom Logos Verlag Berlin haben mich freundlich und geduldig zur Drucklegung geleitet.

Bob Solovay hat viel Zeit geopfert – noch dazu im Urlaub –, um meine Fragen zu seinem und Guasparis mehr als ein Vierteljahrhundert alten gemeinsamen Paper (Guaspari und Solovay 1979) zu beantworten. Dank seiner Unterstützung konnte ich den Beweis von Lemma **[27.8]** (S. 241–250) noch ein wenig vereinfachen.

Anne Mone Sahnwaldt liebt meine Macken. Dafür liebe ich sie.

C.v. B.
Konstanz, Juni 2006

Kapitel I

Beweisbarkeit in der formalisierten Arithmetik

1 Syntax und Semantik von $\mathcal{L}_{\mathrm{Ar}}$

Wir verwenden für unsere arithmetische Sprache $\mathcal{L}_{\mathrm{Ar}}$ das folgende **Alphabet**: [1.1]

- aussagenlogische Zeichen: $\perp$, $\rightarrow$,
- prädikatenlogische Zeichen: $\forall$, V, ', =,
- arithmetische Zeichen: **0**, **1**, $+$, $\cdot$, $<$.[1]

Wir gehen davon aus, dass diese Grundzeichen paarweise verschiedene natürliche Zahlen sind. In **[3.9]** werden wir dem noch eine unwesentliche Einschränkung hinzufügen.

Variablen von $\mathcal{L}_{\mathrm{Ar}}$: [1.2]

- Das Zeichen V ist eine Variable;

[1]Die Zeichen **0**, **1**, $+$, $\cdot$, =, $<$ sollten nicht mit den Zahlen, Funktionen resp. Beziehungen 0, 1, $+$, $\cdot$, $=$, $<$ verwechselt werden. Man beachte ferner den Unterschied etwa zwischen dem Zeichen „$\perp$", das aus einem senkrechten Strich über einem waagerechten Strich besteht, und dem Zeichen $\perp$, über dessen Natur hier noch nichts ausgesagt worden ist. „$\perp$" ist ein metasprachlicher Name für das objektsprachliche Zeichen $\perp$. Im allgemeinen spielt es in der formalen Logik keine Rolle, was man als Zeichen verwendet, solange man die Zeichen erkennen, unterscheiden und irgendwie zu Ausdrücken aneinanderreihen kann. In unserem Fall bietet es sich aus ökonomischen Gründen an, *natürliche Zahlen* als Zeichen zu verwenden.

- wenn v eine Variable ist, dann auch das geordnete Paar (′, v).[2]

Wir bezeichnen objektsprachliche Variablen mit Kleinbuchstaben in Maschinenschrift: „a", „b", „c", …, „x", „y", „z", eventuell mit Strichen („a‴") oder Indizes („a₁"). Im allgemeinen setzen wir stillschweigend voraus, dass verschiedene *Namen* für Variablen auch tatsächlich für verschiedene *Variablen* stehen.

[1.3] Die in **[1.2]** angegebene Definition legt eindeutig fest, was eine Variable ist; sie ist jedoch eine rekursive Definition, und wir brauchen eine explizite Definition, um später (Abschnitt 3) unsere Logik ‚gödelisieren' zu können. Eine äquivalente explizite Definition ist die folgende:

Ein Objekt a ist genau dann eine $\mathcal{L}_{\mathrm{Ar}}$-**Variable**, wenn eine Folge[3] (a_i) einer Länge $l > 0$ existiert, so dass

- $a_0 = \mathtt{V}$,
- für alle i mit $0 < i < l$ gilt: $a_i = (\,'\,, a_{i-1})$,
- $a_{l-1} = a$.

[1.4] Terme von $\mathcal{L}_{\mathrm{Ar}}$:

- Jede Variable ist ein Term;
- **0** und **1** sind Terme;
- wenn s und t Terme sind, dann auch die Tripel $(+, s, t)$ und $(\cdot, s, t)$.

Anstelle von „$(+, s, t)$" schreiben wir auch „$(s+t)$", und anstelle von „$(\cdot, s, t)$" entsprechend „$(s\cdot t)$". Die Menge der $\mathcal{L}_{\mathrm{Ar}}$-Terme nennen wir $\mathrm{Tm}_{\mathrm{Ar}}$.

[1.5] Wir geben wiederum eine äquivalente explizite Definition an: Ein Objekt a ist genau dann ein $\mathcal{L}_{\mathrm{Ar}}$-**Term**, wenn eine Folge (a_i) einer Länge $l > 0$ existiert, so dass $a_{l-1} = a$ ist und für alle $i < l$ eine der folgenden Bedingungen erfüllt ist:

- a_i ist eine $\mathcal{L}_{\mathrm{Ar}}$-Variable;
- $a_i = \mathbf{0}$ oder $a_i = \mathbf{1}$;
- es gibt $j, k < i$, so dass $a_i = (a_j + a_k)$ oder $a_i = (a_j \cdot a_k)$.

---

[2] Ich verzichte bei dieser Art von Definition darauf, jeweils die offensichtliche Zusatzbedingung zu erwähnen, dass nichts sonst unter den entsprechenden Begriff fallen soll.

[3] Wir betrachten nur endliche Folgen; daher schreibe ich meist kurz „Folge" anstelle von „endliche Folge". Ich indiziere die Glieder von Folgen i. a. beginnend mit 0.

Primformeln von $\mathcal{L}_{\mathrm{Ar}}$: **[1.6]**

- Das Zeichen $\bot$ ist eine Primformel;
- sind s und t Terme, dann sind $(=, s, t)$ und $(<, s, t)$ Primformeln.

Statt „$(=, s, t)$" und „$(<, s, t)$" schreiben wir „$(s=t)$" bzw. „$(s<t)$".

Formeln von $\mathcal{L}_{\mathrm{Ar}}$: **[1.7]**

- Alle Primformeln sind Formeln;
- sind φ und ψ Formeln, dann ist auch $(\rightarrow, \varphi, \psi)$ eine Formel;
- ist φ eine Formel und v eine Variable, dann ist auch $(\forall, \mathrm{v}, \varphi)$ eine Formel.

Man macht sich am Beispiel von **[1.5]** leicht klar, wie die entsprechende explizite Definition auszusehen hat. – Wir schreiben „$(\varphi \rightarrow \psi)$" anstelle von „$(\rightarrow, \varphi, \psi)$" und „$((\forall \mathrm{v})\, \varphi)$" statt „$(\forall, \mathrm{v}, \varphi)$". Die Menge der $\mathcal{L}_{\mathrm{Ar}}$-Formeln nennen wir $\mathrm{Fml}_{\mathrm{Ar}}$.

Wir führen die übrigen gebräuchlichen Junktoren und den Existenzquantor durch Definitionen ein, indem wir für Formeln φ, ψ und Variablen v setzen: **[1.8]**

$$
\begin{aligned}
(\neg\varphi) &:= (\varphi \rightarrow \bot),\\
\top &:= (\neg\bot),\\
(\varphi \wedge \psi) &:= (\neg(\varphi \rightarrow (\neg\psi))),\\
(\varphi \vee \psi) &:= ((\neg\varphi) \rightarrow \psi),\\
(\varphi \leftrightarrow \psi) &:= ((\varphi \rightarrow \psi) \wedge (\psi \rightarrow \varphi)),\\
((\exists \mathrm{v})\, \varphi) &:= (\neg((\forall \mathrm{v})\, (\neg\varphi))).
\end{aligned}
$$

Gebräuchliche Begriffe, Beziehungen und Operationen wie etwa die folgenden sollen in der üblichen Weise definiert sein: **[1.9]**

- „die Variable v ist **frei in** einem Term bzw. einer Formel a" (die Menge der freien Variablen von a sei $\mathrm{Fr}(a)$);
- **Substitution** eines Termes t **für** eine Variable v **in** einem Term bzw. einer Formel e (Notation: „$e(\mathrm{v}/t)$");[4]
- „der Term t ist **zulässig** oder **frei (zur Substitution) für** die Variable v **in** der Formel φ".

[4] Der Buchstabe „e" steht für *expression*, „Ausdruck".

[1.10] $\mathcal{L}_{\mathrm{Ar}}$-Formeln ohne freie Variablen nennen wir **Aussagen von** $\mathcal{L}_{\mathrm{Ar}}$; die Menge der $\mathcal{L}_{\mathrm{Ar}}$-Aussagen sei $\mathrm{Aus}_{\mathrm{Ar}}$.

[1.11] Auch für „v ist frei in a", die Substitution, „t ist zulässig für v in φ" und „$\mathcal{L}_{\mathrm{Ar}}$-Aussage" lassen sich explizite Definitionen angeben. Als Beispiel skizzieren wir, wie Zulässigkeit dargestellt werden kann:

Ein Term t ist zulässig für v in φ genau dann, wenn Folgen $(\varphi_0, \ldots, \varphi_n)$ und $(z_0, \ldots, z_n)$ existieren, so dass (φ_i) eine Folge ist, die belegt, dass φ eine Formel ist (s. [1.7]; insbesondere ist $\varphi_n = \varphi$), und für alle $i \leq n$ gilt:

- $z_i \in \{0, 1\}$ – dabei soll eine 1 (bzw. eine 0) jeweils bedeuten, dass t zulässig (bzw. unzulässig) für v in der Teilformel φ_i von φ ist;
- wenn φ_i eine Primformel ist, dann ist $z_i = 1$;
- wenn $\varphi_i = (\varphi_j \rightarrow \varphi_k)$ ist für $j, k < i$, dann ist $z_i = 1$ gdw. $z_j = 1 = z_k$;
- wenn $\varphi_i = \big((\forall \mathrm{v})\, \varphi_j\big)$ ist für ein $j < i$, dann ist $z_i = 1$;
- wenn $\varphi_i = \big((\forall \mathtt{w})\, \varphi_j\big)$ ist für ein $j < i$, dann ist $z_i = 1$ genau dann, wenn erstens $z_j = 1$ ist und zweitens $\mathtt{w} \notin \mathrm{Fr}(t)$ oder $\mathrm{v} \notin \mathrm{Fr}(\varphi_j)$ gilt;
- $z_n = 1$.

[1.12] Wir verwenden oft suggestive Schreibweisen wie

$$\varphi(r, s, t)$$

für das Ergebnis der simultanen Substitution von Termen r, s und t für gewisse Variablen v_1, v_2 bzw. v_3 in einer Formel φ. Ich gebe dabei i.a. *alle* freien Variablen der jeweiligen Formel φ an; tue ich dies nicht, so weise ich explizit darauf hin.

[1.13] Wir verwenden u.a. die folgenden abkürzenden Schreibweisen:

$$\begin{aligned}
(s \neq t) \quad &:= \quad (\neg(s = t)),\\
(s \leq t) \quad &:= \quad ((s < t) \vee (s = t)),\\
(s > t) \quad &:= \quad (t < s),\\
(s \geq t) \quad &:= \quad (t \leq s),\\
((\forall \mathrm{v}_1, \ldots, \mathrm{v}_n)\, \varphi) \quad &:= \quad ((\forall \mathrm{v}_1)\, (\ldots ((\forall \mathrm{v}_n)\, \varphi) \ldots)),\\
((\exists \mathrm{v}_1, \ldots, \mathrm{v}_n)\, \varphi) \quad &:= \quad ((\exists \mathrm{v}_1)\, (\ldots ((\exists \mathrm{v}_n)\, \varphi) \ldots)),\\
((\forall \mathrm{v} < t)\, \varphi) \quad &:= \quad ((\forall \mathrm{v})\, ((\mathrm{v} < t) \rightarrow \varphi)),\\
((\exists \mathrm{v} < t)\, \varphi) \quad &:= \quad ((\exists \mathrm{v})\, ((\mathrm{v} < t) \wedge \varphi)),
\end{aligned}$$

$$\begin{aligned}\big((\forall \mathtt{v}_1,\ldots,\mathtt{v}_n < t)\,\varphi\big) &:= \big((\forall \mathtt{v}_1 < t)\,\big(\ldots\big((\forall \mathtt{v}_n < t)\,\varphi\big)\ldots\big)\big),\\ \big((\exists \mathtt{v}_1,\ldots,\mathtt{v}_n < t)\,\varphi\big) &:= \big((\exists \mathtt{v}_1 < t)\,\big(\ldots\big((\exists \mathtt{v}_n < t)\,\varphi\big)\ldots\big)\big).\end{aligned}$$

Die letzten vier benutzen wir auch entsprechend mit „$\leq$", „$>$" oder „$\geq$" anstelle von „$<$".

Wenn wir Ausdrücke statt als verschachtelte Paare und Tripel in der gewohnten Infix-Schreibweise („$(\varphi \to \psi)$" anstelle von „$(\to, \varphi, \psi)$", etc.) darstellen, verwenden wir die üblichen **Klammerkonventionen**: [1.14]

- Äußere Klammern können weggelassen werden;
- $\cdot$ bindet stärker als $+$;
- $+$ bindet stärker als $=, \neq, <, \leq, >, \geq$;
- $=, \neq, <, \leq, >, \geq$ binden stärker als $\neg$, $(\forall \mathtt{v})$, $(\exists \mathtt{v})$, $(\forall \mathtt{v} < t)$ usw.;
- $\neg$, $(\forall \mathtt{v})$, $(\exists \mathtt{v})$, $(\forall \mathtt{v} < t)$ usw. binden stärker als $\wedge$ und $\vee$;
- $\wedge$ und $\vee$ binden stärker als $\to$ und $\leftrightarrow$.

Bei Termen, die aus mehreren Summanden bzw. aus mehreren Faktoren bestehen, und Formeln, die durch mehrfache Konjunktion bzw. durch mehrfache Disjunktion entstehen, lassen wir ebenfalls die dadurch bedingten Klammern weg. So können wir also etwa

$$\begin{aligned} & \mathtt{m}+\mathbf{0} = \mathbf{0}+\mathtt{m}\\ \wedge\ & (\forall \mathtt{n})\big(\mathtt{m}+\mathtt{n} = \mathtt{n}+\mathtt{m} \to \mathtt{m}+\mathtt{n}+\mathbf{1} = \mathtt{n}+\mathbf{1}+\mathtt{m}\big)\\ \to\ & \mathtt{m}+\mathtt{n} = \mathtt{n}+\mathtt{m}\end{aligned}$$

schreiben anstelle von

$$\begin{aligned} & \Big[\big([(\mathtt{m}+\mathbf{0}) = (\mathbf{0}+\mathtt{m})]\\ \wedge\ & \big[(\forall \mathtt{n})\,\big([(\mathtt{m}+\mathtt{n}) = (\mathtt{n}+\mathtt{m})] \to [(\mathtt{m}+(\mathtt{n}+\mathbf{1})) = ((\mathtt{n}+\mathbf{1})+\mathtt{m})]\big)\big]\big)\\ \to\ & [(\mathtt{m}+\mathtt{n}) = (\mathtt{n}+\mathtt{m})]\Big].\end{aligned}$$

Um auszudrücken, dass es genau ein v gibt, so dass φ, verwenden wir die Kurzschreibweise [1.15]

$$(\exists!\mathtt{v})\,\varphi \ := \ (\exists \mathtt{v}_0)\,(\forall \mathtt{v})\,(\varphi \leftrightarrow \mathtt{v} = \mathtt{v}_0),$$

wobei $\mathtt{v}_0$ irgendeine Variable sein soll, die nicht frei in φ vorkommt.

Für $n \in \mathbb{N}$ und Formeln $\varphi_0, \varphi_1, \ldots, \varphi_{n-1}$ verwenden wir Abkürzungen wie

$$\bigwedge_{i<n} \varphi_i \quad := \quad \begin{cases} \top, & \text{falls } n=0, \\ \varphi_0 \wedge \ldots \wedge \varphi_{n-1}, & \text{sonst,} \end{cases}$$

und

$$\bigvee_{i<n} \varphi_i \quad := \quad \begin{cases} \bot, & \text{falls } n=0, \\ \varphi_0 \vee \ldots \vee \varphi_{n-1}, & \text{sonst.} \end{cases}$$

Wir benutzen analoge Schreibweisen mit anderen metasprachlichen Bedingungen anstelle von „$i < n$", vorausgesetzt, diese werden nur von endlich vielen Objekten erfüllt.

[1.16] Für natürliche Zahlen n ist der Term

$$\underline{n} \quad := \quad (\cdots((\mathbf{0} \underbrace{+\, \mathbf{1}) + \mathbf{1}) + \cdots + \mathbf{1})}_{n\text{-mal}}$$

die **Zifferndarstellung** von n in $\mathcal{L}_{\mathrm{Ar}}$. Ist uns die Zahl n in Form einer metasprachlichen Variable gegeben (wie z. B. „n", „k_2" oder „m'''") so verwenden wir auch Fettdruck (also z. B. „$\boldsymbol{n}$", „$\boldsymbol{k}_2$", „$\boldsymbol{m}'''$"), um die Zifferndarstellung von n zu bezeichnen. Gelegentlich benützen wir die Schreibweisen $\mathbf{2} := \underline{2}$ und $\mathbf{3} := \underline{3}$. Obacht: Es ist $\underline{1} = \mathbf{0}+\mathbf{1} \neq \mathbf{1}$.

[1.17] Da die Details semantischer Begriffe für uns nicht von Belang sind, können wir uns bei der Semantik von $\mathcal{L}_{\mathrm{Ar}}$ sehr kurz fassen. Als einziges Modell für die Arithmetik werden wir das **Standardmodell** betrachten, also die Menge $\mathbb{N}$ der natürlichen Zahlen zusammen mit 0, 1, den Funktionen $+$ und $\cdot$ sowie der Relation $<$ (jeweils auf $\mathbb{N}$) als Interpretationen für $\mathbf{0}$, $\mathbf{1}$, $\boldsymbol{+}$, $\boldsymbol{\cdot}$, bzw. $\boldsymbol{<}$. Anstelle von „$(\mathbb{N}, 0, 1, +, \cdot, <)$" schreiben wir i. a. kurz „$\mathbb{N}$", wenn klar ist, dass es sich um die Struktur handeln muss und nicht um die Menge.

Die **Gültigkeit** von Formeln im Standardmodell sei definiert wie üblich. Wir notieren „φ ist (**allgemein-)gültig** in $\mathbb{N}$" kurz als

$$\mathbb{N} \models \varphi$$

und sagen stattdessen auch: „φ ist **wahr**". Wenn φ **ungültig** (d. h. nicht allgemeingültig) in $\mathbb{N}$ ist, so schreiben wir „$\mathbb{N} \not\models \varphi$" oder sagen auch einfach: „φ ist **falsch**". (Formeln mit freien Variablen werden also wie die zugehörigen Allabschlüsse behandelt.) Für *Aussagen* α, aber i. a. nicht für beliebige Formeln, gilt:

$$\mathbb{N} \not\models \alpha \quad \Longleftrightarrow \quad \mathbb{N} \models \neg\alpha.$$

2 FA-Beweise und -Beweisbarkeit

Als formales System zur Herleitung arithmetischer Aussagen verwenden wir ein axiomatisches System **FA** („**FA**“ wie „Formalisierte Arithmetik“) in $\mathcal{L}_{\mathrm{Ar}}$, an das wir nur die folgenden Forderungen stellen: [2.1]

- das **Axiomensystem** (d.h. die Menge der Axiome) von **FA** ist entscheidbar;
- **FA** enthält eines der üblichen (vollständigen) axiomatischen Systeme für die klassische Prädikatenlogik erster Stufe mit Identität, passend zu dem hier gewählten Alphabet;
- die **Schlussregeln** von **FA** sind **Modus ponens** und **Generalisierungsregel**, also für beliebige Formeln φ und ψ und Variablen x:

$$\frac{\varphi \qquad \varphi \to \psi}{\psi} \qquad \text{und} \qquad \frac{\varphi}{(\forall \mathrm{x})\, \varphi};$$

- **FA** enthält die in **[2.2]** aufgeführten Axiome für die Peano-Arithmetik.

Das Axiomensystem von **FA** muss nicht notwendigerweise im Standardmodell gültig sein.[5]

Für beliebige Terme r, s, t, Formeln φ und Variablen x sollen die folgenden Formeln **arithmetische Axiome** von **FA** sein: [2.2]

- $\neg(t < \mathbf{0})$,
- $r+t = s+t \ \to\ r = s$,
- $t+\mathbf{0} = t$,
- $(r+s)+t \ =\ r+(s+t)$,
- $t \cdot \mathbf{1} = t$,
- $r \cdot (s+t) \ =\ r \cdot s + r \cdot t$,
- $s < t \ \leftrightarrow\ (\exists \mathrm{x})\, s+(\mathrm{x}+\mathbf{1}) = t$,
- $\varphi(\mathbf{0}) \wedge (\forall \mathrm{x})\, \big(\varphi(\mathrm{x}) \to \varphi(\mathrm{x}+\mathbf{1})\big) \ \to\ \varphi(\mathrm{x})$.

[5] Wenn wir allerdings im weiteren Verlauf **FA**-Theoreme ableiten, so werden wir i.a. nur die Mittel der Peano-Arithmetik verwenden, so dass diese Theoreme mit wenigen Ausnahmen wahr sein müssen. Die Ausnahmen werden in **[4.9]** angegeben.

[2.3] Ein **Beweis** oder eine **Ableitung** in **FA** ist eine nicht-leere, endliche Folge von $\mathcal{L}_{Ar}$-Formeln, so dass jedes Folgenglied entweder eines der Axiome von **FA** ist oder mittels einer der Regeln von **FA** aus vorhergehenden Gliedern folgt.

[2.4] Ein **FA**-Beweis $(\varphi_0, \dots, \varphi_n)$ ist ein **Beweis für** (bzw. eine **Ableitung**) eine(r) $\mathcal{L}_{Ar}$-Formel φ genau dann, wenn $\varphi_n = \varphi$ ist. Existiert ein **FA**-Beweis für φ, so heißt φ **beweisbar** oder **ableitbar** in **FA** oder auch ein **Theorem** von **FA** und wir schreiben:

$$\mathbf{FA} \vdash \varphi.$$

Andernfalls schreiben wir:

$$\mathbf{FA} \nvdash \varphi.$$

[2.5] Einen **FA**-Beweis einer $\mathcal{L}_{Ar}$-Formel $\neg\varphi$ nennen wir auch eine **(FA-)Widerlegung** von φ. Wenn eine Widerlegung von φ existiert, wenn also $\mathbf{FA} \vdash \neg\varphi$, so sagen wir, φ sei **widerlegbar** (in **FA**); andernfalls heißt φ **konsistent** (in **FA**).

[2.6] Eine Formel φ heißt **entscheidbar** in **FA**, wenn φ in **FA** beweisbar *oder* widerlegbar ist. Andernfalls, d.h. wenn weder φ noch $\neg\varphi$ ein Theorem von **FA** ist, heißt φ **unentscheidbar** in **FA**. (Die Entscheidbarkeit einzelner *Formeln* in einem formalen System darf nicht mit der rekursionstheoretischen Entscheidbarkeit von *Prädikaten* für natürliche Zahlen verwechselt werden.)

[2.7] Der Zweck des formalen Systems **FA** ist, die wahren arithmetischen Aussagen (bzw. Formeln) zu erfassen, indem es sie als Theoreme liefert. Wie gut es diesen Zweck erfüllt, wird mittels der Begriffe der Korrektheit und der Vollständigkeit ausgedrückt. **FA** ist **korrekt**, wenn für alle $\mathcal{L}_{Ar}$-Formeln φ gilt:

$$\mathbf{FA} \vdash \varphi \implies \mathbb{N} \models \varphi,$$

d.h. wenn **FA** *nur Wahres* liefert, oder anders ausgedrückt, wenn $\mathbb{N}$ ein Modell für **FA** ist; andernfalls heißt **FA inkorrekt**.

FA ist **vollständig**, wenn umgekehrt für alle φ gilt:

$$\mathbb{N} \models \varphi \implies \mathbf{FA} \vdash \varphi,$$

d.h. wenn **FA** *alles Wahre* liefert; andernfalls heißt **FA unvollständig**.

FA wäre also genau adäquat, wenn es sowohl korrekt als auch vollständig wäre. Dies kann jedoch nicht der Fall sein, wie wir sehen werden (erster Gödelscher Unvollständigkeitssatz, [4.12]).

[2.8] Da $\mathcal{L}_{Ar}$-Aussagen entweder wahr oder falsch sind, würde gegebenenfalls aus der Vollständigkeit von **FA** folgen, dass alle Aussagen entscheidbar sein müssen. Umgekehrt heißt das: Wenn wir eine **FA**-unentscheidbare Aussage finden – wie wir in [4.12] eine angeben werden –, so ist **FA** unvollständig.

Eine von Semantik und Modellen unabhängige Anforderung an **FA** ist die der Konsistenz. **FA** ist **inkonsistent** oder **widersprüchlich**, wenn es eine $\mathcal{L}_{\mathrm{Ar}}$-Formel φ gibt, so dass [2.9]

$$\mathbf{FA} \vdash \varphi \qquad \text{und} \qquad \mathbf{FA} \vdash \neg\varphi.$$

Ist dies nicht der Fall, so heißt **FA konsistent** oder **widerspruchsfrei**. (Dies ist nach dem Gödelschen Vollständigkeitssatz äquivalent dazu, dass **FA** ein Modell besitzt; es muss jedoch nicht $\mathbb{N}$ sein.)

FA ist genau dann inkonsistent, wenn $\mathbf{FA} \vdash \bot$ gilt; und dies ist genau dann der Fall, wenn *alle* Formeln ableitbar sind. [2.10]

Eine Verstärkung der (einfachen) Konsistenz stellt die ω-Konsistenz dar. **FA** ist **ω-inkonsistent** oder **ω-widersprüchlich**, wenn es eine $\mathcal{L}_{\mathrm{Ar}}$-Formel $\varphi(\mathrm{x})$ gibt, so dass [2.11]

$$\text{für alle } n \in \mathbb{N} \text{ gilt: } \mathbf{FA} \vdash \varphi(\boldsymbol{n})$$

und gleichzeitig

$$\mathbf{FA} \vdash \neg(\forall \mathrm{x})\, \varphi(\mathrm{x}).$$

Anschaulich ausgedrückt bedeutet das: **FA** sagt einerseits für jede konkret angegebene natürliche Zahl n, dass diese die Eigenschaft φ hat, und andererseits, dass im betrachteten Gegenstandsbereich Objekte existieren, auf die φ nicht zutrifft. – **FA** heißt **ω-konsistent** bzw. **-widerspruchsfrei**, wenn es nicht ω-inkonsistent ist. (Dies bedeutet natürlich nicht, dass $(\forall \mathrm{x})\, \varphi(\mathrm{x})$ automatisch beweisbar ist, wenn alle $\varphi(\boldsymbol{n})$ beweisbar sind; es ist nur nicht mehr widerlegbar.)

Ein ω-inkonsistentes axiomatisches System muss nicht notwendigerweise widersprüchlich sein. (Es ist ja z. B. nicht möglich, in einem Beweis die unendlich vielen Formeln $\varphi(\boldsymbol{n})$ mit $n \in \mathbb{N}$ alle aufzuführen, um daraus mit $(\forall \mathrm{x})\, \varphi(\mathrm{x})$ einen Widerspruch herzuleiten.) [2.12]

Umgekehrt impliziert Inkonsistenz jedoch ω-Inkonsistenz (s. [2.10]). [2.13]

Ist ein axiomatisches System in $\mathcal{L}_{\mathrm{Ar}}$ konsistent, aber ω-inkonsistent, so kann es nur Modelle haben, die neben den natürlichen Zahlen noch ‚unendlich große' Zahlen enthalten (so genannte *Nonstandard-Modelle*). Für solche unendlich großen Zahlen kann dann φ ungültig sein, obwohl φ auf alle natürlichen Zahlen zutrifft. [2.14]

[2.15] Im weiteren Verlauf müssen wir des öfteren zeigen, dass bestimmte Formeln in **FA** beweisbar sind. Anstatt dazu jedesmal echte **FA**-Beweise anzugeben, die i.a. sehr undurchsichtig sein würden, führe ich statt dessen Beweise in einer halbformalen Notation und im üblichen informellen Stil durch, verwende dabei jedoch nur in **FA** zulässige Methoden. Wenn erforderlich, können solche informellen Beweise prinzipiell in strenge **FA**-Beweise überführt werden.

Ich schreibe z.B. ([2.27]): „Sei y_0 fest", nachdem ich eine Formel

$$(\exists y_0)\,\varphi(y_0)$$

bewiesen habe, und gebe im Folgenden Formeln $\psi_1(y_0), \ldots, \psi_n(y_0), \psi$ (als ‚unter der Voraussetzung $\varphi(y_0)$ hergeleitet') an, wobei y_0 in ψ nicht mehr frei vorkommt. In einem **FA**-Beweis müsste ich statt dessen $\varphi(y_0) \rightarrow \psi_1(y_0), \ldots,$ $\varphi(y_0) \rightarrow \psi_n(y_0)$ und $\varphi(y_0) \rightarrow \psi$ herleiten, woraus dann unter Verwendung des prädikatenlogischen Theorems

$$(\forall y_0)\,(\neg\psi \rightarrow \neg\varphi(y_0)) \;\rightarrow\; (\neg\psi \rightarrow (\forall y_0)\,\neg\varphi(y_0))$$

folgt: $(\exists y_0)\,\varphi(y_0) \rightarrow \psi$, so dass ich ψ erhalte – nun unabhängig von $\varphi(y_0)$.

Eine Aneinanderreihung

$$\varphi_1 \rightarrow \varphi_2 \rightarrow \cdots \rightarrow \varphi_n$$

(auch mit „$\leftrightarrow$" anstelle von „$\rightarrow$") ist so zu verstehen, dass jeweils die einzelnen Implikationen $\varphi_i \rightarrow \varphi_{i+1}$ und damit natürlich insbesondere $\varphi_1 \rightarrow \varphi_n$ beweisbar sind.

Andere derartige Schreibweisen können entsprechend übersetzt werden.

[2.16] Wir werden oft Formeln konstruieren, die arithmetischen Funktionen entsprechen, d.h. die eine ihrer freien Variablen auf genau einen Wert festlegen – eventuell in Abhängigkeit von den Werten anderer freier Variablen, die dann die Rolle von Argumenten oder Parametern spielen. So legt etwa

$$\mathsf{Vorg}(n, v) \;:=\; \big[(n > \mathbf{0} \;\rightarrow\; v+\mathbf{1} = n) \;\wedge\; (n = \mathbf{0} \;\rightarrow\; v = \mathbf{0})\big]$$

für jedes n die Variable v auf den *Vorgänger* von n fest, wenn dieser existiert, und auf **0**, wenn nicht.

Eine Formel $\mathsf{Fkt}(x_1, \ldots, x_n, y)$ soll ein **pTerm** („Pseudo-Term") heißen, wenn gilt:

$$\mathbf{FA} \vdash (\exists! y)\,\mathsf{Fkt}(x_1, \ldots, x_n, y).$$

Wir sprechen dann statt von der Formel $\mathsf{Fkt}(x_1, \ldots, x_n, y)$ auch von dem pTerm

$$\mathsf{fkt}(x_1, \ldots, x_n)$$

(d.h. wir wandeln den ersten Buchstaben des Namens von einem Groß- in einen Kleinbuchstaben um und lassen die letzte der angegebenen Variablen weg, also das für den ‚Funktionswert' stehende y). Wir verwenden diese Bezeichnung wie einen neuen Term und verstehen Ausdrücke der Gestalt

$$\varphi(\mathsf{fkt}(s_1, \ldots, s_n))$$

als Abkürzungen für

$$(\exists y)\,[\mathsf{Fkt}(s_1, \ldots, s_n, y) \land \varphi(y)].$$

Diese Erläuterungen zum Gebrauch von „$\mathsf{fkt}(s_1, \ldots, s_n)$" und analog gebildeten Bezeichnungen genügen für unsere Bedürfnisse; sie stellen jedoch mitnichten eine saubere Definition dar. Unsere Vorgehensweise kann über Spracherweiterungen präzise eingeführt und gerechtfertigt werden; die Ableitung zusätzlicher Theoreme ermöglicht sie nicht (s. Shoenfield 1967, S. 57–61).

Für pTerme $\mathsf{fkt}(x_1, \ldots, x_n)$ und Formeln $\varphi(y)$ (eventuell mit weiteren freien Variablen) gilt: **[2.17]**

$$\begin{aligned} \mathbf{FA} \vdash \quad & \varphi(\mathsf{fkt}(x_1, \ldots, x_n)) \\ \leftrightarrow \quad & (\exists y)\,[\mathsf{Fkt}(x_1, \ldots, x_n, y) \land \varphi(y)] \\ \leftrightarrow \quad & (\forall y)\,[\mathsf{Fkt}(x_1, \ldots, x_n, y) \to \varphi(y)]. \end{aligned}$$

Beweis Die erste Äquivalenz gilt trivialerweise (s. **[2.16]**). Wir beweisen die zweite Äquivalenz in **FA**.

Nach Voraussetzung gilt:

$$(\exists! y)\,\mathsf{Fkt}(x_1, \ldots, x_n, y),$$

und dies ist nach **[1.15]** äquivalent zu

$$(\exists y_0)\,(\forall y)\,[\mathsf{Fkt}(x_1, \ldots, x_n, y) \leftrightarrow y = y_0] \tag{1}$$

(wobei y_0 neu für $\mathsf{Fkt}(x_1, \ldots, x_n, y)$ und $\varphi(y)$ sein soll). Sei y_0 fest. Dann gilt:

$$\begin{aligned} (\exists y)\,[\mathsf{Fkt}(x_1, \ldots, x_n, y) \land \varphi(y)] & \overset{(1)}{\leftrightarrow} (\exists y)\,[y = y_0 \land \varphi(y)] \\ & \leftrightarrow \varphi(y_0) \\ & \leftrightarrow (\forall y)\,[y = y_0 \to \varphi(y)] \\ & \overset{(1)}{\leftrightarrow} (\forall y)\,[\mathsf{Fkt}(x_1, \ldots, x_n, y) \to \varphi(y)]. \end{aligned}$$

■

[2.18] Uns beschäftigt die Frage, was in einem formalen System **FA** alles bewiesen werden kann. Ob **FA** das Zutreffen eines gegebenen arithmetischen (oder logischen) Sachverhaltes bejaht, verneint oder offenlässt, entscheiden wir üblicherweise, indem wir den Sachverhalt formalisieren, d.h. durch eine $\mathcal{L}_{\mathrm{Ar}}$-Aussage ausdrücken, und nach einem Beweis oder einer Widerlegung für diese suchen. Im allgemeinen ist dies ein Unterfangen mit unsicherem Ausgang, da nicht von vornherein klar ist, dass **FA** zu der betreffenden Aussage etwas zu sagen hat – positiv oder negativ. Es gibt jedoch Formeln, deren syntaktische Form allein schon garantiert, dass jede wahre Einsetzungsinstanz auch beweisbar ist. Statt wie üblich „Σ_1^0-" oder „Σ_1-Formeln" nennen wir diese kurz *(strenge)* Σ-*Formeln*. (Wir sagen auch einfach, eine Formel φ ‚ist (streng) sigma'.) Sie entsprechen den rekursiv aufzählbaren Relationen in der Berechenbarkeitstheorie.

Wir können uns vorstellen, dass durch jede solche Formel ein Algorithmus (oder ein Computerprogramm) gegeben ist, den wir auf beliebige n-tupel natürlicher Zahlen ansetzen können, um zu entscheiden, ob die Einsetzung dieser Zahlen die betreffende Formel gültig macht. Wir wissen i. a. nicht, wie lange der Algorithmus laufen wird; und solange er läuft, wissen wir i. a. auch nicht, ob er ein Ergebnis liefern wird, geschweige denn, welches. Fest steht nur: *Wenn* die Zahlen die Formel gültig machen, *dann* (und nur dann) wird der Algorithmus dies irgendwann bestätigen. Das nächstliegende Beispiel für solche Formeln sind Existenzaussagen bezüglich ‚einfacher' Eigenschaften: Ein möglicher Algorithmus besteht darin, der Reihe nach alle natürlichen Zahlen auf die betrachtete Eigenschaft hin zu untersuchen. Gibt es eine geeignete Zahl, so wird sie früher oder später gefunden; andernfalls geht die Suche ewig weiter.

Analoges gilt für die **FA**-*Beweisbarkeit* von Σ-Formeln: Ist eine gegebene Einsetzungsinstanz der Formel wahr, so gibt es sicher auch einen **FA**-Beweis für sie. Man kann auch Algorithmen angeben, die auf dieser Grundlage arbeiten; z. B. in irgendeiner Reihenfolge alle **FA**-Beweise durchzugehen, bis gegebenenfalls ein Beweis für die betrachtete Aussage gefunden wird. Die Existenz einer *Widerlegung* im negativen Falle ist nicht gesichert.

Noch bessere Entscheid- bzw. Beweisbarkeitseigenschaften haben die Δ-(eigentlich: Δ_1^0-)*Formeln*, die den rekursiven Relationen in der Rekursionstheorie entsprechen. (Wir sagen auch kurz, eine Formel φ ‚ist delta'.) Um sie für eine gegebene Einsetzung zu entscheiden, müssen sozusagen nur endlich viele ‚einfache' Probleme gelöst werden. Ein entsprechender Algorithmus kommt im positiven wie im negativen Falle irgendwann zum richtigen Ergebnis; und **FA** liefert zu geeigneten Einsetzungsinstanzen Beweise und zu ungeeigneten Widerlegungen.

Verkürzt ausgedrückt können wir uns merken: Über Δ-Angelegenheiten weiß **FA** alles, über Σ-Angelegenheiten immerhin alles Wahre. (Mehr zu diesem Thema findet man in Hofstadter 1979, Kap. XIII; Börger 1992, Kap. B,

Teil II, bes. § 2; Hermes 1961, §§ 2, 29; Shoenfield 1967, Kap. 6, bes. 6.1–6.3, 6.5, 6.7.)

Strenge Σ-Formeln von $\mathcal{L}_{\text{Ar}}$: [2.19]

- Alle Primformeln sind streng sigma;
- sind σ und τ streng sigma, ist x eine Variable und t ein Term, der x nicht enthält, dann sind auch $(\sigma \wedge \tau)$, $(\sigma \vee \tau)$, $\big((\exists \mathrm{x})\,\sigma\big)$, $\big((\forall \mathrm{x} < t)\,\sigma\big)$ und $\big((\forall \mathrm{x} \leq t)\,\sigma\big)$ streng sigma.[6]

Eine $\mathcal{L}_{\text{Ar}}$-Formel φ heißt eine **Σ-Formel** genau dann, wenn es eine *strenge* Σ-Formel σ (mit denselben freien Variablen) gibt, so dass [2.20]

$$\mathbf{FA} \vdash \varphi \leftrightarrow \sigma.$$

Primformeln und ihre Negationen sind sigma. Für Σ-Formeln σ, τ, Variablen x und Terme t sind auch $(\sigma \wedge \tau)$, $(\sigma \vee \tau)$, $\big((\exists \mathrm{x})\,\sigma\big)$, $\big((\forall \mathrm{x} < t)\,\sigma\big)$ und $\big((\exists \mathrm{x} < t)\,\sigma\big)$ (die beiden letzteren auch mit „$\leq$" anstelle von „$<$") Σ-Formeln. – Anders ausgedrückt: Die Menge der Σ-Formeln ist abgeschlossen unter Konjunktion, Disjunktion, Existenzquantifikation und beschränkter Quantifikation. [2.21]

Alle wahren Σ-*Aussagen* σ sind beweisbar: [2.22]

$$\mathbb{N} \models \sigma \quad \Longrightarrow \quad \mathbf{FA} \vdash \sigma,$$

d.h. **FA** ist **Σ-vollständig**.

Shoenfield 1967, Abschnitt 8.2. ∎ Beweis

Eine Σ-Formel σ ist **delta** genau dann, wenn auch $\neg\sigma$ eine Σ-Formel ist. [2.23]

Alle Primformeln sind delta; die Menge der Δ-Formeln ist abgeschlossen unter Verknüpfung durch beliebige Junktoren und unter beschränkter Quantifikation. [2.24]

Wenn δ eine Δ-Formel ist, dann ist $(\exists \mathrm{n}_1, \ldots, \mathrm{n}_n)\,\delta$ eine Σ-Formel. [2.25]

Als Δ-Formel ist δ insbesondere sigma; und nach [2.21] ist dann auch $(\exists \mathrm{n}_n)\,\delta$ sigma. Iterierte Anwendung von [2.21] liefert die Behauptung. ∎ Beweis

[6] Dabei muss t ein echter Term sein, kein pTerm! Dass t selbst die Variable x enthält, muss ausgeschlossen werden, damit uns nicht eine Formel wie $\big((\forall \mathrm{x} < \mathrm{x}+1)\,\sigma\big)$ unterkommt, die **FA**-äquivalent zu $\big((\forall \mathrm{x})\,\sigma\big)$ ist.

[2.26] Für Δ-*Aussagen* δ gilt (vgl. **[2.22]**):

$$\mathbb{N} \models \delta \quad \Longrightarrow \quad \mathbf{FA} \vdash \delta$$

und

$$\mathbb{N} \not\models \delta \quad \Longrightarrow \quad \mathbf{FA} \vdash \neg\delta.$$

Insbesondere gilt stets: $\mathbf{FA} \vdash \delta$ oder $\mathbf{FA} \vdash \neg\delta$; d.h. alle Δ-Aussagen sind entscheidbar.

Beweis Wegen **[2.23]** und **[2.22]**. ■

[2.27] Σ-pTerme sind schon delta.

Beweis $\mathsf{Fkt}(x_1, \dots, x_n, y)$ sei ein Σ-pTerm; dann gilt nach **[2.16]**:

$$\mathbf{FA} \vdash (\exists y_0)(\forall y)\left[\mathsf{Fkt}(x_1, \dots, x_n, y) \leftrightarrow y = y_0\right]. \tag{1}$$

Wir müssen zeigen, dass auch $\neg\mathsf{Fkt}(x_1, \dots, x_n, y)$ sigma ist. Dazu beweisen wir in **FA**:

$$\neg\mathsf{Fkt}(x_1, \dots, x_n, y) \leftrightarrow (\exists z)\left[\mathsf{Fkt}(x_1, \dots, x_n, z) \wedge y \neq z\right].$$

Sei y_0 aus (1) fest; dann haben wir:

$$\mathsf{Fkt}(x_1, \dots, x_n, y_0). \tag{2}$$

Nun gilt:

$$\begin{aligned} \neg\mathsf{Fkt}(x_1, \dots, x_n, y) &\overset{(1)}{\leftrightarrow} y \neq y_0 \\ &\overset{(2)}{\leftrightarrow} \mathsf{Fkt}(x_1, \dots, x_n, y_0) \wedge y \neq y_0 \\ &\leftrightarrow (\exists z)\left[\mathsf{Fkt}(x_1, \dots, x_n, z) \wedge y \neq z\right], \end{aligned}$$

wobei man die Richtung „$\leftarrow$“ bei der letzten Äquivalenz folgendermaßen einsieht: Aus $\mathsf{Fkt}(x_1, \dots, x_n, z)$ und $y \neq z$ folgt $y \neq y_0$ wegen (1), und zusammen mit (2) ergibt das die Behauptung.

Also ist nach **[2.21]** und **[2.20]** auch $\neg\mathsf{Fkt}(x_1, \dots, x_n, y)$ eine Σ-Formel, und $\mathsf{Fkt}(x_1, \dots, x_n, y)$ ist wegen **[2.23]** eine Δ-Formel. ■

[2.28] Wenn $\delta(y)$ eine Δ-Formel (eventuell mit weiteren freien Variablen) ist und $\mathsf{Fkt}(x_1, \dots, x_n, y)$ ein Σ-pTerm, dann ist $\delta(\mathsf{fkt}(x_1, \dots, x_n))$ ebenfalls delta.

Nach [2.17] gilt: **Beweis**

$$\mathbf{FA} \vdash \delta(\mathsf{fkt}(x_1, \ldots, x_n)) \leftrightarrow (\forall y)\,[\mathsf{Fkt}(x_1, \ldots, x_n, y) \rightarrow \delta(y)];$$

daraus folgt:

$$\mathbf{FA} \vdash \neg\delta(\mathsf{fkt}(x_1, \ldots, x_n)) \leftrightarrow (\exists y)\,[\mathsf{Fkt}(x_1, \ldots, x_n, y) \wedge \neg\delta(y)];$$

und da sowohl $\neg\delta(y)$ als auch $\mathsf{Fkt}(x_1, \ldots, x_n, y)$ sigma sind, ist auch die Formel $\neg\delta(\mathsf{fkt}(x_1, \ldots, x_n))$ sigma. ■

3 Arithmetisierung von Syntax und formaler Beweisbarkeit

Unser nächstes Ziel ist es, unsere Logik der Arithmetik (speziell den Begriff der Beweisbarkeit in **FA**) auf sich selbst anzuwenden. Das heißt, wir müssen den vorher bereitgestellten Begriffsapparat (z. B. „Term", „Formel" und „Beweis" und die Substitutionsfunktion) in eine arithmetische Form bringen. Die Terme und Formeln unserer prädikatenlogischen Sprache entstehen durch wiederholte Paar- und Tripelbildung aus bestimmten natürlichen Zahlen, nämlich den Zeichen unseres Alphabets. Wir brauchen also nur noch Verfahren, mit denen wir (endliche) Folgen (insbesondere Paare und Tripel) von Zahlen als einzelne Zahlen *ver*schlüsseln und diese Codenummern wiederum *ent*schlüsseln können. [3.1]

Unter gewissem technischen Aufwand kann man pTerme definieren, die solche Verfahren repräsentieren und für unsere Zwecke geeignete Eigenschaften haben. Ich gebe hier nur an, welche Eigenschaften dieser pTerme wir benötigen; für eine ausführliche Darstellung der Konstruktionen und für die entsprechenden Beweise sei der Leser auf Boolos 1993, Kap. 2, oder Shoenfield 1967, 6.4, 6.6, verwiesen.

Ich indiziere Folgenglieder hier stets mit 0 beginnend, d. h. das erste Glied einer Folge (n_i) ist n_0. Um Verwirrung zu vermeiden, spreche ich statt vom ‚ersten Glied' vom ‚0-Glied' n_0, statt vom ‚zweiten Glied' vom ‚1-Glied' n_1 usw., und natürlich abstrakt vom ‚i-Glied' n_i. [3.2]

Zu jedem $l \in \mathbb{N}$ gibt es einen Δ-pTerm [3.3]

$$\mathsf{folge}_l(x_0, \ldots, x_{l-1}),$$

der zu natürlichen Zahlen $n_0, \ldots, n_{l-1}$ jeweils die Codenummer der Folge $(n_0, \ldots, n_{l-1})$ liefert. Der Ausdruck folge_0 ist ein konstanter pTerm, der für die Codenummer der leeren Folge steht. Der pTerm $\mathsf{folge}_l(\mathtt{x}_0, \ldots, \mathtt{x}_{l-1})$ legt eine Funktion von $\mathbb{N}^l$ nach $\mathbb{N}$ fest, die wir mittels spitzer Klammern notieren wollen. Es gilt dann für $n_0, \ldots, n_{l-1} \in \mathbb{N}$:

$$\mathbf{FA} \vdash \mathsf{folge}_l(\boldsymbol{n}_0, \ldots, \boldsymbol{n}_{l-1}) = \underline{\langle n_0, \ldots, n_{l-1} \rangle}.$$

Der Term $\langle n_0, \ldots, n_{l-1} \rangle$ ist also nicht etwa ein l-tupel, sondern wiederum eine natürliche Zahl.

[3.4] Diejenigen Zahlen, die Codenummer einer Zahlenfolge sind, können wir durch eine Δ-Formel identifizieren: Für $f \in \mathbb{N}$ gilt

$$\mathbb{N} \models \mathsf{IstFolge}(\boldsymbol{f})$$

genau dann, wenn Zahlen $l, n_0, \ldots, n_{l-1} \in \mathbb{N}$ existieren, so dass

$$f = \langle n_0, \ldots, n_{l-1} \rangle.^7$$

[3.5] Diese Zahlen sind dann durch f eindeutig bestimmt: Haben wir $\mathsf{IstFolge}(\mathtt{f})$, so wird uns das zugehörige l durch den Δ-pTerm $\mathsf{lng}(\mathtt{f})$ geliefert und n_i für $i<l$ jeweils durch den Δ-pTerm $\mathsf{glied}(\mathtt{f}, \mathtt{i})$. Statt Letzterem schreiben wir kurz: „$(\mathtt{f})_\mathtt{i}$". Bei Verschachtelung von Folgen (d.h. wenn eine Komponente einer Folge selbst wieder eine Folge ist) schreiben wir für $((\mathtt{f})_\mathtt{i})_\mathtt{j}$, $(((\mathtt{f})_\mathtt{i})_\mathtt{j})_\mathtt{k}$ etc. auch „$(\mathtt{f})_{\mathtt{i},\mathtt{j}}$", „$(\mathtt{f})_{\mathtt{i},\mathtt{j},\mathtt{k}}$" etc. – oder einfach „$(\mathtt{f})_{\mathtt{ij}}$", „$(\mathtt{f})_{\mathtt{ijk}}$" etc., wenn dabei die eindeutige Lesbarkeit gewährleistet bleibt.

[3.6] Es gilt also:

$$\mathbf{FA} \vdash \mathtt{f} = \mathsf{folge}_l(t_0, \ldots, t_{l-1}) \rightarrow \mathsf{IstFolge}(\mathtt{f}) \wedge \mathsf{lng}(\mathtt{f}) = \boldsymbol{l} \wedge \textstyle\bigwedge_{i<l} (\mathtt{f})_{\boldsymbol{i}} = t_i$$

und

$$\begin{aligned}\mathbf{FA} \vdash\ & \mathsf{IstFolge}(\mathtt{f}) \wedge \mathsf{IstFolge}(\mathtt{f}') \rightarrow \\ & \big[\mathtt{f} = \mathtt{f}' \leftrightarrow \mathsf{lng}(\mathtt{f}) = \mathsf{lng}(\mathtt{f}') \wedge \big(\forall \mathtt{i} < \mathsf{lng}(\mathtt{f})\big)\ (\mathtt{f})_\mathtt{i} = (\mathtt{f}')_\mathtt{i}\big].\end{aligned}$$

---

[7] Die Formel $\mathsf{IstFolge}(\mathtt{f})$ ist keine einfache Formalisierung dieser Bedingung. Eine solche gibt es auch gar nicht, da man nicht im Voraus weiß, was gegebenenfalls das geeignete l zu einem f ist, und somit auch die Anzahl der benötigten Variablen $\mathtt{n}_i$ nicht kennt. Wie diese Formel genau aussieht und warum sie delta ist, obwohl die angegebene Bedingung eine Σ-Formel erwarten lässt, das sind technische Feinheiten, die hier nicht von Belang sind.

Insbesondere haben verschiedene Folgen verschiedene Codenummern, d.h. wir können die Codenummer-Funktionen [3.7]

$$\begin{aligned} \mathbb{N}^l &\to \mathbb{N}, \\ (n_0, \ldots, n_{l-1}) &\mapsto \langle n_0, \ldots, n_{l-1} \rangle, \end{aligned}$$

für die verschiedenen l zusammen als eine injektive Funktion von $\bigcup_{l \in \mathbb{N}} \mathbb{N}^l$ nach $\mathbb{N}$ auffassen, was für die Decodierung unabdingbar ist.

Wir verwenden die Bezeichnungen [3.8]

$$\begin{aligned} \mathsf{single}(\mathtt{x}) &:= \mathsf{folge}_1(\mathtt{x}), \\ \mathsf{paar}(\mathtt{x}, \mathtt{y}) &:= \mathsf{folge}_2(\mathtt{x}, \mathtt{y}), \\ \mathsf{tripel}(\mathtt{x}, \mathtt{y}, \mathtt{z}) &:= \mathsf{folge}_3(\mathtt{x}, \mathtt{y}, \mathtt{z}), \\ \mathsf{IstPaar}(\mathtt{p}) &:= \big(\mathsf{IstFolge}(\mathtt{p}) \wedge \mathsf{lng}(\mathtt{p}) = \mathbf{2}\big), \\ \mathsf{IstTripel}(\mathtt{t}) &:= \big(\mathsf{IstFolge}(\mathtt{t}) \wedge \mathsf{lng}(\mathtt{t}) = \mathbf{3}\big). \end{aligned}$$

Damit Codenummern von Zahlenfolgen nicht mit einzelnen Zeichen unseres Alphabets (die ja ebenfalls Zahlen sind, s. [1.1]) verwechselt werden können, setzen wir noch voraus, dass wir unser Alphabet so gewählt haben, dass gilt: [3.9]

$$\mathbf{FA} \vdash \mathsf{IstFolge}(\mathtt{f}) \to \mathtt{f} \neq \underline{\bot} \wedge \mathtt{f} \neq \underline{\to} \wedge \ldots \wedge \mathtt{f} \neq \underline{\cdot} \wedge \mathtt{f} \neq \underline{\leq}.$$

Ist $f \in \mathbb{N}$ die Codenummer einer Folge, so stellt f eine obere Schranke für die Länge und für die Komponenten dieser Folge dar: [3.10]

$$\mathbf{FA} \vdash \mathsf{IstFolge}(\mathtt{f}) \to \mathsf{lng}(\mathtt{f}) < \mathtt{f} \wedge \big(\forall \mathtt{i} < \mathsf{lng}(\mathtt{f})\big)\, (\mathtt{f})_{\mathtt{i}} < \mathtt{f}.$$

Diese Eigenschaft der Komponenten von f überträgt sich induktiv auch auf (via Folgenverschachtelung) mittelbar in f enthaltene Komponenten, d.h. auf Komponenten von Komponenten von f usw.

Umgekehrt gibt es einen Δ-pTerm $\mathsf{schrk}(\mathtt{s}_1, \mathtt{s}_2)$, durch den man aus der Länge und den Gliedern einer Folge f eine obere Schranke für die Codenummer von f berechnen kann: [3.11]

$$\mathbf{FA} \vdash \mathsf{IstFolge}(\mathtt{f}) \wedge \mathsf{lng}(\mathtt{f}) \leq \mathtt{s}_1 \wedge \big(\forall \mathtt{i} < \mathsf{lng}(\mathtt{f})\big) (\mathtt{f})_{\mathtt{i}} \leq \mathtt{s}_2 \to \mathtt{f} \leq \mathsf{schrk}(\mathtt{s}_1, \mathtt{s}_2).$$

(Diese und die vorige Bemerkung werden uns später ermöglichen zu zeigen, dass bestimmte Σ-Formeln tatsächlich delta sind.)

[3.12] Weiter benötigen wir noch eine Verkettungsoperation für Folgen. Dazu verwenden wir den Δ-pTerm $\mathsf{kett}(\mathtt{f}_1, \mathtt{f}_2)$. Es gilt:

$$\begin{aligned}\mathbf{FA} \vdash\ & \mathsf{IstFolge}(\mathtt{f}_1) \wedge \mathsf{IstFolge}(\mathtt{f}_2) \rightarrow \\ & \quad \mathsf{IstFolge}\big(\mathsf{kett}(\mathtt{f}_1, \mathtt{f}_2)\big) \\ & \wedge\ \mathsf{lng}\big(\mathsf{kett}(\mathtt{f}_1, \mathtt{f}_2)\big) = \mathsf{lng}(\mathtt{f}_1) + \mathsf{lng}(\mathtt{f}_2) \\ & \wedge\ \big(\forall \mathtt{i} < \mathsf{lng}(\mathtt{f}_1)\big)\ \big(\mathsf{kett}(\mathtt{f}_1, \mathtt{f}_2)\big)_{\mathtt{i}} = (\mathtt{f}_1)_{\mathtt{i}} \\ & \wedge\ \big(\forall \mathtt{i} < \mathsf{lng}(\mathtt{f}_2)\big)\ \big(\mathsf{kett}(\mathtt{f}_1, \mathtt{f}_2)\big)_{\mathsf{lng}(\mathtt{f}_1)+\mathtt{i}} = (\mathtt{f}_2)_{\mathtt{i}}.\end{aligned}$$

[3.13] Wir werden öfters einzelne Glieder an Folgen anhängen. Ein dazu geeigneter Δ-pTerm ist

$$\mathtt{f} * \mathtt{x} \ :=\ \mathsf{kett}\big(\mathtt{f}, \mathsf{single}(\mathtt{x})\big).$$

[3.14] Der Δ-pTerm $\mathsf{kastr}(\mathtt{f})$ *entfernt* dagegen das letzte Glied einer Folge, sofern diese positive Länge hat:

$$\begin{aligned}\mathbf{FA} \vdash\ & \mathsf{IstFolge}(\mathtt{f}) \wedge \mathsf{lng}(\mathtt{f}) > \mathbf{0} \rightarrow \\ & \quad \mathsf{IstFolge}\big(\mathsf{kastr}(\mathtt{f})\big) \\ & \wedge\ \mathsf{lng}\big(\mathsf{kastr}(\mathtt{f})\big) = \mathsf{lng}(\mathtt{f}) \dot{-} \mathbf{1} \\ & \wedge\ \big(\forall \mathtt{i} < \mathsf{lng}(\mathtt{f}) \dot{-} \mathbf{1}\big)\ \big(\mathsf{kastr}(\mathtt{f})\big)_{\mathtt{i}} = (\mathtt{f})_{\mathtt{i}}.\end{aligned}$$

[3.15] Dabei haben wir stillschweigend einen Δ-pTerm verwendet, der eine Subtraktion für natürliche Zahlen repräsentiert:

$$\mathsf{Minus}(\mathtt{m}, \mathtt{n}, \mathtt{d}) \ :=\ \big((\mathtt{m} \geq \mathtt{n} \rightarrow \mathtt{n} + \mathtt{d} = \mathtt{m}) \wedge (\mathtt{m} < \mathtt{n} \rightarrow \mathtt{d} = \mathbf{0})\big).$$

Statt $\mathsf{minus}(s, t)$ schreiben wir kurz: $s \dot{-} t$.

[3.16] Nun haben wir das notwendige Instrumentarium beisammen, um Terme und Formeln von $\mathcal{L}_{\mathrm{Ar}}$ zu codieren, und können für die Ausdrücke a von $\mathcal{L}_{\mathrm{Ar}}$ ihre **Gödelnummer** $\ulcorner a \urcorner$ definieren. Dazu setzen wir allgemein für Zeichen z unseres Alphabets (s. **[1.1]**):

$$\ulcorner z \urcorner \ :=\ z,$$

d.h. es gilt: $\ulcorner \bot \urcorner = \bot, \ldots, \ulcorner < \urcorner = <$. Damit haben wir in der denkbar einfachsten Weise allen Zeichen des Alphabets und insbesondere allen unzusammengesetzten Termen und Formeln von $\mathcal{L}_{\mathrm{Ar}}$ eine Codenummer zugeordnet. Alle übrigen Terme und Formeln entstehen aus den Grundzeichen durch wiederholte Paar- und Tripelbildung; entsprechend definieren wir für zusammengesetzte Ausdrücke (a,b) und (a,b,c) von $\mathcal{L}_{\mathrm{Ar}}$ (vgl. **[1.2]**, **[1.6]**, **[1.7]**):

$$\ulcorner(a,b)\urcorner \;:=\; \langle\ulcorner a\urcorner,\ulcorner b\urcorner\rangle$$

und

$$\ulcorner(a,b,c)\urcorner \;:=\; \langle\ulcorner a\urcorner,\ulcorner b\urcorner,\ulcorner c\urcorner\rangle;$$

d.h. die Gödelnummer eines Ausdrucks ist die Codenummer der Folge der Gödelnummern seiner Bestandteile.

Wegen **[3.7]** und **[3.9]** ist dadurch eine injektive Funktion **[3.17]**

$$\ulcorner\;\urcorner\colon\ \mathrm{Tm}_{\mathrm{Ar}} \mathbin{\dot\cup} \mathrm{Fml}_{\mathrm{Ar}} \to \mathbb{N}$$

festgelegt.

So können wir etwa die Gödelnummer einer Einsetzungsinstanz des Induktionsschemas (für eine Variable x und eine Formel $\varphi(\mathrm{x})$) folgendermaßen schreiben: **[3.18]**

$$\begin{aligned}&\ulcorner\varphi(\mathbf{0})\,\wedge\,(\forall\mathrm{x})\,(\varphi(\mathrm{x})\to\varphi(\mathrm{x}{+}\mathbf{1}))\;\to\;\varphi(\mathrm{x})\urcorner \;=\\ &\quad=\;\Big\langle\ulcorner\to\urcorner,\Big\langle\ulcorner\to\urcorner,\Big\langle\ulcorner\to\urcorner,\ulcorner\varphi(\mathbf{0})\urcorner,\big\langle\ulcorner\to\urcorner,\big\langle\ulcorner\forall\urcorner,\ulcorner\mathrm{x}\urcorner,\\ &\qquad\langle\ulcorner\to\urcorner,\ulcorner\varphi(\mathrm{x})\urcorner,\ulcorner\varphi(\mathrm{x}{+}\mathbf{1})\urcorner\rangle\big\rangle,\ulcorner\bot\urcorner\big\rangle\Big\rangle,\ulcorner\bot\urcorner\Big\rangle,\ulcorner\varphi(\mathrm{x})\urcorner\Big\rangle.\end{aligned}$$

(Man beachte, dass eine Konjunktion $\psi\wedge\chi$ wegen **[1.8]** ‚in Wirklichkeit' die Gestalt $(\psi\to(\chi\to\bot))\to\bot$ hat.)

Entsprechend ist auf der objektsprachlichen Ebene beweisbar: **[3.19]**

$$\begin{aligned}&\underline{\ulcorner\varphi(\mathbf{0})\,\wedge\,(\forall\mathrm{x})\,(\varphi(\mathrm{x})\to\varphi(\mathrm{x}{+}\mathbf{1}))\;\to\;\varphi(\mathrm{x})\urcorner}\;=\\ &\quad\mathsf{tripel}\Big(\underline{\ulcorner\to\urcorner},\mathsf{tripel}\Big(\underline{\ulcorner\to\urcorner},\mathsf{tripel}\Big(\underline{\ulcorner\to\urcorner},\underline{\ulcorner\varphi(\mathbf{0})\urcorner},\mathsf{tripel}\big(\underline{\ulcorner\to\urcorner},\\ &\qquad\mathsf{tripel}\big(\underline{\ulcorner\forall\urcorner},\underline{\ulcorner\mathrm{x}\urcorner},\mathsf{tripel}(\underline{\ulcorner\to\urcorner},\underline{\ulcorner\varphi(\mathrm{x})\urcorner},\underline{\ulcorner\varphi(\mathrm{x}{+}\mathbf{1})\urcorner})\big),\underline{\ulcorner\bot\urcorner}\big)\Big),\underline{\ulcorner\bot\urcorner}\Big),\underline{\ulcorner\varphi(\mathrm{x})\urcorner}\Big).\end{aligned}$$

[3.20] Um solche Aussagen leichter lesbar zu machen, führen wir noch einige handliche Abkürzungen ein. Wir verwenden die Δ-pTerme

$$
\begin{aligned}
(\mathtt{s} \oplus \mathtt{t}) &:= \mathsf{tripel}(\underline{\ulcorner + \urcorner}, \mathtt{s}, \mathtt{t}),\\
(\mathtt{s} \odot \mathtt{t}) &:= \mathsf{tripel}(\underline{\ulcorner \cdot \urcorner}, \mathtt{s}, \mathtt{t}),\\
(\mathtt{s} \circleddash\!\!\!\ominus \mathtt{t}) &:= \mathsf{tripel}(\underline{\ulcorner = \urcorner}, \mathtt{s}, \mathtt{t}),\\
(\mathtt{s} \textcircled{$<$} \mathtt{t}) &:= \mathsf{tripel}(\underline{\ulcorner < \urcorner}, \mathtt{s}, \mathtt{t}),\\
(\mathtt{f} \textcircled{$\to$} \mathtt{g}) &:= \mathsf{tripel}(\underline{\ulcorner \to \urcorner}, \mathtt{f}, \mathtt{g}),\\
((\textcircled{$\forall$}\mathtt{v})\,\mathtt{f}) &:= \mathsf{tripel}(\underline{\ulcorner \forall \urcorner}, \mathtt{v}, \mathtt{f}),
\end{aligned}
$$

sowie, in Anlehnung an **[1.8]**:

$$
\begin{aligned}
(\textcircled{$\neg$}\,\mathtt{f}) &:= (\mathtt{f} \textcircled{$\to$} \underline{\ulcorner \bot \urcorner}),\\
(\mathtt{f} \textcircled{$\wedge$} \mathtt{g}) &:= (\textcircled{$\neg$}(\mathtt{f} \textcircled{$\to$} (\textcircled{$\neg$}\,\mathtt{g}))),\\
(\mathtt{f} \textcircled{$\vee$} \mathtt{g}) &:= ((\textcircled{$\neg$}\,\mathtt{f}) \textcircled{$\to$} \mathtt{g}),\\
(\mathtt{f} \textcircled{$\leftrightarrow$} \mathtt{g}) &:= ((\mathtt{f} \textcircled{$\to$} \mathtt{g}) \textcircled{$\wedge$} (\mathtt{g} \textcircled{$\to$} \mathtt{f})),\\
((\textcircled{$\exists$}\mathtt{v})\,\mathtt{f}) &:= (\textcircled{$\neg$}((\textcircled{$\forall$}\mathtt{v})\,(\textcircled{$\neg$}\,\mathtt{f}))).
\end{aligned}
$$

Analog sollen entsprechend den in **[1.13]** eingeführten Abkürzungen die pTerme $(\mathtt{s} \textcircled{$\leq$} \mathtt{t})$, $(\mathtt{s} \textcircled{$>$} \mathtt{t})$, $(\mathtt{s} \textcircled{$\geq$} \mathtt{t})$, $((\textcircled{$\forall$}\mathtt{v} \textcircled{$<$} \mathtt{t})\,\mathtt{f})$, $((\textcircled{$\exists$}\mathtt{v} \textcircled{$<$} \mathtt{t})\,\mathtt{f})$ (letztere auch mit „$\textcircled{$\leq$}$", „$\textcircled{$>$}$" und „$\textcircled{$\geq$}$") definiert sein. Wir erlauben uns, für Zusammensetzungen solcher pTerme Klammerkonventionen wie die in **[1.14]** festgelegten zu verwenden.

[3.21] Damit können wir das Beispiel aus **[3.19]** auch folgendermaßen schreiben:

$$
\begin{aligned}
\mathbf{FA} \vdash\quad & \underline{\ulcorner \varphi(\mathbf{0}) \wedge (\forall \mathrm{x})\,(\varphi(\mathrm{x}) \to \varphi(\mathrm{x}{+}\mathbf{1})) \;\to\; \varphi(\mathrm{x}) \urcorner}\\
= \; & \Big(\underline{\ulcorner \varphi(\mathbf{0}) \urcorner} \textcircled{$\wedge$} (\textcircled{$\forall$}\underline{\ulcorner \mathrm{x} \urcorner})(\underline{\ulcorner \varphi(\mathrm{x}) \urcorner} \textcircled{$\to$} \underline{\ulcorner \varphi(\mathrm{x}{+}\mathbf{1}) \urcorner}) \textcircled{$\to$} \underline{\ulcorner \varphi(\mathrm{x}) \urcorner}\Big),
\end{aligned}
$$

was schon deutlich übersichtlicher ist.

[3.22] Nachdem wir Mittel bereitgestellt haben, **FA**-Ausdrücke als natürliche Zahlen zu codieren und diese Codierungen auch objektsprachlich, also ‚in **FA**', zu repräsentieren, werden wir nun daran gehen, auch formal-logische Operationen, Eigenschaften und Beziehungen dergestalt in arithmetische zu übersetzen, dass logische Sachverhalte unter Bezugnahme auf Gödelnummern möglichst weitgehend in **FA** beweisbar sind. Dazu können wir Formeln konstruieren, die solche Sachverhalte wiedergeben, z. B.:

$\mathsf{Var}(\mathtt{v})$: „v ist Gödelnummer einer $\mathcal{L}_{\mathrm{Ar}}$-Variable“.

Genauer soll das heißen, dass $\mathsf{Var}(\mathtt{v})$ eine $\mathcal{L}_{\mathrm{Ar}}$-Formel ist, so dass für alle $n \in \mathbb{N}$ gilt:

$$\mathbb{N} \models \mathsf{Var}(\boldsymbol{n}) \quad \Longleftrightarrow \quad n \text{ ist die Gödelnummer } \ulcorner \mathtt{w} \urcorner \text{ einer } \mathcal{L}_{\mathrm{Ar}}\text{-Variable } \mathtt{w}.$$

Im Folgenden bedienen wir uns einer laxen, aber suggestiven Sprechweise und verzichten auf die Erwähnung der Gödelcodierung.

$\mathsf{Term}(\mathtt{t})$: „t ist ein $\mathcal{L}_{\mathrm{Ar}}$-Term“;

$\mathsf{Formel}(\mathtt{f})$: „f ist eine $\mathcal{L}_{\mathrm{Ar}}$-Formel“;

$\mathsf{FreiIn}(\mathtt{v}, \mathtt{e})$: „v ist frei in dem Term oder der Formel e“;

$\mathsf{Aussage}(\mathtt{a})$: „a ist eine $\mathcal{L}_{\mathrm{Ar}}$-Aussage“;

$\mathsf{subst}(\mathtt{e}, \mathtt{v}, \mathtt{t})$: „das Ergebnis der Substitution von t für v in dem Term oder der Formel e“ (ein pTerm);

$\mathsf{ZulässigFür}(\mathtt{t}, \mathtt{v}, \mathtt{f})$: „t ist zulässig für v in f“.

Diese Formeln sind allesamt delta.

Als Beispiel zeigen wir eine mögliche Definition von $\mathsf{Term}(\mathtt{t})$. Man würde na- **[3.23]**
türlich gerne die üblichen rekursiven Definitionen nachahmen und schreiben:

$$\begin{aligned} \mathsf{Term}(\mathtt{t}) \quad :=& \\ & \mathsf{Var}(\mathtt{t}) \ \vee \ \mathtt{t} = \ulcorner \underline{\mathbf{0}} \urcorner \ \vee \ \mathtt{t} = \ulcorner \underline{\mathbf{1}} \urcorner \\ \vee \quad & (\exists \mathtt{r}, \mathtt{s}) \big[\mathsf{Term}(\mathtt{r}) \ \wedge \ \mathsf{Term}(\mathtt{s}) \ \wedge \ \big(\mathtt{t} = (\mathtt{r} \oplus \mathtt{s}) \ \vee \ \mathtt{t} = (\mathtt{r} \odot \mathtt{s})\big)\big]. \end{aligned}$$

Das geht jedoch nicht, da die Formel $\mathsf{Term}(\mathtt{t})$ keine Einsetzungsinstanzen von sich selbst enthalten kann. Dies ist der Grund, aus dem wir in Abschnitt 1 die komplizierten Folgendefinitionen angegeben haben, denn diese sind leicht in $\mathcal{L}_{\mathrm{Ar}}$-Formeln zu übersetzen. Wir definieren also (mit „TermFlgGAus“ wie „Term-Folge gibt aus“):

$$\begin{aligned} \mathsf{TermFlgGAus}(\mathtt{f}, \mathtt{l}, \mathtt{t}) \quad :=& \\ & \mathsf{IstFolge}(\mathtt{f}) \ \wedge \ \mathsf{lng}(\mathtt{f}) = \mathtt{l} {+} \mathbf{1} \ \wedge \ (\mathtt{f})_{\mathtt{l}} = \mathtt{t} \\ \wedge \ (\forall \mathtt{i} \leq \mathtt{l}) & \left[\begin{array}{l} \mathsf{Var}\big((\mathtt{f})_{\mathtt{i}}\big) \ \vee \ (\mathtt{f})_{\mathtt{i}} = \ulcorner \underline{\mathbf{0}} \urcorner \ \vee \ (\mathtt{f})_{\mathtt{i}} = \ulcorner \underline{\mathbf{1}} \urcorner \\ \vee \ (\exists \mathtt{j}, \mathtt{k} < \mathtt{i}) \left(\begin{array}{l} (\mathtt{f})_{\mathtt{i}} = \big[(\mathtt{f})_{\mathtt{j}} \oplus (\mathtt{f})_{\mathtt{k}}\big] \\ \vee \ (\mathtt{f})_{\mathtt{i}} = \big[(\mathtt{f})_{\mathtt{j}} \odot (\mathtt{f})_{\mathtt{k}}\big] \end{array} \right) \end{array} \right] \end{aligned}$$

und

$$\mathsf{Term}(\mathtt{t}) \quad := \quad (\exists \mathtt{f}, \mathtt{l})\, \mathsf{TermFlgGAus}(\mathtt{f}, \mathtt{l}, \mathtt{t}).$$

[3.24] Bevor wir in **[3.28]** zeigen, dass Term($\mathtt{t}$) delta ist, stellen wir einige Hilfsmittel zur Verfügung.

[3.25] In **FA** ist noch ein weiteres Schema für die Vollständige Induktion beweisbar. Sind $\mathtt{y}$ und $\mathtt{z}$ zulässig für $\mathtt{x}$ in einer Formel $\varphi(\mathtt{x})$ (eventuell mit weiteren freien Variablen), so gilt:

$$\mathbf{FA} \vdash (\forall \mathtt{z}) \left[(\forall \mathtt{y} < \mathtt{z})\, \varphi(\mathtt{y}) \;\rightarrow\; \varphi(\mathtt{z})\right] \;\rightarrow\; \varphi(\mathtt{x}).$$

Beweis Boolos 1993, S. 22 f. ■

[3.26] Wenn $\mathtt{m}$ und $\mathtt{y}$ zulässig für $\mathtt{x}$ in $\varphi(\mathtt{x})$ (eventuell mit weiteren freien Variablen) sind, schreiben wir:

$$(\mathtt{m}\ \mathrm{min}\ \mathtt{y})\, \varphi(\mathtt{y}) \quad := \quad \big(\varphi(\mathtt{m}) \,\wedge\, (\forall \mathtt{y} < \mathtt{m})\, \neg\varphi(\mathtt{y})\big).$$

(Die Variable $\mathtt{y}$ ist hier offensichtlich gebunden.) Diese Formel besagt, dass $\mathtt{m}$ das kleinste $\mathtt{y}$ mit $\varphi(\mathtt{y})$ ist. Wenn $\varphi(\mathtt{x})$ delta ist, so auch $(\mathtt{m}\ \mathrm{min}\ \mathtt{y})\, \varphi(\mathtt{y})$.

[3.27] $\mathbf{FA} \vdash \varphi(\mathtt{x}) \rightarrow (\exists \mathtt{m})\, (\mathtt{m}\ \mathrm{min}\ \mathtt{y})\, \varphi(\mathtt{y})$.

Beweis Dies folgt sofort aus **[3.25]** durch Anwendung auf $\neg\varphi$. ■

[3.28] Term($\mathtt{t}$) ist delta.

Beweis Wir zeigen in **FA**:

$$\mathsf{Term}(\mathtt{t}) \;\leftrightarrow\; \big(\exists \mathtt{f} \leq \mathsf{schrk}(\mathtt{t}+1, \mathtt{t})\big)\, (\exists \mathtt{l} \leq \mathtt{t})\, \mathsf{TermFlgGAus}(\mathtt{f}, \mathtt{l}, \mathtt{t}). \qquad (1)$$

Dabei folgt die Richtung „$\leftarrow$" schon aus der Definition von Term($\mathtt{t}$).

Die Implikation „$\rightarrow$" erhält man durch folgende Überlegung:[8] Wenn es überhaupt eine Term-Folge $\mathtt{f}$ gibt, die $\mathtt{t}$ ausgibt, dann gibt es auch eine ebensolche Term-Folge $\mathtt{f}'$, deren Glieder alle paarweise verschieden und $\leq \mathtt{t}$ sind; insbesondere hat $\mathtt{f}'$ eine Länge $\leq \mathtt{t}+1$. Dies führen wir im Folgenden aus.

Wir zeigen zunächst durch Vollständige Induktion gemäß **[3.25]**:

$$\mathsf{Term}(\mathtt{t}) \;\rightarrow\; (\exists \mathtt{l}, \mathtt{f})\, \left[\mathsf{TermFlgGAus}(\mathtt{f}, \mathtt{l}, \mathtt{t}) \;\wedge\; (\forall \mathtt{i} \leq \mathtt{l})\; (\mathtt{f})_{\mathtt{i}} \leq \mathtt{t}\right]. \qquad (2)$$

[8] Um die Argumentation lesbarer zu gestalten, unterscheide ich im Folgenden nicht mehr zwischen Folgen, Termen und Formeln auf der einen Seite und ihren Code- resp. Gödelnummern auf der anderen, soweit Missverständnisse ausgeschlossen sind. Wenn ich also z. B. sage, ein Term $\mathtt{s}$, der $> \mathtt{t}$ ist, könne nicht in $\mathtt{t}$ vorkommen, dann meine ich: Wenn die Gödelnummer $\mathtt{s}$ eines Terms s größer ist als die Gödelnummer $\mathtt{t}$ des Terms t, dann kann s kein Teilterm von t sein. – Außerdem beziehe ich mich auf natürliche Zahlen mittels der $\mathcal{L}_{\mathrm{Ar}}$-Variablen, mittels derer auch **FA** über diese ‚spricht'.

Gelte

$$(\forall \mathtt{t}'<\mathtt{t})\left(\mathsf{Term}(\mathtt{t}') \to (\exists \mathtt{l},\mathtt{f})\left[\mathsf{TermFlgGAus}(\mathtt{f},\mathtt{l},\mathtt{t}') \wedge (\forall \mathtt{i}\leq \mathtt{l})\ (\mathtt{f})_\mathtt{i} \leq \mathtt{t}'\right]\right) \tag{3}$$

und $\mathsf{Term}(\mathtt{t})$. Dann gibt es $\mathtt{f}', \mathtt{l}'$ mit $\mathsf{TermFlgGAus}(\mathtt{f}', \mathtt{l}', \mathtt{t})$, es gilt $(\mathtt{f}')_{\mathtt{l}'} = \mathtt{t}$, und wir unterscheiden zwei Fälle:

$\underline{\mathsf{Var}(\mathtt{t}) \vee \mathtt{t} = \ulcorner \mathbf{0} \urcorner \vee \mathtt{t} = \ulcorner \mathbf{1} \urcorner :}$ Mit $\mathtt{f} := \mathsf{single}(\mathtt{t})$ und $\mathtt{l} := \mathbf{0}$ erhalten wir die Behauptung.

$\underline{(\exists \mathtt{j},\mathtt{k}<\mathtt{l}')\ \left(\mathtt{t} = \left[(\mathtt{f}')_\mathtt{j} \oplus (\mathtt{f}')_\mathtt{k}\right] \vee \mathtt{t} = \left[(\mathtt{f}')_\mathtt{j} \odot (\mathtt{f}')_\mathtt{k}\right]\right):}$ Aus **[3.20]** und **[3.10]** folgt $\mathtt{t}_1, \mathtt{t}_2 < \mathtt{t}$ für $\mathtt{t}_1 := (\mathtt{f}')_\mathtt{j}$ und $\mathtt{t}_2 := (\mathtt{f}')_\mathtt{k}$. Da offenbar $\mathsf{Term}(\mathtt{t}_1)$ und $\mathsf{Term}(\mathtt{t}_2)$ gilt, folgt aus (3) für $m = 1, 2$:

$$(\exists \mathtt{l}_m, \mathtt{f}_m)\left[\mathsf{TermFlgGAus}(\mathtt{f}_m, \mathtt{l}_m, \mathtt{t}_m) \wedge (\forall \mathtt{i}\leq \mathtt{l}_m)\ (\mathtt{f}_m)_\mathtt{i} \leq \mathtt{t}_m\right].$$

Mit $\mathtt{f} := \mathsf{kett}(\mathtt{f}_1, \mathtt{f}_2) * \mathtt{t}$ und $\mathtt{l} := \mathtt{l}_1 + \mathtt{l}_2 + \mathbf{2}$ folgt wieder die Behauptung.

Nun zeigen wir „→" in (1). – Gelte $\mathsf{Term}(\mathtt{t})$. Nach (2) gibt es ein $\mathtt{l}$ mit

$$(\exists \mathtt{f})\left[\mathsf{TermFlgGAus}(\mathtt{f},\mathtt{l},\mathtt{t}) \wedge (\forall \mathtt{i}\leq \mathtt{l})\ (\mathtt{f})_\mathtt{i} \leq \mathtt{t}\right],$$

und wir können wegen **[3.27]** annehmen, dass $\mathtt{l}$ minimal mit dieser Eigenschaft ist.

Die Glieder von $\mathtt{f}$ sind paarweise verschieden. Andernfalls gibt es nämlich $\mathtt{i}, \mathtt{j} \leq \mathtt{l}$ mit $\mathtt{i} < \mathtt{j}$ und $(\mathtt{f})_\mathtt{i} = (\mathtt{f})_\mathtt{j}$. Ist $\mathtt{j} = \mathtt{l}$, so ist $(\mathtt{f})_\mathtt{i} = \mathtt{t}$ und für die Folge $\mathtt{f}'$, die man durch Entfernen der Glieder $(\mathtt{f})_{\mathtt{i}+1}, \ldots, (\mathtt{f})_\mathtt{l}$ aus $\mathtt{f}$ erhält, gilt $\mathsf{TermFlgGAus}(\mathtt{f}', \mathtt{i}, \mathtt{t})$; ist hingegen $\mathtt{j} < \mathtt{l}$ und ist $\mathtt{f}'$ die Folge, die man durch Herausstreichen von $(\mathtt{f})_\mathtt{j}$ aus $\mathtt{f}$ erhält, so ergibt sich $\mathsf{TermFlgGAus}(\mathtt{f}', \mathtt{l} \dot{-} \mathbf{1}, \mathtt{t})$.[9] In beiden Fällen haben wir einen Widerspruch zur Minimalität von $\mathtt{l}$.

Unter Verwendung der zweiten der obigen Streichungsoperationen kann man durch Vollständige Induktion nach $\mathtt{s}$ zeigen, dass Folgen mit paarweise verschiedenen Gliedern $\leq \mathtt{s}$ maximal die Länge $\mathtt{s} + \mathbf{1}$ haben können. Es gilt also:

$$\mathtt{l} + \mathbf{1} = \mathsf{lng}(\mathtt{f}) \overset{!}{\leq} \mathtt{t} + \mathbf{1},$$

und wegen **[3.11]** ist $\mathtt{f} \leq \mathsf{schrk}(\mathtt{t} + \mathbf{1}, \mathtt{t})$, womit (1) bewiesen wäre. ■

[9] Man kann mit geringem technischen Aufwand für beide Streichungsoperationen geeignete Δ-pTerme definieren.

[3.29] Auch der Übergang von einer Zahl zu ihrer Zifferndarstellung (s. **[1.16]**) lässt sich gödelisieren. Dazu setzen wir:

$$\begin{aligned} \mathsf{NumFlgGAus}(\mathtt{n},\mathtt{f},\mathtt{z}) \quad &:= \\ &\mathsf{IstFolge}(\mathtt{f}) \ \wedge\ \mathsf{lng}(\mathtt{f}) = \mathtt{n}+\mathtt{1} \ \wedge\ (\mathtt{f})_0 = \underline{\ulcorner \mathbf{0} \urcorner} \ \wedge\ (\mathtt{f})_\mathtt{n} = \mathtt{z} \\ \wedge\ &(\forall \mathtt{m}<\mathtt{n})\ (\mathtt{f})_{\mathtt{m}+1} = \big((\mathtt{f})_\mathtt{m} \oplus \underline{\ulcorner \mathbf{1} \urcorner}\big) \end{aligned}$$

und

$$\mathsf{Num}(\mathtt{n},\mathtt{z}) \quad := \quad (\exists \mathtt{f})\, \mathsf{NumFlgGAus}(\mathtt{n},\mathtt{f},\mathtt{z}).$$

Der pTerm $\mathsf{num}(\mathtt{n})$ liefert jeweils die Gödelnummer der Zifferndarstellung von $\mathtt{n}$. Setzt man für $\mathtt{n}$ die Gödelnummer $\underline{\ulcorner \varphi \urcorner}$ einer Formel φ ein, so repräsentiert $\mathsf{num}(\underline{\ulcorner \varphi \urcorner})$ die Gödelnummer der Gödelnummer von φ. Da wir $\mathtt{f}$ durch $\mathsf{schrk}(\mathtt{n}+\mathtt{1},\mathtt{z})$ beschränken können, ist $\mathsf{num}(\mathtt{n})$ delta.

[3.30] **FA** $\vdash\ \mathsf{num}(\mathtt{n}+\mathtt{1}) = \mathsf{num}(\mathtt{n}) \oplus \underline{\ulcorner \mathbf{1} \urcorner}$.

Beweis In **FA**. – Nach **[3.29]** gilt:

$$(\exists \mathtt{f})\ \mathsf{NumFlgGAus}\big(\mathtt{n},\mathtt{f},\mathsf{num}(\mathtt{n})\big).$$

Sei $\mathtt{f}$ fest. Wir verlängern die Folge $\mathtt{f}$, deren letztes Glied $(\mathtt{f})_\mathtt{n} = \mathsf{num}(\mathtt{n})$ ist, um das Glied $\mathsf{num}(\mathtt{n}) \oplus \underline{\ulcorner \mathbf{1} \urcorner}$ und erhalten wiederum eine Num-Folge:

$$\mathsf{NumFlgGAus}\Big(\mathtt{n}+\mathtt{1},\ \mathtt{f} * \big(\mathsf{num}(\mathtt{n}) \oplus \underline{\ulcorner \mathbf{1} \urcorner}\big),\ \mathsf{num}(\mathtt{n}) \oplus \underline{\ulcorner \mathbf{1} \urcorner}\Big).$$

Daraus folgt die Behauptung. ■

[3.31] Für $n \in \mathbb{N}$ ist in **FA** stets beweisbar: $\mathsf{num}(\boldsymbol{n}) = \underline{\ulcorner \boldsymbol{n} \urcorner}$.

Beweis Wir machen Vollständige Induktion nach n:

$\underline{n=0}$: In **FA**. – Weil offenbar $\mathsf{NumFlgGAus}(\mathbf{0}, \mathsf{single}(\underline{\ulcorner \mathbf{0} \urcorner}), \underline{\ulcorner \mathbf{0} \urcorner})$ gilt, ist $\mathsf{num}(\mathbf{0})$ gleich $\underline{\ulcorner \mathbf{0} \urcorner}$.

$\underline{n+1}$: In **FA**. – Nach Induktionsvoraussetzung gilt:

$$\begin{aligned} \mathsf{num}(\underline{n+1}) &\overset{[1.16]}{=} \mathsf{num}(\boldsymbol{n}+\mathbf{1}) \\ &\overset{[3.30]}{=} \mathsf{num}(\boldsymbol{n}) \oplus \underline{\ulcorner \mathbf{1} \urcorner} \\ &\overset{!}{=} \underline{\ulcorner \boldsymbol{n} \urcorner} \oplus \underline{\ulcorner \mathbf{1} \urcorner} \\ &\overset{[3.20]}{=} \mathsf{tripel}(\underline{\ulcorner + \urcorner}, \underline{\ulcorner \boldsymbol{n} \urcorner}, \underline{\ulcorner \mathbf{1} \urcorner}) \end{aligned}$$

$$
\begin{aligned}
&\stackrel{[3.3]}{=} \underline{\langle \ulcorner + \urcorner, \ulcorner n \urcorner, \ulcorner 1 \urcorner \rangle}\\
&\stackrel{[3.16]}{=} \underline{\ulcorner (+, n, 1) \urcorner}\\
&\stackrel{[1.4]}{=} \underline{\ulcorner n+1 \urcorner}\\
&\stackrel{[1.16]}{=} \underline{\underline{\ulcorner \underline{n+1} \urcorner}}.
\end{aligned}
$$

■

$\mathbf{FA} \vdash (\forall \mathtt{n})\ \mathsf{Term}(\mathsf{num}(\mathtt{n}))$. [3.32]

Wir machen Vollständige Induktion in **FA**. Beweis

$\underline{\mathtt{n}=\mathbf{0}:}$ Nach **[3.31]** ist $\mathsf{num}(\mathbf{0}) = \underline{\ulcorner \underline{0} \urcorner}$; und es gilt (s. **[3.23]**):

$$\mathsf{TermFlgGAus}\Big(\mathsf{single}(\underline{\ulcorner \underline{0} \urcorner}), \mathbf{0}, \underline{\ulcorner \underline{0} \urcorner}\Big);$$

daraus folgt:

$$(\exists \mathtt{f}, \mathtt{l})\ \mathsf{TermFlgGAus}(\mathtt{f}, \mathtt{l}, \mathsf{num}(\mathbf{0})),$$

und das ist gleichbedeutend mit $\mathsf{Term}(\mathsf{num}(\mathbf{0}))$.

$\underline{\mathtt{n}+\mathbf{1}:}$ Es gelte $\mathsf{Term}(\mathsf{num}(\mathtt{n}))$; das heißt:

$$(\exists \mathtt{f}, \mathtt{l})\ \mathsf{TermFlgGAus}(\mathtt{f}, \mathtt{l}, \mathsf{num}(\mathtt{n})).$$

Seien $\mathtt{f}, \mathtt{l}$ fest. Nach **[3.30]** gilt:

$$\mathsf{num}(\mathtt{n}+\mathbf{1}) = \mathsf{num}(\mathtt{n}) \oplus \underline{\ulcorner \underline{1} \urcorner}. \qquad (1)$$

Wie man sich leicht überlegt, folgt dann

$$
\begin{aligned}
&\mathsf{TermFlgGAus}\Big(\mathsf{kett}\big(\mathtt{f}, \mathsf{paar}(\underline{\ulcorner \underline{1} \urcorner}, \mathsf{num}(\mathtt{n}) \oplus \underline{\ulcorner \underline{1} \urcorner})\big), \mathtt{l}+\mathbf{2}, \mathsf{num}(\mathtt{n}) \oplus \underline{\ulcorner \underline{1} \urcorner}\Big),\\
\stackrel{(1)}{\leftrightarrow}\ &\mathsf{TermFlgGAus}\Big(\mathsf{kett}\big(\mathtt{f}, \mathsf{paar}(\underline{\ulcorner \underline{1} \urcorner}, \mathsf{num}(\mathtt{n}+\mathbf{1}))\big), \mathtt{l}+\mathbf{2}, \mathsf{num}(\mathtt{n}+\mathbf{1})\Big),\\
\rightarrow\ &\mathsf{Term}(\mathsf{num}(\mathtt{n}+\mathbf{1})).
\end{aligned}
$$

■

Wir arithmetisieren weitere formal-logische Begriffe und Beziehungen: [3.33]

$\mathsf{Axiom}(\mathtt{f})$: „$\mathtt{f}$ ist ein Axiom von **FA**“ ($\mathsf{Axiom}(\mathtt{f})$ soll eine natürliche Formalisierung des Axiombegriffs sein; da das Axiomensystem von **FA** nach Voraussetzung (**[2.1]**) entscheidbar ist, können wir fordern, dass $\mathsf{Axiom}(\mathtt{f})$ delta ist);

$\mathsf{MPLiefert}(\mathtt{f},\mathtt{g},\mathtt{h})$: „auf $\mathtt{f}$ und $\mathtt{g}$ kann der Modus ponens angewendet werden und liefert dann $\mathtt{h}$“:

$$\mathsf{MPLiefert}(\mathtt{f},\mathtt{g},\mathtt{h}) \quad := \quad \big[\mathsf{Formel}(\mathtt{f}) \ \land\ \mathsf{Formel}(\mathtt{h}) \ \land\ \mathtt{g} = (\mathtt{f} \ominus \mathtt{h})\big];$$

$\mathsf{GenLiefert}(\mathtt{f},\mathtt{g})$: „angewendet auf $\mathtt{f}$ liefert die Generalisierungsregel g“:

$$\begin{aligned}\mathsf{GenLiefert}(\mathtt{f},\mathtt{g}) \quad &:= \\ &\mathsf{Formel}(\mathtt{f}) \ \land\ (\exists \mathtt{v} < \mathtt{g}) \ \big[\mathsf{Var}(\mathtt{v}) \ \land\ \mathtt{g} = \big((\circledA\mathtt{v})\,\mathtt{f}\big)\big];\end{aligned}$$

$\mathsf{Beweis}(\mathtt{b})$: „$\mathtt{b}$ ist ein **FA**-Beweis“:

$$\begin{aligned}\mathsf{Beweis}(\mathtt{b}) \quad :=& \\ &\mathsf{IstFolge}(\mathtt{b}) \ \land\ \mathsf{lng}(\mathtt{b}) > \mathbf{0} \\ \land\ (\forall \mathtt{i} < \mathsf{lng}(\mathtt{b}))& \left[\begin{array}{l} \mathsf{Axiom}\big((\mathtt{b})_\mathtt{i}\big) \\ \lor\ (\exists \mathtt{j},\mathtt{k} < \mathtt{i}) \left(\begin{array}{l} \mathsf{MPLiefert}\big((\mathtt{b})_\mathtt{j},(\mathtt{b})_\mathtt{k},(\mathtt{b})_\mathtt{i}\big) \\ \lor\ \mathsf{GenLiefert}\big((\mathtt{b})_\mathtt{j},(\mathtt{b})_\mathtt{i}\big)\end{array}\right)\end{array}\right];\end{aligned}$$

$\mathsf{BeweisFür}(\mathtt{b},\mathtt{f})$: „$\mathtt{b}$ ist ein **FA**-Beweis für $\mathtt{f}$“:

$$\mathsf{BeweisFür}(\mathtt{b},\mathtt{f}) \quad := \quad \big[\mathsf{Beweis}(\mathtt{b}) \ \land\ (\mathtt{b})_{\mathsf{lng}(\mathtt{b}) \dot{-} \mathtt{1}} = \mathtt{f}\big].$$

Die bis hierhin eingeführten Formeln sind wieder alle delta, die nächste jedoch, um deren Eigenschaften sich der Rest dieser Arbeit drehen wird, ist nur sigma:

$\mathsf{Theorem}(\mathtt{f})$: „$\mathtt{f}$ ist ein Theorem von **FA**“:

$$\mathsf{Theorem}(\mathtt{f}) \quad := \quad (\exists \mathtt{b})\ \mathsf{BeweisFür}(\mathtt{b},\mathtt{f})$$

(in der Literatur heißt diese Formel entsprechend Gödel 1931 meist „$\mathsf{Bew}(\mathtt{f})$“).

4 Beweisbarkeitsprädikate

[4.1] Viele wichtige Eigenschaften von $\mathsf{Theorem}(\mathtt{f})$ können auf der Grundlage der so genannten Ableitbarkeitsbedingungen (s. **[4.7]**) bewiesen werden, die im Folgenden zusammen mit dem Begriff des Standard-Beweisbarkeitsprädikats (SBP) angegeben sind. Ein SBP $\mathsf{Th}(\mathtt{a})$ steht für eine mögliche Weise, **FA**-Beweisbarkeit formal auszudrücken. So wie „Th“ an „Theorem“ erinnert, soll auch

„BF" an „BeweisFür" erinnern; $\mathsf{BF}(\boldsymbol{b}, \ulcorner\underline{\alpha}\urcorner)$ bedeutet jedoch i.a. *nicht*, dass b Codenummer eines **FA**-Beweises für α ist (s. z.B. [4.4]). Insbesondere ist b nicht unbedingt Codenummer einer Formelfolge (mit letztem Glied α), und es kann zu b mehrere α mit $\mathsf{BF}(\boldsymbol{b}, \ulcorner\underline{\alpha}\urcorner)$ geben.

Ich schreibe im Folgenden statt „$\mathsf{Th}(\ulcorner\underline{\alpha}\urcorner)$" und „$\mathsf{BF}(\mathtt{b}, \ulcorner\underline{\alpha}\urcorner)$" etc. der einfacheren Lesbarkeit halber „$\mathsf{Th}(\alpha)$" und „$\mathsf{BF}(\mathtt{b}, \alpha)$" usw.

Eine $\mathcal{L}_{\mathrm{Ar}}$-Formel $\mathsf{Th}(\mathtt{a})$ ist ein **Standard-Beweisbarkeitsprädikat** (**SBP**) genau [4.2]
dann, wenn eine Δ-Formel $\mathsf{BF}(\mathtt{b}, \mathtt{a})$ mit $\mathrm{Fr}(\mathsf{BF}(\mathtt{b}, \mathtt{a})) = \{\mathtt{b}, \mathtt{a}\}$ existiert, so dass

(SBP1) $\quad \mathsf{Th}(\mathtt{a}) = (\exists \mathtt{b})\, \mathsf{BF}(\mathtt{b}, \mathtt{a});$

für alle $\mathcal{L}_{\mathrm{Ar}}$-Aussagen α, β gilt:

(SBP2) $\quad \mathbb{N} \models \mathsf{Th}(\alpha) \iff \mathbf{FA} \vdash \alpha$

(d.h. $\mathsf{Th}(\mathtt{a})$ ist extensional adäquat) und

(SBP3) $\quad \mathbf{FA} \vdash \mathsf{Th}(\alpha \to \beta) \to [\mathsf{Th}(\alpha) \to \mathsf{Th}(\beta)];$

für alle Σ-Aussagen σ gilt:

(SBP4) $\quad \mathbf{FA} \vdash \sigma \to \mathsf{Th}(\sigma);$

und schließlich:

(SBP5) $\quad \mathbf{FA} \vdash \mathsf{Th}(\mathtt{a}) \to (\forall \mathtt{n})\, (\exists \mathtt{b} > \mathtt{n})\, \mathsf{BF}(\mathtt{b}, \mathtt{a}).$

Insbesondere ist $\mathsf{Th}(\mathtt{a})$ wegen (SBP1) eine Σ-Formel. Man beachte, dass völlig offen bleibt, ob und welche offenen Formeln (sogar allgemeiner: welche Zahlen, die nicht die Gödelnummern von Aussagen sind) von Th ausgegeben werden, beweisbarermaßen oder bloß faktisch.

Statt (SBP1) würde auch genügen: [4.3]

$$\mathbf{FA} \vdash \mathsf{Th}(\mathtt{a}) \leftrightarrow (\exists \mathtt{b})\, \mathsf{BF}(\mathtt{b}, \mathtt{a}),$$

aber die unwesentlich stärkere Aussage (SBP1) erspart uns einigen technischen Aufwand.

Bedingung (SBP5) ist im Grunde unnötig, denn wenn $\mathsf{BF}(\mathtt{b}, \mathtt{a})$ delta ist mit [4.4]

$$\mathbf{FA} \vdash \mathsf{Th}(\mathtt{a}) \leftrightarrow (\exists \mathtt{b})\, \mathsf{BF}(\mathtt{b}, \mathtt{a}),$$

so ist auch $(\exists \mathtt{b}' \leq \mathtt{b})\, \mathsf{BF}(\mathtt{b}', \mathtt{a})$ delta mit

$$\mathbf{FA} \vdash \mathsf{Th}(\mathtt{a}) \leftrightarrow (\exists \mathtt{b})\, (\exists \mathtt{b}' \leq \mathtt{b})\, \mathsf{BF}(\mathtt{b}', \mathtt{a}).$$

Wir können also ein Formelpaar $\big(\mathsf{Th}(\mathsf{a}), \mathsf{BF}(\mathsf{b},\mathsf{a})\big)$ stets durch ein solches Paar $\big(\mathsf{Th}'(\mathsf{a}), \mathsf{BF}'(\mathsf{b},\mathsf{a})\big)$ ersetzen, dass $\mathsf{Th}'(\mathsf{a})$ in **FA** äquivalent zu $\mathsf{Th}(\mathsf{a})$ ist und das neue Paar (SBP5) erfüllt. Wir wollen jedoch im Folgenden mit $\mathsf{Th}(\mathsf{a})$ jeweils auch $\mathsf{BF}(\mathsf{b},\mathsf{a})$ als gegeben annehmen, und (SBP5) *ist* eine substanzielle Forderung an $\mathsf{BF}(\mathsf{b},\mathsf{a})$.

[4.5] Aus der Σ-Vollständigkeit von **FA** folgt für alle Aussagen α:

$$\mathbf{FA} \vdash \alpha \quad \Longrightarrow \quad \mathbf{FA} \vdash \mathsf{Th}(\alpha).$$

Ist **FA** ω-konsistent (s. **[2.11]**), so gilt sogar:

$$\mathbf{FA} \vdash \alpha \quad \Longleftrightarrow \quad \mathbf{FA} \vdash \mathsf{Th}(\alpha).$$

Beweis Nach (SBP2) ist $\mathbf{FA} \vdash \alpha$ äquivalent zu $\mathbb{N} \models \mathsf{Th}(\alpha)$, und wahre Σ-Aussagen sind nach **[2.22]** in **FA** beweisbar.

Sei **FA** ω-konsistent. Wir zeigen: $\mathbf{FA} \nvdash \alpha$ impliziert $\mathbf{FA} \nvdash \mathsf{Th}(\alpha)$. Nach (SBP2) ist $\mathbf{FA} \nvdash \alpha$ äquivalent zu $\mathbb{N} \not\models \mathsf{Th}(\alpha)$, und das bedeutet wegen (SBP1), dass für alle $b \in \mathbb{N}$ gilt: $\mathbb{N} \not\models \mathsf{BF}(\boldsymbol{b},\alpha)$. Falsche Δ-Aussagen sind nach **[2.26]** stets widerlegbar, also gilt $\mathbf{FA} \vdash \neg\mathsf{BF}(\boldsymbol{b},\alpha)$ für alle $b \in \mathbb{N}$. Dann kann aber aufgrund der ω-Konsistenz nicht zugleich $(\exists \mathsf{b})\,\mathsf{BF}(\mathsf{b},\alpha)$ beweisbar sein, daher folgt $\mathbf{FA} \nvdash \mathsf{Th}(\alpha)$. ■

[4.6] Da $\mathsf{Th}(\mathsf{a})$ eine Σ-Formel ist, gilt mit (SBP4) für alle Aussagen α:

$$\mathbf{FA} \;\vdash\; \mathsf{Th}(\alpha) \rightarrow \mathsf{Th}\big(\mathsf{Th}(\alpha)\big).$$

[4.7] Standard-Beweisbarkeitsprädikate erfüllen also die so genannten **Bernays–Löb-Ableitbarkeitsbedingungen** (*derivability conditions*), d.h. es gilt für alle Aussagen α, β:

(DC1) $\quad \mathbf{FA} \vdash \alpha \quad \Longrightarrow \quad \mathbf{FA} \vdash \mathsf{Th}(\alpha)$,

(DC2) $\quad \mathbf{FA} \;\vdash\; \mathsf{Th}(\alpha \rightarrow \beta) \rightarrow \big[\mathsf{Th}(\alpha) \rightarrow \mathsf{Th}(\beta)\big]$,

(DC3) $\quad \mathbf{FA} \;\vdash\; \mathsf{Th}(\alpha) \rightarrow \mathsf{Th}\big(\mathsf{Th}(\alpha)\big)$.

[4.8] Unser Beweisbarkeitsprädikat $\mathsf{Theorem}(\mathtt{f})$ mit

$$\mathsf{Theorem}(\mathtt{f}) \quad = \quad (\exists \mathsf{b})\,\mathsf{BeweisFür}(\mathsf{b},\mathtt{f})$$

ist ein SBP.

Beweis Hilbert und Bernays 1939, S. 319 ff.; Löb 1955; Boolos 1993, Kap. 2, bes. S. 44 ff. ■

Wir haben auf S. 11 in Fußnote 5 gesagt, dass die meisten in dieser Arbeit bewiesenen **FA**-Theoreme auch gültig in $\mathbb{N}$ sein müssen. Die Ausnahmen von dieser Regel bilden diejenigen **FA**-Theoreme, zu deren Beweis die $\mathcal{L}_{\mathrm{Ar}}$-Aussagen in (SBP3)–(SBP5) (bzw. (DC2) und (DC3)) verwendet werden. Dies sind die einzigen Stellen, an denen eine eventuelle Inkorrektheit von **FA** ins Spiel kommen kann und die jeweiligen Theoreme dementsprechend nicht notwendigerweise wahr sind. [4.9]

Ein entscheidender Kniff beim Beweis der Unvollständigkeit von **FA** ist die Konstruktion selbstbezüglicher $\mathcal{L}_{\mathrm{Ar}}$-Aussagen, d.h. Aussagen, die ihrer eigenen Gödelnummer und dadurch mittelbar sich selbst bestimmte Eigenschaften zusprechen. Diese Technik beruht auf dem Gödelschen Diagonallemma. [4.10]

Diagonallemma (Gödel 1931 bzw. Carnap 1934). Jede $\mathcal{L}_{\mathrm{Ar}}$-Formel $\varphi(\mathsf{a})$ (eventuell mit weiteren freien Variablen) besitzt einen **Fixpunkt**, d.h. eine $\mathcal{L}_{\mathrm{Ar}}$-Formel χ mit $\mathrm{Fr}(\chi) = \mathrm{Fr}(\varphi(\mathsf{a})) \setminus \{\mathsf{a}\}$ und [4.11]

$$\mathbf{FA} \vdash \chi \leftrightarrow \varphi(\underline{\ulcorner \chi \urcorner}).$$

Das bedeutet, zu jeder in $\mathcal{L}_{\mathrm{Ar}}$ ausdrückbaren Eigenschaft (φ) gibt es eine Formel χ, die besagt, dass ihre eigene Gödelnummer diese Eigenschaft hat. Wenn die arithmetische ‚Eigenschaft' φ (via Gödel-Codierung) die Entsprechung einer formal-logischen Eigenschaft $\mathcal{E}$ ist (z.B. $\mathsf{Theorem}(\mathsf{a})$ oder $\neg\mathsf{Theorem}(\mathsf{a})$), dann kann man χ interpretieren als: „Ich habe die Eigenschaft $\mathcal{E}$."

Boolos 1993, S. 53 f.; Carnap 1934, S. 91. ■ Beweis

Erster Gödelscher Unvollständigkeitssatz (Gödel 1931). Wenn **FA** ω-konsistent ist, dann gibt es **FA**-unentscheidbare Aussagen: die Fixpunkte von $\neg\mathsf{Th}(\mathsf{a})$, so genannte **Gödel-Sätze**, die besagen: „Ich bin in **FA** nicht beweisbar." Insbesondere ist **FA** dann unvollständig. [4.12]

Ist **FA** zudem korrekt, so sind alle Gödel-Sätze wahr.

$\mathsf{Th}(\mathsf{a})$ sei ein SBP. Nach **[4.11]** existiert ein Fixpunkt γ von $\neg\mathsf{Th}(\mathsf{a})$, d.h. es gilt: Beweis

$$\mathbf{FA} \vdash \gamma \leftrightarrow \neg\mathsf{Th}(\gamma). \tag{1}$$

Die Aussage γ kann nicht beweisbar sein, denn andernfalls wäre wegen (DC1) auch $\mathsf{Th}(\gamma)$ und somit $\neg\gamma$ beweisbar, und **FA** wäre inkonsistent und nach **[2.13]** erst recht ω-inkonsistent, im Widerspruch zu unserer Voraussetzung.

Widerlegbar kann die Aussage γ aber auch nicht sein: Wenn $\neg\gamma$ beweisbar ist, dann wegen (1) auch $\mathsf{Th}(\gamma)$; daraus folgt mit **[4.5]** aufgrund der ω-Konsistenz: $\mathbf{FA} \vdash \gamma$, und das kann laut dem vorigen Absatz nicht sein.

Also ist γ unentscheidbar und **FA** nach **[2.8]** unvollständig.

Wenn **FA** korrekt ist, gilt mit (1) auch

$$\mathbb{N} \models \gamma \leftrightarrow \neg\mathsf{Th}(\gamma). \qquad (2)$$

Aus $\mathbf{FA} \nvdash \gamma$ folgt mit (SBP2): $\mathbb{N} \not\models \mathsf{Th}(\gamma)$, d.h. $\mathbb{N} \models \neg\mathsf{Th}(\gamma)$. Wegen (2) ist γ somit wahr. ■

[4.13] John Barkley Rosser hat gezeigt, dass schon die einfache Konsistenz von **FA** zum Beweis der Unvollständigkeit von **FA** genügt. Zu diesem Zweck wandelte er das Beweisbarkeitsprädikat $\mathsf{Theorem}(\mathtt{f})$ ab zu

$$\mathsf{RTheorem}(\mathtt{f}) \ := \ (\exists \mathtt{y}) \left[\mathsf{BeweisF\ddot{u}r}(\mathtt{y}, \mathtt{f}) \wedge (\forall \mathtt{z} \leq \mathtt{y}) \neg\mathsf{BeweisF\ddot{u}r}(\mathtt{z}, \ominus \mathtt{f})\right]$$

und zeigte dann, dass Fixpunkte von $\neg\mathsf{RTheorem}(\mathtt{f})$, so genannte Rosser-Sätze, schon bei gewöhnlicher Konsistenz von **FA** unentscheidbar sind. Ein Rosser-Satz besagt etwa: „Wenn es einen Beweis für mich gibt, dann gibt es bis dahin auch schon eine Widerlegung für mich", wobei das „bis dahin" sich auf die Codenummern der Beweise bezieht.

Allgemeiner kann man so auch für beliebige SBP'e $\mathsf{Th}(\mathtt{a})$ vorgehen mit

$$\mathsf{RTh}(\mathtt{a}) \ := \ (\exists \mathtt{y}) \left[\mathsf{BF}(\mathtt{y}, \mathtt{a}) \wedge (\forall \mathtt{z} \leq \mathtt{y}) \neg\mathsf{BF}(\mathtt{z}, \ominus \mathtt{a})\right].$$

[4.14] Zur Abkürzung definieren wir für beliebige Formeln $\varphi(\mathtt{x})$, $\psi(\mathtt{x})$ (eventuell mit weiteren freien Variablen), in denen die Variablen y und z nicht frei vorkommen und zulässig für x sind:

$$\left[(\exists \mathtt{x})\, \varphi(\mathtt{x}) \prec (\exists \mathtt{x})\, \psi(\mathtt{x})\right] \ := \ (\exists \mathtt{y}) \left[\varphi(\mathtt{y}) \wedge (\forall \mathtt{z} \leq \mathtt{y}) \neg\psi(\mathtt{z})\right],$$
$$\left[(\exists \mathtt{x})\, \varphi(\mathtt{x}) \preccurlyeq (\exists \mathtt{x})\, \psi(\mathtt{x})\right] \ := \ (\exists \mathtt{y}) \left[\varphi(\mathtt{y}) \wedge (\forall \mathtt{z} < \mathtt{y}) \neg\psi(\mathtt{z})\right].$$

Das bedeutet grob gesagt: „Es gibt ein φ, das vor jedem ψ liegt" bzw. „es gibt ein φ, vor dem kein ψ liegt". Oder anders: „Das kleinste φ ist kleiner(gleich) jedem ψ." Offensichtlich gilt:

$$\mathbf{FA} \vdash \left[(\exists \mathtt{x})\, \varphi(\mathtt{x}) \prec (\exists \mathtt{x})\, \psi(\mathtt{x})\right] \rightarrow \left[(\exists \mathtt{x})\, \varphi(\mathtt{x}) \preccurlyeq (\exists \mathtt{x})\, \psi(\mathtt{x})\right].$$

[4.15] Damit gilt:

$$\mathbf{FA} \vdash \mathsf{RTheorem}(\mathtt{f}) \leftrightarrow \left[\mathsf{Theorem}(\mathtt{f}) \prec \mathsf{Theorem}(\ominus \mathtt{f})\right]$$

bzw. allgemeiner:

$$\mathbf{FA} \vdash \mathsf{RTh}(\mathtt{a}) \leftrightarrow \left[\mathsf{Th}(\mathtt{a}) \prec \mathsf{Th}(\ominus \mathtt{a})\right].$$

In **FA**: Beweis

$$\begin{aligned}\mathsf{RTh}(a) &\overset{[4.13]}{\leftrightarrow} (\exists y)\big[\mathsf{BF}(y,a) \wedge (\forall z{\leq}y)\neg\mathsf{BF}(z,\ominus a)\big]\\ &\overset{[4.14]}{\leftrightarrow} \big[(\exists b)\,\mathsf{BF}(b,a) \prec (\exists b)\,\mathsf{BF}(b,\ominus a)\big]\\ &\overset{(SBP1)}{\leftrightarrow} \big[\mathsf{Th}(a) \prec \mathsf{Th}(\ominus a)\big].\end{aligned}$$

■

Vor dem Rosserschen Unvollständigkeitssatz beweisen wir noch eine techni- [4.16]
sche Bemerkung. – Für beliebige Formeln $\varphi(x)$, $\psi(x)$ (eventuell mit weiteren freien Variablen), in denen y und z nicht frei vorkommen und zulässig für x sind, gilt:

$$\mathbf{FA} \vdash \big[(\exists x)\,\varphi(x) \prec (\exists x)\,\psi(x)\big] \to \neg\big[(\exists x)\,\psi(x) \preccurlyeq (\exists x)\,\varphi(x)\big]$$

und

$$\mathbf{FA} \vdash \big[(\exists x)\,\varphi(x) \preccurlyeq (\exists x)\,\psi(x)\big] \to \neg\big[(\exists x)\,\psi(x) \prec (\exists x)\,\varphi(x)\big].$$

In **FA**: Beweis

$$\begin{aligned}\big[(\exists x)\,\varphi(x) \prec (\exists x)\,\psi(x)\big] &\overset{[4.14]}{\leftrightarrow} (\exists y)\big[\varphi(y) \wedge (\forall z{\leq}y)\neg\psi(z)\big]\\ &\leftrightarrow (\exists y)(\forall z)\big[\varphi(y) \wedge \big(z{\leq}y \to \neg\psi(z)\big)\big]\\ &\leftrightarrow (\exists y)(\forall z)\big[\varphi(y) \wedge \big(\psi(z) \to y{<}z\big)\big]\\ &\to (\exists y)(\forall z)\big[\psi(z) \to y{<}z \wedge \varphi(y)\big]\\ &\to (\exists y)(\forall z)\big[\psi(z) \to (\exists y'{<}z)\,\varphi(y')\big]\\ &\leftrightarrow (\forall z)\big[\psi(z) \to (\exists y{<}z)\,\varphi(y)\big]\\ &\leftrightarrow \neg(\exists z)\big[\psi(z) \wedge (\forall y{<}z)\neg\varphi(y)\big]\\ &\overset{[4.14]}{\leftrightarrow} \neg\big[(\exists x)\,\psi(x) \preccurlyeq (\exists x)\,\varphi(x)\big].\end{aligned}$$

Dabei soll y′ eine neue Variable sein. – Die zweite Aussage folgt durch Kontraposition aus der ersten. ■

Aus **[4.16]** folgt für SBP'e $\mathsf{Th}(a)$: [4.17]

$$\mathbf{FA} \vdash \big[\mathsf{Th}(a) \prec \mathsf{Th}(a')\big] \to \neg\big[\mathsf{Th}(a') \preccurlyeq \mathsf{Th}(a)\big]$$

und

$$\mathbf{FA} \vdash \big[\mathsf{Th}(a) \preccurlyeq \mathsf{Th}(a')\big] \to \neg\big[\mathsf{Th}(a') \prec \mathsf{Th}(a)\big].$$

Rosserscher Unvollständigkeitssatz (Rosser 1936). Wenn **FA** konsistent ist, [4.18]
dann gibt es **FA**-unentscheidbare Aussagen: die Rosser-Sätze. Insbesondere ist **FA** dann unvollständig.

Beweis $\mathsf{Th}(\mathsf{a})$ sei ein SBP. Nach dem Diagonallemma existiert ein Rosser-Satz ρ, d.h. es gilt:

$$\mathbf{FA} \vdash \rho \leftrightarrow \neg\mathsf{RTh}(\rho). \tag{1}$$

Wir nehmen an, ρ sei beweisbar. Dann ist $\mathsf{Th}(\rho)$ wahr nach (SBP2), also gibt es ein $b \in \mathbb{N}$, so dass $\mathbb{N} \models \mathsf{BF}(\boldsymbol{b}, \rho)$. Nach **[2.26]** sind wahre Δ-Aussagen beweisbar, daher haben wir:

$$\mathbf{FA} \vdash \mathsf{BF}(\boldsymbol{b}, \rho). \tag{2}$$

Wenn **FA** konsistent ist, so kann $\neg\rho$ nicht ebenfalls beweisbar sein, und mit (SBP2) folgt, dass $\mathsf{Th}(\neg\rho)$ falsch ist, d.h. dass für jedes $b' \in \mathbb{N}$ gilt: $\mathbb{N} \not\models \mathsf{BF}(\boldsymbol{b}', \neg\rho)$. Dann ist $(\forall \mathsf{b}' \leq \boldsymbol{b})\, \neg\mathsf{BF}(\mathsf{b}', \neg\rho)$ eine wahre Δ-Aussage, und wegen (2) ist beweisbar:

$$\begin{aligned}
& \mathsf{BF}(\boldsymbol{b}, \rho) \;\wedge\; (\forall \mathsf{b}' \leq \boldsymbol{b})\, \neg\mathsf{BF}(\mathsf{b}', \neg\rho), \\
\rightarrow\;\; & (\exists \mathsf{b}) \left[\mathsf{BF}(\mathsf{b}, \rho) \;\wedge\; (\forall \mathsf{b}' \leq \mathsf{b})\, \neg\mathsf{BF}(\mathsf{b}', \neg\rho)\right], \\
\overset{[4.13]}{\leftrightarrow}\;\; & \mathsf{RTh}(\rho), \\
\overset{(1)}{\leftrightarrow}\;\; & \neg\rho.
\end{aligned}$$

Damit haben wir einen Widerspruch zur Konsistenz, und die Annahme, ρ sei beweisbar, ist ad absurdum geführt.

Ganz ähnlich zeigt man, dass ρ nicht widerlegbar ist: Wenn $\neg\rho$ beweisbar ist, dann gibt es einen ‚Beweis' b' für $\neg\rho$ und keinen für ρ, und in **FA** ist ableitbar:

$$\begin{aligned}
& \mathsf{BF}(\boldsymbol{b}', \neg\rho) \;\wedge\; (\forall \mathsf{b} < \boldsymbol{b}')\, \neg\mathsf{BF}(\mathsf{b}, \rho), \\
\rightarrow\;\; & \left[\mathsf{Th}(\neg\rho) \preccurlyeq \mathsf{Th}(\rho)\right], \\
\overset{[4.17]}{\rightarrow}\;\; & \neg\left[\mathsf{Th}(\rho) \prec \mathsf{Th}(\neg\rho)\right], \\
\overset{[4.15]}{\leftrightarrow}\;\; & \neg\mathsf{RTh}(\rho), \\
\leftrightarrow\;\; & \rho,
\end{aligned}$$

im Widerspruch zur Konsistenz.

Also ist ρ unentscheidbar und **FA** damit unvollständig. ■

[4.19] Auch die Fixpunkte von $\mathsf{Th}(\ominus\, \mathsf{a}) \prec \mathsf{Th}(\mathsf{a})$, die zu den Fixpunkten von $\neg\mathsf{RTh}(\mathsf{a})$ ‚dual' sind und gewissermaßen besagen: „Ich bin Rosser-widerlegbar", sind unentscheidbar (wenn **FA** konsistent ist), wie man analog zu **[4.18]** beweist. Da sie technisch bessere Eigenschaften haben, werden wir im weiteren Verlauf solche Aussagen ρ, für die gilt:

$$\mathbf{FA} \vdash \rho \leftrightarrow \left[\mathsf{Th}(\neg\rho) \prec \mathsf{Th}(\rho)\right],$$

verwenden und als **Rosser-Sätze** bezeichnen.

Rosser-Sätze in diesem Sinne sind, wenn **FA** korrekt ist, stets falsch. **[4.20]**

Beweis Ist **FA** korrekt, so ist es erst recht konsistent. Dann sind Rosser-Sätze ρ unentscheidbar (**[4.19]**) und daher insbesondere nicht widerlegbar: **FA** $\nvdash \neg\rho$. Nach (SBP2) ist das äquivalent zu $\mathbb{N} \nvDash \mathsf{Th}(\neg\rho)$. Aber wegen der Korrektheit ist $\rho \leftrightarrow [\mathsf{Th}(\neg\rho) \prec \mathsf{Th}(\rho)]$ wahr, und daraus folgt: $\mathbb{N} \vDash \rho \rightarrow \mathsf{Th}(\neg\rho)$. Wäre ρ wahr, so würden wir einen Widerspruch zu $\mathbb{N} \nvDash \mathsf{Th}(\neg\rho)$ erhalten. ∎

Fixpunkte von $\neg\mathsf{Th}(\mathsf{a})$ und von $\neg\mathsf{RTh}(\mathsf{a})$ sind unentscheidbar und damit auch wahr, vorausgesetzt, dass **FA** ω-konsistent bzw. konsistent ist. Leon Henkin (1952) hat die Frage aufgeworfen, was für Eigenschaften dem gegenüber Fixpunkte von $\mathsf{Th}(\mathsf{a})$ haben, also Aussagen τ mit **[4.21]**

$$\mathbf{FA} \vdash \tau \leftrightarrow \mathsf{Th}(\tau),$$

die von sich selbst behaupten, beweisbar zu sein. Martin Hugo Löb (1955) hat gezeigt, dass solche **Henkin-Sätze** tatsächlich stets beweisbar und somit ebenfalls wahr sind.

Wir geben in **[4.23]** einen von Georg Kreisel stammenden Beweis für diese Tatsache an.

Von Henkin stammt das folgende natürlichsprachliche Analogon zu Kreisels Argumentation, das einen Beweis für die Existenz des Weihnachtsmannes liefert (hier wiedergegeben nach Boolos 1993). **[4.22]**

Wir betrachten die beiden Sätze

$$W := \text{„es gibt den Weihnachtsmann"},$$
$$L := \text{„wenn } L \text{ wahr ist, dann } W\text{"}.$$

Angenommen, L sei wahr. Das bedeutet per definitionem, dass der Satz „wenn L wahr ist, dann W" wahr ist. Also ist W der Fall, wenn L wahr ist. Nach Voraussetzung *ist* L wahr, also ist W der Fall.

Wir haben damit W unter der Voraussetzung der Wahrheit von L bewiesen. Also gilt: Wenn L wahr ist, dann W. Das heißt, der Satz „wenn L wahr ist, dann W" ist wahr. Dies ist gerade L, daher ist L wahr. Wie wir im vorigen Absatz gesehen haben, folgt W aus der Wahrheit von L, also gilt W und somit gibt es den Weihnachtsmann.

Satz von Löb (Löb 1955). Für SBP'e $\mathsf{Th}(\mathsf{a})$ und $\mathcal{L}_{\mathrm{Ar}}$-Aussagen α gilt: **[4.23]**

$$\mathbf{FA} \vdash \mathsf{Th}(\alpha) \rightarrow \alpha \quad \Longrightarrow \quad \mathbf{FA} \vdash \alpha.$$

Insbesondere sind alle Henkin-Sätze beweisbar.

Beweis Wir benötigen nur das Diagonallemma **[4.11]** und die Ableitbarkeitsbedingungen aus **[4.7]**.

Es gelte

$$\mathbf{FA} \vdash \mathsf{Th}(\alpha) \to \alpha. \tag{1}$$

Nach dem Diagonallemma existiert ein Fixpunkt von $\mathsf{Th}(\mathsf{a}) \to \alpha$, also eine Aussage λ mit

$$\mathbf{FA} \vdash \lambda \leftrightarrow \big[\mathsf{Th}(\lambda) \to \alpha\big]. \tag{2}$$

(Man könnte λ einen **Löb-Satz** für α nennen.) Sei λ fest. Dann ist insbesondere beweisbar:

$$\lambda \to \big[\mathsf{Th}(\lambda) \to \alpha\big],$$

und mit (DC1) erhalten wir in **FA**:

$$\begin{aligned} & \mathsf{Th}\big(\lambda \to [\mathsf{Th}(\lambda) \to \alpha]\big), \\ \overset{\text{(DC2)}}{\to}\ & \big(\mathsf{Th}(\lambda) \to \mathsf{Th}\big(\mathsf{Th}(\lambda) \to \alpha\big)\big), \\ \overset{\text{(DC2)}}{\to}\ & \big(\mathsf{Th}(\lambda) \to \big[\mathsf{Th}\big(\mathsf{Th}(\lambda)\big) \to \mathsf{Th}(\alpha)\big]\big), \\ \overset{\text{(DC3)}}{\to}\ & \big(\mathsf{Th}(\lambda) \to \mathsf{Th}(\alpha)\big), \\ \overset{(1)}{\to}\ & \big(\mathsf{Th}(\lambda) \to \alpha\big), \\ \overset{(2)}{\leftrightarrow}\ & \lambda. \end{aligned} \tag{3}$$

Wegen (DC1) gilt wiederum $\mathbf{FA} \vdash \mathsf{Th}(\lambda)$, und daraus folgt wegen (3) die Behauptung. ■

[4.24] Tatsächlich gilt in **[4.23]** sogar „$\Longrightarrow$"; die Umkehrung „$\Longleftarrow$" gilt nämlich schon aus aussagenlogischen Gründen. Lax gesprochen: Behauptet **FA**, dass α der Fall ist ($\mathbf{FA} \vdash \alpha$), so muss **FA** auch sagen: „Wenn ich α behaupte, dann ist α der Fall" ($\mathsf{Th}(\alpha) \to \alpha$). Das Interessante am Satz von Löb ist, dass **FA** dies *nur dann* sagt, wenn es sowieso muss. In den Worten von Rohit Parikh: **FA** „couldn't be more modest about its own veracity" (Boolos 1993, S. 55; dort auch weitere Bemerkungen, warum der Satz von Löb ein überraschendes Resultat ist).

[4.25] Aus dem Satz von Löb erhalten wir sofort den **zweiten Gödelschen Unvollständigkeitssatz** (Gödel 1931; s. auch Boolos 1994): Wenn **FA** konsistent ist, dann ist die (mittels $\mathsf{Th}(\mathsf{a})$ ausgedrückte) Konsistenz von **FA** nicht in **FA** beweisbar; oder kürzer:

$$\mathbf{FA} \nvdash \bot \quad \Longrightarrow \quad \mathbf{FA} \nvdash \mathsf{Con}^{\mathsf{Th}}_{\mathbf{FA}}.$$

Dabei formalisiert $\mathsf{Con}^{\mathsf{Th}}_{\mathbf{FA}} := \neg\mathsf{Th}(\bot)$ den Sachverhalt der Konsistenz von **FA**.

Wir beweisen die Kontraposition. Angenommen, $\neg\mathsf{Th}(\bot) = [\mathsf{Th}(\bot) \to \bot]$ sei beweisbar. Dann folgt mit dem Satz von Löb, dass $\bot$ selbst (und somit alles) beweisbar ist. ■ Beweis

Die Aussage des zweiten Gödelschen Unvollständigkeitssatzes ist für gewisse Beweisbarkeitsprädikate falsch (s. **[4.29]**; s. Feferman 1960, S. 68, Theorem 5.9); diese können jedoch keine *Standard*-Beweisbarkeitsprädikate sein. [4.26]

(Widerlegbarkeit und beweisbare Unbeweisbarkeit 1) Für alle $\mathcal{L}_{\mathrm{Ar}}$-Aussagen α gilt: [4.27]

$$\mathbf{FA} \vdash \neg\alpha \quad\Longrightarrow\quad \mathbf{FA} \vdash \neg\mathsf{RTh}(\alpha).$$

Im Falle der Inkonsistenz von **FA** ist die Behauptung trivial. Wir können also annehmen, dass **FA** konsistent ist. Beweis

Es gelte $\mathbf{FA} \vdash \neg\alpha$. Daraus folgt wegen (SBP2): $\mathbb{N} \models \mathsf{Th}(\neg\alpha)$, und das heißt:

$$\mathbb{N} \models (\exists y)\,\mathsf{BF}(y, \neg\alpha).$$

Wegen der Konsistenz von **FA** folgt weiterhin: $\mathbf{FA} \nvdash \alpha$, also gilt wegen (SBP2):

$$\mathbb{N} \models (\forall z)\,\neg\mathsf{BF}(z, \alpha).$$

Zusammen ergibt sich:

$$\mathbb{N} \models \mathsf{Th}(\neg\alpha) \preccurlyeq \mathsf{Th}(\alpha).$$

Da $\mathsf{Th}(\neg\alpha) \preccurlyeq \mathsf{Th}(\alpha)$ eine Σ-Aussage ist, erhalten wir:

$$\mathbf{FA} \vdash \mathsf{Th}(\neg\alpha) \preccurlyeq \mathsf{Th}(\alpha),$$

und so wegen **[4.17]**:

$$\mathbf{FA} \vdash \neg\mathsf{RTh}(\alpha).$$

■

Wir werden in **[22.19]** zeigen, dass die Umkehrung nicht notwendigerweise zutrifft. [4.28]

Als Konsequenz von **[4.27]** ergibt sich, dass **FA** durchaus seine *Rosser*-Konsistenz beweisen kann. Wegen $\mathbf{FA} \vdash \neg\bot$ gilt nämlich: [4.29]

$$\mathbf{FA} \vdash \mathsf{Con}^{\mathsf{RTh}}_{\mathbf{FA}}$$

mit

$$\mathsf{Con}^{\mathsf{RTh}}_{\mathbf{FA}} := \neg\mathsf{RTh}(\bot).$$

Insbesondere ist $\mathsf{RTh}(\mathsf{a})$ kein Standard-Beweisbarkeitsprädikat, weil es nicht unter den zweiten Gödelschen Unvollständigkeitssatz fällt.

[4.30] Wenn **FA** konsistent ist, dann erfüllt das zu einem SBP $\mathsf{Th(a)}$ gehörige Rosser-Beweisbarkeitsprädikat $\mathsf{RTh(a)}$ stets Bedingung (SBP2), d.h. für alle $\mathcal{L}_{\mathrm{Ar}}$-Aussagen α gilt:

$$\mathbb{N} \models \mathsf{RTh}(\alpha) \iff \mathbf{FA} \vdash \alpha.$$

Beweis Offensichtlich gilt:

$$\mathbb{N} \models \mathsf{Th}(\alpha) \prec \mathsf{Th}(\neg\alpha) \quad \overset{!}{\Longrightarrow} \quad \mathbb{N} \models \mathsf{Th}(\alpha) \quad \overset{\text{(SBP2)}}{\Longleftrightarrow} \quad \mathbf{FA} \vdash \alpha.$$

Wenn umgekehrt $\mathbf{FA} \vdash \alpha$ gilt, dann folgt $\mathbf{FA} \nvdash \neg\alpha$ wegen der Konsistenz, (SBP2) liefert $\mathbb{N} \models \mathsf{Th}(\alpha) \land \neg \mathsf{Th}(\neg\alpha)$, und so ergibt sich $\mathbb{N} \models \mathsf{Th}(\alpha) \prec \mathsf{Th}(\neg\alpha)$. ∎

[4.31] In Abschnitt 22 werden wir zeigen, dass Rosser-Beweisbarkeitsprädikate die Bedingungen (SBP3) und (SBP4) nicht notwendigerweise erfüllen müssen (**[22.16]**, **[22.18]**).

Kapitel II

Modallogik

5 Syntax und Semantik von $\mathcal{L}_\mathrm{M}$

Die Modallogik beschäftigt sich ursprünglich mit den Begriffen der Notwendigkeit und der Möglichkeit von Sachverhalten. Man kann etwa im Rahmen der Geschichtswissenschaft fragen, ob der Zweite Weltkrieg stattfinden musste, d.h. ob sein Stattfinden notwendig war im Sinne von „unvermeidbar" oder „unausweichlich" (nicht in dem Sinne, dass die Welt ihn irgendwie gebraucht hätte). Man kann im Rahmen der Biologie fragen, ob fliegende Pferde möglich sind, und im Rahmen der Physik, ob z.B. ein zweidimensionaler Raum möglich wäre oder ob der Raum notwendigerweise drei Dimensionen hat. Die Gesetze der Logik werden allgemein als notwendige Wahrheiten betrachtet. Sind die Theoreme der Mathematik es? [5.1]

Ein Sachverhalt S ist offenbar genau dann notwendig (wir schreiben dafür: „$\Box S$"), wenn die Dinge gar nicht anders sein können, wenn also $\neg S$ unmöglich ist. Umgekehrt ist S genau dann möglich („$\Diamond S$"), wenn $\neg S$ nicht notwendig ist. Dies können wir folgendermaßen formalisieren:

$$\Box S \leftrightarrow \neg\Diamond\neg S \qquad \text{und} \qquad \Diamond S \leftrightarrow \neg\Box\neg S;$$

und tatsächlich sind dies grundlegende Gesetze der Modallogik.

Ist S notwendig, so ist S sicher faktisch der Fall; und wenn S der Fall ist, dann ist S offensichtlich möglich. Wir würden also erwarten, dass auch

$$\Box S \to S \qquad \text{und} \qquad S \to \Diamond S$$

modallogische Gesetze sind.

Die Modallogik kann jedoch, wenn man für die Operatoren $\Box$ und $\Diamond$ andere Interpretationen wählt, auch noch auf andere Begriffe außer den verschiedenen Notwendigkeitsbegriffen angewendet werden. Beispielsweise kann $\Box S$ auch so gelesen werden, dass eine bestimmte Person glaubt (in der doxastischen Logik) bzw. weiß (in der epistemischen Logik), dass S der Fall ist; in der Zeitlogik kann man $\Box S$ verstehen als „S ist *immer* der Fall" oder alternativ als „S war (in der Vergangenheit) immer der Fall" oder „S wird (in Zukunft) immer der Fall sein".

Für diese Gebiete ist $\Box S \rightarrow S$ nicht unbedingt als Gesetz geeignet: Nicht alles, was ich glaube, ist auch tatsächlich der Fall; und wenn ich mir am Sylvesterabend vornehme, ab Neujahr keine Schokolade mehr zu essen, so werde ich diesem Vorsatz nicht dadurch untreu, dass ich mich bis zum Feuerwerk noch mit Schokolade vollstopfe (wahrscheinlich hilft mir dieses Verhalten sogar dabei, meinem Vorsatz in den folgenden Tagen treu zu bleiben). Je nachdem, für welche Interpretation der ‚Box' $\Box$ man sich entscheidet, werden unterschiedliche Gesetze passen.

Hier wollen wir $\Box$ als „beweisbar (in **FA**)" und entsprechend $\Diamond$ als „nicht widerlegbar" bzw. „konsistent" auffassen. Diese Art von Modallogik heißt Beweisbarkeitslogik (*provability logic*).

[5.2] Die Begriffe *notwendig* und *möglich* werden klarer, wenn man sie im Kontext von ‚möglichen Welten' betrachtet. Dieser Leibnizschen Idee zufolge gibt es eine Vielzahl möglicher Welten, vielleicht solche mit fliegenden Pferden, solche, in denen der Raum zweidimensional ist, oder womöglich solche, in denen die bei uns üblichen Gesetze der Mathematik nicht gelten. *Notwendig* ist dann, was in *allen* möglichen Welten der Fall ist, und *möglich*, was in wenigstens *einer* der Fall ist. (Unsere, die *aktuale* Welt wurde nach Leibniz von Gott dazu auserwählt, real zu sein, weil sie die beste aller möglichen Welten ist.)

Betrachten wir nun die verschiedenen möglichen Welten jeweils zu bestimmten Zeitpunkten. Wir können die Frage stellen: War der Zweite Weltkrieg im Jahre 1920 notwendig, oder hätte etwas geschehen können, das sein Stattfinden verhindert hätte? War er nach Hitlers Überfall auf Polen unausweichlich, oder hätte der Zweite Weltkrieg vielleicht nie stattgefunden, wenn Hitler im Dezember 1939 ermordet worden wäre? Sehr plausibel ist, dass der Zweite Weltkrieg vor Hitlers Geburt noch nicht notwendig war, denn seine Mutter hätte ja z.B. eine Fehlgeburt erleiden können. Im Jahre 1946 dagegen ist der Zweite Weltkrieg offensichtlich notwendig in dem Sinne, dass es zu spät ist, ihn zu verhindern. Bei dieser Art möglicher Welten (‚Welt w zum Zeitpunkt z') und dieser Interpretation der Box hängt also von der jeweils betrachteten Welt ab, welche Alternativwelten *für sie* mögliche, man sagt: *zugängliche* Welten sind.

Entsprechend sieht die formale Semantik für die Sprache $\mathcal{L}_M$ der modalen Aussagenlogik aus. Um zu einer Interpretation modallogischer Formeln zu gelangen, wählen wir zunächst eine Menge W beliebiger Objekte als Menge der ‚möglichen Welten' (noch ohne die jeweiligen Zustände in diesen Welten festzulegen) und eine ‚Zugänglichkeitsrelation' $\lhd$ auf W (beispielsweise eine lineare Ordnung). Solche Strukturen werden als Rahmen bezeichnet. Anschließend können wir für jede Welt w die in ihr herrschenden Gültigkeitsverhältnisse definieren, indem wir eine Relation $\Vdash$ zwischen Welten w und $\mathcal{L}_M$-Formeln A einführen, deren Zutreffen („$w \Vdash A$") gerade besagt, dass A in w gilt. Ein Rahmen zusammen mit einer solchen Gültigkeitsbeziehung wird als Modell bezeichnet. (Anders als in der Modelltheorie wird dabei ein Modell nicht als ein Modell *für* eine Formel- bzw. Axiomenmenge verstanden.)

Für die Sprache $\mathcal{L}_M$ der Modallogik verwenden wir folgendes **Alphabet**: **[5.3]**

- aussagenlogische Zeichen: $\bot$, $\to$;
- abzählbar unendlich viele **Aussagevariablen** $p_0, p_1, \ldots$, die wir mit kleinen lateinischen Buchstaben („p", „q", „r", ...) bezeichnen; die Menge der Aussagevariablen nennen wir Var_M;
- Modaloperator: $\Box$ („Box").

Bei unseren späteren Betrachtungen über Rosser-Sätze (Kapitel III ff.) werden wir eine Sprache $\mathcal{L}_R$ mit einem etwas erweiterten Alphabet verwenden.

Formeln von $\mathcal{L}_M$ (wir ersparen uns die Angabe einer präzisen Definition entsprechend **[1.7]**): **[5.4]**

- Alle Aussagevariablen sind $\mathcal{L}_M$-Formeln;
- $\bot$ ist eine $\mathcal{L}_M$-Formel;
- sind A und B Formeln von $\mathcal{L}_M$, so auch $(A \to B)$ und $(\Box A)$.

Wir identifizieren $\mathcal{L}_M$ mit der Menge der $\mathcal{L}_M$-Formeln.

Für $\top$ und die Junktoren $\neg$, $\wedge$, $\vee$, $\leftrightarrow$ verwenden wir in $\mathcal{L}_M$ dieselben Definitionen, die wir für $\mathcal{L}_{Ar}$ in **[1.8]** angegeben haben. Dazu gestatten wir uns den Gebrauch von Klammerkonventionen entsprechend **[1.14]**, mit der Ergänzung, dass $\Box$ gleich stark binden soll wie $\neg$. **[5.5]**

[5.6] Für endliche Mengen $X = \{A_1, \ldots, A_n\}$ von $\mathcal{L}_{\mathrm{M}}$-Formeln verwenden wir die folgenden Schreibweisen:

$$\bigwedge X \quad := \quad \bigwedge_{i=1}^{n} A_i \quad := \quad \begin{cases} \top, & \text{falls } n = 0, \\ A_1 \wedge \ldots \wedge A_n, & \text{sonst,} \end{cases}$$

und

$$\bigvee X \quad := \quad \bigvee_{i=1}^{n} A_i \quad := \quad \begin{cases} \bot, & \text{falls } n = 0, \\ A_1 \vee \ldots \vee A_n, & \text{sonst.} \end{cases}$$

Anstelle von „$i = 1, \ldots, n$“ können auch andere metasprachliche Bedingungen vorkommen.

[5.7] Ein **Rahmen** ist ein Paar $(W, \lhd)$ bestehend aus einer nicht-leeren Menge W, der **Grundmenge** von $(W, \lhd)$, und einer zweistelligen Relation $\lhd$ auf W, der **Zugänglichkeitsrelation** von $(W, \lhd)$. Die Elemente von W bezeichnen wir als **(mögliche) Welten**, und der Ausdruck „$w \lhd x$“ ist zu lesen als: „x ist ($\lhd$-) **zugänglich** für w“. Wir schreiben „$w \unlhd x$“ für „$w \lhd x$ oder $w = x$“, verwenden „$\rhd$“ bzw. „$\unrhd$“ für die entsprechenden inversen Relationen, und „$\ntriangleleft$“, „$\ntrianglelefteq$“, „$\ntriangleright$“, „$\ntrianglerighteq$“, um das Nicht-Zutreffen der jeweiligen Beziehung auszudrücken.

[5.8] Eine **Bewertung** (der Aussagevariablen von $\mathcal{L}_{\mathrm{M}}$) für eine Grundmenge W bzw. einen Rahmen $(W, \lhd)$ ist eine beliebige Relation V auf $W \times \mathrm{Var}_{\mathrm{M}}$. (Dabei ist $V(w, p)$ zu interpretieren als „p gilt in der Welt w“.)

[5.9] Eine ($\mathcal{L}_{\mathrm{M}}$-)**Gültigkeitsbeziehung** für einen Rahmen $(W, \lhd)$ ist eine Relation $\Vdash$ auf $W \times \mathcal{L}_{\mathrm{M}}$, die für alle Welten $w \in W$ und alle Formeln A, $B \in \mathcal{L}_{\mathrm{M}}$ folgenden **Gültigkeitsklauseln** genügt (wir schreiben „$w \nVdash A$“ für „nicht $w \Vdash A$“):

- $w \nVdash \bot$;
- $w \Vdash A \to B \iff (w \Vdash A \implies w \Vdash B)$;
- $w \Vdash \Box A \iff$ für alle $x \rhd w$ gilt: $x \Vdash A$.

Für „$w \Vdash A$“ sagen wir auch: „A **gilt** in w (unter $\Vdash$)“.

[5.10] Man macht sich leicht klar, dass unter diesen Bedingungen auch für alle Welten w und alle Formeln A, B gelten muss:

- $w \Vdash \top$;
- $w \Vdash \neg A \iff w \nVdash A$;

- $w \Vdash A \leftrightarrow B \iff (w \Vdash A \iff w \Vdash B)$;
- $w \Vdash A \wedge B \iff (w \Vdash A \text{ und } w \Vdash B)$;
- $w \Vdash A \vee B \iff (w \Vdash A \text{ oder } w \Vdash B)$.

Zu jeder Bewertung V für einen Rahmen $(W, \lhd)$ gibt es genau eine $\mathcal{L}_M$-Gültigkeitsbeziehung $\Vdash$ für $(W, \lhd)$, so dass **[5.11]**

$$w \Vdash p \iff V(w, p)$$

für alle $w \in W$ und alle Aussagevariablen p gilt.

Natürlich legt umgekehrt auch jede Gültigkeitsbeziehung eindeutig eine Bewertung fest (durch Einschränkung auf $W \times \mathrm{Var}_M$).

Auf der Grundlage einer Bewertung kann unter Verwendung der angegebenen Bedingung und der Gültigkeitsklauseln in **[5.9]** induktiv eine (eindeutig bestimmte) Gültigkeitsbeziehung definiert werden. ■ **Beweis**

Ein **Modell** (für $\mathcal{L}_M$) ist ein Tripel $(W, \lhd, \Vdash)$, wo $(W, \lhd)$ ein Rahmen ist und $\Vdash$ eine $\mathcal{L}_M$-Gültigkeitsbeziehung für $(W, \lhd)$. Wir sagen in diesem Fall, das Modell $(W, \lhd, \Vdash)$ **basiert auf** dem Rahmen $(W, \lhd)$. **[5.12]**

Eine Formel $A \in \mathcal{L}_M$ ist **gültig** in einem *Modell* $M = (W, \lhd, \Vdash)$ für $\mathcal{L}_M$, wenn A in allen Welten gilt, d.h. wenn $w \Vdash A$ für alle $w \in W$. Andernfalls sagen wir, A ist **ungültig** in M. **[5.13]**

Eine Formel A ist **gültig** in einem *Rahmen* R, wenn A in allen Modellen gültig ist, die auf R basieren. Andernfalls sagen wir, A ist **ungültig** in R.

Eine Formel A ist **gültig** in einer *Klasse* $\mathfrak{R}$ von Rahmen, wenn A in allen Rahmen $R \in \mathfrak{R}$ gültig ist. Andernfalls sagen wir, A ist **ungültig** in $\mathfrak{R}$.

Eine Formel $A \in \mathcal{L}_M$ ist **erfüllbar** in einem *Modell* $M = (W, \lhd, \Vdash)$ für $\mathcal{L}_M$, wenn A in wenigstens einer Welt gilt, d.h. wenn es $w \in W$ mit $w \Vdash A$ gibt. **[5.14]**

Eine Formel A ist **erfüllbar** in einem *Rahmen* R, wenn es ein auf R basierendes Modell gibt, in dem A erfüllbar ist.

Eine Formel A ist **erfüllbar** in einer *Klasse* $\mathfrak{R}$ von Rahmen, wenn es einen Rahmen $R \in \mathfrak{R}$ gibt, in dem A erfüllbar ist.

Die in **[5.7]–[5.14]** definierte Semantik für $\mathcal{L}_M$ wurde von Saul Kripke (und Stig Kanger) entwickelt und heißt nach ihm **Kripke-Semantik**. **[5.15]**

6 Die modallogischen Systeme K, K4 und GL

[6.1] Wir werden nun einige axiomatische Systeme der Modallogik einführen und zeigen, dass diese jeweils die in bestimmten Klassen von Rahmen gültigen $\mathcal{L}_M$-Formeln liefern.

[6.2] Das System **K** (ebenfalls benannt nach Kripke) enthält als Axiome:

- alle ($\mathcal{L}_M$-Einsetzungsinstanzen von) aussagenlogischen Tautologien,
- alle **Distributionsaxiome**, d.h. alle $\mathcal{L}_M$-Formeln der Gestalt

$$\Box(A \to B) \to (\Box A \to \Box B).$$

Die Distributionsaxiome besagen gewissermaßen, dass die Notwendigkeit dem Modus ponens gehorcht.

Die Regeln von **K** sind Modus ponens und **Necessitation(-sregel)** (von *necessary*, notwendig), also für alle $A, B \in \mathcal{L}_M$:

$$\frac{A \quad A \to B}{B} \quad \text{und} \quad \frac{A}{\Box A}.$$

Die Necessitationsregel besagt nicht etwa, dass alles, was wahr ist, bereits notwendig ist („$A \to \Box A$"). Da wir sie nur auf bereits im jeweiligen System *abgeleitete* Formeln A anwenden können, bedeutet sie vielmehr: Alle *Theoreme* des Systems sind notwendig. So wie wir in der Prädikatenlogik nicht statt der Generalisierungsregel ein Axiomenschema $\varphi \to (\forall x)\, \varphi$ verwenden dürfen, so darf in der Modallogik die Necessitationsregel nicht gegen ein entsprechendes Axiomenschema ausgetauscht werden.

Das System **K** ist das ‚grundlegende' modallogische System: Alle anderen ‚normalen' Systeme der Modallogik bauen auf **K** auf insofern, als ihre Axiomensysteme die Axiome von **K** und ihre Regeln die von **K** enthalten.

[6.3] Ein etwas stärkeres System ist **K4**, das wie **K** als Regeln Modus ponens und Necessitation besitzt. Die Axiome von **K4** sind die folgenden:

- alle aussagenlogischen Tautologien in $\mathcal{L}_M$,
- alle Distributionsaxiome,
- alle **Transitivitätsaxiome**, d.h. alle $\mathcal{L}_M$-Formeln der Gestalt

$$\Box A \to \Box\Box A.$$

Die letzteren Formeln drücken aus, dass alles, was notwendig ist, *notwendigerweise* notwendig ist. Warum ich sie als Transitivitätsaxiome bezeichne, wird verständlich werden, wenn man die Vollständigkeitssätze für **K4** (**[7.16]**) und für **K** (**[7.15]**) miteinander vergleicht.

Das System **GL** (so benannt nach Gödel und Löb; in der Literatur auch unter den Bezeichnungen „**G**", „**L**" und „**KW**" zu finden) hat wiederum Modus ponens und Necessitation als Regeln; seine Axiome sind: **[6.4]**

- alle aussagenlogischen Tautologien in $\mathcal{L}_{\mathrm{M}}$,
- alle Distributionsaxiome,
- alle **Löb-Axiome**, d.h. alle $\mathcal{L}_{\mathrm{M}}$-Formeln der Gestalt

$$\Box(\Box A \to A) \to \Box A$$

(der ‚formalisierte Satz von Löb', vgl. **[4.23]**).

Ist F ein modallogisches axiomatisches System (**K**, **K4**, **GL** oder eines von denen, die wir später einführen werden) und $\mathcal{L}$ eine geeignete modallogische Sprache, so verwenden wir folgende Bezeichnungen: **[6.5]**

- Ein ($\mathcal{L}$-)**Beweis** in F ist eine nicht-leere, endliche Folge von $\mathcal{L}$-Formeln, von denen jede entweder ein Axiom von F ist oder mittels einer der Schlussregeln von F aus früheren Folgengliedern folgt.
- Ein $\mathcal{L}$-Beweis $(A_0, \ldots, A_n)$ in F ist ein ($\mathcal{L}$-)**Beweis** (in F) **für** sein letztes Glied A_n.
- Wenn ein $\mathcal{L}$-Beweis in F für eine $\mathcal{L}$-Formel A existiert, so heißt A **ableitbar** in F (kurz: F-**ableitbar**) oder auch ein **Theorem** von F (bezüglich $\mathcal{L}$); wir schreiben dafür:

$$F \vdash A.$$

- Wenn für $\neg A$ *kein* Beweis in F existiert, so heißt A **konsistent** in F (kurz: F-**konsistent**), andernfalls **inkonsistent** oder **widerlegbar** in F.

Da **K**, **K4** und **GL** alle Tautologien enthalten und unter Modus ponens abgeschlossen sind, sind sie sogar allgemein unter aussagenlogischer Konsequenz abgeschlossen. **[6.6]**

In **K**, **K4** und **GL** gelten die folgenden abgeleiteten Regeln: **[6.7]**

$$\frac{A \to B}{\Box A \to \Box B} \quad \text{und} \quad \frac{A \leftrightarrow B}{\Box A \leftrightarrow \Box B}.$$

Weiter ist für $\mathcal{L}_{\mathrm{M}}$-Formeln $A_1, \ldots, A_n$ in allen drei Systemen ableitbar:

$$\Box \bigwedge_{i=1}^{n} A_i \leftrightarrow \bigwedge_{i=1}^{n} \Box A_i.$$

Boolos 1993, S. 6 f. ■ Beweis

[6.8] Alle Theoreme von **K4** sind insbesondere Theoreme von **GL**, denn in **GL** sind alle Transitivitätsaxiome beweisbar.

Beweis Wir geben einen etwas gestrafften **GL**-Beweis für $\Box A \to \Box\Box A$ an, wobei wir die Abkürzung $B := (\Box A \wedge A)$ benutzen.

(1)	$A \to [\Box\Box A \wedge \Box A \to \Box A \wedge A]$	Tautologie
(2)	$A \to [\Box(\Box A \wedge A) \to \Box A \wedge A]$	mit **[6.7]** aussagenlogisch aus (1)
	$= (A \to [\Box B \to B])$	
(3)	$\Box A \to \Box[\Box B \to B]$	mit **[6.7]** aus (2)
(4)	$\Box[\Box B \to B] \to \Box B$	Löb-Axiom
(5)	$\Box A \to \Box B$	aussagenlogisch aus (3) und (4)
	$= (\Box A \to \Box[\Box A \wedge A])$	
(6)	$\Box A \to \Box\Box A \wedge \Box A$	mit **[6.7]** aussagenlogisch aus (5)
(7)	$\Box A \to \Box\Box A$	aussagenlogisch aus (6)

■

[6.9] Für **GL** gibt es ein modallogisches Analogon zu den Gödel-Sätzen aus **[4.12]**, wenn man die Box als formales Beweisbarkeitsprädikat interpretiert. Wir nennen eine $\mathcal{L}_M$-Formel G einen **Gödel-Fixpunkt in GL**, wenn gilt:

$$\mathbf{GL} \vdash G \leftrightarrow \neg\Box G.$$

[6.10] Die Formel $\neg\Box\bot$ ist ein Gödel-Fixpunkt in **GL**:

$$\mathbf{GL} \vdash \neg\Box\bot \leftrightarrow \neg\Box\neg\Box\bot.$$

Beweis Wir führen einen Beweis in **GL**.

(1)	$\Box(\Box\bot \to \bot) \to \Box\bot$	Löb-Axiom
	$= (\Box\neg\Box\bot \to \Box\bot)$	
(2)	$\neg\Box\bot \to \neg\Box\neg\Box\bot$	aussagenlogisch aus (1)
(3)	$\bot \to \neg\Box\bot$	Tautologie
(4)	$\Box\bot \to \Box\neg\Box\bot$	mit **[6.7]** aus (3)
(5)	$\neg\Box\neg\Box\bot \to \neg\Box\bot$	aussagenlogisch aus (4)
(6)	$\neg\Box\bot \leftrightarrow \neg\Box\neg\Box\bot$	aussagenlogisch aus (2) und (5)

■

[6.11] Wir zeigen im Folgenden, dass die Gödel-Fixpunkte in **GL** gerade die zu $\neg\Box\bot$ äquivalenten Formeln sind.

Für beliebige $\mathcal{L}_M$-Formeln A gilt: **[6.12]**

$$\mathbf{GL} \vdash \Box(A \to \neg\Box A) \wedge (A \leftrightarrow \neg\Box A) \to (A \leftrightarrow \neg\Box\bot).$$

(Tatsächlich gilt dies schon für **K4** anstelle von **GL**.)

Beweis Wir beweisen in **GL** bzw. **K4**. – Als Tautologie ist $\bot \to A$ ableitbar, und mit **[6.7]** folgt:

$$\begin{aligned} & \Box\bot \to \Box A, \\ \overset{\text{(AL)}}{\leftrightarrow}\ & (\neg\Box A \to \neg\Box\bot), \\ \overset{\text{(AL)}}{\to}\ & \big[(A \to \neg\Box A) \to (A \to \neg\Box\bot)\big]. \end{aligned} \tag{1}$$

Ähnlich ergibt sich

$$\Box(A \wedge \neg A) \to \Box\bot. \tag{2}$$

Aus der Tautologie $(A \to \neg\Box A) \to (\Box A \to \neg A)$ erhalten wir mittels **[6.7]**:

$$\begin{aligned} \Box(A \to \neg\Box A)\ & \overset{!}{\to} && \Box(\Box A \to \neg A), \\ & \overset{\text{(Distr.ax.)}}{\to} && (\Box\Box A \to \Box\neg A), \\ & \overset{[6.8]}{\to} && (\Box A \to \Box\neg A), \\ & \overset{\text{(AL)}}{\leftrightarrow} && (\Box A \to \Box A \wedge \Box\neg A), \\ & \overset{[6.7]}{\leftrightarrow} && \big(\Box A \to \Box(A \wedge \neg A)\big), \\ & \overset{(2)}{\to} && (\Box A \to \Box\bot), \\ & \overset{\text{(AL)}}{\leftrightarrow} && (\neg\Box\bot \to \neg\Box A); \end{aligned}$$

also ist auch beweisbar:

$$\Box(A \to \neg\Box A) \wedge (\neg\Box A \to A) \to (\neg\Box\bot \to A).$$

Zusammen mit (1) haben wir daher die Behauptung. ■

Die Gödel-Fixpunkte in **GL** sind genau die zu $\neg\Box\bot$ äquivalenten $\mathcal{L}_M$-Formeln: **[6.13]**

$$\mathbf{GL} \vdash G \leftrightarrow \neg\Box G \quad \Longleftrightarrow \quad \mathbf{GL} \vdash G \leftrightarrow \neg\Box\bot.$$

Beweis Die Richtung „$\Longrightarrow$" folgt sofort aus **[6.12]**. – Gelte $\mathbf{GL} \vdash G \leftrightarrow \neg\Box\bot$. Dann ist wegen **[6.7]** auch $\Box G \leftrightarrow \Box\neg\Box\bot$ ableitbar, und in **GL** folgt:

$$\neg\Box G \overset{!}{\leftrightarrow} \neg\Box\neg\Box\bot \overset{[6.10]}{\leftrightarrow} \neg\Box\bot \leftrightarrow G.$$

■

[6.14] Wir definieren für Systeme F und Klassen $\mathfrak{R}$ von Rahmen:

- F ist **korrekt** für $\mathfrak{R}$ genau dann, wenn alle Theoreme von F gültig sind in $\mathfrak{R}$;
- F ist **vollständig** für $\mathfrak{R}$ genau dann, wenn umgekehrt alle in $\mathfrak{R}$ gültigen Formeln ableitbar sind in F.

Diese Begriffe von Korrektheit und Vollständigkeit nennen wir auch *semantische* Korrektheit bzw. Vollständigkeit, in Abgrenzung zur *arithmetischen* Korrektheit und Vollständigkeit, die wir später (**[13.14]**) einführen werden.

[6.15] Wir wollen im Folgenden für **K**, **K4** und **GL** jeweils Klassen von Rahmen angeben, für die die Systeme korrekt und vollständig sind. Dabei verwenden wir folgende Eigenschaften von Rahmen $R = (W, \lhd)$ und auf ihnen basierenden Modellen M:

- R und M sind **endlich**, wenn W endlich ist;
- R und M sind **transitiv**, wenn $\lhd$ transitiv ist, d.h. wenn für $x, y, z \in W$ stets gilt:
$$x \lhd y \lhd z \implies x \lhd z;$$
- R und M sind **irreflexiv**, wenn $\lhd$ irreflexiv ist, d.h. wenn für alle $w \in W$ gilt:
$$w \not\lhd w;$$
- R, M und $\lhd$ sind **umgekehrt wohlfundiert (uwf)** (**uwf**, *converse wellfounded*), wenn alle nicht-leeren Teilmengen X von W ein **$\lhd$-maximales** Element besitzen, also ein $x \in X$, so dass für kein $y \in X$ gilt: $y \rhd x$.

[6.16] Für alle $\mathcal{L}_\mathrm{M}$-Formeln A, B, alle Modelle $(W, \lhd, \Vdash)$ und alle $w \in W$ gilt:

$$w \Vdash A \to B \quad \text{und} \quad w \Vdash A \quad \implies \quad w \Vdash B.$$

Allgemeiner gilt: Wenn $A \to B$ und A gültig sind in einer Klasse von Rahmen, so auch B; d.h. Gültigkeit in einer Klasse von Rahmen bleibt unter Modus ponens erhalten.

Beweis Die erste Behauptung folgt sofort aus

$$w \Vdash A \to B \overset{[5.9]}{\iff} \big(w \Vdash A \implies w \Vdash B\big);$$

die zweite folgt aus **[5.13]**. ∎

Ist eine $\mathcal{L}_M$-Formel A gültig in einem Modell, einem Rahmen bzw. einer Klasse von Rahmen, so auch $\Box A$. Insbesondere bleibt Gültigkeit in einer Klasse von Rahmen unter der Necessitationsregel erhalten. **[6.17]**

Beweis Sei $\Box A$ ungültig in einem Modell $M = (W, \lhd, \Vdash)$. Das heißt nach **[5.13]**, es gibt ein $w \in W$ mit $w \nVdash \Box A$; und das bedeutet gerade, dass für ein $x \rhd w$ gilt: $x \nVdash A$. Somit ist auch A ungültig in M. – Der Rest folgt aus **[5.13]**. ∎

$\mathcal{L}_M$-Tautologien sind in allen Rahmen gültig. **[6.18]**

Beweis Dies folgt aus den Gültigkeitsklauseln für $\bot$ und $\rightarrow$ (s. **[5.9]**). ∎

Die Distributionsaxiome sind in allen Rahmen gültig. **[6.19]**

Beweis Seien $A, B \in \mathcal{L}_M$; wir zeigen, dass $\Box(A \rightarrow B) \rightarrow (\Box A \rightarrow \Box B)$ in jeder Welt w jedes beliebigen Modells $(W, \lhd, \Vdash)$ gilt.

Wir nehmen an:

$$w \Vdash \Box(A \rightarrow B) \quad \text{und} \quad w \Vdash \Box A.$$

Dann gelten in allen Welten $x \rhd w$ die Formeln $A \rightarrow B$ und A, und somit nach **[6.16]** auch B. Letzteres heißt aber gerade: $w \Vdash \Box B$.

Damit haben wir gezeigt:

$$w \Vdash \Box(A \rightarrow B) \quad \Longrightarrow \quad \big(w \Vdash \Box A \quad \Longrightarrow \quad w \Vdash \Box B\big),$$

und das ist nach **[5.9]** gleichbedeutend mit

$$w \Vdash \Box(A \rightarrow B) \rightarrow (\Box A \rightarrow \Box B).$$

∎

Die Transitivitätsaxiome sind gültig in allen transitiven Rahmen. **[6.20]**

Beweis $(W, \lhd, \Vdash)$ sei ein transitives Modell, und es sei $w \in W$ mit $w \Vdash \Box A$, d.h.:

$$\text{für alle } x \rhd w \text{ gilt: } x \Vdash A. \tag{1}$$

– Nun sei $x \in W$ mit $x \rhd w$. Da $\lhd$ transitiv ist, gilt für alle $y \rhd x$ auch $y \rhd w$ und damit $y \Vdash A$ wegen (1). Also haben wir $x \Vdash \Box A$. – Da dies für jedes $x \rhd w$ der Fall ist, folgt $w \Vdash \Box\Box A$, und wir sind fertig. ∎

[6.21] Die Löb-Axiome sind gültig in allen transitiven, umgekehrt wohlfundierten Rahmen.

Beweis $M = (W, \lhd, \Vdash)$ sei ein transitives und uwf'es Modell, und es sei $w \in W$. Wir zeigen für $A \in \mathcal{L}_M$:

$$w \nVdash \Box A \implies w \nVdash \Box(\Box A \to A),$$

woraus sich durch Kontraposition die Behauptung ergibt.

Es gelte $w \nVdash \Box A$, d.h. es gibt ein $z \rhd w$, in dem A nicht gilt. Um $w \Vdash \Box(\Box A \to A)$ zu widerlegen, müssen wir ein $x \rhd w$ finden, in dem $\Box A \to A$ nicht gilt; d.i. ein $x \rhd w$, so dass A zwar in allen $y \rhd x$ gilt, nicht aber in x selbst. Nach Voraussetzung ist die Menge

$$Z := \{z \rhd w\colon z \nVdash A\}$$

nicht leer, und da M uwf ist, enthält Z ein $\lhd$-maximales Element x. Dieses erfüllt die gestellten Anforderungen: Wenn $y \rhd x$ ist, so ist y wegen der Maximalität von x nicht in Z; da $\lhd$ transitiv ist, gilt aber $y \rhd w$, also muss A in y gelten. ∎

[6.22] Wir erhalten nun sofort die semantischen Korrektheitssätze für **K**, **K4** und **GL**.

[6.23] **Korrektheitssatz für K.** Das System **K** ist korrekt für die Klasse aller Rahmen; d.h. für alle Formeln $A \in \mathcal{L}_M$ gilt:

$$\mathbf{K} \vdash A \implies A \text{ ist gültig in allen Rahmen.}$$

Beweis Nach **[6.18]** und **[6.19]** sind alle Axiome von **K** gültig in allen Rahmen; und nach **[6.16]**, **[6.17]** überträgt sich dies auf alle übrigen in **K** ableitbaren Formeln. ∎

[6.24] **Korrektheitssatz für K4.** Das System **K4** ist korrekt für die Klasse aller transitiven Rahmen; d.h. für alle Formeln $A \in \mathcal{L}_M$ gilt:

$$\mathbf{K4} \vdash A \implies A \text{ ist gültig in allen transitiven Rahmen.}$$

Beweis Wegen **[6.18]**–**[6.20]**, **[6.16]** und **[6.17]**. ∎

[6.25] **Korrektheitssatz für GL.** Das System **GL** ist korrekt für die Klasse aller transitiven, umgekehrt wohlfundierten Rahmen; d.h.:

$$\mathbf{GL} \vdash A \implies A \text{ ist gültig in allen transitiven, uwf'en Rahmen.}$$

Beweis Wegen **[6.16]**–**[6.19]**, **[6.21]**. ∎

7 Vollständigkeitssätze für K, K4 und GL

Als nächstes wollen wir die semantischen Vollständigkeitssätze für die Systeme **K**, **K4** und **GL** beweisen. Die drei Beweise verlaufen alle nach demselben Muster: Für ein gegebenes System F ist jeweils zu zeigen, dass alle Formeln A, die in einer gewissen Klasse $\mathfrak{R}_F$ von Rahmen gültig sind, in F ableitbar sind. Umgekehrt heißt das: Wenn $F \nvdash A$, dann gibt es ein Gegenbeispiel für A in $\mathfrak{R}_F$, d.h. ein $R \in \mathfrak{R}_F$, in dem A ungültig ist. Äquivalent dazu ist (wie man sich durch Übergang von A zu $\neg A$ klarmacht): Jede F-konsistente Formel A ist in $\mathfrak{R}_F$ erfüllbar. [7.1]

Dies wird folgendermaßen gezeigt: Wir konstruieren zu A eine Menge W_A von Welten, die jeweils ‚maximal konsistente' (s. [7.4]) Formelmengen sind. Als Bewertung V_A für W_A wird stets gewählt:

$$V_A(w,p) \quad :\Longleftrightarrow \quad p \in w.$$

Es wird eine geeignete Zugänglichkeitsrelation $\lhd_A$ auf W_A definiert, die dann zusammen mit W_A und V_A ein Modell $M_A = (W_A, \lhd_A, \Vdash_A)$ festlegt (s. [5.11]). Schließlich zeigen wir, dass $(W_A, \lhd_A)$ tatsächlich in der Klasse $\mathfrak{R}_F$ liegt und A in M_A erfüllbar ist, womit wir am Ziel wären.

Im Folgenden sei F eines der Systeme **K**, **K4** und **GL**.

Für $A \in \mathcal{L}_\mathrm{M}$ sollen die Teilformeln von A und ihre Negationen **A-Formeln** heißen. Offenbar gibt es zu jeder Formel A nur endlich viele A-Formeln und damit auch nur endlich viele *Mengen* von A-Formeln. [7.2]

Eine Menge X von A-Formeln nennen wir (F-)**konsistent**, wenn $\bigwedge X$ konsistent in F ist, d.h. wenn gilt: [7.3]

$$F \nvdash \neg \bigwedge X.$$

Eine Menge X von A-Formeln nennen wir **maximal** (F-)**konsistent**, wenn sie F-konsistent ist und für jede Teilformel B von A gilt: [7.4]

$$B \in X \quad \text{oder} \quad \neg B \in X.$$

Jede F-konsistente Menge X von A-Formeln lässt sich erweitern zu einer maximal F-konsistenten Menge von A-Formeln. [7.5]

Beweis

Sei X noch nicht maximal F-konsistent. Die Konjunktion $\bigwedge X$ ist aussagenlogisch äquivalent zu einer Disjunktion

$$\bigvee_{i=0}^{n} (\bigwedge X \wedge \bigwedge Y_i),$$

wobei die Y_i Mengen von A-Formeln sind, durch die, lax gesprochen, die verschiedenen möglichen Wahrheitswertkombinationen für diejenigen Teilformeln von A repräsentiert werden, die nicht schon durch ihr (negiertes) Vorkommen in X auf *wahr* (bzw. *falsch*) festgelegt sind. Es ist für jede Teilformel B von A entweder $B \in X \cup Y_i$ oder $\neg B \in X \cup Y_i$.

Für wenigstens ein i muss $X \cup Y_i$ konsistent sein, denn sonst gilt für alle i:

$$F \vdash \neg(\bigwedge X \wedge \bigwedge Y_i),$$

und damit

$$F \vdash \neg \bigvee_{i=0}^{n} (\bigwedge X \wedge \bigwedge Y_i),$$

woraus folgt: $F \vdash \neg \bigwedge X$, im Widerspruch zur Konsistenz von X. Für dieses i ist dann $X \cup Y_i$ maximal konsistent. ∎

[7.6] Ist X eine maximal F-konsistente Menge von A-Formeln, so gilt für alle Teilformeln B von A:

$$B \notin X \iff \neg B \in X;$$

und wenn $Y \subset X$ ist, dann gilt für alle A-Formeln B:

$$F \vdash \bigwedge Y \to B \implies B \in X.$$

(Maximal konsistente Mengen von A-Formeln sind also gewissermaßen vollständig und deduktiv abgeschlossen bezüglich A-Formeln.)

Beweis Sei B eine Teilformel von A. Da X maximal konsistent ist, gilt $B \in X$ oder $\neg B \in X$. Es kann aber auch nicht beides der Fall sein, denn sonst wäre mit der Tautologie $\neg(B \wedge \neg B)$ wegen **[6.6]** auch $\neg \bigwedge X$ in F ableitbar, im Widerspruch zur Konsistenz von X.

Wir zeigen die zweite Behauptung nur für negierte Teilformeln von A; der Beweis für nicht-negierte Teilformeln verläuft analog. – Sei B eine Teilformel von A, und Y sei eine Teilmenge von X mit

$$F \vdash \bigwedge Y \to \neg B.$$

Aus aussagenlogischen Gründen gilt dann auch:

$$F \vdash \neg(\bigwedge Y \wedge B). \tag{1}$$

Nehmen wir an, $\neg B$ sei nicht in X enthalten; dann ist $B \in X$ aufgrund der Maximalität von X, und aus (1) folgt nach **[6.6]**: $F \vdash \neg \bigwedge X$, im Widerspruch zur Konsistenz von X. ∎

Um nun die Erfüllbarkeit einer F-konsistenten Formel A in einer Klasse $\mathfrak{R}_F$ von Rahmen zu zeigen, verfahren wir folgendermaßen. **[7.7]**

Als Grundmenge W_A für den gesuchten Rahmen wählen wir die Menge aller maximal F-konsistenten Mengen von A-Formeln. Nach **[7.2]** ist W_A endlich. Aus der Konsistenz von A folgt mit **[7.5]**, dass A Element einer maximal konsistenten Menge $w_A \in W_A$ ist; insbesondere ist $W_A \neq \varnothing$.

Wie angekündigt, setzen wir als Bewertung für W_A:

$$V_A(w,p) \quad :\Longleftrightarrow \quad p \in w$$

für alle $w \in W_A$ und $p \in \mathrm{Var_M}$.

Danach definieren wir, je nach System F, eine Zugänglichkeitsrelation $\lhd_A$ und beweisen:

(a) Für jede Teilformel $\Box B$ von A und jede Welt $w \in W_A$ gilt:

$$\Box B \in w \qquad \Longleftrightarrow \qquad B \in x \text{ für alle } x \rhd_A w;$$

(b) $R_A := (W_A, \lhd_A)$ ist Element der Klasse $\mathfrak{R}_F$.

Unter diesen Voraussetzungen gilt für alle Welten w und alle Teilformeln B von A (wobei $\Vdash_A$ die durch $\lhd_A$ und V_A induzierte Gültigkeitsbeziehung sein soll, s. **[5.11]**): **[7.8]**

$$w \Vdash_A B \iff B \in w.$$

Insbesondere gilt $w_A \Vdash_A A$, womit A in R_A erfüllbar ist.

Durch Induktion über den Formelaufbau: **Beweis**

$\underline{\bot}$: Nach **[5.9]** gilt $w \nVdash_A \bot$; und weil w konsistent ist, ist $\bot \notin w$.

$\underline{\mathrm{Var_M}}$: Aufgrund der Definition von $\Vdash_A$ bzw. V_A gilt:

$$w \Vdash_A p \iff V_A(w,p) \iff p \in w.$$

$\underline{\to}$: $B_1 \to B_2$ sei eine Teilformel von A; wir nehmen an, die Behauptung sei für B_1 und B_2 erfüllt. Dann gilt:

$$\begin{aligned} w \nVdash_A B_1 \to B_2 &\overset{[5.9]}{\iff} w \Vdash_A B_1 \quad \text{und} \quad w \nVdash_A B_2 \\ &\overset{(IV)}{\iff} B_1 \in w \quad \text{und} \quad B_2 \notin w \\ &\overset{[7.6]}{\iff} B_1, \neg B_2 \in w \\ &\overset{[7.6]}{\iff} \neg(B_1 \to B_2) \in w \\ &\overset{[7.6]}{\iff} (B_1 \to B_2) \notin w. \end{aligned}$$

$\underline{\Box}$: $\Box B$ sei eine Teilformel von A; wir nehmen an, die Behauptung gilt für B. Dann haben wir:

$$\begin{aligned} w \Vdash_A \Box B &\overset{[5.9]}{\iff} x \Vdash_A B \text{ für alle } x \rhd_A w \\ &\overset{(IV)}{\iff} B \in x \text{ für alle } x \rhd_A w \\ &\iff \Box B \in w, \end{aligned}$$

wegen **[7.7]**(a). ∎

[7.9] Wir benötigen für den Vollständigkeitsbeweis noch einige einfache Hilfsmittel.

[7.10] Für Rahmen $(W, \lhd)$ und Teilmengen X von W definieren wir: Eine **$\lhd$-Kette** in X ist eine nicht-leere, endliche Folge $(x_i)_{i \leq n} \in X^{n+1}$, so dass für alle $i < n$ gilt: $x_i \lhd x_{i+1}$.

[7.11] Ist $(W, \lhd)$ ein transitiver, irreflexiver Rahmen und $X \subset W$, so gilt:

(a) Die Glieder einer $\lhd$-Kette in X sind stets paarweise verschieden;

(b) alle $\lhd$-Ketten in X haben eine Länge kleiner oder gleich der Anzahl $\#X$ der Elemente von X;

(c) wenn X endlich ist, dann gibt es nur endlich viele $\lhd$-Ketten in X.

Beweis Wir betrachten die Abbildung G, die einer $\lhd$-Kette $(x_i)_{i \leq m}$ in X jeweils die Menge $G\big((x_i)_{i \leq m}\big) := \{\, x_i \colon\ i \leq m \,\} \subset X$ ihrer Glieder zuordnet.

(a) Sei $(x_i)_{i \leq m}$ eine $\lhd$-Kette in X. Da $\lhd$ transitiv ist, gilt $x_i \lhd x_j$ für $i < j \leq m$, und mit der Irreflexivität von $\lhd$ folgt $x_i \neq x_j$ für $i < j \leq m$.

(b) Nach (a) ist die Länge von $(x_i)_{i \leq m}$ gleich der Anzahl der Elemente von $G\big((x_i)_{i \leq m}\big)$, also kleiner oder gleich $\#X$.

(c) G ist eine injektive Abbildung in die Potenzmenge 2^X von X: Haben zwei $\lhd$-Ketten $(x_i)_{i \leq m} \neq (y_i)_{i \leq n}$ in X dasselbe Bild G_0, so muss nach dem Beweis von (b) $m+1 = \#G_0 = n+1$ gelten; insbesondere ist $m = n$. Sei $i \leq m$ minimal mit $x_i \neq y_i$. Weil x_i unter den y's vorkommt und y_i unter den x'en, existieren j, $k > i$, so dass $y_j = x_i$ und $x_k = y_i$. Da $\lhd$ transitiv ist, folgt $x_i \lhd x_k = y_i \lhd y_j = x_i$ und weiter $x_i \lhd x_i$, im Widerspruch zur Irreflexivität. – Aus der Injektivität von G erhalten wir aber sofort, dass die Anzahl der $\lhd$-Ketten in X kleiner oder gleich $\#(2^X) = 2^{\#X}$ ist. ∎

Für alle endlichen, transitiven Rahmen R gilt: [7.12]

$$R \text{ ist irreflexiv} \iff R \text{ ist umgekehrt wohlfundiert.}$$

Für die Richtung „$\Longleftarrow$" benötigen wir Endlichkeit und Transitivität nicht. Sei $R = (W, \lhd)$ nicht irreflexiv, d.h. es gibt ein $w \in W$ mit $w \lhd w$. Dann enthält $\{w\} \subset W$ kein $\lhd$-maximales Element (s. [6.15]), und R ist nicht uwf. Beweis

„$\Longrightarrow$": Sei R irreflexiv, aber nicht uwf. Dann existiert eine nicht-leere Teilmenge X von W, die kein $\lhd$-maximales Element besitzt; d.h. für $x \in X$ gibt es stets ein $y \in X$ mit $y \rhd x$. Wir können per Induktion zeigen, dass es $\lhd$-Ketten in X mit beliebiger Länge gibt. Da X endlich ist, widerspricht dies [7.11](b). ∎

Wir können nun den Rest der Vollständigkeitssätze für **K**, **K4** und **GL** beweisen. Ich führe den Beweis nur für **GL** ganz durch; die beiden anderen Beweise verlaufen analog. [7.13]

Vollständigkeitssatz für GL. Das System **GL** ist vollständig sowohl für die Klasse *aller* transitiven, umgekehrt wohlfundierten Rahmen, als auch für die Klasse aller *endlichen*, transitiven, umgekehrt wohlfundierten Rahmen. Zusammen mit [6.25] ergibt sich für alle $\mathcal{L}_M$-Formeln A: [7.14]

$$\begin{aligned} \mathbf{GL} \vdash A \quad &\iff \quad A \text{ ist gültig in allen endlichen, transitiven, uwf'en Rahmen} \\ &\iff \quad A \text{ ist gültig in allen transitiven, uwf'en Rahmen.} \end{aligned}$$

Wir verfahren wie in [7.7] angegeben. – A sei eine **GL**-konsistente Formel, und W_A und V_A seien definiert wie in [7.7]; insbesondere ist W_A endlich. Wir setzen als Zugänglichkeitsrelation auf W_A: Beweis

$$w \lhd_A x \quad :\iff \quad \left[\begin{array}{ll} & \text{für alle } A\text{-Formeln } \Box C \in w \text{ sind } C, \Box C \in x \\ \text{und} & \text{ex. } A\text{-Formel } \Box D \in x, \text{ so dass } \Box D \notin w \end{array} \right]. \qquad (1)$$

Aufgrund der zweiten Bedingung muss $\lhd_A$ irreflexiv sein. – Weiter ist $\lhd_A$ transitiv: Sind $x, y, z \in W_A$ mit $x \lhd_A y \lhd_A z$, und ist $\Box C \in x$, so folgt wegen (1), dass $\Box C$ auch in y ist und deswegen C und $\Box C$ in z enthalten sind; und wenn $\Box D$ in z, aber nicht in y ist, dann kann $\Box D$ nach (1) auch nicht in x sein. – Da W_A endlich ist, folgt mit [7.12], dass $(W_A, \lhd_A)$ uwf ist; somit ist Bedingung (b) aus [7.7] erfüllt.

Offenbar folgt aus $\Box B \in w$ und $x \rhd_A w$ mit (1) sofort $B \in x$, was die „$\Longrightarrow$"-Richtung von Bedingung (a) liefert. Es bleibt „$\Longleftarrow$" zu zeigen.

Gelte $\Box B \notin w$. Wir suchen eine Welt x mit $x \rhd_A w$ und $B \notin x$, d.h. wegen [7.7], [7.4] und (1): eine maximal **GL**-konsistente Menge x von A-Formeln, die

$\neg B$ enthält, die für $\Box C \in w$ jeweils C und $\Box C$ enthält, und die eine Formel $\Box D$ enthält, die nicht in w ist. Da die Formel $\Box B$ nicht in w ist, können wir sie als das gesuchte $\Box D$ verwenden; somit genügt es wegen **[7.5]** zu zeigen, dass $\{\neg B, \Box B\} \cup \{ C, \Box C \colon \Box C \in w \}$ **GL**-konsistent ist. Wir nehmen an, dies sei nicht der Fall, d.h. nach **[7.3]** ist in **GL** ableitbar:

$$\neg \Big[\neg B \wedge \Box B \wedge \bigwedge_{\Box C \in w} (C \wedge \Box C) \Big],$$

was aussagenlogisch äquivalent ist zu

$$\bigwedge_{\Box C \in w} (C \wedge \Box C) \rightarrow (\Box B \rightarrow B).$$

Nach **[6.7]** erhalten wir daraus:

$$\Box \bigwedge_{\Box C \in w} (C \wedge \Box C) \rightarrow \Box(\Box B \rightarrow B),$$

unter Verwendung eines Löb-Axioms ergibt sich:

$$\Box \bigwedge_{\Box C \in w} (C \wedge \Box C) \rightarrow \Box B,$$

bzw. (wegen **[6.7]**):

$$\bigwedge_{\Box C \in w} (\Box C \wedge \Box\Box C) \rightarrow \Box B,$$

und da nach **[6.8]** die Transitivitätsaxiome $\Box C \rightarrow \Box\Box C$ in **GL** ableitbar sind, bedeutet dies:

$$\mathbf{GL} \vdash \bigwedge_{\Box C \in w} \Box C \rightarrow \Box B.$$

Weil w aber maximal konsistent ist, folgt daraus mit **[7.6]**, dass $\Box B$ doch in w ist, entgegen unserer Voraussetzung. ■

[7.15] **Vollständigkeitssatz für K.** Das System **K** ist vollständig sowohl für die Klasse *aller* Rahmen, als auch für die Klasse aller *endlichen* Rahmen; d.h. mit **[6.23]** gilt für alle $\mathcal{L}_{\mathrm{M}}$-Formeln A:

$$\begin{aligned} \mathbf{K} \vdash A \quad &\Longleftrightarrow \quad A \text{ ist gültig in allen endlichen Rahmen} \\ &\Longleftrightarrow \quad A \text{ ist gültig in allen Rahmen.} \end{aligned}$$

Beweis Wir verfahren analog zum Beweis von **[7.14]** mit der Zugänglichkeitsrelation

$$w \lhd_A x \quad :\Longleftrightarrow \quad \text{für alle } \Box C \in w \text{ ist } C \in x.$$

Am Ende muss für $\Box B \notin w$ die **K**-Konsistenz von $\{\neg B\} \cup \{ C \colon \Box C \in w \}$ gezeigt werden. ■

Vollständigkeitssatz für K4. Das System **K4** ist vollständig sowohl für die Klasse *aller* transitiven Rahmen, als auch für die Klasse aller *endlichen*, transitiven Rahmen; d.h. mit [6.24] gilt für alle $\mathcal{L}_M$-Formeln A: [7.16]

$$\begin{aligned} \mathbf{K4} \vdash A \quad &\iff \quad A \text{ ist gültig in allen endlichen, transitiven Rahmen} \\ &\iff \quad A \text{ ist gültig in allen transitiven Rahmen.} \end{aligned}$$

Wir verwenden die Zugänglichkeitsrelation Beweis

$$w \lhd_A x \quad :\iff \quad \text{für alle } \Box C \in w \text{ gilt } C, \Box C \in x;$$

und am Ende des Beweises muss für $\Box B \notin w$ die **K4**-Konsistenz von $\{\neg B\} \cup \{\, C, \Box C \colon \Box C \in w \,\}$ gezeigt werden. ■

8 Verstärkung des Vollständigkeitssatzes für GL

Wir können die Aussage des Vollständigkeitssatzes für **GL** noch verstärken. [8.1]
Dazu benötigen wir wiederum einen Hilfssatz ([8.3]).

Für Rahmen $R = (W, \lhd)$ sagen wir, R ist ein **Baum**, wenn $\lhd$ transitiv ist und [8.2]
für alle $x_1, x_2, y \in W$ gilt:

$$\begin{aligned} x_1 \lhd y \text{ und } x_2 \lhd y \quad \Longrightarrow& \\ x_1 \lhd x_2 \text{ oder } x_1 = x_2 &\text{ oder } x_1 \rhd x_2. \end{aligned}$$

Bei dieser Definition kann ein Baum eine, mehrere oder gar keine ‚Wurzeln' (s. [8.12], [8.13]) haben. Beispiele sind $\{0\}$ und $\{0, 1\}$, jeweils mit der *leeren* Zugänglichkeitsrelation, und $(\mathbb{N}, >)$.

Eine $\mathcal{L}_M$-Formel A ist gültig in *allen* endlichen, transitiven, irreflexiven Rahmen [8.3]
genau dann, wenn sie gültig ist in allen solchen Rahmen, die zugleich *Bäume* sind.

Die Richtung „$\Longrightarrow$" ist trivial. Beweis

„$\Longleftarrow$": A sei gültig in allen endlichen, transitiven, irreflexiven Rahmen, die Bäume sind; $M = (W, \lhd, \Vdash)$ sei ein endliches, transitives, irreflexives Modell. Wir müssen zeigen, dass A gültig in M ist. Dazu konstruieren wir ein endliches, transitives, irreflexives Modell $M' = (W', \lhd', \Vdash')$, so dass $(W', \lhd')$ ein Baum ist und Gültigkeit in M' gleichbedeutend ist mit Gültigkeit in M. Da A in M' gültig sein muss, ist A dann auch in M gültig.

W' sei die (nicht-leere) Menge aller $\lhd$-Ketten in W. Nach **[7.11]**(c) ist W' endlich. Wir definieren eine Zugänglichkeitsrelation $\lhd'$ für $\lhd$-Ketten $(x_i)_{i\leq m}$, $(y_i)_{i\leq n}$ durch

$$(x_i)_{i\leq m} \lhd' (y_i)_{i\leq n} \quad :\Longleftrightarrow \quad m < n \quad \text{und} \quad \text{für alle } i \leq m \text{ gilt } x_i = y_i,$$

d.h. eine $\lhd$-Kette ist $\lhd'$-zugänglich genau für ihre nicht-leeren echten Anfangsabschnitte. Man macht sich leicht klar, dass $(W', \lhd')$ ein transitiver, irreflexiver Baum ist. Die Bedingung

$$V'\big((w_i)_{i\leq m}, p\big) \quad :\Longleftrightarrow \quad w_m \Vdash p$$

legt eine Bewertung V' und damit nach **[5.11]** eine Gültigkeitsbeziehung $\Vdash'$ für $(W', \lhd')$ fest.

Durch Induktion über den Formelaufbau können wir zeigen, dass für alle $B \in \mathcal{L}_\mathrm{M}$ und alle $(w_i)_{i\leq m} \in W'$ gilt:

$$(w_i)_{i\leq m} \Vdash' B \quad \Longleftrightarrow \quad w_m \Vdash B,$$

womit dann die Behauptung bewiesen wäre, da jedes $w \in W$ letztes Glied einer Kette $(w_i)_{i\leq m} \in W'$ ist.

Wir führen den Beweis nur für den Fall $B = \Box C$ durch; der Rest ist einfach. Es gilt:

$$\begin{aligned}
(w_i)_{i\leq m} \Vdash' \Box C \quad &\overset{[5.9]}{\Longleftrightarrow} \quad \text{für alle } (x_i)_{i\leq n} \rhd' (w_i)_{i\leq m} \text{ gilt } (x_i)_{i\leq n} \Vdash' C \\
&\overset{(IV)}{\Longleftrightarrow} \quad \text{für alle } (x_i)_{i\leq n} \rhd' (w_i)_{i\leq m} \text{ gilt } x_n \Vdash C \\
&\Longleftrightarrow \quad \text{für alle } x \rhd w_m \text{ gilt } x \Vdash C \\
&\overset{[5.9]}{\Longleftrightarrow} \quad w_m \Vdash \Box C.
\end{aligned}$$

Dabei beruht der vorletzte Schritt auf

$$x \rhd w_m \quad \Longrightarrow \quad (w_0, \ldots, w_m, x) \rhd' (w_0, \ldots, w_m)$$

und

$$(x_i)_{i\leq n} \rhd' (w_i)_{i\leq m} \quad \Longrightarrow \quad x_n \rhd x_m = w_m.$$

■

[8.4] **Zweite Version des Vollständigkeitssatzes für GL.** Das System **GL** ist vollständig für die Klasse aller endlichen, irreflexiven Bäume; d.h. mit **[6.25]** gilt für alle $\mathcal{L}_\mathrm{M}$-Formeln A:

$$\mathbf{GL} \vdash A \quad \Longleftrightarrow \quad A \text{ ist gültig in allen endlichen, irreflexiven Bäumen.}$$

Nach [7.14] ist Ableitbarkeit in **GL** äquivalent mit Gültigkeit in allen endlichen, transitiven, uwf'en Rahmen, und dies sind nach [7.12] gerade die endlichen, transitiven, *irreflexiven* Rahmen. Gültigkeit in allen endlichen, transitiven, irreflexiven Rahmen ist aber nach [8.3] gleichbedeutend mit Gültigkeit in allen endlichen, irreflexiven *Bäumen* (wir brauchen die Transitivität nicht zu erwähnen, da Bäume per definitionem ohnehin transitiv sind). ■ Beweis

Wir wollen den Vollständigkeitssatz für **GL** noch in einer anderen Richtung verstärken, und zwar nicht nur dadurch, dass wir die relevante Klasse von Rahmen verkleinern, sondern auch indem wir die Anforderungen an die Gültigkeit der jeweiligen Formel abschwächen. Um die **GL**-Ableitbarkeit einer Formel A zu erhalten, wird es nicht länger nötig sein, dass A in *allen* Welten der relevanten Modelle gilt. [8.5]

Zunächst wiederum einige Vorbereitungen.

Für transitive Rahmen $R = (W, \lhd)$ und $W' \subset W$ sagen wir, W' sei **nach oben $\lhd$-abgeschlossen** (in R), wenn für alle $x \in W'$ und $y \in W$ gilt: [8.6]

$$x \lhd y \implies y \in W'.$$

Für transitive Rahmen $R = (W, \lhd)$ und $x \in W$ ist [8.7]

$$W_{\unrhd x} := \{ y \in W \colon y \unrhd x \}$$

nach oben $\lhd$-abgeschlossen in R. Ist $\lhd'$ die Einschränkung von $\lhd$ auf $W_{\unrhd x}$, so nennen wir $R_{\unrhd x} := (W_{\unrhd x}, \lhd')$ den **von x erzeugten Unterrahmen** von R. Auch $R_{\unrhd x}$ ist transitiv.

$(W, \lhd, \Vdash)$ sei ein transitives Modell für $\mathcal{L}_{\mathrm{M}}$, es sei $x \in W$ und $A \in \mathcal{L}_{\mathrm{M}}$. Dann hängt die Gültigkeit von A in x nur ab von der Gültigkeit der in A vorkommenden *Aussagevariablen* in x und den von x aus zugänglichen Welten. [8.8]

Genauer: $P \subset \mathrm{Var}_{\mathrm{M}}$ enthalte alle in A vorkommenden Aussagevariablen und $(W', \lhd', \Vdash')$ sei ein weiteres transitives $\mathcal{L}_{\mathrm{M}}$-Modell, für das gilt:

(a) $x \in W'$, und der von x erzeugte Unterrahmen von $(W', \lhd')$ ist identisch mit dem von x erzeugten Unterrahmen von $(W, \lhd)$, d.h. $W_{\unrhd x} \subset W'$ und für alle $y \unrhd x$ und alle z gilt:

$$y \lhd' z \iff y \lhd z;$$

(b) $\Vdash'$ und $\Vdash$ stimmen auf Welten $y \unrhd x$ für Variablen $p \in P$ überein, d.h.:

$$y \Vdash' p \iff y \Vdash p.$$

Dann gilt für alle Teilformeln B von A und für alle $y \trianglerighteq x$:

$$y \Vdash' B \iff y \Vdash B.$$

Beweis Durch Induktion über den Formelaufbau.

$\underline{\mathrm{Var_M}}$: Jede Aussagevariable p, die in A vorkommt, ist in P, daher gilt die Behauptung nach Voraussetzung (b).

$\underline{\bot}$: klar.

$\underline{\rightarrow}$: einfach.

$\underline{\Box}$: Sei $\Box B$ eine Teilformel von A, dann gilt für $y \trianglerighteq x$:

$$\begin{aligned} y \Vdash' \Box B &\iff \text{für alle } z \rhd' y \text{ gilt } z \Vdash' B \\ &\overset{(a)}{\iff} \text{für alle } z \rhd y \text{ gilt } z \Vdash' B \\ &\overset{(IV)}{\iff} \text{für alle } z \rhd y \text{ gilt } z \Vdash B \\ &\iff y \Vdash \Box B. \end{aligned}$$

■

[8.9] **Satz über erzeugte Untermodelle.** $M = (W, \lhd, \Vdash)$ sei ein transitives $\mathcal{L}_M$-Modell, und W' sei eine nach oben $\lhd$-abgeschlossene Teilmenge von W; die Relation $\lhd'$ sei die Einschränkung von $\lhd$ auf W', und $\Vdash'$ sei die Einschränkung von $\Vdash$ auf $W' \times \mathcal{L}_M$. Dann ist $M' := (W', \lhd', \Vdash')$ ebenfalls ein transitives $\mathcal{L}_M$-Modell, und es gilt für alle $x \in W'$ und $A \in \mathcal{L}_M$:

$$x \Vdash' A \iff x \Vdash A.$$

Dies gilt insbesondere, wenn $(W', \lhd')$ für ein $x \in W$ der von x erzeugte Unterrahmen von $(W, \lhd)$ ist; in diesem Falle heißt $M' =: M_{\trianglerighteq x}$ das **von x erzeugte Untermodell** von M.

Beweis Setzen wir $P := \mathrm{Var_M}$, so haben wir für jedes $x \in W'$ und jede Formel A die Situation von **[8.8]**, woraus sofort die Behauptung folgt. ■

[8.10] Ist $R = (W, \lhd)$ ein transitiver Rahmen, $W' \subset W$ nach oben $\lhd$-abgeschlossen und $\lhd'$ die entsprechende Einschränkung von $\lhd$, so kann, quasi in Umkehrung von **[8.9]**, jede $\mathcal{L}_M$-Gültigkeitsbeziehung $\Vdash'$ für $R' := (W', \lhd')$ zu einer solchen für R erweitert werden. Dies gilt wieder insbesondere für den Fall $R' = R_{\trianglerighteq x}$.

Beweis V' sei die in $\Vdash'$ enthaltene Bewertung für W', die Relation V sei irgendeine Bewertung für W, die auf W' mit V' übereinstimmt, und $\Vdash$ sei die zugehörige Gültigkeitsbeziehung für R. Mit $P := \mathrm{Var_M}$ liegt wieder für alle $x \in W'$ und $A \in \mathcal{L}_M$ die Situation von **[8.8]** vor. ■

Man kann **[8.10]** auch so verstehen, dass transitive $\mathcal{L}_\mathrm{M}$-Modelle $(W', \lhd', \Vdash')$ stets um zusätzliche Welten ‚vor' und ‚neben' allen alten Welten erweitert werden können: Solange gewährleistet ist, dass nie eine neue Welt von einer alten aus zugänglich ist, bleibt W' in dem neuen Rahmen $(W, \lhd)$ nach oben $\lhd$-abgeschlossen und man kann unter Erhaltung der W'-Gültigkeitsverhältnisse (d.h. der Gültigkeitsverhältnisse in den einzelnen Welten von W') eine Gültigkeitsbeziehung $\Vdash$ für $(W, \lhd)$ konstruieren. **[8.11]**

Ist $(W, \lhd)$ ein irreflexiver Baum, so nennen wir $w_0 \in W$ eine **Wurzel** von $(W, \lhd)$, wenn w_0 ein **$\lhd$-minimales** Element von W ist, d.h. wenn für kein $x \in W$ gilt: $x \lhd w_0$. **[8.12]**

Ist $(W, \lhd)$ ein irreflexiver Baum und $w_0 \in W$ mit $w_0 \lhd x$ für alle $x \in W \setminus \{w_0\}$, so ist w_0 die einzige Wurzel von $(W, \lhd)$. **[8.13]**

Endliche, irreflexive Bäume mit genau einer Wurzel wollen wir hier als **Ein-Wurzel-Bäume** oder kurz **1W-Bäume** bezeichnen. Ein-Wurzel-Bäume sind **antisymmetrisch** (d.h. für $x, y \in W$ gilt niemals zugleich $x \lhd y$ und $y \lhd x$) und nach **[7.12]** umgekehrt wohlfundiert. **[8.14]**

Modelle, die auf 1W-Bäumen basieren, nennen wir kurz **1W-Modelle**.

Ist $(W, \lhd)$ ein 1W-Baum und sind $x, y \in W$, so dass $x \lhd y$ ist und für kein $w \in W$ gilt: $x \lhd w \lhd y$, dann sagen wir, x ist ein **$\lhd$-Vorgänger** von y und y ist ein **$\lhd$-Nachfolger** von x. (Dabei bedeuten „Nachfolger" und „Vorgänger" hier natürlich *unmittelbarer* Nachfolger bzw. Vorgänger; die *allgemeine* Vorgänger–Nachfolger-Relation können wir ja dank seiner Transitivität schon durch $\lhd$ selbst ausdrücken.) **[8.15]**

Wegen der Baum-Eigenschaft in **[8.2]** sind $\lhd$-Vorgänger stets eindeutig bestimmt.

Sei $(W, \lhd)$ ein Ein-Wurzel-Baum mit der Wurzel w_0 und sei $x \in W$. **[8.16]**

Es existiert eine maximale mit x *endende* $\lhd$-Kette $(x_i)_{i \le m}$ in W, d.h. es ist $x_m = x$ und es gibt kein $y \in W$, so dass $y \lhd x_0$ oder $x_i \lhd y \lhd x_{i+1}$ für ein $i < m$. Offensichtlich ist dann x_0 gleich der Wurzel w_0, und x_i ist jeweils der $\lhd$-Vorgänger von x_{i+1}.

Weiter existieren auch maximale mit x *beginnende* $\lhd$-Ketten $(y_i)_{i \le n}$ in W. In diesem Fall ist wiederum jeweils y_i der $\lhd$-Vorgänger von y_{i+1}, und y_n ist $\lhd$-maximal in W.

Beweis Es ist nur die Existenz der Ketten zu zeigen. Da W endlich ist, ist nach **[7.11]**(b) die Länge von $\lhd$-Ketten in W beschränkt; wenn es also überhaupt Ketten mit einer bestimmten Eigenschaft gibt, dann auch maximale. ■

[8.17] Ist $(W, \lhd)$ ein 1W-Baum mit der Wurzel w_0, und ist $y \in W \setminus \{w_0\}$, so gilt $y \rhd w_0$ und y besitzt genau einen $\lhd$-Vorgänger.

Beweis Sei $(x_i)_{i \leq n}$ eine maximale mit y endende $\lhd$-Kette, dann ist $x_0 = w_0$ nach **[8.16]**, und wegen $x_n = y \neq w_0$ ist $n > 0$. Also ist $y \rhd w_0$, und x_{n-1} ist der $\lhd$-Vorgänger von y. ■

[8.18] In 1W-Bäumen kann man in zwei Richtungen Vollständige Induktion betreiben. Ist w_0 die Wurzel von $(W, \lhd)$ und $\mathcal{E}$ eine Eigenschaft von Welten $w \in W$, so kann man auf zweierlei Weise zeigen, dass $\mathcal{E}(w)$ für alle Welten w gilt:

Durch **Induktion baumaufwärts** erhält man das Ergebnis, indem man eine der drei folgenden äquivalenten Bedingungen beweist:

- Es gilt $\mathcal{E}(w_0)$, und die $\lhd$-Nachfolger einer Welt x mit $\mathcal{E}(x)$ haben stets ebenfalls die Eigenschaft $\mathcal{E}$;
- es gilt $\mathcal{E}(w_0)$, und wenn der $\lhd$-Vorgänger einer Welt $y \neq w_0$ die Eigenschaft $\mathcal{E}$ hat, dann auch y;
- wenn alle $\lhd$-Vorgänger von $y \in W$ die Eigenschaft $\mathcal{E}$ haben, dann auch y selbst.

Insbesondere kann man so Funktionen auf W rekursiv definieren.

Kann man umgekehrt zeigen, dass für $x \in W$ stets $\mathcal{E}(x)$ gilt, wenn alle $\lhd$-Nachfolger von x (oder alle $y \rhd x$) die Eigenschaft $\mathcal{E}$ haben, so folgt die Behauptung durch **Induktion baumabwärts**.

Beweis Sei $w \in W$ beliebig.

Im ersten Fall erhalten wir $\mathcal{E}(w)$ durch gewöhnliche Induktion, indem wir eine maximale mit w endende Kette betrachten (s. **[8.16]**).

Im zweiten Fall nehmen wir an, dass $\mathcal{E}(w)$ nicht zutrifft. Dann gibt es einen Nachfolger y von w, so dass $\mathcal{E}(y)$ falsch ist, usw.; wir können also induktiv Ketten beliebiger Länge konstruieren, was nach **[7.11]**(b) der Endlichkeit von W widerspricht. ■

[8.19] **Dritte Version des Vollständigkeitssatzes für GL.** Das System **GL** ist vollständig für die Klasse aller Ein-Wurzel-Bäume. Es gilt sogar für $A \in \mathcal{L}_M$:

$$\begin{aligned} \mathbf{GL} \vdash A \quad &\Longleftrightarrow \quad A \text{ ist gültig in allen 1W-Bäumen} \\ &\Longleftrightarrow \quad A \text{ gilt an der Wurzel jedes 1W-Modells.} \end{aligned}$$

Wegen **[8.4]**, und weil 1W-Bäume per definitionem endlich und irreflexiv sind, genügt es, für $A \in \mathcal{L}_M$ zu zeigen: **Beweis**

$$A \text{ gilt an der Wurzel jedes 1W-Modells} \quad \Longrightarrow \quad \mathbf{GL} \vdash A.$$

Damit gleichwertig ist wiederum, dass für jedes **GL**-*konsistente* A ein 1W-Modell *existiert*, an dessen Wurzel A gilt.

Sei also A eine **GL**-konsistente Formel. Wegen **[8.4]** gibt es dann einen endlichen, irreflexiven Baum $(W, \lhd)$ und ein darauf basierendes Modell $M = (W, \lhd, \Vdash)$, in denen A erfüllbar ist, wo also ein $w \in W$ existiert, so dass $w \Vdash A$. Das von w erzeugte Untermodell $M_{\unrhd w} = (W_{\unrhd w}, \lhd', \Vdash')$ von M (s. **[8.9]**) ist ein endlicher, irreflexiver Baum, der wegen **[8.13]** als einzige Wurzel w hat. Mit **[8.9]** folgt $w \Vdash' A$ aus $w \Vdash A$, und somit ist $M_{\unrhd w}$ ein 1W-Modell, an dessen Wurzel A gilt. ∎

Wenn $\Box A$ ein **GL**-Theorem ist, dann auch A; mit anderen Worten: Die Regel **[8.20]**

$$\frac{\Box A}{A}$$

ist eine abgeleitete Regel von **GL**, die wir hier als **Denecessitation** bezeichnen wollen.

Gelte $\mathbf{GL} \vdash \Box A$. Um $\mathbf{GL} \vdash A$ zu beweisen, genügt es nach **[8.19]** zu zeigen, dass A an der Wurzel jedes 1W-Modells gilt. Sei also $M = (W, \lhd, \Vdash)$ ein 1W-Modell mit der Wurzel w_0. Erweitern wir M entsprechend **[8.11]** bzw. **[8.10]** um eine Welt, indem wir w_0 einen Vorgänger w_0' geben, so erhalten wir wieder einen 1W-Baum, dessen Gültigkeitsbeziehung $\Vdash'$ auf W mit $\Vdash$ übereinstimmt. Nach **[8.19]** gilt $\Box A$ an der Wurzel w_0' des neuen Modells, daher gilt A unter $\Vdash'$ in ihrem Nachfolger w_0; wegen der Übereinstimmung mit $\Vdash$ heißt das: $w_0 \Vdash A$, also gilt A an der Wurzel von M. **Beweis** ∎

Aus dem Vollständigkeitssatz folgt, dass **GL** entscheidbar ist, d.h. dass es ein Verfahren gibt, das für beliebige $\mathcal{L}_M$-Formeln A in endlicher Zeit entscheidet, ob A ein **GL**-Theorem ist oder nicht. **[8.21]**

Einerseits ist das Axiomensystem von **GL** entscheidbar, und damit sind die Beweise von **GL** rekursiv aufzählbar. Andererseits sind auch die 1W-Bäume rekursiv aufzählbar (modulo Isomorphie); und wir können für eine gegebene Formel A und einen 1W-Baum R jeweils in endlicher Zeit testen, ob A unter jeder Gültigkeitsbeziehung für R an der Wurzel von R gilt, denn nach **[8.8]** müssen wir dazu nur die endlich vielen möglichen Bewertungen der in A vorkommenden Aussagevariablen durchprobieren. Ein Entscheidungsverfahren **Beweis** für die **GL**-Ableitbarkeit von $\mathcal{L}_M$-Formeln A besteht also darin, parallel die **GL**-Beweise und die 1W-Bäume durchzugehen: Wenn $\mathbf{GL} \vdash A$, dann findet man einen Beweis für A; andernfalls stößt man aufgrund der Vollständigkeit von **GL** irgendwann auf einen 1W-Baum, in dem A ungültig ist, und weiß dann wegen der Korrektheit, dass A kein Theorem ist. ■

Kapitel III

Modallogik für Rosser-Sätze

9 Syntax und Semantik von $\mathcal{L}_R$

Um das **Alphabet** der Sprache $\mathcal{L}_R$ der Rosser-Modallogik zu erhalten, erweitern wir das von $\mathcal{L}_M$ (s. [5.3]) um die zwei **Ordnungszeichen** $\preccurlyeq$, $\prec$. [9.1]

Formeln von $\mathcal{L}_R$: [9.2]

- $\bot$ und alle Aussagevariablen sind $\mathcal{L}_R$-Formeln;
- sind A, B Formeln von $\mathcal{L}_R$, so auch $(A \to B)$, $(\Box A)$, $\big((\Box A) \preccurlyeq (\Box B)\big)$ und $\big((\Box A) \prec (\Box B)\big)$.

Wir identifizieren $\mathcal{L}_R$ mit der Menge der $\mathcal{L}_R$-Formeln. Es gilt natürlich $\mathcal{L}_M \subset \mathcal{L}_R$.

Wir verwenden für $\mathcal{L}_R$ dieselben abkürzenden Schreibweisen und Klammerkonventionen wie für $\mathcal{L}_M$ (s. [5.5], [5.6]), mit zwei Ergänzungen: Als zusätzliche Abkürzung setzen wir für $\mathcal{L}_R$-Formeln A, B: [9.3]

$$((\Box A) \equiv (\Box B)) \quad := \quad \Big[((\Box A) \preccurlyeq (\Box B)) \;\wedge\; ((\Box B) \preccurlyeq (\Box A))\Big],$$

und $\preccurlyeq$, $\prec$, $\equiv$ sollen schwächer binden als $\neg$, $\Box$ und stärker als $\wedge$, $\vee$.

Formeln von $\mathcal{L}_R$, die die Gestalt $\Box A$ haben, bezeichnen wir als **Box-Formeln** und Formeln der Gestalt $A \preccurlyeq B$ bzw. $A \prec B$ (in diesem Fall müssen A und B Box-Formeln sein!) als **Ordnungsformeln**. Box- und Ordnungsformeln zusammen bilden die **Σ-Formeln** (von $\mathcal{L}_R$). Die Menge der Σ-Formeln nennen wir Σ. [9.4]

[9.5] Man mag sich fragen, warum die Ordnungszeichen $\preccurlyeq$ und $\prec$ nur Box-Formeln verbinden dürfen und keine anderen. In Abschnitt 13 werden wir sehen, dass es von der intendierten Interpretation her zwar durchaus Sinn machen würde, beliebige Σ-Formeln zur Verknüpfung durch $\preccurlyeq$ und $\prec$ zuzulassen, dass aber kein wirklicher Zugewinn an Ausdruckskraft resultieren würde (s. **[13.4]** ff.).

[9.6] An Rahmen und Bewertungen (s. **[5.7]**, **[5.8]**) ändert sich mit der neuen Sprache nichts; um die Bedingungen für die Gültigkeit von $\mathcal{L}_R$-Formeln einzuführen, müssen wir jedoch etwas weiter ausholen als zuvor. Die folgende Definition beschreibt, wann eine Struktur $(W, \lhd, \Vdash)$ bezüglich einer Formelmenge Y die Eigenschaften eines Modells hat.

[9.7] $(W, \lhd)$ sei ein Rahmen, $Y \subset \mathcal{L}_R$ sei abgeschlossen bezüglich Teilformeln (d.h. für $A \in Y$ ist auch jede Teilformel von A in Y) und $\Vdash$ sei eine Teilmenge von $W \times Y$. Wir sagen, $(W, \lhd, \Vdash)$ ist ein Y**-Modell** und $\Vdash$ ist eine Y**-Gültigkeitsbeziehung** für $(W, \lhd)$, wenn

(a) in allen Welten $w \in W$ die $\mathcal{L}_M$-Gültigkeitsklauseln für $\bot$, $\rightarrow$ und $\Box$ aus **[5.9]** für Formeln aus Y erfüllt sind;

(b) **Σ-Persistenz** herrscht, d.h. für $w \in W$ und $A \in \Sigma$ stets gilt:

$$w \Vdash A \quad \Longrightarrow \quad \text{für alle } x \rhd w \text{ gilt } x \Vdash A;$$

und darüber hinaus in allen Welten w für Box-Formeln A, B, C die **Ordnungsbedingungen** erfüllt sind, wenn die jeweils vorkommenden Ordnungsformeln in Y sind:

(O_1) $\quad w \Vdash A \;\Longrightarrow\; w \Vdash A \preccurlyeq A;$

(O_2) $\quad w \Vdash A \preccurlyeq B \;\Longrightarrow\; w \Vdash A;$

(O_3) $\quad w \Vdash A \preccurlyeq B$ und $w \Vdash B \preccurlyeq C \;\Longrightarrow\; w \Vdash A \preccurlyeq C;$

(O_4) $\quad w \Vdash A$ oder $w \Vdash B \;\Longrightarrow\; w \Vdash A \preccurlyeq B$ oder $w \Vdash B \prec A;$

(O_5) $\quad w \Vdash A \prec B \;\Longrightarrow\; w \Vdash A \preccurlyeq B;$

(O_6) $\quad w \Vdash A \preccurlyeq B \;\Longrightarrow\; w \nVdash B \prec A;$

(O_7) $\quad w \Vdash A$ und $w \nVdash B \;\Longrightarrow\; w \Vdash A \prec B.$

Für „$w \Vdash A$" sagen wir wiederum: „A **gilt** in w (unter $\Vdash$)" oder auch „A ist **gültig** in w (unter $\Vdash$)".

Ist $R = (W, \lhd)$ ein Rahmen und $\Vdash$ eine $\mathcal{L}_\mathrm{R}$-Gültigkeitsbeziehung für R, so nennen wir $(W, \lhd, \Vdash)$ ein **Modell** (für $\mathcal{L}_\mathrm{R}$), das auf R **basiert**. [9.8]

Modelle, die auf 1W-Bäumen basieren, bezeichnen wir wiederum als **1W-Modelle** (für $\mathcal{L}_\mathrm{R}$).

Sei $(W, \lhd)$ ein Rahmen und $\Vdash$ eine Relation auf $W \times \mathcal{L}_\mathrm{R}$. Das Tripel $(W, \lhd, \Vdash)$ ist ein Modell für $\mathcal{L}_\mathrm{R}$ genau dann, wenn es Bedingung [9.7](a) (für $Y = \mathcal{L}_\mathrm{R}$) erfüllt und in allen Welten unter $\Vdash$ erstens die **Σ-Persistenz-Axiome** [9.9]

$$A \to \Box A$$

(für Σ-Formeln A) und zweitens die **Ordnungsaxiome** (für Box-Formeln A, B und C) gelten:

(O_1') $\quad A \to A \preccurlyeq A,$

(O_2') $\quad A \preccurlyeq B \to A,$

(O_3') $\quad A \preccurlyeq B \wedge B \preccurlyeq C \to A \preccurlyeq C,$

(O_4') $\quad A \vee B \to A \preccurlyeq B \vee B \prec A,$

(O_5') $\quad A \prec B \to A \preccurlyeq B,$

(O_6') $\quad A \preccurlyeq B \to \neg(B \prec A),$

(O_7') $\quad A \wedge \neg B \to A \prec B.$

Außerdem gelten in $\mathcal{L}_\mathrm{R}$-Modellen natürlich wieder die in [5.10] aufgeführten Gültigkeitsbedingungen für die definitorisch eingeführten Junktoren. [9.10]

Ist $(W, \lhd, \Vdash)$ ein Modell für $\mathcal{L}_\mathrm{R}$ und $\Vdash'$ die Einschränkung von $\Vdash$ auf $W \times \mathcal{L}_\mathrm{M}$, so ist $(W, \lhd, \Vdash')$ ein Modell für $\mathcal{L}_\mathrm{M}$ (s. [9.7](a)). [9.11]

Um besser zu verstehen, was die angegebene Semantik für die Gültigkeit von Σ-Formeln bedeutet, machen wir einen kurzen Exkurs über Prä-Ordnungen. [9.12]

Eine **reflexive Prä-Ordnung** (**RPO**) auf einer Menge X ist eine zweistellige Relation $\preccurlyeq$ auf X, die **reflexiv** (d.h. $x \preccurlyeq x$ für alle $x \in X$), transitiv und **konnex** (d.h. $x \preccurlyeq y$ oder $y \preccurlyeq x$ für alle $x, y \in X$) ist.[10] [9.13]

[10] Es wird später ([9.23], [9.26]) deutlich werden, warum wir in der Sprache $\mathcal{L}_\mathrm{R}$ und bei der Behandlung von Prä-Ordnungen dieselbe Notation „$\preccurlyeq$" verwenden.

[9.14] Eine **irreflexive Prä-Ordnung (IPO)** auf einer Menge X ist eine zweistellige Relation $\prec$ auf X, die irreflexiv, transitiv und **prä-konnex** ist (d.h. aus $x \prec z$ folgt $x \prec y$ oder $y \prec z$ für beliebige y). Irreflexive Prä-Ordnungen sind insbesondere antisymmetrisch.

[9.15] Ist $\preccurlyeq$ eine reflexive Prä-Ordnung auf X, so werden durch

$$x \prec y \quad :\Longleftrightarrow \quad x \preccurlyeq y \text{ und } y \not\preccurlyeq x,$$
$$x \equiv y \quad :\Longleftrightarrow \quad x \preccurlyeq y \text{ und } y \preccurlyeq x$$

die **zu $\preccurlyeq$ gehörige irreflexive Prä-Ordnung** $\prec$ und die **zu $\preccurlyeq$ gehörige Äquivalenzrelation** $\equiv$ festgelegt. (Man überlegt sich leicht, dass $\equiv$ tatsächlich eine Äquivalenzrelation ist.)

[9.16] Die so definierte Relation $\prec$ ist eine irreflexive Prä-Ordnung.

Beweis Offensichtlich ist $\prec$ irreflexiv.

Es gelte $x \prec y \prec z$. Das bedeutet laut Definition: $x \preccurlyeq y \preccurlyeq z$ und $z \not\preccurlyeq y \not\preccurlyeq x$, woraus wegen der Transitivität von $\preccurlyeq$ folgt: $x \preccurlyeq z$. Weiter gilt $z \not\preccurlyeq x$, denn andernfalls ergibt sich $z \preccurlyeq y$ aufgrund der Transitivität und wir haben einen Widerspruch. Somit gilt $x \prec z$, und $\prec$ ist transitiv.

Gelte $x \prec z$, d.h. $x \preccurlyeq z$ und $z \not\preccurlyeq x$, und y sei beliebig. Ist $y \preccurlyeq x$, so liefert die Transitivität $y \preccurlyeq z$; es kann aber nicht zugleich $z \preccurlyeq y$ sein, denn sonst folgt analog $z \preccurlyeq x$, Widerspruch; also gilt $y \prec z$ im Falle $y \preccurlyeq x$. Gilt hingegen $y \not\preccurlyeq x$, so ist wegen der Konnexität $x \preccurlyeq y$ und per definitionem gilt $x \prec y$. Daher ist $\prec$ prä-konnex. ∎

[9.17] Bezeichnen wir die $\equiv$-Äquivalenzklasse von x in X jeweils als

$$[x]_\equiv \quad := \quad \{\, y \in X :\; y \equiv x \,\}$$

und die Menge der Äquivalenzklassen als

$$X/{\equiv} \quad := \quad \big\{\, [x]_\equiv :\; x \in X \big\},$$

so liefert die Definition

$$[x]_\equiv \preccurlyeq' [y]_\equiv \quad :\Longleftrightarrow \quad x \preccurlyeq y$$

eine reflexive Totalordnung auf $X/{\equiv}$ und

$$[x]_\equiv \prec' [y]_\equiv \quad :\Longleftrightarrow \quad x \prec y$$

eine irreflexive Totalordnung auf $X/{\equiv}$. (Man überzeugt sich leicht, dass die beiden Relationen wohldefiniert sind.) Eine RPO auf einer Menge X einzuführen heißt also gerade, eine Partition von X festzulegen (diese liefert $X/{\equiv}$) und ihren Elementen (den $\equiv$-Äquivalenzklassen) eine Reihenfolge zu geben.

Ist $\preccurlyeq$ eine RPO auf X und sind $\prec$ und $\equiv$ die zugehörige IPO bzw. Äquivalenzrelation, so gilt für alle $x, y \in X$: [9.18]

(a) $x \preccurlyeq y$ oder $y \prec x$;

(b) $x \preccurlyeq y \implies$ entweder $x \prec y$ oder $x \equiv y$;

(c) entweder $x \prec y$ oder $x \equiv y$ oder $y \prec x$.

(d) Will man das Ordnungsverhältnis zwischen x und y möglichst ökonomisch beschreiben, so muss man nur angeben, welche der drei Beziehungen in (c) gilt; dadurch wird für jeden der Ausdrücke $x \preccurlyeq y$, $y \preccurlyeq x$, $x \prec y$, $y \prec x$, $x \equiv y$, $y \equiv x$ eindeutig festgelegt, ob er wahr oder falsch ist.

Die Behauptungen folgen leicht aus den Definitionen bzw. aus **[9.17]**. ■ Beweis

Seien X, Y Mengen mit $X \subset Y$, und seien durch $\preccurlyeq_X$ und $\preccurlyeq_Y$ RPO'en auf X bzw. Y gegeben. Die Einschränkung von $\preccurlyeq_Y$ auf $X \times X$ notieren wir als $\preccurlyeq_Y|_X$. Offensichtlich ist $\preccurlyeq_Y|_X$ wiederum eine RPO (auf X). Wir nennen $\preccurlyeq_Y$ eine **Erweiterung** der RPO $\preccurlyeq_X$ auf Y, wenn $\preccurlyeq_Y|_X = \preccurlyeq_X$ ist. [9.19]

Anschaulich bedeutet das, dass beim Übergang von $\preccurlyeq_X$ zu $\preccurlyeq_Y$ die Ordnungsverhältnisse zwischen den alten Elementen erhalten bleiben (d.h. $x_1 \preccurlyeq_X x_2$ gdw. $x_1 \preccurlyeq_Y x_2$ für $x_1, x_2 \in X$) und die neuen Elemente entweder zu alten Äquivalenzklassen hinzugefügt oder in zusätzlichen Äquivalenzklassen vor, hinter oder zwischen die alten gesetzt werden.

Man macht sich leicht klar, dass zu einer RPO $\preccurlyeq_X$ auf einer Menge $X \subset Y$ stets eine Erweiterung $\preccurlyeq_Y$ von $\preccurlyeq_X$ auf Y existiert.

Wir wenden uns nun wieder Modellen zu. [9.20]

Eine Menge $S \subset \mathcal{L}_R$ ist **adäquat** genau dann, wenn sie bezüglich Teilformeln abgeschlossen ist und mit Box-Formeln A, B stets auch $A \preccurlyeq B$ und $A \prec B$ in S enthalten sind. [9.21]

$S \subset \mathcal{L}_R$ sei adäquat, und $(W, \lhd, \Vdash)$ sei ein S-Modell. Wir werden sehen, dass die in $w \in W$ gültigen *Ordnungs*formeln aus S aufgrund der in **[9.7]** angegebenen Ordnungsbedingungen gerade eine RPO samt zugehöriger IPO auf den in w gültigen *Box*-Formeln aus S festlegen. [9.22]

[9.23] Wir bezeichnen die Menge der Box-Formeln aus S kurz als

$$\Box_S \;:=\; \big\{ A \in S\colon \text{ ex. } B \in S \text{ mit } A = \Box B \big\}$$

und unterteilen sie für $w \in W$ jeweils in die Menge der in w gültigen und der in w ungültigen Box-Formeln:

$$\begin{aligned} \mathrm{G}_w^{\Vdash} &:= \{ A \in \Box_S\colon\ w \Vdash A \}, \\ \mathrm{UG}_w^{\Vdash} &:= \Box_S \setminus \mathrm{G}_w^{\Vdash}. \end{aligned}$$

Wenn klar ist, um welche Relation $\Vdash$ es sich handeln soll, so schreiben wir auch einfach „G_w" und „UG_w" statt „$\mathrm{G}_w^{\Vdash}$" bzw. „$\mathrm{UG}_w^{\Vdash}$".

Wir definieren zwei zweistellige Relationen auf $\Box_S$, indem wir für $A, B \in \Box_S$ setzen:

$$\begin{aligned} A \preccurlyeq_w^{\Vdash} B &\;:\Longleftrightarrow\; w \Vdash A \preccurlyeq B, \\ A \prec_w^{\Vdash} B &\;:\Longleftrightarrow\; w \Vdash A \prec B. \end{aligned}$$

Wiederum lassen wir unter geeigneten Umständen die Angabe der Gültigkeitsbeziehung $\Vdash$ entfallen. Für Einschränkungen dieser Relationen auf Teilmengen von $\Box_S$ verwenden wir Abkürzungen analog der in **[9.19]** eingeführten.

[9.24] Wir verwenden diese Bezeichnungen auch, wenn $\Vdash$ statt einer S-Gültigkeitsbeziehung eine *beliebige* Teilmenge von $W \times S$ ist. In jedem Fall gilt für alle $w \in W$:

$$\Box_S \;=\; \mathrm{G}_w^{\Vdash} \,\dot\cup\, \mathrm{UG}_w^{\Vdash}.$$

[9.25] Übersetzen wir (O_1)–(O_7) in die neue Schreibweise, so erhalten wir für alle $A, B, C \in \Box_S$:

(O_1'') $\quad A \in \mathrm{G}_w \;\Longrightarrow\; A \preccurlyeq_w A,$

(O_2'') $\quad A \preccurlyeq_w B \;\Longrightarrow\; A \in \mathrm{G}_w,$

(O_3'') $\quad A \preccurlyeq_w B \preccurlyeq_w C \;\Longrightarrow\; A \preccurlyeq_w C,$

(O_4'') $\quad A \in \mathrm{G}_w \text{ oder } B \in \mathrm{G}_w \;\Longrightarrow\; A \preccurlyeq_w B \text{ oder } B \prec_w A,$

(O_5'') $\quad A \prec_w B \;\Longrightarrow\; A \preccurlyeq_w B,$

(O_6'') $\quad A \preccurlyeq_w B \;\Longrightarrow\; B \not\prec_w A,$

(O_7'') $\quad A \in \mathrm{G}_w \text{ und } B \in \mathrm{UG}_w \;\Longrightarrow\; A \prec_w B.$

Die Relation $\preccurlyeq_w|_{G_w}$ ist eine RPO auf G_w. – Die Relation $\prec_w$ ist eine IPO auf $\Box_S$; ihre Einschränkung $\prec_w|_{G_w}$ ist die zu $\preccurlyeq_w|_{G_w}$ gehörige IPO auf G_w. – Es gilt $A \prec_w B$ genau dann, wenn $A \preccurlyeq_w B$ und $B \not\preccurlyeq_w A$. [9.26]

Beweis Seien $A, B, C \in \Box_S$. Da S adäquat ist, sind insbesondere alle Zusammensetzungen von A, B, C mittels $\preccurlyeq$ und $\prec$ in S enthalten.

Wegen (O_1'') in **[9.25]** ist $\preccurlyeq_w|_{G_w}$ reflexiv, wegen (O_3'') transitiv. Nach (O_4'') gilt für $A, B \in G_w$ stets $A \preccurlyeq_w B$ oder $B \prec_w A$, woraus mit (O_5'') folgt: $A \preccurlyeq_w B$ oder $B \preccurlyeq_w A$; also ist $\preccurlyeq_w|_{G_w}$ konnex und damit eine RPO auf G_w.

Aus (O_5'') und (O_6'') erhalten wir:

$$A \prec_w B \implies A \preccurlyeq_w B \text{ und } B \not\preccurlyeq_w A. \tag{1}$$

Nehmen wir umgekehrt $A \preccurlyeq_w B$ und $B \not\preccurlyeq_w A$ an, so folgt mit (O_2''), dass $A \in G_w$ ist, und damit $B \preccurlyeq_w A$ oder $A \prec_w B$ wegen (O_4''). Da wir $B \not\preccurlyeq_w A$ angenommen haben, gilt also $A \prec_w B$. – Das ergibt mit (1):

$$A \prec_w B \iff A \preccurlyeq_w B \text{ und } B \not\preccurlyeq_w A, \tag{2}$$

was für $A, B \in G_w$ gerade bedeutet, dass $\prec_w|_{G_w}$ die zu $\preccurlyeq_w|_{G_w}$ gehörige IPO ist.

Weiter ist aus (2) ersichtlich, dass $\prec_w$ irreflexiv ist. Nun sind nur noch die Transitivität und die Prä-Konnexität von $\prec_w$ zu zeigen.

Gelte $A \prec_w B \prec_w C$. Dann folgt $A \preccurlyeq_w B \preccurlyeq_w C$ mit (O_5'') und $A \preccurlyeq_w C$ mit (O_3''). Nehmen wir an, es gilt $A \not\prec_w C$. Das heißt wegen der in (2) dargestellten Äquivalenz und wegen $A \preccurlyeq_w C$, dass $C \preccurlyeq_w A$. Dann gilt aber wegen (O_3'') auch $C \preccurlyeq_w B$ und mit (O_6'') schließlich $B \not\prec_w C$, im Widerspruch zur Voraussetzung. – Also gilt doch $A \prec_w C$, und $\prec_w$ ist transitiv.

Gelte $A \prec_w C$, d.h. nach (2): $A \preccurlyeq_w C$ und $C \not\preccurlyeq_w A$, und wegen (O_2'') ist $A \in G_w$. Um zu beweisen, dass $\prec_w$ prä-konnex ist, nehmen wir an, es gilt $A \not\prec_w B$; es ist zu zeigen, dass dann $B \prec_w C$ gilt. Da $A \in G_w$ ist, folgt aus $A \not\prec_w B$ nach (O_4''), dass $B \preccurlyeq_w A$ ist, und mit (O_3'') ergibt sich $B \preccurlyeq_w C$. Wäre umgekehrt auch $C \preccurlyeq_w B$, so könnten wir mittels (O_3'') erhalten: $C \preccurlyeq_w A$, Widerspruch. Also ist $C \not\preccurlyeq_w B$ und somit $B \prec_w C$. ■

Aus $x \lhd y$ folgt $G_x \subset G_y$ sowie $\preccurlyeq_x \subset \preccurlyeq_y$ und $\prec_x \subset \prec_y$. [9.27]

Die Relationen $\preccurlyeq_y$ und $\prec_y$ haben $\preccurlyeq_x$ und $\prec_x$ zweierlei voraus: Zum einen umfassen sie eine Prä-Ordnung auf den in y (verglichen mit x) ‚frisch gültigen' Box-Formeln $G_y \backslash G_x$, zum anderen enthalten sie Ordnungsbeziehungen $A \preccurlyeq_y B$ und $A \prec_y B$ für alle $A \in G_y \backslash G_x$ und $B \in UG_y$.

Ist w ein $\lhd$-maximales Element von W, dann ist $G_w = \Box_S$ und somit $\preccurlyeq_w = \preccurlyeq_w|_{G_w}$ eine RPO auf $\Box_S$ mit der zugehörigen IPO $\prec_w$.

Beweis Seien $x, y \in W$ mit $x \lhd y$, und seien $A, B \in \Box_S$. Aufgrund der Σ-Persistenz gilt (für $\prec$ entsprechend $\preccurlyeq$):

$$\big(x \Vdash A \implies y \Vdash A\big) \quad \text{und} \quad \big(x \Vdash A \preccurlyeq B \implies y \Vdash A \preccurlyeq B\big),$$

d.h.

$$\big(A \in \mathrm{G}_x \implies A \in \mathrm{G}_y\big) \quad \text{und} \quad \big(A \preccurlyeq_x B \implies A \preccurlyeq_y B\big),$$

woraus die erste Behauptung folgt.

Die Relationen $\preccurlyeq_x$ und $\prec_x$ können keine Ordnungsbeziehungen zwischen Elementen von $\mathrm{G}_y \backslash \mathrm{G}_x$ enthalten, da nach (O_2'') in **[9.25]** aus $A \notin \mathrm{G}_x$ folgt: $A \not\preccurlyeq_x B$, insbesondere $A \not\prec_x B$ wegen (O_5''). Nach **[9.26]** ist $\preccurlyeq_y|_{\mathrm{G}_y}$ eine RPO auf G_y, also ist die Einschränkung von $\preccurlyeq_y$ auf $\mathrm{G}_y \backslash \mathrm{G}_x$ ebenfalls eine RPO, und die entsprechende Einschränkung von $\prec_y$ ist die zugehörige IPO. Für $A \in \mathrm{G}_y$ und $B \in \mathrm{UG}_y$ gilt $A \prec_y B$ wegen (O_7'') und somit auch $A \preccurlyeq_y B$ nach (O_5'').

Sei nun w ein $\lhd$-maximales Element von W, d.h. es gibt kein $x \in W$ mit $x \rhd w$. Damit wird aber die Klausel für die Gültigkeit von Box-Formeln in w leer, d.h. für alle $A \in \Box_S$ gilt $w \Vdash A$; also ist $\mathrm{G}_w = \Box_S$. ∎

[9.28] Für adäquate Mengen $S \subset \mathcal{L}_{\mathrm{R}}$ können wir S-Modelle mittels der neu eingeführten Begriffe charakterisieren:

Sei $(W, \lhd)$ ein Rahmen und $\Vdash$ eine Teilmenge von $W \times S$. Das Tripel $(W, \lhd, \Vdash)$ ist ein S-Modell genau dann, wenn

(a′) in allen Welten $w \in W$ die $\mathcal{L}_{\mathrm{M}}$-Gültigkeitsklauseln für $\bot$, $\to$ und $\Box$ aus **[5.9]** für Formeln aus S erfüllt sind;

(b′) für alle $x, y \in W$ mit $x \lhd y$ gilt:

$$\mathrm{G}_x \subset \mathrm{G}_y \quad \text{und} \quad \preccurlyeq_x \subset \preccurlyeq_y \quad \text{und} \quad \prec_x \subset \prec_y;$$

und für alle $w \in W$:

(c′) $\preccurlyeq_w|_{\mathrm{G}_w}$ ist eine reflexive Prä-Ordnung auf G_w;

(d′) für $A, B \in \Box_S$ gilt:

(*i*) $A \prec_w B \iff A \preccurlyeq_w B$ und $B \not\preccurlyeq_w A$,

(*ii*) $A \preccurlyeq_w B \implies A \in \mathrm{G}_w$;

(e′) für alle $A \in \mathrm{G}_w$ und $B \in \mathrm{UG}_w$ gilt: $A \prec_w B$.

Beweis Sei $(W, \lhd, \Vdash)$ ein S-Modell. Dann gilt (a′) schon per definitionem; (b′), (c′) und (d′)(*i*) haben wir in **[9.27]** und **[9.26]** bewiesen; (d′)(*ii*) ist identisch mit (O_2'') in **[9.25]**, und (e′) ist gerade (O_7'').

$(W, \lhd, \Vdash)$ erfülle nun die Bedingungen (a′)–(e′). Wir müssen Σ-Persistenz und die Ordnungsbedingungen (O_1)–(O_7) nachweisen. Die Σ-Persistenz erhalten wir sofort aus (b′). Die Ordnungsbedingungen beweisen wir in Form der äquivalenten Bedingungen (O_1'')–(O_7'') in **[9.25]**, wobei wir (O_2'') und (O_7''), wie oben gesagt, durch (d′)(*ii*) und (e′) bereits haben.

(O_1'') folgt aus der Reflexivität von $\preccurlyeq_w|_{G_w}$. – Mit (d′)(*ii*) folgt aus $A \preccurlyeq_w B \preccurlyeq_w C$, dass $A, B \in G_w$; ist auch $C \in G_w$, so erhalten wir $A \preccurlyeq_w C$ aufgrund der Transitivität von $\preccurlyeq_w|_{G_w}$, andernfalls aus (e′) und (d′)(*i*). Das ergibt (O_3''). – Sind $A, B \in G_w$, so folgt (O_4'') aus (c′) und **[9.18]**(a), andernfalls aus (e′) und (d′)(*i*). – (O_5'') und (O_6'') folgen aus (d′)(*i*). ■

Wenn $(W, \lhd, \Vdash)$ ein S-Modell ist und $(W, \lhd)$ ein 1W-Baum, dann liefert nach **[9.27]** jede maximale $\lhd$-Kette $(x_i)_{i \leq n}$ in W, d.h. jeder ‚Aufstieg' von der Wurzel bis an ein Astende, aufsteigende Folgen **[9.29]**

$$G_{x_0} \subset G_{x_1} \subset \cdots \subset G_{x_n} = \Box_S$$

und

$$\preccurlyeq_{x_0} \subset \preccurlyeq_{x_1} \subset \cdots \subset \preccurlyeq_{x_n},$$

wo jeweils $\preccurlyeq_{x_i}|_{G_{x_i}}$ eine RPO auf G_{x_i} ist und $\preccurlyeq_{x_n}$ eine RPO auf ganz $\Box_S$.

Da während eines solchen Aufstieges immer mehr Box-Formeln gültig und (prä-)geordnet werden, können wir ihn uns auch als einen Prozess veranschaulichen, der an der Wurzel beginnt und an den Astenden stoppt; mit der Relation $\lhd$ wird man dann einen Aspekt von „früher – später" verbinden. Durch das S-Modell insgesamt wird gewissermaßen ein ‚nicht-deterministischer' Prozess festgelegt, wo bei Verzweigungen unterschiedliche Ergebnisse (d.h. Prä-Ordnungen) resultieren können.

Betrachten wir die Menge $\Box_S$ der Box-Formeln aus S und irgendeine Welt $w \in W$, dann können wir uns die Ordnungssituation so vorstellen: Zunächst zerfällt $\Box_S$ in die beiden disjunkten Teilmengen G_w und UG_w. Nach (O_7'') gilt $A \prec_w B$ für alle $A \in G_w$ und $B \in UG_w$; wir schreiben dafür kurz:

$$G_w \prec_w UG_w.$$

Ist w ein Astende, so sind alle Box-Formeln gültig (s. **[9.27]**) und UG_w leer; in jedem Fall enthält G_w alle Theoreme von **GL**, soweit sie in $\Box_S \cap \mathcal{L}_M$ sind (s. **[9.11]**, **[8.19]**).

Wenn y nicht die Wurzel ist, so gibt es Welten w mit $w \lhd y$ und die Elemente von G_y fallen in zwei Kategorien, nämlich diejenigen, die auch schon ‚vor' y gelten, und die, die in y ‚erstmals' gelten; wir wollen sie (unschön, aber suggestiv) die *alt gültigen* und die *frisch gültigen* Formeln nennen und setzen:

$$\begin{aligned} \mathrm{AG}_y^{\Vdash} &:= \{\, A \in \mathrm{G}_y^{\Vdash} : \text{ ex. } w \lhd y \text{ mit } w \Vdash A \,\}, \\ \mathrm{FG}_y^{\Vdash} &:= \mathrm{G}_y^{\Vdash} \setminus \mathrm{AG}_y^{\Vdash}. \end{aligned}$$

Das ergibt für die Wurzel w_0:

$$\begin{aligned} \mathrm{AG}_{w_0} &= \varnothing, \\ \mathrm{FG}_{w_0} &= \mathrm{G}_{w_0}, \end{aligned}$$

und für y mit dem Vorgänger x:

$$\begin{aligned} \mathrm{AG}_y &= \mathrm{G}_y \cap \mathrm{G}_x, \\ \mathrm{FG}_y &= \mathrm{G}_y \setminus \mathrm{G}_x, \end{aligned}$$

denn wenn eine Box-Formel überhaupt in einem $w \lhd y$ gilt, dann sicher auch in x. Wegen der Σ-Persistenz gilt natürlich $\mathrm{G}_x \subset \mathrm{G}_y$ und daher $\mathrm{AG}_y = \mathrm{G}_x$. Die in y frisch gültigen Formeln gehören in x noch zu den ungültigen Formeln (d.h. $\mathrm{FG}_y \subset \mathrm{UG}_x$), und so folgt aus $\mathrm{G}_x \prec_x \mathrm{UG}_x$ mit Σ-Persistenz:

$$\mathrm{AG}_y \prec_y \mathrm{FG}_y \prec_y \mathrm{UG}_y.$$

Da in y nicht notwendigerweise zusätzliche Box-Formeln gültig werden müssen, kann FG_y auch leer sein.

Nach **[9.26]** wird durch $\preccurlyeq_y|_{\mathrm{G}_y}$ eine RPO auf G_y festgelegt, die wegen der Σ-Persistenz auf AG_y mit $\preccurlyeq_x$ übereinstimmen muss; d.h. $\preccurlyeq_y|_{\mathrm{G}_y}$ ist eine Erweiterung von $\preccurlyeq_x|_{\mathrm{G}_x}$ (s. **[9.19]**). Die Menge $\Box_S$ ist also (in y) folgendermaßen ‚geordnet': Am Anfang liegt eine Reihe von $\equiv_y$-Äquivalenzklassen, die zusammen AG_y bilden und ihre Reihenfolge von G_x und $\preccurlyeq_x$ geerbt haben; strikt danach (bzgl. $\prec_y$) kommt eine weitere (eventuell leere) Reihe von $\equiv_y$-Äquivalenzklassen, die zusammen FG_y bilden; und wiederum strikt nach diesen folgt UG_y (leer für Astenden), eine diffuse Menge von oberen Schranken für G_y ohne jede innere Ordnung.

[9.30] Wir verwenden die Bezeichnungen $\mathrm{AG}_y^{\Vdash}$ und $\mathrm{FG}_y^{\Vdash}$ auch, wenn $\Vdash$ statt einer S-Gültigkeitsbeziehung eine *beliebige* Teilmenge von $W \times S$ ist. In jedem Fall gilt für alle $w \in W$:

$$\mathrm{G}_w^{\Vdash} = \mathrm{AG}_w^{\Vdash} \ \dot\cup\ \mathrm{FG}_w^{\Vdash}.$$

[9.31] Im Falle von 1W-Bäumen können wir die in **[9.28]** aufgezählten Anforderungen an S-Modelle prägnanter formulieren:

Sei $S \subset \mathcal{L}_{\mathrm{R}}$ eine adäquate Menge, $(W, \lhd)$ ein Ein-Wurzel-Baum und $\Vdash$ eine Teilmenge von $W \times S$. Das Tripel $(W, \lhd, \Vdash)$ ist ein S-Modell genau dann, wenn gilt:

(a″) In allen Welten $w \in W$ sind die $\mathcal{L}_\mathrm{M}$-Gültigkeitsklauseln für $\bot$, $\rightarrow$ und $\Box$ aus [5.9] für Formeln aus S erfüllt;

(b″) es gilt

(*i*) für die Wurzel w_0:

$$\preccurlyeq_{w_0} \;=\; \preccurlyeq_{w_0}\!|_{\mathrm{G}_{w_0}} \cup (\mathrm{G}_{w_0} \times \mathrm{UG}_{w_0});$$

(*ii*) wenn x der $\lhd$-Vorgänger von y ist:

$$\preccurlyeq_y \;=\; \preccurlyeq_x \cup \preccurlyeq_y\!|_{\mathrm{FG}_y} \cup (\mathrm{FG}_y \times \mathrm{UG}_y);$$

und für alle $w \in W$ gilt:

(c″) $\preccurlyeq_w\!|_{\mathrm{FG}_w}$ ist eine reflexive Prä-Ordnung auf FG_w;

(d″) für alle $A, B \in \Box_S$:

$$A \prec_w B \iff A \preccurlyeq_w B \text{ und } B \not\preccurlyeq_w A.$$

Beweis Sei $(W, \lhd, \Vdash)$ ein S-Modell. Wir verwenden [9.28] und [9.25]. Bedingung (a″) ist identisch mit (a′); Bedingung (c″) folgt aus (c′) durch Einschränkung auf FG_w; Bedingung (d″) ist identisch mit (d′)(*i*). Bedingung (b″) sieht man folgendermaßen ein:

(*i*) Zuerst „$\subset$": Aus $A \preccurlyeq_{w_0} B$ folgt $A \in \mathrm{G}_{w_0}$ mit (O''_2); den Rest erhält man aus $B \in \mathrm{G}_{w_0}$ oder $B \in \mathrm{UG}_{w_0}$. Die Richtung „$\supset$" folgt mit (O''_7) und (O''_5).

(*ii*) Für „$\subset$" gelte $A \preccurlyeq_y B$. Ist $A \in \mathrm{AG}_y$ $(= \mathrm{G}_x)$, so gilt $A \preccurlyeq_x B$, denn andernfalls wäre $B \prec_x A$ nach (O''_4), weiter $B \prec_y A$ nach (b′), und $A \not\preccurlyeq_y B$ wegen (d′)(*i*). Ist hingegen $A \notin \mathrm{AG}_y$, so muss $A \in \mathrm{FG}_y$ sein. Ferner gilt $B \notin \mathrm{AG}_y$, denn sonst ist $B \in \mathrm{G}_x$ und $A \in \mathrm{UG}_x$, mit (e′) und (b′) folgt $B \prec_y A$, und wegen (d′)(*i*) ergibt sich $A \not\preccurlyeq_y B$, Widerspruch. Also gilt $B \in \mathrm{FG}_y$ oder $B \in \mathrm{UG}_y$, und wir sind fertig. – Die Richtung „$\supset$" folgt mit (b′) bzw. (O''_7) und (O''_5).

Nun erfülle $(W, \lhd, \Vdash)$ die Bedingungen (a″)–(d″). Klar sind (a′) und (d′)(*i*). Die Teilaussage von (b′), dass $\mathrm{G}_x \subset \mathrm{G}_y$ ist für $x \lhd y$, folgt wegen der Transitivität von $\lhd$ bereits aus der $\Box$-Gültigkeitsklausel; und $\preccurlyeq_x \subset \preccurlyeq_y$ folgt durch Vollständige Induktion aus (b″)(*ii*). Durch Baum-Induktion zeigen wir den letzten Teil von (b′) (aufgefasst als Eigenschaft von y) sowie (c′), (d′)(*ii*) und (e′).

Da es kein x mit $x \lhd w_0$ gibt, ist (b′) für die Wurzel trivial erfüllt. Außerdem ist $\mathrm{FG}_{w_0} = \mathrm{G}_{w_0}$, so dass wir (c′) direkt aus (c″) erhalten. Die Bedingungen (d′)(*ii*) und (e′) folgen leicht aus (b″)(*i*) und (d″).

Sei nun y der Vorgänger von z; wir nehmen an, die Behauptungen sind für y bereits gezeigt.

(b′) Sei $x \lhd z$ und gelte $A \prec_x B$. Dann ist $x \unlhd y$, nach Induktionsvoraussetzung folgt $A \prec_y B$ mit (b′), und nach (d″) gilt $A \preccurlyeq_y B$ und $B \not\preccurlyeq_y A$. Nach Induktionsvoraussetzung können wir (d′)(*ii*) anwenden und erhalten $A \in \mathrm{G}_y$; mit (b′) ergibt sich daher $A \preccurlyeq_z B$ und $A \in \mathrm{G}_z$ bzw. $A \in \mathrm{AG}_z$. Aus $B \not\preccurlyeq_y A$ und $A \in \mathrm{AG}_z$ folgt mittels (b″)(*ii*): $B \not\preccurlyeq_z A$, und so ist $A \prec_z B$ wegen (d″).

(c′) Die Induktionsvoraussetzung liefert, dass $\preccurlyeq_y|_{\mathrm{G}_y}$ eine RPO auf G_y ist und wegen (e′) gilt: $\mathrm{G}_y \prec_y \mathrm{UG}_y$. Daraus folgt mit (b″)(*ii*) bzw. (b′), dass $\preccurlyeq_z|_{\mathrm{AG}_z}$ eine RPO auf AG_z ist und $\mathrm{AG}_z \prec_z \mathrm{FG}_z$ gilt. Nach (c″) ist $\preccurlyeq_z|_{\mathrm{FG}_z}$ eine RPO auf FG_z, und somit ist $\preccurlyeq_z|_{\mathrm{G}_z}$ insgesamt eine RPO auf G_z.

(d′)(*ii*) Gelte $A \preccurlyeq_z B$. Mit (b″)(*ii*) folgt: $A \preccurlyeq_y B$ oder $A \overset{!}{\in} \mathrm{FG}_z \subset \mathrm{G}_z$. Wenn $A \preccurlyeq_y B$, so gilt nach Induktionsvoraussetzung aber $A \in \mathrm{G}_y$ und somit nach (b′) ebenfalls $A \in \mathrm{G}_z$.

(e′) Sei $A \in \mathrm{G}_z$ und $B \overset{!}{\in} \mathrm{UG}_z \overset{(b')}{\subset} \mathrm{UG}_y$. Wenn $A \in \mathrm{AG}_z = \mathrm{G}_y$, so folgt $A \prec_y B$ aus der Induktionsvoraussetzung, und nach (b′) ist $A \prec_z B$. Wenn hingegen $A \in \mathrm{FG}_z$ ist, so folgt $A \prec_z B$ aus (b″)(*ii*) und (d″).

Also ist $(W, \lhd, \Vdash)$ ein S-Modell. ■

10 Konstruktion von $\mathcal{L}_\mathrm{R}$-Modellen

[10.1] Um zu einem gegebenen Rahmen R ein darauf basierendes Modell für die Sprache $\mathcal{L}_\mathrm{M}$ der gewöhnlichen Modallogik zu erhalten, genügt es nach **[5.11]**, eine Bewertung für R festzulegen. Die Verhältnisse für die Sprache $\mathcal{L}_\mathrm{R}$ sind komplizierter, da die Gültigkeitsverhältnisse für Ordnungsformeln i. a. durch eine Bewertung noch nicht eindeutig bestimmt sind (s. **[10.6]**). Wir zeigen im Folgenden, unter welchen Umständen und wie Y-Gültigkeitsbeziehungen zu $\mathcal{L}_\mathrm{R}$-Gültigkeitsbeziehungen erweitert werden können.

[10.2] **(Erweiterung von S-Gültigkeitsbeziehungen für zusätzliche Box-Formeln)** Sei $S \subset \mathcal{L}_\mathrm{R}$ eine adäquate Menge, $(W, \lhd)$ ein 1W-Baum und $\Vdash$ eine S-Gültigkeitsbeziehung für $(W, \lhd)$. Weiter sei X eine Menge von $\mathcal{L}_\mathrm{R}$-Formeln der Gestalt $\Box A$ mit $A \in S$ und $\Box A \notin S$. Setzen wir

$$Y := S \mathbin{\dot\cup} X,$$

so gibt es genau eine Y-Gültigkeitsbeziehung $\Vdash_0$ für $(W, \lhd)$, die für Formeln aus S mit $\Vdash$ übereinstimmt. Die kleinste adäquate Obermenge von Y ist

$$S' := Y \mathbin{\dot\cup} \{ (A \preccurlyeq B), (A \prec B) : A, B \in \Box_Y \text{ und } (A \in X \text{ oder } B \in X) \}.$$

Es gibt S'-Gültigkeitsbeziehungen $\Vdash'$ für $(W, \lhd)$, die für Formeln aus S mit $\Vdash$ übereinstimmen, und zwar sind dies genau diejenigen Relationen, die man durch folgende Konstruktionsvorschrift erhält:

Für alle Welten $w \in W$ und alle Formeln $A \in S'$, die *keine* Ordnungsformeln sind, setzen wir:

$$w \Vdash' A \quad :\Longleftrightarrow \quad w \Vdash_0 A.$$

Wo die *Ordnungsformeln* aus S' unter $\Vdash'$ gelten sollen, legen wir via Rekursion durch den Baum $(W, \lhd)$ fest; dabei drücken wir uns mittels der Ordnungsrelationen $\preccurlyeq_w^{\Vdash'}$, $\prec_w^{\Vdash'}$ aus. Durch $\Vdash$ sind für alle $w \in W$ schon RPO'en $\preccurlyeq_w^{\Vdash}|_{\mathrm{FG}_w^{\Vdash}}$ auf $\mathrm{FG}_w^{\Vdash}$ gegeben. Da für Box-Formeln schon feststeht, wo sie unter $\Vdash'$ gelten, können wir sinnvoll sagen, dass jeweils $\preccurlyeq_w^*$ eine Erweiterung von $\preccurlyeq_w^{\Vdash}|_{\mathrm{FG}_w^{\Vdash}}$ auf $\mathrm{FG}_w^{\Vdash'} \supset \mathrm{FG}_w^{\Vdash}$ sein soll. Für die Wurzel w_0 ist $\mathrm{FG}_{w_0}^{\Vdash} = \mathrm{G}_{w_0}^{\Vdash}$, und wir setzen:

$$\preccurlyeq_{w_0}^{\Vdash'} \quad := \quad \preccurlyeq_{w_0}^* \,\dot\cup\, \left(\mathrm{G}_{w_0}^{\Vdash'} \times \mathrm{UG}_{w_0}^{\Vdash'}\right); \tag{1}$$

wenn $y \in W$ hingegen nicht die Wurzel ist und $\Vdash'$ bereits für den Vorgänger x von y festgelegt ist, so definieren wir:

$$\preccurlyeq_y^{\Vdash'} \quad := \quad \preccurlyeq_x^{\Vdash'} \,\dot\cup\, \preccurlyeq_y^* \,\dot\cup\, \left(\mathrm{FG}_y^{\Vdash'} \times \mathrm{UG}_y^{\Vdash'}\right). \tag{2}$$

Schließlich soll für alle $w \in W$ und alle $A, B \in \square_{S'}$ noch gelten:

$$A \prec_w^{\Vdash'} B \quad :\Longleftrightarrow \quad A \preccurlyeq_w^{\Vdash'} B \text{ und } B \not\preccurlyeq_w^{\Vdash'} A. \tag{3}$$

Der einzige interessante, weil nicht eindeutig festgelegte Teil bei dieser Konstruktion ist die Wahl der Erweiterungs-RPO's $\preccurlyeq_y^*$. Dementsprechend genügt es, für $w \in W$ jeweils $\preccurlyeq_w^*$ anzugeben (d.h. zu bestimmen, wie die *neuen* bei w frisch gültigen Box-Formeln unter die *alten* frisch gültigen einsortiert werden sollen), um $\Vdash'$ festzulegen – soweit es überhaupt darauf ankommt, wie diese Erweiterungen aussehen.

Beweis

Für Formeln aus Y stimmt $\Vdash'$ mit $\Vdash_0$ überein, also insbesondere mit $\Vdash$ für Formeln aus S. Unklar ist dies nur für Ordnungsformeln aus S. Für $\preccurlyeq$-Formeln folgt die Behauptung wegen **[9.31]**(b″) durch Baum-Induktion aus (1) und (2), für $\prec$-Formeln wegen **[9.31]**(d″) aus (3).

Wir zeigen nun anhand von **[9.31]**, dass $\Vdash'$ eine S'-Gültigkeitsbeziehung ist:

(a″) ist erfüllt, weil $\Vdash'$ für Formeln aus Y mit $\Vdash_0$ übereinstimmt.

(b″) Wegen (1) und (2) genügt es, für alle $y \in W$ zu zeigen:

$$\preccurlyeq_y^* = \preccurlyeq_y^{\Vdash'}|_{\mathrm{FG}_y^{\Vdash'}}. \tag{4}$$

Dies folgt aber ebenfalls aus (1) und (2), wobei man für den Fall, dass y einen Vorgänger x hat, verwendet, dass aus $A \preccurlyeq_x B$ folgt: $A \in \mathrm{AG}_y$.

(c″) ist wegen (4) klar.

(d″) stimmt mit (3) überein.

Jede S'-Gültigkeitsbeziehung $\Vdash''$, die auf S mit $\Vdash$ übereinstimmt, kann durch das angegebene Verfahren gewonnen werden, denn $\preccurlyeq_w^{\Vdash''}|_{\mathrm{FG}_w^{\Vdash''}}$ ist dann offenbar jeweils eine Erweiterung von $\preccurlyeq_w^{\Vdash}|_{\mathrm{FG}_w^{\Vdash}}$ auf $\mathrm{FG}_w^{\Vdash''}$. ∎

[10.3] **(Erweiterung von S-Gültigkeitsbeziehungen zu $\mathcal{L}_\mathrm{R}$-Gültigkeitsbeziehungen)** Ist $S \subset \mathcal{L}_\mathrm{R}$ adäquat, $(W, \lhd)$ ein 1W-Baum und $(W, \lhd, \Vdash)$ ein S-Modell, so lässt sich $\Vdash$ zu einer $\mathcal{L}_\mathrm{R}$-Gültigkeitsbeziehung $\Vdash'$ für $(W, \lhd)$ erweitern; d.h. es gibt ein Modell $(W, \lhd, \Vdash')$, so dass $\Vdash'$ für Formeln aus S mit $\Vdash$ übereinstimmt.

Beweis Wir konstruieren $\Vdash'$ durch sukzessive Anwendung von **[10.2]**. Eine adäquate Obermenge von S ist

$$S_0 \;:=\; S \cup \mathrm{Var_M} \cup \{\bot\}.$$

Durch diese Definition ist sichergestellt, dass alle atomaren Formeln von $\mathcal{L}_\mathrm{R}$ in S_0 enthalten sind. Die Relation $\Vdash_0$ sei eine S_0-Gültigkeitsbeziehung für $(W, \lhd)$, die für Formeln aus S mit $\Vdash$ übereinstimmt; d.h. wir fügen zu $\Vdash$ eine beliebige Bewertung der nicht in S enthaltenen Aussagevariablen hinzu. Durch Vollständige Induktion konstruieren wir eine aufsteigende Folge von adäquaten Mengen S_n sowie S_n-Gültigkeitsbeziehungen $\Vdash_n$. Wir setzen jeweils:

$$\begin{aligned} X_n &:= \{\, \Box A \in \mathcal{L}_\mathrm{R}\colon\ A \in S_n \text{ und } \Box A \notin S_n \,\}, \\ Y_n &:= S_n \cup X_n, \\ S'_n &:= Y_n \cup \{\, (A \preccurlyeq B), (A \prec B)\colon\ A, B \in \Box_{Y_n} \,\}. \end{aligned}$$

Dann gibt es nach **[10.2]** eine S'_n-Gültigkeitsbeziehung $\Vdash'_n$ für $(W, \lhd)$, die für Formeln aus S_n mit $\Vdash_n$ übereinstimmt. Weiter ist

$$S_{n+1} \;:=\; S'_n \cup \{\, (A \to B)\colon\ A, B \in S'_n \,\}$$

eine adäquate Obermenge von S'_n, und $\Vdash_{n+1}$ soll die eindeutig bestimmte S_{n+1}-Gültigkeitsbeziehung für $(W, \lhd)$ sein, die für Formeln aus S'_n mit $\Vdash'_n$ übereinstimmt. Offenbar gilt $S_n \subset S_{n+1}$, und $\Vdash_{n+1}$ stimmt für Formeln aus S_n mit $\Vdash_n$ überein.

Schließlich definieren wir:

$$S' := \bigcup_{n \in \mathbb{N}} S_n \qquad \text{und} \qquad \Vdash' := \bigcup_{n \in \mathbb{N}} \Vdash_n,$$

was nichts anderes bedeutet als

$$w \Vdash' A \iff \text{ex. } n \in \mathbb{N} \text{ mit } w \Vdash_n A.$$

Man macht sich durch Induktion über den Formelaufbau leicht klar, dass $S' = \mathcal{L}_{\mathrm{R}}$ ist. Mit **[9.7]** sieht man, dass $\Vdash'$ eine $\mathcal{L}_{\mathrm{R}}$-Gültigkeitsbeziehung für $(W, \lhd)$ ist: Man betrachtet jeweils $\Vdash_n$ für ein n, das hinreichend groß ist, so dass alle in der untersuchten Aussage verwendeten Formeln in S_n enthalten sind. Offensichtlich stimmt $\Vdash'$ für Formeln aus S mit $\Vdash$ überein. ■

Auf der Basis von **[10.3]** können wir nun leicht Beispiele für $\mathcal{L}_{\mathrm{R}}$-Modelle angeben. **[10.4]**

Wir sagen im Folgenden statt „A ist Teilformel von B" auch kurz: „A **ist in** B" oder „B **enthält** A". Es geht jeweils aus dem Kontext hervor, ob die Teilformel- oder die Elementbeziehung gemeint ist. **[10.5]**

Werden zwei Box-Formeln A, B ‚gleichzeitig' gültig in einem 1W-Baum, so können wir jedes beliebige Ordnungsverhältnis zwischen A und B erzwingen. Genauer ist damit Folgendes gemeint: **[10.6]**

Sei $R = (W, \lhd)$ ein Ein-Wurzel-Baum, $S_0 \subset \mathcal{L}_{\mathrm{R}}$ eine adäquate Menge und $\Vdash_0$ eine S_0-Gültigkeitsbeziehung für R; weiter seien $A, B \in \Box_{S_0}$ mit $A \neq B$, so dass $A, B \in \mathrm{FG}_x^{\Vdash_0}$ für ein $x \in W$. Dann gibt es für jede Formel

$$E \in \{(A \prec B), (A \equiv B), (B \prec A)\}$$

eine $\mathcal{L}_{\mathrm{R}}$-Gültigkeitsbeziehung $\Vdash_1$ für R mit folgenden Eigenschaften:

- $\Vdash_1$ stimmt für alle in S_0 enthaltenen Aussagevariablen und alle Teilformeln von A und B mit $\Vdash_0$ überein;
- für alle Welten $y \trianglerighteq x$ gilt: $y \Vdash_1 E$.

Wir können o.B.d.A. annehmen, dass B nicht in A ist. Sei $S \subset S_0$ die kleinste adäquate Menge, die A, alle echten Teilformeln von B und alle Aussagevariablen in S_0 enthält; $\Vdash \subset W \times S$ sei die zugehörige Einschränkung von $\Vdash_0$. Da B nach Voraussetzung weder Teilformel von A, noch Ordnungsformel, noch Aussagevariable ist, gilt $B \notin S$ und in S sind auch keine Ordnungsformeln, die B enthalten. Setzen wir **Beweis**

$$X := \{B\}$$

und

$$S' := S \,\dot\cup\, \{B\} \,\dot\cup\, \{(B \preccurlyeq C), (B \prec C), (C \preccurlyeq B), (C \prec B) : C \in \Box_S \cup \{B\}\},$$

so haben wir wieder die Situation von **[10.2]** und können nach dem dort beschriebenen Verfahren S'-Gültigkeitsbeziehungen $\Vdash'$ für R konstruieren, die für Formeln aus S mit $\Vdash$ und $\Vdash_0$ übereinstimmen:

Für alle Welten y und alle Formeln $C \in S \cup \{B\}$ gelte

$$y \Vdash' C \quad :\Longleftrightarrow \quad y \Vdash_0 C;$$

damit stimmt $\Vdash'$ für diese Formeln mit $\Vdash_0$ überein. Die einzigen Welten y, bei denen sich $\mathrm{FG}_y^{\Vdash'}$ von $\mathrm{FG}_y^{\Vdash}$ unterscheidet, sind die in

$$W_B \; := \; \{ y \in W \colon \; B \in \mathrm{FG}_y^{\Vdash'} \} \; \ni \; x.$$

Es genügt also, Erweiterungen $\preccurlyeq_y^*$ von $\preccurlyeq_y^{\Vdash}|_{\mathrm{FG}_y^{\Vdash}}$ auf $\mathrm{FG}_y^{\Vdash'}$ anzugeben für alle $y \in W_B$, um $\Vdash'$ vollends festzulegen. Wir setzen je nach dem gewählten E (unter Verwendung von **[9.18]**(d)):

$\underline{A \prec B}$: $\preccurlyeq_y^*$ sei diejenige RPO auf $\mathrm{FG}_y^{\Vdash'}$, die $C \prec_y^* B$ für alle $C \neq B$ impliziert.

$\underline{A \equiv B}$: Es soll für $C \in \mathrm{FG}_y^{\Vdash}$ gelten:

- $C \prec_y^* B$, wenn $C \prec_y^{\Vdash} A$,
- $C \equiv_y^* B$, wenn $C \equiv_y^{\Vdash} A$,
- $B \prec_y^* C$, wenn $A \prec_y^{\Vdash} C$.

$\underline{B \prec A}$: Für alle $C \in \mathrm{FG}_y^{\Vdash}$ soll $B \prec_y^* C$ gelten.

Insbesondere gilt $x \Vdash' E$ und wegen Σ-Persistenz auch $y \Vdash' E$ für alle $y \rhd x$. (Genau genommen haben wir im Falle $E = (A \equiv B)$ nur $y \Vdash' A \preccurlyeq B,\, B \preccurlyeq A$ für $y \unrhd x$.) Da S' adäquat ist, können wir $\Vdash'$ nach **[10.3]** erweitern zu einer $\mathcal{L}_{\mathrm{R}}$-Gültigkeitsbeziehung $\Vdash_1$ für R, die dann die gewünschten Eigenschaften hat. ∎

[10.7] **Satz über erzeugte Untermodelle** (vgl. **[8.9]**). Für ein transitives $\mathcal{L}_{\mathrm{R}}$-Modell $M = (W, \lhd, \Vdash)$ und ein $x \in W$ sei $(W_{\unrhd x}, \lhd')$ der von x erzeugte Unterrahmen von $(W, \lhd)$ (s. **[8.7]**), und $\Vdash'$ sei die Einschränkung von $\Vdash$ auf $W_{\unrhd x} \times \mathcal{L}_{\mathrm{R}}$. Dann ist auch $(W_{\unrhd x}, \lhd', \Vdash')$ ein $\mathcal{L}_{\mathrm{R}}$-Modell: das **von x erzeugte Untermodell** von M.

Beweis Offensichtlich haben wir für alle Welten $y \in W_{\unrhd x}$ und alle $\mathcal{L}_{\mathrm{R}}$-Formeln A:

$$y \Vdash' A \quad \Longleftrightarrow \quad y \Vdash A.$$

Da für $y \in W_{\unrhd x}$ und $z \in W$ stets gilt:

$$z \rhd' y \quad \Longleftrightarrow \quad z \rhd y,$$

ergibt sich außerdem:

$$\text{für alle } z \rhd' y \text{ gilt } z \Vdash' A \iff \text{für alle } z \rhd y \text{ gilt } z \Vdash A;$$

somit überträgt sich die Gültigkeit der Bedingungen in [9.7] sofort von M auf $(W_{\trianglerighteq x}, \lhd', \Vdash')$. ■

Ist $R = (W, \lhd)$ ein Ein-Wurzel-Baum und $x \in W$, dann ist auch $R_{\trianglerighteq x}$ ein Ein-Wurzel-Baum und x ist seine Wurzel. [10.8]

Beweis: Man sieht leicht, dass $R_{\trianglerighteq x}$ wieder ein endlicher, irreflexiver Baum ist. Mit [8.13] folgt, dass x die einzige Wurzel von $R_{\trianglerighteq x}$ ist. ■

Sei $R = (W, \lhd)$ ein Ein-Wurzel-Baum mit der Wurzel w_0, und sei $x \in W$ mit $x \neq w_0$. Dann ist es (anders als bei $\mathcal{L}_M$, s. [8.10]) nicht immer möglich, $\mathcal{L}_R$-Gültigkeitsbeziehungen $\Vdash'$ für $R_{\trianglerighteq x}$ zu solchen für R zu erweitern. [10.9]

Beweis: Der Rahmen $R := (\{0,1\}, \lhd)$ sei der 1W-Baum mit $0 \lhd 1$; dann ist $R_{\trianglerighteq 1}$ ein 1W-Baum mit leerer Zugänglichkeitsrelation. Für zwei Variablen $p, q \in \mathrm{Var}_M$ sei $S \subset \mathcal{L}_R$ die kleinste adäquate Menge, die $\Box p$ und $\Box q$ enthält. Es gibt nach [9.31] und [9.18](d) genau eine S-Gültigkeitsbeziehung $\Vdash''$ für $R_{\trianglerighteq 1}$ mit

$$1 \Vdash'' q, \Box p, \Box q, \Box p \prec \Box q \qquad \text{und} \qquad 1 \nVdash'' p,$$

und diese lässt sich nach [10.3] zu einer $\mathcal{L}_R$-Gültigkeitsbeziehung $\Vdash'$ für $R_{\trianglerighteq 1}$ erweitern.

Nehmen wir an, $\Vdash$ sei eine $\mathcal{L}_R$-Gültigkeitsbeziehung für den umfassenden Baum R, die in der Welt 1 mit $\Vdash'$ übereinstimmt. Dann gilt $1 \Vdash q, \neg p$, entsprechend $0 \Vdash \Box q, \neg\Box p$, weiter $0 \Vdash \Box q \prec \Box p$ nach (O_7) und schließlich $1 \Vdash \Box q \prec \Box p$ aufgrund der Σ-Persistenz, was mit (O_6) und (O_5) einen Widerspruch zu $1 \Vdash \Box p \prec \Box q$ liefert. ■

In [12.4] werden wir eine Bedingung angeben, die sicherstellt, dass S-Modelle, die auf 1W-Bäumen basieren, um zusätzliche Welten vor der Wurzel erweitert werden können. [10.10]

11 Axiomatische Systeme für die Rosser-Modallogik

Wir führen zwei axiomatische Systeme für die Modallogik mit der erweiterten Sprache $\mathcal{L}_R$ ein, die in gewissem Sinne **GL** enthalten. [11.1]

[11.2] Das System $\mathbf{R}^-$ hat als Axiome:

- alle ($\mathcal{L}_\mathrm{R}$-Einsetzungsinstanzen von) aussagenlogischen Tautologien,
- alle Distributionsaxiome (in $\mathcal{L}_\mathrm{R}$),
- alle Löb-Axiome (in $\mathcal{L}_\mathrm{R}$),
- alle Σ-Persistenz-Axiome (s. [9.9]),
- für alle Box-Formeln A, B, C die Ordnungsaxiome (O_1')–(O_7') in [9.9].

Die Regeln von $\mathbf{R}^-$ sind Modus ponens und Necessitation.

[11.3] Das System $\mathbf{R}$ besitzt dieselben Axiome und Regeln wie $\mathbf{R}^-$, und zusätzlich die Denecessitationsregel.

[11.4] Das System $\mathbf{R}^-$ enthält alle Axiomenschemata und Regeln von $\mathbf{GL}$, und Denecessitation ist eine abgeleitete Regel von $\mathbf{GL}$ (s. [8.20]), also könnte man erwarten, dass die Denecessitationsregel auch in $\mathbf{R}^-$ zulässig und die Unterscheidung zwischen $\mathbf{R}^-$ und $\mathbf{R}$ damit überflüssig ist. Dem ist jedoch nicht so, wie wir in [11.8] sehen werden.

[11.5] $\mathbf{R}^-$ und $\mathbf{R}$ sind abgeschlossen unter aussagenlogischer Konsequenz (vgl. [6.6]). In $\mathbf{R}^-$ und $\mathbf{R}$ gelten (wie in $\mathbf{GL}$, vgl. [6.7]) die abgeleiteten Regeln

$$\frac{A \to B}{\Box A \to \Box B} \quad \text{und} \quad \frac{A \leftrightarrow B}{\Box A \leftrightarrow \Box B},$$

und es ist stets ableitbar:

$$\Box \bigwedge_{i=1}^{n} A_i \leftrightarrow \bigwedge_{i=1}^{n} \Box A_i .$$

[11.6] Wir beweisen zunächst semantische Korrektheits- und Vollständigkeitssätze für das System $\mathbf{R}^-$.

[11.7] **Korrektheitssatz für $\mathbf{R}^-$.** Das System $\mathbf{R}^-$ ist korrekt für die Klasse aller transitiven, umgekehrt wohlfundierten Rahmen, insbesondere also nach [7.12] für die Klasse der endlichen, transitiven, irreflexiven Rahmen und somit nach [8.14] auch für die der Ein-Wurzel-Bäume.[11]

---

[11] Dabei bedeutet Korrektheit jetzt natürlich, dass Theoreme gültig sind in allen *Modellen für* $\mathcal{L}_\mathrm{R}$, die auf einem Rahmen des jeweiligen Typs basieren (vgl. [6.14], [5.13]).

Da die Gültigkeitsklauseln für $\bot, \to, \Box$ bei $\mathcal{L}_R$-Modellen dieselben sind wie bei $\mathcal{L}_M$-Modellen (s. **[9.7]**(a)), lassen sich die Beweise von **[6.16]**–**[6.21]** ebenso gut für $\mathcal{L}_R$-Gültigkeitsbeziehungen resp. -Modelle durchführen. Aufgrund der Σ-Persistenz (**[9.7]**(b)) sind die Σ-Persistenz-Axiome in allen $\mathcal{L}_R$-Modellen gültig, und dasselbe gilt nach **[9.9]** für die Ordnungsaxiome. ■ **Beweis**

Die Denecessitationsregel ist in $\mathbf{R}^-$ nicht zulässig. Dies beweisen wir durch die folgenden zwei Bemerkungen. **[11.8]**

$\mathbf{R}^- \vdash \Box(\Box\top \prec \Box\bot)$. **[11.9]**

Wir geben einen abgekürzten $\mathbf{R}^-$-Beweis an: **Beweis**

(1)	$\top$	Tautologie
(2)	$\Box\top$	Necessitation: (1)
(3)	$\Box\top \wedge \neg\Box\bot \to \Box\top\prec\Box\bot$	(O_7')
(4)	$\neg\Box\bot \to \Box\top\prec\Box\bot$	aussagenlogisch aus (2), (3)
(5)	$\Box\top\prec\Box\bot \to \Box(\Box\top\prec\Box\bot)$	Σ-Persistenz-Axiom
(6)	$\neg\Box\bot \to \Box(\Box\top\prec\Box\bot)$	aussagenlogisch aus (4), (5)
(7)	$\bot \to \Box\top\prec\Box\bot$	Tautologie
(8)	$\Box\bot \to \Box(\Box\top\prec\Box\bot)$	mit **[11.5]** aus (7)
(9)	$\Box(\Box\top\prec\Box\bot)$	aussagenlogisch aus (6), (8)

■

$\mathbf{R}^- \nvdash \Box\top \prec \Box\bot$. **[11.10]**

Wir wenden den Korrektheitssatz **[11.7]** an: $R := (\{0\}, \lhd)$ sei der 1W-Baum mit leerer Zugänglichkeitsrelation, $S \subset \mathcal{L}_R$ sei die kleinste adäquate Menge, die $\Box\top$ und $\Box\bot$ enthält. Nach **[9.31]** und **[9.18]**(d) gibt es genau eine S-Gültigkeitsbeziehung $\Vdash$ für R mit **Beweis**

$$0 \Vdash \top, \Box\top, \Box\bot, \Box\bot \prec \Box\top \quad \text{und} \quad 0 \nVdash \bot;$$

diese können wir nach **[10.3]** erweitern zu einer $\mathcal{L}_R$-Gültigkeitsbeziehung $\Vdash'$ für R. Dann ist $(\{0\}, \lhd, \Vdash')$ ein 1W-Modell, in dem $\Box\bot \prec \Box\top$ gültig und entsprechend $\Box\top \prec \Box\bot$ ungültig ist, woraus mit dem Korrektheitssatz die Behauptung folgt. ■

Bevor wir den Vollständigkeitssatz beweisen, stellen wir noch einige Hilfsmittel zur Verfügung. **[11.11]**

[11.12] Wir verwenden zwei abkürzende Schreibweisen. Für $m \in \mathbb{N}$ sei

$$[m] \;:=\; \{1, 2, \ldots, m\},$$

und für $B \in \mathcal{L}_\mathrm{R}$ sei

$$\boxdot B \;:=\; (\Box B \wedge B).$$

[11.13] Für paarweise verschiedene Aussagevariablen $p_1, \ldots, p_n$ und beliebige Formeln $C_1, \ldots, C_n \in \mathcal{L}_\mathrm{R}$ definieren wir rekursiv das Ergebnis $B(p_1/C_1, \ldots, p_n/C_n) = B(p_i/C_i)_{i\in[n]}$ der **(simultanen) Substitution** von $C_1, \ldots, C_n$ für $p_1, \ldots, p_n$ in $B \in \mathcal{L}_\mathrm{R}$:

$$\begin{aligned}
p(p_i/C_i)_{i\in[n]} &:= \begin{cases} C_j, & \text{wenn } p = p_j \text{ für ein } j \in [n], \\ p, & \text{sonst,} \end{cases} \\
\bot(p_i/C_i)_{i\in[n]} &:= \bot, \\
(B_1 \rightarrow B_2)(p_i/C_i)_{i\in[n]} &:= \big(B_1(p_i/C_i)_{i\in[n]} \rightarrow B_2(p_i/C_i)_{i\in[n]}\big), \\
(\Box B)(p_i/C_i)_{i\in[n]} &:= \Box B(p_i/C_i)_{i\in[n]}, \\
(B_1 \preccurlyeq B_2)(p_i/C_i)_{i\in[n]} &:= \big(B_1(p_i/C_i)_{i\in[n]} \preccurlyeq B_2(p_i/C_i)_{i\in[n]}\big), \\
(B_1 \prec B_2)(p_i/C_i)_{i\in[n]} &:= \big(B_1(p_i/C_i)_{i\in[n]} \prec B_2(p_i/C_i)_{i\in[n]}\big).
\end{aligned}$$

[11.14] Wenn die Variablen $p_1, \ldots, p_n$ gar nicht in B vorkommen, dann ist offenbar $B(p_i/C_i)_{i\in[n]} = B$.

Man überlegt sich leicht, dass die simultane Substitution für die definitorisch eingeführten Junktoren und Operatoren gerade die erwarteten Rekursionseigenschaften hat:

$$\begin{aligned}
\top(p_i/C_i)_{i\in[n]} &= \top, \\
(\neg B)(p_i/C_i)_{i\in[n]} &= \neg B(p_i/C_i)_{i\in[n]}, \\
(B_1 \wedge B_2)(p_i/C_i)_{i\in[n]} &= \big(B_1(p_i/C_i)_{i\in[n]} \wedge B_2(p_i/C_i)_{i\in[n]}\big), \\
(B_1 \vee B_2)(p_i/C_i)_{i\in[n]} &= \big(B_1(p_i/C_i)_{i\in[n]} \vee B_2(p_i/C_i)_{i\in[n]}\big), \\
(B_1 \leftrightarrow B_2)(p_i/C_i)_{i\in[n]} &= \big(B_1(p_i/C_i)_{i\in[n]} \leftrightarrow B_2(p_i/C_i)_{i\in[n]}\big), \\
(\boxdot B)(p_i/C_i)_{i\in[n]} &= \boxdot B(p_i/C_i)_{i\in[n]}, \\
(B_1 \equiv B_2)(p_i/C_i)_{i\in[n]} &= \big(B_1(p_i/C_i)_{i\in[n]} \equiv B_2(p_i/C_i)_{i\in[n]}\big).
\end{aligned}$$

[11.15] **Vollständigkeitssatz für $\mathbf{R}^-$.** Das System $\mathbf{R}^-$ ist vollständig für die Klasse aller Ein-Wurzel-Bäume. Es gilt sogar für $A \in \mathcal{L}_\mathrm{R}$:

$$\begin{aligned}
\mathbf{R}^- \vdash A &\iff A \text{ ist gültig in allen 1W-Bäumen} \\
&\iff A \text{ gilt an der Wurzel jedes 1W-Modells.}
\end{aligned}$$

Diesen Satz werden wir in den folgenden Bemerkungen ([11.17]–[11.24]) beweisen. [11.16]

Wie üblich genügt es wegen des Korrektheitssatzes zu zeigen, dass für jede $\mathbf{R}^-$-konsistente $\mathcal{L}_\mathrm{R}$-Formel A ein 1W-Modell existiert, an dessen Wurzel A gilt. Dazu werden wir uns des Vollständigkeitssatzes für **GL** (in seiner dritten Fassung, [8.19]) bedienen.

Wir überführen A in eine $\mathcal{L}_\mathrm{M}$-Formel A^M, indem wir Ordnungsformeln durch Aussagevariablen ersetzen, und fügen eine weitere $\mathcal{L}_\mathrm{M}$-Formel hinzu, die die aus $\mathbf{R}^-$ ableitbaren logischen Beziehungen zwischen diesen Ordnungsformeln mittels der stellvertretenden Variablen ausdrückt. Es wird sich zeigen, dass diese beiden Formeln zusammen **GL**-konsistent sind. Der Vollständigkeitssatz für **GL** liefert dann ein $\mathcal{L}_\mathrm{M}$-Modell, an dessen Wurzel sie gelten, und dieses bauen wir zu einem $\mathcal{L}_\mathrm{R}$-Modell um, an dessen Wurzel A gilt.

Im Folgenden sei A eine $\mathbf{R}^-$-konsistente $\mathcal{L}_\mathrm{R}$-Formel und $S \subset \mathcal{L}_\mathrm{R}$ eine endliche, adäquate Menge, die A enthält.

$\bar{S} \subset \mathcal{L}_\mathrm{R}$ sei die kleinste Menge, die alle Formeln aus S sowie alle Zusammensetzungen von solchen mittels $\bot$, $\rightarrow$ und $\Box$ enthält. $\bar{S}$ enthält also dieselben Aussagevariablen und dieselben Ordnungsformeln wie S, ist aber weder endlich noch adäquat. Wir definieren rekursiv eine Übersetzungsfunktion $^\mathrm{M}$, die Formeln $B \in \bar{S}$ auf Formeln $B^\mathrm{M} \in \mathcal{L}_\mathrm{M}$ abbildet. [11.17]

Nach Voraussetzung ist S endlich, kann also auch nur endlich viele Box-Formeln $C_1, \ldots, C_n$ enthalten. Für $i, j \in [n]$ sei jeweils

$$\begin{aligned} D_{ij} &:= (C_i \prec C_j), \\ D'_{ij} &:= (C_i \preccurlyeq C_j). \end{aligned}$$

Da S adäquat ist, sind die D_{ij} und D'_{ij} mit $i, j \in [n]$ gerade die in S bzw. $\bar{S}$ enthaltenen Ordnungsformeln.

Nun seien paarweise verschiedene Aussagevariablen p_{ij}, p'_{ij} (für $i, j \in [n]$) gegeben, die nicht in S (und damit auch nicht in $\bar{S}$) sind. Diese werden die $\mathcal{L}_\mathrm{M}$-Stellvertreter für die Ordnungsformeln D_{ij} und D'_{ij}. Und zwar definieren wir für Formeln aus $\bar{S}$:

$$\begin{aligned} p^\mathrm{M} &:= p, \\ \bot^\mathrm{M} &:= \bot, \\ (B_1 \rightarrow B_2)^\mathrm{M} &:= ({B_1}^\mathrm{M} \rightarrow {B_2}^\mathrm{M}), \\ (\Box B)^\mathrm{M} &:= \Box B^\mathrm{M}, \\ {D_{ij}}^\mathrm{M} &:= p_{ij}, \\ {D'_{ij}}^\mathrm{M} &:= p'_{ij}. \end{aligned}$$

Wie die Substitution, so hat auch ^{M} für die definitorisch eingeführten Junktoren (nicht für $\equiv$) die gewünschten Rekursionseigenschaften; z. B. gilt:

$$(\neg B)^{\mathrm{M}} = (B \to \bot)^{\mathrm{M}} = \left(B^{\mathrm{M}} \to \bot^{\mathrm{M}}\right) = \left(B^{\mathrm{M}} \to \bot\right) = \neg B^{\mathrm{M}}.$$

Um diese Abbildung rückgängig machen zu können, setzen wir in Abwandlung der Schreibweise aus **[11.13]** für Formeln $B \in \mathcal{L}_{\mathrm{M}}$:

$$B^{\mathrm{R}} := B(p_{ij}/D_{ij},\, p'_{ij}/D'_{ij})_{i,j\in[n]}.$$

[11.18] Die Funktion ^{M} ist eine Abbildung von $\bar{S}$ in $\mathcal{L}_{\mathrm{M}}$, die Funktion ^{R} ist eine Abbildung von $\mathcal{L}_{\mathrm{M}}$ in $\mathcal{L}_{\mathrm{R}}$, und für alle $B \in \bar{S}$ gilt: $\left(B^{\mathrm{M}}\right)^{\mathrm{R}} = B$.

Beweis Man erhält alles durch eine einfache Induktion über den Formelaufbau (beim Beweis von $\left(p^{\mathrm{M}}\right)^{\mathrm{R}} = p$ für $p \in \bar{S}$ benutzt man die Tatsache, dass für $i, j \in [n]$ nie p_{ij} oder p'_{ij} gleich p ist). ■

[11.19] Folgende Beziehungen zwischen den D_{ij}, den D'_{ij} und den C_i sind Axiome von $\mathbf{R}^-$, ohne dass ihre ^{M}-Übersetzungen notwendigerweise in **GL** ableitbar wären:

- $D_{ij} \to \Box D_{ij}$ und $D'_{ij} \to \Box D'_{ij}$,
- $C_i \to D'_{ii}$,
- $D'_{ij} \to C_i$,
- $D'_{ij} \wedge D'_{jk} \to D'_{ik}$,
- $C_i \vee C_j \to D'_{ij} \vee D_{ji}$,
- $D_{ij} \to D'_{ij}$,
- $D'_{ij} \to \neg D_{ji}$,
- $C_i \wedge \neg C_j \to D_{ij}$,

wobei i, j, k die Menge $[n]$ durchlaufen sollen. Ist B eines dieser Axiome, so sind mit der Necessitationsregel auch $\Box B$, $\Box\Box B$ usw. $\mathbf{R}^-$-ableitbar. Während i. a. B^{M} kein **GL**-Theorem und somit die Necessitationsregel nicht zur Herleitung von $\Box B^{\mathrm{M}}$ verwendbar sein wird, so sind doch nach **[6.8]** immerhin $\Box B^{\mathrm{M}} \to \Box\Box B^{\mathrm{M}}$, $\Box\Box B^{\mathrm{M}} \to \Box\Box\Box B^{\mathrm{M}}$ usw. **GL**-ableitbar; um die in $\mathbf{R}^-$ geltenden Beziehungen zwischen den D_{ij}, den D'_{ij} und den C_i in **GL** wiederzugeben, genügt es also, für ein Axiom B unter den oben aufgeführten jeweils $\boxdot B^{\mathrm{M}}$ vorauszusetzen. Die (endliche) Menge der entsprechenden $\mathcal{L}_{\mathrm{R}}$-Formeln sei

$$X := \left\{ \boxdot(D_{ij} \to \Box D_{ij}),\, \ldots,\, \boxdot(C_i \wedge \neg C_j \to D_{ij}) :\ i, j, k \in [n] \right\} \subset \bar{S},$$

und die Menge ihrer ^{M}-Übersetzungen nennen wir

$$X^{\mathrm{M}} \;:=\; \{\, C^{\mathrm{M}} \colon C \in X \,\}.$$

Wie soeben ausgeführt, gilt $\mathbf{R}^- \vdash C$ für alle $C \in X$. [11.20]

Die Formel $\bigwedge X^{\mathrm{M}} \wedge A^{\mathrm{M}}$ ist **GL**-konsistent. [11.21]

Beweis Wir nehmen an, $\bigwedge X^{\mathrm{M}} \wedge A^{\mathrm{M}}$ sei **GL**-inkonsistent, und zeigen, dass dann A inkonsistent in $\mathbf{R}^-$ sein müsste, entgegen unserer Voraussetzung.

Laut Annahme ist $\bigwedge X^{\mathrm{M}} \wedge A^{\mathrm{M}}$ in **GL** widerlegbar, also existiert nach **[6.6]** ein **GL**-Beweis $(E_0, \ldots, E_l)$ für das dazu aussagenlogisch kontradiktorische $\bigwedge X^{\mathrm{M}} \to \neg A^{\mathrm{M}}$. Da alle Axiomenschemata und Regeln von **GL** auch solche von $\mathbf{R}^-$ sind, ist $\left({E_0}^{\mathrm{R}}, \ldots, {E_l}^{\mathrm{R}}\right)$ ein $\mathbf{R}^-$-Beweis für

$$\begin{aligned} & \left(\textstyle\bigwedge X^{\mathrm{M}} \to \neg A^{\mathrm{M}}\right)^{\mathrm{R}}, \\ \overset{[11.17]}{=}\; & \left(\textstyle\bigwedge_{C \in X} (C^{\mathrm{M}})^{\mathrm{R}} \to \neg (A^{\mathrm{M}})^{\mathrm{R}}\right), \\ \overset{[11.18]}{=}\; & \left(\textstyle\bigwedge X \to \neg A\right). \end{aligned}$$

Wegen **[11.20]** ist dann $\neg A$ ableitbar in $\mathbf{R}^-$, und wir haben einen Widerspruch.

■

Der Vollständigkeitssatz **[8.19]** für **GL** liefert uns einen Ein-Wurzel-Baum $R = (W, \lhd)$ mit der Wurzel w_0 und eine $\mathcal{L}_{\mathrm{M}}$-Gültigkeitsbeziehung $\Vdash$ für R, so dass [11.22]

$$w_0 \Vdash \textstyle\bigwedge X^{\mathrm{M}} \wedge A^{\mathrm{M}}.$$

Um eine $\bar{S}$-Gültigkeitsbeziehung für R zu erhalten, definieren wir für alle $w \in W$ und $B \in \bar{S}$:

$$w \Vdash_1 B \quad :\Longleftrightarrow \quad w \Vdash B^{\mathrm{M}}.$$

$\Vdash_1$ ist eine $\bar{S}$-Gültigkeitsbeziehung für R. [11.23]

Beweis Wir gehen nach **[9.7]** vor. Unter Verwendung der Definitionen in **[11.22]** und **[11.17]** weist man leicht nach, dass die Gültigkeitsklauseln für $\bot$, $\to$ und $\Box$ erfüllt sind. Da R transitiv ist, folgt damit auch schon die Σ-Persistenz für Box-Formeln.

Ist B eines der in **[11.19]** aufgeführten $\mathbf{R}^-$-Axiome, so ist $\Box B \in X$ und $B \in \bar{S}$ und mit **[11.22]** folgt:

$$\begin{aligned} & w_0 \Vdash (\Box B)^{\mathrm{M}}, \\ \overset{[11.17]}{\Longleftrightarrow}\; & w_0 \Vdash \Box B^{\mathrm{M}}, \\ \Longleftrightarrow\; & \text{für alle } x \unrhd w_0 \text{ gilt } x \Vdash B^{\mathrm{M}}, \\ \overset{[8.17],[11.22]}{\Longleftrightarrow}\; & \text{für alle } x \in W \text{ gilt } x \Vdash_1 B. \end{aligned}$$

So gilt $x \Vdash_1 D \to \Box D$ für alle Welten x und alle Ordnungsformeln $D \in \bar{S}$, was die Σ-Persistenz für Ordnungsformeln liefert. Weiterhin gelten damit auch überall die Ordnungsaxiome, soweit sie nur Ordnungsformeln aus $\bar{S}$ enthalten. Also ist $(W, \lhd, \Vdash_1)$ ein $\bar{S}$-Modell. ∎

[11.24] Als $\bar{S}$-Gültigkeitsbeziehung beinhaltet $\Vdash_1$ insbesondere eine S-Gültigkeitsbeziehung $\Vdash_2$ für den 1W-Baum R, und da S adäquat ist, können wir $\Vdash_2$ nach **[10.3]** zu einer $\mathcal{L}_\mathrm{R}$-Gültigkeitsbeziehung $\Vdash'$ erweitern. Dann gilt wegen $A \in S$ und $w_0 \Vdash A^\mathrm{M}$ schließlich auch

$$w_0 \Vdash' A,$$

und wir haben, wie angekündigt, eine $\mathcal{L}_\mathrm{R}$-Gültigkeitsbeziehung $\Vdash'$ für den 1W-Baum R, so dass an der Wurzel A gilt. – Damit ist der Vollständigkeitssatz **[11.15]** bewiesen.

[11.25] Aufgrund des Vollständigkeitssatzes ist $\mathbf{R}^-$ entscheidbar.

Beweis Dies folgt ähnlich wie bei **[8.21]**. Ist $(W, \lhd)$ ein 1W-Baum und S_A die kleinste adäquate Menge, die eine gegebene Formel A enthält, so ist entscheidbar, ob eine Relation $\Vdash \subset W \times S_A$ eine S_A-Gültigkeitsbeziehung für $(W, \lhd)$ ist; damit sind auch die S_A-Modelle rekursiv aufzählbar. ∎

12 Korrektheits- und Vollständigkeitssatz für R

[12.1] Wir beweisen zunächst einen semantischen Korrektheits- und Vollständigkeitssatz für ein scheinbar stärkeres System $\mathbf{R}^+$ und führen dazu noch einige neue Begriffe ein.

[12.2] $Y \subset \mathcal{L}_\mathrm{R}$ sei abgeschlossen bezüglich Teilformeln, $(W, \lhd)$ sei ein 1W-Baum mit der Wurzel w_0, und $M = (W, \lhd, \Vdash)$ sei ein Y-Modell. Für eine Formelmenge $X \subset Y$ sagen wir, M sei X-**korrekt**, wenn für alle $\Box C \in X$ gilt:

$$w_0 \Vdash \Box C \quad \Longrightarrow \quad w_0 \Vdash C.$$

Ist diese Bedingung für alle Teilformeln $\Box C$ einer Formel $A \in Y$ erfüllt (d.h. M ist X-korrekt für die Menge X aller Teilformeln von A), so sagen wir, M sei A-**korrekt**.

Ist $Y = \mathcal{L}_{\mathrm{R}}$ und M somit ein 1W-Modell, und ist außerdem $X \subset \mathcal{L}_{\mathrm{R}}$ endlich, so ist M genau dann X-korrekt, wenn gilt: [12.3]

$$w_0 \Vdash \bigwedge_{\Box C \in X} (\Box C \to C).$$

Für $A \in \mathcal{L}_{\mathrm{R}}$ setzen wir (mit „S" wie *sound*, „korrekt"):

$$\mathrm{S}A \;:=\; \bigwedge_{\Box C \text{ in } A} (\Box C \to C) \;=\; \bigwedge\{\, (\Box C \to C) : \Box C \text{ ist Teilformel von } A \,\}.$$

Das Modell M ist A-korrekt genau dann, wenn gilt:

$$w_0 \Vdash \mathrm{S}A.$$

(Vergrößerung S-korrekter S-Modelle um zusätzliche Welten) Ist $S \subset \mathcal{L}_{\mathrm{R}}$ adäquat und M ein S-korrektes S-Modell, das auf einem 1W-Baum R basiert, so erhält man wieder ein solches S-Modell, wenn man R um eine endliche Kette zusätzlicher Welten vor der Wurzel erweitert und in den neuen Welten genau die Gültigkeitsverhältnisse aus der alten Wurzel übernimmt. [12.4]

Beweis Es sei $R = (W, \lhd)$ und $M = (W, \lhd, \Vdash)$. Wir erweitern R zu einem 1W-Baum $R' = (W', \lhd')$, indem wir vor die Wurzel w_0 von R eine Kette $w_m \lhd' w_{m-1} \lhd' \cdots \lhd' w_1$ von neuen Welten (etwa $w_i := (W, i)$) setzen; d.h. wir definieren

$$W' \;:=\; W \,\dot{\cup}\, \{w_1, \ldots, w_m\},$$

und für $x, y \in W'$ soll $x \lhd' y$ genau in den folgenden Fällen gelten:

- für $i, j \in [m]$ ist $x = w_i$ und $y = w_j$, und es gilt $i > j$;
- $y \in W$ und $x = w_i$ für ein $i \in [m]$;
- $x, y \in W$ und $x \lhd y$.

Die Wurzel von R' ist w_m.

Wir definieren eine Relation $\Vdash'$ auf $W' \times S$ durch

$$x \Vdash' B \;:\Longleftrightarrow\; \begin{cases} x \Vdash B, & \text{falls } x \in W, \\ w_0 \Vdash B, & \text{falls } x = w_i \text{ für ein } i \in [m]. \end{cases} \tag{1}$$

Es bleibt zu zeigen, dass $\Vdash'$ eine S-Gültigkeitsbeziehung für R' ist, denn dann ist $M' := (W', \lhd', \Vdash')$ offenbar ein S-korrektes S-Modell, das M erweitert.

Die aussagenlogischen und die Ordnungsbedingungen in **[9.7]** sind in den alten Welten nach Voraussetzung erfüllt, und dies überträgt sich von w_0 auf die neuen Welten.

Wir untersuchen die $\Box$-Gültigkeitsklausel. Es sei $i \in [m]$ und $\Box B \in S$. Wegen der S-Korrektheit von M gilt:

$$w_0 \Vdash \Box B \implies w_0 \Vdash B,$$

was sich auf $\Vdash'$ überträgt. Dann haben wir:

$$\begin{aligned} w_i \Vdash' \Box B &\overset{(1)}{\iff} w_0 \Vdash \Box B \\ &\overset{!}{\iff} \text{für alle } x \trianglerighteq w_0 \text{ gilt } x \Vdash B \\ &\overset{(1)}{\iff} \text{für alle } x \vartriangleright' w_i \text{ gilt } x \Vdash' B, \end{aligned}$$

und die $\Box$-Gültigkeitsklausel ist erfüllt. Damit ist wegen der Transitivität von $\vartriangleleft'$ auch schon die Σ-Persistenz für Box-Formeln gesichert.

Wiederum sei $i \in [m]$. Für Ordnungsformeln $B \in S$ gilt:

$$w_i \Vdash' B \overset{(1)}{\iff} w_0 \Vdash B \overset{(1)}{\implies} \text{für alle } j < i \text{ gilt } w_j \Vdash' B,$$

und die Σ-Persistenz für Ordnungsformeln überträgt sich von $\Vdash$ auf $\Vdash'$. ■

[12.5] Im Beweis von **[10.9]** haben wir ein 1W-Modell angegeben, das *nicht* um zusätzliche Welten vor der Wurzel erweitert werden kann, und tatsächlich ist dieses Modell nicht $\Box p$-korrekt.

[12.6] Für $\mathcal{L}_R$-Formeln B definieren wir rekursiv ihren **modalen Grad** $\mathrm{d}(B)$:

$\underline{\mathrm{Var}_M, \bot:}$ $\mathrm{d}(p) := \mathrm{d}(\bot) := 0$,

$\underline{\rightarrow, \preccurlyeq, \prec:}$ $\mathrm{d}(B \rightarrow C) := \mathrm{d}(B \preccurlyeq C) := \mathrm{d}(B \prec C) := \max\{\mathrm{d}(B), \mathrm{d}(C)\}$,

$\underline{\Box:}$ $\mathrm{d}(\Box B) := \mathrm{d}(B)+1$.

Der modale Grad von B gibt also an, wie tief verschachtelt die Box in B vorkommt.

Man überlegt sich leicht, dass gilt:

- $\mathrm{d}(\top) = 0$,
- $\mathrm{d}(\neg B) = \mathrm{d}(B)$,
- $\mathrm{d}(B \wedge C) = \mathrm{d}(B \vee C) = \mathrm{d}(B \leftrightarrow C) = \max\{\mathrm{d}(B), \mathrm{d}(C)\}$.

Ist $X \subset \mathcal{L}_\mathrm{R}$ und $B \in \mathcal{L}_\mathrm{R}$, und sind $p_1, \ldots, p_n$ paarweise verschiedene Aussagevariablen und $C_1, \ldots, C_n$ Formeln aus X, so nennen wir $B(p_i/C_i)_{i\in[n]}$ ein X-**Substitut** von B. Eine Formel B ist stets ein X-Substitut von sich selbst (etwa mit $n := 0$). **[12.7]**

S sei eine adäquate Menge mit $\mathrm{Var}_\mathrm{M} \subset S$, und M_0 sei ein auf einem 1W-Baum mit Wurzel w_0 basierendes S-korrektes S-Modell. Weiter sei $M = (W, \lhd, \Vdash)$ das M_0 erweiternde S-korrekte S-Modell, das mit einer Kette von Welten $w_m \lhd w_{m-1} \lhd \cdots \lhd w_1 \lhd w_0$ beginnt, die sich hinsichtlich der Gültigkeit von Formeln aus S nicht unterscheiden (s. **[12.4]**). Nach **[10.3]** lässt sich $\Vdash$ zu einer $\mathcal{L}_\mathrm{R}$-Gültigkeitsbeziehung $\Vdash'$ erweitern, und M' sei das dadurch gegebene 1W-Modell. **[12.8]**

Ist $B \in \mathcal{L}_\mathrm{R}$ und B' ein S-Substitut von B, dann gilt für alle $i, j \leq m$:

$$i, j \geq \mathrm{d}(B) \implies \big(w_i \Vdash' B' \iff w_j \Vdash' B'\big).$$

Insbesondere gilt dies mit B selbst anstelle von B'.

Welten $w_m, w_{m-1}, \ldots, w_i$ stimmen also nicht nur für Formeln aus S überein, sondern auch für beliebige $\mathcal{L}_\mathrm{R}$-Formeln B mit $\mathrm{d}(B) \leq i$ und sogar für $\mathcal{L}_\mathrm{R}$-Formeln B', die man durch ($\mathcal{L}_\mathrm{R}$-)modallogische Zusammensetzung von Formeln aus S erhält, sofern man dabei die Box nicht öfter als i-mal ‚hintereinander verwendet'.

Beweis Durch Induktion über den Aufbau von B:

$\underline{\mathrm{Var}_\mathrm{M}}$: Wenn $B \in \mathrm{Var}_\mathrm{M}$ ist, dann ist $B' \in S$, und für Formeln aus S stimmen $w_0, \ldots, w_m$ schon nach Voraussetzung überein.

$\underline{\bot}$: klar.

$\underline{\to}$: einfach.

$\underline{\Box}$: Wir nehmen an, für $B \in \mathcal{L}_\mathrm{R}$ sei die Behauptung schon bewiesen. Es seien $i, j \geq \mathrm{d}(\Box B)$, und o.B.d.A. sei $i > j$. Es gilt also $m \geq i > j > j-1 \geq \mathrm{d}(B)$ und daher $w_i \lhd w_j \lhd w_{j-1}$. Da $\Vdash'$ eine $\mathcal{L}_\mathrm{R}$-Gültigkeitsbeziehung ist, müssen wir nur zeigen:

$$w_j \Vdash' \Box B' \implies w_i \Vdash' \Box B'.$$

Aus $w_j \Vdash' \Box B'$ folgt $x \Vdash' B'$ für alle $x \rhd w_j$ und insbesondere $w_{j-1} \Vdash' B'$; wegen $j-1 \geq \mathrm{d}(B)$ liefert die Induktionsvoraussetzung $w_k \Vdash' B'$ für alle k mit $m \geq k \geq \mathrm{d}(B)$; also gilt sogar $x \Vdash' B'$ für alle $x \rhd w_i$, und damit haben wir $w_i \Vdash' \Box B'$.

$\preccurlyeq, \prec$: Die Behauptung sei für Box-Formeln B, C bereits bewiesen. Für i, j mit $d(B), d(C) \leq j < i \leq m$ haben wir:

$$w_j \Vdash' B' \preccurlyeq C' \overset{(O_2)}{\Longrightarrow} w_j \Vdash' B' \overset{(IV)}{\Longleftrightarrow} w_i \Vdash' B' \overset{(O_4)}{\Longrightarrow} w_i \Vdash' B' \preccurlyeq C' \text{ oder } w_i \Vdash' C' \prec B'.$$

Die Möglichkeit $w_i \Vdash' C' \prec B'$ steht aber wegen der Σ-Persistenz im Widerspruch zu $w_j \Vdash' B' \preccurlyeq C'$; daher folgt $w_i \Vdash' B' \preccurlyeq C'$ aus $w_j \Vdash' B' \preccurlyeq C'$. Analog zeigt man die Behauptung für $B' \prec C'$. ■

[12.9] Wenn wir in der Situation von **[12.8]** setzen:

$$X := \{ B \in \mathcal{L}_R : d(B) \leq m \}$$

und

$$X' := \{ B' \in \mathcal{L}_R : B' \text{ ist } S\text{-Substitut einer Formel } B \in X \} \supset X,$$

so gilt: M' ist X'-korrekt und insbesondere X-korrekt.

Beweis Es sei $\Box B' \in X'$ ein S-Substitut von $\Box B \in X$. Dann ist $d(B) \leq m-1$, und nach **[12.8]** gilt:

$$w_m \Vdash' \Box B' \Longrightarrow w_{m-1} \Vdash' B' \overset{!}{\Longleftrightarrow} w_m \Vdash' B'.$$

Da w_m die Wurzel von M' ist, folgt daraus die Behauptung. ■

[12.10] $\mathbf{R}^+$ sei das System **R** zuzüglich der **Korrektheitsregel**, d.h. für Σ-Formeln A:

$$\frac{SA \to A}{A}.$$

Wir werden sehen, dass die Korrektheitsregel schon in **R** zulässig ist (**[12.22]**), dass also **R** dieselben Theoreme liefert wie $\mathbf{R}^+$. Unser Vorgehen wird jedoch übersichtlicher, wenn wir zunächst mit $\mathbf{R}^+$ arbeiten.

[12.11] **Korrektheits- und Vollständigkeitssatz für $\mathbf{R}^+$.** Eine Formel $A \in \mathcal{L}_R$ ist ableitbar in $\mathbf{R}^+$ genau dann, wenn sie in allen A-korrekten 1W-Modellen gültig ist.

[12.12] Diesen Satz beweisen wir im Folgenden (**[12.13]**–**[12.18]**).

Die Vollständigkeitsaussage erhalten wir leicht aus dem Vollständigkeitssatz **[11.15]** für $\mathbf{R}^-$: **[12.13]**

Sei A gültig in allen A-korrekten 1W-Modellen. Dann ist A insbesondere gültig in allen $\Box A$-korrekten 1W-Modellen, und nach dem $\mathcal{L}_\mathrm{R}$-Analogon zu **[6.17]** ist auch $\Box A$ in diesen gültig. Das heißt wegen **[12.3]**, für alle 1W-Modelle $(W, \lhd, \Vdash)$ mit Wurzel w_0 gilt die Implikation

$$w_0 \Vdash \mathrm{S}\Box A \quad \Longrightarrow \quad \text{für alle } w \in W \text{ gilt } w \Vdash \Box A,$$

und daraus folgt:

$$w_0 \Vdash \mathrm{S}\Box A \to \Box A.$$

Wegen **[11.15]** ist $\mathrm{S}\Box A \to \Box A$ dann aus $\mathbf{R}^-$ (und somit erst recht aus $\mathbf{R}^+$) ableitbar, und aufgrund der Korrektheits- und der Denecessitationsregel ergibt sich schließlich: $\mathbf{R}^+ \vdash A$.

Wir beweisen nun (**[12.14]**–**[12.18]**) die Korrektheitsaussage. Dazu sei $A \in \mathcal{L}_\mathrm{R}$ ein $\mathbf{R}^+$-Theorem und $(A_0, \ldots, A_n)$ ein $\mathbf{R}^+$-Beweis für A. Zu zeigen ist, dass A in allen A-korrekten 1W-Modellen gültig ist. **[12.14]**

Wir setzen

$$X := \{ B \in \mathcal{L}_\mathrm{R} \colon \text{ ex. } \nu \leq n, \text{ so dass } B \text{ Teilformel von } A_\nu \}.$$

X ist eine endliche, bezüglich Teilformeln abgeschlossene Teilmenge von $\mathcal{L}_\mathrm{R}$.

A ist gültig in allen *X-korrekten* 1W-Modellen. **[12.15]**

Beweis Wir haben im Beweis des Korrektheitssatzes **[11.7]** für $\mathbf{R}^-$ schon erklärt, dass die Axiome von $\mathbf{R}^-$ in allen 1W-Modellen gültig sind und die Regeln von $\mathbf{R}^-$ Gültigkeit in Modellen erhalten (s. **[6.16]** f.). Also ist nur noch zu zeigen, dass auch die Denecessitations- und die Korrektheitsregel zumindest für die A_ν Gültigkeit in X-korrekten Modellen erhalten; dann überträgt sich diese durch den Beweis auf A.

Sei $\nu \leq n$, und $M = (W, \lhd, \Vdash)$ sei ein X-korrektes 1W-Modell mit der Wurzel w_0, in dem A_ν gültig ist. Das Modell M ist insbesondere A_ν-korrekt, d.h. es gilt:

$$w_0 \Vdash \bigwedge_{\Box C \text{ in } A_\nu} (\Box C \to C). \tag{1}$$

Wenn A_ν die Gestalt $\Box B$ hat, dann ist auch B gültig in M: Aus (1) erhalten wir $w_0 \Vdash \Box B \to B$, und wegen $w_0 \Vdash \Box B$ gilt somit $x \Vdash B$ für alle $x \in W$.

Nehmen wir nun an, es sei $A_\nu = (\mathrm{S}B \to B)$ für eine Σ-Formel B. Wegen (1) gilt dann insbesondere:

$$w_0 \Vdash \bigwedge_{\Box C \text{ in } B} (\Box C \to C),$$

also $w_0 \Vdash \mathrm{S}B$, und wir erhalten $w_0 \Vdash B$, woraus wegen der Σ-Persistenz folgt, dass B in ganz M gültig ist. ■

[12.16] Nun sei $R = (W, \lhd)$ ein 1W-Baum mit Wurzel w_0 und $M = (W, \lhd, \Vdash)$ ein A-korrektes $\mathcal{L}_{\mathrm{R}}$-Modell. Wir wandeln M ab zu einem X-korrekten 1W-Modell M', ohne dabei die Gültigkeitsverhältnisse für A anzutasten. Dann muss A nach **[12.15]** in M' und somit auch in M gültig sein.

[12.17] S_A sei die kleinste adäquate Menge, die A enthält, und $\Vdash_A$ sei die S_A-Gültigkeitsbeziehung für R, die man durch Einschränkung aus $\Vdash$ erhält. Eine adäquate Obermenge von S_A ist

$$S_0 \ := \ S_A \cup \mathrm{Var}_{\mathrm{M}};$$

die Relation $\Vdash_0$ sei eine beliebige S_0-Gültigkeitsbeziehung für R, die für Formeln aus S_A mit $\Vdash_A$ übereinstimmt. Das Modell M ist A-korrekt, und S_0 enthält nur Box-Formeln aus S_A; daher ist $(W, \lhd, \Vdash_0)$ ein S_0-korrektes S_0-Modell.

[12.18] Der maximale modale Grad von Formeln aus X sei

$$m \ := \ \max\{\, \mathrm{d}(B) : \ B \in X \,\}.$$

Wir erweitern $(W, \lhd, \Vdash_0)$ auf die in **[12.4]** angegebene Weise zu einem ebenfalls S_0-korrekten S_0-Modell $(W', \lhd', \Vdash_0')$ mit einer Kette von m zusätzlichen Welten $w_m \lhd' w_{m-1} \lhd' \cdots \lhd' w_1$ vor w_0, so dass die w_i bezüglich der Gültigkeit von Formeln aus S_0 alle übereinstimmen.

Wir können nun **[12.9]** anwenden. $\Vdash'$ sei eine $\mathcal{L}_{\mathrm{R}}$-Gültigkeitsbeziehung für $(W', \lhd')$, die $\Vdash_0'$ erweitert, und M' sei das zugehörige 1W-Modell. Da per definitionem $\mathrm{d}(B) \leq m$ ist für alle $B \in X$, ist M' nach **[12.9]** X-korrekt, und aufgrund von **[12.15]** ist A in M' gültig.

Wegen $\Vdash_A \subset \Vdash_0 \subset \Vdash_0' \subset \Vdash'$ stimmt $\Vdash'$ auf W für Formeln aus S_A mit $\Vdash_A$ und $\Vdash$ überein; insbesondere gilt für alle $w \in W$:

$$w \Vdash' A \iff w \Vdash A.$$

Also war A schon in M gültig, was zu beweisen war.

[12.19] Mit Hilfe der Korrektheit von $\mathbf{R}^+$ und der Vollständigkeit von $\mathbf{R}^-$ können wir jetzt den Korrektheits- und Vollständigkeitssatz für $\mathbf{R}$ beweisen.

Im Folgenden verwenden wir für $n \in \mathbb{N}$ und Formeln A die Schreibweise [12.20]

$$\Box^n A := \underbrace{\Box \ldots \Box}_{n\text{-mal}} A.$$

Korrektheits- und Vollständigkeitssatz für R. Eine Formel $A \in \mathcal{L}_{\mathrm{R}}$ ist ableitbar in **R** genau dann, wenn sie in allen A-korrekten 1W-Modellen gültig ist. [12.21]

Beweis Da **R** in $\mathbf{R}^+$ ‚enthalten' ist und wir für beide Systeme dieselbe Sorte von Modellen im Auge haben, ist die Korrektheitsaussage für **R** schon in der für $\mathbf{R}^+$ enthalten. Es bleibt die Vollständigkeitsaussage zu beweisen. Wir zeigen, dass es für Formeln A mit $\mathbf{R} \nvdash A$ stets A-korrekte 1W-Modelle gibt, in denen A ungültig ist.

Gelte also $\mathbf{R} \nvdash A$. Aufgrund der Denecessitationsregel haben wir dann auch $\mathbf{R} \nvdash \Box^n A$ für alle $n \in \mathbb{N}$, wie man durch eine einfache Induktion zeigt.

Nun sei S_A die kleinste adäquate Menge, die A enthält, und $N := \#\Box_{S_A}$ sei die Anzahl der Box-Teilformeln von A. Auch $\Box^{N+1}A$ ist in **R** nicht ableitbar und somit erst recht nicht in $\mathbf{R}^-$; also gibt es nach **[11.15]** ein 1W-Modell $M = (W, \lhd, \Vdash)$, an dessen Wurzel w_0 die Formel $\Box^{N+1}A$ nicht gilt. Aus $w_0 \nVdash \Box^{N+1}A$ erhält man leicht durch Induktion, dass eine Kette $w_0 \lhd w_1 \lhd \cdots \lhd w_{N+1}$ in W existieren muss, so dass für $i \in [N+1]$ jeweils gilt: $w_i \nVdash \Box^{N+1-i}A$, insbesondere also

$$w_{N+1} \nVdash A.$$

Damit haben wir ein Gegenbeispiel für (die Allgemeingültigkeit von) A. Wenn wir aus diesem ein *A-korrektes* Gegenbeispiel erhalten können, sind wir fertig.

$\Vdash_A$ sei die S_A-Gültigkeitsbeziehung, die man durch Einschränkung aus $\Vdash$ erhält. Aufgrund der Σ-Persistenz gilt (s. **[9.29]**, **[9.23]**):

$$\mathrm{G}_{w_0}^{\Vdash_A} \subset \mathrm{G}_{w_1}^{\Vdash_A} \subset \cdots \subset \mathrm{G}_{w_{N+1}}^{\Vdash_A} \subset \Box_{S_A}.$$

Da $\Box_{S_A}$ nur N Elemente enthält, kann nicht bei jeder dieser Teilmengenbeziehungen eine *echte* Teilmenge vorliegen; es gibt also ein $i \in [N+1]$, so dass $\mathrm{G}_{w_{i-1}}^{\Vdash_A} = \mathrm{G}_{w_i}^{\Vdash_A}$. Daraus folgt für alle $\Box B \in S_A$:

$$w_i \Vdash \Box B \implies w_{i-1} \Vdash \Box B,$$

und somit gilt für alle Teilformeln $\Box B$ von A:

$$w_i \Vdash \Box B \to B.$$

Dann ist das von w_i erzeugte Untermodell $M_{\trianglerighteq w_i} = (W_{\trianglerighteq w_i}, \lhd', \Vdash')$ von M (s. **[10.7]**) ein A-korrektes 1W-Modell. Wegen $w_i \trianglelefteq w_{N+1}$ ist $w_{N+1} \in W_{\trianglerighteq w_i}$, und A ist in $M_{\trianglerighteq w_i}$ immer noch ungültig. ∎

[12.22] Aus der Korrektheitsaussage für $\mathbf{R}^+$ und der Vollständigkeitsaussage für **R** folgt sofort, dass die Korrektheitsregel in **R** zulässig ist: Ist A in $\mathbf{R}^+$ ableitbar, so ist A in allen A-korrekten 1W-Modellen gültig und daher schon in **R** ableitbar.

[12.23] Da die A-Korrektheit von 1W-Modellen eine entscheidbare Eigenschaft ist, liefert der Korrektheits- und Vollständigkeitssatz für **R** die Entscheidbarkeit von **R**.

Beweis Analog wie [11.25]. ■

[12.24] In **R** ist kein modallogisches Analogon zum Rosserschen Unvollständigkeitssatz [4.18] ableitbar (s. auch [4.19]); d.h. für alle $A \in \mathcal{L}_\mathrm{R}$ gilt:

$$\mathbf{R} \nvdash \neg\Box\bot \to \neg\Box A \land \neg\Box\neg A.$$

(Liest man die Box als „beweisbar in **FA**", so besagt diese Formel: Wenn **FA** konsistent ist, dann ist weder A noch $\neg A$ beweisbar, d.h. A ist unentscheidbar in **FA**, und **FA** ist somit unvollständig.)

Beweis Nach dem Korrektheitssatz für **R** ([12.21]) genügt es, für

$$B := (\neg\Box\bot \to \neg\Box A \land \neg\Box\neg A)$$

ein B-korrektes 1W-Modell anzugeben, in dem B ungültig ist. Dazu verwenden wir wieder [12.4] und [12.9].

Wir wählen $S := \mathrm{Var}_\mathrm{M}$ und $R := (\{0\}, \lhd)$ mit leerer Zugänglichkeitsrelation, und $\Vdash$ sei eine beliebige Bewertung für R. Dann ist S adäquat und $M := (\{0\}, \lhd, \Vdash)$ ein S-korrektes S-Modell, das auf einem 1W-Baum basiert. Wir vergrößern R (wie in [12.4]) um die Kette zusätzlicher Welten $\mathrm{d}(B) \lhd' \mathrm{d}(B) - 1 \lhd' \cdots \lhd' 1$ vor der Wurzel 0, übernehmen in den neuen Welten die Gültigkeitsverhältnisse von 0 und erweitern das so erhaltene S-korrekte S-Modell zu einem $\mathcal{L}_\mathrm{R}$-Modell $M' = (\{0, 1, \ldots, \mathrm{d}(B)\}, \lhd', \Vdash')$. Nach [12.9] ist M' sogar B-korrekt, wie gewünscht. Es bleibt zu zeigen, dass B in M' ungültig ist.

Nun ist $\mathrm{d}(B) = \mathrm{d}(A) + 1 > 0$ (d.h. wir haben R echt erweitert), 1 ist eine der neuen Welten und 0 ist die einzige Welt, die von 1 aus $\lhd'$-zugänglich ist. Also erhalten wir

$$1 \Vdash' \Box A \quad \text{oder} \quad 1 \Vdash' \Box\neg A$$

aus

$$0 \Vdash' A \quad \text{oder} \quad 0 \Vdash' \neg A$$

und haben damit:

$$1 \nVdash' \neg\Box A \land \neg\Box\neg A.$$

Wegen $0 \nVdash' \bot$ gilt aber $1 \Vdash' \neg\Box\bot$, und so folgt: $1 \nVdash' B$. ■

Für alle $A \in \mathcal{L}_\mathrm{R}$ gilt: **[12.25]**

$$\mathbf{R} \nvdash A \leftrightarrow \Box\neg A \prec \Box A.$$

Das heißt, es gibt für Rosser-Sätze im Sinne von **[4.19]** in **R** keine modallogische Entsprechung, wie es zu den Gödel-Sätzen eine in **GL** gibt (s. **[6.10]**).

Beweis

Wir nehmen an, dass für ein $A \in \mathcal{L}_\mathrm{R}$ gilt:

$$\mathbf{R} \vdash A \leftrightarrow \Box\neg A \prec \Box A, \tag{1}$$

und zeigen, dass dann $\Box A \vee \Box\neg A \to \Box\bot$ und somit $\neg\Box\bot \to \neg\Box A \wedge \neg\Box\neg A$ in **R** ableitbar ist, im Widerspruch zu **[12.24]**.

Um $\mathbf{R} \vdash \Box A \vee \Box\neg A \to \Box\bot$ zu beweisen, behandeln wir in **R** die verschiedenen möglichen Fälle, wie $\Box A \vee \Box\neg A$ wahr sein kann:

$\Box A \wedge \Box\neg A$: Die Formel $A \wedge \neg A \to \bot$ ist eine Tautologie, und mit **[11.5]** erhalten wir $\Box(A \wedge \neg A) \to \Box\bot$ und weiter

$$\Box A \wedge \Box\neg A \to \Box\bot.$$

$\Box A \wedge \neg\Box\neg A$: Aufgrund der Ordnungsaxiome (O_7'), (O_5') und des Σ-Persistenz-Schemas haben wir:

$$\Box A \wedge \neg\Box\neg A \to \Box(\Box A \preccurlyeq \Box\neg A). \tag{2}$$

Axiom (O_6') besagt: $\Box A \preccurlyeq \Box\neg A \to \neg(\Box\neg A \prec \Box A)$, und mit (1) folgt: $\Box A \preccurlyeq \Box\neg A \to \neg A$, woraus wir wegen **[11.5]** erhalten:

$$\Box(\Box A \preccurlyeq \Box\neg A) \to \Box\neg A.$$

Mit (2) zusammen ergibt sich aussagenlogisch: $\Box A \wedge \neg\Box\neg A \to \Box\neg A$, und somit gilt:

$$\neg(\Box A \wedge \neg\Box\neg A).$$

$\neg\Box A \wedge \Box\neg A$: Axiom ($\mathrm{O}_7'$) und das Σ-Persistenz-Schema liefern: $\neg\Box A \wedge \Box\neg A \to \Box(\Box\neg A \prec \Box A)$; und wir erhalten mit **[11.5]** aus (1): $\Box(\Box\neg A \prec \Box A) \leftrightarrow \Box A$. Daraus folgt aussagenlogisch: $\neg\Box A \wedge \Box\neg A \to \Box A$, und es ergibt sich:

$$\neg(\neg\Box A \wedge \Box\neg A).$$

Aus den drei Ergebnissen zusammen folgt aussagenlogisch die Behauptung. ∎

Kapitel IV

Modallogik und FA-Beweisbarkeit

13 Übersetzungen von $\mathcal{L}_{\mathrm{R}}$ in $\mathcal{L}_{\mathrm{Ar}}$

Was die modallogischen Systeme **GL** und **R** eigentlich interessant macht, ist die Tatsache, dass sie Aspekte der Beweisbarkeit in axiomatischen Systemen **FA** für die Arithmetik beschreiben. Dies wird im Folgenden präzisiert und bewiesen. [13.1]

$\mathcal{L}$ sei eine der beiden modallogischen Sprachen $\mathcal{L}_{\mathrm{M}}$, $\mathcal{L}_{\mathrm{R}}$. Eine Abbildung * von $\mathcal{L}$ in $\mathrm{Aus}_{\mathrm{Ar}}$ (s. [1.9]) nennen wir eine **$\mathcal{L}$-Übersetzung** (bezüglich des SBP's $\mathsf{Th}(\mathsf{a})$), wenn für alle $A, B \in \mathcal{L}$ gilt: [13.2]

$$\begin{aligned} \bot^* &= \bot, \\ (A \to B)^* &= (A^* \to B^*), \\ (\Box A)^* &= \mathsf{Th}(A^*), \end{aligned}$$

und gegebenenfalls

$$\begin{aligned} (A \preccurlyeq B)^* &= (A^* \preccurlyeq B^*), \\ (A \prec B)^* &= (A^* \prec B^*). \end{aligned}$$

Durch solche Übersetzungen werden also modallogische Formeln als arithmetische Aussagen ‚interpretiert'.

Die Aussage A^* bezeichnen wir als die ***-Übersetzung** von A, und als Variable für $\mathcal{L}$-Übersetzungen verwenden wir neben „*" noch „$^\circ$".

[13.3] Da $\top$ und die übrigen Junktoren in $\mathcal{L}$ und $\mathcal{L}_{\mathrm{Ar}}$ auf dieselbe Weise definitorisch eingeführt wurden (s. **[5.5]**), gilt außerdem:

$$\begin{aligned}(\neg A)^* &= (\neg A^*),\\ \top^* &= \top,\\ (A \wedge B)^* &= (A^* \wedge B^*),\\ (A \vee B)^* &= (A^* \vee B^*),\\ (A \leftrightarrow B)^* &= (A^* \leftrightarrow B^*),\end{aligned}$$

wie man sich leicht überlegt.

[13.4] Wir können uns nun klarmachen, warum es ausreicht, wenn wir bei $\mathcal{L}_{\mathrm{R}}$ nur Box-Formeln zur Verknüpfung durch $\preccurlyeq$ und $\prec$ zulassen (s. **[9.5]**; s. auch Smoryński 1985, S. 259 f.). Zwar hätten auch Verknüpfungen von (Box- und) Ordnungsformeln sinnvolle Übersetzungen in $\mathcal{L}_{\mathrm{Ar}}$, wie wir sehen werden; aber wir können äquivalente $\mathcal{L}_{\mathrm{Ar}}$-Aussagen auch schon als Übersetzungen gewöhnlicher $\mathcal{L}_{\mathrm{R}}$-Formeln erhalten. Dies beweisen wir (nach zwei technischen Bemerkungen) in **[13.7]**–**[13.9]**.

[13.5] Man überzeugt sich anhand der Definitionen leicht, dass für zwei $\mathcal{L}_{\mathrm{Ar}}$-Formeln $\varphi(\mathrm{v})$, $\psi(\mathrm{v})$, in denen y und z nicht frei vorkommen und zulässig für v sind, stets gilt:

$$\mathbf{FA} \;\vdash\; (\exists \mathrm{v})\,\varphi(\mathrm{v}) \wedge \neg(\exists \mathrm{v})\,\psi(\mathrm{v}) \rightarrow (\exists \mathrm{v})\,\varphi(\mathrm{v}) \prec (\exists \mathrm{v})\,\psi(\mathrm{v})$$

und

$$\mathbf{FA} \;\vdash\; (\exists \mathrm{v})\,\varphi(\mathrm{v}) \prec (\exists \mathrm{v})\,\psi(\mathrm{v}) \rightarrow (\exists \mathrm{v})\,\varphi(\mathrm{v}) \preccurlyeq (\exists \mathrm{v})\,\psi(\mathrm{v}).$$

[13.6] Weiterhin ist beweisbar:

$$(\exists \mathrm{v})\,\varphi(\mathrm{v}) \rightarrow (\exists \mathrm{v})\,\varphi(\mathrm{v}) \preccurlyeq (\exists \mathrm{v})\,\psi(\mathrm{v}) \vee (\exists \mathrm{v})\,\psi(\mathrm{v}) \prec (\exists \mathrm{v})\,\varphi(\mathrm{v}).$$

Beweis Gelte $(\exists \mathrm{v})\,\varphi(\mathrm{v})$. Es sind zwei Fälle möglich:

<u>$\neg(\exists \mathrm{v})\,\psi(\mathrm{v})$:</u> Mit **[13.5]** erhalten wir $(\exists \mathrm{v})\,\varphi(\mathrm{v}) \preccurlyeq (\exists \mathrm{v})\,\psi(\mathrm{v})$.

<u>$(\exists \mathrm{v})\,\psi(\mathrm{v})$:</u> Seien y und z minimal mit $\varphi(\mathrm{y})$ bzw. $\psi(\mathrm{z})$; dann gilt:

$$(\forall \mathrm{y}' < \mathrm{y})\, \neg\varphi(\mathrm{y}'), \tag{1}$$

$$(\forall \mathrm{z}' < \mathrm{z})\, \neg\psi(\mathrm{z}'). \tag{2}$$

Wenn nun $y \leq z$ ist, dann erhalten wir aus (2):

$$(\forall z' < y)\, \neg\psi(z'),$$

und so

$$(\exists v)\, \varphi(v) \preccurlyeq (\exists v)\, \psi(v)$$

wegen $\varphi(y)$. – Ist umgekehrt $z < y$, so liefert uns (1):

$$(\forall y' \leq z)\, \neg\varphi(y'),$$

und so

$$(\exists v)\, \psi(v) \prec (\exists v)\, \varphi(v)$$

wegen $\psi(z)$. ■

Seien $\varphi(v)$, $\psi(v)$, $\chi(v)$ Formeln von $\mathcal{L}_{Ar}$, in denen x, y, z nicht frei vorkommen und zulässig für v sind. Dann ist in **FA** beweisbar: **[13.7]**

$$(\exists v)\, \varphi(v) \preccurlyeq \big[(\exists v)\, \psi(v) \preccurlyeq (\exists v)\, \chi(v)\big] \quad \leftrightarrow$$
$$\leftrightarrow \quad (\exists v)\, \varphi(v) \preccurlyeq (\exists v)\, \psi(v) \;\vee\; \big[(\exists v)\, \varphi(v) \;\wedge\; (\exists v)\, \chi(v) \prec (\exists v)\, \psi(v)\big].$$

Insbesondere ist für alle $\mathcal{L}_{Ar}$-Aussagen α, β, γ beweisbar:

$$\mathsf{Th}(\alpha) \preccurlyeq \big[\mathsf{Th}(\beta) \preccurlyeq \mathsf{Th}(\gamma)\big] \;\leftrightarrow\; \mathsf{Th}(\alpha) \preccurlyeq \mathsf{Th}(\beta) \;\vee\; \big[\mathsf{Th}(\alpha) \;\wedge\; \mathsf{Th}(\gamma) \prec \mathsf{Th}(\beta)\big].$$

Somit genügt $\Box A \preccurlyeq \Box B \;\vee\; (\Box A \;\wedge\; \Box C \prec \Box B)$ in $\mathcal{L}_R$ als Ersatz für „$\Box A \preccurlyeq (\Box B \preccurlyeq \Box C)$".

In **FA**. **Beweis**

$\underline{\rightarrow}$: Gelte $(\exists v)\, \varphi(v) \preccurlyeq \big[(\exists v)\, \psi(v) \preccurlyeq (\exists v)\, \chi(v)\big]$, d.h.:

$$(\exists x)\Big(\varphi(x) \;\wedge\; (\forall y < x)\,\big[\psi(y) \rightarrow (\exists z < y)\, \chi(z)\big]\Big). \qquad (1)$$

Insbesondere gilt $(\exists x)\, \varphi(x)$, und nach **[13.6]** erhalten wir:

$$(\exists v)\, \varphi(v) \preccurlyeq (\exists v)\, \psi(v) \;\vee\; (\exists v)\, \psi(v) \prec (\exists v)\, \varphi(v).$$

Im ersten Fall sind wir fertig; nehmen wir also $(\exists v)\, \psi(v) \prec (\exists v)\, \varphi(v)$ an, d.h.:

$$(\exists y)\,\big[\psi(y) \;\wedge\; (\forall x \leq y)\, \neg\varphi(x)\big].$$

Sei y_0 das kleinste solche y; insbesondere ist y_0 das kleinste y mit $\psi(y)$. Es gilt $(\forall x)\,\big(\varphi(x) \rightarrow y_0 < x\big)$, wegen (1) folgt $(\exists z < y_0)\, \chi(z)$, und da y_0 minimal ist, ergibt sich

$$(\exists z)\,\big[\chi(z) \;\wedge\; (\forall y \leq z)\, \neg\psi(y)\big],$$

also $(\exists v)\, \chi(v) \prec (\exists v)\, \psi(v)$.

$\underline{\leftarrow}$: Gelte $(\exists v)\,\varphi(v) \preccurlyeq (\exists v)\,\psi(v)$; das bedeutet:

$$(\exists x)\,\big[\varphi(x) \wedge (\forall y{<}x)\,\neg\psi(y)\big],$$

und somit gilt erst recht:

$$(\exists x)\,\Big(\varphi(x) \wedge (\forall y{<}x)\,\neg\big[\psi(y) \wedge (\forall z{<}y)\,\neg\chi(z)\big]\Big),$$

was gerade $(\exists v)\,\varphi(v) \preccurlyeq \big[(\exists v)\,\psi(v) \preccurlyeq (\exists v)\,\chi(v)\big]$ ist.

Gelte nun $(\exists v)\,\varphi(v) \wedge (\exists v)\,\chi(v) \prec (\exists v)\,\psi(v)$. Insbesondere gibt es ein z mit $\chi(z)$. Sei z_0 das kleinste von diesen; dann ist z_0 kleiner als jedes y mit $\psi(y)$, und es folgt:

$$(\forall y)\,\big[\psi(y) \rightarrow (\exists z{<}y)\,\chi(z)\big].$$

Wegen $(\exists v)\,\varphi(v)$ erhalten wir daraus:

$$(\exists x)\,\Big(\varphi(x) \wedge (\forall y{<}x)\,\big[\psi(y) \rightarrow (\exists z{<}y)\,\chi(z)\big]\Big),$$

womit wir wieder fertig wären. ∎

[13.8] Auf ähnliche Weise überzeugt man sich, dass beweisbar ist:

$$\big[(\exists v)\,\varphi(v) \preccurlyeq (\exists v)\,\psi(v)\big] \preccurlyeq (\exists v)\,\chi(v) \quad\leftrightarrow$$
$$\leftrightarrow\quad (\exists v)\,\varphi(v) \preccurlyeq (\exists v)\,\psi(v) \wedge (\exists v)\,\varphi(v) \preccurlyeq (\exists v)\,\chi(v)$$

und

$$\big[\mathsf{Th}(\alpha) \preccurlyeq \mathsf{Th}(\beta)\big] \preccurlyeq \mathsf{Th}(\gamma) \quad\leftrightarrow\quad \mathsf{Th}(\alpha) \preccurlyeq \mathsf{Th}(\beta) \wedge \mathsf{Th}(\alpha) \preccurlyeq \mathsf{Th}(\gamma).$$

Somit genügt $\Box A \preccurlyeq \Box B \wedge \Box A \preccurlyeq \Box C$ in $\mathcal{L}_R$ als Ersatz für „$(\Box A \preccurlyeq \Box B) \preccurlyeq \Box C$".

[13.9] Schließlich erhält man in **FA**:

$$\big[(\exists v)\,\varphi_1(v) \preccurlyeq (\exists v)\,\varphi_2(v)\big] \preccurlyeq \big[(\exists v)\,\psi(v) \preccurlyeq (\exists v)\,\chi(v)\big] \quad\leftrightarrow$$
$$\leftrightarrow\quad (\exists v)\,\varphi_1(v) \preccurlyeq (\exists v)\,\varphi_2(v)$$
$$\wedge\ \big[(\exists v)\,\varphi_1(v) \preccurlyeq (\exists v)\,\psi(v) \vee (\exists v)\,\chi(v) \prec (\exists v)\,\psi(v)\big].$$

Insbesondere ist in **FA** beweisbar:

$$\big[\mathsf{Th}(\alpha) \preccurlyeq \mathsf{Th}(\beta)\big] \preccurlyeq \big[\mathsf{Th}(\gamma) \preccurlyeq \mathsf{Th}(\delta)\big] \quad\leftrightarrow$$
$$\leftrightarrow\quad \mathsf{Th}(\alpha) \preccurlyeq \mathsf{Th}(\beta) \wedge \big[\mathsf{Th}(\alpha) \preccurlyeq \mathsf{Th}(\gamma) \vee \mathsf{Th}(\delta) \prec \mathsf{Th}(\gamma)\big].$$

Somit genügt $\Box A \preccurlyeq \Box B \wedge (\Box A \preccurlyeq \Box C \vee \Box D \prec \Box C)$ in $\mathcal{L}_R$ als Ersatz für „$(\Box A \preccurlyeq \Box B) \preccurlyeq (\Box C \preccurlyeq \Box D)$".

Setzen wir **Beweis**

$$\varphi(\mathrm{v}) \ := \ (\varphi_1(\mathrm{v}) \wedge (\forall \mathrm{x}<\mathrm{v})\neg\varphi_2(\mathrm{x})),$$

so erhalten wir in **FA**:

$$\begin{aligned}
&[(\exists \mathrm{v})\,\varphi_1(\mathrm{v}) \preccurlyeq (\exists \mathrm{v})\,\varphi_2(\mathrm{v})] \preccurlyeq [(\exists \mathrm{v})\,\psi(\mathrm{v}) \preccurlyeq (\exists \mathrm{v})\,\chi(\mathrm{v})] \quad \leftrightarrow \\
\overset{!}{\leftrightarrow}\quad & (\exists \mathrm{v})\,\varphi(\mathrm{v}) \preccurlyeq [(\exists \mathrm{v})\,\psi(\mathrm{v}) \preccurlyeq (\exists \mathrm{v})\,\chi(\mathrm{v})] \\
\overset{[13.7]}{\leftrightarrow}\quad & (\exists \mathrm{v})\,\varphi(\mathrm{v}) \preccurlyeq (\exists \mathrm{v})\,\psi(\mathrm{v}) \ \vee \ [(\exists \mathrm{v})\,\varphi(\mathrm{v}) \ \wedge \ (\exists \mathrm{v})\,\chi(\mathrm{v}) \prec (\exists \mathrm{v})\,\psi(\mathrm{v})] \\
\overset{!}{\leftrightarrow}\quad & \quad [(\exists \mathrm{v})\,\varphi_1(\mathrm{v}) \preccurlyeq (\exists \mathrm{v})\,\varphi_2(\mathrm{v})] \preccurlyeq (\exists \mathrm{v})\,\psi(\mathrm{v}) \\
& \vee \ [(\exists \mathrm{v})\,\varphi_1(\mathrm{v}) \preccurlyeq (\exists \mathrm{v})\,\varphi_2(\mathrm{v}) \ \wedge \ (\exists \mathrm{v})\,\chi(\mathrm{v}) \prec (\exists \mathrm{v})\,\psi(\mathrm{v})] \\
\overset{[13.8]}{\leftrightarrow}\quad & \quad [(\exists \mathrm{v})\,\varphi_1(\mathrm{v}) \preccurlyeq (\exists \mathrm{v})\,\varphi_2(\mathrm{v}) \ \wedge \ (\exists \mathrm{v})\,\varphi_1(\mathrm{v}) \preccurlyeq (\exists \mathrm{v})\,\psi(\mathrm{v})] \\
& \vee \ [(\exists \mathrm{v})\,\varphi_1(\mathrm{v}) \preccurlyeq (\exists \mathrm{v})\,\varphi_2(\mathrm{v}) \ \wedge \ (\exists \mathrm{v})\,\chi(\mathrm{v}) \prec (\exists \mathrm{v})\,\psi(\mathrm{v})] \\
\leftrightarrow\quad & \quad (\exists \mathrm{v})\,\varphi_1(\mathrm{v}) \preccurlyeq (\exists \mathrm{v})\,\varphi_2(\mathrm{v}) \\
& \wedge \ [(\exists \mathrm{v})\,\varphi_1(\mathrm{v}) \preccurlyeq (\exists \mathrm{v})\,\psi(\mathrm{v}) \ \vee \ (\exists \mathrm{v})\,\chi(\mathrm{v}) \prec (\exists \mathrm{v})\,\psi(\mathrm{v})],
\end{aligned}$$

womit die Behauptung bewiesen wäre. ■

Entsprechende Aussagen mit $\prec$ anstelle von $\preccurlyeq$ erhält man ganz analog. – Wir wenden uns nun wieder Übersetzungen zu. **[13.10]**

Enthält eine $\mathcal{L}$-Formel A überhaupt keine Aussagevariablen, so ist offenbar $A^* = A^\circ$ für alle Übersetzungen * und $^\circ$ bezüglich $\mathsf{Th}(\mathsf{a})$. **[13.11]**

Zu jeder Abbildung $I\colon \mathrm{Var}_{\mathrm{M}} \to \mathrm{Aus}_{\mathrm{Ar}}$ existiert genau eine $\mathcal{L}$-Übersetzung * bezüglich $\mathsf{Th}(\mathsf{a})$, so dass für alle Aussagevariablen p gilt: $p^* = I(p)$. Ist * die zu I gehörige $\mathcal{L}_{\mathrm{M}}$-Übersetzung und $^\circ$ die entsprechende $\mathcal{L}_{\mathrm{R}}$-Übersetzung, so ist $A^\circ = A^*$ für alle $A \in \mathcal{L}_{\mathrm{M}}$. Insbesondere gibt es zu jeder $\mathcal{L}_{\mathrm{M}}$-Übersetzung genau eine $\mathcal{L}_{\mathrm{R}}$-Übersetzung, die mit dieser auf $\mathcal{L}_{\mathrm{M}}$ übereinstimmt, und umgekehrt. Wir unterscheiden daher ab jetzt nicht mehr zwischen $\mathcal{L}_{\mathrm{M}}$- und $\mathcal{L}_{\mathrm{R}}$-Übersetzungen und reden einfach von **Übersetzungen** bezüglich $\mathsf{Th}(\mathsf{a})$. **[13.12]**

Im Anschluss an Boolos 1993 sagen wir, eine Formel $A \in \mathcal{L}_{\mathrm{R}}$ sei **immer beweisbar bezüglich** $\mathsf{Th}(\mathsf{a})$, wenn für alle Übersetzungen * bezüglich $\mathsf{Th}(\mathsf{a})$ gilt: **[13.13]**

$$\mathbf{FA} \vdash A^*.$$

(In Guaspari und Solovay 1979 heißt diese Eigenschaft *arithmetically valid*.)

Entsprechend soll A **immer beweisbar** (ohne Zusatz) heißen, wenn A immer beweisbar bezüglich *aller* SBP'e $\mathsf{Th}(\mathsf{a})$ ist.

[13.14] Ein axiomatisches System F in einer modallogischen Sprache $\mathcal{L}$ ist **arithmetisch korrekt bezüglich** Th(a) für den Begriff der **FA**-Beweisbarkeit, wenn für alle $A \in \mathcal{L}$ gilt:

$$F \vdash A \quad \Longrightarrow \quad A \text{ ist immer beweisbar bezüglich } \mathsf{Th(a)};$$

F ist **arithmetisch vollständig bezüglich** Th(a) für die **FA**-Beweisbarkeit, wenn umgekehrt stets gilt:

$$A \text{ ist immer beweisbar bezüglich } \mathsf{Th(a)} \quad \Longrightarrow \quad F \vdash A.$$

‚Absolute', von einem speziellen SBP unabhängige Begriffe von arithmetischer Korrektheit bzw. Vollständigkeit erhalten wir, wenn wir überall den relativierenden Zusatz „bezüglich Th(a)" fortlassen. Absolute *Korrektheit* in diesem Sinne impliziert jede einzelne relative Korrektheit; und jede einzelne relative *Vollständigkeit* impliziert absolute Vollständigkeit.

[13.15] Wir werden sehen, dass (die ω-Konsistenz von **FA** vorausgesetzt) **R** arithmetisch vollständig und korrekt für die **FA**-Beweisbarkeit ist. Wir beweisen zunächst arithmetische Korrektheitssätze für **K4** und **GL**.

Vorsorglich werden wir die Beweise für $\mathcal{L}_\mathrm{M}$- und $\mathcal{L}_\mathrm{R}$-Formeln zugleich durchführen. Dazu sei wieder $\mathcal{L} \in \{\mathcal{L}_\mathrm{M}, \mathcal{L}_\mathrm{R}\}$, und für ein formales System F in der Sprache $\mathcal{L}_\mathrm{M}$ sei jeweils F_R dasjenige System, das man durch Ausdehnung der Mittel von F auf die Sprache $\mathcal{L}_\mathrm{R}$ erhält. Wenn also F alle aussagenlogischen Tautologien in $\mathcal{L}_\mathrm{M}$ als Axiome hat, so soll F_R alle Tautologien in $\mathcal{L}_\mathrm{R}$ als Axiome haben, usw.

[13.16] **Arithmetischer Korrektheitssatz für K4 und K4$_\mathrm{R}$.** Alle **K4**-Theoreme sind immer beweisbar; d.h. für alle $A \in \mathcal{L}_\mathrm{M}$ gilt:

$$\mathbf{K4} \vdash A \quad \Longrightarrow \quad \text{für alle Übersetzungen } {}^* \text{ gilt: } \mathbf{FA} \vdash A^*.$$

Für **K4**$_\mathrm{R}$ und $\mathcal{L}_\mathrm{R}$ ist die entsprechende Aussage gültig.

Beweis Th(a) sei ein SBP und * eine Übersetzung bezüglich Th(a). Wir zeigen, dass die *-Übersetzungen aller **K4**- und **K4**$_\mathrm{R}$-Axiome in **FA** beweisbar sind und dass diese Eigenschaft von $\mathcal{L}$-Formeln unter den Regeln des jeweiligen Systems erhalten bleibt.

Für $A \in \mathcal{L}$ hat $A^* \in \mathrm{Aus}_\mathrm{Ar}$ stets dieselbe aussagenlogische Form wie A; wenn also A eine aussagenlogische Tautologie ist, so auch A^*. Da wir in [2.1] vorausgesetzt haben, dass **FA** vollständig für die Prädikatenlogik ist, sind insbesondere alle Übersetzungen A^* von Tautologien $A \in \mathcal{L}$ Theoreme von **FA**.

Für $\mathcal{L}$-Formeln A, B gilt nach **[13.2]**:

$$\big[\Box(A \to B) \to (\Box A \to \Box B)\big]^* \quad = \quad \big[\mathsf{Th}(A^* \to B^*) \to \big(\mathsf{Th}(A^*) \to \mathsf{Th}(B^*)\big)\big];$$

und als SBP erfüllt $\mathsf{Th}(a)$ die Ableitbarkeitsbedingung (DC2), die besagt, dass in **FA** für $\mathcal{L}_{Ar}$-Aussagen α, β stets beweisbar ist:

$$\mathsf{Th}(\alpha \to \beta) \to \big(\mathsf{Th}(\alpha) \to \mathsf{Th}(\beta)\big).$$

Also ist die Übersetzung jedes Distributionsaxioms **FA**-beweisbar.

Analog ist wegen (DC3) die Übersetzung jedes Transitivitätsaxioms $\Box A \to \Box\Box A$ beweisbar.

Sind A^* und $(A \to B)^* = (A^* \to B^*)$ in **FA** beweisbar, so via Modus ponens auch B^*.

Die Necessitationsregel erhält **FA**-Beweisbarkeit: Wenn A^* beweisbar in **FA** ist, dann ist nach (DC1) auch $\mathsf{Th}(A^*) = (\Box A)^*$ beweisbar. ∎

Das modallogische System **K4LR** (bzw. **K4LR**$_R$), das aus **K4** (bzw. **K4**$_R$) zuzüglich der **Löb-Regel** **[13.17]**

$$\frac{\Box A \to A}{A}$$

besteht, ist ebenfalls arithmetisch korrekt für die **FA**-Beweisbarkeit, denn mit dem Satz von Löb (**[4.23]**) folgt für $\mathcal{L}$-Formeln A aus der Beweisbarkeit von $(\Box A \to A)^* = \big(\mathsf{Th}(A^*) \to A^*\big)$ auch die von A^*.

Die Korrektheit von **GL** können wir nun erhalten, indem wir zeigen, dass **GL**-Theoreme stets **K4LR**-Theoreme sind. **[13.18]**

Arithmetischer Korrektheitssatz für GL und GL$_R$. Alle **GL**-Theoreme sind immer beweisbar; d.h. für alle $A \in \mathcal{L}_M$ gilt: **[13.19]**

$$\mathbf{GL} \vdash A \quad \Longrightarrow \quad \text{für alle Übersetzungen } ^* \text{ gilt: } \mathbf{FA} \vdash A^*.$$

Für **GL**$_R$ und $\mathcal{L}_R$ ist die entsprechende Aussage gültig.

Wir zeigen für alle $A \in \mathcal{L}_M$: **Beweis**

$$\mathbf{GL} \vdash A \quad \Longleftrightarrow \quad \mathbf{K4LR} \vdash A$$

(und dasselbe für $\mathcal{L}_R$, **GL**$_R$, **K4LR**$_R$); dann folgt die Behauptung aus **[13.17]**.

Für „$\Longleftarrow$" müssen wir beweisen, dass die Löb-Regel in **GL** (bzw. **GL**$_R$) zulässig ist. Dazu nehmen wir an, $\Box A \to A$ sei **GL**-(bzw. **GL**$_R$-)ableitbar, und führen einen **GL**-(bzw. **GL**$_R$-)Beweis durch:

(1)	$\Box A \to A$	
(2)	$\Box(\Box A \to A)$	Necessitation: (1)
(3)	$\Box(\Box A \to A) \to \Box A$	Löb-Axiom
(4)	$\Box A$	Modus ponens: (2), (3)
(5)	A	Modus ponens: (1), (4)

Also gilt für $\mathcal{L}_{\mathrm{M}}$-Formeln A:

$$\mathbf{GL} \vdash \Box A \to A \quad \Longrightarrow \quad \mathbf{GL} \vdash A,$$

und dasselbe für $\mathcal{L}_{\mathrm{R}}$ und $\mathbf{GL}_{\mathrm{R}}$.

Für „$\Longrightarrow$" ist zu zeigen, dass alle Löb-Axiome Theoreme von **K4LR** (bzw. $\mathbf{K4LR}_{\mathrm{R}}$) sind. Für ein $A \in \mathcal{L}$ sei $B := \Box(\Box A \to A)$ und $C := \Box A$; wir geben für

$$(B \to C) \quad = \quad \big(\Box(\Box A \to A) \to \Box A\big)$$

einen abgekürzten **K4LR**-(bzw. $\mathbf{K4LR}_{\mathrm{R}}$-)Beweis an:

(1)	$\Box(B \to C) \to (\Box B \to \Box C)$	Distributionsaxiom
(2)	$B \to \Box B$	Transitivitätsaxiom (B ist Box-Formel!)
(3)	$\Box(B \to C) \to (B \to \Box C)$	aussagenlogisch aus (1), (2)
(4)	$\Box(\Box A \to A) \to (\Box\Box A \to \Box A)$ $= \big(B \to (\Box C \to C)\big)$	Distributionsaxiom
(5)	$(B \to \Box C) \to (B \to C)$	aussagenlogisch aus (4)
(6)	$\Box(B \to C) \to (B \to C)$	aussagenlogisch aus (3), (5)
(7)	$B \to C$	Löb-Regel: (6)

■

[13.20] Als einfache Anwendungen des arithmetischen Korrektheitssatzes für **GL** erhalten wir, dass formalisierte Versionen des Satzes von Löb (**[4.23]**) und des zweiten Gödelschen Unvollständigkeitssatzes (**[4.25]**) sogar in **FA** beweisbar sind; d.h. es gilt:

$$\mathbf{FA} \vdash \mathsf{Th}\big(\mathsf{Th}(\alpha) \to \alpha\big) \to \mathsf{Th}(\alpha)$$

für alle $\mathcal{L}_{\mathrm{Ar}}$-Aussagen α, und

$$\mathbf{FA} \vdash \mathsf{Con}^{\mathsf{Th}}_{\mathbf{FA}} \to \neg\mathsf{Th}\big(\mathsf{Con}^{\mathsf{Th}}_{\mathbf{FA}}\big).$$

Beweis Gegeben seien $p \in \mathrm{Var}_{\mathrm{M}}$ und $\alpha \in \mathrm{Aus}_{\mathrm{Ar}}$, und * sei eine Übersetzung mit $p^* = \alpha$. Nach **[13.19]** ist das Löb-Axiom $\Box(\Box p \to p) \to \Box p$ immer beweisbar, also ist insbesondere

$$\big[\Box(\Box p \to p) \to \Box p\big]^* \quad = \quad \big[\mathsf{Th}\big(\mathsf{Th}(\alpha) \to \alpha\big) \to \mathsf{Th}(\alpha)\big]$$

in **FA** beweisbar.

Die Formel $\Box(\Box\bot \to \bot) \to \Box\bot$ ist ebenfalls ein Löb-Axiom, also gilt nach **[13.19]** und **[13.2]** für beliebige Übersetzungen * bezüglich $\mathsf{Th}(\mathsf{a})$:

$$\begin{aligned} \mathbf{FA} \vdash \quad & \left[\Box(\Box\bot \to \bot) \to \Box\bot\right]^*, \\ \overset{[13.2]}{\leftrightarrow} \quad & \left[\mathsf{Th}(\mathsf{Th}(\bot) \to \bot) \to \mathsf{Th}(\bot)\right], \\ \overset{[1.8]}{\leftrightarrow} \quad & \left[\mathsf{Th}(\neg\mathsf{Th}(\bot)) \to \mathsf{Th}(\bot)\right], \\ \leftrightarrow \quad & \left[\neg\mathsf{Th}(\bot) \to \neg\mathsf{Th}(\neg\mathsf{Th}(\bot))\right], \\ \leftrightarrow \quad & \left[\mathsf{Con}^{\mathsf{Th}}_{\mathbf{FA}} \to \neg\mathsf{Th}(\mathsf{Con}^{\mathsf{Th}}_{\mathbf{FA}})\right]. \end{aligned}$$

■

Wir ziehen noch einige Schlussfolgerungen über Gödel-Sätze. **[13.21]**

Offenbar ist jede Übersetzung eines Gödel-Fixpunktes in **GL** (s. **[6.9]**) ein Gödel-Satz entsprechend **[4.12]**. **[13.22]**

Nach **[6.10]** ist $\neg\Box\bot$ ein Gödel-Fixpunkt in **GL**, also ist die Konsistenzaussage $\mathsf{Con}^{\mathsf{Th}}_{\mathbf{FA}}$ ein Gödel-Satz: **[13.23]**

$$\mathbf{FA} \vdash \mathsf{Con}^{\mathsf{Th}}_{\mathbf{FA}} \leftrightarrow \neg\mathsf{Th}(\mathsf{Con}^{\mathsf{Th}}_{\mathbf{FA}}).$$

Alle Gödel-Sätze in $\mathcal{L}_{\mathrm{Ar}}$ sind beweisbar äquivalent zu $\mathsf{Con}^{\mathsf{Th}}_{\mathbf{FA}}$ (und daher zueinander). **[13.24]**

Nach **[6.12]** gilt für $p \in \mathrm{Var}_{\mathrm{M}}$: **Beweis**

$$\mathbf{GL} \vdash \Box(p \to \neg\Box p) \wedge (p \leftrightarrow \neg\Box p) \to (p \leftrightarrow \neg\Box\bot).$$

Ist γ ein Gödel-Satz und * eine Übersetzung mit $p^* = \gamma$, so folgt aufgrund der arithmetischen Korrektheit von **GL**:

$$\mathbf{FA} \vdash \mathsf{Th}(\gamma \to \neg\mathsf{Th}(\gamma)) \wedge (\gamma \leftrightarrow \neg\mathsf{Th}(\gamma)) \to (\gamma \leftrightarrow \neg\mathsf{Th}(\bot)).$$

Die Prämissen sind nach Voraussetzung selbst beweisbar, daher ergibt sich:

$$\mathbf{FA} \vdash \gamma \leftrightarrow \mathsf{Con}^{\mathsf{Th}}_{\mathbf{FA}},$$

was zu beweisen war. ■

In **[22.4]** werden wir sehen, dass die entsprechende Aussage für Rosser-Sätze i. a. nicht gelten wird. **[13.25]**

[13.26] **Arithmetischer Korrektheitssatz für $\mathbf{R}^-$.** Alle $\mathbf{R}^-$-Theoreme sind immer beweisbar; d.h. für alle $A \in \mathcal{L}_\mathrm{R}$ gilt:

$$\mathbf{R}^- \vdash A \quad \Longrightarrow \quad \text{für alle Übersetzungen } {}^* \text{ gilt: } \mathbf{FA} \vdash A^*.$$

[13.27] Die folgenden vier Bemerkungen beweisen zusammen diesen Satz.

[13.28] Aufgrund des Korrektheitssatzes **[13.19]** für $\mathbf{GL}_\mathrm{R}$ steht bereits fest, dass alle Tautologien und Distributions- und Löb-Axiome immer beweisbar sind und die ‚Immer-Beweisbarkeit' von $\mathcal{L}_\mathrm{R}$-Formeln unter Modus ponens und Necessitation erhalten bleibt. Es bleibt zu zeigen, dass auch die Σ-Persistenz- und die Ordnungsaxiome immer beweisbar sind.

[13.29] Die Übersetzungen von Σ-Formeln aus $\mathcal{L}_\mathrm{R}$ sind stets **Σ-Aussagen** (d.h. Σ-Formeln in $\mathcal{L}_\mathrm{Ar}$ ohne freie Variablen) entsprechend **[2.20]**.

Beweis Für $\Box A \in \mathcal{L}_\mathrm{R}$ ist $(\Box A)^* = \mathsf{Th}(A^*)$ eine Σ-Aussage nach **[4.2]**.

Für $\Box A, \Box B \in \mathcal{L}_\mathrm{R}$ gilt:

$$(\Box A \preccurlyeq \Box B)^* \overset{[13.2]}{=} \big(\mathsf{Th}(A^*) \preccurlyeq \mathsf{Th}(B^*)\big) \overset{(SBP1),[4.14]}{=} (\exists \mathsf{y})\,\big[\mathsf{BF}(\mathsf{y}, A^*) \wedge (\forall \mathsf{z}<\mathsf{y})\,\neg\mathsf{BF}(\mathsf{z}, B^*)\big].$$

Nach **[13.2]** ist $\mathsf{BF}(\mathsf{b}, \mathsf{a})$ eine Δ-Formel mit den freien Variablen b, a, also ist $(\Box A \preccurlyeq \Box B)^*$ wegen **[2.24]** und **[2.25]** eine Σ-Aussage. – Analog verfährt man für $\prec$. ■

[13.30] Alle Σ-Persistenz-Axiome (also $A \to \Box A$ mit $A \in \Sigma$) sind immer beweisbar.

Beweis Dies folgt wegen **[13.29]** sofort aus (SBP4). ■

[13.31] Alle Ordnungsaxiome (s. **[9.9]**) sind immer beweisbar.

Beweis Für $\Box A, \Box B, \Box C \in \mathcal{L}_\mathrm{R}$ und eine Übersetzung * kann man die *-Übersetzungen von (O_1')–(O_7') durch einfache prädikatenlogische Argumente in **FA** beweisen (für (O_6') s. **[4.17]**; für (O_7') und (O_5') s. **[13.5]**). Wir führen dies am Beispiel von (O_4') vor.

Zu zeigen ist:

$$\mathbf{FA} \vdash \mathsf{Th}(A^*) \vee \mathsf{Th}(B^*) \to \mathsf{Th}(A^*) \preccurlyeq \mathsf{Th}(B^*) \vee \mathsf{Th}(B^*) \prec \mathsf{Th}(A^*).$$

Wir arbeiten in **FA**. – Es sind zwei Fälle möglich:

$\underline{\mathsf{Th}(A^*):}$ Mit **[13.6]** erhalten wir die Behauptung.

$\underline{\neg\mathsf{Th}(A^*):}$ Dann gilt $\mathsf{Th}(B^*)$, und **[13.5]** liefert uns $\mathsf{Th}(B^*) \prec \mathsf{Th}(A^*)$. ■

Damit ist der Korrektheitssatz für $\mathbf{R}^-$ bewiesen, und zum Korrektheitssatz für **R** fehlt uns nur noch, dass die Immer-Beweisbarkeit von $\mathcal{L}_\mathrm{R}$-Formeln unter Denecessitation erhalten bleibt. [13.32]

Arithmetischer Korrektheitssatz für R. Wenn **FA** ω-konsistent ist, dann sind alle **R**-Theoreme immer beweisbar; d.h. unter dieser Bedingung gilt für alle $A \in \mathcal{L}_\mathrm{R}$: [13.33]

$$\mathbf{R} \vdash A \quad \Longrightarrow \quad \text{für alle Übersetzungen } ^* \text{ gilt: } \mathbf{FA} \vdash A^*.$$

Beweis Wenn **FA** ω-konsistent ist, so folgt nach **[4.5]** aus der **FA**-Beweisbarkeit von $\mathsf{Th}(A^*)$ die von A^*; also bleibt Immer-Beweisbarkeit unter Denecessitation erhalten. ∎

14 Die Funktion klt und das Prädikat Lim

Wir beweisen die arithmetischen Vollständigkeitssätze für **GL** und **R** mit Hilfe der semantischen Vollständigkeitssätze. Diese liefern uns jeweils zu einer nicht ableitbaren Formel A ein 1W-Modell, in dem A ungültig ist; auf der Grundlage dieses Modells konstruieren wir dann eine Übersetzung *, so dass A^* nicht **FA**-beweisbar ist. [14.1]

Wir zeigen in diesem Abschnitt, wie man zu einem gegebenen Ein-Wurzel-Baum R eine Funktion (genauer: einen pTerm, s. **[2.16]**) $\mathsf{klt}(\mathtt{l})$ und ein Prädikat (bzw. eine $\mathcal{L}_\mathrm{Ar}$-Formel) $\mathsf{Lim}(\mathtt{j})$ herstellen kann, durch die R in gewisser Weise in **FA** repräsentiert wird.

Im Folgenden sei $W = \{0, 1, \ldots, n\}$ mit $n > 0$ (insbesondere ist $W \neq \{0\}$); und $R = (W, \lhd)$ sei ein 1W-Baum mit der Wurzel 0.

Die Funktion klt soll natürlichen Zahlen l Welten aus W zuordnen, und zwar soll sie mit wachsendem Argument gewissermaßen von der Wurzel aus den Baum R ‚hinaufklettern' (daher der Name). Man könnte sagen, klt soll (nicht notwendigerweise streng) monoton wachsend sein bezüglich $<$ auf der Argument- und $\lhd$ auf der Wert-Seite. [14.2]

Die Definition von klt ist etwas umständlich, wird aber durch eine anthropomorphisierende Beschreibung hoffentlich einigermaßen anschaulich werden. Anfangs sitzt klt an der Wurzel des Baumes R (d.h. $\mathsf{klt}(0) = 0$) und möchte diesen gerne erklettern. Die Funktion hat jedoch Angst davor, an irgendeinem Punkt $j \in W$ hängen zu bleiben. In j hängen zu bleiben bedeutet, ab irgendeinem Argument l_0 für immer den Wert j zu behalten, d.h. j als Grenzwert zu haben. Wenn uns der die Funktion klt definierende pTerm $\mathsf{Klt}(\mathtt{l},\mathtt{i})$ einmal gegeben ist, so können wir diesen Sachverhalt beschreiben durch die Formel

$$\mathsf{Lim}(\mathtt{j}) \quad := \quad (\exists \mathtt{l}_0)\,(\forall \mathtt{l} \geq \mathtt{l}_0)\,\mathsf{Klt}(\mathtt{l},\mathtt{j}).$$

Befindet sich klt nun für das Argument l in der Welt i, so bestimmt die Funktion ihren nächsten Schritt folgendermaßen. Zu einer Welt $j \rhd i$ steigt sie auf, wenn sie sicher ist, dass sie in j nicht stecken bleibt; und dessen ist sie sicher, wenn ihr ein **FA**-Beweis dafür vorliegt: eine Unbedenklichkeitsbescheinigung für j gewissermaßen. Sie prüft also ihr letztes Argument, die Zahl l, ob diese für ein $j \rhd i$ beweist (im Sinne von $\mathsf{BF}(\mathsf{b},\mathsf{a})$, s. **[4.1]**), dass $\mathsf{Lim}(\boldsymbol{j})$ falsch ist. Wenn ja, dann ist es offenbar ungefährlich für klt, sich nach j zu bewegen, und so wird j der Wert für $l{+}1$; andernfalls verharrt die Funktion in i. Sie sitzt also in i und geht der Reihe nach die Zahlen $l, l{+}1, \ldots$ durch, bis sie auf einen Beleg stößt, dass es eine höher gelegene Welt j gibt, die kein Grenzwert für sie ist, und dann steigt sie zu dieser auf.

[14.3] Wie die erste Definition von „$\mathcal{L}_{\mathrm{Ar}}$-Variable" in **[1.2]**, so ist auch die in **[14.2]** angegebene Beschreibung der Funktion klt rekursiv: Wir können $\mathsf{klt}(l{+}1)$ nicht unabhängig von den früheren Werten definieren, denn für $\mathsf{klt}(l+1)$ kommen nur Welten $j \rhd \mathsf{klt}(l)$ in Frage. Um diese Beschreibung in einer $\mathcal{L}_{\mathrm{Ar}}$-Formel fassen zu können, müssen wir daher (analog zu **[1.3]**) auf *Folgen* von klt-Werten zurückgreifen.

Als zusätzliche Komplikation kommt hinzu, dass die klt beschreibende Formel sich via $\mathsf{Lim}(\mathtt{j})$ auf sich selbst bezieht. Dieses Problem lösen wir mittels des Diagonallemmas **[4.11]**. Wir charakterisieren zunächst die ‚klt-Folgen' mittels einer Formel $\mathsf{KFGA}(\mathtt{x},\mathtt{l},\mathtt{f},\mathtt{i})$ (lies: „klt-Folge gibt aus"), in der wir anstelle (der Gödelnummer) von $\mathsf{Klt}(\mathtt{l},\mathtt{i})$ die Variable x verwenden. Genauer gesagt, wird anstelle (der Gödelnummer) des noch undefinierten Ausdrucks $\neg\mathsf{Lim}(\mathtt{j})$ ein pTerm $\mathsf{nLimFml}(\mathtt{x},\mathtt{j})$ stehen, der von x abhängt. $\mathsf{Klt}(\mathtt{l},\mathtt{i})$ wird uns dann durch das Diagonallemma als derjenige pTerm geliefert, dessen Werte gerade durch $\mathsf{KFGA}(\underline{\ulcorner\mathsf{Klt}(\mathtt{l},\mathtt{i})\urcorner},\mathtt{l},\mathtt{f},\mathtt{i})$ beschrieben werden.

[14.4] Zuerst definieren wir den pTerm, der die Gödelnummer von $\neg\mathsf{Lim}(\mathtt{j})$ darstellen soll, wobei wir im Hinterkopf behalten, dass für x später $\underline{\ulcorner\mathsf{Klt}(\mathtt{l},\mathtt{i})\urcorner}$ substituiert werden soll:

$$\mathsf{nLimFml}(\mathtt{x},\mathtt{j}) \quad := \quad \mathsf{subst}\Big(\ominus(\circledexists\underline{\ulcorner\mathtt{l}_0\urcorner})\,(\circledforall\underline{\ulcorner\mathtt{l}\urcorner} \circledgeq \underline{\ulcorner\mathtt{l}_0\urcorner})\,\mathtt{x},\ \underline{\ulcorner\mathtt{i}\urcorner},\ \mathsf{num}(\mathtt{j})\Big).$$

Das bedeutet, $\mathsf{nLimFml}(\underline{\ulcorner\mathsf{Klt}(\mathtt{l},\mathtt{i})\urcorner},\boldsymbol{j})$ gibt für $j \in \mathbb{N}$ jeweils die Gödelnummer von

$$\big(\neg(\exists \mathtt{l}_0)\,(\forall \mathtt{l} \geq \mathtt{l}_0)\,\mathsf{Klt}(\mathtt{l},\mathtt{i})\big)\,(\mathtt{i}/\boldsymbol{j})$$

an.

Sachverhalte wie „es gibt ein $j \rhd \mathsf{klt}(l)$, so dass $\varphi(\boldsymbol{j})$ gilt" können wir nicht ohne weiteres in $\mathcal{L}_{\mathrm{Ar}}$ ausdrücken, da uns das metasprachliche Zeichen „$\lhd$" in der Objektsprache $\mathcal{L}_{\mathrm{Ar}}$ nicht zur Verfügung steht. Da W jedoch nur eine endliche Menge natürlicher Zahlen ist, können wir in $\mathcal{L}_{\mathrm{Ar}}$ Aussagen über W treffen, indem wir etwa alle Formeln $\varphi(\boldsymbol{j})$ mit $j \rhd \mathsf{klt}(l)$ in einer einzigen langen Disjunktion auflisten. Unser Beispiel könnte die Gestalt annehmen: [14.5]

$$\bigwedge_{i \in W} \Big(\mathsf{klt}(\boldsymbol{l}) = \boldsymbol{i} \rightarrow \bigvee_{j \rhd i} \varphi(\boldsymbol{j})\Big),$$

das heißt: Ist i dasjenige Element von W, das mit $\mathsf{klt}(l)$ identisch ist, so gilt $\varphi(\boldsymbol{j})$ für ein $j \rhd i$. Man liest „$\bigwedge_{i \in W}$" und „$\bigvee_{j \rhd i}$" am bequemsten als eine neue Art von Quantoren, die sich auf Objekte der Metaebene beziehen können.

In diesem Stil definieren wir: [14.6]

$$\begin{aligned}
(\mathtt{i} \lhd \mathtt{j}) &:= \bigvee_{\substack{i,j \in W \\ i \lhd j}} (\mathtt{i} = \boldsymbol{i} \wedge \mathtt{j} = \boldsymbol{j}),\\
(\mathtt{i} \unlhd \mathtt{j}) &:= (\mathtt{i} \lhd \mathtt{j} \vee \mathtt{i} = \mathtt{j}),\\
(\mathtt{i} \rhd \mathtt{j}) &:= (\mathtt{j} \lhd \mathtt{i}),\\
(\mathtt{i} \unrhd \mathtt{j}) &:= (\mathtt{j} \unlhd \mathtt{i}),
\end{aligned}$$

sowie für Formeln $\varphi(\mathtt{j})$ (eventuell mit weiteren freien Variablen neben $\mathtt{j}$):

$$\begin{aligned}
(\forall \mathtt{j} \rhd \mathtt{i})\,\varphi(\mathtt{j}) &:= (\forall \mathtt{j})\big(\mathtt{j} \rhd \mathtt{i} \rightarrow \varphi(\mathtt{j})\big),\\
(\exists \mathtt{j} \rhd \mathtt{i})\,\varphi(\mathtt{j}) &:= (\exists \mathtt{j})\big(\mathtt{j} \rhd \mathtt{i} \wedge \varphi(\mathtt{j})\big).
\end{aligned}$$

Analog sollen $(\forall \mathtt{j} \unrhd \mathtt{i})\,\varphi(\mathtt{j})$ und $(\exists \mathtt{j} \unrhd \mathtt{i})\,\varphi(\mathtt{j})$ definiert sein.

Die Formeln $\mathtt{i} \lhd \mathtt{j}$ und $\mathtt{i} \unlhd \mathtt{j}$ und ihre ‚Umkehrungen' sind delta. Ist $\varphi(\mathtt{j})$ delta, so auch $(\forall \mathtt{j} \rhd \mathtt{i})\,\varphi(\mathtt{j})$ und $(\exists \mathtt{j} \rhd \mathtt{i})\,\varphi(\mathtt{j})$ sowie die entsprechenden Formeln für $\unrhd$. [14.7]

Wir können also auch „$(\forall \mathtt{j} \rhd \mathtt{i})$" etc. als beschränkte Quantoren auffassen ($\mathtt{j}$ kann z. B. stets durch $\boldsymbol{n}$ beschränkt werden).

Die erste Behauptung folgt sofort aus **[2.24]**. **Beweis**

In **FA** ist beweisbar:

$$\begin{aligned}
(\forall \mathtt{j} \rhd \mathtt{i})\,\varphi(\mathtt{j}) &\overset{[14.6]}{\leftrightarrow} (\forall \mathtt{j})\Big(\bigvee_{\substack{i,j \in W \\ i \lhd j}} (\mathtt{i} = \boldsymbol{i} \wedge \mathtt{j} = \boldsymbol{j}) \rightarrow \varphi(\mathtt{j})\Big)\\
&\leftrightarrow (\forall \mathtt{j}) \bigwedge_{\substack{i,j \in W \\ i \lhd j}} (\mathtt{i} = \boldsymbol{i} \wedge \mathtt{j} = \boldsymbol{j} \rightarrow \varphi(\mathtt{j}))
\end{aligned}$$

$$\leftrightarrow \bigwedge_{\substack{i,j\in W\\ i\lhd j}} (\forall \mathtt{j}) \big(\mathtt{i}=\boldsymbol{i} \wedge \mathtt{j}=\boldsymbol{j} \rightarrow \varphi(\mathtt{j})\big)$$

$$\leftrightarrow \bigwedge_{\substack{i,j\in W\\ i\lhd j}} \big(\mathtt{i}=\boldsymbol{i} \rightarrow \varphi(\boldsymbol{j})\big),$$

und daraus folgt die zweite Behauptung. ■

[14.8] Wie für die üblichen beschränkten Quantoren ist in **FA** beweisbar:

$$\neg(\exists \mathtt{j} \rhd \mathtt{i})\, \varphi(\mathtt{j}) \leftrightarrow (\forall \mathtt{j} \rhd \mathtt{i}) \neg\varphi(\mathtt{j}),$$
$$(\forall \mathtt{j} \rhd \mathtt{i}) \big[\varphi(\mathtt{j}) \rightarrow \psi(\mathtt{j})\big] \rightarrow \big[\mathtt{j} \rhd \mathtt{i} \wedge \varphi(\mathtt{j}) \rightarrow \psi(\mathtt{j})\big].$$

[14.9] Weiterhin gilt: **FA** $\vdash \mathtt{i} \lhd \mathtt{j} \rightarrow \mathtt{i} \neq \mathtt{j}$.

Beweis Da $\lhd$ irreflexiv ist, ist für $i, j \in W$ mit $i \lhd j$ stets beweisbar: $\boldsymbol{i} \neq \boldsymbol{j}$. Somit gilt in **FA**:

$$\mathtt{i} \lhd \mathtt{j} \leftrightarrow \bigvee_{\substack{i,j\in W\\ i\lhd j}} \big(\mathtt{i}=\boldsymbol{i} \wedge \mathtt{j}=\boldsymbol{j}\big)$$

$$\overset{!}{\leftrightarrow} \bigvee_{\substack{i,j\in W\\ i\lhd j}} \mathtt{i}=\boldsymbol{i}\neq\boldsymbol{j}=\mathtt{j}$$

$$\rightarrow \bigvee_{\substack{i,j\in W\\ i\lhd j}} \mathtt{i}\neq\mathtt{j}$$

$$\rightarrow \mathtt{i}\neq\mathtt{j}.$$

■

[14.10] **FA** $\vdash \mathtt{i} \lhd \mathtt{j} \wedge \mathtt{j} \lhd \mathtt{k} \rightarrow \mathtt{i} \lhd \mathtt{k}$.

Beweis In **FA**.

$$\mathtt{i} \lhd \mathtt{j} \wedge \mathtt{j} \lhd \mathtt{k} \overset{[14.6]}{\leftrightarrow} \bigvee_{\substack{i,j\in W\\ i\lhd j}} \big(\mathtt{i}=\boldsymbol{i} \wedge \mathtt{j}=\boldsymbol{j}\big) \wedge \bigvee_{\substack{j',k\in W\\ j'\lhd k}} \big(\mathtt{j}=\boldsymbol{j}' \wedge \mathtt{k}=\boldsymbol{k}\big)$$

$$\leftrightarrow \bigvee_{\substack{i,j\in W\\ i\lhd j}} \bigvee_{\substack{j',k\in W\\ j'\lhd k}} \big(\mathtt{i}=\boldsymbol{i} \wedge \boldsymbol{j}=\mathtt{j}=\boldsymbol{j}' \wedge \mathtt{k}=\boldsymbol{k}\big)$$

$$\leftrightarrow \bigvee_{i\in W} \bigvee_{j\rhd i} \bigvee_{k\rhd j} \big(\mathtt{i}=\boldsymbol{i} \wedge \mathtt{j}=\boldsymbol{j} \wedge \mathtt{k}=\boldsymbol{k}\big)$$

$$\rightarrow \bigvee_{i \in W} \bigvee_{j \rhd i} \bigvee_{k \rhd i} (\mathtt{i} = \boldsymbol{i} \wedge \mathtt{k} = \boldsymbol{k})$$

$$\leftrightarrow \bigvee_{i \in W} \bigvee_{k \rhd i} (\mathtt{i} = \boldsymbol{i} \wedge \mathtt{k} = \boldsymbol{k})$$

$$\leftrightarrow \mathtt{i} \lhd \mathtt{k}.$$

Dabei haben wir im drittletzten Schritt verwendet, dass für $i, j \in W$ mit $i \lhd j$ aufgrund der Transitivität von $\lhd$ gilt: $\{ k \in W:\ k \rhd j \} \subset \{ k \in W:\ k \rhd i \}$. ■

Aus **[14.10]** erhält man leicht: **FA** $\vdash \mathtt{i} \unlhd \mathtt{j} \wedge \mathtt{j} \unlhd \mathtt{k} \rightarrow \mathtt{i} \unlhd \mathtt{k}$. **[14.11]**

Noch ein letztes technisches Problem steht uns im Weg: Wir haben in **[14.2]** gesagt, die Funktion klt nimmt für $l+1$ den Wert $j \rhd \mathsf{klt}(l)$ an, wenn sie von l eine ‚Unbedenklichkeitsbescheinigung' für j erhält, d.h. wenn $\mathsf{BF}(\boldsymbol{l}, \neg\mathsf{Lim}(\boldsymbol{j}))$ gilt. Nun kann aber l bezüglich $\mathsf{BF}(\mathtt{b}, \mathtt{a})$ verschiedene Formeln gleichzeitig ‚beweisen'; es ist nicht ausgeschlossen, dass es neben j noch andere Welten $j' \rhd \mathsf{klt}(l)$ gibt, die $\mathsf{BF}(\boldsymbol{l}, \neg\mathsf{Lim}(\boldsymbol{j'}))$ erfüllen. Um die Eindeutigkeit von klt zu gewährleisten, fordern wir also, dass $\mathsf{klt}(l+1)$ das *kleinste* j mit diesen Eigenschaften sein soll. **[14.12]**

Ist $\varphi(\mathtt{j})$ delta, so auch $(\mathtt{m}\ \mathrm{min}\ \mathtt{j})\, \varphi(\mathtt{j})$ (s. **[3.26]**). **[14.13]**

Uns geht es um das kleinste j *zugänglich von* i, so dass $\varphi(\mathtt{j})$ gilt. Entsprechend kürzen wir ab: **[14.14]**

$$(\mathtt{m}\ \mathrm{min}\ \mathtt{j} \rhd \mathtt{i})\, \varphi(\mathtt{j}) \ :=\ \left[\mathtt{m} \rhd \mathtt{i} \wedge \varphi(\mathtt{m}) \wedge (\forall \mathtt{j} \rhd \mathtt{i}) \big(\varphi(\mathtt{j}) \rightarrow \mathtt{m} \leq \mathtt{j}\big)\right],$$

was äquivalent ist zu

$$(\mathtt{m}\ \mathrm{min}\ \mathtt{j}) \big(\mathtt{j} \rhd \mathtt{i} \wedge \varphi(\mathtt{j})\big).$$

Ist $\varphi(\mathtt{j})$ delta, so auch $(\mathtt{m}\ \mathrm{min}\ \mathtt{j} \rhd \mathtt{i})\, \varphi(\mathtt{j})$. **[14.15]**

Man macht sich leicht klar, dass in **FA** beweisbar ist: **[14.16]**

$$(\exists \mathtt{j} \rhd \mathtt{i})\, \varphi(\mathtt{j}) \leftrightarrow (\exists \mathtt{m})\, (\mathtt{m}\ \mathrm{min}\ \mathtt{j} \rhd \mathtt{i})\, \varphi(\mathtt{j})$$

und

$$(\mathtt{m}\ \mathrm{min}\ \mathtt{j} \rhd \mathtt{i})\, \varphi(\mathtt{j}) \wedge (\mathtt{m'}\ \mathrm{min}\ \mathtt{j} \rhd \mathtt{i})\, \varphi(\mathtt{j}) \rightarrow \mathtt{m} = \mathtt{m'},$$

was zusammen ergibt:

$$(\exists \mathtt{j} \rhd \mathtt{i})\, \varphi(\mathtt{j}) \leftrightarrow (\exists ! \mathtt{m})\, (\mathtt{m}\ \mathrm{min}\ \mathtt{j} \rhd \mathtt{i})\, \varphi(\mathtt{j}).$$

[14.17] Wir geben nun die Formel $\mathsf{KFGA}(\mathtt{x},\mathtt{l},\mathtt{f},\mathtt{i})$ an, die besagen soll, dass $\mathtt{f}$ die Folge der ersten $\mathtt{l}+\mathbf{1}$ Werte von klt ist und als letztes Glied $\mathtt{i}$ hat:

$$\begin{aligned}\mathsf{KFGA}(\mathtt{x},\mathtt{l},\mathtt{f},\mathtt{i}) \quad &:= \\ &\mathsf{IstFolge}(\mathtt{f}) \wedge \mathsf{lng}(\mathtt{f}) = \mathtt{l}+\mathbf{1} \wedge (\mathtt{f})_{\mathbf{0}} = \mathbf{0} \wedge (\mathtt{f})_{\mathtt{l}} = \mathtt{i} \\ \wedge\ (\forall \mathtt{k}<\mathtt{l}) &\left[\begin{array}{l} (\forall \mathtt{m}) \left[\left(\mathtt{m} \min \mathtt{j} \rhd (\mathtt{f})_{\mathtt{k}}\right) \mathsf{BF}\left(\mathtt{k}, \mathsf{nLimFml}(\mathtt{x},\mathtt{j})\right) \rightarrow (\mathtt{f})_{\mathtt{k}+\mathbf{1}} = \mathtt{m}\right] \\ \wedge \left[\left(\forall \mathtt{j} \rhd (\mathtt{f})_{\mathtt{k}}\right) \neg\mathsf{BF}\left(\mathtt{k}, \mathsf{nLimFml}(\mathtt{x},\mathtt{j})\right) \rightarrow (\mathtt{f})_{\mathtt{k}+\mathbf{1}} = (\mathtt{f})_{\mathtt{k}}\right]\end{array}\right].\end{aligned}$$

[14.18] Das Diagonallemma liefert uns die Formel $\mathsf{Klt}(\mathtt{l},\mathtt{i})$ mit

$$\mathbf{FA} \vdash \mathsf{Klt}(\mathtt{l},\mathtt{i}) \leftrightarrow (\exists \mathtt{f})\, \mathsf{KFGA}\left(\underline{\ulcorner \mathsf{Klt}(\mathtt{l},\mathtt{i}) \urcorner}, \mathtt{l}, \mathtt{f}, \mathtt{i}\right),$$

auf die wir uns aus heuristischen Gründen schon im Voraus bezogen haben.

[14.19] Damit können wir endlich auch die Formel $\mathsf{Lim}(\mathtt{j})$ herstellen:

$$\mathsf{Lim}(\mathtt{j}) \quad := \quad (\exists \mathtt{l}_0)\, (\forall \mathtt{l} \geq \mathtt{l}_0)\, \mathsf{Klt}(\mathtt{l},\mathtt{j}).$$

[14.20] Bislang haben wir Gödelnummern von $\mathcal{L}_{\mathrm{Ar}}$-Ausdrücken nur als konstante Terme in $\mathcal{L}_{\mathrm{Ar}}$ repräsentieren können. Wir wollen nun eine bequeme Schreibweise einführen, die uns erlaubt, die Gödelnummer einer Formel $\varphi(t)$ zu verwenden, ohne den Term t festzulegen. Für Formeln $\varphi(\mathtt{x})$ (eventuell mit weiteren freien Variablen) ist jeweils

$$\underline{\ulcorner \varphi(\dot{\mathtt{x}}) \urcorner} \quad := \quad \mathsf{subst}\left(\underline{\ulcorner \varphi(\mathtt{x}) \urcorner}, \underline{\ulcorner \mathtt{x} \urcorner}, \mathsf{num}(\mathtt{x})\right)$$

ein Δ-pTerm, der $\mathtt{x}$ als *freie* Variable enthält, für die wir nachträglich beliebige Zahlen $\boldsymbol{m}$ einsetzen können und jeweils die entsprechende Gödelnummer $\underline{\ulcorner \varphi(\boldsymbol{m}) \urcorner}$ erhalten (oder genauer: einen konstanten pTerm, der den gleichen Wert hat wie der Term $\underline{\ulcorner \varphi(\boldsymbol{m}) \urcorner}$).

[14.21] Ist t ein konstanter Term, und gilt für $m \in \mathbb{N}$:

$$\mathbf{FA} \vdash t = \boldsymbol{m}$$

(d.h. m ist der ‚Wert' von t), so ist in **FA** beweisbar:

$$\underline{\ulcorner \varphi(\dot{\mathtt{x}}) \urcorner}(\mathtt{x}/t) = \underline{\ulcorner \varphi(\boldsymbol{m}) \urcorner}.$$

Insbesondere ist für $\boldsymbol{m}$ selbst beweisbar:

$$\underline{\ulcorner \varphi(\dot{\mathtt{x}}) \urcorner}(\mathtt{x}/\boldsymbol{m}) = \underline{\ulcorner \varphi(\boldsymbol{m}) \urcorner}.$$

Beweis Man zeigt die Behauptung leicht in **FA**, wobei man verwendet:

$$\mathsf{num}(t) = \mathsf{num}(\boldsymbol{m}) \overset{[3.31]}{=} \underline{\ulcorner \boldsymbol{m} \urcorner}. \qquad \blacksquare$$

Der pTerm nLimFml(x, j) wurde korrekt definiert, denn in **FA** gilt: **[14.22]**

$$\begin{aligned}
&\mathsf{nLimFml}(\underline{\ulcorner \mathsf{Klt}(\mathtt{l},\mathtt{i})\urcorner},\mathtt{j}) \quad = \\
&\overset{[14.4]}{=} \mathsf{subst}\Big(\ominus(\exists\underline{\ulcorner \mathtt{l}_0\urcorner})(\forall\underline{\ulcorner \mathtt{l}\urcorner} \geq \underline{\ulcorner \mathtt{l}_0\urcorner})\,\underline{\ulcorner \mathsf{Klt}(\mathtt{l},\mathtt{i})\urcorner},\ \underline{\ulcorner \mathtt{i}\urcorner},\ \mathsf{num}(\mathtt{j})\Big) \\
&= \mathsf{subst}(\underline{\ulcorner \neg(\exists \mathtt{l}_0)\,(\forall \mathtt{l} \geq \mathtt{l}_0)\,\mathsf{Klt}(\mathtt{l},\mathtt{i})\urcorner},\ \underline{\ulcorner \mathtt{i}\urcorner},\ \mathsf{num}(\mathtt{j})) \\
&\overset{[14.19]}{=} \mathsf{subst}(\underline{\ulcorner \neg\mathsf{Lim}(\mathtt{i})\urcorner},\underline{\ulcorner \mathtt{i}\urcorner},\mathsf{num}(\mathtt{j})) \\
&= \mathsf{subst}(\underline{\ulcorner \neg\mathsf{Lim}(\mathtt{j})\urcorner},\underline{\ulcorner \mathtt{j}\urcorner},\mathsf{num}(\mathtt{j})) \\
&\overset{[14.20]}{=} \underline{\ulcorner \neg\mathsf{Lim}(\dot{\mathtt{j}})\urcorner},
\end{aligned}$$

und mit **[14.21]** folgt für $j \in \mathbb{N}$:

$$\mathbf{FA} \vdash \mathsf{nLimFml}(\underline{\ulcorner \mathsf{Klt}(\mathtt{l},\mathtt{i})\urcorner}, j) = \underline{\ulcorner \neg\mathsf{Lim}(j)\urcorner}.$$

Um nicht immer die Gödelnummer $\ulcorner \mathsf{Klt}(\mathtt{l},\mathtt{i})\urcorner$ mitschleppen zu müssen, setzen wir: **[14.23]**

$$\mathsf{KltFlgGAus}(\mathtt{l},\mathtt{f},\mathtt{i}) \quad := \quad \mathsf{KFGA}(\underline{\ulcorner \mathsf{Klt}(\mathtt{l},\mathtt{i})\urcorner},\mathtt{l},\mathtt{f},\mathtt{i}).$$

Damit erhalten wir in **FA** (s. **[14.17]**, **[14.22]**): **[14.24]**

$$\begin{aligned}
&\mathsf{KltFlgGAus}(\mathtt{l},\mathtt{f},\mathtt{i}) \quad \leftrightarrow \\
&\qquad \mathsf{IstFolge}(\mathtt{f}) \wedge \mathsf{lng}(\mathtt{f}) = \mathtt{l}+\mathbf{1} \wedge (\mathtt{f})_0 = \mathbf{0} \wedge (\mathtt{f})_1 = \mathtt{i} \\
&\wedge\ (\forall \mathtt{k} < \mathtt{l}) \left[\begin{array}{l} (\forall \mathtt{m}) \Big[(\mathtt{m}\ \mathrm{min}\ \mathtt{j} \rhd (\mathtt{f})_\mathtt{k})\ \mathsf{BF}(\mathtt{k},\neg\mathsf{Lim}(\dot{\mathtt{j}})) \ \rightarrow\ (\mathtt{f})_{\mathtt{k}+1} = \mathtt{m}\Big] \\ \wedge\ \Big[(\forall \mathtt{j} \rhd (\mathtt{f})_\mathtt{k})\ \neg\mathsf{BF}(\mathtt{k},\neg\mathsf{Lim}(\dot{\mathtt{j}})) \ \rightarrow\ (\mathtt{f})_{\mathtt{k}+1} = (\mathtt{f})_\mathtt{k}\Big] \end{array}\right],
\end{aligned}$$

wobei wir die in **[4.1]** getroffene Konvention hier auch auf $\mathsf{BF}(\mathtt{k},\underline{\ulcorner \neg\mathsf{Lim}(\dot{\mathtt{j}})\urcorner})$ angewandt haben.

Wegen **[14.23]** können wir **[14.18]** umformulieren: **[14.25]**

$$\mathbf{FA} \vdash \mathsf{Klt}(\mathtt{l},\mathtt{i}) \leftrightarrow (\exists \mathtt{f})\,\mathsf{KltFlgGAus}(\mathtt{l},\mathtt{f},\mathtt{i}).$$

15 Eigenschaften von Klt und Lim

[15.1] **FA** $\vdash$ $\mathsf{KltFlgGAus}(\mathtt{l},\mathtt{f},\mathtt{i}) \to \mathtt{f} \leq \mathsf{schrk}(\mathtt{l}+\mathtt{1},\boldsymbol{n})$.

Beweis Durch Induktion in **FA** kann gezeigt werden, dass alle Glieder von $\mathtt{f}$ kleiner oder gleich $\boldsymbol{n}$ (weil in $W = \{0,\ldots,n\}$) sind, und nach Voraussetzung gilt $\mathsf{lng}(\mathtt{f}) = \mathtt{l}+\mathtt{1}$; daraus folgt mit **[3.11]** die Behauptung. ∎

[15.2] $\mathsf{Klt}(\mathtt{l},\mathtt{i})$ ist delta.

Beweis Aus **[14.25]** folgt wegen **[15.1]**:

$$\mathbf{FA} \vdash \mathsf{Klt}(\mathtt{l},\mathtt{i}) \leftrightarrow \big(\exists \mathtt{f} \leq \mathsf{schrk}(\mathtt{l}+\mathtt{1},\boldsymbol{n})\big)\ \mathsf{KltFlgGAus}(\mathtt{l},\mathtt{f},\mathtt{i}),$$

also genügt es zu zeigen, dass $\mathsf{KltFlgGAus}(\mathtt{l},\mathtt{f},\mathtt{i})$ delta ist. Die in **[14.24]** angegebene Formel ist aus Δ-Ausdrücken zusammengesetzt (die Formel $\mathsf{Lim}(\mathtt{j})$ kommt nur codiert als konstanter Term vor); und der einzige unbeschränkte Quantor $(\forall \mathtt{m})$ kann auch durch $(\forall \mathtt{m} \leq \boldsymbol{n})$ oder $\big(\forall \mathtt{m} \rhd (\mathtt{f})_{\mathtt{k}}\big)$ ersetzt werden. Daher folgt die Behauptung aus **[2.24]**, **[2.28]**, **[14.7]** und **[14.15]**. ∎

[15.3] Wir beweisen einige technische Bemerkungen über $\mathsf{KltFlgGAus}(\mathtt{l},\mathtt{f},\mathtt{i})$. Dabei verwenden wir zur besseren Übersichtlichkeit die Abkürzung

$$B_{\mathtt{lj}} := \mathsf{BF}\big(\mathtt{l},\neg\mathsf{Lim}(\mathtt{j})\big),$$

die mit der Sprechweise aus **[14.2]** besagt: $\mathtt{l}$ gibt eine Unbedenklichkeitsbescheinigung für $\mathtt{j}$.

[15.4] In **FA** ist beweisbar:

$$\begin{aligned}
&\mathsf{KltFlgGAus}(\mathtt{l},\mathtt{f},\mathtt{i}) \quad \to \\
&\qquad \Big((\exists \mathtt{j} \rhd \mathtt{i})\, B_{\mathtt{lj}} \ \to\ (\forall \mathtt{m})\, \big[\mathsf{KltFlgGAus}(\mathtt{l}+\mathtt{1},\mathtt{f}*\mathtt{m},\mathtt{m}) \leftrightarrow (\mathtt{m} \min \mathtt{j} \rhd \mathtt{i})\, B_{\mathtt{lj}}\big]\Big) \\
&\quad \wedge\ \Big((\forall \mathtt{j} \rhd \mathtt{i})\, \neg B_{\mathtt{lj}} \ \to\ (\forall \mathtt{j})\, \big[\mathsf{KltFlgGAus}(\mathtt{l}+\mathtt{1},\mathtt{f}*\mathtt{j},\mathtt{j}) \leftrightarrow \mathtt{j} = \mathtt{i}\big]\Big).
\end{aligned}$$

Beweis In **FA**. – Gelte $\mathsf{KltFlgGAus}(\mathtt{l},\mathtt{f},\mathtt{i})$; dann ist $(\mathtt{f})_{\mathtt{l}} = \mathtt{i}$ nach **[14.24]**.

Wenn $(\exists \mathtt{j} \rhd \mathtt{i})\, B_{\mathtt{lj}}$, dann folgt mit **[14.16]**:

$$(\exists! \mathtt{m})\, \big(\mathtt{m} \min \mathtt{j} \rhd (\mathtt{f})_{\mathtt{l}}\big)\, B_{\mathtt{lj}}.$$

Wenn wir dieses $\mathtt{m}$ an $\mathtt{f}$ anhängen, dann (und *nur* dann) erhalten wir nach **[14.24]** eine $\mathtt{f}$ erweiternde klt-Folge der Länge $\mathtt{l}+\mathbf{1}$:

$$\mathsf{KltFlgGAus}(\mathtt{l}+\mathbf{1}, \mathtt{f}*\mathtt{m}, \mathtt{m}).$$

Somit gilt die erste Teilbehauptung.

Wenn $(\forall \mathtt{j} \rhd \mathtt{i})\, \neg B_{\mathtt{lj}}$, dann muss $\mathtt{i}$ das nächste Glied in der Folge sein, und daraus folgt die zweite Teilbehauptung. ■

FA $\vdash (\forall \mathtt{i}, \mathtt{i}')\, \big[\mathsf{Klt}(\mathtt{l}, \mathtt{i}) \wedge \mathsf{Klt}(\mathtt{l}, \mathtt{i}') \rightarrow \mathtt{i} = \mathtt{i}'\big].$ **[15.5]**

In **FA**, durch Induktion nach $\mathtt{l}$. **Beweis**

$\underline{\mathtt{l}=\mathbf{0}}$: Aus $\mathsf{KltFlgGAus}(\mathbf{0}, \mathtt{f}, \mathtt{i})$ und $\mathsf{KltFlgGAus}(\mathbf{0}, \mathtt{f}', \mathtt{i}')$ folgt: $\mathtt{i} = \mathbf{0} = \mathtt{i}'$.

$\underline{\mathtt{l}+\mathbf{1}}$: Gelte $\mathsf{KltFlgGAus}(\mathtt{l}+\mathbf{1}, \mathtt{f}, \mathtt{i})$ und $\mathsf{KltFlgGAus}(\mathtt{l}+\mathbf{1}, \mathtt{f}', \mathtt{i}')$. Daraus folgt $\mathsf{KltFlgGAus}\big(\mathtt{l}, \mathsf{kastr}(\mathtt{f}), (\mathtt{f})_{\mathtt{l}}\big)$ und $\mathsf{KltFlgGAus}\big(\mathtt{l}, \mathsf{kastr}(\mathtt{f}'), (\mathtt{f}')_{\mathtt{l}}\big)$, und die Induktionsvoraussetzung liefert:

$$(\mathtt{f})_{\mathtt{l}} = (\mathtt{f}')_{\mathtt{l}}. \tag{1}$$

Nach **[14.8]** gilt entweder

$$\big(\exists \mathtt{j} \rhd (\mathtt{f})_{\mathtt{l}}\big)\, B_{\mathtt{lj}}$$

oder

$$\big(\forall \mathtt{j} \rhd (\mathtt{f})_{\mathtt{l}}\big)\, \neg B_{\mathtt{lj}},$$

wobei diese Fälle wegen (1) zu den entsprechenden Fällen für $\mathtt{f}'$ äquivalent sind. Aus **[15.4]** erhalten wir im ersten Falle:

$$\big(\mathtt{i} \min \mathtt{j} \rhd (\mathtt{f})_{\mathtt{l}}\big)\, B_{\mathtt{lj}} \quad \text{und} \quad \big(\mathtt{i}' \min \mathtt{j} \rhd (\mathtt{f}')_{\mathtt{l}}\big)\, B_{\mathtt{lj}},$$

woraus wegen (1) und der Eindeutigkeit des Minimums folgt: $\mathtt{i} = \mathtt{i}'$. – Im zweiten Fall gilt:

$$\mathtt{i} \overset{!}{=} (\mathtt{f})_{\mathtt{l}} \overset{(1)}{=} (\mathtt{f}')_{\mathtt{l}} \overset{!}{=} \mathtt{i}',$$

und wir sind ebenfalls fertig. ■

FA $\vdash (\exists \mathtt{i})\, \mathsf{Klt}(\mathtt{l}, \mathtt{i}).$ **[15.6]**

In **FA**, durch Induktion nach $\mathtt{l}$. **Beweis**

$\underline{\mathtt{l}=\mathbf{0}}$: Die Behauptung folgt aus $\mathsf{KltFlgGAus}\big(\mathbf{0}, \mathsf{single}(\mathbf{0}), \mathbf{0}\big)$.

$\underline{\mathtt{l}+\mathbf{1}}$: Gelte $\mathsf{KltFlgGAus}(\mathtt{l}, \mathtt{f}, \mathtt{i})$. Mit **[15.4]** erhalten wir in jedem Fall:

$$(\exists \mathtt{j}, \mathtt{f}')\, \mathsf{KltFlgGAus}(\mathtt{l}+\mathbf{1}, \mathtt{f}', \mathtt{j}),$$

und daraus ergibt sich die Behauptung. ■

[15.7] Zusammen erhalten wir aus **[15.5]** und **[15.6]**:

$$\mathbf{FA} \vdash (\exists! \mathtt{i})\, \mathsf{Klt}(\mathtt{l}, \mathtt{i}),$$

und somit ist $\mathsf{klt}(\mathtt{l})$ ein Δ-pTerm (s. **[15.2]**).

[15.8] Aus **[14.24]** ersieht man sofort: $\mathbf{FA} \vdash \mathsf{klt}(\mathbf{0}) = \mathbf{0}$.

[15.9] $\mathbf{FA} \vdash \mathsf{klt}(\mathtt{l}) \trianglelefteq \mathsf{klt}(\mathtt{l}+\mathbf{1})$.

Beweis In **FA**. – Aus **[15.4]** erhalten wir:

$$\mathsf{klt}(\mathtt{l}) = \mathtt{i} \;\rightarrow\; \big(\mathsf{klt}(\mathtt{l}+\mathbf{1}) \text{ min } \mathtt{j} \rhd \mathtt{i}\big)\, B_{\mathtt{lj}} \;\vee\; \mathsf{klt}(\mathtt{l}+\mathbf{1}) = \mathtt{i},$$

also

$$\big(\mathsf{klt}(\mathtt{l}+\mathbf{1}) \text{ min } \mathtt{j} \rhd \mathsf{klt}(\mathtt{l})\big)\, B_{\mathtt{lj}} \;\vee\; \mathsf{klt}(\mathtt{l}+\mathbf{1}) = \mathsf{klt}(\mathtt{l}).$$

Im ersten Fall folgt $\mathsf{klt}(\mathtt{l}+\mathbf{1}) \rhd \mathsf{klt}(\mathtt{l})$ nach **[14.14]**, und somit gilt die Behauptung. ∎

[15.10] Durch Induktion in **FA** leitet man nun aus **[15.9]** her:

$$\mathbf{FA} \vdash \mathtt{l}_1 \leq \mathtt{l}_2 \;\rightarrow\; \mathsf{klt}(\mathtt{l}_1) \trianglelefteq \mathsf{klt}(\mathtt{l}_2).$$

Damit ist die ‚Monotonie' von klt in **FA** bewiesen.

[15.11] Die Elemente von W werden durch die Formel

$$(\mathtt{i} \in W) \quad := \quad \bigvee_{i \in W} \mathtt{i} = \boldsymbol{i}$$

in **FA** charakterisiert. (Wir könnten wegen $W = \{0, \ldots, n\}$ auch die **FA**-äquivalente Formel $\mathtt{i} \leq \boldsymbol{n}$ verwenden.)

[15.12] Offenbar gilt: $\mathbf{FA} \vdash \mathbf{0} \in W$.

[15.13] $\mathbf{FA} \vdash \mathtt{i} \lhd \mathtt{j} \rightarrow \mathtt{j} \in W$.

Beweis In **FA**.

$$\begin{aligned}
\mathtt{i} \lhd \mathtt{j} \;&\leftrightarrow\; \bigvee_{j \in W} \bigvee_{i \lhd j} (\mathtt{i} = \boldsymbol{i} \wedge \mathtt{j} = \boldsymbol{j}) \\
&\leftrightarrow\; \bigvee_{j \in W} \Big(\mathtt{j} = \boldsymbol{j} \wedge \bigvee_{i \lhd j} \mathtt{i} = \boldsymbol{i}\Big) \\
&\rightarrow\; \bigvee_{j \in W} \mathtt{j} = \boldsymbol{j} \\
&\leftrightarrow\; \mathtt{j} \in W.
\end{aligned}$$

∎

FA $\vdash$ $\mathsf{klt}(\mathtt{l}) \in W$. **[15.14]**

Beweis Durch Induktion in **FA**.

$\underline{\mathtt{l}=\mathbf{0}}$: Es gilt: $\mathsf{klt}(\mathbf{0}) \overset{[15.8]}{=} \mathbf{0} \overset{[15.12]}{\in} W$.

$\underline{\mathtt{l}+\mathtt{1}}$: Sei $\mathsf{klt}(\mathtt{l}) \in W$. Nach **[15.9]** gilt: $\mathsf{klt}(\mathtt{l}) \trianglelefteq \mathsf{klt}(\mathtt{l}+\mathtt{1})$, und somit ist $\mathsf{klt}(\mathtt{l}+\mathtt{1}) \in W$ entweder nach Induktionsvoraussetzung oder wegen **[15.13]**. ∎

Der Grenzwert von klt ist eindeutig bestimmt: **[15.15]**

$$\mathbf{FA} \vdash \mathsf{Lim}(\mathtt{i}) \wedge \mathsf{Lim}(\mathtt{j}) \rightarrow \mathtt{i}=\mathtt{j}.$$

Beweis In **FA**. – Gelte

$$(\forall \mathtt{l} \geq \mathtt{l}_1)\ \mathsf{klt}(\mathtt{l}) = \mathtt{i} \qquad (1)$$

und

$$(\forall \mathtt{l} \geq \mathtt{l}_2)\ \mathsf{klt}(\mathtt{l}) = \mathtt{j}. \qquad (2)$$

Wenn $\mathtt{l}_2 > \mathtt{l}_1$, dann ist $\mathtt{i} \overset{(1)}{=} \mathsf{klt}(\mathtt{l}_2) \overset{(2)}{=} \mathtt{j}$; andernfalls ist $\mathtt{i} \overset{(1)}{=} \mathsf{klt}(\mathtt{l}_1) \overset{(2)}{=} \mathtt{j}$. ∎

Der Grenzwert von klt ist jedem klt-Wert zugänglich oder gleich: **[15.16]**

$$\mathbf{FA} \vdash \mathsf{Lim}(\mathtt{j}) \rightarrow \mathsf{klt}(\mathtt{l}) \trianglelefteq \mathtt{j}.$$

Beweis In **FA**. – Sei $\mathtt{l}$ beliebig, und es gelte $\mathsf{Lim}(\mathtt{j})$, d.h. nach **[14.19]**:

$$(\exists \mathtt{k}_0)\,(\forall \mathtt{k} \geq \mathtt{k}_0)\ \mathsf{klt}(\mathtt{k}) = \mathtt{j}. \qquad (1)$$

Sei $\mathtt{k}_0$ fest. Wenn $\mathtt{l} < \mathtt{k}_0$ ist, dann erhalten wir mit **[15.10]**:

$$\mathsf{klt}(\mathtt{l}) \overset{!}{\trianglelefteq} \mathsf{klt}(\mathtt{k}_0) \overset{(1)}{=} \mathtt{j}.$$

Andernfalls gilt wegen (1):

$$\mathsf{klt}(\mathtt{l}) = \mathtt{j},$$

und es folgt wiederum $\mathsf{klt}(\mathtt{l}) \trianglelefteq \mathtt{j}$. ∎

Für alle $i \in W$ gilt: **[15.17]**

$$\mathbf{FA} \vdash \mathsf{klt}(\mathtt{l}) = \boldsymbol{i} \rightarrow \bigvee_{j \trianglerighteq i} \mathsf{Lim}(\boldsymbol{j}).$$

Beweis Via Induktion baumabwärts in R (s. **[8.18]**). – Sei $i \in W$, so dass für alle $j \rhd i$ in **FA** beweisbar ist:

$$\mathsf{klt}(1') = \boldsymbol{j} \rightarrow \bigvee_{k \unrhd j} \mathsf{Lim}(\boldsymbol{k}). \tag{1}$$

(Für Astenden i ist diese Bedingung leer, so dass wir Induktionsanfang und Induktionsschritt in einem behandeln können.)

Wir fahren in **FA** fort. – Wegen **[15.10]** und **[14.6]** haben wir:

$$\mathsf{klt}(1) = \boldsymbol{i} \rightarrow (\forall 1' \geq 1)\left[\mathsf{klt}(1') = \boldsymbol{i} \vee \mathsf{klt}(1') \rhd \boldsymbol{i}\right]. \tag{2}$$

Nun gilt:

$$\begin{aligned} \mathsf{klt}(1') \rhd \boldsymbol{i} &\overset{[14.6]}{\leftrightarrow} \bigvee_{\substack{i',j \in W \\ i' \lhd j}} (\boldsymbol{i} = \boldsymbol{i}' \wedge \mathsf{klt}(1') = \boldsymbol{j}) \\ &\leftrightarrow \bigvee_{j \rhd i} \mathsf{klt}(1') = \boldsymbol{j} \\ &\overset{(1)}{\rightarrow} \bigvee_{j \rhd i} \bigvee_{k \unrhd j} \mathsf{Lim}(\boldsymbol{k}) \\ &\rightarrow \bigvee_{j \rhd i} \mathsf{Lim}(\boldsymbol{j}), \end{aligned}$$

so dass aus (2) folgt:

$$\begin{aligned} \mathsf{klt}(1) = \boldsymbol{i} &\overset{!}{\rightarrow} (\forall 1' \geq 1)\Big[\mathsf{klt}(1') = \boldsymbol{i} \vee \bigvee_{j \rhd i} \mathsf{Lim}(\boldsymbol{j})\Big] \\ &\leftrightarrow (\forall 1' \geq 1)\, \mathsf{klt}(1') = \boldsymbol{i} \vee \bigvee_{j \rhd i} \mathsf{Lim}(\boldsymbol{j}) \\ &\overset{[14.19]}{\rightarrow} \mathsf{Lim}(\boldsymbol{i}) \vee \bigvee_{j \rhd i} \mathsf{Lim}(\boldsymbol{j}) \\ &\leftrightarrow \bigvee_{j \unrhd i} \mathsf{Lim}(\boldsymbol{j}). \end{aligned}$$

■

[15.18] Es gibt einen Grenzwert (in W):

$$\mathbf{FA} \vdash \bigvee_{i \in W} \mathsf{Lim}(\boldsymbol{i}).$$

Beweis Nach **[15.8]** ist beweisbar: $\mathsf{klt}(\mathbf{0}) = \mathbf{0}$, und mit **[15.17]** folgt: $\bigvee_{i \unrhd 0} \mathsf{Lim}(\boldsymbol{i})$. Da R ein 1W-Baum mit Wurzel 0 ist, ist $i \unrhd 0$ gleichbedeutend mit $i \in W$, und damit haben wir die Behauptung. ■

FA $\vdash$ $\mathsf{Lim}(\mathtt{i}) \wedge \mathtt{j} \rhd \mathtt{i} \rightarrow \neg\mathsf{Th}(\neg\mathsf{Lim}(\dot{\mathtt{j}}))$. **[15.19]**

Beweis In **FA**. – Gelte $\mathsf{Lim}(\mathtt{i}) \wedge \mathtt{j} \rhd \mathtt{i}$, dann haben wir

$$(\exists \mathtt{l}_0)\,(\forall \mathtt{l} \geq \mathtt{l}_0)\ \mathsf{klt}(\mathtt{l}) = \mathtt{i}. \tag{1}$$

Sei $\mathtt{l}_0$ fest.

Nehmen wir an, es gilt $\mathsf{Th}(\neg\mathsf{Lim}(\dot{\mathtt{j}}))$. Nach (SBP5) gibt es dann für $\ulcorner\neg\mathsf{Lim}(\dot{\mathtt{j}})\urcorner$ ‚Beweise' $\mathtt{l}$ mit beliebig großen Codenummern; insbesondere gilt:

$$(\exists \mathtt{l} \geq \mathtt{l}_0)\ \mathsf{BF}(\mathtt{l}, \neg\mathsf{Lim}(\dot{\mathtt{j}})).$$

Sei $\mathtt{l}$ fest. Somit liefert $\mathtt{l}$ eine Unbedenklichkeitsbescheinigung für $\mathtt{j}$. Wegen $\mathtt{j} \rhd \mathtt{i}$ gilt:

$$(\exists \mathtt{k} \rhd \mathtt{i})\ \mathsf{BF}(\mathtt{l}, \neg\mathsf{Lim}(\dot{\mathtt{k}})), \tag{2}$$

und weiter mit **[14.16]**:

$$(\exists \mathtt{m})\,(\mathtt{m}\ \mathrm{min}\ \mathtt{k} \rhd \mathtt{i})\ \mathsf{BF}(\mathtt{l}, \neg\mathsf{Lim}(\dot{\mathtt{k}})). \tag{3}$$

Sei $\mathtt{m}$ fest; dann ist $\mathtt{m} \rhd \mathtt{i}$ und somit $\mathtt{m} \neq \mathtt{i}$ nach **[14.9]**.

Da $\mathtt{l} \geq \mathtt{l}_0$ ist, erhalten wir $\mathsf{klt}(\mathtt{l}) = \mathtt{i}$ aus (1), und das bedeutet:

$$(\exists \mathtt{f})\ \mathsf{KltFlgGAus}(\mathtt{l}, \mathtt{f}, \mathtt{i}).$$

Sei $\mathtt{f}$ fest. Dann folgt mit **[15.4]** aus (2) und (3):

$$\mathsf{KltFlgGAus}(\mathtt{l}+\mathbf{1}, \mathtt{f}*\mathtt{m}, \mathtt{m}),$$

und somit gilt:

$$\mathsf{klt}(\mathtt{l}+\mathbf{1}) \overset{!}{=} \mathtt{m} \neq \mathtt{i},$$

im Widerspruch zu (1). ■

FA $\vdash$ $\mathtt{i} \neq \mathbf{0} \wedge \mathsf{Lim}(\mathtt{i}) \rightarrow \mathsf{Th}(\neg\mathsf{Lim}(\dot{\mathtt{i}}))$. **[15.20]**

Beweis In **FA**. – Gelte $\mathtt{i} \neq \mathbf{0}$ und $\mathsf{Lim}(\mathtt{i})$. Daraus folgt $(\exists \mathtt{l})\,\mathsf{klt}(\mathtt{l}) = \mathtt{i}$ und weiter mit **[3.27]**:

$$(\exists \mathtt{l}_0)\,(\mathtt{l}_0\ \mathrm{min}\ \mathtt{l})\ \mathsf{klt}(\mathtt{l}) = \mathtt{i}.$$

Sei $\mathtt{l}_0$ fest, dann ist $\mathsf{klt}(\mathtt{l}_0) = \mathtt{i}$. Da $\mathtt{i} > \mathbf{0}$ ist, muss wegen **[15.8]** auch $\mathtt{l}_0 > \mathbf{0}$ sein, und aufgrund der Minimalität von $\mathtt{l}_0$ ist $\mathsf{klt}(\mathtt{l}_0 \dot{-} \mathbf{1}) \neq \mathtt{i}$. Aus unserer Charakterisierung von klt (**[14.25]**, **[14.24]**) erhalten wir:

$$(\exists \mathtt{f})\left[\mathsf{KltFlgGAus}(\mathtt{l}_0, \mathtt{f}, \mathtt{i}) \wedge (\mathtt{f})_{\mathtt{l}_0} = \mathtt{i} \neq (\mathtt{f})_{\mathtt{l}_0 \dot{-} \mathbf{1}}\right]. \tag{1}$$

Sei $\mathtt{f}$ fest. Da $(\mathtt{f})_{\mathtt{l}_0} \neq (\mathtt{f})_{\mathtt{l}_0 \dot{-} 1}$ ist, muss $\mathtt{l}_0 \dot{-} 1$ eine Unbedenklichkeitsbescheinigung für ein $\mathtt{j} \rhd (\mathtt{f})_{\mathtt{l}_0 \dot{-} 1}$ liefern (s. **[14.24]**), und das heißt wegen **[14.16]**:

$$(\exists!\mathtt{m}) \big(\mathtt{m} \min \mathtt{j} \rhd (\mathtt{f})_{\mathtt{l}_0 \dot{-} 1}\big)\ \mathsf{BF}\big(\mathtt{l}_0 \dot{-} 1, \neg\mathsf{Lim}(\mathtt{j})\big). \tag{2}$$

Dieses $\mathtt{m}$ ist der nächste Wert von klt, also gilt nach **[14.24]**:

$$\mathtt{i} \overset{(1)}{=} (\mathtt{f})_{\mathtt{l}_0} \overset{!}{=} \mathtt{m},$$

aus (2) folgt:

$$\mathsf{BF}\big(\mathtt{l}_0 \dot{-} 1, \neg\mathsf{Lim}(\mathtt{i})\big),$$

und somit haben wir $\mathsf{Th}\big(\neg\mathsf{Lim}(\mathtt{i})\big)$. ■

[15.21] Wenn **FA** ω-konsistent ist, dann gilt für alle $i \in W \setminus \{0\}$:

$$\mathbf{FA} \nvdash \mathsf{Lim}(\boldsymbol{i}).$$

Beweis Ist $\mathsf{Lim}(\boldsymbol{i})$ beweisbar, dann nach **[15.20]** auch $\mathsf{Th}\big(\neg\mathsf{Lim}(\boldsymbol{i})\big)$. Daraus folgt mit **[4.5]** aufgrund der ω-Konsistenz, dass $\neg\mathsf{Lim}(\boldsymbol{i})$ beweisbar ist, und **FA** ist inkonsistent. ■

[15.22] Für alle $i \in W \setminus \{0\}$ gilt:

$$\mathbf{FA} \vdash \mathsf{Lim}(\boldsymbol{i}) \rightarrow \mathsf{Th}\Big(\bigvee_{j \rhd i} \mathsf{Lim}(\boldsymbol{j})\Big).$$

Beweis Nach **[15.17]** gilt:

$$\mathbf{FA} \vdash (\exists \mathtt{l})\ \mathsf{klt}(\mathtt{l}) = \boldsymbol{i} \rightarrow \bigvee_{j \unrhd i} \mathsf{Lim}(\boldsymbol{j}),$$

und mit (DC1) und (DC2) erhalten wir:

$$\mathbf{FA} \vdash \mathsf{Th}\big((\exists \mathtt{l})\ \mathsf{klt}(\mathtt{l}) = \boldsymbol{i}\big) \rightarrow \mathsf{Th}\Big(\bigvee_{j \unrhd i} \mathsf{Lim}(\boldsymbol{j})\Big). \tag{1}$$

Als Tautologie ist beweisbar:

$$\bigvee_{j \unrhd i} \mathsf{Lim}(\boldsymbol{j}) \rightarrow \Big[\neg\mathsf{Lim}(\boldsymbol{i}) \rightarrow \bigvee_{j \rhd i} \mathsf{Lim}(\boldsymbol{j})\Big],$$

wieder mit (DC1) und (DC2) folgt:

$$\mathbf{FA} \vdash \mathsf{Th}\Big(\bigvee_{j \unrhd i} \mathsf{Lim}(\boldsymbol{j})\Big) \rightarrow \Big[\mathsf{Th}\big(\neg\mathsf{Lim}(\boldsymbol{i})\big) \rightarrow \mathsf{Th}\Big(\bigvee_{j \rhd i} \mathsf{Lim}(\boldsymbol{j})\Big)\Big],$$

und das ergibt zusammen mit (1):

$$\mathbf{FA} \vdash \mathsf{Th}\big((\exists \mathtt{l})\,\mathsf{klt}(\mathtt{l}) = \boldsymbol{i}\big) \;\wedge\; \mathsf{Th}\big(\neg\mathsf{Lim}(\boldsymbol{i})\big) \;\rightarrow\; \mathsf{Th}\Big(\bigvee_{j \rhd i} \mathsf{Lim}(\boldsymbol{j})\Big). \tag{2}$$

Wir fahren in **FA** fort. – Gelte $\mathsf{Lim}(\boldsymbol{i})$, daraus folgt $(\exists \mathtt{l})\ \mathsf{klt}(\mathtt{l}) = \boldsymbol{i}$ (eine Σ-Aussage), und daraus wiederum $\mathsf{Th}\big((\exists \mathtt{l})\,\mathsf{klt}(\mathtt{l}) = \boldsymbol{i}\big)$ nach (SBP4). Wegen **[15.20]** und $\boldsymbol{i} \neq \mathbf{0}$ gilt: $\mathsf{Th}\big(\neg\mathsf{Lim}(\boldsymbol{i})\big)$, und so erhalten wir mit (2):

$$\mathsf{Th}\Big(\bigvee_{j \rhd i} \mathsf{Lim}(\boldsymbol{j})\Big).$$

■

Ist **FA** ω-konsistent, so gilt für alle $i \in W \setminus \{0\}$ und alle $l \in \mathbb{N}$: **[15.23]**

$$\mathbf{FA} \vdash \mathsf{klt}(\boldsymbol{l}) \neq \boldsymbol{i}.$$

Beweis Durch Induktion baumabwärts in $(W, \lhd)$.

Sei $i \in W \setminus \{0\}$, so dass für alle $j \rhd i$ und alle $l \in \mathbb{N}$ gilt: $\mathbf{FA} \vdash \mathsf{klt}(\boldsymbol{l}) \neq \boldsymbol{j}$; dann haben wir:

$$\mathbf{FA} \vdash \bigwedge_{j \rhd i} \mathsf{klt}(\boldsymbol{l}) \neq \boldsymbol{j} \qquad \text{für alle } l \in \mathbb{N}. \tag{1}$$

Wir nehmen an, für ein $l \in \mathbb{N}$ sei $\mathsf{klt}(\boldsymbol{l}) \neq \boldsymbol{i}$ *nicht* beweisbar. Nach **[2.26]** sind alle Δ-Aussagen entscheidbar, also gilt:

$$\mathbf{FA} \vdash \mathsf{klt}(\boldsymbol{l}) = \boldsymbol{i}.$$

– Wir argumentieren in **FA**: Es gibt ein minimales $\mathtt{l}_0$ mit $\mathsf{klt}(\mathtt{l}_0) = \boldsymbol{i}$, und da $\mathsf{klt}(\mathbf{0}) = \mathbf{0} \neq \boldsymbol{i}$ ist, ist $\mathtt{l}_0 > \mathbf{0}$. Es folgt: $\mathsf{klt}(\mathtt{l}_0 \dot{-} \mathbf{1}) \neq \mathsf{klt}(\mathtt{l}_0)$, also liefert $\mathtt{l}_0 \dot{-} \mathbf{1}$ eine Unbedenklichkeitsbescheinigung für $\boldsymbol{i}$ und wir haben $\mathsf{Th}\big(\neg\mathsf{Lim}(\boldsymbol{i})\big)$. – Wegen der ω-Konsistenz folgt $\mathbf{FA} \vdash \neg\mathsf{Lim}(\boldsymbol{i})$ aus $\mathbf{FA} \vdash \mathsf{Th}\big(\neg\mathsf{Lim}(\boldsymbol{i})\big)$ (s. **[4.5]**), und wir können in **FA** weiter schließen, dass es ein $\mathtt{l} > \boldsymbol{l}$ gibt mit $\mathsf{klt}(\mathtt{l}) \neq \boldsymbol{i}$. Da klt ‚monoton wachsend' ist (**[15.10]**), folgt: $(\exists \mathtt{l})\ \mathsf{klt}(\mathtt{l}) \rhd \boldsymbol{i}$. – Damit haben wir gezeigt (s. **[14.6]**):

$$\mathbf{FA} \vdash (\exists \mathtt{l}) \bigvee_{j \rhd i} \mathsf{klt}(\mathtt{l}) = \boldsymbol{j},$$

was wegen der ω-Konsistenz im Widerspruch zu (1) steht. ■

Wenn **FA** ω-konsistent ist, dann gilt $\mathbf{FA} \vdash \mathsf{klt}(\boldsymbol{l}) = \mathbf{0}$ für alle $l \in \mathbb{N}$. **[15.24]**

Beweis Nach **[15.14]** und **[15.23]** ist für alle $l \in \mathbb{N}$ beweisbar:

$$\bigvee_{i \in W} \mathsf{klt}(\boldsymbol{l}) = \boldsymbol{i} \quad \text{und} \quad \bigwedge_{i \rhd 0} \mathsf{klt}(\boldsymbol{l}) \neq \boldsymbol{i},$$

woraus sich aussagenlogisch die Behauptung ergibt. ■

[15.25] Wenn **FA** ω-konsistent ist, dann ist $\mathsf{Lim}(\mathbf{0})$ wahr.

Beweis Wenn $\mathsf{Lim}(\mathbf{0})$ falsch ist, gibt es ein $l \in \mathbb{N}$, so dass $\mathsf{klt}(\boldsymbol{l}) = \mathbf{0}$ falsch und somit widerlegbar ist. Das widerspricht aber nach **[15.24]** der ω-Konsistenz. ■

[15.26] Ist **FA** konsistent, so gilt: **FA** $\nvdash \mathsf{Lim}(\mathbf{0})$.

Beweis Sei $j \in W \backslash \{0\}$ (wir haben in **[14.1]** vorausgesetzt, dass $W \supsetneqq \{0\}$); dann ist $j \rhd 0$, und nach **[15.19]** gilt:

$$\mathbf{FA} \vdash \mathsf{Lim}(\mathbf{0}) \rightarrow \neg\mathsf{Th}(\ulcorner\neg\mathsf{Lim}(\boldsymbol{j})\urcorner).$$

Als Tautologie ist $\bot \rightarrow \neg\mathsf{Lim}(\boldsymbol{j})$ beweisbar, also ist nach (DC1) auch beweisbar: $\mathsf{Th}(\ulcorner\bot \rightarrow \neg\mathsf{Lim}(\boldsymbol{j})\urcorner)$, und mit (DC2) und Kontraposition erhalten wir:

$$\mathbf{FA} \vdash \neg\mathsf{Th}(\ulcorner\neg\mathsf{Lim}(\boldsymbol{j})\urcorner) \rightarrow \neg\mathsf{Th}(\ulcorner\bot\urcorner).$$

Wenn also $\mathsf{Lim}(\mathbf{0})$ beweisbar wäre, dann auch $\mathsf{Con}^{\mathsf{Th}}_{\mathbf{FA}}$; und nach dem zweiten Gödelschen Unvollständigkeitssatz (**[4.25]**) wäre **FA** inkonsistent. ■

[15.27] Wenn **FA** ω-konsistent ist, dann ist $\mathsf{Lim}(\mathbf{0})$ eine wahre, aber unentscheidbare Aussage.

Beweis Nach **[15.25]** und **[15.26]** ist $\mathsf{Lim}(\mathbf{0})$ wahr und unbeweisbar. $\mathsf{Lim}(\mathbf{0})$ ist aber auch nicht widerlegbar, denn sonst wäre beweisbar: $(\exists \mathtt{l})\ \mathsf{klt}(\mathtt{l}) \neq \mathbf{0}$, und wegen **[15.24]** wäre **FA** ω-inkonsistent. ■

[15.28] Wir fassen die später benötigten Ergebnisse der beiden letzten Abschnitte noch einmal zusammen: Ist $(W, \lhd)$ ein 1W-Baum mit $W = \{0, \ldots, n\}$ (für ein $n > 0$) und der Wurzel 0, und ist $\mathsf{Th}(\mathtt{a})$ ein SBP, so gibt es einen pTerm $\mathsf{klt}(\mathtt{l})$ und eine $\mathcal{L}_{\mathrm{Ar}}$-Formel $\mathsf{Lim}(\mathtt{j})$ mit folgenden Eigenschaften:

(a) $\mathbf{FA} \vdash \mathsf{klt}(\mathtt{l}) \in W$;

(b) $\mathbf{FA} \vdash \mathtt{l}_1 \leq \mathtt{l}_2 \rightarrow \mathsf{klt}(\mathtt{l}_1) \trianglelefteq \mathsf{klt}(\mathtt{l}_2)$;

(c) $\mathbf{FA} \vdash \mathsf{Lim}(\mathtt{j}) \leftrightarrow (\exists \mathtt{l}_0)(\forall \mathtt{l} \geq \mathtt{l}_0)\ \mathsf{klt}(\mathtt{l}) = \mathtt{j}$;

(d) $\mathbf{FA} \vdash \bigvee_{i \in W} \mathsf{Lim}(\boldsymbol{i})$;

(e) für alle $i \in W$ gilt: $\mathbf{FA} \vdash \mathsf{Lim}(\boldsymbol{i}) \rightarrow \mathsf{klt}(\mathtt{l}) \trianglelefteq \boldsymbol{i}$;

(f) für alle $i, j \in W$ mit $i \neq j$ gilt: $\mathbf{FA} \vdash \mathsf{Lim}(\boldsymbol{i}) \rightarrow \neg\mathsf{Lim}(\boldsymbol{j})$;

(g) für alle $i, j \in W$ mit $i \lhd j$ gilt: $\mathbf{FA} \vdash \mathsf{Lim}(\boldsymbol{i}) \to \neg\mathsf{Th}(\neg\mathsf{Lim}(\boldsymbol{j}))$;

(h) für alle $i \in W$ mit $i \neq 0$ gilt: $\mathbf{FA} \vdash \mathsf{Lim}(\boldsymbol{i}) \to \mathsf{Th}(\neg\mathsf{Lim}(\boldsymbol{i}))$;

(i) für alle $i \in W$ mit $i \neq 0$ gilt: $\mathbf{FA} \vdash \mathsf{Lim}(\boldsymbol{i}) \to \mathsf{Th}(\bigvee_{j \rhd i} \mathsf{Lim}(\boldsymbol{j}))$;

(j) wenn **FA** ω-konsistent ist, dann gilt: $\mathbf{FA} \nvdash \neg\mathsf{Lim}(\mathbf{0})$;

(k) wenn **FA** ω-konsistent ist, dann gilt: $\mathbb{N} \models \mathsf{Lim}(\mathbf{0})$.

Nach **[15.14]**, **[15.10]**, **[14.19]** (und **[15.7]**), **[15.18]**, **[15.16]**, **[15.15]**, **[15.19]**, **[15.20]**, **[15.22]**, **[15.27]** und **[15.25]**. ■ Beweis

16 Die Solovayschen Vollständigkeitssätze

Arithmetischer Vollständigkeitssatz für GL (Solovay 1976). Wenn **FA** ω-konsistent ist, dann ist **GL** arithmetisch vollständig (bezüglich jedes SBP's $\mathsf{Th}(\mathsf{a})$) für die Beweisbarkeit in **FA**; zusammen mit dem arithmetischen Korrektheitssatz **[13.19]** für **GL** bedeutet das für alle SBP'e $\mathsf{Th}(\mathsf{a})$ und alle $\mathcal{L}_\mathrm{M}$-Formeln A: [16.1]

$$\mathbf{GL} \vdash A \iff \text{für alle Übersetzungen } {}^* \text{ bezüglich } \mathsf{Th}(\mathsf{a}) \text{ gilt: } \mathbf{FA} \vdash A^*.$$

Die Hauptlast des Beweises trägt folgendes Lemma. [16.2]

(Repräsentierung von 1W-Modellen in FA) Gegeben sei ein SBP $\mathsf{Th}(\mathsf{a})$, eine $\mathcal{L}_\mathrm{M}$-Formel A und ein 1W-Modell $M' = ([n], \lhd', \Vdash')$ für $\mathcal{L}_\mathrm{M}$ mit der Wurzel 1. Es sei $(W, \lhd, \Vdash)$ das 1W-Modell, das man nach **[8.10]** aus M' erhält, indem man zu $([n], \lhd')$ die zusätzliche Welt 0 vor der Wurzel 1 hinzufügt und für Aussagevariablen, die in A vorkommen, in 0 die Gültigkeitsverhältnisse von 1 übernimmt. Wir setzen also: [16.3]

$$\begin{aligned} W &:= \{0, \ldots, n\}, \\ \lhd &:= \lhd' \cup (\{0\} \times [n]), \end{aligned}$$

und $\Vdash$ soll eine $\mathcal{L}_\mathrm{M}$-Gültigkeitsbeziehung für $(W, \lhd)$ sein, so dass für alle $i \in W$ und alle Aussagevariablen p in A gilt:

$$i \Vdash p \iff \begin{cases} i \Vdash' p, & \text{falls } i \in W', \\ 1 \Vdash' p, & \text{falls } i = 0. \end{cases} \tag{1}$$

Dann stimmen $\Vdash$ und $\Vdash'$ nach **[8.8]** auf $W \setminus \{0\}$ für alle Teilformeln von A miteinander überein.

Weiter sei $\mathsf{Lim}(\mathsf{j})$ die zu $(W, \lhd)$ und $\mathsf{Th}(\mathsf{a})$ konstruierte $\mathcal{L}_{\mathrm{Ar}}$-Formel mit den in **[15.28]** angegebenen Eigenschaften, und * sei eine Übersetzung bezüglich $\mathsf{Th}(\mathsf{a})$, so dass für alle Aussagevariablen p in A gilt:

$$p^* \;=\; \bigvee_{\substack{j \in W \\ j \Vdash p}} \mathsf{Lim}(\boldsymbol{j}). \tag{2}$$

Dann gilt für alle $i \in W \backslash \{0\}$ und alle Teilformeln B von A:

$$i \Vdash B \;\Longrightarrow\; \mathbf{FA} \vdash \mathsf{Lim}(\boldsymbol{i}) \to B^*$$

und

$$i \nVdash B \;\Longrightarrow\; \mathbf{FA} \vdash \mathsf{Lim}(\boldsymbol{i}) \to \neg B^*.$$

(Wir können dieses Ergebnis auch für *alle* $\mathcal{L}_{\mathrm{M}}$-Formeln B erhalten, indem wir (1) und (2) für *alle* Aussagevariablen p fordern.)

Beweis Durch Induktion über den Formelaufbau.

<u>$\mathrm{Var}_{\mathrm{M}}$:</u> Gelte $i \Vdash p$, dann ist i eines der $j \in W$, bei denen p gilt. Das ergibt aus aussagenlogischen Gründen:

$$\mathbf{FA} \;\vdash\; \mathsf{Lim}(\boldsymbol{i}) \overset{!}{\to} \bigvee_{\substack{j \in W \\ j \Vdash p}} \mathsf{Lim}(\boldsymbol{j}) \overset{(2)}{\leftrightarrow} p^*.$$

Gilt andererseits $i \nVdash p$, so ist i *verschieden* von allen $j \in W$ mit $j \Vdash p$. Mit **[15.28]**(f) erhalten wir für alle $j \in W$:

$$j \Vdash p \;\Longrightarrow\; \mathbf{FA} \vdash \mathsf{Lim}(\boldsymbol{i}) \to \neg\mathsf{Lim}(\boldsymbol{j}),$$

und somit gilt in **FA**:

$$\mathsf{Lim}(\boldsymbol{i}) \overset{!}{\to} \bigwedge_{\substack{j \in W \\ j \Vdash p}} \neg\mathsf{Lim}(\boldsymbol{j}) \;\leftrightarrow\; \neg \bigvee_{\substack{j \in W \\ j \Vdash p}} \mathsf{Lim}(\boldsymbol{j}) \overset{(2)}{\leftrightarrow} \neg p^*.$$

<u>$\bot$:</u> Es gilt notwendigerweise $i \nVdash \bot$; und $\mathsf{Lim}(\boldsymbol{i}) \to \neg\bot^*$ ist als Tautologie **FA**-beweisbar.

<u>$\to$:</u> Für C und D sei die Behauptung bereits bewiesen.

Gelte $i \Vdash C \to D$. Das ist äquivalent zu

$$i \nVdash C \quad \text{oder} \quad i \Vdash D,$$

und nach Induktionsvoraussetzung folgt:

$$\mathbf{FA} \vdash \mathsf{Lim}(\boldsymbol{i}) \to \neg C^* \quad \text{oder} \quad \mathbf{FA} \vdash \mathsf{Lim}(\boldsymbol{i}) \to D^*.$$

In beiden Fällen ist beweisbar:

$$\mathsf{Lim}(\boldsymbol{i}) \to (C^* \to D^*),$$

und das war zu zeigen.

Gelte $i \nVdash C \to D$. Dann haben wir $i \Vdash C$ und $i \nVdash D$, die Induktionsvoraussetzung liefert:

$$\mathbf{FA} \vdash \mathsf{Lim}(\boldsymbol{i}) \to C^* \wedge \neg D^*,$$

und daraus folgt die Behauptung.

$\underline{\Box}$: Die Behauptung sei für C bereits bewiesen.

Gelte $i \Vdash \Box C$, d.h. für alle $j \rhd i$ gilt $j \Vdash C$. Die Induktionsvoraussetzung liefert für alle $j \in W$:

$$j \rhd i \implies \mathbf{FA} \vdash \mathsf{Lim}(\boldsymbol{j}) \to C^*,$$

und daher gilt:

$$\mathbf{FA} \vdash \bigvee_{j \rhd i} \mathsf{Lim}(\boldsymbol{j}) \to C^*.$$

Mit (DC1) und (DC2) erhalten wir:

$$\mathbf{FA} \vdash \mathsf{Th}\Big(\bigvee_{j \rhd i} \mathsf{Lim}(\boldsymbol{j})\Big) \overset{!}{\to} \mathsf{Th}(C^*) \leftrightarrow (\Box C)^*,$$

und die Behauptung folgt aus **[15.28]**(i).

Wenn $i \nVdash \Box C$, dann gibt es ein $j \rhd i$ mit $j \nVdash C$, und nach Induktionsvoraussetzung gilt:

$$\mathbf{FA} \vdash \mathsf{Lim}(\boldsymbol{j}) \to \neg C^*.$$

Mit Kontraposition, (DC1), (DC2) und nochmaliger Kontraposition folgt daraus:

$$\mathbf{FA} \vdash \neg\mathsf{Th}(\neg\mathsf{Lim}(\boldsymbol{j})) \to \neg\mathsf{Th}(C^*),$$

und **[15.28]**(g) liefert die Behauptung. ■

Wir können nun den Vollständigkeitssatz beweisen. Dazu sei $\mathsf{Th}(\mathsf{a})$ ein SBP und A eine $\mathcal{L}_\mathrm{M}$-Formel. Wir müssen zeigen: Wenn A immer beweisbar ist bezüglich $\mathsf{Th}(\mathsf{a})$, dann ist A ableitbar in **GL**. Das heißt umgekehrt: Wenn A nicht ableitbar ist in **GL**, dann gibt es eine Übersetzung * bezüglich $\mathsf{Th}(\mathsf{a})$, so dass A^* nicht **FA**-beweisbar ist. **[16.4]**

Gelte also

$$\mathbf{GL} \nvdash A.$$

Dann existiert nach dem semantischen Vollständigkeitssatz für **GL** (**[8.19]**) ein 1W-Modell $M' = (W', \lhd', \Vdash')$, an dessen Wurzel A nicht gilt. Wir können o. B. d. A. annehmen, dass $W' = [n]$ ist und 1 die Wurzel von $(W', \lhd')$. Es gilt also:

$$1 \nVdash' A.$$

Wir erweitern M' wie in **[16.3]** beschrieben und erhalten ein 1W-Modell $M = (W, \lhd, \Vdash)$, eine Formel $\mathsf{Lim}(\mathsf{j})$ und eine Übersetzung * mit den in **[15.28]** und **[16.3]** angegebenen Eigenschaften.

Mit $1 \nVdash' A$ gilt auch $1 \nVdash A$, und nach **[16.3]** folgt:

$$\mathbf{FA} \vdash \mathsf{Lim}(\mathbf{1}) \to \neg A^*.$$

Kontraposition, (DC1) und (DC2) liefern:

$$\mathbf{FA} \vdash \mathsf{Th}(A^*) \to \mathsf{Th}(\neg\mathsf{Lim}(\mathbf{1})),$$

und wegen **[15.28]**(g) gilt:

$$\mathbf{FA} \vdash \mathsf{Th}(A^*) \to \neg\mathsf{Lim}(\mathbf{0}).$$

Wäre nun A^* beweisbar, so wegen (DC1) auch $\mathsf{Th}(A^*)$, und $\mathsf{Lim}(\mathbf{0})$ wäre widerlegbar. Dies widerspricht jedoch der ω-Konsistenz (s. **[15.28]**(j)), also ist A^* nicht beweisbar, womit **[16.1]** gezeigt wäre.

[16.5] Wir haben in Form von **GL** die immer beweisbaren $\mathcal{L}_\mathrm{M}$-Formeln axiomatisiert, also diejenigen Formeln A, für die A^* stets **FA**-beweisbar ist, egal welche Übersetzung * (und welches SBP) man wählt. Wir wollen nun eine verwandte Eigenschaft von $\mathcal{L}_\mathrm{M}$-Formeln axiomatisieren, nämlich die, unter jeder Übersetzung *wahr*, d. h. gültig im Standardmodell $\mathbb{N}$, zu sein.

Für den Rest dieses Abschnittes gehen wir davon aus, dass **FA** *korrekt* (s. **[2.7]**), also insbesondere (ω-)konsistent ist.

[16.6] Eine $\mathcal{L}_\mathrm{R}$-Formel A ist **immer wahr** (*ω-valid*) **bezüglich** $\mathsf{Th}(\mathsf{a})$ (vgl. **[13.13]**), wenn für jede Übersetzung * bezüglich $\mathsf{Th}(\mathsf{a})$ gilt:

$$\mathbb{N} \vDash A^*.$$

A heißt **immer wahr** (ohne Zusatz), wenn A immer wahr bezüglich *aller* SBP'e $\mathsf{Th}(\mathsf{a})$ ist.

[16.7] Entsprechend **[13.14]** können wir definieren, was es heißen soll, dass ein System F in einer modallogischen Sprache $\mathcal{L}$ **arithmetisch korrekt** bzw. **vollständig** (bezüglich $\mathsf{Th}(\mathsf{a})$) für den Begriff der Gültigkeit in $\mathbb{N}$ ist: wenn es *ausschließlich* (bezüglich $\mathsf{Th}(\mathsf{a})$) immer wahre Formeln als Theoreme liefert, bzw. wenn es *alle* diese Formeln liefert.

Wir haben angenommen, dass **FA** korrekt ist; also sind alle **FA**-beweisbaren [16.8]
$\mathcal{L}_{\mathrm{Ar}}$-Aussagen wahr. Wir können zwei Schlüsse ziehen: Zum einen sind die *immer* beweisbaren $\mathcal{L}_{\mathrm{M}}$-Formeln, d.h. die Theoreme von **GL**, auch *immer wahr*. Zum anderen sind alle $\mathcal{L}_{\mathrm{Ar}}$-Aussagen der Gestalt $\mathsf{Th}(\alpha) \to \alpha$ wahr, denn die Korrektheit bedeutet für Aussagen α:

$$\mathbf{FA} \vdash \alpha \quad \Longrightarrow \quad \mathbb{N} \models \alpha,$$

dies ist nach (SBP2) äquivalent zu

$$\mathbb{N} \models \mathsf{Th}(\alpha) \quad \Longrightarrow \quad \mathbb{N} \models \alpha,$$

und daraus erhält man unmittelbar:

$$\mathbb{N} \models \mathsf{Th}(\alpha) \to \alpha.$$

Somit sind auch alle $\mathcal{L}_{\mathrm{M}}$-Formeln der Gestalt $\Box A \to A$ immer wahr. Sie sind jedoch nicht alle in **GL** ableitbar; das nächstliegende Gegenbeispiel ist die Formel $(\Box\bot \to \bot) = \neg\Box\bot$, deren Übersetzungen stets mittels des jeweiligen SBP's die Konsistenz von **FA** ausdrücken und nach dem zweiten Gödelschen Unvollständigkeitssatz nicht beweisbar sind.

Mit den wahren $\mathcal{L}_{\mathrm{Ar}}$-Aussagen sind auch die immer wahren $\mathcal{L}_{\mathrm{M}}$-Formeln unter Modus ponens abgeschlossen, so dass man mit dieser Regel aus den zwei angegebenen Mengen von $\mathcal{L}_{\mathrm{M}}$-Formeln nur immer wahre Formeln erhält. Wir werden sehen, dass auf diese Weise auch schon *sämtliche* immer wahren Formeln herleitbar sind.

Das System **GLS** („**S**" für „Solovay"; in Solovay 1976 **G**′genannt) hat als Axio- [16.9]
me:

- alle Theoreme von **GL**,
- alle **Korrektheitsaxiome**, d.h. alle $\mathcal{L}_{\mathrm{M}}$-Formeln der Gestalt

$$\Box A \to A,$$

und besitzt als einzige Regel Modus ponens.

Die Necessitationsregel kann bei diesem axiomatischen System für die immer wahren $\mathcal{L}_{\mathrm{M}}$-Formeln nicht zulässig sein, da ja beispielsweise $\neg\Box\bot$ zwar immer wahr, aber ‚niemals beweisbar' ist.

Wir haben bereits in [16.8] gesehen, dass alle Theoreme von **GLS** immer wahr [16.10]
sind. Damit ist der folgende Satz bewiesen.

[16.11] **Arithmetischer Korrektheitssatz für GLS.** Wenn **FA** korrekt ist, dann sind alle Theoreme von **GLS** immer wahr; d.h. für alle $A \in \mathcal{L}_{\mathrm{M}}$ gilt:

$$\mathbf{GLS} \vdash A \quad \Longrightarrow \quad \text{für alle Übersetzungen } {}^* \text{ gilt: } \mathbb{N} \models A^*.$$

[16.12] Dass ein formales System die *Theoreme* eines anderen als Axiome hat, ist etwas ungewöhnlich. **GLS** kann aber auch durch eine Axiomatisierung der üblichen Art beschrieben werden.

[16.13] Das System **GLS′** hat als Axiome:

- alle ‚Necessitationen' von Axiomen von **GL**, also alle $\mathcal{L}_{\mathrm{M}}$-Formeln $\Box A$, wo A eine Tautologie, ein Distributionsaxiom oder ein Löb-Axiom ist,
- alle Transitivitätsaxiome $\Box A \to \Box\Box A$,
- alle Korrektheitsaxiome $\Box A \to A$,

und als Regel wieder nur Modus ponens.

[16.14] **GLS** und **GLS′** sind äquivalente Systeme; d.h. für alle $\mathcal{L}_{\mathrm{M}}$-Formeln A gilt:

$$\mathbf{GLS} \vdash A \quad \Longleftrightarrow \quad \mathbf{GLS'} \vdash A.$$

Beweis Wir müssen zeigen, dass jeweils die Axiome des einen Systems Theoreme des anderen sind. Für die Korrektheitsaxiome ist dies klar.

Wir zeigen zuerst die Richtung „$\Longleftarrow$": Aufgrund der Necessitationsregel ist für jedes **GL**-Axiom A auch $\Box A$ ableitbar in **GL**, und die Transitivitätsaxiome sind nach [6.8] **GL**-ableitbar; somit sind alle **GLS′**-Axiome zugleich **GLS**-Axiome.

Für „$\Longrightarrow$" bleibt zu zeigen, dass alle Theoreme von **GL** ableitbar sind in **GLS′**. Dazu beweisen wir, dass für jedes **GL**-Theorem A die Formel $\Box A$ in **GLS′** ableitbar ist – wir sagen dafür kurz, A sei *$\Box$-beweisbar* –; dann ist mit Hilfe des zugehörigen Korrektheitsaxioms auch A in **GLS′** ableitbar, und wir sind fertig.

Die Axiome von **GL** sind schon aufgrund der Definition von **GLS′** $\Box$-beweisbar.

Insbesondere sind die Distributionsaxiome $\Box(A \to B) \to (\Box A \to \Box B)$ alle $\Box$-beweisbar und somit selbst **GLS′**-Theoreme. Daher bleibt die $\Box$-Beweisbarkeit von Formeln unter Modus ponens erhalten: Sind $A \to B$ und A beide $\Box$-beweisbar, so erhält man $\Box B$ in **GLS′** durch zweimalige Anwendung des Modus ponens auf das entsprechende Distributionsaxiom.

Und schließlich bewahrt auch die Necessitationsregel $\Box$-Beweisbarkeit: Unter Verwendung des passenden Transitivitätsaxioms erhält man $\Box\Box A$ in **GLS′** aus $\Box A$. ■

Wir beweisen nun den arithmetischen Vollständigkeitssatz für **GLS**. Dabei machen wir Gebrauch von der in **[12.3]** für $\mathcal{L}_{\mathrm{M}}$-Formeln A eingeführten Abkürzung **[16.15]**

$$\mathrm{S}A \;=\; \bigwedge_{\Box C \text{ in } A} (\Box C \to C).$$

Da alle Tautologien Theoreme von **GL** und somit Axiome von **GLS** sind und **GLS** den Modus ponens besitzt, ist **GLS** unter aussagenlogischer Folgerung abgeschlossen. Alle Korrektheitsaxiome sind Axiome von **GLS**, also ist $\mathrm{S}A$ für jedes $A \in \mathcal{L}_{\mathrm{M}}$ ein **GLS**-Theorem. **[16.16]**

Arithmetischer Vollständigkeitssatz für GLS (Solovay 1976). Wenn **FA** korrekt ist, dann ist **GLS** arithmetisch vollständig (bezüglich jedes SBP's $\mathsf{Th}(\mathsf{a})$) für die Gültigkeit in $\mathbb{N}$, und für SBP'e $\mathsf{Th}(\mathsf{a})$ und $\mathcal{L}_{\mathrm{M}}$-Formeln A sind folgende Bedingungen äquivalent: **[16.17]**

(a) **GLS** $\vdash A$,

(b) für alle Übersetzungen * bezüglich $\mathsf{Th}(\mathsf{a})$ gilt: $\mathbb{N} \models A^*$,

(c) **GL** $\vdash \mathrm{S}A \to A$.

Wir beweisen diesen Satz in den folgenden Bemerkungen (**[16.19]**–**[16.22]**), indem wir die Gültigkeit der Implikationen **[16.18]**

$$\text{(b)} \implies \text{(c)} \implies \text{(a)}$$

demonstrieren. Der Schluss von (a) auf (b) ist dank des Korrektheitssatzes **[16.11]** bereits gesichert.

Man sieht leicht ein, dass (a) aus (c) folgt: Ist die Formel $\mathrm{S}A \to A$ in **GL** ableitbar, dann ist sie ein Axiom von **GLS**, und weil $\mathrm{S}A$ nach **[16.16]** **GLS**-ableitbar ist, können wir mittels Modus ponens A erhalten. **[16.19]**

Wir zeigen (b) $\implies$ (c) durch Kontraposition. Sei A eine $\mathcal{L}_{\mathrm{M}}$-Formel mit **[16.20]**

$$\mathbf{GL} \nvdash \mathrm{S}A \to A;$$

wir werden eine Übersetzung * bezüglich $\mathsf{Th}(\mathsf{a})$ angeben, so dass A^* falsch ist.

Nach dem Vollständigkeitssatz gibt es ein 1W-Modell $M' = \big([n], \lhd', \Vdash'\big)$, so dass $\mathrm{S}A \to A$ an der Wurzel 1 nicht gilt. Wenden wir **[16.3]** auf das SBP $\mathsf{Th}(\mathsf{a})$, die Formel A und das Modell M' an, so erhalten wir wieder ein erweitertes Modell $M = (W, \lhd, \Vdash)$, eine $\mathcal{L}_{\mathrm{Ar}}$-Formel $\mathsf{Lim}(j)$ und eine Übersetzung * bezüglich $\mathsf{Th}(a)$ mit den in **[15.28]** bzw. **[16.3]** beschriebenen Eigenschaften.

Da $\Vdash$ und $\Vdash'$ in Welten $\neq 0$ für Teilformeln von A übereinstimmen, folgt aus

$$1 \nVdash' \mathrm{S}A \to A,$$

dass in M gilt:

$$1 \nVdash A$$

und für alle Teilformeln $\Box C$ von A:

$$1 \Vdash \Box C \to C. \tag{1}$$

[16.21] Daraus folgt für alle Teilformeln B von A:

$$1 \Vdash B \implies \mathbf{FA} \vdash \mathsf{Lim}(\mathbf{0}) \to B^*$$

und

$$1 \nVdash B \implies \mathbf{FA} \vdash \mathsf{Lim}(\mathbf{0}) \to \neg B^*.$$

Beweis Durch Induktion über den Formelaufbau.

$\underline{\mathrm{Var}_{\mathrm{M}}}$: Wenn p in 1 gilt, dann nach **[16.3]**(1) auch in 0, und so ergibt sich in **FA**:

$$\mathsf{Lim}(\mathbf{0}) \overset{!}{\to} \bigvee_{\substack{j \in W \\ j \Vdash p}} \mathsf{Lim}(\boldsymbol{j}) \leftrightarrow p^*.$$

Wenn p hingegen in 1 und 0 nicht gilt, dann haben wir wegen **[15.28]**(f) für alle j mit $j \Vdash p$:

$$\mathbf{FA} \vdash \mathsf{Lim}(\mathbf{0}) \to \neg \mathsf{Lim}(\boldsymbol{j}),$$

also zusammengefasst:

$$\mathbf{FA} \vdash \mathsf{Lim}(\mathbf{0}) \overset{!}{\to} \neg \bigvee_{\substack{j \in W \\ j \Vdash p}} \mathsf{Lim}(\boldsymbol{j}) \leftrightarrow \neg p^*.$$

$\underline{\bot}$: Es gilt $1 \nVdash \bot$, und $\mathsf{Lim}(\mathbf{0}) \to \neg\bot$ ist eine Tautologie.

$\underline{\to}$: einfach (vgl. den Beweis von **[16.3]**).

$\underline{\Box}$: $\Box C$ sei eine Teilformel von A, so dass die Behauptung für C bereits bewiesen ist.

Wegen **[16.20]**(1) und weil alle $i \in W \setminus \{0,1\}$ von 1 aus $\lhd$-zugänglich sind, folgt aus $1 \Vdash \Box C$, dass C in allen $i \in W \setminus \{0\}$ gilt. Nach **[16.3]** erhalten wir für alle $i \neq 0$:

$$\mathbf{FA} \vdash \mathsf{Lim}(\boldsymbol{i}) \to C^*,$$

und nach Induktionsvoraussetzung gilt außerdem:

$$\mathbf{FA} \vdash \mathsf{Lim}(\mathbf{0}) \to C^*.$$

Das ergibt zusammen:

$$\mathbf{FA} \vdash \bigvee_{i \in W} \mathsf{Lim}(\boldsymbol{i}) \to C^*,$$

und **[15.28]**(d) liefert:

$$\mathbf{FA} \vdash C^*.$$

Mit C^* ist nach (DC1) auch $\mathsf{Th}(C^*)$ beweisbar, und somit gilt erst recht:

$$\mathbf{FA} \vdash \mathsf{Lim}(\mathbf{0}) \to (\Box C)^*.$$

Gilt $\Box C$ in 1 nicht, so existiert ein $i \in W \setminus \{0,1\}$ mit $i \nVdash C$, und wegen **[16.3]** haben wir:

$$\mathbf{FA} \vdash \mathsf{Lim}(\boldsymbol{i}) \to \neg C^*.$$

Mit (DC1), (DC2) und zweimaliger Kontraposition folgt:

$$\mathbf{FA} \vdash \neg\mathsf{Th}(\neg\mathsf{Lim}(\boldsymbol{i})) \to \neg\mathsf{Th}(C^*),$$

und wegen $0 \lhd i$ erhalten wir aus **[15.28]**(g) die Behauptung. ■

Wir haben in **[16.20]** gesagt, dass $1 \nVdash A$ gilt; mit **[16.21]** erhalten wir: **[16.22]**

$$\mathbf{FA} \vdash \mathsf{Lim}(\mathbf{0}) \to \neg A^*,$$

und so aufgrund der Korrektheit:

$$\mathbb{N} \models \mathsf{Lim}(\mathbf{0}) \to \neg A^*.$$

$\mathsf{Lim}(\mathbf{0})$ ist aber wahr (**[15.28]**(k)); also ist A^* falsch und der Vollständigkeitssatz damit bewiesen.

Aufgrund von **[16.17]** ist **GLS** entscheidbar: Die **GLS**-Ableitbarkeit einer Formel A kann auf die **GL**-Ableitbarkeit von $SA \to A$ zurückgeführt werden, und **GL** ist nach **[8.21]** entscheidbar. **[16.23]**

Kapitel V

Beweisbarkeitslogik für Rosser-Sätze

17 Eine rekursive Aufzählung der FA-Theoreme in FA

Für den Beweis des arithmetischen Vollständigkeitssatzes für **R** benötigen wir eine rekursive Aufzählung der **FA**-Theoreme in **FA**, bzw. einen pTerm thAufz(l), der beweisbarermaßen genau die **FA**-Theoreme liefert: [17.1]

$$\mathbf{FA} \vdash \mathsf{Th}(\mathsf{a}) \leftrightarrow (\exists \mathsf{l})\, \mathsf{a}{=}\mathsf{thAufz}(\mathsf{l}).$$

Wenn wir mit Theorem(f) anstelle von Th(a) arbeiten, dann können wir eine solche Aufzählung erhalten, indem wir die natürlichen Zahlen durchgehen, mit Hilfe der Δ-Formel Beweis(b) die Codenummern von Beweisen herauspicken und dann jeweils das von ihnen Bewiesene, nämlich ihr letztes Glied, ausgeben.

Bei Th(a) liegen die Dinge jedoch komplizierter: Zum einen haben wir keine rekursive Methode, ‚Beweise', also Zahlen b mit (∃a) BF(b, a), zu identifizieren; zum anderen haben wir keine rekursive Methode, von einer solchen Zahl b aus zu der oder den von ihr ‚bewiesenen' Aussage(n) zu gelangen. Stattdessen untersuchen wir die natürlichen Zahlen darauf hin, ob sie Codenummern für *Paare* von Zahlen b, a mit BF(b, a) sind, und geben dann günstigenfalls a aus.

[17.2] Die Codenummern von Zahlenpaaren (b, a), für die $\mathsf{BF}(\boldsymbol{b}, \boldsymbol{a})$ gilt, werden identifiziert durch die Δ-Formel

$$\mathsf{BFPaar}(\mathtt{p}) \quad := \quad \Big[\mathsf{IstPaar}(\mathtt{p}) \ \land \ \mathsf{BF}\big((\mathtt{p})_0, (\mathtt{p})_1\big)\Big].$$

[17.3] Wir erhalten eine Aufzählung der Theoreme von **FA**, indem wir nacheinander alle Zahlen durchgehen und jedesmal, wenn wir auf ein ‚BF-Paar' stoßen, dessen zweite Komponente ausgeben, d. h. die von der ersten Komponente ‚bewiesene' Aussage. Um dies zu formalisieren, müssen wir wieder auf Folgen (von BF-Paaren) zurückgreifen:

$$\begin{aligned} \mathsf{TAFlgGAus}(\mathtt{l}, \mathtt{f}, \mathtt{a}) \quad :=& \\ & \mathsf{IstFolge}(\mathtt{f}) \ \land \ \mathsf{lng}(\mathtt{f}) = \mathtt{l}+1 \ \land \ (\mathtt{f})_{\mathtt{l}1} = \mathtt{a} \\ \land \ (\forall \mathtt{k} \leq \mathtt{l}) \ \big((\mathtt{f})_{\mathtt{k}} \min \mathtt{p}\big) & \Big[\mathsf{BFPaar}(\mathtt{p}) \ \land \ (\forall \mathtt{k}' < \mathtt{k}) \ \mathtt{p} > (\mathtt{f})_{\mathtt{k}'}\Big]. \end{aligned}$$

Das heißt, das k-Glied der ‚ThAufz-Folge' f ist jeweils das kleinste BF-Paar, das bis dahin noch nicht in der Folge steht. – Auch diese Formel ist delta.

[17.4] Damit können wir definieren:

$$\mathsf{ThAufz}(\mathtt{l}, \mathtt{a}) \quad := \quad (\exists \mathtt{f}) \ \mathsf{TAFlgGAus}(\mathtt{l}, \mathtt{f}, \mathtt{a}).$$

Die Formel $\mathsf{ThAufz}(\mathtt{l}, \mathtt{a})$ ist sigma. In **[17.13]** werden wir sehen, dass sie sogar ein Δ-pTerm ist.

[17.5] Wir leiten einige benötigte Eigenschaften von $\mathsf{ThAufz}(\mathtt{l}, \mathtt{a})$ her.

[17.6] Gilt für eine Formel $\varphi(\mathtt{x})$ (eventuell mit weiteren freien Variablen):

$$\mathbf{FA} \vdash (\exists \mathtt{x}) \ \varphi(\mathtt{x}),$$

so kann man unter Verwendung von **[3.27]** auch zeigen:

$$\mathbf{FA} \ \vdash \ (\exists ! \mathtt{m}) \ (\mathtt{m} \min \mathtt{x}) \ \varphi(\mathtt{x}),$$

und somit ist

$$\mathsf{My}_{\mathtt{x}, \varphi(\mathtt{x})}(\mathtt{m}) \quad := \quad (\mathtt{m} \min \mathtt{x}) \ \varphi(\mathtt{x})$$

ein pTerm, der das kleinste x mit $\varphi(\mathtt{x})$ festlegt. Wir kürzen $\mathsf{my}_{\mathtt{x}, \varphi(\mathtt{x})}$ mittels des **μ-Operators** ab:

$$\mu_{\mathtt{x}} \ \varphi(\mathtt{x}).$$

Unter diesen Voraussetzungen gilt stets: **[17.7]**

$$\mathbf{FA} \vdash (\mu_x \varphi(x) \text{ min } x)\, \varphi(x).$$

Das erste Glied der ThAufz-Folge ist stets das BF-Paar mit der kleinsten Codenummer: **[17.8]**

$$\mathbf{FA} \vdash \mathsf{TAFlgGAus}(\mathbf{0}, f, a) \leftrightarrow f = \mathsf{single}(\mu_p\, \mathsf{BFPaar}(p)) \;\wedge\; a = (f)_{01}.$$

Beweis

Da etwa $\top$ sicher in **FA** beweisbar ist, gibt es ein $b \in \mathbb{N}$ mit

$$\mathbf{FA} \vdash \mathsf{BF}(\boldsymbol{b}, \top).$$

Daraus folgt in **FA**:

$$\mathsf{BFPaar}(\mathsf{paar}(\boldsymbol{b}, \underline{\ulcorner \top \urcorner})),$$

und weiter:

$$(\exists p)\, \mathsf{BFPaar}(p).$$

Wir können also den μ-Operator auf $\mathsf{BFPaar}(p)$ anwenden, und mit **[17.7]** folgt die Behauptung. ■

Das nächste Glied der ThAufz-Folge ist jeweils das nächstgrößere BF-Paar; d.h. in **FA** ist beweisbar: **[17.9]**

$$\mathsf{TAFlgGAus}(l, f, a) \;\rightarrow\; \begin{bmatrix} \mathsf{TAFlgGAus}(l+1, f', a') \;\leftrightarrow \\ \quad \leftrightarrow\; f' = f * \mu_p[\mathsf{BFPaar}(p) \wedge p > (f)_l] \;\wedge\; a' = (f')_{l+1,1} \end{bmatrix}.$$

Beweis

In **FA**. – Es gelte $\mathsf{TAFlgGAus}(l, f, a)$. Nach (SBP5) gilt:

$$(\exists b > (f)_l)\, \mathsf{BF}(b, \top);$$

und da $\mathsf{paar}(b, \underline{\ulcorner \top \urcorner})$ wegen **[3.10]** größer als seine Komponente b ist, haben wir außerdem:

$$b > (f)_l \;\rightarrow\; \mathsf{paar}(b, \underline{\ulcorner \top \urcorner}) > (f)_l.$$

Zusammen folgt daraus:

$$(\exists p)\, [\mathsf{BFPaar}(p) \;\wedge\; p > (f)_l],$$

und wir können den μ-Operator anwenden. Setzen wir

$$m := \mu_p[\mathsf{BFPaar}(p) \;\wedge\; p > (f)_l],$$

so ist $\mathtt{m}$ insbesondere das kleinste BF-Paar $\mathtt{p}$, das größer als *alle* Glieder von $\mathtt{f}$ ist, denn nach Voraussetzung gilt:

$$(\forall \mathtt{k}' < \mathtt{l})\ \mathtt{m} > (\mathtt{f})_{\mathtt{l}} \overset{!}{>} (\mathtt{f})_{\mathtt{k}'}.$$

Anhand von **[17.3]** ergibt sich die Behauptung. ■

[17.10] Es gibt ThAufz-Folgen beliebiger Länge:

$$\mathbf{FA} \vdash (\forall \mathtt{l})\,(\exists \mathtt{f}, \mathtt{a})\ \mathsf{TAFlgGAus}(\mathtt{l}, \mathtt{f}, \mathtt{a}).$$

Beweis Durch Induktion nach $\mathtt{l}$ in **FA**.

$\underline{\mathtt{l}=\mathbf{0}}$: Mit $\mathtt{m} := \mu_{\mathtt{p}}\,\mathsf{BFPaar}(\mathtt{p})$ gilt nach **[17.8]**:

$$\mathsf{TAFlgGAus}\big(\mathbf{0}, \mathsf{single}(\mathtt{m}), (\mathtt{m})_{\mathtt{1}}\big).$$

$\underline{\mathtt{l}+\mathbf{1}}$: Es gelte $\mathsf{TAFlgGAus}(\mathtt{l}, \mathtt{f}, \mathtt{a})$. Setzen wir

$$\mathtt{m} := \mu_{\mathtt{p}}\big[\mathsf{BFPaar}(\mathtt{p}) \wedge \mathtt{p} > (\mathtt{f})_{\mathtt{l}}\big],$$

so folgt mit **[17.9]**:

$$\mathsf{TAFlgGAus}\big(\mathtt{l}+\mathbf{1}, \mathtt{f} * \mathtt{m}, (\mathtt{m})_{\mathtt{1}}\big),$$

und wir sind fertig. ■

[17.11] ThAufz-Folgen derselben Länge haben dasselbe letzte Glied:

$$\mathbf{FA} \vdash (\forall \mathtt{f}, \mathtt{f}', \mathtt{a}, \mathtt{a}')\ \Big[\mathsf{TAFlgGAus}(\mathtt{l}, \mathtt{f}, \mathtt{a}) \wedge \mathsf{TAFlgGAus}(\mathtt{l}, \mathtt{f}', \mathtt{a}') \rightarrow (\mathtt{f})_{\mathtt{l}} = (\mathtt{f}')_{\mathtt{l}}\Big].$$

Beweis Durch Induktion nach $\mathtt{l}$ in **FA**.

$\underline{\mathtt{l}=\mathbf{0}}$: Die Behauptung folgt sofort aus **[17.8]**.

$\underline{\mathtt{l}+\mathbf{1}}$: Gelte $\quad \mathsf{TAFlgGAus}(\mathtt{l}+\mathbf{1}, \mathtt{f}, \mathtt{a}) \wedge \mathsf{TAFlgGAus}(\mathtt{l}+\mathbf{1}, \mathtt{f}', \mathtt{a}')$.

Auch die um ein Glied verkürzten Folgen $\mathtt{f}$, $\mathtt{f}'$ sind ThAufz-Folgen:

$$\mathsf{TAFlgGAus}\big(\mathtt{l}, \mathsf{kastr}(\mathtt{f}), (\mathtt{f})_{\mathtt{l}\mathtt{1}}\big) \wedge \mathsf{TAFlgGAus}\big(\mathtt{l}, \mathsf{kastr}(\mathtt{f}'), (\mathtt{f}')_{\mathtt{l}\mathtt{1}}\big),$$

und so gilt $(\mathtt{f})_{\mathtt{l}} = (\mathtt{f}')_{\mathtt{l}}$ nach Induktionsvoraussetzung. Daraus folgt:

$$\begin{aligned}(\mathtt{f})_{\mathtt{l}+\mathtt{1}} &\overset{[17.9]}{=} \mu_{\mathtt{p}}\big[\mathsf{BFPaar}(\mathtt{p}) \wedge \mathtt{p} > (\mathtt{f})_{\mathtt{l}}\big] \\ &\overset{!}{=} \mu_{\mathtt{p}}\big[\mathsf{BFPaar}(\mathtt{p}) \wedge \mathtt{p} > (\mathtt{f}')_{\mathtt{l}}\big] \\ &\overset{[17.9]}{=} (\mathtt{f}')_{\mathtt{l}+\mathtt{1}},\end{aligned}$$

und das war zu zeigen. ■

ThAufz(l, a) ist ein pTerm: **[17.12]**

$$\mathbf{FA} \vdash (\exists!\mathtt{a})\,\mathsf{ThAufz}(\mathtt{l},\mathtt{a}).$$

Beweis In **FA**. – Nach **[17.10]** gilt: $(\exists \mathtt{a},\mathtt{f})\,\mathsf{TAFlgGAus}(\mathtt{l},\mathtt{f},\mathtt{a})$, und damit ist die Existenzbehauptung bewiesen (s. **[17.4]**).

Wenn nun $\mathsf{ThAufz}(\mathtt{l},\mathtt{a})$ und $\mathsf{ThAufz}(\mathtt{l},\mathtt{a}')$ gelten, d.h.:

$$(\exists\mathtt{f})\,\mathsf{TAFlgGAus}(\mathtt{l},\mathtt{f},\mathtt{a}) \;\wedge\; (\exists\mathtt{f}')\,\mathsf{TAFlgGAus}(\mathtt{l},\mathtt{f}',\mathtt{a}'),$$

dann erhalten wir wegen **[17.11]**:

$$\mathtt{a} \overset{[17.3]}{=} (\mathtt{f})_{\mathtt{l}1} \overset{!}{=} (\mathtt{f}')_{\mathtt{l}1} \overset{[17.3]}{=} \mathtt{a}',$$

und das zeigt die Eindeutigkeit. ■

Nach **[2.27]** ist $\mathsf{thAufz}(\mathtt{l})$ somit ein Δ-pTerm. **[17.13]**

Um die Maximalität einer Zahl auszudrücken, verwenden wir für Formeln $\varphi(\mathtt{x})$ (eventuell mit weiteren freien Variablen), wo $\mathtt{m}$ zulässig für $\mathtt{x}$ in $\varphi(\mathtt{x})$ ist, folgende Abkürzung (s. **[3.26]**): **[17.14]**

$$(\mathtt{m}\max \mathtt{x}<\mathtt{n})\,\varphi(\mathtt{x}) \;:=\; \Big[\mathtt{m}<\mathtt{n} \wedge \varphi(\mathtt{m}) \wedge (\forall \mathtt{x}<\mathtt{n})\big(\mathtt{x}>\mathtt{m} \rightarrow \neg\varphi(\mathtt{x})\big)\Big].$$

Das bedeutet, $\mathtt{m}$ ist das größte $\mathtt{x} < \mathtt{n}$ mit $\varphi(\mathtt{x})$. – Diese Formel ist delta, wenn $\varphi(\mathtt{x})$ delta ist.

Wenn es überhaupt ein $\mathtt{x} < \mathtt{n}$ gibt, das φ erfüllt, dann gibt es auch ein maximales solches: **[17.15]**

$$\mathbf{FA} \vdash (\exists \mathtt{x}<\mathtt{n})\,\varphi(\mathtt{x}) \rightarrow (\exists!\mathtt{m})\,(\mathtt{m}\max\mathtt{x}<\mathtt{n})\,\varphi(\mathtt{x}).$$

Beweis Man zeigt dies in **FA**, indem man als $\mathtt{m}$ dasjenige $\mathtt{x} < \mathtt{n}$ mit $\varphi(\mathtt{x})$ wählt, das minimale Differenz zu $\mathtt{n}$ hat. ■

Jedes BF-Paar kommt in irgendeiner ThAufz-Folge vor: **[17.16]**

$$\mathbf{FA} \vdash \mathsf{BFPaar}(\mathtt{p}) \rightarrow (\exists \mathtt{l},\mathtt{f},\mathtt{a})\Big[\mathsf{TAFlgGAus}(\mathtt{l},\mathtt{f},\mathtt{a}) \wedge (\mathtt{f})_{\mathtt{l}} = \mathtt{p}\Big].$$

Beweis In **FA**. – Wir nehmen an, es gebe BF-Paare p_0 mit

$$(\forall l, f, a)\Big[\mathsf{TAFlgGAus}(l, f, a) \rightarrow (f)_l \neq p_0\Big].$$

Sei p_0 minimal. Dann kann p_0 insbesondere nicht das **0**-Glied einer ThAufz-Folge der Länge **1** sein, also gilt wegen **[17.8]**:

$$p_0 \neq \mu_p \mathsf{BFPaar}(p),$$

und p_0 ist nicht das kleinste BF-Paar überhaupt. Es gibt somit BF-Paare $p_1 < p_0$, für die dann aber wegen der Minimalität von p_0 stets gilt:

$$(\exists l, f, a)\Big[\mathsf{TAFlgGAus}(l, f, a) \wedge (f)_l = p_1\Big]. \qquad (1)$$

[17.15] liefert uns das maximale BF-Paar $p_1 < p_0$; die zugehörigen l, f, a seien fest. Dann ist p_0 gleichzeitig das kleinste BF-Paar $> p_1$, d.h. wegen (1):

$$p_0 = \mu_p\big[\mathsf{BFPaar}(p) \wedge p > (f)_l\big],$$

und mit **[17.9]** folgt:

$$\mathsf{TAFlgGAus}\big(l+1,\ f * p_0,\ (p_0)_1\big),$$

im Widerspruch zur Annahme. ■

[17.17] Unsere Aufzählung liefert genau die Theoreme im Sinne von Th(a):

$$\mathbf{FA} \vdash \mathsf{Th}(a) \leftrightarrow (\exists l)\, a = \mathsf{thAufz}(l).$$

Beweis In **FA**. – Gelte Th(a), d.h. es gibt ein b mit BF(b, a). Dann ist p := paar(b, a) ein BF-Paar, und nach **[17.16]** gibt es l, f, a' mit

$$\mathsf{TAFlgGAus}(l, f, a') \wedge (f)_l = p.$$

Für diese gilt:

$$a' = (f)_{l1} = (p)_1 = a,$$

daher ist a = thAufz(l).

Sei nun a = thAufz(l), d.h. es gibt ein f, so dass TAFlgGAus(l, f, a). Dann ist $a = (f)_{l1}$, und $(f)_l$ ist ein BF-Paar, also haben wir $\mathsf{BF}\big((f)_{l0}, a\big)$ und damit Th(a). ■

[17.18] Die ThAufz-Folge ist monoton wachsend, d.h. in **FA** ist beweisbar:

$$\mathsf{TAFlgGAus}(l_1, f_1, a_1) \wedge \mathsf{TAFlgGAus}(l_2, f_2, a_2) \wedge l_1 \leq l_2 \rightarrow (f_1)_{l_1} \leq (f_2)_{l_2}.$$

In **FA**. – Wenn gilt: **Beweis**

$$\mathsf{TAFlgGAus}(\mathtt{l},\mathtt{f},\mathtt{a}) \;\wedge\; \mathsf{TAFlgGAus}(\mathtt{l}+1,\mathtt{f}',\mathtt{a}'),$$

dann folgt mit **[17.9]**:

$$(\mathtt{f}')_{\mathtt{l}+1} \overset{!}{=} \mu_{\mathtt{p}}\big[\mathsf{BFPaar}(\mathtt{p}) \wedge \mathtt{p}>(\mathtt{f})_{\mathtt{l}}\big] \overset{[17.7]}{>} (\mathtt{f})_{\mathtt{l}};$$

und durch Vollständige Induktion (und dank **[17.11]**) erhalten wir die Behauptung. ∎

Auch für $\mathsf{thAufz}(\mathtt{l})$ gilt eine (SBP5) entsprechende Aussage: **[17.19]**

$$\mathbf{FA} \vdash \mathsf{Th}(\mathtt{a}) \rightarrow (\forall \mathtt{n})(\exists \mathtt{l}>\mathtt{n})\; \mathtt{a}=\mathsf{thAufz}(\mathtt{l}).$$

Die Reihenfolge, in der Theoreme von thAufz ausgegeben werden, richtet sich nach der Größe der sie ‚beweisenden' BF-Paare: Je größer das BF-Paar, desto weiter hinten steht es in der ThAufz-Folge. Wir müssen also ein BF-Paar p für a finden, das größer als das n-Glied der Folge ist, dann steht p auch an einer späteren Stelle l in der Folge. Dazu genügt es, einen ‚Beweis' b mit BF(b, a) zu finden, so dass b größer als das n-Glied der Folge ist, denn dann ist das zugehörige BF-Paar paar(b, a) erst recht größer. **Beweis**

Wir argumentieren in **FA**. – Es gelte Th(a), und n sei beliebig. Nach **[17.10]** gibt es f′, a′ mit

$$\mathsf{TAFlgGAus}(\mathtt{n},\mathtt{f}',\mathtt{a}'),$$

und $(\mathtt{f}')_{\mathtt{n}}$ ist dann das n-Glied der Folge. Dank (SBP5) erhalten wir ein $\mathtt{b} > (\mathtt{f}')_{\mathtt{n}}$ mit BF(b, a), und so ist $\mathtt{p} := \mathsf{paar}(\mathtt{b},\mathtt{a})$ ein BF-Paar $> (\mathtt{f}')_{\mathtt{n}}$. **[17.16]** liefert uns eine ThAufz-Folge, die p enthält:

$$(\exists \mathtt{l},\mathtt{f},\mathtt{a}'')\Big[\mathsf{TAFlgGAus}(\mathtt{l},\mathtt{f},\mathtt{a}'') \wedge (\mathtt{f})_{\mathtt{l}}=\mathtt{p}\Big], \qquad (1)$$

und damit haben wir schon das gesuchte l: Zum einen gilt:

$$\mathsf{thAufz}(\mathtt{l}) = \mathtt{a}'' = (\mathtt{f})_{\mathtt{l}1} = (\mathtt{p})_1 = \mathtt{a},$$

zum anderen:

$$(\mathtt{f})_{\mathtt{l}} = \mathtt{p} > (\mathtt{f}')_{\mathtt{n}},$$

und aufgrund der Monotonie (**[17.18]**) muss dann auch $\mathtt{l} > \mathtt{n}$ sein. ∎

18 Das Beweisbarkeitsprädikat KltTh

[18.1] Wir wollen einen arithmetischen Vollständigkeitssatz für **R** beweisen. Wie beim Beweis des arithmetischen Vollständigkeitssatzes für **GL** müssen wir eine Übersetzung finden, die die Gültigkeitsverhältnisse in einem Modell widerspiegelt in **FA**. Wir verwenden dazu wiederum die $\mathcal{L}_{\mathrm{Ar}}$-Formeln klt(1) und Lim(j). Damit ist es jedoch diesmal nicht getan, denn um die Gültigkeitsverhältnisse bei den Ordnungsformeln zu reproduzieren, benötigen wir ein neues, auf das Modell zugeschnittenes Beweisbarkeitsprädikat. Ein solches werden wir in diesem Abschnitt konstruieren.

[18.2] Es sei $W = \{0, 1, \ldots, n\}$ für ein $n > 0$, und $R = (W, \lhd)$ sei ein 1W-Baum mit der Wurzel 0; weiter sei S eine endliche, adäquate Menge von $\mathcal{L}_{\mathrm{R}}$-Formeln und $M = (W, \lhd, \Vdash)$ ein auf R basierendes S-Modell. Th(a) sei ein Standard-Beweisbarkeitsprädikat.

[18.3] Im weiteren Verlauf stützen wir uns wieder auf die zu R und Th(a) gehörigen Formeln klt(1) und Lim(j) entsprechend Abschnitt 14 und 15. Dabei müssen wir uns in die Perspektive des formalen Systems **FA** versetzen, das nicht weiß, dass die Funktion klt für immer an der Wurzel von R stehenbleibt (d. h., dass Lim(**0**) gilt). **FA** weiß nur, dass klt sich mit wachsendem Argument monoton baumaufwärts, also in $\lhd$-Richtung, bewegt.

[18.4] Die gesuchte Übersetzung * soll statt auf BF(b, a) auf einer Formel KltBF(m, a) beruhen, die nicht nur genau die **FA**-Theoreme ‚ausgibt', sondern zusätzlich für die *-Übersetzungen von Formeln B mit $\Box B \in S$ die durch das Modell M vorgegebene Reihenfolge respektiert. (Solche $\mathcal{L}_{\mathrm{Ar}}$-Aussagen B^* wollen wir hier als $\Box_S$-*Übersetzungen* bezeichnen, s. **[9.23]**.) Im allgemeinen legt M allerdings nicht nur *eine* Reihenfolge (lies: Prä-Ordnung) für die Box-Formeln aus S fest; vielmehr können verschiedene Wege baumaufwärts zu verschiedenen Reihenfolgen führen. Wir werden nur denjenigen Weg betrachten, den die Funktion klt nimmt. Genauer müssen wir also sagen: Wenn klt auf dem Weg baumaufwärts in eine Welt gelangt, wo $\Box B \prec \Box C$ für zwei Formeln $\Box B, \Box C \in S$ gilt, dann (und nur dann) muss B^* von KltBF vor C^* ausgegeben werden, d. h. dann muss das minimale m mit KltBF$(\boldsymbol{m}, B^*)$ kleiner sein als jedes m' mit KltBF$(\boldsymbol{m}', C^*)$.

Für die Art und Weise, in der im Laufe des Aufstieges von klt immer größere Teile von $\Box_S$ prä-geordnet werden, gilt sinngemäß die Beschreibung aus **[9.29]**, auch wenn der Weg von klt durch den Baum R keine maximale $\lhd$-Kette bildet (d. h. klt kann Welten überspringen und erreicht nicht notwendigerweise ein Astende in R).

Die Relation KltBF soll auf folgendem Verfahren beruhen. Wir gehen parallel die Theoreme von **FA** (gegeben durch thAufz(l)) und die Stationen auf dem Weg von klt durch. Im ‚Th-Teil' des Verfahrens wird jeweils das betrachtete Theorem ausgegeben – wenn es nicht gerade eine $\Box_S$-Übersetzung ist, denn dann überlassen wir es dem ‚M-Teil' des Verfahrens: Wenn wir (bzw. klt) bei einer Welt $i \in W$ angelangt sind, dann werden für die Formeln $\Box B \in G_i^{\Vdash}$ (d.h. die in i gültigen Box-Formeln aus S) die Aussagen B^* ausgegeben – in der durch $\prec_i$ festgelegten Reihenfolge. [18.5]

Nach dieser Beschreibung bleiben zwei Fragen offen. KltBF(m, a) soll genau die **FA**-Theoreme im Sinne von Th(a) liefern, d.h. es soll gelten: [18.6]

$$\mathbf{FA} \vdash \mathsf{Th}(\mathtt{a}) \leftrightarrow (\exists \mathtt{m})\,\mathsf{KltBF}(\mathtt{m}, \mathtt{a}).$$

Es ist jedoch nicht einsichtig, dass diese Äquivalenz für $\Box_S$-Übersetzungen stets beweisbar sein wird. Zum einen könnte es Formeln $\Box B \in S$ geben, die in einer Welt klt(l) gelten und für die daher B^* von KltBF ausgegeben wird, ohne dass B^* in **FA** beweisbar wäre; d.h. die Implikation „$\leftarrow$", quasi die ‚Korrektheit' von KltBF, ist ungewiss. Zum anderen kommt klt ja in Wirklichkeit nicht weit, so dass es Formeln $\Box B \in S$ mit **FA** $\vdash B^*$ geben könnte, die in den Welten, die klt erreicht, noch gar nicht gelten und für die deswegen B^* von KltBF nicht ausgegeben wird; damit ist auch die Implikation „$\rightarrow$", die ‚Vollständigkeit' von KltBF, zweifelhaft.

Wir werden später sehen (**[20.5]**), dass die obige Beziehung tatsächlich zutrifft.

Für den Th-Teil des geschilderten Verfahrens verwenden wir den im vorigen Abschnitt eingeführten pTerm thAufz(l). Dieser liefert uns für jedes Argument l ein **FA**-Theorem, und wir müssen nur noch eine Δ-Formel finden, die ausdrückt, dass dieses Theorem keine $\Box_S$-Übersetzung ist. Da S endlich ist, genügt es, wenn wir für jede *einzelne* Formel aus S ihre *-Übersetzung in $\mathcal{L}_{\mathrm{Ar}}$ beschreiben können; dann vergleichen wir thAufz(l) einfach mit allen $\Box_S$-Übersetzungen. [18.7]

An dieser Stelle kommt das Diagonallemma ins Spiel, denn die Übersetzung * soll die Formel KltBF(m, a) verwenden und KltBF(m, a) bezieht sich wiederum (wie im vorigen Absatz erläutert) auf *. Wir definieren also für jede Formel $B \in \mathcal{L}_{\mathrm{R}}$ einen pTerm $\mathsf{üb}_B(\mathtt{x})$, der (die Gödelnummer von) B^* angibt und die Variable x als Stellvertreter für (die Gödelnummer von) KltBF(m, a) enthält.

Im Folgenden (**[18.9]**–**[18.11]**) legen wir die Übersetzung * fest und definieren durch Rekursion über den Formelaufbau die zugehörigen pTerme $\mathsf{üb}_B(\mathtt{x})$. [18.8]

[18.9] Für alle $k \in \mathbb{N}$ soll gelten:

$$p_k{}^* \quad := \quad \begin{cases} \boldsymbol{k}=\boldsymbol{k} \;\rightarrow\; \bigvee_{j \Vdash p_k} \mathsf{Lim}(\boldsymbol{j}), & \text{falls } p_k \in S, \\ \boldsymbol{k}=\boldsymbol{k} \;\rightarrow\; \mathsf{Lim}(\boldsymbol{0}), & \text{sonst;} \end{cases}$$

und weiter:

$$\mathsf{üb}_{p_k}(\mathtt{x}) \;:=\; \ulcorner p_k{}^* \urcorner.$$

Sobald wir die Formel $\mathsf{KltBF}(\mathtt{m}, \mathtt{a})$ haben, ist die Übersetzung * endgültig festgelegt. Entsprechend den Rekursionsbedingungen für Übersetzungen (**[13.2]**) fahren wir fort:

$$\mathsf{üb}_{\bot}(\mathtt{x}) \;:=\; \ulcorner \bot \urcorner,$$

und unter Verwendung der Abkürzung aus **[3.20]**:

$$\mathsf{üb}_{B \rightarrow C}(\mathtt{x}) \quad := \quad \big[\mathsf{üb}_B(\mathtt{x}) \ominus \mathsf{üb}_C(\mathtt{x})\big].$$

[18.10] Relevant wird die Formel $\mathsf{KltBF}(\mathtt{m}, \mathtt{a})$ nur für die Übersetzung der Σ-Formeln von $\mathcal{L}_{\mathrm{R}}$. Um $(\Box B)^*$ zu erhalten, müssen wir in $\mathsf{KltBF}(\mathtt{m}, \mathtt{a})$ für $\mathtt{a}$ die Gödelnummer von B^* substituieren; und um Ordnungsformeln zu übersetzen, müssen wir zudem noch $\mathtt{m}$ gegen andere Variablen austauschen. Wir führen eine Abkürzung ein, die das Ergebnis solcher Substitutionen in Abhängigkeit von $\mathtt{x}$ beschreibt. Für Formeln $B \in \mathcal{L}_{\mathrm{R}}$ und beliebige $\mathcal{L}_{\mathrm{Ar}}$-Variablen $\mathtt{v}$ setzen wir (ähnlich wie in **[14.4]**):

$$\mathsf{kBFFml}_{\mathtt{v},B}(\mathtt{x}) \quad := \quad \mathsf{subst}\Big(\mathsf{subst}(\mathtt{x}, \ulcorner \mathtt{m} \urcorner, \ulcorner \mathtt{v} \urcorner),\, \ulcorner \mathtt{a} \urcorner,\, \mathsf{num}\big(\mathsf{üb}_B(\mathtt{x})\big)\Big).$$

Wenn wir später $\ulcorner \mathsf{KltBF}(\mathtt{m}, \mathtt{a}) \urcorner$ für $\mathtt{x}$ einsetzen, ergibt dies (die Gödelnummer von) $\mathsf{KltBF}(\mathtt{v}, B^*)$, die ‚KltBF-Formel' zu $\mathtt{v}$ und B.

[18.11] Damit können wir setzen:

$$\mathsf{üb}_{\Box B}(\mathtt{x}) \quad := \quad (\circledexists \ulcorner \mathtt{m} \urcorner)\, \mathsf{kBFFml}_{\mathtt{m},B}(\mathtt{x})$$

und

$$\mathsf{üb}_{\Box B \preccurlyeq \Box C}(\mathtt{x}) \quad :=$$

$$(\circledexists \ulcorner \mathtt{y} \urcorner)\, \Big[\mathsf{kBFFml}_{\mathtt{y},B}(\mathtt{x}) \;\circledwedge\; (\circledforall \ulcorner \mathtt{z} \urcorner \circledless \ulcorner \mathtt{y} \urcorner) \ominus \mathsf{kBFFml}_{\mathtt{z},C}(\mathtt{x})\Big].$$

Analog soll $\mathsf{üb}_{\Box B \prec \Box C}(\mathtt{x})$ definiert sein.

[18.12] Wir wenden uns nun der Aufgabe zu, den M-Teil des in **[18.5]** beschriebenen Verfahrens zu formalisieren, in dem es um die $\Box_S$-Übersetzungen und ihre durch M induzierte Reihenfolge geht. Dabei lassen wir die Variable $\mathtt{l}$ als Argument von klt laufen und geben jeweils für die in $\mathsf{klt}(\mathtt{l})$ gültigen Formeln $\Box B \in S$ die zugehörigen Übersetzungen B^* aus.

Mit den Bezeichnungen aus Abschnitt 9 ist $G_i^{\Vdash}$ die (eventuell leere) Menge der in $i \in W$ geltenden Box-Formeln (aus S; denn $\Vdash$ bezieht sich nur auf Formeln aus S), und die Relationen $\preccurlyeq_i^{\Vdash}$ und $\prec_i^{\Vdash}$ legen eine RPO und eine IPO auf $G_i^{\Vdash}$ fest. (Den Index „$\Vdash$" lassen wir im Folgenden wieder fort.) Die zugehörige Äquivalenzrelation nennen wir $\equiv_i$, und die Äquivalenzklassen bezüglich $\equiv_i$ seien [18.13]

$$E_1^i \prec_i E_2^i \prec_i \cdots \prec_i E_{s_i}^i$$

(wobei $s_i = 0$ sein kann). Für $s \in [s_i]$ soll jeweils gelten:

$$E_s^i \;=:\; \left\{\Box B_{s,0}^i, \Box B_{s,1}^i, \ldots, \Box B_{s,t_s^i}^i\right\}.$$

Für s, $s' \in [s_i]$ mit $s < s'$ müssen also zuerst die ${B_{s,t}^i}^*$ mit $t \leq t_s^i$ von KltBF ausgegeben werden (alle ‚gleichzeitig'!) und dann die ${B_{s',t'}^i}^*$ mit $t' \leq t_{s'}^i$. Dazu führen wir die Δ-pTerme $\mathsf{üF}_i(\mathtt{x})$ ein: [18.14]

$$\begin{aligned}\mathsf{üF}_i(\mathtt{x}) \;:=\; \mathsf{folge}_{s_i}\Big(\; & \mathsf{folge}_{t_1^i+1}\big(\mathsf{üb}_{B_{1,0}^i}(\mathtt{x}), \ldots, \mathsf{üb}_{B_{1,t_1^i}^i}(\mathtt{x})\big), \\ & \vdots \\ & \mathsf{folge}_{t_{s_i}^i+1}\big(\mathsf{üb}_{B_{s_i,0}^i}(\mathtt{x}), \ldots, \mathsf{üb}_{B_{s_i,t_{s_i}^i}^i}(\mathtt{x})\big)\Big).\end{aligned}$$

Die beschriebene Folge von Folgen nennen wir die ‚Übersetzungsfolge' zu i.

Wenn wir sagen, KltBF gibt die Übersetzungsfolge zu einem $i \in W$ aus, so soll dies folgendermaßen vonstatten gehen: Für ein gewisses $m \in \mathbb{N}$ gibt KltBF gerade die $\Box_S$-Übersetzungen zu E_1^i aus, d.h. KltBF$(\boldsymbol{m}, \alpha)$ gilt genau für [18.15]

$$\alpha \in \left\{{B_{1,0}^i}^*, \ldots, {B_{1,t_1^i}^i}^*\right\};$$

für $m+1$ gibt KltBF die $\Box_S$-Übersetzungen zu E_2^i aus; und so weiter, bis bei $m+s_i-1$ die $\Box_S$-Übersetzungen zu $E_{s_i}^i$ ausgegeben werden.

KltBF wird für *jedes* $\mathtt{l}$ mit $\mathsf{klt}(\mathtt{l}) = \boldsymbol{i}$ die Übersetzungsfolge zu i, also die $\Box_S$-Übersetzungen zu G_i, ausgeben. Und wenn klt sich in R bewegt, etwa von $\boldsymbol{i} = \mathsf{klt}(\mathtt{l})$ nach $\boldsymbol{j} = \mathsf{klt}(\mathtt{l}+1) \rhd \boldsymbol{i}$, so werden im M-Teil des Verfahrens für $\mathtt{l}+1$ noch einmal sämtliche Aussagen ausgegeben, die schon im M-Teil für $\mathtt{l}$ ausgegeben wurden, weil G_i Teilmenge von G_j ist. Es kann also durchaus vorkommen, dass nach einer $\Box_S$-Übersetzung C^* eine andere $\Box_S$-Übersetzung B^* ausgegeben wird, obwohl in den Welten i und j gilt: $\Box B \prec \Box C$. Für unsere Zwecke kommt es jedoch nur darauf an, wann eine $\Box_S$-Übersetzung zum *ersten* Mal ausgegeben wird, und das erste Auftauchen von B^* liegt bei unserer Konstruktion sicher vor dem ersten von C^*. [18.16]

Außerdem wird durch diese Wiederholungen gesichert, dass KltBF$(\mathtt{m}, \mathtt{a})$ die Bedingung (SBP5) in **[4.2]** erfüllt.

[18.17] Um KltBF in $\mathcal{L}_{\mathrm{Ar}}$ darzustellen, benutzen wir wieder Folgen. Wir lassen die Variable $\mathtt{l}$ laufen und schreiben jeweils unsere Ergebnisse in das $\mathtt{l}$-Glied der ‚KltBF-Folge' $\mathtt{f}$, das wir auch als die ‚$\mathtt{l}$-*Zeile*' von $\mathtt{f}$ bezeichnen. Die $\mathtt{l}$-Zeile, $(\mathtt{f})_{\mathtt{l}}$, enthält nacheinander den Output des Th- und des M-Teils unseres Verfahrens, also (gegebenenfalls) die Aussage thAufz($\mathtt{l}$) und danach die Übersetzungsfolge zu klt($\mathtt{l}$).

Genauer gesagt, ist die $\mathtt{l}$-Zeile ein Tripel aus einer Hilfsgröße und zwei Folgen. Die zweite Folge, $(\mathtt{f})_{\mathtt{l}2}$, ist die (eventuell leere) Übersetzungsfolge; die erste Folge, $(\mathtt{f})_{\mathtt{l}1}$, enthält thAufz($\mathtt{l}$), wenn diese Aussage nicht gerade eine $\Box_S$-Übersetzung ist, und ist andernfalls leer. Wir nennen die Glieder (bzw. Glieder von Gliedern) dieser beiden Folgen *Einträge in der* $\mathtt{l}$-*Zeile* bzw. *von* $\mathtt{f}$. Die erste Komponente des Tripels schließlich, $(\mathtt{f})_{\mathtt{l}0}$, dient zur Berechnung der Stelle $\mathtt{m}$, an der eine Aussage α später von KltBF($\mathtt{m}$, $\mathtt{a}$) ausgegeben wird (α heißt dann ein $\mathtt{m}$-*Eintrag von* $\mathtt{f}$); die Zahl $(\mathtt{f})_{\mathtt{l}0}$ gibt jeweils die nächste noch freie Stelle $\mathtt{m}$ an.

[18.18] Die Einträge in der $\mathtt{l}$-Zeile von $\mathtt{f}$ werden an den Stellen

$$\mathtt{m} \;=\; (\mathtt{f})_{\mathtt{l}0},\ (\mathtt{f})_{\mathtt{l}0}{+}\mathbf{1},\ \ldots,\ (\mathtt{f})_{\mathtt{l}0}{+}\mathsf{lng}\big((\mathtt{f})_{\mathtt{l}1}\big){+}\mathsf{lng}\big((\mathtt{f})_{\mathtt{l}2}\big)\dot{-}\mathbf{1}$$

ausgegeben. Die kleinste *nach* der $\mathtt{l}$-Zeile noch freie Stelle $\mathtt{m}$ wird also angegeben durch den pTerm

$$\mathsf{frStNach}(\mathtt{f},\mathtt{l}) \;:=\; (\mathtt{f})_{\mathtt{l}0} + \mathsf{lng}\big((\mathtt{f})_{\mathtt{l}1}\big) + \mathsf{lng}\big((\mathtt{f})_{\mathtt{l}2}\big).$$

[18.19] Wir definieren nun die Δ-Formel KBFFlg($\mathtt{x}$, $\mathtt{l}$, $\mathtt{f}$), die besagt, dass $\mathtt{f}$ eine KltBF-Folge der Länge $\mathtt{l}{+}\mathbf{1}$ ist. Die Variable $\mathtt{x}$ vertritt immer noch die Gödelnummer von KltBF($\mathtt{m}$, $\mathtt{a}$).

$$\mathsf{KBFFlg}(\mathtt{x},\mathtt{l},\mathtt{f}) \;:=$$

$$\mathsf{IstFolge}(\mathtt{f}) \wedge \mathsf{lng}(\mathtt{f}) = \mathtt{l}{+}\mathbf{1} \wedge (\mathtt{f})_{\mathbf{00}} = \mathbf{0} \wedge$$

$$(\forall \mathtt{l}'{\leq}\mathtt{l}) \begin{bmatrix} \mathsf{IstTripel}\big((\mathtt{f})_{\mathtt{l}'}\big) \\ \wedge\ \big[\mathtt{l}' > \mathbf{0} \rightarrow (\mathtt{f})_{\mathtt{l}'\mathbf{0}} = \mathsf{frStNach}(\mathtt{f},\mathtt{l}'\dot{-}\mathbf{1})\big] \\ \wedge\ \Big[\bigwedge_{\Box B\in S} \mathsf{thAufz}(\mathtt{l}') \neq \ddot{\mathsf{u}}\mathsf{b}_B(\mathtt{x}) \rightarrow (\mathtt{f})_{\mathtt{l}'\mathbf{1}} = \mathsf{single}\big(\mathsf{thAufz}(\mathtt{l}')\big)\Big] \\ \wedge\ \Big[\bigvee_{\Box B\in S} \mathsf{thAufz}(\mathtt{l}') = \ddot{\mathsf{u}}\mathsf{b}_B(\mathtt{x}) \rightarrow (\mathtt{f})_{\mathtt{l}'\mathbf{1}} = \mathsf{folge}_0\Big] \\ \wedge\ \bigwedge_{i\in W}\big[\mathsf{klt}(\mathtt{l}') = \boldsymbol{i} \rightarrow (\mathtt{f})_{\mathtt{l}'\mathbf{2}} = \ddot{\mathsf{u}}\mathsf{F}_i(\mathtt{x})\big] \end{bmatrix}.$$

Wir ergänzen $\mathsf{KBFFlg}(\mathtt{x},\mathtt{l},\mathtt{f})$ durch eine Δ-Formel, die ausdrückt, dass a ein [18.20]
m-Eintrag von f ist:

$$\begin{aligned}\mathsf{GibtAus}(\mathtt{m},\mathtt{l},\mathtt{f},\mathtt{a}) \quad :=& \\ & \Big[\mathtt{m} = (\mathtt{f})_{10} \ \wedge \ (\mathtt{f})_{11} = \mathsf{single}(\mathtt{a})\Big] \\ \vee \ & \big(\exists \mathtt{s} < \mathsf{lng}((\mathtt{f})_{12})\big) \\ & \Big[\mathtt{m} = (\mathtt{f})_{10} + \mathsf{lng}((\mathtt{f})_{11}) + \mathtt{s} \ \wedge \ \big(\exists \mathtt{t} < \mathsf{lng}((\mathtt{f})_{12\mathtt{s}})\big)\ \mathtt{a} = (\mathtt{f})_{12\mathtt{st}}\Big].\end{aligned}$$

Das Vorderglied der Disjunktion behandelt den Th-Teil, das Hinterglied den M-Teil unseres Verfahrens.

Das Diagonallemma liefert uns eine Formel $\mathsf{KltBF}(\mathtt{m},\mathtt{a})$, für die gilt: [18.21]

$$\mathbf{FA} \vdash \mathsf{KltBF}(\mathtt{m},\mathtt{a}) \leftrightarrow (\exists \mathtt{l},\mathtt{f})\Big[\mathsf{KBFFlg}(\underline{\ulcorner \mathsf{KltBF}(\mathtt{m},\mathtt{a})\urcorner},\mathtt{l},\mathtt{f}) \ \wedge \ \mathsf{GibtAus}(\mathtt{m},\mathtt{l},\mathtt{f},\mathtt{a})\Big].$$

Zur Abkürzung setzen wir: [18.22]

$$K \ := \ \ulcorner \mathsf{KltBF}(\mathtt{m},\mathtt{a})\urcorner,$$

und damit:

$$\begin{aligned}\mathsf{übFlg}_i \ &:= \ \mathsf{üF}_i(\boldsymbol{K}), \\ \mathsf{KltBFFolge}(\mathtt{l},\mathtt{f}) \ &:= \ \mathsf{KBFFlg}(\boldsymbol{K},\mathtt{l},\mathtt{f}).\end{aligned}$$

Das zugehörige Beweisbarkeitsprädikat ist [18.23]

$$\mathsf{KltTh}(\mathtt{a}) \ := \ (\exists \mathtt{m})\ \mathsf{KltBF}(\mathtt{m},\mathtt{a}).$$

Die Übersetzung, die wir für unseren Beweis verwenden wollen, ist diejenige [18.24]
Übersetzung * bezüglich $\mathsf{KltTh}(\mathtt{a})$, die die in **[18.9]** angegebene Bedingung für Aussagevariablen erfüllt.

19 Eigenschaften von KltBF

Wir überzeugen uns, dass die in **[18.9]–[18.11]** definierten pTerme $\mathsf{üb}_B(\mathtt{x})$ mit $\boldsymbol{K}$ [19.1]
anstelle von x gerade die soeben eingeführte Übersetzung * beschreiben.

Dazu prüft man zunächst leicht nach, dass für alle $\mathcal{L}_{\mathrm{R}}$-Formeln B und alle $\mathcal{L}_{\mathrm{Ar}}$- [19.2]
Variablen v gilt (s. **[18.10]**, **[18.22]**):

$$\mathbf{FA} \vdash \mathsf{üb}_B(\boldsymbol{K}) = \underline{\ulcorner B^* \urcorner} \ \rightarrow \ \mathsf{kBFFml}_{\mathtt{v},B}(\boldsymbol{K}) = \underline{\ulcorner \mathsf{KltBF}(\mathtt{v},B^*)\urcorner}.$$

[19.3] Für alle $\mathcal{L}_R$-Formeln B gilt: **FA** $\vdash$ $\text{üb}_B(\boldsymbol{K}) = \ulcorner \underline{B^*} \urcorner$.

Beweis Durch Induktion über den Formelaufbau von B. Wir geben als Beispiel einen Beweis (in **FA**) für den $\Box$-Fall an.

Es sei $\text{üb}_B(\boldsymbol{K}) = \ulcorner \underline{B^*} \urcorner$. Dann gilt nach **[19.2]**:

$$\begin{aligned}
\text{üb}_{\Box B}(\boldsymbol{K}) &\overset{[18.11]}{=} (\exists \ulcorner \underline{\mathtt{m}} \urcorner)\ \mathsf{kBFFml}_{\mathtt{m},B}(\boldsymbol{K}) \\
&\overset{!}{=} (\exists \ulcorner \underline{\mathtt{m}} \urcorner)\ \ulcorner \underline{\mathsf{KltBF}(\mathtt{m}, B^*)} \urcorner \\
&= \ulcorner \underline{(\exists \mathtt{m})\ \mathsf{KltBF}(\mathtt{m}, B^*)} \urcorner \\
&\overset{[18.23]}{=} \ulcorner \underline{\mathsf{KltTh}(B^*)} \urcorner \\
&= \ulcorner \underline{(\Box B)^*} \urcorner .
\end{aligned}$$

■

[19.4] Damit $\mathsf{KltTh}(\mathtt{a})$ ein SBP sein kann, muss $\mathsf{KltBF}(\mathtt{m}, \mathtt{a})$ delta sein. Dies beweisen wir im Folgenden (**[19.5]**–**[19.13]**).

Wir erlauben uns, die in $\mathsf{KltBFFolge}(\mathtt{l}, \mathtt{f})$ bzw. $\mathsf{KBFFlg}(\boldsymbol{K}, \mathtt{l}, \mathtt{f})$ (s. **[18.19]**) vorkommenden pTerme $\text{üb}_B(\boldsymbol{K})$ gemäß **[19.3]** jeweils durch $\ulcorner \underline{B^*} \urcorner$ zu ersetzen.

[19.5] Da es wegen **[15.14]** zu jedem $\mathtt{l}'$ genau ein $i \in W$ gibt mit $\boldsymbol{i} = \mathsf{klt}(\mathtt{l}')$, gilt:

$$\mathbf{FA} \vdash (\forall \mathtt{l}')\,(\exists! \mathtt{g}) \bigwedge_{i \in W} \left[\mathsf{klt}(\mathtt{l}') = \boldsymbol{i} \ \rightarrow\ \mathtt{g} = \mathsf{übFlg}_i\right].$$

[19.6] Anhand von **[18.19]** kann man nun ohne Schwierigkeiten in **FA** beweisen, dass es KltBF-Folgen beliebiger Länge gibt:

$$\mathbf{FA} \vdash (\forall \mathtt{l})\,(\exists \mathtt{f})\ \mathsf{KltBFFolge}(\mathtt{l}, \mathtt{f}).$$

[19.7] Die Glieder der KltBF-Folge(n) sind eindeutig bestimmt:

$$\begin{aligned}
\mathbf{FA} \ \vdash\ & \mathsf{KltBFFolge}(\mathtt{l}_1, \mathtt{f}_1) \wedge \mathsf{KltBFFolge}(\mathtt{l}_2, \mathtt{f}_2) \wedge \mathtt{l}_1 \leq \mathtt{l}_2 \rightarrow \\
& (\forall \mathtt{l} \leq \mathtt{l}_1) \left[(\mathtt{f}_1)_\mathtt{l} = (\mathtt{f}_2)_\mathtt{l} \wedge \mathsf{frStNach}(\mathtt{f}_1, \mathtt{l}) = \mathsf{frStNach}(\mathtt{f}_2, \mathtt{l})\right].
\end{aligned}$$

Beweis In **FA**. – Anhand von **[18.19]** sieht man, dass für $\mathtt{l} \leq \mathtt{l}_1$ die Ergebnisse des Th- sowie des M-Teils des Verfahrens durch $\mathtt{l}$ jeweils eindeutig festgelegt werden, unabhängig von anderen Zeilen der betreffenden Folge. Somit gilt:

$$(\forall \mathtt{l} \leq \mathtt{l}_1) \left[(\mathtt{f}_1)_{\mathtt{l}1} = (\mathtt{f}_2)_{\mathtt{l}1} \wedge (\mathtt{f}_1)_{\mathtt{l}2} = (\mathtt{f}_2)_{\mathtt{l}2}\right].$$

Durch Induktion nach $\mathtt{l}$ können wir nun leicht simultan zeigen:

$$(\forall \mathtt{l} \leq \mathtt{l}_1)\ (\mathtt{f}_1)_{\mathtt{l}0} = (\mathtt{f}_2)_{\mathtt{l}0}$$

und

$$(\forall \mathtt{l} \leq \mathtt{l}_1)\ \mathsf{frStNach}(\mathtt{f}_1, \mathtt{l}) = \mathsf{frStNach}(\mathtt{f}_2, \mathtt{l}).$$

Da $(\mathtt{f}_1)_{\mathtt{l}}$ und $(\mathtt{f}_2)_{\mathtt{l}}$ jeweils Tripel sind, stimmen sie also ganz überein. ■

In **FA** ist darüber hinaus beweisbar, dass für unendlich viele Zahlen $\mathtt{l}$ die $\mathtt{l}$-Zeile einer KltBF-Folge geeigneter Länge Einträge enthält: **[19.8]**

$$(\forall \mathtt{l}_0)\,(\exists \mathtt{l} \geq \mathtt{l}_0)\,(\exists \mathtt{f})\left[\mathsf{KltBFFolge}(\mathtt{l}, \mathtt{f})\ \wedge\ \mathsf{lng}\big((\mathtt{f})_{\mathtt{l}1}\big) + \mathsf{lng}\big((\mathtt{f})_{\mathtt{l}\mathbf{2}}\big) > \mathbf{0}\right].$$

Es genügt, in **FA** für gegebenes $\mathtt{l}_0$ zu zeigen: **Beweis**

$$(\exists \mathtt{l} \geq \mathtt{l}_0)\ \bigwedge_{\Box B \in S} \mathsf{thAufz}(\mathtt{l}) \neq \ulcorner B^* \urcorner;$$

denn zu diesem $\mathtt{l}$ existiert nach **[19.6]** ein $\mathtt{f}$ mit $\mathsf{KltBFFolge}(\mathtt{l}, \mathtt{f})$, und für dieses gilt dann $(\mathtt{f})_{\mathtt{l}1} = \mathsf{single}\big(\mathsf{thAufz}(\mathtt{l})\big)$ und damit $\mathsf{lng}\big((\mathtt{f})_{\mathtt{l}1}\big) = \mathbf{1}$.

Die Tautologie

$$\tau \quad := \quad \big(\bot \to \textstyle\bigwedge_{\Box B \in S} B^*\big)$$

ist **FA**-beweisbar, daher ist nach (DC1) auch $\mathsf{Th}(\tau)$ beweisbar, und mit **[17.19]** folgt:

$$\mathbf{FA}\ \vdash\ (\exists \mathtt{l} \geq \mathtt{l}_0)\ \ulcorner \tau \urcorner = \mathsf{thAufz}(\mathtt{l}). \tag{1}$$

Da τ für alle $\Box B \in S$ die Aussage B^* als Teilformel enthält, ist die Gödelnummer von τ sicher größer als die von jedem B^*; es gilt also:

$$\mathbf{FA}\ \vdash\ \bigwedge_{\Box B \in S} \ulcorner \tau \urcorner \neq \ulcorner B^* \urcorner,$$

und mit (1) folgt die Behauptung. ■

Man überzeugt sich durch eine einfache Induktion in **FA**, dass die **0**-Glieder der Zeilen einer KltBF-Folge mit wachsendem $\mathtt{l}$ höchstens größer werden: **[19.9]**

$$\mathbf{FA}\ \vdash\ \mathsf{KltBFFolge}(\mathtt{l}, \mathtt{f})\ \wedge\ \mathtt{l} < \mathtt{l}'\ \to\ (\mathtt{f})_{\mathtt{l}\mathbf{0}} \leq (\mathtt{f})_{\mathtt{l}'\mathbf{0}}.$$

[19.10] Für hinreichend lange KltBF-Folgen wird die Anzahl ihrer Einträge beliebig groß:

$$\mathbf{FA} \vdash (\forall \mathtt{m})\,(\exists \mathtt{l}, \mathtt{f})\,\Big[\mathsf{KltBFFolge}(\mathtt{l}, \mathtt{f}) \;\wedge\; \mathsf{frStNach}(\mathtt{f}, \mathtt{l}) > \mathtt{m}\Big].$$

Beweis Durch Induktion nach $\mathtt{m}$ in **FA**.

$\underline{\mathtt{m}=\mathbf{0}}$: Nach **[19.8]** gibt es eine KltBF-Folge $\mathtt{f}$, deren letzte Zeile Einträge enthält. Damit ist die Behauptung für $\mathtt{m} = \mathbf{0}$ gezeigt.

$\underline{\mathtt{m}+\mathbf{1}}$: Es gelte

$$\mathsf{KltBFFolge}(\mathtt{l}, \mathtt{f}) \;\wedge\; \mathsf{frStNach}(\mathtt{f}, \mathtt{l}) > \mathtt{m}.$$

Wiederum mit **[19.8]** erhalten wir $\mathtt{l}' > \mathtt{l}$ und ein $\mathtt{f}'$ mit $\mathsf{KltBFFolge}(\mathtt{l}', \mathtt{f}')$, dessen letzte Zeile Einträge enthält. Dann gilt:

$$\begin{aligned} \mathsf{frStNach}(\mathtt{f}', \mathtt{l}') &\overset{!}{\underset{[19.9]}{>}} (\mathtt{f}')_{\mathtt{l}'\mathbf{0}} \\ &\geq (\mathtt{f}')_{\mathtt{l}+\mathbf{1},\mathbf{0}} \\ &\overset{[18.19]}{=} \mathsf{frStNach}(\mathtt{f}', \mathtt{l}) \\ &\overset{[19.7]}{=} \mathsf{frStNach}(\mathtt{f}, \mathtt{l}) \\ &> \mathtt{m}, \end{aligned}$$

was die Behauptung für $\mathtt{m}+\mathbf{1}$ beweist. ■

[19.11] Zu jedem $\mathtt{m}$ gibt es ein $\mathtt{l}$ und eine KltBF-Folge $\mathtt{f}$ der Länge $\mathtt{l}+\mathbf{1}$, so dass die $\mathtt{m}$-Einträge von $\mathtt{f}$ sich in der letzten Zeile von $\mathtt{f}$ befinden:

$$\mathbf{FA} \vdash (\forall \mathtt{m})\,(\exists \mathtt{l}, \mathtt{f})\,\Big[\mathsf{KltBFFolge}(\mathtt{l}, \mathtt{f}) \;\wedge\; (\mathtt{f})_{\mathtt{l}\mathbf{0}} \leq \mathtt{m} < \mathsf{frStNach}(\mathtt{f}, \mathtt{l})\Big].$$

Beweis In **FA**. – Sei $\mathtt{m}$ beliebig. Nach **[19.10]** existieren $\mathtt{l}$, $\mathtt{f}$ mit

$$\mathsf{KltBFFolge}(\mathtt{l}, \mathtt{f}) \;\wedge\; \mathtt{m} < \mathsf{frStNach}(\mathtt{f}, \mathtt{l}),$$

und wir können annehmen, dass $\mathtt{l}$ minimal ist. Da $(\mathtt{f})_{\mathbf{00}} = \mathbf{0} \leq \mathtt{m}$ ist, sind wir im Falle $\mathtt{l} = \mathbf{0}$ fertig. Ist $\mathtt{l}$ hingegen $> \mathbf{0}$, so folgt aufgrund der Minimalität von $\mathtt{l}$:

$$\mathtt{m} \overset{!}{\geq} \mathsf{frStNach}(\mathtt{f}, \mathtt{l} \dot{-} \mathbf{1}) \overset{[18.19]}{=} (\mathtt{f})_{\mathtt{l}\mathbf{0}},$$

und wir sind ebenfalls fertig. ■

Gleichzeitig sind $\mathtt{l}$ und $\mathtt{f}$ durch $\mathtt{m}$ auch schon eindeutig bestimmt: [19.12]

$$\begin{aligned} \textbf{FA} \vdash \quad & \mathsf{KltBFFolge}(\mathtt{l},\mathtt{f}) \;\wedge\; (\mathtt{f})_{\mathtt{l}0} \leq \mathtt{m} < \mathsf{frStNach}(\mathtt{f},\mathtt{l}) \\ \wedge \quad & \mathsf{KltBFFolge}(\mathtt{l}',\mathtt{f}') \;\wedge\; (\mathtt{f}')_{\mathtt{l}'0} \leq \mathtt{m} < \mathsf{frStNach}(\mathtt{f}',\mathtt{l}') \\ \rightarrow \quad & \mathtt{l}=\mathtt{l}' \;\wedge\; \mathtt{f}=\mathtt{f}'. \end{aligned}$$

In **FA**. – Seien $\mathtt{l}, \mathtt{f}, \mathtt{l}', \mathtt{f}'$ gegeben, die die angeführten Voraussetzungen erfüllen. Wir nehmen an, $\mathtt{l}$ sei ungleich $\mathtt{l}'$, etwa $\mathtt{l} < \mathtt{l}'$. Dann gilt nach **[19.9]**: Beweis

$$\begin{aligned} \mathtt{m} & < \mathsf{frStNach}(\mathtt{f},\mathtt{l}) \\ & \overset{[19.7]}{=} \mathsf{frStNach}(\mathtt{f}',\mathtt{l}) \\ & \overset{[18.19]}{=} (\mathtt{f}')_{\mathtt{l}+1,0} \\ & \overset{!}{\leq} (\mathtt{f}')_{\mathtt{l}'0} \\ & \leq \mathtt{m}, \end{aligned}$$

womit wir einen Widerspruch haben. – Also ist $\mathtt{l} = \mathtt{l}'$. Dann müssen aber wegen **[19.7]** auch $\mathtt{f}$ und $\mathtt{f}'$ gleich sein. ■

$\mathsf{KltBF}(\mathtt{m},\mathtt{a})$ ist eine Δ-Formel. [19.13]

Wir müssen nur noch zeigen, dass auch $\neg\mathsf{KltBF}(\mathtt{m},\mathtt{a})$ sigma ist. Dazu beweisen wir in **FA**: Beweis

$$\neg\mathsf{KltBF}(\mathtt{m},\mathtt{a}) \quad \leftrightarrow$$
$$(\exists \mathtt{l},\mathtt{f})\Big[\mathsf{KltBFFolge}(\mathtt{l},\mathtt{f}) \;\wedge\; (\mathtt{f})_{\mathtt{l}0} \leq \mathtt{m} < \mathsf{frStNach}(\mathtt{f},\mathtt{l}) \;\wedge\; \neg\mathsf{GibtAus}(\mathtt{m},\mathtt{l},\mathtt{f},\mathtt{a})\Big].$$

$\underline{\rightarrow}$: Es gelte $\neg\mathsf{KltBF}(\mathtt{m},\mathtt{a})$. Das ist nach **[18.21]** und **[18.22]** gleichbedeutend mit

$$(\forall \mathtt{l},\mathtt{f})\Big[\mathsf{KltBFFolge}(\mathtt{l},\mathtt{f}) \;\rightarrow\; \neg\mathsf{GibtAus}(\mathtt{m},\mathtt{l},\mathtt{f},\mathtt{a})\Big].$$

Wegen **[19.11]** gilt:

$$(\exists \mathtt{l},\mathtt{f})\Big[\mathsf{KltBFFolge}(\mathtt{l},\mathtt{f}) \;\wedge\; (\mathtt{f})_{\mathtt{l}0} \leq \mathtt{m} < \mathsf{frStNach}(\mathtt{f},\mathtt{l})\Big],$$

und daraus ergibt sich die Behauptung.

$\underline{\leftarrow}$: Für beliebige $\mathtt{l}$ und $\mathtt{f}$ gelte

$$\mathsf{KltBFFolge}(\mathtt{l},\mathtt{f}) \;\wedge\; (\mathtt{f})_{\mathtt{l}0} \leq \mathtt{m} < \mathsf{frStNach}(\mathtt{f},\mathtt{l}) \;\wedge\; \neg\mathsf{GibtAus}(\mathtt{m},\mathtt{l},\mathtt{f},\mathtt{a}).$$

Wir nehmen weiter an, es gilt $\mathsf{KltBF}(\mathtt{m},\mathtt{a})$, d.h. es gibt $\mathtt{l}', \mathtt{f}'$ mit

$$\mathsf{KltBFFolge}(\mathtt{l}',\mathtt{f}') \;\wedge\; \mathsf{GibtAus}(\mathtt{m},\mathtt{l}',\mathtt{f}',\mathtt{a}).$$

Daraus folgt unter Verwendung von [18.20]:

$$(\mathtt{f}')_{\mathtt{l}'0} \leq \mathtt{m} < \mathsf{frStNach}(\mathtt{f}', \mathtt{l}'),$$

wegen [19.12] ist $\mathtt{l}' = \mathtt{l}$ und $\mathtt{f}' = \mathtt{f}$, und es ergibt sich ein Widerspruch. ∎

[19.14] Bevor wir ein Lemma über die Repräsentierung von S-Modellen beweisen, zeigen wir noch ([19.15], [19.16]), dass **FA** die Gödelnummern der verschiedenen $\Box_S$-Übersetzungen auseinanderhalten kann.

[19.15] Die Übersetzung * ist injektiv, d.h. für alle $\mathcal{L}_{\mathrm{R}}$-Formeln B, C gilt:

$$B^* = C^* \implies B = C.$$

Beweis Nach [13.2] und [18.9] gilt:

- Wenn $B \in \mathrm{Var}_{\mathrm{M}}$ ist, dann hat B^* die Gestalt

  $$\boldsymbol{k} = \boldsymbol{k} \rightarrow \beta$$

  für ein $k \in \mathbb{N}$ und eine Aussage β;
- wenn $B = \bot$ ist, dann gilt:

  $$B^* = \bot;$$
- wenn $B = (C \rightarrow D)$ ist, dann gilt:

  $$B^* = (C^* \rightarrow D^*);$$
- wenn B eine Σ-Formel ist, dann hat B^* die Gestalt $(\exists \mathrm{v})\,\varphi$ bzw. (genauer):

  $$(\forall \mathrm{v})\,\psi \rightarrow \bot$$

  für eine Variable v und Formeln φ, ψ (es gilt: $(\exists \mathrm{v})\,\varphi = \neg(\forall \mathrm{v})\,\neg\varphi = ((\forall \mathrm{v})\,(\varphi \rightarrow \bot) \rightarrow \bot)$, s. [1.8]).

Mit Ausnahme von $\bot$ sind Übersetzungen von $\mathcal{L}_{\mathrm{R}}$-Formeln also stets Implikationen.

Wir führen nun eine Induktion über den Formelaufbau von B^* (und C^*). Entweder ist $B^* = \bot$ oder B^* ist eine Implikation; und der erstere Fall ist trivial.

Sei $B^* = (\beta \rightarrow \gamma) = C^*$. Es gibt drei Möglichkeiten:

(a) β ist eine Gleichung. Dann sind B und C Aussagevariablen, es gibt ein $k \in \mathbb{N}$, so dass $\beta = (\boldsymbol{k} = \boldsymbol{k})$ ist, und es gilt: $B = p_k = C$.

(b) β ist eine Allformel $(\forall \mathtt{v})\,\psi$. Dann gehören B und C zu den Σ-Formeln von $\mathcal{L}_{\mathrm{R}}$, und es gibt eine $\mathcal{L}_{\mathrm{Ar}}$-Formel φ, so dass gilt:

$$B^* = (\exists \mathtt{v})\,\varphi = C^*.$$

Aus **[18.11]** ersehen wir: Wenn $\mathtt{v} = \mathtt{m}$ ist, so sind B und C Box-Formeln; andernfalls ist $\mathtt{v} = \mathtt{y}$ und B, C sind Ordnungsformeln. Im ersten Fall ist $\varphi = \mathsf{KltBF}(\mathtt{m}, D^*)$ für eine (dadurch wegen **[3.17]** und der Induktionsvoraussetzung eindeutig bestimmte) $\mathcal{L}_{\mathrm{R}}$-Formel D, und es folgt: $B = \Box D = C$. Im zweiten Fall gilt

$$\varphi = \Big(\mathsf{KltBF}(\mathtt{y}, D^*) \wedge (\forall \mathtt{z})\,\big[\chi \rightarrow \neg\mathsf{KltBF}(\mathtt{z}, E^*)\big]\Big)$$

für (eindeutig bestimmte) $\mathcal{L}_{\mathrm{R}}$-Formeln D, E, und χ ist entweder $(\mathtt{z} < \mathtt{y})$ oder $(\mathtt{z} \leq \mathtt{y})$; je nachdem gilt entweder $B = (\Box D \preccurlyeq \Box E) = C$ oder $B = (\Box D \prec \Box E) = C$.

(c) β ist weder eine Gleichung noch eine Allformel. Dann gibt es $\mathcal{L}_{\mathrm{R}}$-Formeln D, E mit

$$B^* = (D^* \rightarrow E^*) = C^*,$$

die dadurch nach Induktionsvoraussetzung eindeutig bestimmt sind, und es gilt: $B = (D \rightarrow E) = C$. ∎

Aus **[19.15]** erhalten wir mit **[3.17]** und **[2.26]** leicht für alle $\mathcal{L}_{\mathrm{R}}$-Formeln B, C: **[19.16]**

$$B \neq C \implies \mathbf{FA} \vdash \underline{\ulcorner B^* \urcorner} \neq \underline{\ulcorner C^* \urcorner},$$

denn $\big(\underline{\ulcorner B^* \urcorner} \neq \underline{\ulcorner C^* \urcorner}\big)$ ist eine Δ-Aussage.

(Repräsentierung von S-Modellen in FA, vgl. **[16.3])** Ist $W = \{0, \dots, n\}$ für ein $n > 0$, ist $R = (W, \lhd)$ ein 1W-Baum mit Wurzel 0 und sind $\mathsf{klt}(\mathtt{l})$ und $\mathsf{Lim}(\mathtt{j})$ die zugehörigen $\mathcal{L}_{\mathrm{R}}$-Formeln (s. **[15.28]**); ist weiter $S \subset \mathcal{L}_{\mathrm{R}}$ eine endliche, adäquate Menge, $\Vdash$ eine S-Gültigkeitsbeziehung für R und * die entsprechende $\mathcal{L}_{\mathrm{R}}$-Übersetzung (wie im vorigen Abschnitt definiert, s. **[18.24]**), dann gilt für alle $B \in S$ und $i \in W$: **[19.17]**

$$i \Vdash B \implies \mathbf{FA} \vdash \mathsf{Lim}(\boldsymbol{i}) \rightarrow B^*$$

und

$$i \nVdash B \implies \mathbf{FA} \vdash \mathsf{Lim}(\boldsymbol{i}) \rightarrow \neg B^*.$$

Beweis Durch Induktion über den Aufbau von B.

Var$_{\mathrm{M}}$: Wenn $i \Vdash p_k$, dann folgt aus aussagenlogischen Gründen:

$$\mathbf{FA} \vdash \mathsf{Lim}(\boldsymbol{i}) \overset{!}{\rightarrow} \bigvee_{j \Vdash p_k} \mathsf{Lim}(\boldsymbol{j}) \overset{[18.9]}{\leftrightarrow} {p_k}^*.$$

Andernfalls erhalten wir für alle $j \in W$:

$$j \Vdash p_k \overset{!}{\Longrightarrow} i \neq j \overset{[15.28](f)}{\Longrightarrow} \mathbf{FA} \vdash \mathsf{Lim}(\boldsymbol{i}) \rightarrow \neg\mathsf{Lim}(\boldsymbol{j}),$$

und es ergibt sich:

$$\mathbf{FA} \vdash \mathsf{Lim}(\boldsymbol{i}) \overset{!}{\rightarrow} \bigwedge_{j \Vdash p_k} \neg\mathsf{Lim}(\boldsymbol{j}) \overset{[18.9]}{\leftrightarrow} \neg{p_k}^*.$$

$\bot$: Es gilt $i \nVdash \bot$, und in **FA** ist beweisbar:

$$\mathsf{Lim}(\boldsymbol{i}) \overset{!}{\rightarrow} \neg\bot \overset{[13.2]}{\leftrightarrow} \neg\bot^*.$$

$\rightarrow$: Die Behauptung sei für B und C bereits bewiesen. Wenn $i \Vdash B \rightarrow C$ gilt, so haben wir $i \nVdash B$ oder $i \Vdash C$, und nach Induktionsvoraussetzung folgt:

$$\mathbf{FA} \vdash \mathsf{Lim}(\boldsymbol{i}) \rightarrow \neg B^* \qquad \text{oder} \qquad \mathbf{FA} \vdash \mathsf{Lim}(\boldsymbol{i}) \rightarrow C^*.$$

In beiden Fällen ist beweisbar:

$$\mathsf{Lim}(\boldsymbol{i}) \overset{!}{\rightarrow} (B^* \rightarrow C^*) \overset{[13.2]}{\leftrightarrow} (B \rightarrow C)^*.$$

– Ähnlich verfährt man im Falle $i \nVdash B \rightarrow C$.

$\Box$: Sei $\Box B \in S$ und $i \in W$.

Es gelte $i \Vdash \Box B$, d.h. $\Box B \in \mathrm{G}_i$; also gibt es nach **[18.13]** ein $s \in [s_i]$ und ein $t \leq t^i_s$, so dass

$$B = B^i_{s,t}.$$

Nach **[19.3]** ist also in **FA** beweisbar:

$$\bigvee_{s=1}^{s_i} \bigvee_{t \leq t^i_s} \underline{\ulcorner B^* \urcorner} = \mathsf{üb}_{B^i_{s,t}}(\boldsymbol{K}),$$

was wegen **[18.14]** und **[18.22]** äquivalent ist zu

$$\mathsf{g} = \mathsf{übFlg}_i \rightarrow \big(\exists \mathsf{s} < \mathsf{lng}(\mathsf{g})\big)\big(\exists \mathsf{t} < \mathsf{lng}((\mathsf{g})_\mathsf{s})\big)\ \underline{\ulcorner B^* \urcorner} = (\mathsf{g})_{\mathsf{st}}. \qquad (1)$$

Wir müssen zeigen:

$$\mathbf{FA} \vdash \mathsf{Lim}(\boldsymbol{i}) \rightarrow (\exists \mathtt{m})\, \mathsf{KltBF}(\mathtt{m}, B^*).$$

Dazu argumentieren wir in **FA**.

Es gelte $\mathsf{Lim}(\boldsymbol{i})$; dann gibt es ein $\mathtt{l}$ mit $\mathsf{klt}(\mathtt{l}) = \boldsymbol{i}$. Bemerkung **[19.6]** liefert uns eine entsprechende Folge $\mathtt{f}$:

$$\mathsf{KltBFFolge}(\mathtt{l}, \mathtt{f}),$$

und nach **[18.19]** gilt:

$$(\mathtt{f})_{\mathtt{12}} = \mathsf{übFlg}_i.$$

Wir ersetzen g in (1) durch $(\mathtt{f})_{\mathtt{12}}$ und erhalten $\mathtt{s}$, $\mathtt{t}$ mit

$$\underline{\ulcorner B^* \urcorner} = (\mathtt{f})_{\mathtt{12st}}.$$

Für $\mathtt{m} := (\mathtt{f})_{\mathtt{10}} + \mathsf{lng}\big((\mathtt{f})_{\mathtt{11}}\big) + \mathtt{s}$ gilt dann $\mathsf{GibtAus}\big(\mathtt{m}, \mathtt{l}, \mathtt{f}, \underline{\ulcorner B^* \urcorner}\big)$, und somit $\mathsf{KltBF}(\mathtt{m}, B^*)$, was zu zeigen war.

Gelte nun $i \not\Vdash \Box B$.

Ist $j \in W$ mit $j \trianglelefteq i$, so gilt $\Box B$ wegen der Σ-Persistenz auch in j nicht, d.h. B ist für alle $\Box C \in \mathrm{G}_j$ verschieden von C. Aufgrund von **[18.13]** können wir dies so ausdrücken, dass für alle $s \in [s_j]$ und $t \leq t_s^j$ gilt: $B \neq B_{s,t}^j$, was nach **[19.16]** jeweils zur Folge hat:

$$\mathbf{FA} \vdash \underline{\ulcorner B^* \urcorner} \overset{!}{\neq} \underline{\ulcorner B_{s,t}^{j\;*} \urcorner} \overset{[19.3]}{=} \mathsf{üb}_{B_{s,t}^j}(\boldsymbol{K}).$$

Wegen **[18.14]** ist also beweisbar:

$$\mathsf{g} = \mathsf{übFlg}_j \rightarrow (\forall \mathsf{s} < \mathsf{lng}(\mathsf{g}))\, (\forall \mathsf{t} < \mathsf{lng}((\mathsf{g})_{\mathsf{s}}))\, \underline{\ulcorner B^* \urcorner} \neq (\mathsf{g})_{\mathsf{st}}.$$

– Da dies für alle $j \trianglelefteq i$ der Fall ist, erhalten wir in **FA**:

$$\bigwedge_{j \in W} \left[\begin{array}{l} \boldsymbol{j} \trianglelefteq \boldsymbol{i} \wedge \mathsf{g} = \mathsf{übFlg}_j \rightarrow \\ \quad (\forall \mathsf{s} < \mathsf{lng}(\mathsf{g}))\, (\forall \mathsf{t} < \mathsf{lng}((\mathsf{g})_{\mathsf{s}}))\, \underline{\ulcorner B^* \urcorner} \neq (\mathsf{g})_{\mathsf{st}} \end{array} \right]. \tag{2}$$

Unser Ziel ist jetzt, in **FA** zu beweisen:

$$\mathsf{Lim}(\boldsymbol{i}) \rightarrow \neg(\exists \mathtt{m})\, \mathsf{KltBF}(\mathtt{m}, B^*).$$

– Wir nehmen an, es gelte

$$\mathsf{Lim}(\boldsymbol{i}) \wedge (\exists \mathtt{m})\, \mathsf{KltBF}(\mathtt{m}, B^*),$$

dann gibt es $\mathtt{m}, \mathtt{l}, \mathtt{f}$, so dass

$$\mathsf{KltBFFolge}(\mathtt{l},\mathtt{f}) \;\wedge\; \mathsf{GibtAus}\big(\mathtt{m},\mathtt{l},\mathtt{f},\underline{\ulcorner B^{*}\urcorner}\big).$$

Da B^* offensichtlich eine $\Box_S$-Übersetzung ist, kann $\underline{\ulcorner B^{*}\urcorner}$ nicht im Th-Teil des Verfahrens ausgegeben worden sein, also gibt es $\mathtt{s} < \mathsf{lng}\big((\mathtt{f})_{\mathtt{12}}\big)$ und $\mathtt{t} < \mathsf{lng}\big((\mathtt{f})_{\mathtt{12s}}\big)$ mit

$$\underline{\ulcorner B^{*}\urcorner} \;=\; (\mathtt{f})_{\mathtt{12st}}.$$

Weiter gibt es ein $j \in W$, so dass $\mathsf{klt}(\mathtt{l}) = \boldsymbol{j}$, und für dieses j gilt:

$$(\mathtt{f})_{\mathtt{12}} \;=\; \mathsf{übFlg}_{j}.$$

Aus $\mathsf{Lim}(\boldsymbol{i})$ folgt aber mittels **[15.28]**(e):

$$\boldsymbol{j} \;=\; \mathsf{klt}(\mathtt{l}) \;\overset{!}{\trianglelefteq}\; \boldsymbol{i},$$

so dass ein Widerspruch zu (2) vorliegt.

$\underline{\preccurlyeq, \prec}$: Sei $i \in W$ und $\Box B, \Box C \in S$; die Behauptung sei für $\Box B$ und $\Box C$ bereits bewiesen.

Wir zeigen zuerst, dass aus $i \Vdash \Box B \preccurlyeq \Box C$ folgt:

$$\mathbf{FA} \;\vdash\; \mathsf{Lim}(\boldsymbol{i}) \;\rightarrow\; (\exists \mathtt{y})\Big[\mathsf{KltBF}(\mathtt{y},B^{*}) \;\wedge\; (\forall \mathtt{z}<\mathtt{y})\,\neg\mathsf{KltBF}(\mathtt{z},C^{*})\Big].$$

(Der entsprechende Beweis für $\Box B \prec \Box C$ verläuft ganz analog.)

Gelte also $i \Vdash \Box B \preccurlyeq \Box C$.

Sei $j \in W$ mit $j \trianglelefteq i$ und $j \Vdash \Box C$. Dann gilt $\Box B \preccurlyeq \Box C$ auch in j, denn andernfalls erhalten wir $j \Vdash \Box C \prec \Box B$ mit (O_4), und die Σ-Persistenz und (O_6) liefern einen Widerspruch zu $i \Vdash \Box B \preccurlyeq \Box C$. Wenn also $\Box C \in E^{j}_{s^C}$ ist für ein $s^C \in [s_j]$, dann gibt es ein $s^B \in [s_j]$ mit $s^B \leq s^C$, so dass gilt: $\Box B \in E^{j}_{s^B}$.

Daher ist in **FA** beweisbar:

$$\bigwedge_{j\in W}\left[\begin{array}{l} \boldsymbol{j} \trianglelefteq \boldsymbol{i} \;\wedge\; \mathtt{g} = \mathsf{übFlg}_{j} \;\rightarrow \\ \quad (\forall \mathtt{s}^{C} < \mathsf{lng}(\mathtt{g})) \\ \quad \left[\begin{array}{l} (\exists \mathtt{t}^{C} < \mathsf{lng}((\mathtt{g})_{\mathtt{s}^{C}}))\; \underline{\ulcorner C^{*}\urcorner} = (\mathtt{g})_{\mathtt{s}^{C}\mathtt{t}^{C}} \;\rightarrow \\ \quad (\exists \mathtt{s}^{B} \leq \mathtt{s}^{C})\,(\exists \mathtt{t}^{B} < \mathsf{lng}((\mathtt{g})_{\mathtt{s}^{B}}))\; \underline{\ulcorner B^{*}\urcorner} = (\mathtt{g})_{\mathtt{s}^{B}\mathtt{t}^{B}} \end{array}\right] \end{array}\right]. \tag{3}$$

Natürlich folgt wegen (O_2) aus $i \Vdash \Box B \preccurlyeq \Box C$ noch $i \Vdash \Box B$, und wir erhalten nach Induktionsvoraussetzung:

$$\mathbf{FA} \;\vdash\; \mathsf{Lim}(\boldsymbol{i}) \;\rightarrow\; (\exists \mathtt{y})\,\mathsf{KltBF}(\mathtt{y},B^{*}). \tag{4}$$

Wir fahren fort in **FA**. – Es gelte $\mathsf{Lim}(\boldsymbol{i})$, dann folgt mit (4):

$$(\exists \mathrm{y})\,\mathsf{KltBF}(\mathrm{y}, B^*).$$

Sei y minimal.

Wir nehmen an, es existiert ein $\mathrm{z} < \mathrm{y}$ mit $\mathsf{KltBF}(\mathrm{z}, C^*)$, d.h. es gibt $\mathtt{l}, \mathtt{f}$, so dass gilt:

$$\mathsf{KltBFFolge}(\mathtt{l}, \mathtt{f}) \;\wedge\; \mathsf{GibtAus}\big(\mathrm{z}, \mathtt{l}, \mathtt{f}, \underline{\ulcorner C^* \urcorner}\big).$$

Als $\Box_S$-Übersetzung muss $\underline{\ulcorner C^* \urcorner}$ im M-Teil des Verfahrens ausgegeben worden sein, also gibt es $\mathtt{s}^C < \mathsf{lng}\big((\mathtt{f})_{\mathtt{12}}\big)$ und $\mathtt{t}^C < \mathsf{lng}\big((\mathtt{f})_{\mathtt{12s}^C}\big)$ mit

$$\underline{\ulcorner C^* \urcorner} \;=\; (\mathtt{f})_{\mathtt{12s}^C\mathtt{t}^C}$$

und

$$\mathrm{z} \;=\; (\mathtt{f})_{\mathtt{10}} + \mathsf{lng}\big((\mathtt{f})_{\mathtt{11}}\big) + \mathtt{s}^C. \qquad (5)$$

Wieder gibt es ein $j \in W$, so dass $\mathsf{klt}(\mathtt{l}) = \boldsymbol{j}$; es gilt: $(\mathtt{f})_{\mathtt{12}} = \mathsf{übFlg}_{j}$, und wegen $\mathsf{Lim}(\boldsymbol{i})$ ist $\boldsymbol{j} \trianglelefteq \boldsymbol{i}$. Nach (3) existiert dann ein $\mathtt{s}^B \leq \mathtt{s}^C < \mathsf{lng}\big((\mathtt{f})_{\mathtt{12}}\big)$ und ein $\mathtt{t}^B < \mathsf{lng}\big((\mathtt{f})_{\mathtt{12s}^B}\big)$, so dass $\underline{\ulcorner B^* \urcorner} = (\mathtt{f})_{\mathtt{12s}^B\mathtt{t}^B}$. Setzen wir

$$\mathrm{y}' \overset{!}{:=} (\mathtt{f})_{\mathtt{10}} + \mathsf{lng}\big((\mathtt{f})_{\mathtt{11}}\big) + \mathtt{s}^B \overset{(5)}{\leq} \mathrm{z} < \mathrm{y},$$

so erhalten wir $\mathsf{GibtAus}\big(\mathrm{y}', \mathtt{l}, \mathtt{f}, \underline{\ulcorner B^* \urcorner}\big)$ und damit $\mathsf{KltBF}(\mathrm{y}', B^*)$, im Widerspruch zur Minimalität von y.

Es folgt: $(\forall \mathrm{z} < y)\,\neg\mathsf{KltBF}(\mathrm{z}, C^*)$, und die Behauptung ist bewiesen.

Nun zeigen wir, dass aus $i \nVdash \Box B \preccurlyeq \Box C$ folgt:

$$\mathbf{FA} \vdash \mathsf{Lim}(\boldsymbol{i}) \;\rightarrow\; \neg(\exists \mathrm{y})\,\big[\mathsf{KltBF}(\mathrm{y}, B^*) \;\wedge\; (\forall \mathrm{z} < \mathrm{y})\,\neg\mathsf{KltBF}(\mathrm{z}, C^*)\big].$$

(Wiederum kann man für $\Box B \prec \Box C$ analog vorgehen.)

Gelte $i \nVdash \Box B \preccurlyeq \Box C$. Es sind zwei Fälle möglich:

$\underline{i \nVdash \Box B:}$ Nach Induktionsvoraussetzung ist dann in **FA** beweisbar:

$$\mathsf{Lim}(\boldsymbol{i}) \;\rightarrow\; \neg(\exists \mathrm{y})\,\mathsf{KltBF}(\mathrm{y}, B^*),$$

und daraus folgt sofort die Behauptung.

$\underline{i \Vdash \Box B:}$ Da $\Box B \preccurlyeq \Box C$ nach Voraussetzung in i nicht gilt, haben wir wegen (O_4):

$$i \Vdash \Box C \prec \Box B,$$

und wir erhalten in **FA**, wie soeben gezeigt:

$$\begin{aligned} \mathsf{Lim}(\boldsymbol{i}) &\overset{!}{\rightarrow} \mathsf{KltTh}(C^*) \prec \mathsf{KltTh}(B^*) \\ &\overset{[4.16]}{\rightarrow} \neg\big(\mathsf{KltTh}(B^*) \preccurlyeq \mathsf{KltTh}(C^*)\big), \end{aligned}$$

womit wir ebenfalls am Ziel wären. ■

20 KltTh ist ein zu Th äquivalentes Standard-Beweisbarkeitsprädikat

[20.1] In diesem Abschnitt setzen wir zusätzlich die S-Korrektheit des S-Modells M voraus.

[20.2] Wir führen eine Δ-Formel ein, die die Gültigkeit im S-Modell M repräsentiert. Für $B \in S$ schreiben wir:

$$(\mathtt{i} \Vdash B) \quad := \quad \bigvee_{\substack{i \in W \\ i \Vdash B}} \mathtt{i} = \boldsymbol{i}$$

und

$$(\mathtt{i} \nVdash B) \quad := \quad \neg(\mathtt{i} \Vdash B).$$

[20.3] Für $i \in W$ und $\Box B \in S$ ist (dank **[19.16]**) in **FA** beweisbar:

$$(\boldsymbol{i} \Vdash \Box B) \quad \leftrightarrow$$
$$(\forall \mathsf{g}) \Big[\mathsf{g} = \mathsf{\ddot{u}bFlg}_i \rightarrow \big(\exists \mathsf{s} < \mathsf{lng}(\mathsf{g})\big) \big(\exists \mathsf{t} < \mathsf{lng}((\mathsf{g})_\mathsf{s})\big) \; \underline{\ulcorner B^* \urcorner} = (\mathsf{g})_{\mathsf{st}}\Big],$$

denn beide durch „$\leftrightarrow$" verknüpften Aussagen sind delta und drücken den Sachverhalt $i \Vdash \Box B$ bzw. $\Box B \in \mathrm{G}_i$ aus.

[20.4] Für $i \in W$ und $\Box B \in S$ gilt:

$$\mathbf{FA} \vdash \mathsf{Lim}(\boldsymbol{i}) \rightarrow \big[\mathsf{Th}(B^*) \leftrightarrow (\boldsymbol{i} \Vdash \Box B)\big].$$

(Man beachte, dass $\mathsf{Th}(B^*)$ nicht gleich $(\Box B)^*$ ist; sonst wäre diese Behauptung eine einfache Konsequenz von **[19.17]**.)

Beweis Wir machen eine Fallunterscheidung:

$\underline{i \Vdash \Box B}$: Dann gilt $j \Vdash B$ für alle $j \rhd i$, und mit **[19.17]** folgt:

$$\mathbf{FA} \vdash \bigvee_{j \rhd i} \mathsf{Lim}(\boldsymbol{j}) \rightarrow B^*. \tag{1}$$

Außerdem gilt natürlich:

$$\mathbf{FA} \vdash (\boldsymbol{i} \Vdash \Box B). \tag{2}$$

Wenn $i \neq 0$ ist, dann gilt nach **[15.28]**(i):

$$\mathbf{FA} \vdash \mathsf{Lim}(\boldsymbol{i}) \rightarrow \mathsf{Th}\big(\textstyle\bigvee_{j \rhd i} \mathsf{Lim}(\boldsymbol{j})\big);$$

und aus (1) erhalten wir mittels (DC1) und (DC2):

$$\mathbf{FA} \vdash \mathsf{Th}\big(\bigvee_{j \rhd i} \mathsf{Lim}(\boldsymbol{j})\big) \rightarrow \mathsf{Th}(B^*).$$

Zusammen ergibt sich:

$$\mathbf{FA} \vdash \mathsf{Lim}(\boldsymbol{i}) \rightarrow \mathsf{Th}(B^*),$$

und wegen (2) folgt die Behauptung.

Wenn hingegen $i = 0$ ist, so haben wir nach Voraussetzung: $0 \Vdash \Box B$. Das Modell M ist nach Voraussetzung S-korrekt, also gilt insbesondere: $0 \Vdash \Box B \rightarrow B$, und somit auch $0 \Vdash B$. Mit **[19.17]** folgt:

$$\mathbf{FA} \vdash \mathsf{Lim}(\mathbf{0}) \rightarrow B^*,$$

und zusammen mit (1) erhalten wir:

$$\mathbf{FA} \vdash \bigvee_{j \in W} \mathsf{Lim}(\boldsymbol{j}) \rightarrow B^*.$$

Das Vorderglied ist nach **[15.28]**(d) selbst schon beweisbar, also gilt: $\mathbf{FA} \vdash B^*$, mit (DC1) folgt: $\mathbf{FA} \vdash \mathsf{Th}(B^*)$, und so gilt wegen (2) auch in diesem Fall die Behauptung.

$i \nVdash \Box B$: Das bedeutet, es gibt ein $j \rhd i$ mit $j \nVdash B$. Mit **[19.17]** folgt:

$$\mathbf{FA} \vdash \mathsf{Lim}(\boldsymbol{j}) \rightarrow \neg B^*,$$

und unter Verwendung von (DC1) und (DC2) ergibt sich:

$$\mathbf{FA} \vdash \neg\mathsf{Th}\big(\neg\mathsf{Lim}(\boldsymbol{j})\big) \rightarrow \neg\mathsf{Th}(B^*).$$

Nach **[15.28]**(g) gilt:

$$\mathbf{FA} \vdash \mathsf{Lim}(\boldsymbol{i}) \rightarrow \neg\mathsf{Th}\big(\neg\mathsf{Lim}(\boldsymbol{j})\big),$$

und zusammen haben wir:

$$\mathbf{FA} \vdash \mathsf{Lim}(\boldsymbol{i}) \rightarrow \neg\mathsf{Th}(B^*).$$

Weil in diesem Fall $\boldsymbol{i} \nVdash \Box B$ in **FA** beweisbar ist, sind wir damit fertig. ■

Das neue Beweisbarkeitsprädikat $\mathsf{KltTh}(\mathsf{a})$ ist beweisbar äquivalent mit dem alten: **[20.5]**

$$\mathbf{FA} \vdash \mathsf{Th}(\mathsf{a}) \leftrightarrow \mathsf{KltTh}(\mathsf{a}).$$

Beweis In **FA**. – Wir zeigen zuerst die Richtung „→“. – Gelte $\mathsf{Th}(\mathsf{a})$. Abhängig davon, ob a eine $\Box_S$-Übersetzung ist oder nicht, verfahren wir unterschiedlich:

$\underline{\bigvee_{\Box B \in S} \mathsf{a} = \ulcorner B^* \urcorner}$: Sei $\mathsf{a} = \underline{\ulcorner B^* \urcorner}$ (für ein $\Box B \in S$), d.h. wir haben $\mathsf{Th}(B^*)$.

Nach **[15.28]**(d) gilt $\bigvee_{i \in W} \mathsf{Lim}(\boldsymbol{i})$. Sei i fest. Mit **[20.4]** folgt $\boldsymbol{i} \Vdash \Box B$, und weiter mit **[20.3]**:

$$(\forall \mathsf{g}) \Big[\mathsf{g} = \mathsf{übFlg}_i \;\to\; \big(\exists \mathsf{s} < \mathsf{lng}(\mathsf{g})\big)\ \big(\exists \mathsf{t} < \mathsf{lng}\big((\mathsf{g})_\mathsf{s}\big)\big)\ \underline{\ulcorner B^* \urcorner} = (\mathsf{g})_{\mathsf{st}} \Big]. \quad (1)$$

Der Grenzwert von klt ist selbst ein Wert von klt, also gibt es ein $\mathtt{l}$ mit $\mathsf{klt}(\mathtt{l}) = \boldsymbol{i}$. Für das zugehörige $\mathtt{f}$ mit $\mathsf{KltBFFolge}(\mathtt{l}, \mathtt{f})$ gilt dann:

$$(\mathtt{f})_{\mathtt{12}} \;=\; \mathsf{übFlg}_i,$$

wegen (1) folgt:

$$\big(\exists \mathsf{s} < \mathsf{lng}\big((\mathtt{f})_{\mathtt{12}}\big)\big)\ \big(\exists \mathsf{t} < \mathsf{lng}\big((\mathtt{f})_{\mathtt{12s}}\big)\big)\ \underline{\ulcorner B^* \urcorner} = (\mathtt{f})_{\mathtt{12st}},$$

und mit $\mathtt{m} := (\mathtt{f})_{\mathtt{10}} + \mathsf{lng}\big((\mathtt{f})_{\mathtt{11}}\big) + \mathsf{s}$ gilt:

$$\mathsf{GibtAus}\big(\mathtt{m}, \mathtt{l}, \mathtt{f}, \underline{\ulcorner B^* \urcorner}\big).$$

Das ergibt zusammen $\mathsf{KltBF}(\mathtt{m}, B^*)$, und damit gilt $\mathsf{KltTh}(B^*)$.

$\underline{\bigwedge_{\Box B \in S} \mathsf{a} \neq \ulcorner B^* \urcorner}$: Nach **[17.17]** gibt es ein $\mathtt{l}$, so dass $\mathsf{a} = \mathsf{thAufz}(\mathtt{l})$. Für das zugehörige $\mathtt{f}$ mit $\mathsf{KltBFFolge}(\mathtt{l}, \mathtt{f})$ gilt:

$$(\mathtt{f})_{\mathtt{11}} \;=\; \mathsf{single}(\mathsf{a}),$$

und mit $\mathtt{m} := (\mathtt{f})_{\mathtt{10}}$ folgt $\mathsf{GibtAus}(\mathtt{m}, \mathtt{l}, \mathtt{f}, \mathsf{a})$ und somit $\mathsf{KltTh}(\mathsf{a})$.

Wir beweisen nun die Richtung „←“. – Gelte $\mathsf{KltTh}(\mathsf{a})$, d.h. es gibt $\mathtt{m}$, $\mathtt{l}$, $\mathtt{f}$, so dass gilt:

$$\mathsf{KltBFFolge}(\mathtt{l}, \mathtt{f}) \;\wedge\; \mathsf{GibtAus}(\mathtt{m}, \mathtt{l}, \mathtt{f}, \mathsf{a}).$$

Wenn a im Th-Teil des Verfahrens ausgegeben wird, dann haben wir:

$$\mathsf{single}(\mathsf{a}) \;=\; (\mathtt{f})_{\mathtt{11}} \;=\; \mathsf{single}\big(\mathsf{thAufz}(\mathtt{l})\big),$$

also ist $\mathsf{a} = \mathsf{thAufz}(\mathtt{l})$ und es gilt $\mathsf{Th}(\mathsf{a})$.

Wird a dagegen im M-Teil ausgegeben, so ist $\mathsf{a} = (\mathtt{f})_{\mathtt{12st}}$ für gewisse s, t. Es gibt ein $j \in W$ mit $\mathsf{klt}(\mathtt{l}) = \boldsymbol{j}$ und ein $i \in W$ mit $\mathsf{Lim}(\boldsymbol{i})$, und für diese gilt $(\mathtt{f})_{\mathtt{12}} = \mathsf{übFlg}_j$ und $\boldsymbol{j} \trianglelefteq \boldsymbol{i}$. Da also $\mathsf{a} = (\mathsf{übFlg}_j)_{\mathsf{st}}$ ist, gibt es ein $\Box B \in S$ mit $\boldsymbol{j} \Vdash \Box B$ und $\underline{\ulcorner B^* \urcorner} = \mathsf{a}$. Nun gilt:

$$(\boldsymbol{j} \Vdash \Box B) \;\wedge\; \boldsymbol{j} \trianglelefteq \boldsymbol{i} \;\to\; (\boldsymbol{i} \Vdash \Box B)$$

(eine wahre Δ-Aussage), und wir erhalten $\mathsf{Th}(B^*)$ bzw. $\mathsf{Th}(\mathsf{a})$ mittels **[20.4]**. ■

Wir zeigen abschließend, dass KltTh(a) ein Standard-Beweisbarkeitsprädikat ist. Wir haben in **[19.13]** bewiesen, dass KltBF(m, a) eine Δ-Formel ist, und da KltTh(a) $=$ $(\exists$m) KltBF(m, a) ist, ist (SBP1) erfüllt. Bedingungen (SBP3) und (SBP4) ergeben sich mit Hilfe von **[20.5]** sofort aus der Tatsache, dass Th(a) diese Bedingungen erfüllt. **[20.6]**

Wir beweisen mittels der folgenden drei Bemerkungen, dass KltTh(a) Bedingung (SBP2) erfüllt, wenn **FA** ω-konsistent ist. **[20.7]**

Wenn **FA** ω-konsistent ist, dann gilt für alle $\Box B \in S$: **[20.8]**

$$\mathbb{N} \models \mathsf{KltTh}(B^*) \iff 0 \Vdash \Box B.$$

Beweis Gelte $\mathbb{N} \models \mathsf{KltTh}(B^*)$. Das heißt nach **[18.21]–[18.23]**, dass m, l, f existieren, so dass gilt:

$$\mathbb{N} \models \mathsf{KltBFFolge}(\boldsymbol{l}, \boldsymbol{f}) \wedge \mathsf{GibtAus}(\boldsymbol{m}, \boldsymbol{l}, \boldsymbol{f}, \underline{\ulcorner B^* \urcorner}).$$

Da B^* eine $\Box_S$-Übersetzung ist, kann $\underline{\ulcorner B^* \urcorner}$ nicht im Th-Teil des Verfahrens ausgegeben werden, also haben wir:

$$\mathbb{N} \models \bigwedge_{i \in W} \left[\begin{array}{l} \mathsf{klt}(\boldsymbol{l}) = \boldsymbol{i} \wedge \mathsf{g} = \mathsf{übFlg}_i \rightarrow \\ (\exists \mathsf{s} < \mathsf{lng(g)})\, (\exists \mathsf{t} < \mathsf{lng((g)_s)})\ \underline{\ulcorner B^* \urcorner} = (\mathsf{g})_{\mathsf{st}} \end{array} \right].$$

Nun folgt aufgrund der ω-Konsistenz aus **[15.28]**(k):

$$\mathbb{N} \models \mathsf{klt}(\boldsymbol{l}) = \mathbf{0},$$

somit gibt es $s \in [s_0]$ und $t \leq t_s^0$ mit $\ulcorner B^* \urcorner = \ulcorner B_{st}^{0\,*} \urcorner$, was nach **[3.17]** und **[19.15]** impliziert: $B = B_{st}^0$. Also ist $\Box B \in \mathrm{G}_0$, d.h. es gilt $0 \Vdash \Box B$.

Die umgekehrte Richtung beweist man, indem man die (Codenummer der) KltBF-Folge der Länge 1 bildet, deren 0-Zeile $\ulcorner B^* \urcorner$ als Eintrag enthält. ■

Wenn **FA** ω-konsistent ist, dann gilt für alle $\Box B \in S$: **[20.9]**

$$0 \Vdash \Box B \iff \mathbf{FA} \vdash B^*.$$

Beweis Zuerst die Richtung „$\Longrightarrow$“. – Gelte $0 \Vdash \Box B$. Da M ein S-korrektes S-Modell ist, folgt aus $0 \Vdash \Box B$ nicht nur $i \Vdash B$ für alle $i \rhd 0$, sondern auch $0 \Vdash B$; es gilt also $i \Vdash B$ für alle $i \in W$. Mit **[19.17]** folgt, dass für alle i die Aussage $\mathsf{Lim}(\boldsymbol{i}) \rightarrow B^*$ in **FA** beweisbar ist, und somit haben wir:

$$\mathbf{FA} \vdash \bigvee_{i \in W} \mathsf{Lim}(\boldsymbol{i}) \rightarrow B^*.$$

Das Vorderglied des Konditionals ist nach **[15.28]**(d) selbst schon beweisbar, woraus sich die Behauptung ergibt.

Wir zeigen nun die Implikation „$\Longleftarrow$". – Gelte $\mathbf{FA} \vdash B^*$, dann ist nach (DC1) auch $\mathsf{Th}(B^*)$ beweisbar, und mit **[20.4]** erhalten wir:

$$\mathbf{FA} \;\vdash\; \mathsf{Lim}(\mathbf{0}) \to (\mathbf{0} \Vdash \Box B).$$

Wenn $0 \nVdash \Box B$ der Fall wäre, dann wäre die Δ-Aussage $\mathbf{0} \Vdash \Box B$ und damit auch $\mathsf{Lim}(\mathbf{0})$ widerlegbar. Das widerspricht aber nach **[15.28]**(j) der ω-Konsistenz. ■

[20.10] Für $\mathcal{L}_{\mathrm{Ar}}$-Aussagen α, die *keine* $\Box_S$-Übersetzungen sind, gilt stets:

$$\mathbb{N} \vDash \mathsf{KltTh}(\alpha) \iff \mathbf{FA} \vdash \alpha.$$

Beweis Gelte $\mathbb{N} \vDash \mathsf{KltTh}(\alpha)$. Da α keine $\Box_S$-Übersetzung ist, muss α im Th-Teil des Verfahrens ausgegeben werden, d.h. es gibt ein $l \in \mathbb{N}$, so dass

$$\mathbb{N} \;\vDash\; \underline{\ulcorner \alpha \urcorner} = \mathsf{thAufz}(\boldsymbol{l}).$$

Dann existiert nach **[17.4]** ein $g \in \mathbb{N}$ mit

$$\mathbb{N} \;\vDash\; \mathsf{TAFlgGAus}(\boldsymbol{l}, \boldsymbol{g}, \underline{\ulcorner \alpha \urcorner}),$$

und daraus folgt mit **[17.3]**:

$$\mathbb{N} \;\vDash\; (\boldsymbol{g})_{\boldsymbol{l}1} = \underline{\ulcorner \alpha \urcorner} \;\wedge\; \mathsf{BFPaar}\big((\boldsymbol{g})_{\boldsymbol{l}}\big).$$

Mit **[17.2]** ergibt sich:

$$\mathbb{N} \;\vDash\; \mathsf{BF}\big((\boldsymbol{g})_{\boldsymbol{l}0}, \alpha\big),$$

also ist $\mathsf{Th}(\alpha)$ wahr, und das bedeutet wegen (SBP2): $\mathbf{FA} \vdash \alpha$.

Gelte $\mathbf{FA} \vdash \alpha$. Dann gilt $\mathbb{N} \vDash \mathsf{Th}(\alpha)$, also existiert ein $b \in \mathbb{N}$ mit $\mathbb{N} \vDash \mathsf{BF}(\boldsymbol{b}, \alpha)$. Für $p := \langle b, \ulcorner \alpha \urcorner \rangle$ folgt: $\mathbb{N} \vDash \mathsf{BFPaar}(\boldsymbol{p})$. Indem wir die (Codenummer g der) ThAufz-Folge geeigneter Länge $l+1$ konstruieren (die also p als letztes Glied enthält, s. **[17.3]**), erhalten wir:

$$\mathbb{N} \;\vDash\; \mathsf{TAFlgGAus}(\boldsymbol{l}, \boldsymbol{g}, \underline{\ulcorner \alpha \urcorner}),$$

und damit:

$$\mathbb{N} \;\vDash\; \underline{\ulcorner \alpha \urcorner} = \mathsf{thAufz}(\boldsymbol{l}).$$

Durch Bildung der (Codenummer der) KltBF-Folge der Länge $l+1$ (deren l-Zeile $\ulcorner \alpha \urcorner$ enthält) können wir schließlich zeigen: $\mathbb{N} \vDash \mathsf{KltTh}(\alpha)$. ■

Aus **[20.8]–[20.10]** folgt unmittelbar: Wenn **FA** ω-konsistent ist, dann erfüllt KltTh(a) Bedingung (SBP2), d. h. für alle $\mathcal{L}_{\text{Ar}}$-Aussagen α gilt: **[20.11]**

$$\mathbb{N} \models \mathsf{KltTh}(\alpha) \iff \mathbf{FA} \vdash \alpha.$$

Im Beweis der folgenden Bemerkung verwenden wir den pTerm max(m, n) mit der Definition **[20.12]**

$$\mathsf{Max}(\mathtt{m},\mathtt{n},\mathtt{l}) \;:=\; \Big[(\mathtt{m}\geq\mathtt{n} \to \mathtt{l}=\mathtt{m}) \wedge (\mathtt{m}<\mathtt{n} \to \mathtt{l}=\mathtt{n})\Big].$$

KltTh(a) erfüllt auch Bedingung (SBP5), d. h. es gilt: **[20.13]**

$$\mathbf{FA} \;\vdash\; \mathsf{KltTh}(\mathtt{a}) \to (\forall\mathtt{n})\,(\exists\mathtt{m}>\mathtt{n})\,\mathsf{KltBF}(\mathtt{m},\mathtt{a}).$$

Für $\Box B \in S$ und $i, j \in W$ mit $i \trianglelefteq j$ gilt: **Beweis**

$$\Box B \in \mathrm{G}_i \implies \Box B \in \mathrm{G}_j.$$

Dies können wir auf die zugehörigen Übersetzungsfolgen übertragen und in **FA** beweisen:

$$\bigwedge_{\Box B\in S}\;\bigwedge_{i,j\in W} (\forall\mathtt{g},\mathtt{h}) \left[\begin{array}{l} \boldsymbol{i} \trianglelefteq \boldsymbol{j} \;\wedge\; \mathtt{g} = \mathsf{übFlg}_{i} \;\wedge\; \mathtt{h} = \mathsf{übFlg}_{j} \\ \wedge\;\; \big(\exists\mathtt{s} < \mathsf{lng}(\mathtt{g})\big)\, \big(\exists\mathtt{t} < \mathsf{lng}((\mathtt{g})_{\mathtt{s}})\big)\; \underline{\ulcorner B^{*}\urcorner} = (\mathtt{g})_{\mathtt{st}} \\ \to\; \big(\exists\mathtt{s} < \mathsf{lng}(\mathtt{h})\big)\, \big(\exists\mathtt{t} < \mathsf{lng}((\mathtt{h})_{\mathtt{s}})\big)\; \underline{\ulcorner B^{*}\urcorner} = (\mathtt{h})_{\mathtt{st}} \end{array}\right]. \tag{1}$$

Wir fahren fort in **FA**. – Es gelte KltTh(a), bzw.:

$$\mathsf{KltBFFolge}(\mathtt{l},\mathtt{f}) \;\wedge\; \mathsf{GibtAus}(\mathtt{m},\mathtt{l},\mathtt{f},\mathtt{a}). \tag{2}$$

Sei n beliebig. Wir setzen:

$$\mathtt{m}_0 \;:=\; \mathsf{max}(\mathtt{m},\mathtt{n}). \tag{3}$$

Nach **[19.11]** gibt es $\mathtt{l}'$, $\mathtt{f}'$ zu $\mathtt{m}_0$, so dass gilt:

$$\mathsf{KltBFFolge}(\mathtt{l}',\mathtt{f}') \;\wedge\; (\mathtt{f}')_{\mathtt{l}'0} \;\leq\; \mathtt{m}_0 \;<\; \mathsf{frStNach}(\mathtt{f}',\mathtt{l}'). \tag{4}$$

Wir unterscheiden wieder, ob a eine $\Box_S$-Übersetzung ist oder nicht:

$\underline{\bigvee_{\Box B\in S} \mathtt{a} = \ulcorner B^{*}\urcorner}$: Wegen (2) ist a in der Übersetzungsfolge zu $\boldsymbol{i} := \mathsf{klt}(\mathtt{l})$ enthalten. Nun ist $\mathtt{l} \leq \mathtt{l}'$, denn andernfalls folgt aus **[19.9]**:

$$\begin{aligned} \mathtt{m} &\overset{(2)}{\geq} (\mathtt{f})_{\mathtt{l}0} \\ &\overset{!}{\geq} (\mathtt{f})_{\mathtt{l}'+1,0} \\ &\overset{[18.19]}{=} \mathsf{frStNach}(\mathtt{f},\mathtt{l}') \\ &\overset{[19.7]}{=} \mathsf{frStNach}(\mathtt{f}',\mathtt{l}') \\ &\overset{(4)}{>} \mathtt{m}_0, \end{aligned}$$

im Widerspruch zu (3). Wegen **[15.28]**(b) ist $i \trianglelefteq$ klt($\mathtt{l}'$+$\mathtt{1}$) =: j, also muss a wegen (1) auch in der Übersetzungsfolge zu j enthalten sein. Ist $\mathtt{f}''$ die zu $\mathtt{l}'' := \mathtt{l}'+\mathtt{1}$ gehörige KltBF-Folge, so gibt es daher ein $\mathtt{m}'' \geq (\mathtt{f}'')_{\mathtt{l}''\mathtt{0}}$, so dass GibtAus($\mathtt{m}''$, $\mathtt{l}''$, $\mathtt{f}''$, a) und somit KltBF($\mathtt{m}''$, a) gilt.

$\bigwedge_{\Box B \in S} \mathtt{a} \neq \ulcorner B^* \urcorner$: Nach **[17.19]** existiert ein $\mathtt{l}'' > \mathtt{l}'$, so dass a = thAufz($\mathtt{l}''$). Mit der zu $\mathtt{l}''$ gehörigen KltBF-Folge $\mathtt{f}''$ und $\mathtt{m}'' := (\mathtt{f}'')_{\mathtt{l}''\mathtt{0}}$ gilt dann GibtAus($\mathtt{m}''$, $\mathtt{l}''$, $\mathtt{f}''$, a) und KltBF($\mathtt{m}''$, a).

In beiden Fällen ist $\mathtt{l}'' \geq \mathtt{l}'+\mathtt{1}$ und $\mathtt{m}'' \geq (\mathtt{f}'')_{\mathtt{l}''\mathtt{0}}$. Mit **[19.9]** folgt:

$$\begin{aligned} \mathtt{m}'' &\geq (\mathtt{f}'')_{\mathtt{l}''\mathtt{0}} \\ &\overset{!}{\geq} (\mathtt{f}'')_{\mathtt{l}'+\mathtt{1},\mathtt{0}} \\ &\overset{[18.19]}{=} \mathsf{frStNach}(\mathtt{f}'', \mathtt{l}') \\ &\overset{[19.7]}{=} \mathsf{frStNach}(\mathtt{f}', \mathtt{l}') \\ &\overset{(4)}{>} \mathtt{m}_0 \\ &\overset{(3)}{\geq} \mathtt{n}, \end{aligned}$$

womit die Behauptung bewiesen wäre. ∎

[20.14] Aus **[20.6]**, **[20.11]** und **[20.13]** folgt, dass KltTh(a) ein SBP ist, wenn **FA** ω-konsistent ist.

21 Arithmetische Vollständigkeitssätze für R und RS

[21.1] Wir beweisen den arithmetischen Vollständigkeitssatz für **R** nicht in der (stärkeren) ‚relativen' Version (s. **[13.14]**), die für ein SBP Th(a) besagen würde: Jede $\mathcal{L}_\mathrm{R}$-Formel, die *bezüglich* Th(a) immer beweisbar ist, ist in **R** ableitbar. Das liegt daran, dass es jetzt auf die Reihenfolge ankommt, in der uns die zugehörige Formel BF(b, a) Theoreme liefert; und darüber haben wir in **[4.2]** keinerlei Voraussetzungen gemacht. Stattdessen zeigen wir folgende etwas schwächere Aussage.

[21.2] Wenn **FA** ω-konsistent ist, dann gibt es für ein SBP Th(a) und eine $\mathcal{L}_\mathrm{R}$-Formel A mit

$$\mathbf{R} \nvdash A$$

stets ein SBP

$$\mathsf{KltTh}(\mathtt{a}) \;=\; (\exists \mathtt{m})\,\mathsf{KltBF}(\mathtt{m},\mathtt{a})$$

mit

$$\mathbf{FA} \;\vdash\; \mathsf{Th}(\mathtt{a}) \leftrightarrow \mathsf{KltTh}(\mathtt{a})$$

und eine Übersetzung * bezüglich $\mathsf{KltTh}(\mathtt{a})$, so dass gilt:

$$\mathbf{FA} \nvdash A^*.$$

Zusammen mit dem Korrektheitssatz **[13.33]** erhalten wir dann sofort als Korollar: **[21.3]**

Arithmetischer Vollständigkeitssatz für R (Guaspari und Solovay 1979). Wenn **FA** ω-konsistent ist, dann ist **R** arithmetisch korrekt und vollständig für die Beweisbarkeit in **FA**; es gilt also für alle $\mathcal{L}_{\mathrm{R}}$-Formeln A: **[21.4]**

$$\mathbf{R} \vdash A \quad\Longleftrightarrow\quad \text{für alle Übersetzungen * gilt: } \mathbf{FA} \vdash A^*.$$

Um Satz **[21.2]** zu beweisen, verfahren wir zunächst ähnlich wie beim Beweis des Solovayschen Vollständigkeitssatzes. Da A nicht **R**-ableitbar ist, gibt es nach dem semantischen Vollständigkeitssatz **[12.21]** ein A-korrektes 1W-Modell $M'' = \big([n], \lhd'', \Vdash''\big)$ für $\mathcal{L}_{\mathrm{R}}$ mit Wurzel 1, in dem A ungültig ist. **[21.5]**

Für uns ist nur die Gültigkeit endlich vieler Formeln von Belang: S_A sei die kleinste adäquate Menge, die A enthält; wir reduzieren die $\mathcal{L}_{\mathrm{R}}$-Gültigkeitsbeziehung $\Vdash''$ von M'' auf eine S_A-Gültigkeitsbeziehung $\Vdash'$ für $\big([n], \lhd''\big)$ und erhalten damit ein immer noch A-(bzw. S_A-)korrektes S_A-Modell M'. **[21.6]**

Wir können nun **[12.4]** anwenden: Wir fügen zu dem 1W-Baum $\big([n], \lhd''\big)$ die zusätzliche Welt 0 vor der Wurzel 1 hinzu und erweitern $\Vdash'$entsprechend zu $\Vdash$, indem wir in 0 die Gültigkeitsverhältnisse aus 1 übernehmen. So erhalten wir einen 1W-Baum $R = (W, \lhd)$ mit $W = \{0, \ldots, n\}$ und der Wurzel 0 und ein darauf basierendes S_A-korrektes S_A-Modell $M := (W, \lhd, \Vdash)$. **[21.7]**

Wir nehmen an, **FA** sei ω-konsistent. Nach **[19.17]**, **[20.5]** und **[20.14]** erhalten wir eine $\mathcal{L}_{\mathrm{Ar}}$-Formel $\mathsf{Lim}(\mathtt{j})$ (mit den Eigenschaften in **[15.28]**), ein zu $\mathsf{Th}(\mathtt{a})$ äquivalentes SBP $\mathsf{KltTh}(\mathtt{a})$ und eine $\mathcal{L}_{\mathrm{R}}$-Übersetzung * bezüglich $\mathsf{KltTh}(\mathtt{a})$, so dass die in **[19.17]** angegebenen Repräsentierungsbedingungen erfüllt sind. **[21.8]**

Dann ist A^* nicht **FA**-beweisbar (womit **[21.2]** bewiesen wäre).

Beweis Nach **[21.5]**–**[21.7]** gibt es ein $i \in W \setminus \{0\}$ mit $i \nVdash A$. Mit **[19.17]** folgt:

$$\mathbf{FA} \vdash \mathsf{Lim}(\boldsymbol{i}) \to \neg A^*,$$

mit (DC1) und (DC2) erhalten wir:

$$\mathbf{FA} \vdash \mathsf{Th}(A^*) \to \mathsf{Th}(\neg\mathsf{Lim}(\boldsymbol{i})),$$

und wegen $0 \lhd i$ ergibt sich mittels **[15.28]**(g):

$$\mathbf{FA} \vdash \mathsf{Th}(A^*) \to \neg\mathsf{Lim}(\mathbf{0}).$$

Wäre nun A^* beweisbar, so nach (DC1) auch $\mathsf{Th}(A^*)$, und $\mathsf{Lim}(\mathbf{0})$ wäre daher widerlegbar. Dies widerspricht aber laut **[15.28]**(j) der ω-Konsistenz von **FA**. ■

[21.9] Auch im Falle von $\mathcal{L}_\mathrm{R}$ kann man neben den immer beweisbaren die immer wahren Formeln durch ein formales System charakterisieren. Dieses System **RS** beruht auf **R** wie **GLS** auf **GL**.

Wir nehmen im Folgenden wieder an, dass **FA** korrekt ist.

[21.10] Das System **RS** (in Guaspari und Solovay 1979 $\mathbf{R}^\omega$ genannt) besitzt als Axiome:

- alle Theoreme von **R**,
- alle Korrektheitsaxiome $\Box A \to A$ in $\mathcal{L}_\mathrm{R}$,

und als einzige Regel den Modus ponens. (Tatsächlich genügen statt der Theoreme von **R** die von $\mathbf{R}^-$ (s. **[11.2]**, **[11.3]**), da die Denecessitationsregel in **RS** offensichtlich ableitbar ist.)

[21.11] **Arithmetischer Korrektheitssatz für RS.** Wenn **FA** korrekt ist, dann sind alle Theoreme von **RS** immer wahr; d.h. dann gilt für alle $\mathcal{L}_\mathrm{R}$-Formeln A:

$$\mathbf{RS} \vdash A \quad \Longrightarrow \quad \text{für alle Übersetzungen } {}^* \text{ gilt: } \mathbb{N} \vDash A^*.$$

Beweis Ganz analog wie bei **GLS** (s. **[16.8]**). ■

[21.12] **Arithmetischer Vollständigkeitssatz für RS** (Guaspari und Solovay 1979). Wenn **FA** korrekt ist, dann sind alle immer wahren $\mathcal{L}_\mathrm{R}$-Formeln in **RS** ableitbar, und für alle $\mathcal{L}_\mathrm{R}$-Formeln A sind folgende Bedingungen äquivalent:

(a) $\mathbf{RS} \vdash A$,

(b) für alle SBP'e $\mathsf{Th}(\mathsf{a})$ und alle Übersetzungen * bezüglich $\mathsf{Th}(\mathsf{a})$ gilt: $\mathbb{N} \vDash A^*$,

(c) $\mathbf{R} \vdash \mathrm{S}A \to A$.

(Dabei genügt es, wenn Bedingung (b) eingeschränkt wird auf die SBP'e $\mathsf{Th}(\mathsf{a})$, die beweisbar äquivalent zu irgendeinem vorgegebenen SBP sind.)

Wir zeigen die Gültigkeit der Implikationen **[21.13]**

$$\text{(b)} \implies \text{(c)} \implies \text{(a);}$$

dadurch wird die Vollständigkeit bewiesen. Aufgrund des Korrektheitssatzes folgt außerdem (b) aus (a), deswegen sind (a), (b) und (c) äquivalent.

Die Beziehung (c) $\implies$ (a) erhalten wir ganz analog wie im Falle von **GLS** (s. **[16.19]**). **[21.14]**

Wir zeigen (b) $\implies$ (c) durch Kontraposition. Sei A eine $\mathcal{L}_{\mathrm{R}}$-Formel mit **[21.15]**

$$\mathbf{R} \nvdash \mathrm{S}A \rightarrow A;$$

wir werden eine Übersetzung * angeben, so dass A^* falsch ist.

Nach dem semantischen Vollständigkeitssatz für **R** (**[12.21]**) existiert ein 1W-Modell, in dem $\mathrm{S}A \rightarrow A$ ungültig ist; es gibt also in diesem $\mathcal{L}_{\mathrm{R}}$-Modell eine Welt w, in der $\mathrm{S}A \rightarrow A$ nicht gilt. Nach **[10.7]** können wir zu dem von w erzeugten Untermodell übergehen, das nach **[10.8]** auf einem 1W-Baum mit Wurzel w basiert.

S_A sei die kleinste adäquate Menge, die A enthält. Indem wir die Gültigkeitsbeziehung des Untermodells auf Formeln aus S_A einschränken, erhalten wir ein S_A-Modell $M' = (W', \lhd', \Vdash')$. Wir können o. B. d. A. annehmen, dass die Grundmenge W' gleich $[n]$ ist für ein $n > 0$ und dass $w = 1$ ist. Im Ausgangsmodell war $\mathrm{S}A \rightarrow A$ ungültig in w, daher haben wir jetzt nach **[12.3]**:

$$\big(1 \Vdash' \Box C \implies 1 \Vdash' C\big) \qquad \text{für alle } \Box C \text{ in } A$$

und

$$1 \nVdash' A.$$

M' ist also A-korrekt, und wir können **[12.4]** anwenden und 0 als zusätzliche Welt vor 1 (mit denselben Gültigkeitsverhältnissen) hinzufügen. Das neue S_A-Modell nennen wir $M = (W, \lhd, \Vdash)$, wobei $W = \{0, \ldots, n\}$ ist.

Zu dem Modell M konstruieren wir wieder einen pTerm $\mathsf{klt}(1)$ und eine $\mathcal{L}_{\mathrm{Ar}}$-Formel $\mathsf{Lim}(\mathsf{j})$ mit den in **[15.28]** angegebenen Eigenschaften, sowie ein SBP $\mathsf{KltTh}(\mathsf{a})$ und eine Übersetzung * bezüglich $\mathsf{KltTh}(\mathsf{a})$, für die **[19.17]** gilt.

Wegen **[19.17]** können wir aus $0 \nVdash A$ schließen:

$$\mathbf{FA} \vdash \mathsf{Lim}(\mathbf{0}) \rightarrow \neg A^*,$$

aufgrund der Korrektheit folgt:

$$\mathbb{N} \models \mathsf{Lim}(\mathbf{0}) \rightarrow \neg A^*,$$

und **[15.28]**(k) liefert:

$$\mathbb{N} \nvDash A^*,$$

was zu beweisen war.

[21.16] Analog wie im Falle von **GLS** (s. [16.23]) folgt aus dem arithmetischen Vollständigkeitssatz für **RS** die Entscheidbarkeit von **RS**.

22 Anwendungen

[22.1] Als Anwendung des arithmetischen Vollständigkeitssatzes für **RS** beweisen wir einige Aussagen über Rosser-Sätze und Rosser-Beweisbarkeitsprädikate. Dabei werden wir mehrfach Gebrauch von folgendem Korollar machen.

[22.2] Sei A eine $\mathcal{L}_{\mathrm{R}}$-Formel. Wenn **FA** korrekt ist und es ein A-korrektes 1W-Modell gibt, an dessen Wurzel A gilt, dann gibt es ein SBP $\mathsf{Th}(\mathsf{a})$ und eine Übersetzung * bezüglich $\mathsf{Th}(\mathsf{a})$, so dass A^* wahr ist. (Dabei kann $\mathsf{Th}(\mathsf{a})$ beweisbar äquivalent zu einem vorgegebenen SBP gewählt werden.)

Beweis Sei M ein A-korrektes 1W-Modell, an dessen Wurzel A gilt. Dann ist M insbesondere $(\mathrm{S}(\neg A) \to \neg A)$-korrekt, und $\mathrm{S}(\neg A) \to \neg A$ ist ungültig in M. Aufgrund der semantischen Korrektheit von **R** ([12.21]) folgt:

$$\mathbf{R} \nvdash \mathrm{S}(\neg A) \to \neg A,$$

und wegen der arithmetischen Vollständigkeit von **RS** (s. [21.12]) gibt es ein SBP $\mathsf{Th}(\mathsf{a})$ und eine Übersetzung * bezüglich $\mathsf{Th}(\mathsf{a})$, so dass $\mathbb{N} \nvDash \neg A^*$. ■

[22.3] Wir haben in [13.24] gezeigt, dass alle Gödel-Sätze beweisbar äquivalent zueinander sind (für ein beliebiges gegebenes SBP). Für Rosser-Sätze (s. [4.19]) ist die Lage nicht so klar. Man kann SBP'e konstruieren, so dass alle zugehörigen Rosser-Sätze beweisbar äquivalent sind (s. Kapitel VI); es gibt aber auch SBP'e, für die dies nicht der Fall ist – wie wir jetzt zeigen werden.

[22.4] **(Inäquivalente Rosser-Sätze**, vgl. [27.2]**)** Wenn **FA** korrekt ist, dann gibt es ein SBP $\mathsf{Th}(\mathsf{a})$ (wenn nötig beweisbar äquivalent zu einem vorgegebenen SBP) und Rosser-Sätze ρ_1, ρ_2 bezüglich $\mathsf{Th}(\mathsf{a})$, so dass ρ_1, ρ_2 sigma sind und es gilt:

$$\mathbf{FA} \nvdash \rho_1 \leftrightarrow \rho_2.$$

[22.5] Diese Aussage beweisen wir in den folgenden Bemerkungen ([22.6]–[22.12]).

Wir suchen ein SBP $\mathsf{Th}(\mathsf{a})$ und $\mathcal{L}_{\mathrm{Ar}}$-Aussagen ρ_1, ρ_2 mit [22.6]

$$\mathbf{FA} \vdash \rho_i \leftrightarrow \mathsf{Th}(\neg\rho_i) \prec \mathsf{Th}(\rho_i) \qquad (i = 1, 2)$$

und

$$\mathbf{FA} \nvdash \rho_1 \leftrightarrow \rho_2.$$

Diese Bedingungen können wir wegen (SBP2) auch so ausdrücken, dass in $\mathbb{N}$ gelten soll:

$$\mathsf{Th}\big(\rho_1 \leftrightarrow \mathsf{Th}(\neg\rho_1) \prec \mathsf{Th}(\rho_1)\big) \ \wedge\ \mathsf{Th}\big(\rho_2 \leftrightarrow \mathsf{Th}(\neg\rho_2) \prec \mathsf{Th}(\rho_2)\big) \ \wedge\ \neg\mathsf{Th}(\rho_1 \leftrightarrow \rho_2).$$

Dazu genügt es nach **[22.2]**, ein 1W-Modell zu konstruieren, an dessen Wurzel

$$A \ := \ \Big(\Box(B \leftrightarrow \Box\neg B \prec \Box B) \ \wedge\ \Box(C \leftrightarrow \Box\neg C \prec \Box C) \ \wedge\ \neg\Box(B \leftrightarrow C)\Big)$$

(für Σ-Formeln B, C) gilt und das zudem A-korrekt ist; denn dann erhalten wir eine Übersetzung *, für die A^* wahr ist, und $\rho_1 := B^*$ und $\rho_2 := C^*$ sind nach **[13.29]** sigma.

Ich demonstriere an diesem Beispiel, wie man auf ein geeignetes Modell kommt, bevor ich beweise, dass die Struktur, die wir beschreiben werden, tatsächlich ein A-korrektes $\mathcal{L}_{\mathrm{R}}$-Modell ist. [22.7]

Wir verwenden für $\mathcal{L}_{\mathrm{R}}$-Formeln D die Abkürzung [22.8]

$$\mathrm{R}D \ := \ (\Box\neg D \prec \Box D).$$

Wir vernachlässigen zunächst die Forderung, dass es sich bei B und C um Σ-Formeln handeln soll, und verwenden stattdessen Aussagevariablen p, q. Wir suchen also ein 1W-Modell – als dessen Wurzel wir 0 wählen können –, so dass gilt: [22.9]

$$0 \Vdash \Box(p \leftrightarrow \mathrm{R}p), \qquad (1)$$

$$0 \Vdash \Box(q \leftrightarrow \mathrm{R}q), \qquad (2)$$

$$0 \nVdash \Box(p \leftrightarrow q). \qquad (3)$$

Um (3) zu erfüllen, brauchen wir eine weitere Welt $1 \rhd 0$ mit

$$1 \nVdash p \leftrightarrow q. \qquad (4)$$

Aus Symmetriegründen dürfen wir einfach annehmen, es gelte

$$1 \Vdash p \quad \text{und} \quad 1 \nVdash q, \qquad (5)$$

wodurch (4) gewährleistet wäre. Wegen (1) und (2) muss gelten:

$$1 \Vdash p \leftrightarrow \mathrm{R}p,\ q \leftrightarrow \mathrm{R}q,$$

und somit:

$$1 \Vdash \mathrm{R}p \quad \text{und} \quad 1 \nVdash \mathrm{R}q,$$

d.h.

$$1 \Vdash \Box\neg p \prec \Box p \tag{6}$$

und

$$1 \nVdash \Box\neg q \prec \Box q. \tag{7}$$

Sofern 1 ein Astende bleibt, haben wir $1 \Vdash \Box q, \Box\neg q$ und so müssen die beiden Box-Formeln bei 1 in irgendeinem Ordnungsverhältnis zueinander stehen. Bedingung (7) erfordert daher, dass wir setzen:

$$1 \Vdash \Box q \preccurlyeq \Box\neg q.$$

Wenn wir den Rahmen so belassen, dann gilt allerdings $0 \Vdash \Box p, \neg\Box\neg p$ aufgrund von (5), und daher $0 \Vdash \Box p \prec \Box\neg p$, was wegen (6) der Σ-Persistenz widerspricht. (Ähnliches gilt für q.) Wir führen also noch eine zusätzliche Welt $2 \rhd 0$ (ohne Zugänglichkeitsbeziehung zu 1) ein, für die

$$2 \nVdash p \quad \text{und} \quad 2 \Vdash q \tag{8}$$

gelten soll. Somit haben wir (s. (5)):

$$0 \nVdash \Box p,\ \Box\neg p,\ \Box q,\ \Box\neg q, \tag{9}$$

was uns auf zweierlei Weise das Leben erleichtert: Zum einen müssen (und können) wir die vier Box-Formeln in 0 nicht prä-ordnen, so dass wir in den beiden Nachfolgerwelten 1, 2 desbezüglich jeweils freie Hand haben; zum anderen ist die A-Korrektheit desto leichter zu erhalten, je weniger Box-Teilformeln in der Wurzel gelten, da aus $0 \nVdash \Box D$ automatisch $0 \Vdash \Box D \rightarrow D$ folgt.

Aus (8) ergibt sich wegen (1) und (2) weiterhin:

$$2 \nVdash \mathrm{R}p \quad \text{und} \quad 2 \Vdash \mathrm{R}q,$$

also

$$2 \Vdash \Box p \preccurlyeq \Box\neg p,\ \Box\neg q \prec \Box q.$$

Wegen (9) können in 0 keine Ordnungsbeziehungen zwischen $\Box p$, $\Box\neg p$, $\Box q$ und $\Box\neg q$ gelten; insbesondere folgt:

$$0 \nVdash \mathrm{R}p,\ \mathrm{R}q.$$

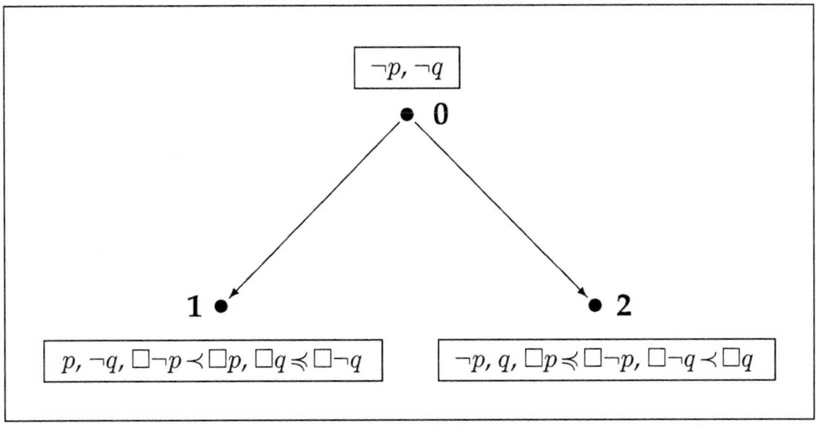

Abbildung 22.1: Ein Modell für A.

Nun erfordert die A-Korrektheit wegen (1) und (2), dass gilt:

$$0 \Vdash p \leftrightarrow \mathrm{R}p,\ q \leftrightarrow \mathrm{R}q,$$

daher müssen wir setzen:

$$0 \nVdash p,\ q.$$

Somit ergibt sich das in Abbildung 22.1 gezeigte Bild.

Statt Aussagevariablen p, q wollen wir eigentlich Σ-Formeln B, C haben, die unsere Forderungen erfüllen. Dazu setzen wir [22.10]

$$B \ := \ \big(\Box\bot \prec \Box(\bot \wedge \bot)\big)$$

und

$$C \ := \ \big(\Box(\bot \wedge \bot) \prec \Box\bot\big).$$

Die beiden verwendeten Box-Formeln können in 0 nicht gelten und also auch nicht prä-geordnet werden, womit $0 \nVdash B, C$ gewährleistet wäre. Außerdem können wir sie in den Astenden 1, 2 nach Belieben ordnen, wobei B und C sich stets gegenseitig ausschließen.

Im nächsten Schritt werden wir feststellen, ob wir auf dieser Grundlage tatsächlich ein Modell mit den gewünschten Eigenschaften konstruieren können oder ob sich doch irgendwo Widersprüche verbergen. [22.11]

$R := \big(\{0,1,2\}, \lhd\big)$ sei der in **[22.9]** dargestellte 1W-Baum mit der Wurzel 0. [22.12]

Wir wenden das in [10.2] beschriebene Konstruktionsverfahren an, um zu dem gewünschten Modell zu gelangen.

Wir beginnen mit den Formeln $\bot$ und

$$2\bot \;:=\; (\bot \wedge \bot).$$

Die adäquate Menge aller Teilformeln von $2\bot$ heiße S_0. Die zugehörige Gültigkeitsbeziehung ist offensichtlich eindeutig bestimmt. Es gilt:

$$\bot, 2\bot \;\in\; S_0 \;\not\ni\; \Box\bot, \Box 2\bot,$$

und wir setzen

$$X_0 \;:=\; \{\Box\bot, \Box 2\bot\}.$$

Die zu R und $S_0 \dot{\cup} X_0$ gehörige Gültigkeitsbeziehung nennen wir $\Vdash_0$. Es gilt:

$$0 \;\nVdash_0\; \Box\bot, \Box 2\bot$$

und

$$i \;\Vdash_0\; \Box\bot, \Box 2\bot \qquad (i = 1, 2).$$

Wir fügen zu $S_0 \dot{\cup} X_0$ die aus $\Box\bot$ und $\Box 2\bot$ zusammensetzbaren Ordnungsformeln hinzu und erhalten eine adäquate Menge S_0'. Via Rekursion durch den Baum R können wir eine S_0'-Gültigkeitsbeziehung $\Vdash_0' \supset \Vdash_0$ definieren. Da keine der beiden Box-Formeln in 0 gilt, haben wir (mit den Bezeichnungen aus [22.10]):

$$0 \nVdash_0' B, C, \tag{1}$$

und wir können $\Box\bot$ und $\Box 2\bot$ in 1 und 2 jeweils prä-ordnen, wie wir wollen. Wir fordern also:

$$1 \Vdash_0' B \quad \text{und} \quad 2 \Vdash_0' C, \tag{2}$$

was zur Folge hat:

$$1 \nVdash_0' C \quad \text{und} \quad 2 \nVdash_0' B. \tag{3}$$

Wir bilden den aussagenlogischen Abschluss von S_0', d.i. die Menge aller Zusammensetzungen von Formeln aus S_0' mittels $\rightarrow$, und erhalten eine adäquate Menge S_1 mit

$$B, \neg B, C, \neg C \;\in\; S_1 \;\not\ni\; \Box B, \Box\neg B, \Box C, \Box\neg C.$$

Wir setzen:

$$X_1 \;:=\; \{\Box B, \Box\neg B, \Box C, \Box\neg C\},$$

dann gibt es genau eine $(S_1 \dot{\cup} X_1)$-Gültigkeitsbeziehung $\Vdash_1 \supset \Vdash_0'$, und es gilt:

$$0 \;\nVdash_1\; \Box B, \Box\neg B, \Box C, \Box\neg C, \tag{4}$$

wohingegen in den Astenden 1, 2 natürlich alle Box-Formeln gelten.

Wir erweitern $S_1 \dot{\cup} X_1$ zu einer adäquaten Menge S_1', indem wir die nötigen Ordnungsformeln (insbesondere $\mathrm{R}B = (\Box\neg B \prec \Box B)$ und $\mathrm{R}C = (\Box\neg C \prec \Box C)$) hinzufügen, und definieren eine passende Gültigkeitsbeziehung $\Vdash_1' \supset \Vdash_1$. In 0 gelten immer noch keine Ordnungsformeln, daher müssen wir bei der Anordnung der Box-Formeln in 1 und 2 nur (2) berücksichtigen. Wir legen fest:

$$\{\Box\bot, \Box\neg B, \Box C, \Box\neg C\} \quad \prec_1^{\Vdash_1'} \quad \{\Box 2\bot, \Box B\}$$

und

$$\{\Box 2\bot, \Box B, \Box\neg B, \Box\neg C\} \quad \prec_2^{\Vdash_1'} \quad \{\Box\bot, \Box C\};$$

damit gilt:

$$1 \Vdash_1' \mathrm{R}B \quad \text{und} \quad 1 \nVdash_1' \mathrm{R}C \tag{5}$$

sowie

$$2 \Vdash_1' \mathrm{R}C \quad \text{und} \quad 2 \nVdash_1' \mathrm{R}B. \tag{6}$$

S_2 sei der aussagenlogische Abschluss von S_1', dann ist S_2 adäquat und es gilt:

$$B \leftrightarrow \mathrm{R}B,\ C \leftrightarrow \mathrm{R}C,\ B \leftrightarrow C \quad \in \quad S_2 \quad \not\ni \quad \Box(B \leftrightarrow \mathrm{R}B),\ \Box(C \leftrightarrow \mathrm{R}C),\ \Box(B \leftrightarrow C).$$

Definieren wir

$$X_2 \quad := \quad \{\Box(B \leftrightarrow \mathrm{R}B),\ \Box(C \leftrightarrow \mathrm{R}C),\ \Box(B \leftrightarrow C)\},$$

so gibt es genau eine $(S_2 \dot{\cup} X_2)$-Gültigkeitsbeziehung $\Vdash_2 \supset \Vdash_1'$, und zwar haben wir nach (2)–(6):

$$i \Vdash_2 B \leftrightarrow \mathrm{R}B,\ C \leftrightarrow \mathrm{R}C \qquad (i = 1, 2)$$

also:

$$0 \Vdash_2 \Box(B \leftrightarrow \mathrm{R}B),\ \Box(C \leftrightarrow \mathrm{R}C), \tag{7}$$

und weiter:

$$i \nVdash_2 B \leftrightarrow C \qquad (i = 1, 2), \tag{8}$$

also:

$$0 \nVdash_2 \Box(B \leftrightarrow C). \tag{9}$$

Außerdem ergibt sich aus (1) und (4):

$$0 \nVdash_2 B,\ C,\ \mathrm{R}B,\ \mathrm{R}C,$$

woraus folgt:

$$0 \Vdash_2 B \leftrightarrow \mathrm{R}B,\ C \leftrightarrow \mathrm{R}C. \tag{10}$$

Die kleinste adäquate Obermenge von $S_2 \dot{\cup} X_2$ nennen wir S_2'. Wir erhalten eine S_2'-Gültigkeitsbeziehung $\Vdash_2' \supset \Vdash_2$ durch die Setzungen

$$\Box(B \leftrightarrow \mathrm{R}B) \equiv_0^{\Vdash_2'} \Box(C \leftrightarrow \mathrm{R}C),$$

$$\{\Box\bot, \Box\neg B, \Box C, \Box\neg C, \Box(B \leftrightarrow \mathrm{R}B), \Box(C \leftrightarrow \mathrm{R}C), \Box(B \leftrightarrow C)\} \prec_1^{\Vdash_2'} \{\Box 2\bot, \Box B\},$$

$$\{\Box 2\bot, \Box B, \Box\neg B, \Box\neg C, \Box(B \leftrightarrow \mathrm{R}B), \Box(C \leftrightarrow \mathrm{R}C), \Box(B \leftrightarrow C)\} \prec_2^{\Vdash_2'} \{\Box\bot, \Box C\}.$$

Nun ist $(W, \lhd, \Vdash_2')$ ein S_2'-Modell, und wir können $\Vdash_2'$ nach **[10.3]** zu einer $\mathcal{L}_\mathrm{R}$-Gültigkeitsbeziehung $\Vdash$ erweitern. Das so entstandene 1W-Modell M hat die gewünschten Eigenschaften: Aus (7) und (9) folgt $0 \Vdash A$, und M ist A-korrekt wegen (10), weil $\Box(B \leftrightarrow \mathrm{R}B)$ und $\Box(C \leftrightarrow \mathrm{R}C)$ die einzigen Box-Teilformeln von A sind, die in 0 gelten.

Damit ist der Beweis von **[22.4]** abgeschlossen.

[22.13] Man mag auf die Idee kommen, wir hätten ein etwas stärkeres Ergebnis erzielen können, nämlich die Beweisbarkeit der Inäquivalenz,

$$\mathbf{FA} \vdash \neg(\rho_1 \leftrightarrow \rho_2),$$

anstelle der Unbeweisbarkeit der Äquivalenz,

$$\mathbf{FA} \nvdash \rho_1 \leftrightarrow \rho_2,$$

der Rosser-Sätze ρ_1, ρ_2. Denn wir haben in dem konstruierten Modell wegen **[22.12]**(8) nicht nur

$$0 \nVdash \Box(B \leftrightarrow C),$$

sondern sogar

$$0 \Vdash \Box\neg(B \leftrightarrow C).$$

Jedoch eignet sich wenigstens das von uns angegebene Modell nicht zum Beweis der stärkeren Aussage, denn wenn wir $\Box\neg(B \leftrightarrow C)$ statt $\neg\Box(B \leftrightarrow C)$ in der Formel A geschrieben hätten, dann wäre wegen **[22.12]**(1) die A-Korrektheit des Modells verlorengegangen.

[22.14] Im Folgenden zeigen wir, dass das Rosser-Beweisbarkeitsprädikat

$$\mathsf{RTh(a)} \quad = \quad \big(\mathsf{Th(a)} \prec \mathsf{Th}(\ominus \mathsf{a})\big)$$

nicht notwendigerweise die Eigenschaften (SBP3) und (SBP4) von SBP'en hat (s. **[4.13]**, **[4.15]**, **[4.30]**).

[22.15] Wir verwenden für $\mathcal{L}_\mathrm{R}$-Formeln A die Abkürzung

$$\Box^\mathrm{R} A \quad := \quad (\Box A \prec \Box\neg A),$$

die bei Übersetzung die Rosser-Beweisbarkeit ausdrückt.

(Das Beweisbarkeitsprädikat $\mathsf{RTh}(\mathsf{a})$ **kann (SBP3) verletzen)** Wenn **FA** korrekt ist, dann gibt es SBP'e $\mathsf{Th}(\mathsf{a})$ (gegebenenfalls beweisbar äquivalent zu einem vorgegebenen SBP), so dass das zugehörige Rosser-Beweisbarkeitsprädikat Bedingung (SBP3) nicht erfüllt, d.h. so dass $\mathcal{L}_{\mathrm{Ar}}$-Aussagen α, β existieren mit [22.16]

$$\mathbf{FA} \nvdash \mathsf{RTh}(\alpha \to \beta) \to \big(\mathsf{RTh}(\alpha) \to \mathsf{RTh}(\beta)\big).$$

Dabei können wir sogar erreichen, dass α und β sigma sind.

Aufgrund von **[22.2]** genügt es, zu der Formel **Beweis**

$$A \quad := \quad \neg\Box\Big[\Box^{\mathrm{R}}(B \to C) \to \big(\Box^{\mathrm{R}} B \to \Box^{\mathrm{R}} C\big)\Big]$$

ein A-korrektes 1W-Modell anzugeben, an dessen Wurzel A gilt. Dabei sollen die Formeln B und C in Σ sein.

Wir gehen ähnlich vor wie in **[22.12]**, insbesondere verwenden wir denselben Baum R und wiederum die Formeln $B = (\Box\bot \prec \Box 2\bot)$ und $C = (\Box 2\bot \prec \Box\bot)$. Wir haben bereits in **[22.12]** gesehen, dass es zu S_1, dem aussagenlogischen Abschluss der kleinsten adäquaten Menge, die $\Box\bot$ und $\Box 2\bot$ enthält, eine S_1-Gültigkeitsbeziehung $\Vdash_1$ gibt mit

$$0 \nVdash_1 \Box\bot, \Box 2\bot, B, C,$$

$$1 \Vdash_1 B \quad \text{und} \quad 1 \nVdash_1 C, \tag{1}$$

$$2 \nVdash_1 B \quad \text{und} \quad 2 \Vdash_1 C. \tag{2}$$

Es folgt:

$$1 \nVdash_1 B \to C$$

und

$$2 \Vdash_1 B \to C.$$

Wir fügen zu S_1 die Formeln $\Box B$, $\Box\neg B$, $\Box C$, $\Box\neg C$, $\Box(B \to C)$ und $\Box\neg(B \to C)$ sowie die zugehörigen Ordnungsformeln hinzu und bilden den aussagenlogischen Abschluss S_2. Dann gilt für jede S_2-Gültigkeitsbeziehung $\Vdash_2 \supset \Vdash_1$:

$$0 \nVdash_2 \Box B,\ \Box\neg B,\ \Box C,\ \Box\neg C,\ \Box(B \to C),\ \Box\neg(B \to C),$$

es ist also in 0 keine, aber in 1, 2 jede der vorkommenden Box-Formeln gültig. Daher gelten in 0 keine Ordnungsbeziehungen zwischen ihnen, und wir können (im Einklang mit (1) und (2)) festlegen:

$$\{\Box\bot,\ \Box B,\ \Box C,\ \Box\neg C,\ \Box(B \to C)\} \prec_1^{\Vdash_2} \{\Box 2\bot,\ \Box\neg B,\ \Box\neg(B \to C)\},$$

$$\{\Box 2\bot,\ \Box B,\ \Box C,\ \Box\neg C,\ \Box(B \to C)\} \prec_2^{\Vdash_2} \{\Box\bot,\ \Box\neg B,\ \Box\neg(B \to C)\}.$$

Es folgt:

$$i \Vdash_2 \Box(B \to C) \prec \Box\neg(B \to C),\ \Box B \prec \Box\neg B,\ \neg(\Box C \prec \Box\neg C) \qquad (i = 1, 2),$$

und daraus:

$$i \nVdash_2 \Box^{\mathrm{R}}(B \to C) \to \left(\Box^{\mathrm{R}} B \to \Box^{\mathrm{R}} C\right) \qquad (i = 1, 2).$$

Also haben wir $0 \Vdash_2 A$; und da in 0 auch keine einzige Box-Teilformel von A gilt, bildet R zusammen mit $\Vdash_2$ ein A-korrektes S_2-Modell und wir erhalten das gewünschte Modell durch Erweitern von $\Vdash_2$ zu einer $\mathcal{L}_{\mathrm{R}}$-Gültigkeitsbeziehung. ■

[22.17] Es gilt eine zu **[22.13]** analoge Bemerkung: Der Versuch, die Formel

$$A' \ :=\ \Box\neg\left[\Box^{\mathrm{R}}(B \to C) \to \left(\Box^{\mathrm{R}} B \to \Box^{\mathrm{R}} C\right)\right]$$

anstelle von A zu erfüllen, scheitert wiederum an der Forderung der A'-Korrektheit bzw. ihren Konsequenzen.

[22.18] **(Das Beweisbarkeitsprädikat $\mathsf{RTh(a)}$ kann (SBP4) verletzen)** Wenn **FA** korrekt ist, dann gibt es SBP'e $\mathsf{Th(a)}$ (gegebenenfalls beweisbar äquivalent zu einem vorgegebenen SBP), so dass das zugehörige Rosser-Beweisbarkeitsprädikat Bedingung (SBP4) nicht erfüllt, d.h. so dass eine $\mathcal{L}_{\mathrm{Ar}}$-Aussage α existiert mit

$$\mathbf{FA} \nvdash \mathsf{RTh}(\alpha) \to \mathsf{RTh}\big(\mathsf{RTh}(\alpha)\big).$$

Wir können dabei erreichen, dass α sigma ist.

Beweis Wir verwenden wieder denselben Baum R und die Σ-Formel $B = (\Box\bot \prec \Box 2\bot)$, setzen

$$A \ :=\ \neg\Box\left(\Box^{\mathrm{R}} B \to \Box^{\mathrm{R}}\Box^{\mathrm{R}} B\right)$$

und konstruieren in der gewohnten Weise ein auf R basierendes, A-korrektes Modell, an dessen Wurzel A gilt.

Mit S_1 und $\Vdash_1$ wie vorher haben wir:

$$0 \nVdash_1 \Box\bot, \Box 2\bot, B,$$
$$1 \Vdash_1 B \quad \text{und} \quad 2 \nVdash_1 B.$$

Wir nehmen die Formeln $\Box B$, $\Box\neg B$ und die entsprechenden Ordnungsformeln hinzu und erhalten eine adäquate Menge S_2. Für S_2-Gültigkeitsbeziehungen $\Vdash_2 \supset \Vdash_1$ gilt:

$$0 \nVdash_2 \Box B, \Box\neg B,$$

und wir können setzen:

$$\{\Box\bot, \Box B\} \prec_1^{\Vdash_2} \{\Box 2\bot, \Box\neg B\},$$
$$\{\Box 2\bot, \Box B, \Box\neg B\} \prec_2^{\Vdash_2} \{\Box\bot\}.$$

Damit erhalten wir:

$$1 \Vdash_2 \Box^{\mathrm{R}} B \quad \text{und} \quad 2 \nVdash_2 \Box^{\mathrm{R}} B. \tag{1}$$

Wir fügen zu S_2 noch $\Box\Box^{\mathrm{R}} B$, $\Box\neg\Box^{\mathrm{R}} B$ und die zugehörigen Ordnungsformeln hinzu und bilden wieder den aussagenlogischen Abschluss S_3. Es folgt für S_3-Gültigkeitsbeziehungen $\Vdash_3 \supset \Vdash_2$:

$$0 \nVdash_3 \Box\Box^{\mathrm{R}} B, \Box\neg\Box^{\mathrm{R}} B,$$

weswegen wir festlegen dürfen:

$$\{\Box\bot, \Box B, \Box\Box^{\mathrm{R}} B, \Box\neg\Box^{\mathrm{R}} B\} \prec_1^{\Vdash_3} \{\Box 2\bot, \Box\neg B\},$$
$$\{\Box 2\bot, \Box B, \Box\neg B, \Box\Box^{\mathrm{R}} B, \Box\neg\Box^{\mathrm{R}} B\} \prec_2^{\Vdash_3} \{\Box\bot\}.$$

Dann gilt:

$$i \nVdash_3 \Box^{\mathrm{R}}\Box^{\mathrm{R}} B \qquad (i = 1, 2),$$

und wegen (1) folgt:

$$1 \nVdash_3 \Box^{\mathrm{R}} B \to \Box^{\mathrm{R}}\Box^{\mathrm{R}} B.$$

Erweitern wir nun $\Vdash_3$ zu einer $\mathcal{L}_{\mathrm{R}}$-Gültigkeitsbeziehung $\Vdash$ für R, so ergibt sich $0 \Vdash A$, und das resultierende Modell ist A-korrekt, weil keine der Box-Teilformeln von A in 0 gilt. ■

(Widerlegbarkeit und beweisbare Unbeweisbarkeit 2) Wenn **FA** korrekt ist, dann gibt es SBP'e Th(a) (gegebenenfalls beweisbar äquivalent zu einem vorgegebenen SBP), so dass das zugehörige Rosser-Beweisbarkeitsprädikat nicht die Umkehrung der Aussage in **[4.27]** erfüllt, d.h. es existiert eine Σ-Aussage α mit **[22.19]**

$$\mathbf{FA} \vdash \neg\mathsf{RTh}(\alpha) \qquad \text{und} \qquad \mathbf{FA} \nvdash \neg\alpha.$$

Mit dem üblichen Rahmen R und der Σ-Formel $B = (\Box\bot \prec \Box 2\bot)$ können wir erreichen: **Beweis**

$$1 \Vdash B \quad \text{und} \quad 2 \nVdash B,$$

also

$$0 \nVdash \Box B, \Box\neg B;$$

und wir können verlangen:

$$i \Vdash \Box B \equiv \Box\neg B \qquad (i = 1, 2),$$

woraus folgt:

$$i \nVdash \Box^{\mathrm{R}} B \qquad (i = 1, 2),$$

und somit:

$$0 \Vdash \Box\neg\Box^{\mathrm{R}} B.$$

Also gilt in 0 die Formel

$$A \;:=\; \big(\Box\neg\Box^{\mathrm{R}} B \wedge \neg\Box\neg B\big),$$

und das resultierende Modell ist A-korrekt wegen $0 \Vdash \neg\Box^{\mathrm{R}} B$. ∎

Kapitel VI

Äquivalente Rosser-Sätze

23 Arithmetisierung der Semantik

In diesem Kapitel wollen wir zeigen, dass bezüglich eines geeigneten Standard-Beweisbarkeitsprädikats alle Rosser-Sätze **FA**-beweisbar äquivalent sein können. Dazu werden wir arithmetisierte Fassungen einiger semantischer Begriffe benötigen, vor allem vom Erfüllt-Sein einer Σ-Formel durch eine bestimmte Variablenbelegung (s. [23.29]). Diese werden wir im vorliegenden Abschnitt bereitstellen. Aus Platz- und Zeitgründen, und weil sie für unser eigentliches Thema nicht von Belang sind, bleiben in diesem Abschnitt viele Beweise ausgespart. Beweise, die den hier unterschlagenen weitgehend entsprechen, findet man in Kaye 1991, Kap. 9, an den ich mich in vielen Dingen anlehne. [23.1]

Wir werden eine Δ-Formel SStrSigmaFml konstruieren, die im Prinzip gerade die (Gödelnummern von) strengen Σ-Formeln (s. [2.19]) erfassen soll. Um uns die spätere Arbeit etwas zu erleichtern, arithmetisieren wir jedoch stattdessen einen geringfügig engeren Begriff, bei dem keine beschränkten Allquantoren vom Typ $(\forall x \leq t)$ zugelassen sind, sondern nur solche vom Typ $(\forall x < t)$. (Dabei darf x in t nicht vorkommen; s. [2.19].) Solche Formeln nennen wir dann notgedrungen **superstrenge Σ-Formeln**. Wegen [23.2]

$$\mathbf{FA} \vdash (\forall x \leq t)\,\varphi \leftrightarrow (\forall x < t+1)\,\varphi$$

gibt es für jede Σ-Formel sogar eine superstrenge Σ-Formel (mit denselben freien Variablen), die beweisbar äquivalent ist (vgl. [2.20]).

[23.3] Wir definieren zunächst eine Formel, die gerade die Codenummern solcher Folgen erfasst, die den sukzessiven Aufbau einer superstrengen Σ-Formel beschreiben. Die ersten beiden Disjunktionsglieder in der großen Klammer sind für die Primformeln zuständig, das dritte für aussagen- und prädikatenlogisch zusammengesetzte Formeln.

$$
\begin{aligned}
&\mathsf{SStrSigmaFmlFolge}(\mathtt{f}) \quad := \\
&\quad \mathsf{IstFolge}(\mathtt{f}) \\
&\wedge \ \big(\forall \mathtt{i} < \mathsf{lng}(\mathtt{f})\big) \\
&\quad \left[\begin{array}{l}
(\mathtt{f})_{\mathtt{i}} = \underline{\ulcorner \bot \urcorner} \\
\vee \ \big(\exists \mathtt{s},\mathtt{t} < (\mathtt{f})_{\mathtt{i}}\big) \\
\qquad \Big[\mathsf{Term}(\mathtt{s}) \wedge \mathsf{Term}(\mathtt{t}) \wedge \Big((\mathtt{f})_{\mathtt{i}} = [\mathtt{s} \ominus \mathtt{t}] \vee (\mathtt{f})_{\mathtt{i}} = [\mathtt{s} \olessthan \mathtt{t}]\Big)\Big] \\
\vee \ (\exists \mathtt{j},\mathtt{k} < \mathtt{i}) \\
\quad \left[\begin{array}{l}
(\mathtt{f})_{\mathtt{i}} = [(\mathtt{f})_{\mathtt{j}} \owedge (\mathtt{f})_{\mathtt{k}}] \vee (\mathtt{f})_{\mathtt{i}} = [(\mathtt{f})_{\mathtt{j}} \ovee (\mathtt{f})_{\mathtt{k}}] \\
\vee \ \big(\exists \mathtt{v},\mathtt{t} < (\mathtt{f})_{\mathtt{i}}\big) \left[\begin{array}{l}
\mathsf{Var}(\mathtt{v}) \wedge \mathsf{Term}(\mathtt{t}) \wedge \neg \mathsf{FreiIn}(\mathtt{v},\mathtt{t}) \\
\wedge \ \Big((\mathtt{f})_{\mathtt{i}} = (\textcircled{$\forall$}\mathtt{v} \olessthan \mathtt{t})(\mathtt{f})_{\mathtt{j}} \vee (\mathtt{f})_{\mathtt{i}} = (\textcircled{$\exists$}\mathtt{v})(\mathtt{f})_{\mathtt{j}}\Big)
\end{array}\right]
\end{array}\right]
\end{array}\right].
\end{aligned}
$$

Diese Formel ist offensichtlich delta.

[23.4] Eine Formel s ist superstreng sigma, wenn es eine SStrSigmaFml-Folge gibt, die mit s aufhört:

$$\mathsf{SStrSigmaFml}(\mathtt{s}) \quad := \quad (\exists \mathtt{f}')\, \mathsf{SStrSigmaFmlFolge}(\mathtt{f}' {*} \mathtt{s}).$$

(Dabei kann $\mathtt{f}'$ auch die leere Folge sein, z. B. für $\mathtt{s} = \underline{\ulcorner \bot \urcorner}$. Wegen „*": s. **[3.13]**, **[3.12]**.) Man sieht ein, dass SStrSigmaFml delta ist, indem man sich überlegt, dass $\mathtt{f}'$ durch $\mathsf{schrk}(\mathtt{s}+1, \mathtt{s})$ beschränkt werden kann (vgl. **[3.28]**).

[23.5] Für alle $s \in \mathbb{N}$ gilt $\mathbb{N} \models \mathsf{SStrSigmaFml}(s)$ genau dann, wenn s die Gödelnummer $\ulcorner \sigma \urcorner$ einer superstrengen Σ-Formel σ ist.

[23.6] Für jede Σ-Formel σ gibt es eine superstrenge Σ-Formel σ^* mit denselben freien Variablen, so dass gilt:

$$\mathbf{FA} \vdash (\sigma^* \leftrightarrow \sigma) \wedge \mathsf{SStrSigmaFml}(\underline{\ulcorner \sigma^* \urcorner}).$$

Beweis Sei σ eine Σ-Formel. Nach **[23.2]** existiert eine superstrenge Σ-Formel σ^* mit $\mathbf{FA} \vdash \sigma^* \leftrightarrow \sigma$, die dieselben freien Variablen wie σ hat. Mit **[23.5]** folgt: $\mathbb{N} \models \mathsf{SStrSigmaFml}(\underline{\ulcorner \sigma^* \urcorner})$, und daher gilt nach **[2.26]**: $\mathbf{FA} \vdash \mathsf{SStrSigmaFml}(\underline{\ulcorner \sigma^* \urcorner})$. ∎

Um das Wahr-Sein von Σ-Aussagen in $\mathcal{L}_{\mathrm{Ar}}$ ausdrücken zu können, werden wir auf das Erfüllt-Sein von Σ-Formeln unter bestimmten Variablenbelegungen zurückgreifen. **(Variablen-)Belegungen (in** $\mathbb{N}$**)** sind Funktionen, die die $\mathcal{L}_{\mathrm{Ar}}$-Variablen auf natürliche Zahlen abbilden. Da einzelne Formeln stets nur endlich viele freie Variablen enthalten, können wir hier als Belegungen endliche Folgen von Zahlen verwenden. Dabei wird jeweils das 0-Glied als der Wert von $\mathtt{V}$ interpretiert, das 1-Glied als Wert von $(',\mathtt{V})$, und so weiter (s. **[1.2]**). [23.7]

Wir verwenden eine Kurzschreibweise für Variablen. Für $m \in \mathbb{N}$ sei jeweils [23.8]

$$\mathtt{V}_m \;:=\; \underbrace{(',(',(\ldots(',}_{m\text{-mal}}\mathtt{V})\ldots)));$$

das heißt, $\mathtt{V}_m$ ist diejenige Variable, die aus $\mathtt{V}$ ‚mit m Strichen davor' besteht. Wir nennen m den **Index** der Variablen $\mathtt{V}_m$ und $\mathtt{V}_m$ die **Variable zum Index** m.

Wir führen Δ-pTerme ein, die uns ermöglichen, jeweils das zu einer bestimmten Variable gehörige Glied einer Belegung zu finden. Die ‚VarZuIndex-Folge' f zu m ist die Folge $\mathtt{V}_0, \mathtt{V}_1, \ldots, \mathtt{V}_m$. Offensichtlich ist m dann gerade der Index derjenigen Variablen, die das letzte Glied von f bildet. [23.9]

$$\begin{aligned} \mathsf{VarZuIndexFolge}(\mathtt{m},\mathtt{f}) \;&:= \\ &\mathsf{IstFolge}(\mathtt{f}) \;\wedge\; \mathsf{lng}(\mathtt{f}) = \mathtt{m}+\mathbf{1} \;\wedge\; (\mathtt{f})_0 = \underline{\ulcorner \mathtt{V} \urcorner} \\ \wedge\;& (\forall \mathtt{i}<\mathtt{m})\; (\mathtt{f})_{\mathtt{i}+1} = \mathsf{paar}\big(\underline{\ulcorner ' \urcorner}, (\mathtt{f})_{\mathtt{i}}\big). \end{aligned}$$

Die Zahl $\mathtt{v}$ ist die Gödelnummer der zu $\mathtt{m}$ gehörigen Variablen: [23.10]

$$\mathsf{VarZuIndex}(\mathtt{m},\mathtt{v}) \;:=\; (\exists \mathtt{f}')\, \mathsf{VarZuIndexFolge}(\mathtt{m},\mathtt{f}'{*}\mathtt{v}).$$

In **FA** ist beweisbar: [23.11]

$$(\forall \mathtt{m})\,(\exists! \mathtt{v})\, \mathsf{VarZuIndex}(\mathtt{m},\mathtt{v})$$

und

$$(\forall \mathtt{v})\,\Big[\mathsf{Var}(\mathtt{v}) \;\rightarrow\; (\exists! \mathtt{m})\, \mathsf{VarZuIndex}(\mathtt{m},\mathtt{v})\Big].$$

Wegen Ersterem ist VarZuIndex ein pTerm, und weil er sigma ist, ist er dann sogar delta.

Wegen des zweiten Teils von **[23.11]** ist auch die Δ-Formel $\mathsf{Index}(\mathtt{v},\mathtt{m})$, die zu einer Variable $\mathtt{v}$ jeweils ihren Index $\mathtt{m}$ angibt und $\mathtt{m}$ ansonsten auf $\mathbf{0}$ festlegt, ein pTerm: [23.12]

$$\mathsf{Index}(\mathtt{v},\mathtt{m}) \;:=\; \Big[\mathsf{Var}(\mathtt{v}) \rightarrow \mathsf{VarZuIndex}(\mathtt{m},\mathtt{v})\Big] \;\wedge\; \Big[\neg\mathsf{Var}(\mathtt{v}) \;\rightarrow\; \mathtt{m}{=}\mathbf{0}\Big].$$

[23.13] In **FA** ist beweisbar:

$$\mathsf{index}(\mathsf{varZuIndex}(\mathtt{m})) = \mathtt{m},$$

$$\mathsf{Var}(\mathtt{v}) \rightarrow \mathtt{v} = \mathsf{varZuIndex}(\mathsf{index}(\mathtt{v})),$$

$$\mathsf{Var}(\mathtt{v}) \wedge \mathsf{Var}(\mathtt{w}) \wedge \mathtt{v} \neq \mathtt{w} \rightarrow \mathsf{index}(\mathtt{v}) \neq \mathsf{index}(\mathtt{w}),$$

und für alle $m \in \mathbb{N}$:

$$\mathsf{index}(\ulcorner \mathtt{V}_m \urcorner) = \boldsymbol{m} \qquad \text{und} \qquad \mathsf{varZuIndex}(\boldsymbol{m}) = \ulcorner \mathtt{V}_m \urcorner.$$

[23.14] Wenn wir feststellen wollen, ob eine existenz- oder allquantifizierte Formel von einer bestimmten Belegung erfüllt wird, müssen wir verschiedene Abwandlungen dieser Belegung für die jeweils quantifizierte Variable durchprobieren. Einen dafür geeigneten Δ-pTerm kann man definieren unter Verwendung eines pTerms, der Varianten von Folgen charakterisiert.

[23.15] Der Δ-pTerm $\mathsf{flgVnte}(\mathtt{f},\mathtt{m},\mathtt{x})$ liefert uns zu einer vorgegebenen Folge $\mathtt{f}$ eine Folge g, die im Falle $\mathtt{m} < \mathsf{lng}(\mathtt{f})$ die Gestalt

$$(\mathtt{f})_0,\ (\mathtt{f})_1,\ \ldots,\ (\mathtt{f})_{\mathtt{m}\dot{-}1},\ \mathtt{x},\ (\mathtt{f})_{\mathtt{m}+1},\ \ldots,\ (\mathtt{f})_{\mathsf{lng}(\mathtt{f})\dot{-}1},$$

hat und andernfalls die Gestalt

$$(\mathtt{f})_0,\ (\mathtt{f})_1,\ \ldots,\ (\mathtt{f})_{\mathsf{lng}(\mathtt{f})\dot{-}1},\ \underbrace{\mathbf{0},\ \ldots,\ \mathbf{0},}_{\mathsf{lng}(\mathtt{f})\text{ bis }\mathtt{m}\dot{-}1}\ \mathtt{x}.$$

Das heißt, die Folge g hat als $\mathtt{m}$-Glied gerade die Zahl $\mathtt{x}$, hat ansonsten dieselben Glieder wie $\mathtt{f}$ und ist, falls $\mathtt{m} > \mathsf{lng}(\mathtt{f})$ ist, mit Nullen aufgefüllt (vgl. Kaye 1991, S. 106 f.). Entsprechend setzen wir:

$$\begin{aligned}
\mathsf{FlgVnte}(\mathtt{f},\mathtt{m},\mathtt{x},\mathtt{g}) \quad &:= \\
&\mathsf{IstFolge}(\mathtt{g}) \wedge \mathsf{lng}(\mathtt{g}) = \mathsf{max}(\mathsf{lng}(\mathtt{f}),\mathtt{m}+1) \wedge (\mathtt{g})_{\mathtt{m}} = \mathtt{x} \\
\wedge\ &(\forall \mathtt{i} < \mathsf{lng}(\mathtt{f}))\,[\mathtt{i} \neq \mathtt{m} \rightarrow (\mathtt{g})_{\mathtt{i}} = (\mathtt{f})_{\mathtt{i}}] \\
\wedge\ &(\forall \mathtt{i} < \mathsf{lng}(\mathtt{g}))\,[\mathsf{lng}(\mathtt{f}) \leq \mathtt{i} < \mathtt{m} \rightarrow (\mathtt{g})_{\mathtt{i}} = \mathbf{0}].
\end{aligned}$$

[23.16] Aus technischen Gründen möchten wir, dass unsere Darstellung von Belegungen als endlichen Folgen eindeutig ist. Um das zu erreichen, bietet es sich an auszuschließen, dass Belegungen Nullen am Ende stehen haben. Wir führen eine entsprechende Δ-Charakterisierung von Belegungen ein:

$$\mathsf{Bel}(\mathtt{b}) \quad := \quad \mathsf{IstFolge}(\mathtt{b}) \wedge [\mathsf{lng}(\mathtt{b}) > \mathbf{0} \rightarrow (\mathtt{b})_{\mathsf{lng}(\mathtt{b})\dot{-}1} \neq \mathbf{0}].$$

Eine Belegung in unserem Sinne ist also gerade eine Folge, deren letztes Glied, so vorhanden, ungleich **0** ist.

Nun definieren wir einen Δ-pTerm, der das Entfernen hinterer Nullen bewerkstelligt: **[23.17]**

$$
\begin{aligned}
&\mathsf{NullEntf}(\mathtt{f},\mathtt{b}) \quad := \\
&\quad \Big[\mathsf{IstFolge}(\mathtt{f}) \;\rightarrow\; \mathsf{Bel}(\mathtt{b}) \wedge \mathsf{lng}(\mathtt{b}) \leq \mathsf{lng}(\mathtt{f}) \\
&\qquad\qquad \wedge\ (\forall \mathtt{i} < \mathsf{lng}(\mathtt{f}))\ \big[(\mathtt{f})_{\mathtt{i}} \neq \mathbf{0} \rightarrow \mathsf{lng}(\mathtt{b}) > \mathtt{i}\big] \\
&\qquad\qquad \wedge\ (\forall \mathtt{i} < \mathsf{lng}(\mathtt{b}))\ (\mathtt{b})_{\mathtt{i}} = (\mathtt{f})_{\mathtt{i}}\Big] \\
&\wedge\ \big[\neg\mathsf{IstFolge}(\mathtt{f}) \rightarrow \mathtt{b} = \mathbf{0}\big].
\end{aligned}
$$

Einerseits ist $\mathsf{lng}(\mathtt{b})$ (wenn $\mathtt{f}$ eine Folge ist) aufgrund des vorletzten Konjunktionsgliedes in der großen Klammer größer als das Maximum derjenigen $\mathtt{i} < \mathsf{lng}(\mathtt{f})$, für die $(\mathtt{f})_{\mathtt{i}} \neq \mathbf{0}$ ist. Wenn also $\mathtt{f}$ noch weitere Glieder nach all diesen $(\mathtt{f})_{\mathtt{i}}$ besitzt, dann müssen sie gleich $\mathbf{0}$ sein. Andererseits ist $\mathsf{lng}(\mathtt{b}) \leq \mathsf{lng}(\mathtt{f})$; die Glieder von $\mathtt{b}$ stimmen, soweit sie existieren, jeweils mit dem entsprechenden Glied von $\mathtt{f}$ überein (letztes Konjunktionsglied); und das letzte Glied von $\mathtt{b}$ kann wegen $\mathsf{Bel}(\mathtt{b})$ nicht $\mathbf{0}$ sein. Daher enthält $\mathtt{b}$ gerade noch das hinterste positive Glied von $\mathtt{f}$ und endet dann, wie gewünscht. Ist $\mathtt{f}$ die leere Folge oder enthält $\mathtt{f}$ lauter Nullen, so ist $\mathtt{b}$ die leere Folge.

Damit können wir definieren: **[23.18]**

$$
\begin{aligned}
&\mathsf{BelVnte}(\mathtt{b},\mathtt{v},\mathtt{x},\mathtt{b}') \quad := \\
&\quad \Big[\mathsf{Bel}(\mathtt{b}) \wedge \mathsf{Var}(\mathtt{v}) \rightarrow \mathtt{b}' = \mathsf{nullEntf}\big(\mathsf{flgVnte}(\mathtt{b},\mathsf{index}(\mathtt{v}),\mathtt{x})\big)\Big] \\
&\wedge\ \big[\neg\mathsf{Bel}(\mathtt{b}) \vee \neg\mathsf{Var}(\mathtt{v}) \rightarrow \mathtt{b}' = \mathbf{0}\big],
\end{aligned}
$$

was dann offenbar ebenfalls ein Δ-pTerm ist. Er bezeichnet diejenige ‚minimale' Variante der Belegung $\mathtt{b}$, die für die Variable $\mathtt{v}$ den Wert $\mathtt{x}$ liefert.

In **FA** ist beweisbar: **[23.19]**

$$
\begin{aligned}
&\mathsf{Bel}(\mathtt{b}) \wedge \mathsf{Var}(\mathtt{v}) \wedge \mathtt{b}' = \mathsf{belVnte}(\mathtt{b},\mathtt{v},\mathtt{x}) \wedge \mathtt{m_v} = \mathsf{index}(\mathtt{v}) \quad \rightarrow \\
&\qquad \mathsf{Bel}(\mathtt{b}') \\
&\quad \wedge \begin{bmatrix} \mathtt{x} \neq \mathbf{0} \vee \mathtt{m_v}+\mathbf{1} < \mathsf{lng}(\mathtt{b}) \rightarrow \\ \qquad \mathsf{lng}(\mathtt{b}') = \max\big(\mathsf{lng}(\mathtt{b}),\mathtt{m_v}+\mathbf{1}\big) \wedge (\mathtt{b}')_{\mathtt{m_v}} = \mathtt{x} \\ \wedge\ (\forall \mathtt{i} < \mathsf{lng}(\mathtt{b}))\ \big[\mathtt{i} \neq \mathtt{m_v} \rightarrow (\mathtt{b}')_{\mathtt{i}} = (\mathtt{b})_{\mathtt{i}}\big] \\ \wedge\ (\forall \mathtt{i} < \mathsf{lng}(\mathtt{b}'))\ \big[\mathsf{lng}(\mathtt{b}) \leq \mathtt{i} < \mathtt{m_v} \rightarrow (\mathtt{b}')_{\mathtt{i}} = \mathbf{0}\big] \end{bmatrix} \\
&\quad \wedge \begin{bmatrix} \mathtt{x} = \mathbf{0} \rightarrow \big[\mathtt{m_v}+\mathbf{1} = \mathsf{lng}(\mathtt{b}) \rightarrow \mathtt{b}' = \mathsf{nullEntf}(\mathsf{kastr}(\mathtt{b}))\big] \\ \qquad \wedge\ \big[\mathtt{m_v}+\mathbf{1} > \mathsf{lng}(\mathtt{b}) \rightarrow \mathtt{b}' = \mathtt{b}\big] \end{bmatrix}.
\end{aligned}
$$

Im Hinterglied dieses Konditionals unterscheiden wir zwischen zwei Fällen: Das dritte Konjunktionsglied behandelt den Fall, wo der neue v-Wert sozusagen weggeworfen wird. Das zweite behandelt den Fall, wo er in die neue Folge b' übernommen wird, sei es, weil er ungleich **0** ist, sei es, weil die Änderung irgendwo vor dem letzten Glied von b stattfindet (das nach Voraussetzung Bel(b) ungleich **0** ist).

[23.20] Wir kommen jetzt zum eigentlich semantischen Teil. Zuerst arithmetisieren wir die **Werte** von Termen unter Belegungen, d.s. diejenigen Zahlen, als die die Terme unter der jeweiligen Belegung im Modell $\mathbb{N}$ interpretiert werden. Wir starten mit einer Belegung b und einer Term-Folge f der Länge $1+1$, d.h. einer Folge f, die belegt, dass ihr letztes Glied, $(f)_1$, Gödelnummer eines Termes ist (s. **[3.23]**). Zu der Folge f konstruieren wir eine gleich lange Folge g, die ‚Wert-Folge zu f und b', deren Glieder jeweils die b-Werte der entsprechenden Glieder von f sind. Diese Formel ist delta.

$$\begin{aligned}
&\mathsf{WertFolgeZu}(f,l,b,g) \quad := \\
&\quad \mathsf{TermFlgGAus}\big(f,l,(f)_l\big) \wedge \mathsf{Bel}(b) \wedge \mathsf{IstFolge}(g) \wedge \mathsf{lng}(g) = \mathsf{lng}(f) = l+1 \\
&\wedge (\forall i \le l) \left[\begin{array}{l}
\big[(f)_i = \ulcorner \underline{0} \urcorner \rightarrow (g)_i = 0\big] \wedge \big[(f)_i = \ulcorner \underline{1} \urcorner \rightarrow (g)_i = 1\big] \\
\wedge \ (\forall m < (f)_i) \left[\begin{array}{l} (f)_i = \mathsf{varZuIndex}(m) \rightarrow \\ \quad \big[m < \mathsf{lng}(b) \rightarrow (g)_i = (b)_m\big] \\ \wedge \ \big[m \ge \mathsf{lng}(b) \rightarrow (g)_i = 0\big] \end{array}\right] \\
\wedge \ (\forall j,k < i) \left[\begin{array}{l} \Big((f)_i = \big[(f)_j \oplus (f)_k\big] \rightarrow (g)_i = (g)_j + (g)_k\Big) \\ \wedge \ \Big((f)_i = \big[(f)_j \odot (f)_k\big] \rightarrow (g)_i = (g)_j \cdot (g)_k\Big) \end{array}\right]
\end{array}\right].
\end{aligned}$$

Dabei haben wir entsprechend **[23.16]** bestimmt, dass der Wert von Variablen v, für die die Belegung b keine Festlegung trifft (d.h. $\mathsf{index}(v) \ge \mathsf{lng}(b)$), stets **0** sein soll.

[23.21] Die Zahl w ist der Wert des Terms t unter der Belegung b:

$$\begin{aligned}
&\mathsf{Wert}(t,b,w) \quad := \\
&\quad \big[\mathsf{Term}(t) \wedge \mathsf{Bel}(b) \rightarrow (\exists l, f', g')\ \mathsf{WertFolgeZu}(f' {*} t,\ l,\ b,\ g' {*} w)\big] \\
&\wedge \ \big[\neg \mathsf{Term}(t) \vee \neg \mathsf{Bel}(b) \rightarrow w = 0\big].
\end{aligned}$$

$\mathsf{Wert}(t,b,w)$ ist ein pTerm. Weil wir gegebenenfalls $l \le t$, $f' \le \mathsf{schrk}(l+1,t)$ und $g' \le \mathsf{schrk}(l+1,w)$ finden können, ist diese Formel delta.

In **FA** ist beweisbar: [23.22]

$$\mathsf{Bel}(\mathtt{b}) \rightarrow \quad \mathsf{wert}(\ulcorner\underline{\mathbf{0}}\urcorner, \mathtt{b}) = \mathbf{0} \wedge \mathsf{wert}(\ulcorner\underline{\mathbf{1}}\urcorner, \mathtt{b}) = \mathbf{1}$$
$$\wedge \ (\forall \mathtt{m}) \begin{bmatrix} \left[\mathtt{m} < \mathsf{lng}(\mathtt{b}) \rightarrow \mathsf{wert}(\mathsf{varZuIndex}(\mathtt{m}), \mathtt{b}) = (\mathtt{b})_{\mathtt{m}}\right] \\ \wedge \left[\mathtt{m} \geq \mathsf{lng}(\mathtt{b}) \rightarrow \mathsf{wert}(\mathsf{varZuIndex}(\mathtt{m}), \mathtt{b}) = \mathbf{0}\right] \end{bmatrix}$$
$$\wedge \ (\forall \mathtt{s}, \mathtt{t}) \begin{bmatrix} \mathsf{Term}(\mathtt{s}) \wedge \mathsf{Term}(\mathtt{t}) \rightarrow \\ \quad \mathsf{wert}(\mathtt{s} \oplus \mathtt{t}, \mathtt{b}) = \mathsf{wert}(\mathtt{s}, \mathtt{b}) + \mathsf{wert}(\mathtt{t}, \mathtt{b}) \\ \wedge \ \mathsf{wert}(\mathtt{s} \odot \mathtt{t}, \mathtt{b}) = \mathsf{wert}(\mathtt{s}, \mathtt{b}) \cdot \mathsf{wert}(\mathtt{t}, \mathtt{b}) \end{bmatrix}.$$

Der pTerm wert macht den Effekt von num (s. **[3.29]**) gerade wieder rückgängig: [23.23]

$$\mathbf{FA} \ \vdash \ \mathsf{Bel}(\mathtt{b}) \rightarrow \mathsf{wert}(\mathsf{num}(\mathtt{n}), \mathtt{b}) = \mathtt{n}.$$

In **FA**. – Gelte Bel(b). Wir machen eine Induktion nach n: **Beweis**

$\underline{\mathtt{n}=\mathbf{0}}$: $\mathsf{wert}(\mathsf{num}(\mathbf{0}), \mathtt{b}) \overset{[3.31]}{=} \mathsf{wert}(\ulcorner\underline{\mathbf{0}}\urcorner, \mathtt{b}) \overset{[23.22]}{=} \mathbf{0}$.

$\underline{\mathtt{n}+\mathbf{1}}$: Nach Induktionsvoraussetzung gilt:

$$\begin{aligned} \mathsf{wert}(\mathsf{num}(\mathtt{n}+\mathbf{1}), \mathtt{b}) &\overset{[3.30]}{=} \mathsf{wert}(\mathsf{num}(\mathtt{n}) \oplus \ulcorner\underline{\mathbf{1}}\urcorner, \mathtt{b}) \\ &\overset{[23.22]}{=} \mathsf{wert}(\mathsf{num}(\mathtt{n}), \mathtt{b}) + \mathsf{wert}(\ulcorner\underline{\mathbf{1}}\urcorner, \mathtt{b}) \\ &\overset{!}{=} \mathtt{n} + \mathsf{wert}(\ulcorner\underline{\mathbf{1}}\urcorner, \mathtt{b}) \\ &\overset{[23.22]}{=} \mathtt{n}+\mathbf{1}. \end{aligned}$$

■

Kommt eine Variable v in einem Term t nicht vor, dann macht es für den Wert von t keinen Unterschied, welchen Wert Belegungen ihr geben. Das ist in **FA** beweisbar: [23.24]

$$\mathsf{Term}(\mathtt{t}) \wedge \mathsf{Var}(\mathtt{v}) \wedge \neg\mathsf{FreiIn}(\mathtt{v}, \mathtt{t}) \wedge \mathsf{Bel}(\mathtt{b}) \rightarrow$$
$$(\forall \mathtt{x}) \ \mathsf{wert}(\mathtt{t}, \mathsf{belVnte}(\mathtt{b}, \mathtt{v}, \mathtt{x})) = \mathsf{wert}(\mathtt{t}, \mathtt{b}).$$

Für beliebige Terme $t(\mathtt{x}_1, \ldots, \mathtt{x}_k)$ ist in **FA** beweisbar: [23.25]

$$\mathtt{b} = \mathsf{kett}(\mathsf{folge}_k(\mathtt{r}_1, \ldots, \mathtt{r}_k), \mathtt{b}') \wedge \mathsf{Bel}(\mathtt{b}) \quad \rightarrow$$
$$\mathsf{wert}(\ulcorner\underline{t(\mathtt{V}_0, \ldots, \mathtt{V}_{k-1})}\urcorner, \mathtt{b}) = t(\mathtt{r}_1, \ldots, \mathtt{r}_k).$$

Das heißt, wenn b eine Belegung ist, die den Variablen V_0, V_1, ..., V_{k-1} die Werte r_1, r_2, ... respektive r_k gibt, dann weiß **FA**, dass der Wert des Termes $t(V_0, \ldots, V_{k-1})$ unter b gerade die Zahl $t(r_1, \ldots, r_k)$ ist. (Dabei ist die Schreibweise „$t(x_1, \ldots, x_k)$" für Terme t und Variablen x_1, ..., x_k analog zu der entsprechenden Schreibweise für Formeln zu verstehen; s. **[1.12]**.)

[23.26] Wir beweisen für den späteren Gebrauch die Formalisierung einer schwachen Version des so genannten Substitutions- oder Überführungslemmas, das in etwa besagt, dass es aufs gleiche herauskommt, ob wir in Termen oder Formeln eine Variable v durch die Zahl r *belegen* oder überall für v die Ziffernarstellung num(r) von r *substituieren*. Wir beweisen die Behauptung in zwei Teilen.

[23.27] **(Formalisiertes Substitutionslemma für Terme)** In **FA** ist beweisbar:

$$\mathsf{Bel}(b) \wedge \mathsf{Term}(t) \wedge \mathsf{Var}(v) \rightarrow$$
$$\mathsf{wert}\big(t, \mathsf{belVnte}(b,v,r)\big) = \mathsf{wert}\big(\mathsf{subst}\big(t,v,\mathsf{num}(r)\big), b\big).$$

Beweis Wir machen in **FA** eine Induktion über den Termaufbau von t. Die Aussage Term(t) impliziert wegen **[3.23]**:

$$\mathsf{Var}(t) \vee t = \ulcorner \underline{0} \urcorner \vee t = \ulcorner \underline{1} \urcorner$$
$$\vee\ (\exists s_1, s_2 < t)\Big(\mathsf{Term}(s_1) \wedge \mathsf{Term}(s_2) \wedge \big[t = (s_1 \oplus s_2) \vee t = (s_1 \odot s_2)\big]\Big).$$

Diese Möglichkeiten untersuchen wir jetzt der Reihe nach. Dabei verwenden wir die Abkürzungen

$$b_r := \mathsf{belVnte}(b,v,r)$$

und, für Terme und Formeln e,

$$\mathsf{subst}_r(e) := \mathsf{subst}\big(e,v,\mathsf{num}(r)\big).$$

<u>Var(w):</u> Sei $m_w := \mathsf{index}(w)$ und $m_v := \mathsf{index}(v)$. Wir müssen zeigen:

$$\mathsf{wert}(w, b_r) \overset{[23.12]}{=} \mathsf{wert}\big(\mathsf{varZuIndex}(m_w), b_r\big) \overset{!}{=} \mathsf{wert}\big(\mathsf{subst}_r(w), b\big).$$

Je nachdem, ob $w = v$ oder $w \neq v$ gilt, gehen wir unterschiedlich vor.

<u>w=v:</u> Dann ist $\mathsf{wert}\big(\mathsf{subst}_r(w), b\big) \overset{!}{=} \mathsf{wert}\big(\mathsf{num}(r), b\big) \overset{[23.23]}{=} r$. Außerdem ist $m_w = m_v$ und somit $\mathsf{wert}\big(\mathsf{varZuIndex}(m_w), b_r\big) = \mathsf{wert}\big(\mathsf{varZuIndex}(m_v), b_r\big)$. In diesem Fall müssen wir also nur noch zeigen:

$$\mathsf{wert}\big(\mathsf{varZuIndex}(m_v), b_r\big) = r.$$

Wir betrachten die beiden Möglichkeiten aus **[23.19]**:

$\underline{\mathtt{r} \neq 0 \vee \mathtt{m_v}+1 < \mathsf{lng}(\mathtt{b}):}$ Dann folgt aus [23.19]: $\mathtt{m_v} < \mathsf{lng}(\mathtt{b_r})$, und weiter:

$$\mathsf{wert}(\mathsf{varZuIndex}(\mathtt{m_v}), \mathtt{b_r}) \overset{[23.22]}{=} (\mathtt{b_r})_{\mathtt{m_v}} \overset{!}{=} \mathtt{r}.$$

$\underline{\mathtt{r}=0 \wedge \mathtt{m_v}+1 \geq \mathsf{lng}(\mathtt{b}):}$ Wenn $\mathtt{m_v}+1 = \mathsf{lng}(\mathtt{b})$ ist, dann ist wegen [23.19] $\mathtt{b_r} = \mathsf{nullEntf}(\mathsf{kastr}(\mathtt{b}))$, und mit [23.17] folgt:

$$\mathsf{lng}(\mathtt{b_r}) \overset{!}{\leq} \mathsf{lng}(\mathsf{kastr}(\mathtt{b})) = \mathtt{m_v}.$$

Ist hingegen $\mathtt{m_v}+1 > \mathsf{lng}(\mathtt{b})$, so ist $\mathtt{b_r} = \mathtt{b}$ nach [23.19] und es folgt:

$$\mathsf{lng}(\mathtt{b_r}) \overset{!}{=} \mathsf{lng}(\mathtt{b}) \leq \mathtt{m_v}.$$

– In beiden Fällen ist $\mathtt{m_v} \geq \mathsf{lng}(\mathtt{b_r})$, so dass nach [23.22] gilt:

$$\mathsf{wert}(\mathsf{varZuIndex}(\mathtt{m_v}), \mathtt{b_r}) \overset{!}{=} 0 = \mathtt{r}.$$

$\underline{\mathtt{w} \neq \mathtt{v}:}$ Dann ist $\mathsf{wert}(\mathsf{subst_r}(\mathtt{w}), \mathtt{b}) \overset{!}{=} \mathsf{wert}(\mathtt{w}, \mathtt{b}) = \mathsf{wert}(\mathsf{varZuIndex}(\mathtt{m_w}), \mathtt{b})$, weswegen wir nur noch zeigen müssen:

$$\mathsf{wert}(\mathsf{varZuIndex}(\mathtt{m_w}), \mathtt{b_r}) = \mathsf{wert}(\mathsf{varZuIndex}(\mathtt{m_w}), \mathtt{b}).$$

Falls $\mathtt{m_w}$ größer oder gleich $\mathsf{lng}(\mathtt{b_r})$ und $\mathsf{lng}(\mathtt{b})$ ist, so gilt nach [23.22]:

$$\mathsf{wert}(\mathsf{varZuIndex}(\mathtt{m_w}), \mathtt{b_r}) = 0 = \mathsf{wert}(\mathsf{varZuIndex}(\mathtt{m_w}), \mathtt{b}),$$

und wir sind fertig. Wir können also im Folgenden davon ausgehen, dass gilt:

$$\mathtt{m_w} < \mathsf{lng}(\mathtt{b_r}) \quad \text{oder} \quad \mathtt{m_w} < \mathsf{lng}(\mathtt{b}). \tag{1}$$

Außerdem folgt aus der Voraussetzung $\mathtt{w} \neq \mathtt{v}$ mit [23.13], dass auch $\mathtt{m_w} \neq \mathtt{m_v}$ ist. Wir betrachten nun wieder die Fälle aus [23.19].

$\underline{\mathtt{r} \neq 0 \vee \mathtt{m_v}+1 < \mathsf{lng}(\mathtt{b}):}$ Daraus folgt nach [23.19]: $\mathsf{lng}(\mathtt{b}) \leq \mathsf{lng}(\mathtt{b_r})$. Wegen (1) ist dann $\mathtt{m_w} < \mathsf{lng}(\mathtt{b_r})$, und mit [23.22] folgt:

$$\mathsf{wert}(\mathsf{varZuIndex}(\mathtt{m_w}), \mathtt{b_r}) = (\mathtt{b_r})_{\mathtt{m_w}}.$$

Nun gilt entweder $\mathsf{lng}(\mathtt{b}) \leq \mathtt{m_w}$ oder $\mathtt{m_w} < \mathsf{lng}(\mathtt{b})$. Im ersten Fall ist $\mathsf{lng}(\mathtt{b}) < \mathsf{lng}(\mathtt{b_r})$, wegen [23.19] ist dann $\mathsf{lng}(\mathtt{b_r}) = \mathtt{m_v}+1$, und da $\mathtt{m_v} \neq \mathtt{m_w} < \mathsf{lng}(\mathtt{b_r})$ gilt, ist $\mathsf{lng}(\mathtt{b}) \leq \mathtt{m_w} < \mathtt{m_v}$. Mit [23.19] folgt:

$$(\mathtt{b_r})_{\mathtt{m_w}} \overset{!}{=} 0 \overset{[23.22]}{=} \mathsf{wert}(\mathsf{varZuIndex}(\mathtt{m_w}), \mathtt{b}),$$

und wir sind fertig. – Ist hingegen $\mathtt{m_w} < \mathsf{lng}(\mathtt{b})$, so folgt wegen $\mathtt{m_w} \neq \mathtt{m_v}$ aus [23.19]:

$$(\mathtt{b_r})_{\mathtt{m_w}} \overset{!}{=} (\mathtt{b})_{\mathtt{m_w}} \overset{[23.22]}{=} \mathsf{wert}(\mathsf{varZuIndex}(\mathtt{m_w}), \mathtt{b}),$$

und wir sind ebenfalls am Ziel.

[23.27]

$\underline{\mathtt{r}=0 \wedge \mathtt{m}_\mathtt{v}+1 \geq \mathsf{lng}(\mathtt{b})}$: Wenn $\mathtt{m}_\mathtt{v}+1 > \mathsf{lng}(\mathtt{b})$ ist, dann ist, wie wir schon beim entsprechenden Fall unter „$\mathtt{w} = \mathtt{v}$" gesehen haben, $\mathtt{b}_\mathtt{r} = \mathtt{b}$ und daher auch

$$\mathsf{wert}\big(\mathsf{varZuIndex}(\mathtt{m}_\mathtt{w}), \mathtt{b}_\mathtt{r}\big) = \mathsf{wert}\big(\mathsf{varZuIndex}(\mathtt{m}_\mathtt{w}), \mathtt{b}\big).$$

Wir können also im Folgenden voraussetzen, dass $\mathtt{m}_\mathtt{v}+1 = \mathsf{lng}(\mathtt{b})$ ist, woraus folgt (s. o.):

$$\mathtt{b}_\mathtt{r} = \mathsf{nullEntf}\big(\mathsf{kastr}(\mathtt{b})\big) \tag{2}$$

und

$$\mathsf{lng}(\mathtt{b}_\mathtt{r}) \leq \mathsf{lng}\big(\mathsf{kastr}(\mathtt{b})\big) = \mathtt{m}_\mathtt{v} < \mathsf{lng}(\mathtt{b}).$$

Wegen (1) sind daher zwei Fälle möglich:

$\underline{\mathtt{m}_\mathtt{w} \overset{?}{<} \mathsf{lng}(\mathtt{b}_\mathtt{r}) \leq \mathsf{lng}\big(\mathsf{kastr}(\mathtt{b})\big) < \mathsf{lng}(\mathtt{b})}$: Daraus folgt mit **[23.22]**:

$$\begin{aligned}\mathsf{wert}\big(\mathsf{varZuIndex}(\mathtt{m}_\mathtt{w}), \mathtt{b}_\mathtt{r}\big) &\overset{!}{=} (\mathtt{b}_\mathtt{r})_{\mathtt{m}_\mathtt{w}}\\ &\overset{(2)}{=} \Big(\mathsf{nullEntf}\big(\mathsf{kastr}(\mathtt{b})\big)\Big)_{\mathtt{m}_\mathtt{w}}\\ &\overset{[23.17]}{=} \big(\mathsf{kastr}(\mathtt{b})\big)_{\mathtt{m}_\mathtt{w}}\\ &= (\mathtt{b})_{\mathtt{m}_\mathtt{w}}\\ &\overset{!}{=} \mathsf{wert}\big(\mathsf{varZuIndex}(\mathtt{m}_\mathtt{w}), \mathtt{b}\big),\end{aligned}$$

und wir sind fertig.

$\underline{\mathsf{lng}(\mathtt{b}_\mathtt{r}) \overset{!}{\leq} \mathtt{m}_\mathtt{w} \overset{!}{<} \mathsf{lng}(\mathtt{b}) = \mathtt{m}_\mathtt{v}+1}$: Dann gilt nach **[23.22]**:

$$\mathsf{wert}\big(\mathsf{varZuIndex}(\mathtt{m}_\mathtt{w}), \mathtt{b}_\mathtt{r}\big) = 0$$

und

$$\mathsf{wert}\big(\mathsf{varZuIndex}(\mathtt{m}_\mathtt{w}), \mathtt{b}\big) = (\mathtt{b})_{\mathtt{m}_\mathtt{w}},$$

und wir müssen nur noch zeigen, dass $(\mathtt{b})_{\mathtt{m}_\mathtt{w}} = 0$ ist. – Angenommen, dem wäre nicht so. Da $\mathtt{m}_\mathtt{w} \leq \mathtt{m}_\mathtt{v}$ ist und die beiden verschieden sind, ist $\mathtt{m}_\mathtt{w} < \mathtt{m}_\mathtt{v} = \mathsf{lng}\big(\mathsf{kastr}(\mathtt{b})\big)$, und deswegen gilt:

$$\big(\mathsf{kastr}(\mathtt{b})\big)_{\mathtt{m}_\mathtt{w}} \overset{!}{=} (\mathtt{b})_{\mathtt{m}_\mathtt{w}} \neq 0.$$

Aber dann folgt mit **[23.17]**:

$$\mathsf{lng}(\mathtt{b}_\mathtt{r}) \overset{(2)}{=} \mathsf{lng}\Big(\mathsf{nullEntf}\big(\mathsf{kastr}(\mathtt{b})\big)\Big) \overset{!}{>} \mathtt{m}_\mathtt{w},$$

und wir haben einen Widerspruch.

Damit sind wir auch für $\mathtt{w} \neq \mathtt{v}$ am Ziel, und der Variablen-Fall ist abgehandelt.

$\underline{\underline{\ulcorner 0 \urcorner, \ulcorner 1 \urcorner}}$: Hier folgt die Behauptung sofort aus **[23.22]**.

$\underline{s_1 \oplus s_2:}$ Aus der Induktionsvoraussetzung folgt:

$$
\begin{aligned}
\mathsf{wert}(s_1 \oplus s_2, b_r) &\overset{[23.22]}{=} \mathsf{wert}(s_1, b_r) + \mathsf{wert}(s_2, b_r) \\
&\overset{!}{=} \mathsf{wert}\big(\mathsf{subst}_r(s_1), b\big) + \mathsf{wert}\big(\mathsf{subst}_r(s_2), b\big) \\
&\overset{[23.22]}{=} \mathsf{wert}\big(\mathsf{subst}_r(s_1) \oplus \mathsf{subst}_r(s_2),\ b\big) \\
&= \mathsf{wert}\big(\mathsf{subst}_r(s_1 \oplus s_2),\ b\big).
\end{aligned}
$$

$\underline{s_1 \odot s_2:}$ Analog. ■

Jetzt wollen wir in **FA** beschreiben, wann eine gegebene superstrenge Σ-Formel [23.28]
von einer bestimmten Belegung erfüllt wird. Wir vollziehen sozusagen Tarskis ‚Wahrheitsdefinition' nach, soweit es möglich ist, und zwar folgendermaßen. Ausgehend von einer SStrSigmaFml-Folge f konstruieren wir eine Folge h, deren Glieder zu den in f enthaltenen Formeln angeben, ob sie von einer gewissen Belegung erfüllt werden oder nicht (vgl. Kaye 1991, S. 122, 126). Dazu besteht jedes Glied $(h)_l$ von h aus drei Komponenten: Die erste, i, zeigt an, dass sich $(h)_l$ auf die Formel $(f)_i$ bezieht; die zweite, b, ist eine Belegung; die dritte, w, ist entweder **0** („nicht erfüllt" bzw. „falsch") oder **1** („erfüllt"/„wahr").

Für Primformeln ist ganz leicht zu beschreiben, welchen Wert w erhalten muss: Das Falsum $\perp$ ist unter keiner Belegung erfüllt; und ob eine (Un-)Gleichung erfüllt ist, hängt in der naheliegenden Weise davon ab, wie sich die b-Werte der beiden verknüpften Terme zueinander verhalten.

Ist $(f)_i$ eine aussagenlogisch zusammengesetzte Formel, dann muss h Glieder enthalten, die sich auf die beiden Teilformeln von $(f)_i$ beziehen, und der ‚Wahrheitswert' w für $(f)_i$ ergibt sich dann auf offensichtliche Weise aus den Werten für die Teilformeln.

Wenn $(f)_i$ hingegen von der Form $(\textcircled{$\forall$}v \mathbin{\textcircled{<}} t)\,(f)_j$ ist, dann genügt i.a. nicht ein einzelnes Glied von h, das $(f)_j$ unter der Belegung b auswertet. Vielmehr müssen dann alle Zahlen $r < \mathsf{wert}(t, b)$ als Werte von v getestet werden;[12] h braucht also für jede dieser v-Varianten von b ein eigenes sich auf $(f)_j$ beziehendes Glied, und der Wahrheitswert w ist nur dann 1, wenn alle diese Glieder den Wert 1 liefern.

Ist $(f)_i$ schließlich von der Gestalt $(\textcircled{$\exists$}v)\,(f)_j$, dann genügt zwar, um den Wert 1 für w zu rechtfertigen, schon ein einzelnes Glied von h, das besagt, dass $(f)_j$ für eine Interpretation r von v erfüllt ist. Allerdings wird in diesem Fall durch $(f)_i$ keine Schranke vorgegeben, unterhalb derer wir r zu suchen

[12] Da $(\textcircled{$\forall$}v \mathbin{\textcircled{<}} t)\,(f)_j$ die Gestalt $(\textcircled{$\forall$}v)\,\big(v \mathbin{\textcircled{<}} t \ominus (f)_j\big)$ hat (s. [3.20], [1.13]), müsste eigentlich für *jede* Zahl r untersucht werden, ob $v \mathbin{\textcircled{<}} t \ominus (f)_j$ von $\mathsf{belVnte}(b, v, r)$ erfüllt wird. Aber weil v in t nicht vorkommt (s. [23.2]), ist $\mathsf{wert}\big(t,\ \mathsf{belVnte}(b, v, r)\big) = \mathsf{wert}(t, b)$ ([23.24]), und so steht von vornherein fest, dass, wenn $r = \mathsf{wert}\big(v,\ \mathsf{belVnte}(b, v, r)\big) \geq \mathsf{wert}(t, b)$ ist, die Formel $v \mathbin{\textcircled{<}} t \ominus (f)_j$ unter $\mathsf{belVnte}(b, v, r)$ ohnehin erfüllt ist.

hätten. Wenn also eine solche Existenzformel den Wahrheitswert **0** zugeordnet bekommt, dann heißt das nicht, dass diese Formel unter b nicht erfüllt ist, sondern bloß, dass die Folge h keinen Beleg für ihr Erfüllt-Sein zu enthalten braucht.

Die Folge h ist eine ‚Erfüllt-Folge' zur SStrSigmaFml-Folge f:

$$\mathsf{ErfülltFolgeZu}(\mathtt{f},\mathtt{h}) \quad :=$$

$$\mathsf{SStrSigmaFmlFolge}(\mathtt{f}) \;\wedge\; \mathsf{IstFolge}(\mathtt{h})$$

$$\wedge\; \big(\forall \mathtt{l} < \mathsf{lng}(\mathtt{h})\big)\; \big(\exists \mathtt{i},\mathtt{b},\mathtt{w} < (\mathtt{h})_{\mathtt{l}}\big)$$

$$\Big[(\mathtt{h})_{\mathtt{l}} = \mathsf{tripel}(\mathtt{i},\mathtt{b},\mathtt{w}) \;\wedge\; \mathtt{i} < \mathsf{lng}(\mathtt{f}) \;\wedge\; \mathsf{Bel}(\mathtt{b}) \;\wedge\; \mathtt{w} \le \mathbf{1}$$

$$\wedge\; \big[(\mathtt{f})_{\mathtt{i}} = \ulcorner\underline{\bot}\urcorner \;\rightarrow\; \mathtt{w}=\mathbf{0}\big]$$

$$\wedge\; \big(\forall \mathtt{s},\mathtt{t} < (\mathtt{f})_{\mathtt{i}}\big)$$

$$\Big[\big[(\mathtt{f})_{\mathtt{i}} = (\mathtt{s}\textcircled{=}\mathtt{t}) \;\rightarrow\; \big(\mathtt{w}=\mathbf{1} \;\leftrightarrow\; \mathsf{wert}(\mathtt{s},\mathtt{b}) = \mathsf{wert}(\mathtt{t},\mathtt{b})\big)\big]$$

$$\wedge\; \big[(\mathtt{f})_{\mathtt{i}} = (\mathtt{s}\textcircled{<}\mathtt{t}) \;\rightarrow\; \big(\mathtt{w}=\mathbf{1} \;\leftrightarrow\; \mathsf{wert}(\mathtt{s},\mathtt{b}) < \mathsf{wert}(\mathtt{t},\mathtt{b})\big)\big]\Big]$$

$$\wedge\; (\forall \mathtt{j},\mathtt{k} < \mathtt{i})$$

$$\Big[\Big[(\mathtt{f})_{\mathtt{i}} = \big[(\mathtt{f})_{\mathtt{j}} \textcircled{$\wedge$} (\mathtt{f})_{\mathtt{k}}\big] \;\vee\; (\mathtt{f})_{\mathtt{i}} = \big[(\mathtt{f})_{\mathtt{j}} \textcircled{$\vee$} (\mathtt{f})_{\mathtt{k}}\big] \;\rightarrow$$

$$(\exists \mathtt{l}_{\mathtt{j}},\mathtt{l}_{\mathtt{k}} < \mathtt{l})\; (\exists \mathtt{w}_{\mathtt{j}},\mathtt{w}_{\mathtt{k}} \le \mathbf{1})$$

$$\Big[(\mathtt{h})_{\mathtt{l}_{\mathtt{j}}} = \mathsf{tripel}(\mathtt{j},\mathtt{b},\mathtt{w}_{\mathtt{j}}) \;\wedge\; (\mathtt{h})_{\mathtt{l}_{\mathtt{k}}} = \mathsf{tripel}(\mathtt{k},\mathtt{b},\mathtt{w}_{\mathtt{k}})$$

$$\wedge\; \Big[\mathtt{w}=\mathbf{1} \;\leftrightarrow$$

$$\Big((\mathtt{f})_{\mathtt{i}} = \big[(\mathtt{f})_{\mathtt{j}} \textcircled{$\wedge$} (\mathtt{f})_{\mathtt{k}}\big] \;\rightarrow\; \mathtt{w}_{\mathtt{j}}=\mathbf{1} \;\wedge\; \mathtt{w}_{\mathtt{k}}=\mathbf{1}\Big)$$

$$\wedge\; \Big((\mathtt{f})_{\mathtt{i}} = \big[(\mathtt{f})_{\mathtt{j}} \textcircled{$\vee$} (\mathtt{f})_{\mathtt{k}}\big] \;\rightarrow\; \mathtt{w}_{\mathtt{j}}=\mathbf{1} \;\vee\; \mathtt{w}_{\mathtt{k}}=\mathbf{1}\Big)\Big]\Big]\Big]\Big]$$

$$\wedge\; \big(\forall \mathtt{v},\mathtt{t} < (\mathtt{f})_{\mathtt{i}}\big)$$

$$\Big[\Big[(\mathtt{f})_{\mathtt{i}} = (\textcircled{$\forall$}\mathtt{v}\textcircled{<}\mathtt{t})\,(\mathtt{f})_{\mathtt{j}} \quad \rightarrow$$

$$\big(\forall \mathtt{r} < \mathsf{wert}(\mathtt{t},\mathtt{b})\big)\; (\exists \mathtt{l}_{\mathtt{r}} < \mathtt{l})\; (\exists \mathtt{w}_{\mathtt{r}} \le \mathbf{1})$$

$$(\mathtt{h})_{\mathtt{l}_{\mathtt{r}}} = \mathsf{tripel}\big(\mathtt{j},\mathsf{belVnte}(\mathtt{b},\mathtt{v},\mathtt{r}),\mathtt{w}_{\mathtt{r}}\big)$$

$$\wedge\; \Big[\mathtt{w}=\mathbf{1} \;\leftrightarrow$$

$$\big(\forall \mathtt{r} < \mathsf{wert}(\mathtt{t},\mathtt{b})\big)\; (\exists \mathtt{l}_{\mathtt{r}} < \mathtt{l})$$

$$(\mathtt{h})_{\mathtt{l}_{\mathtt{r}}} = \mathsf{tripel}\big(\mathtt{j},\mathsf{belVnte}(\mathtt{b},\mathtt{v},\mathtt{r}),\mathbf{1}\big)\Big]\Big]$$

$$\wedge\; \Big[(\mathtt{f})_{\mathtt{i}} = (\textcircled{$\exists$}\mathtt{v})\,(\mathtt{f})_{\mathtt{j}} \quad \rightarrow$$

$$\Big[\mathtt{w}=\mathbf{1} \quad \rightarrow$$

$$(\exists \mathtt{l}_{\mathtt{r}} < \mathtt{l})\; \big(\exists \mathtt{r} < (\mathtt{h})_{\mathtt{l}_{\mathtt{r}}}\big)$$

$$(\mathtt{h})_{\mathtt{l}_{\mathtt{r}}} = \mathsf{tripel}\big(\mathtt{j},\mathsf{belVnte}(\mathtt{b},\mathtt{v},\mathtt{r}),\mathbf{1}\big)\Big]\Big]\Big]\Big]\Big].$$

Diese Formel ist delta. – Man beachte, dass die Klausel für Existenzformeln in zweierlei Hinsicht aus dem Rahmen fällt: Zum einen wird hier nicht gefordert, dass alle unmittelbaren Teilformeln (in diesem Fall $(\mathtt{f})_{\mathtt{j}}$) in h unter allen für die Wahrheitsbestimmung relevanten Belegungen geprüft werden. Das ist keine Überraschung, weil deren Anzahl unendlich ist. Zum anderen findet sich in der „w = 1"-Klausel nur ein Konditional „→", kein Bikonditional. Das erspart uns später etwas Aufwand, ohne irgendeinen Nachteil mit sich zu bringen. Der einzige Effekt, den das Fortlassen der Richtung „←" hat, besteht darin, dass eine Erfüllt-Folge, die einer Existenzformel $(\exists\mathtt{v})\,(\mathtt{f})_{\mathtt{j}}$ den Wahrheitswert **0** (‚falsch') zuordnet, durchaus erfüllende Belegungen für $(\mathtt{f})_{\mathtt{j}}$ enthalten kann. Das ist aber nicht schlimm, denn wichtig ist für uns nur, dass es für erfüllbare Formeln auch Erfüllt-Folgen gibt, die ihnen den Wahrheitswert 1 zuordnen, und dass diese dann erfüllende Belegungen enthalten *müssen*.

Die superstrenge Σ-Formel s wird von der Belegung b erfüllt: **[23.29]**

$$\mathsf{Erfüllt}(\mathtt{s},\mathtt{b}) \;:=\; (\exists\mathtt{f}',\mathtt{h}')\ \mathsf{ErfülltFolgeZu}\Big(\mathtt{f}'{*}\mathtt{s},\ \mathtt{h}'{*}\,\mathsf{tripel}\big(\mathsf{lng}(\mathtt{f}'),\mathtt{b},1\big)\Big).$$

Diese Formel ist nur sigma. Im Falle seiner Falschheit wird $\mathsf{Erfüllt}(\ulcorner\underline{\sigma}\urcorner, b)$ genauso wenig widerlegbar sein wie die entsprechende Substitutionsinstanz von σ selbst (s. **[23.34]**).

In **FA** ist beweisbar: **[23.30]**

$$\begin{aligned}
\mathsf{Bel}(\mathtt{b}) \to\quad & \neg\mathsf{Erfüllt}(\ulcorner\underline{\bot}\urcorner,\mathtt{b})\\
\wedge\ & \left[\begin{aligned}&\mathsf{Term}(\mathtt{t}_1)\wedge\mathsf{Term}(\mathtt{t}_2)\to\\ &\quad\big[\mathsf{Erfüllt}(\mathtt{t}_1 \circleddash \mathtt{t}_2,\mathtt{b}) \leftrightarrow \mathsf{wert}(\mathtt{t}_1,\mathtt{b}) = \mathsf{wert}(\mathtt{t}_2,\mathtt{b})\big]\\ &\wedge\ \big[\mathsf{Erfüllt}(\mathtt{t}_1 \circledless \mathtt{t}_2,\mathtt{b}) \leftrightarrow \mathsf{wert}(\mathtt{t}_1,\mathtt{b}) < \mathsf{wert}(\mathtt{t}_2,\mathtt{b})\big]\end{aligned}\right]\\
\wedge\ & \left[\begin{aligned}&\mathsf{SStrSigmaFml}(\mathtt{s}_1)\wedge\mathsf{SStrSigmaFml}(\mathtt{s}_2)\to\\ &\quad\big[\mathsf{Erfüllt}(\mathtt{s}_1 \circledwedge \mathtt{s}_2,\mathtt{b}) \leftrightarrow \mathsf{Erfüllt}(\mathtt{s}_1,\mathtt{b}) \wedge \mathsf{Erfüllt}(\mathtt{s}_2,\mathtt{b})\big]\\ &\wedge\ \big[\mathsf{Erfüllt}(\mathtt{s}_1 \circledvee \mathtt{s}_2,\mathtt{b}) \leftrightarrow \mathsf{Erfüllt}(\mathtt{s}_1,\mathtt{b}) \vee \mathsf{Erfüllt}(\mathtt{s}_2,\mathtt{b})\big]\end{aligned}\right]\\
\wedge\ & \left[\begin{aligned}&\mathsf{Var}(\mathtt{v})\wedge\mathsf{Term}(\mathtt{t})\wedge\mathsf{SStrSigmaFml}(\mathtt{s})\to\\ &\quad\left[\begin{aligned}&\mathsf{Erfüllt}\big((\circledforall\mathtt{v}\circledless\mathtt{t})\,\mathtt{s},\ \mathtt{b}\big) \leftrightarrow\\ &\quad(\forall\mathtt{r} < \mathsf{wert}(\mathtt{t},\mathtt{b}))\ \mathsf{Erfüllt}\big(\mathtt{s},\mathsf{belVnte}(\mathtt{b},\mathtt{v},\mathtt{r})\big)\end{aligned}\right]\\ &\wedge\ \Big[\mathsf{Erfüllt}\big((\circledexists\mathtt{v})\,\mathtt{s},\ \mathtt{b}\big) \leftrightarrow (\exists\mathtt{r})\ \mathsf{Erfüllt}\big(\mathtt{s},\mathsf{belVnte}(\mathtt{b},\mathtt{v},\mathtt{r})\big)\Big]\end{aligned}\right].
\end{aligned}$$

[23.31] Bevor wir den zweiten Teil des formalisierten Substitutionslemmas angeben, der sich statt auf Terme auf Formeln bezieht, beweisen wir noch eine Hilfsaussage. Diese Aussage beschreibt, wie man aus einer SStrSigmaFml-Folge zu einer Formel s eine ebensolche Folge zu einer Substitutionsinstanz $\mathsf{subst}(\mathtt{s}, \mathtt{v}, \mathtt{t})$ von s erhält, die dann belegt, dass auch die Substitutionsinstanz superstreng sigma ist.

[23.32] In **FA** ist beweisbar:

$$\mathsf{SStrSigmaFmlFolge}(\mathtt{f_v} * \mathtt{s}) \ \wedge \ \mathsf{Var}(\mathtt{v}) \ \wedge \ \mathsf{Term}(\mathtt{t}) \quad \rightarrow$$
$$(\exists \mathtt{f_t}) \begin{bmatrix} \quad \mathsf{IstFolge}(\mathtt{f_t}) \ \wedge \ \mathsf{lng}(\mathtt{f_t}) = \mathbf{2} \cdot \mathsf{lng}(\mathtt{f_v}) \\ \wedge \ (\forall \mathtt{i} < \mathsf{lng}(\mathtt{f_v})) \left[(\mathtt{f_t})_{\mathbf{2} \cdot \mathtt{i}} = \mathsf{subst}\big((\mathtt{f_v})_\mathtt{i}, \mathtt{v}, \mathtt{t}\big) \ \wedge \ (\mathtt{f_t})_{\mathbf{2} \cdot \mathtt{i} + \mathbf{1}} = (\mathtt{f_v})_\mathtt{i} \right] \\ \wedge \ \mathsf{SStrSigmaFmlFolge}\big(\mathtt{f_t} * \mathsf{subst}(\mathtt{s}, \mathtt{v}, \mathtt{t})\big) \end{bmatrix}.$$

Beweis In **FA**. – Es gelte das Vorderglied des Konditionals. Wir verwenden für Terme und Formeln e die Abkürzung

$$\mathsf{subst}_\mathtt{t}(\mathtt{e}) \ := \ \mathsf{subst}(\mathtt{e}, \mathtt{v}, \mathtt{t}).$$

Die Konstruktion einer geeigneten Folge $\mathtt{f_t}$ wäre ganz leicht, wenn in s (und in den Gliedern von $\mathtt{f_v}$) keine Quantoren vorkommen könnten. Dann würden wir nämlich einfach jedes Folgenglied $(\mathtt{f_v})_\mathtt{i}$ durch die entsprechende Substitutionsinstanz $\mathsf{subst}_\mathtt{t}\big((\mathtt{f_v})_\mathtt{i}\big)$ ersetzen. Wenn ein Folgenglied jedoch etwa, lax ausgedrückt, für $\sigma(\mathtt{v})$ steht und ein anderes für $(\exists \mathtt{v})\,\sigma(\mathtt{v})$, dann stehen die zugehörigen Substitutionsinstanzen für $\sigma(\mathtt{t})$ und $(\exists \mathtt{v})\,\sigma(\mathtt{v})$. Und die Tatsache, dass $\sigma(\mathtt{t})$ superstreng sigma ist, hat nicht mehr in der Weise damit zu tun, dass auch $(\exists \mathtt{v})\,\sigma(\mathtt{v})$ es ist, wie wir es für eine SStrSigmaFml-Folge brauchen. Daher nehmen wir jeweils sowohl die Substitutionsinstanz $\mathsf{subst}_\mathtt{t}\big((\mathtt{f_v})_\mathtt{i}\big)$ als auch $(\mathtt{f_v})_\mathtt{i}$ selbst in die neue Folge auf, für den Fall, dass wir später noch die ursprüngliche Formel benötigen.

Wir setzen also:

$$\begin{aligned} &\mathsf{IstFolge}(\mathtt{f_t}) \ \wedge \ \mathsf{lng}(\mathtt{f_t}) = \mathbf{2} \cdot \mathsf{lng}(\mathtt{f_v}) \\ \wedge \ &(\forall \mathtt{i} < \mathsf{lng}(\mathtt{f_v})) \left[(\mathtt{f_t})_{\mathbf{2} \cdot \mathtt{i}} = \mathsf{subst}\big((\mathtt{f_v})_\mathtt{i}, \mathtt{v}, \mathtt{t}\big) \ \wedge \ (\mathtt{f_t})_{\mathbf{2} \cdot \mathtt{i} + \mathbf{1}} = (\mathtt{f_v})_\mathtt{i} \right]. \end{aligned} \tag{1}$$

(Genau genommen müsste man durch Induktion nach $\mathsf{lng}(\mathtt{f_v})$ zeigen, dass diese Konjunktion unter den gegebenen Voraussetzungen wie ein pTerm – sagen wir: $\mathsf{FlgSubst}(\mathtt{f_v}, \mathtt{v}, \mathtt{t}, \mathtt{f_t})$ – ist, wodurch die ‚Definition' gerechtfertigt wäre.)

Bis auf die Substitution von t für v bleibt bei den ‚geraden' Gliedern von $\mathtt{f_t}$ die syntaktische Struktur der Formeln aus $\mathtt{f_v}$ erhalten; daher ist das Resultat $\mathtt{f_t}$

tatsächlich wiederum eine SStrSigmaFml-Folge. Präziser: Es gibt verschiedene Möglichkeiten, welche Gestalt für ein $\mathtt{i} < \mathsf{lng}(\mathtt{f_v})$ das Folgenglied $(\mathtt{f_v})_\mathtt{i}$ haben kann (s. **[23.3]**). Wir zeigen, dass $(\mathtt{f_t})_{2\cdot\mathtt{i}}$ jeweils dieselbe Klausel von **[23.3]** erfüllt wie $(\mathtt{f_v})_\mathtt{i}$:

$(\mathtt{f_v})_\mathtt{i} = \ulcorner\underline{\bot}\urcorner$: Dann ist $(\mathtt{f_t})_{2\cdot\mathtt{i}} \overset{(1)}{=} \mathsf{subst}(\ulcorner\underline{\bot}\urcorner, \mathtt{v}, \mathtt{t}) = \ulcorner\underline{\bot}\urcorner$.

$(\mathtt{f_v})_\mathtt{i} = [\mathtt{r} \ominus \mathtt{s}]$: Dann ist $(\mathtt{f_t})_{2\cdot\mathtt{i}} \overset{(1)}{=} \mathsf{subst_t}(\mathtt{r} \ominus \mathtt{s}) = [\mathsf{subst_t}(\mathtt{r}) \ominus \mathsf{subst_t}(\mathtt{s})]$.
(Analog für $\otimes$.)

$(\mathtt{f_v})_\mathtt{i} = [(\mathtt{f_v})_\mathtt{j} \wedge (\mathtt{f_v})_\mathtt{k}]$: Mit (1) folgt:

$$\begin{aligned}(\mathtt{f_t})_{2\cdot\mathtt{i}} &\overset{!}{=} \mathsf{subst_t}\big((\mathtt{f_v})_\mathtt{j} \wedge (\mathtt{f_v})_\mathtt{k}\big)\\ &= \Big[\mathsf{subst_t}\big((\mathtt{f_v})_\mathtt{j}\big) \wedge \mathsf{subst_t}\big((\mathtt{f_v})_\mathtt{k}\big)\Big]\\ &\overset{!}{=} \big[(\mathtt{f_t})_{2\cdot\mathtt{j}} \wedge (\mathtt{f_t})_{2\cdot\mathtt{k}}\big].\end{aligned}$$

(Analog für $\vee$.)

$(\mathtt{f_v})_\mathtt{i} = (\forall \mathtt{w} \otimes \mathtt{r})\,(\mathtt{f_v})_\mathtt{j}$: Dann gilt im Falle $\mathtt{w} = \mathtt{v}$:

$$(\mathtt{f_t})_{2\cdot\mathtt{i}} \overset{(1)}{=} \mathsf{subst_t}\big((\forall \mathtt{v} \otimes \mathtt{r})\,(\mathtt{f_v})_\mathtt{j}\big) = (\forall \mathtt{v} \otimes \mathtt{r})\,(\mathtt{f_v})_\mathtt{j} \overset{(1)}{=} (\forall \mathtt{v} \otimes \mathtt{r})\,(\mathtt{f_t})_{2\cdot\mathtt{j}+1}.$$

Ist hingegen $\mathtt{w} \neq \mathtt{v}$, so folgt aus (1):

$$\begin{aligned}(\mathtt{f_t})_{2\cdot\mathtt{i}} &\overset{!}{=} \mathsf{subst_t}\big((\forall \mathtt{w} \otimes \mathtt{r})\,(\mathtt{f_v})_\mathtt{j}\big)\\ &= \big(\forall \mathtt{w} \otimes \mathsf{subst_t}(\mathtt{r})\big)\,\mathsf{subst_t}\big((\mathtt{f_v})_\mathtt{j}\big)\\ &\overset{!}{=} \big(\forall \mathtt{w} \otimes \mathsf{subst_t}(\mathtt{r})\big)\,(\mathtt{f_t})_{2\cdot\mathtt{j}}.\end{aligned}$$

(Für $\exists$ analog.)

Da $\mathsf{subst_t}(\mathtt{s})$ nach dem gleichen Prinzip aus $\mathtt{s}$ hervorgeht wie die ‚geraden' Glieder von $\mathtt{f_t}$ aus denen von $\mathtt{f_v}$, ist auch $\mathtt{f_t} * \mathsf{subst_t}(\mathtt{s})$ eine SStrSigmaFml-Folge. ∎

(Formalisiertes Substitutionslemma für Formeln) In **FA** ist beweisbar: **[23.33]**

$$\begin{aligned}&\mathsf{SStrSigmaFml}(\mathtt{s}) \wedge \mathsf{Bel}(\mathsf{b_0}) \wedge \mathsf{Var}(\mathtt{v}) \quad\rightarrow\\ &\qquad\Big[\mathsf{Erfüllt}\big(\mathtt{s}, \mathsf{belVnte}(\mathsf{b_0}, \mathtt{v}, \mathtt{r})\big) \rightarrow \mathsf{Erfüllt}\Big(\mathsf{subst}\big(\mathtt{s}, \mathtt{v}, \mathsf{num}(\mathtt{r})\big), \mathsf{b_0}\Big)\Big].\end{aligned}$$

Auch die Richtung „←" in der eckigen Klammer ist beweisbar, aber da wir sie hier nicht benötigen, verzichten wir auf die Durchführung.

Beweis In **FA**. – Wie in **[23.27]** verwenden wir die Abkürzungen

$$\mathtt{b_r} := \mathsf{belVnte}(\mathtt{b_0}, \mathtt{v}, \mathtt{r}) \qquad \text{und} \qquad \mathsf{subst}_\mathtt{r}(\mathtt{e}) := \mathsf{subst}\big(\mathtt{e}, \mathtt{v}, \mathsf{num}(\mathtt{r})\big).$$

Gelte $\mathsf{SStrSigmaFml}(\mathtt{s})$, $\mathsf{Bel}(\mathtt{b_0})$ und $\mathsf{Var}(\mathtt{v})$. Gelte außerdem $\mathsf{Erfüllt}(\mathtt{s}, \mathtt{b_r})$, das heißt nach **[23.29]**:

$$(\exists \mathtt{f_v}, \mathtt{h_v})\ \mathsf{ErfülltFolgeZu}\Big(\mathtt{f_v} * \mathtt{s},\ \mathtt{h_v} * \mathsf{tripel}\big(\mathsf{lng}(\mathtt{f_v}), \mathtt{b_r}, \mathbf{1}\big)\Big); \tag{1}$$

mit anderen Worten, es gibt eine SStrSigmaFml-Folge, die mit $\mathtt{s}$ aufhört, und eine zugehörige Erfüllt-Folge, die bestätigt, dass $\mathtt{s} = (\mathtt{f_v} * \mathtt{s})_{\mathsf{lng}(\mathtt{f_v})}$ von der Belegung $\mathtt{b_r}$ erfüllt wird.

Seien $\mathtt{f_v}, \mathtt{h_v}$ fest. Wir werden diese zwei Folgen umwandeln in Folgen $\mathtt{f_r}, \mathtt{h_r}$, für die gilt:

$$\mathsf{ErfülltFolgeZu}\Big(\mathtt{f_r} * \mathsf{subst}_\mathtt{r}(\mathtt{s}),\ \mathtt{h_r} * \mathsf{tripel}\big(\mathsf{lng}(\mathtt{f_r}), \mathtt{b_0}, \mathbf{1}\big)\Big).$$

Dies impliziert $\mathsf{Erfüllt}\big(\mathsf{subst}_\mathtt{r}(\mathtt{s}), \mathtt{b_0}\big)$, und wir sind am Ziel.

Die Folge $\mathtt{f_r}$ erhalten wir aus **[23.32]**: $\mathsf{SStrSigmaFmlFolge}(\mathtt{f_v} * \mathtt{s})$ gilt nach (1) und **[23.28]**; $\mathsf{Var}(\mathtt{v})$ gilt nach Voraussetzung; und $\mathsf{Term}\big(\mathsf{num}(\mathtt{r})\big)$ gilt wegen **[3.32]**. Dann existiert nach **[23.32]** ein $\mathtt{f_r}$ mit

$$\mathsf{IstFolge}(\mathtt{f_r}) \ \wedge\ \mathsf{lng}(\mathtt{f_r}) = \mathbf{2} \cdot \mathsf{lng}(\mathtt{f_v}) \tag{2}$$

$$\wedge\ \big(\forall \mathtt{i} < \mathsf{lng}(\mathtt{f_v})\big)\ \Big[(\mathtt{f_r})_{\mathbf{2}\cdot\mathtt{i}} = \mathsf{subst}_\mathtt{r}\big((\mathtt{f_v})_\mathtt{i}\big)\ \wedge\ (\mathtt{f_r})_{\mathbf{2}\cdot\mathtt{i}+\mathbf{1}} = (\mathtt{f_v})_\mathtt{i}\Big] \tag{3}$$

$$\wedge\ \mathsf{SStrSigmaFmlFolge}\big(\mathtt{f_r} * \mathsf{subst}_\mathtt{r}(\mathtt{s})\big). \tag{4}$$

Sei $\mathtt{f_r}$ fest.

Wir konstruieren nun induktiv aus der Erfüllt-Folge $\mathtt{h_v}$ eine doppelt so lange Erfüllt-Folge $\mathtt{h_r}$. Dabei folgen wir dem Induktionsschema aus **[3.25]**: Wir betrachten ein beliebiges $\mathtt{l} < \mathsf{lng}(\mathtt{h_v})$, setzen voraus, dass für alle $\mathtt{l}' < \mathtt{l}$ die Glieder $(\mathtt{h_r})_{\mathbf{2}\cdot\mathtt{l}'}$ und $(\mathtt{h_r})_{\mathbf{2}\cdot\mathtt{l}'+\mathbf{1}}$ bereits definiert sind und zusammen eine Erfüllt-Folge bilden, konstruieren dann die neuen Glieder $(\mathtt{h_r})_{\mathbf{2}\cdot\mathtt{l}}$ und $(\mathtt{h_r})_{\mathbf{2}\cdot\mathtt{l}+\mathbf{1}}$ und zeigen schließlich, dass auch die verlängerte Folge eine Erfüllt-Folge ist.

Sei also $\mathtt{l} < \mathsf{lng}(\mathtt{h_v})$ beliebig. Da $\mathtt{h_v}$ eine Erfüllt-Folge zu $\mathtt{f_v}$ ist, gibt es ein $\mathtt{i} < \mathsf{lng}(\mathtt{f_v})$, eine Belegung $\mathtt{b}$ und einen ‚Wahrheitswert' $\mathtt{w} \leq \mathbf{1}$, so dass gilt:

$$(\mathtt{h_v})_\mathtt{l} = \mathsf{tripel}(\mathtt{i}, \mathtt{b}, \mathtt{w}).$$

Der Index $\mathtt{i}$ verweist auf das SStrSigmaFml-Folgenglied $(\mathtt{f_v})_\mathtt{i}$, und $\mathtt{w}$ drückt aus, ob die Formel $(\mathtt{f_v})_\mathtt{i}$ von $\mathtt{b}$ erfüllt wird ($\mathbf{1}$) oder nicht ($\mathbf{0}$).

Um die kommende Definition der neuen Glieder von $\mathtt{h_r}$ zu motivieren, müssen wir uns überlegen, welche Formeln wir in einer Auswertung von $\mathsf{subst_r}(\mathtt{s})$ brauchen und welche wir nicht gebrauchen können. Die Folge $\mathtt{f_r}$ enthält sowohl geeignete Teilformeln von $\mathtt{s}$ selbst als auch deren $\mathsf{subst_r}$-Substitute. Manchmal werden wir die unveränderte Teilformel benötigen, z. B. wenn wir daran gehen, eine Teilformel von $\mathsf{subst_r}(\mathtt{s})$ auszuwerten, die die Form $\mathsf{subst_r}\big((\textcircled{\exists}\mathtt{v})\,(\mathtt{f_v})_\mathtt{j}\big) = (\textcircled{\exists}\mathtt{v})\,(\mathtt{f_v})_\mathtt{j}$ hat: In diesem Fall hängt das Erfüllt-Sein von $\mathsf{subst_r}(\mathtt{s})$ nur davon ab, ob $(\mathtt{f_v})_\mathtt{j}$, nicht $\mathsf{subst_r}\big((\mathtt{f_v})_\mathtt{j}\big)$, unter irgendeiner Belegung erfüllt ist. Oft werden wir natürlich die Substitutionsinstanz einer Teilformel benötigen, z. B. wenn $\mathtt{s}$ von der Gestalt $(\mathtt{f_v})_\mathtt{j}\ \textcircled{\wedge}\ (\mathtt{f_v})_\mathtt{k}$ ist und entsprechend $\mathsf{subst_r}(\mathtt{s}) = \mathsf{subst_r}\big((\mathtt{f_v})_\mathtt{j}\big)\ \textcircled{\wedge}\ \mathsf{subst_r}\big((\mathtt{f_v})_\mathtt{k}\big)$ ist. Manchmal werden wir auch beides auswerten müssen, wenn nämlich eine Teilformel mehrfach in $\mathtt{s}$ vorkommt, mal im Skopus eines $\mathtt{v}$-Quantors, mal außerhalb aller solchen Skopen.

Man könnte also meinen, dass es am sichersten wäre, wie beim Übergang von $\mathtt{f_v}$ zu $\mathtt{f_r}$ jeweils beides, die Teilformel sowie ihre Substitutionsinstanz, zu verwenden. Diese Vorgehensweise könnte jedoch zu Problemen führen. Stellen wir uns etwa vor, dass $\mathtt{r} = \mathbf{3}$ ist, $\mathtt{v}' \neq \mathtt{v}$ und $\mathtt{s} = (\textcircled{\exists}\mathtt{v})\,\big(\textcircled{\forall}\mathtt{v}'\ \textcircled{<}\ \mathtt{v}\oplus\ulcorner\underline{1}\urcorner\big)\,(\mathtt{f_v})_\mathtt{j}$, wo $\mathtt{v}$ durch $\mathbf{1}$ belegt werden muss, damit die Teilformel $\big(\textcircled{\forall}\mathtt{v}'\ \textcircled{<}\ \mathtt{v}\oplus\ulcorner\underline{1}\urcorner\big)\,(\mathtt{f_v})_\mathtt{j}$ wahr wird. Dann wird $(\mathtt{f_v})_\mathtt{j}$ in $\mathtt{h_v}$ unter zwei Belegungen ausgewertet, die beide der Variable $\mathtt{v}$ den Wert $\mathbf{1}$ geben und von denen eine der Variable $\mathtt{v}'$ den Wert $\mathbf{0}$ gibt, die andere den Wert $\mathbf{1}$. Würden wir stets auch die Substitutionsinstanzen von Teilformeln behandeln, so müssten wir in $\mathtt{h_r}$ auch

$$\mathsf{subst_r}\Big(\big(\textcircled{\forall}\mathtt{v}'\ \textcircled{<}\ \mathtt{v}\oplus\ulcorner\underline{1}\urcorner\big)\,(\mathtt{f_v})_\mathtt{j}\Big) = \big(\textcircled{\forall}\mathtt{v}'\ \textcircled{<}\ \mathsf{num}(\mathbf{3})\oplus\ulcorner\underline{1}\urcorner\big)\ \mathsf{subst_r}\big((\mathtt{f_v})_\mathtt{j}\big)$$

auswerten. Dazu wäre es nötig, $\mathsf{subst_r}\big((\mathtt{f_v})_\mathtt{j}\big)$ unter *vier* Belegungen zu testen, die $\mathtt{v}'$ die Werte $\mathbf{0}$, $\mathbf{1}$, $\mathbf{2}$ bzw. $\mathbf{3}$ geben. Wir hätten aber aus $\mathtt{h_v}$ nur die ersten *zwei* Testfälle für $\mathsf{subst_r}\big((\mathtt{f_v})_\mathtt{j}\big)$ gewonnen (und zwei für $(\mathtt{f_v})_\mathtt{j}$). Wie können wir das Entstehen einer solchen Lücke vermeiden, ohne die Definition von $\mathtt{h_r}$ allzu sehr zu verkomplizieren?

Das Problem ist aufgetreten, weil sich durch die Substitution von $\mathsf{num}(\mathtt{r})$ für $\mathtt{v}$ die obere Schranke des $\mathtt{v}'$-Quantors verschoben hat, relativ zu dem Wert, den sie unter der $(\mathtt{v}\mapsto\mathbf{1})$-Belegung hatte. Dabei war in diesem Fall die Substitution unnötig, weil der $\mathtt{v}'$-Quantor im Skopus eines $\mathtt{v}$-Quantors stand: Wenn $\mathtt{v}$ in diesem Skopus vorkommt, sollten wir ohnehin den durch die Belegung vorgegebenen Wert $\mathbf{1}$ dafür verwenden, d. h. wir sollten die Belegung aus $\mathtt{h_v}$ unverändert übernehmen und in der Formel keine Substitution ausführen. Dass $\mathtt{v}$ in $\big(\textcircled{\forall}\mathtt{v}'\ \textcircled{<}\ \mathtt{v}\oplus\ulcorner\underline{1}\urcorner\big)\,(\mathtt{f_v})_\mathtt{j}$ ursprünglich im Skopus eines $\mathtt{v}$-Quantors lag, hätten wir zwar nicht der Formel ansehen können, wohl aber der Belegung: Die Auswertung von $\mathtt{s}$ ‚startet' mit der Belegung $\mathtt{b_r}$, die $\mathtt{v}$ den Wert $\mathtt{r} = \mathbf{3}$

gibt; und auf Belegungen mit anderen v-Werten wird nur dann zurückgegriffen, wenn wir auf v-Quantoren stoßen. Wenn in $\mathtt{h_v}$ also eine Belegung b mit

$$\mathsf{wert}(\mathtt{v}, \mathtt{b}) \neq \mathtt{r}$$

auftaucht, dann können wir davon ausgehen, dass wir uns im Wirkungsbereich eines v-Quantors befinden und daher nicht für v substituieren dürfen, sondern den v-Wert der Belegung übernehmen müssen.

Man ist jetzt versucht zu schließen, dass wir, wenn für die in einem Glied von $\mathtt{h_v}$ vorkommende Belegung b gilt: $\mathsf{wert}(\mathtt{v}, \mathtt{b}) = \mathtt{r}$, nur das Substitut der betreffenden Teilformel verwenden sollten. Dieser Schluss wäre aber ebenfalls voreilig. Denn dass eine Belegung in $\mathtt{h_v}$ der Variable v den Wert r gibt, schließt nicht aus, dass das Vorkommen der jeweiligen Teilformel $(\mathtt{f_v})_\mathtt{j}$ in s unter einem v-Quantor, etwa $(\forall \mathtt{v} \oslash \ulcorner \underline{5} \urcorner)$, steht. Wenn r beispielsweise wieder **3** ist, dann müssen wir in $\mathtt{h_r}$ die Formel $(\mathtt{f_v})_\mathtt{j}$ auch mit einer $(\mathtt{v} \mapsto \mathbf{3})$-Belegung testen; die $\mathtt{v}/\mathsf{num}(\mathbf{3})$-Substitutionsinstanz $\mathsf{subst_r}\big((\mathtt{f_v})_\mathtt{j}\big)$ ist kein ausreichender Ersatz.

Also sollten wir bei Belegungen b mit

$$\mathsf{wert}(\mathtt{v}, \mathtt{b}) = \mathtt{r}$$

sowohl das Substitut als auch die Originalformel verwenden. Das Problem, dass wir in $\mathtt{h_r}$ plötzlich nicht genug Testinstanzen von Formeln haben, weil durch die $\mathtt{v}/\mathsf{num}(\mathtt{r})$-Substitution die obere Schranke eines v′-Quantors höhergerutscht ist, kann dabei nicht auftreten: Weil $\mathsf{wert}(\mathtt{v}, \mathtt{b}) = \mathtt{r}$ ist, hat ein Schrankenterm nach der Substitution von $\mathsf{num}(\mathtt{r})$ für v denselben Wert, den er vorher unter b hatte.

Wir definieren daher:

$$(\mathtt{h_r})_{\mathbf{2}\cdot\mathtt{i}+\mathbf{1}} \;:=\; \mathsf{tripel}(\mathbf{2}\cdot\mathtt{i}+\mathbf{1},\, \mathtt{b},\, \mathtt{w}).$$

Somit bezieht sich $(\mathtt{h_r})_{\mathbf{2}\cdot\mathtt{i}+\mathbf{1}}$ auf $(\mathtt{f_r})_{\mathbf{2}\cdot\mathtt{i}+\mathbf{1}} \overset{(3)}{=} (\mathtt{f_v})_\mathtt{i}$, dieselbe superstrenge Σ-Formel, auf die sich schon $(\mathtt{h_v})_\mathtt{i}$ bezog, und übernimmt auch die zugehörige Belegung und den Wahrheitswert. Da die bereits konstruierten ungeraden Glieder von $\mathtt{h_r}$ genau die vorhergehenden Glieder von $\mathtt{h_v}$ enthalten und $\mathtt{h_v}$ eine Erfüllt-Folge ist, ist für $(\mathtt{h_r})_{\mathbf{2}\cdot\mathtt{i}+\mathbf{1}}$ nichts weiter zu zeigen.

Etwas aufwändiger ist die Definition der geraden Glieder:

$$(\mathtt{h_r})_{\mathbf{2}\cdot\mathtt{i}} \;:=\; \begin{cases} \mathsf{tripel}(\mathbf{2}\cdot\mathtt{i},\, \mathtt{b}',\, \mathtt{w}), & \text{falls } \mathsf{wert}(\mathtt{v}, \mathtt{b}) = \mathtt{r}, \\ \mathsf{tripel}(\mathbf{2}\cdot\mathtt{i}+\mathbf{1},\, \mathtt{b},\, \mathtt{w}), & \text{sonst,} \end{cases}$$

wo b′ diejenige Variante von b sein soll, die der Variable v wieder den Wert gibt, den sie unter $\mathtt{b_0}$ hatte:

$$\mathtt{b}' \;:=\; \mathsf{belVnte}\big(\mathtt{b},\, \mathtt{v},\, \mathsf{wert}(\mathtt{v}, \mathtt{b_0})\big).$$

(Dadurch wird sichergestellt, dass in $\mathtt{h_r}$ wieder Varianten von $\mathtt{b_0}$ statt von $\mathtt{b_r}$ stehen.) Das Glied $(\mathtt{h_r})_{\mathbf{2}\cdot\mathtt{1}}$ wertet also, wenn $\mathsf{wert}(\mathtt{v},\mathtt{b}) = \mathtt{r}$ ist, die Formel $(\mathtt{f_r})_{\mathbf{2}\cdot\mathtt{i}} \overset{(3)}{=} \mathsf{subst_r}\big((\mathtt{f_v})_\mathtt{i}\big)$ aus, bei der $\mathtt{v}$ durch $\mathsf{num}(\mathtt{r})$ ersetzt wurde; und andernfalls wiederholt es einfach noch einmal die Angaben aus $(\mathtt{h_r})_{\mathbf{2}\cdot\mathtt{1}+\mathtt{1}}$.

Wir zeigen, dass auch die um $(\mathtt{h_r})_{\mathbf{2}\cdot\mathtt{1}}$ verlängerte Folge die Forderungen aus **[23.28]** erfüllt. Wenn dabei $\mathsf{wert}(\mathtt{v},\mathtt{b}) \neq \mathtt{r}$ ist, gibt es wiederum nichts mehr zu zeigen. Wir setzen daher voraus, dass gilt:

$$\mathsf{wert}(\mathtt{v},\mathtt{b}) = \mathtt{r}. \tag{5}$$

Wir handeln nacheinander die verschiedenen Gestalten ab, die die superstrenge Σ-Formel $(\mathtt{f_v})_\mathtt{i}$ haben kann (s. **[23.3]**).

$(\mathtt{f_v})_\mathtt{i} = \ulcorner\bot\urcorner$: Weil $\mathtt{h_v}$ nach (1) eine Erfüllt-Folge ist, ist dann $\mathtt{w} = \mathbf{0}$. Außerdem gilt dann nach (3): $(\mathtt{f_r})_{\mathbf{2}\cdot\mathtt{i}} \overset{!}{=} \mathsf{subst_r}(\ulcorner\bot\urcorner) = \ulcorner\bot\urcorner$. In diesem Fall ist das neue Glied also in Ordnung.

$(\mathtt{f_v})_\mathtt{i} = [\mathtt{t_1} \ominus \mathtt{t_2}]$: Hier ist $\mathtt{w} = \mathbf{1}$ genau dann, wenn $\mathsf{wert}(\mathtt{t_1},\mathtt{b}) = \mathsf{wert}(\mathtt{t_2},\mathtt{b})$ ist. Außerdem ist $(\mathtt{f_r})_{\mathbf{2}\cdot\mathtt{i}} = [\mathsf{subst_r}(\mathtt{t_1}) \ominus \mathsf{subst_r}(\mathtt{t_2})]$, so dass, wenn unsere Definition gerechtfertigt sein soll, die Gleichungen $\mathsf{wert}(\mathtt{t_1},\mathtt{b}) = \mathsf{wert}(\mathtt{t_2},\mathtt{b})$ und $\mathsf{wert}(\mathsf{subst_r}(\mathtt{t_1}),\mathtt{b}') = \mathsf{wert}(\mathsf{subst_r}(\mathtt{t_2}),\mathtt{b}')$ äquivalent sein müssen. Dazu genügt es offenbar zu zeigen, dass für $i = 1, 2$ jeweils gilt:

$$\mathsf{wert}(\mathtt{t}_i,\mathtt{b}) = \mathsf{wert}\big(\mathsf{subst_r}(\mathtt{t}_i),\mathtt{b}'\big).$$

Diese Identität liefert uns das Substitutionslemma für Terme (**[23.27]**) – wenn wir zeigen können, dass $\mathtt{b} = \mathsf{belVnte}(\mathtt{b}',\mathtt{v},\mathtt{r})$ ist. Nun gilt:

$$\begin{aligned}\mathsf{belVnte}(\mathtt{b}',\mathtt{v},\mathtt{r}) &= \mathsf{belVnte}\Big(\mathsf{belVnte}\big(\mathtt{b},\mathtt{v},\mathsf{wert}(\mathtt{v},\mathtt{b_0})\big),\ \mathtt{v},\ \mathtt{r}\Big)\\ &= \mathsf{belVnte}(\mathtt{b},\mathtt{v},\mathtt{r});\end{aligned}$$

und letztere Belegung ist gleich $\mathtt{b}$ genau dann, wenn schon vor dem Variieren $\mathsf{wert}(\mathtt{v},\mathtt{b}) = \mathtt{r}$ ist. Aber das haben wir in (5) vorausgesetzt; damit sind wir auch für diesen Fall am Ziel.

$(\mathtt{f_v})_\mathtt{i} = [\mathtt{t_1} \otimes \mathtt{t_2}]$: Analog.

$(\mathtt{f_v})_\mathtt{i} = [(\mathtt{f_v})_\mathtt{j} \mathbin{\triangle} (\mathtt{f_v})_\mathtt{k}]$: Dann ist $(\mathtt{f_r})_{\mathbf{2}\cdot\mathtt{i}} = \mathsf{subst_r}\big((\mathtt{f_v})_\mathtt{j}\big) \mathbin{\triangle} \mathsf{subst_r}\big((\mathtt{f_v})_\mathtt{k}\big)$. Weil $\mathtt{h_v}$ eine Erfüllt-Folge ist, existieren zu $(\mathtt{h_v})_\mathtt{1}$, das sich auf $(\mathtt{f_v})_\mathtt{i}$ bezieht, Indizes $\mathtt{1_j}, \mathtt{1_k} < \mathtt{1}$ und Wahrheitswerte $\mathtt{w_j}$, $\mathtt{w_k}$, so dass $(\mathtt{h_v})_{\mathtt{1_j}} = \mathsf{tripel}(\mathtt{j},\mathtt{b},\mathtt{w_j})$ und $(\mathtt{h_v})_{\mathtt{1_k}} = \mathsf{tripel}(\mathtt{k},\mathtt{b},\mathtt{w_k})$ ist. Die Bedingung $\mathsf{wert}(\mathtt{v},\mathtt{b}) = \mathtt{r}$ bleibt offensichtlich erhalten, da wir dieselbe Belegung weiter verwenden. Nach Induktionsvoraussetzung ist dann $(\mathtt{h_r})_{\mathbf{2}\cdot\mathtt{1_j}} = \mathsf{tripel}(\mathbf{2}\cdot\mathtt{j},\ \mathtt{b}',\ \mathtt{w_j})$ und $(\mathtt{h_r})_{\mathbf{2}\cdot\mathtt{1_k}} =$

$\mathsf{tripel}(\mathbf{2}\cdot\mathtt{k},\ \mathtt{b}',\ \mathtt{w_k})$, und die Wahrheitswerte $\mathtt{w_j}$, $\mathtt{w_k}$ sind auch für $(\mathtt{f_r})_{\mathbf{2}\cdot\mathtt{j}} = \mathsf{subst}_\mathtt{r}\big((\mathtt{f_v})_\mathtt{j}\big)$ bzw. $(\mathtt{f_r})_{\mathbf{2}\cdot\mathtt{k}} = \mathsf{subst}_\mathtt{r}\big((\mathtt{f_v})_\mathtt{k}\big)$ in Ordnung. Da $\mathtt{w} = \mathbf{1}$ ist genau dann, wenn $\mathtt{w_j} = \mathbf{1} = \mathtt{w_k}$ gilt, ist $\mathtt{w}$ nicht nur angemessen für $(\mathtt{f_v})_\mathtt{i}$ unter $\mathtt{b}$, sondern auch für $(\mathtt{f_r})_{\mathbf{2}\cdot\mathtt{i}} = \mathsf{subst}_\mathtt{r}\big((\mathtt{f_v})_\mathtt{i}\big)$ unter $\mathtt{b}'$. Weil $\mathtt{l_j}$, $\mathtt{l_k} < \mathtt{l}$ sind, sind schließlich auch $\mathbf{2}\cdot\mathtt{l_j}$, $\mathbf{2}\cdot\mathtt{l_k} < \mathbf{2}\cdot\mathtt{l}$; also gehen die Folgenglieder $(\mathtt{h_r})_{\mathbf{2}\cdot\mathtt{l_j}}$ und $(\mathtt{h_r})_{\mathbf{2}\cdot\mathtt{l_k}}$ tatsächlich dem Glied $(\mathtt{h_r})_{\mathbf{2}\cdot\mathtt{l}}$ voraus.

$(\mathtt{f_v})_\mathtt{i} = \big[(\mathtt{f_v})_\mathtt{j} \,\textcircled{$\vee$}\, (\mathtt{f_v})_\mathtt{k}\big]$: Analog.

$(\mathtt{f_v})_\mathtt{i} = (\textcircled{$\exists$}\mathtt{v}')\,(\mathtt{f_v})_\mathtt{j}$: Wenn $\mathtt{w} = \mathbf{0}$ ist, gibt es hier nichts zu zeigen. Nehmen wir also an, dass $\mathtt{w} = \mathbf{1}$ ist; dann existieren wegen (1) zu $(\mathtt{h_v})_\mathtt{l}$ (das über $(\mathtt{f_v})_\mathtt{i}$ spricht) ein Index $\mathtt{l_x} < \mathtt{l}$ und eine Zahl $\mathtt{x}$, so dass

$$(\mathtt{h_v})_{\mathtt{l_x}} = \mathsf{tripel}\big(\mathtt{j},\ \mathsf{belVnte}(\mathtt{b},\mathtt{v}',\mathtt{x}),\ \mathbf{1}\big)$$

ist. Je nachdem, ob die Variablen $\mathtt{v}'$ und $\mathtt{v}$ gleich oder verschieden sind, fahren wir unterschiedlich fort.

$\mathtt{v}' = \mathtt{v}$: In diesem Fall gilt wegen (3):

$$(\mathtt{f_r})_{\mathbf{2}\cdot\mathtt{i}} \overset{!}{=} \mathsf{subst}_\mathtt{r}\big((\textcircled{$\exists$}\mathtt{v})\,(\mathtt{f_v})_\mathtt{j}\big) = (\textcircled{$\exists$}\mathtt{v})\,(\mathtt{f_v})_\mathtt{j} \overset{(3)}{=} (\textcircled{$\exists$}\mathtt{v})\,(\mathtt{f_r})_{\mathbf{2}\cdot\mathtt{j}+\mathbf{1}}.$$

Nach Induktionsvoraussetzung ist

$$(\mathtt{h_r})_{\mathbf{2}\cdot\mathtt{l_x}+\mathbf{1}} = \mathsf{tripel}\big(\mathbf{2}\cdot\mathtt{j}+\mathbf{1},\ \mathsf{belVnte}(\mathtt{b},\mathtt{v},\mathtt{x}),\ \mathbf{1}\big),$$

so dass sich $(\mathtt{h_r})_{\mathbf{2}\cdot\mathtt{l_x}+\mathbf{1}}$ mit derselben Belegung und demselben Wahrheitswert wie $(\mathtt{h_v})_{\mathtt{l_x}}$ auf $(\mathtt{f_r})_{\mathbf{2}\cdot\mathtt{j}+\mathbf{1}} \overset{(3)}{=} (\mathtt{f_v})_\mathtt{j}$ bezieht; wegen $\mathtt{l_x} < \mathtt{l}$ ist $\mathbf{2}\cdot\mathtt{l_x}+\mathbf{1} < \mathbf{2}\cdot\mathtt{l}$; und somit enthält $\mathtt{h_r}$ ein Glied vor $(\mathtt{h_r})_{\mathbf{2}\cdot\mathtt{l}}$, das zu $(\mathtt{f_r})_{\mathbf{2}\cdot\mathtt{j}+\mathbf{1}}$ und $\mathtt{x}$ gehört.

$\mathtt{v}' \neq \mathtt{v}$: Dann gilt:

$$\begin{aligned}(\mathtt{f_r})_{\mathbf{2}\cdot\mathtt{i}} &\overset{(3)}{=} \mathsf{subst}_\mathtt{r}\big((\textcircled{$\exists$}\mathtt{v}')\,(\mathtt{f_v})_\mathtt{j}\big)\\ &\overset{!}{=} (\textcircled{$\exists$}\mathtt{v}')\ \mathsf{subst}_\mathtt{r}\big((\mathtt{f_v})_\mathtt{j}\big)\\ &\overset{(3)}{=} (\textcircled{$\exists$}\mathtt{v}')\ (\mathtt{f_r})_{\mathbf{2}\cdot\mathtt{j}}.\end{aligned}$$

Weil wegen $\mathtt{v}' \neq \mathtt{v}$ gilt: $\mathsf{wert}\big(\mathtt{v},\mathsf{belVnte}(\mathtt{b},\mathtt{v}',\mathtt{x})\big) \overset{!}{=} \mathsf{wert}(\mathtt{v},\mathtt{b}) \overset{(5)}{=} \mathtt{r}$, ist nach Induktionsvoraussetzung

$$(\mathtt{h_r})_{\mathbf{2}\cdot\mathtt{l_x}} = \\ \mathsf{tripel}\Big(\mathbf{2}\cdot\mathtt{j},\ \mathsf{belVnte}\big(\mathsf{belVnte}(\mathtt{b},\mathtt{v}',\mathtt{x}),\ \mathtt{v},\ \mathsf{wert}(\mathtt{v},\mathtt{b_0})\big),\ \mathbf{1}\Big);$$

und es gilt:

$$\mathsf{belVnte}\Big(\mathsf{belVnte}(\mathtt{b},\mathtt{v}',\mathtt{x}),\ \mathtt{v},\ \mathsf{wert}(\mathtt{v},\mathtt{b}_0)\Big) \ =$$

$$\overset{(\mathtt{v}'\neq\mathtt{v})}{=}\ \mathsf{belVnte}\Big(\mathsf{belVnte}\big(\mathtt{b},\mathtt{v},\mathsf{wert}(\mathtt{v},\mathtt{b}_0)\big),\ \mathtt{v}',\ \mathtt{x}\Big)$$

$$=\ \mathsf{belVnte}(\mathtt{b}',\mathtt{v}',\mathtt{x}).$$

Wegen $\mathbf{2}\cdot\mathtt{l}_\mathtt{x} < \mathbf{2}\cdot\mathtt{l}$ besitzt $\mathtt{h}_\mathtt{r}$ also ein Glied vor $(\mathtt{h}_\mathtt{r})_{\mathbf{2}\cdot\mathtt{l}}$, das $(\mathtt{f}_\mathtt{r})_{\mathbf{2}\cdot\mathtt{j}}$ als unter einer geeigneten Variante von $\mathtt{b}'$ erfüllt auswertet.

$(\mathtt{f}_\mathtt{v})_\mathtt{i} = (\forall\mathtt{v}'\otimes\mathtt{t})\,(\mathtt{f}_\mathtt{v})_\mathtt{j}$: In diesem Fall gibt es zu $(\mathtt{h}_\mathtt{v})_\mathtt{l}$ und jedem $\mathtt{x} < \mathsf{wert}(\mathtt{t},\mathtt{b})$ einen Index $\mathtt{l}_\mathtt{x} < \mathtt{l}$ und ein $\mathtt{w}_\mathtt{x} \leq \mathbf{1}$, so dass gilt:

$$(\mathtt{h}_\mathtt{v})_{\mathtt{l}_\mathtt{x}} = \mathsf{tripel}\big(\mathtt{j},\ \mathsf{belVnte}(\mathtt{b},\mathtt{v}',\mathtt{x}),\ \mathtt{w}_\mathtt{x}\big). \tag{6}$$

Wir unterscheiden wieder, ob $\mathtt{v}'$ und $\mathtt{v}$ gleich oder verschieden sind.

$\mathtt{v}' = \mathtt{v}$: Dann ist $(\mathtt{f}_\mathtt{r})_{\mathbf{2}\cdot\mathtt{i}} = (\forall\mathtt{v}\otimes\mathtt{t})\,(\mathtt{f}_\mathtt{v})_\mathtt{j}$. Wegen (6) ist für $\mathtt{x} < \mathsf{wert}(\mathtt{t},\mathtt{b})$ und geeignete $\mathtt{l}_\mathtt{x} < \mathtt{l}$ und $\mathtt{w}_\mathtt{x} \leq \mathbf{1}$ jeweils

$$(\mathtt{h}_\mathtt{r})_{\mathbf{2}\cdot\mathtt{l}_\mathtt{x}+\mathbf{1}} = \mathsf{tripel}\big(\mathbf{2}\cdot\mathtt{j}+\mathbf{1},\ \mathsf{belVnte}(\mathtt{b},\mathtt{v},\mathtt{x}),\ \mathtt{w}_\mathtt{x}\big),$$

so dass sich $(\mathtt{h}_\mathtt{r})_{\mathbf{2}\cdot\mathtt{l}_\mathtt{x}+\mathbf{1}}$ mit denselben Angaben wie $(\mathtt{h}_\mathtt{v})_{\mathtt{l}_\mathtt{x}}$ auf $(\mathtt{f}_\mathtt{r})_{\mathbf{2}\cdot\mathtt{j}+\mathbf{1}} \overset{(3)}{=} (\mathtt{f}_\mathtt{v})_\mathtt{j}$ bezieht; und natürlich ist jeweils $\mathbf{2}\cdot\mathtt{l}_\mathtt{x}+\mathbf{1} < \mathbf{2}\cdot\mathtt{l}$.

$\mathtt{v}' \neq \mathtt{v}$: In diesem Fall gilt:

$$(\mathtt{f}_\mathtt{r})_{\mathbf{2}\cdot\mathtt{i}} \overset{!}{=} \big(\forall\mathtt{v}'\otimes\ \mathsf{subst}_\mathtt{r}(\mathtt{t})\big)\ \mathsf{subst}_\mathtt{r}\big((\mathtt{f}_\mathtt{v})_\mathtt{j}\big)$$
$$\overset{(3)}{=} \big(\forall\mathtt{v}'\otimes\ \mathsf{subst}_\mathtt{r}(\mathtt{t})\big)\ (\mathtt{f}_\mathtt{r})_{\mathbf{2}\cdot\mathtt{j}}.$$

Es gibt zu jedem $\mathtt{x} < \mathsf{wert}(\mathtt{t},\mathtt{b})$ ein Glied in $\mathtt{h}_\mathtt{v}$, das $(\mathtt{f}_\mathtt{v})_\mathtt{j}$ unter $\mathsf{belVnte}(\mathtt{b},\mathtt{v}',\mathtt{x})$ auswertet; und damit gibt es auch jeweils unter den geraden Gliedern von $\mathtt{h}_\mathtt{r}$ eines, das $\mathsf{subst}_\mathtt{r}\big((\mathtt{f}_\mathtt{v})_\mathtt{j}\big) = (\mathtt{f}_\mathtt{r})_{\mathbf{2}\cdot\mathtt{j}}$ unter

$$\mathsf{belVnte}\Big(\mathsf{belVnte}(\mathtt{b},\mathtt{v}',\mathtt{x}),\ \mathtt{v},\ \mathsf{wert}(\mathtt{v},\mathtt{b}_0)\Big) \overset{(\mathtt{v}'\neq\mathtt{v})}{=} \mathsf{belVnte}(\mathtt{b}',\mathtt{v}',\mathtt{x})$$

auswertet. Aber wie wir uns im Fall „$(\mathtt{f}_\mathtt{v})_\mathtt{i} = [\mathtt{t}_1 \ominus \mathtt{t}_2]$" bereits überlegt haben, gilt unter der Voraussetzung (5), dass $\mathtt{b} = \mathsf{belVnte}(\mathtt{b}',\mathtt{v},\mathtt{r})$ ist; und daher sagt uns **[23.27]**, dass $\mathsf{wert}(\mathtt{t},\mathtt{b}) = \mathsf{wert}\big(\mathsf{subst}_\mathtt{r}(\mathtt{t}),\mathtt{b}'\big)$ ist. Somit haben wir für jedes $\mathtt{x} < \mathsf{wert}\big(\mathsf{subst}_\mathtt{r}(\mathtt{t}),\mathtt{b}'\big)$ ein Glied

$$(\mathtt{h}_\mathtt{r})_{\mathbf{2}\cdot\mathtt{l}_\mathtt{x}} = \mathsf{tripel}\Big(\mathbf{2}\cdot\mathtt{j},\ \mathsf{belVnte}(\mathtt{b}',\mathtt{v}',\mathtt{x}),\ \mathtt{w}_\mathtt{x}\Big)$$

in $\mathtt{h}_\mathtt{r}$ vor $(\mathtt{h}_\mathtt{r})_{\mathbf{2}\cdot\mathtt{l}}$, das $(\mathtt{f}_\mathtt{r})_{\mathbf{2}\cdot\mathtt{j}} \overset{(3)}{=} \mathsf{subst}_\mathtt{r}\big((\mathtt{f}_\mathtt{v})_\mathtt{j}\big)$ unter $\mathsf{belVnte}(\mathtt{b}',\mathtt{v}',\mathtt{x})$ auswertet. Wegen (1) ist $\mathtt{w} = \mathbf{1}$ genau dann, wenn alle diese $\mathtt{w}_\mathtt{x}$ gleich $\mathbf{1}$ sind; und daher ist der Wahrheitswert $\mathtt{w}$ auch für das neue Glied $(\mathtt{h}_\mathtt{r})_{\mathbf{2}\cdot\mathtt{l}}$ korrekt.

Nachdem $\mathtt{h_r}$ in seiner vollen Länge konstruiert wurde, hängen wir noch $\mathsf{subst}_\mathtt{r}(\mathtt{s})$ an $\mathtt{f_r}$ an und $\mathsf{tripel}(\mathsf{lng}(\mathtt{f_r}), \mathtt{b_0}, \mathbf{1})$ an $\mathtt{h_r}$ und nennen die beiden resultierenden Folgen $\mathtt{f}'_\mathtt{r}$ bzw. $\mathtt{h}'_\mathtt{r}$. Gilt dann wie gewünscht $\mathsf{ErfülltFolgeZu}(\mathtt{f}'_\mathtt{r}, \mathtt{h}'_\mathtt{r})$? Aus (4) wissen wir schon: $\mathsf{SStrSigmaFmlFolge}(\mathtt{f}'_\mathtt{r})$; eine Folge ist $\mathtt{h}'_\mathtt{r}$ offensichtlich; und zu zeigen ist daher nur noch, dass auch auf das letzte Glied, $\mathsf{tripel}(\mathsf{lng}(\mathtt{f_r}), \mathtt{b_0}, \mathbf{1})$, die Bedingungen aus [23.28] zutreffen. Aber dieses Tripel kann beschrieben werden als auf genau dieselbe Weise aus dem letzten Glied der alten Erfüllt-Folge, $\mathtt{h_v} * \mathsf{tripel}(\mathsf{lng}(\mathtt{f_v}), \mathtt{b_r}, \mathbf{1})$, hervorgegangen, wie für $\mathtt{1} < \mathsf{lng}(\mathtt{h_v})$ jeweils $(\mathtt{h_r})_{\mathbf{2}\cdot\mathtt{1}}$ aus $(\mathtt{h_v})_\mathtt{1}$ hervorgegangen ist: Aufgrund der Definition von $\mathtt{b_r}$ ist $\mathsf{wert}(\mathtt{v}, \mathtt{b_r}) = \mathtt{r}$; nach (2) ist $\mathsf{lng}(\mathtt{f_r}) = \mathbf{2}\cdot\mathsf{lng}(\mathtt{f_v})$; für die Belegungen gilt:

$$\begin{aligned} \mathsf{belVnte}\big(\mathtt{b_r}, \mathtt{v}, \mathsf{wert}(\mathtt{v}, \mathtt{b_0})\big) &= \mathsf{belVnte}\big(\mathsf{belVnte}(\mathtt{b_0}, \mathtt{v}, \mathtt{r}),\ \mathtt{v},\ \mathsf{wert}(\mathtt{v}, \mathtt{b_0})\big) \\ &= \mathsf{belVnte}\big(\mathtt{b_0}, \mathtt{v}, \mathsf{wert}(\mathtt{v}, \mathtt{b_0})\big) \\ &= \mathtt{b_0}; \end{aligned}$$

und die beiden Tripel verwenden den gleichen Wahrheitswert, $\mathbf{1}$. Daher treffen die oben angestellten Überlegungen für Folgenglieder $(\mathtt{h_r})_{\mathbf{2}\cdot\mathtt{1}}$ genauso auf $(\mathtt{h}'_\mathtt{r})_{\mathbf{2}\cdot\mathsf{lng}(\mathtt{h_v})}$ zu. ■

[23.34] Für superstrenge Σ-Formeln $\sigma(\mathtt{x_1}, \ldots, \mathtt{x}_k)$ ist **FA**-beweisbar:

$$(\forall \mathtt{r_1}, \ldots, \mathtt{r}_k, \mathtt{b}, \mathtt{b}') \begin{bmatrix} \mathtt{b} = \mathsf{kett}\big(\mathsf{folge}_k(\mathtt{r_1}, \ldots, \mathtt{r}_k), \mathtt{b}'\big) \wedge \mathsf{Bel}(\mathtt{b}) \quad \rightarrow \\ \Big[\mathsf{Erfüllt}\big(\ulcorner \underline{\sigma(\mathtt{V_0}, \ldots, \mathtt{V}_{k-1})}\urcorner, \mathtt{b}\big) \leftrightarrow \sigma(\mathtt{r_1}, \ldots, \mathtt{r}_k)\Big] \end{bmatrix}.$$

[23.35] Damit können wir die Σ-Vollständigkeit von **FA** (s. [2.21]), oder jedenfalls die entsprechende Einschränkung für superstrenge Σ-Aussagen, in $\mathcal{L}_{\mathrm{Ar}}$ ausdrücken. „Wenn die superstrenge Σ-Aussage s wahr ist (also von irgendeiner Belegung b erfüllt wird), dann ist s auch in **FA** beweisbar":

$$\mathsf{Aussage}(\mathtt{s}) \wedge \mathsf{SStrSigmaFml}(\mathtt{s}) \wedge \mathsf{Erfüllt}(\mathtt{s}, \mathtt{b}) \rightarrow \mathsf{Th}(\mathtt{s}).$$

[23.36] Für das übliche Beweisbarkeitsprädikat ist die Σ-Vollständigkeit beweisbar; s. [27.6].

24 Das Beweisbarkeitsprädikat ListTh

[24.1] Wir wollen zeigen, dass alle Rosser-Sätze **FA**-beweisbar äquivalent sein können. Rosser-Sätze besagen, dass es eine Widerlegung ihrer selbst gibt, die vor jedem eventuellen Beweis für sie liegt; dabei bezieht sich „vor" auf die durch die jeweilige Beweisrelation BF(b, a) festgelegte Reihenfolge der Codenummern b für ‚Beweise'. Damit zwei Rosser-Sätze äquivalent sind, müssen sie entweder beide wahr oder beide falsch sein. (Wir lassen für den Moment außer Acht, dass sie bei korrektem **FA** faktisch ohnehin alle falsch sind, denn das kann **FA** nicht wissen.) Um dies zu erreichen, genügt es, BF(b, a) so zu konstruieren, dass es entweder die Negationen von Rosser-Sätzen oder die Rosser-Sätze selbst hintereinander ausgibt, und nichts sonst zur gleichen Zeit.

Nun wird, wenn **FA** konsistent ist, ein SBP Th(a) bzw. das zugehörige BF(b, a) faktisch niemals einen Rosser-Satz oder seine Negation ausgeben. Es geht also nur darum, dafür zu sorgen, dass **FA** Folgendes von den betreffenden Rosser-Sätzen glaubt: „Wenn ich jemals einen der beiden Sätze BF-beweisen oder -widerlegen sollte, dann werde ich gleich im Anschluss auch den anderen BF-beweisen bzw. -widerlegen." Der der zu konstruierenden Relation BF(b, a) zugrunde liegende Algorithmus muss also die Theoreme, die er ausgibt, darauf hin überwachen, ob sie Rosser-Sätze bezüglich BF oder Negationen von solchen sind; und sobald er ein Exemplar eines der beiden Typen als Theorem ausgibt, muss er auch die übrigen Exemplare dieses Typs ausgeben (soweit sie ihm bekannt sind). Dazu wird er mittels einer Liste darüber Buch führen, was für ‚Rosser-Satz-Zeugen' $\rho \leftrightarrow (\mathsf{Th}(\neg\rho) \prec \mathsf{Th}(\rho))$ er bereits ausgegeben hat.

Als Erstes wollen wir eine geeignete Beweisrelation und das zugehörige Beweisbarkeitsprädikat definieren. Diese werden wir, aus Gründen, die bald offenliegen werden, ListBF(n, a) bzw. ListTh(a) nennen. Wie gewohnt geschieht dies mit Hilfe einer selbstreferenziellen Formel ListBFFolgeGibtAus, in der angegeben wird, wie die Folge der ‚Funktionswerte' listBF(n) bis zum gewünschten ‚Argument' n zu konstruieren ist. [24.2]

Um die Funktion listBF zu erhalten, definieren wir parallel die Folge f der Funktionswerte (die ‚ListBF-Folge') und eine Liste r von Rosser-Sätzen (die ‚Rosser-Liste'), der dieses SBP seinen Namen verdankt. Genauer gesagt, enthält die Folge f nicht allein die Werte von listBF, sondern auch Angaben über die Länge der Liste r beim jeweiligen Stand des Verfahrens. Das heißt, $(\mathtt{f})_\mathtt{m}$ ist jeweils ein Paar:

- Die erste Komponente, $(\mathtt{f})_{\mathtt{m}0}$, ist i.a. ein Theorem laut Th bzw. laut der zugehörigen Aufzählung thAufz (s. Abschn. 17), oder, falls Th (und damit **FA**) sich als inkonsistent herausgestellt hat, irgendeine Aussage. Die erste Komponente wird der Wert listBF(m).

- Die zweite Komponente, $(\mathtt{f})_{\mathtt{m}1}$, gibt die Länge der Rosser-Liste r *nach* Beendigung von Schritt m an. Dabei gilt: Entweder bleibt r in Schritt m gleich oder r wird um ein Glied verlängert; entsprechend ist $(\mathtt{f})_{\mathtt{m}1} = (\mathtt{f})_{\mathtt{m}\dot{-}1,1}$ bzw. $= (\mathtt{f})_{\mathtt{m}\dot{-}1,1}+1$, wenn $\mathtt{m} > \mathbf{0}$ ist (sonst ist es $= \mathbf{0}$ bzw. $= \mathbf{1}$).

Betrachten wir das Verfahren genauer. Es läuft in zwei Phasen ab, wobei die zweite eventuell nie erreicht wird. (Faktisch wird sie für konsistentes **FA** nie erreicht, aber **FA** weiß es nicht.)

Phase 1: Wir lassen m laufen und betrachten jeweils thAufz(m). Wenn thAufz(m) ein Glied der Rosser-Liste oder die Negation eines solchen ist, dann gehen wir über zu Phase 2; aber solange dies *nicht* der Fall ist, tun wir zweierlei: Zum einen setzen wir thAufz(m) als erste Komponente von $(\mathtt{f})_{\mathtt{m}}$ ein. Zum anderen prüfen wir, ob thAufz(m) zufällig ein ‚Zeuge' dafür ist, dass irgendeine Aussage ρ ein Rosser-Satz bezüglich ListTh ist – d.h., ob

$$\mathsf{thAufz}(\mathtt{m}) \;=\; \underline{\ulcorner \rho \leftrightarrow \big(\mathsf{ListTh}(\neg\rho) \prec \mathsf{ListTh}(\rho)\big)\urcorner}$$

gilt –, wo nicht bereits das ‚Gegenteil' von ρ auf der Liste steht. Treffen diese beiden Bedingungen zu, so fügen wir das entsprechende ρ unserer Rosser-Liste hinzu. Dadurch wird ausgeschlossen, dass sich in der Rosser-Liste sowohl ρ als auch $\neg\rho$ befinden. Dann legen wir die zweite Komponente von $(\mathtt{f})_{\mathtt{m}}$ so fest, dass sie die neue Länge der Liste wiedergibt.

Phase 2: Die Aufzählung thAufz hat bei m ein Glied der Rosser-Liste oder seine Negation ausgegeben; Guaspari und Solovay sagen dafür: „Die Glocke hat geläutet." Da Rosser-Sätze in einer konsistenten Axiomatisierung unentscheidbar wären, liefert Th offenbar widersprüchliche Ergebnisse und thAufz wird früher oder später jede beliebige $\mathcal{L}_{\mathrm{Ar}}$-Aussage ausgeben. In diesem Fall setzen wir als die weiteren Funktionswerte zunächst die Glieder der Rosser-Liste (bzw. ihre Negationen) fest und lassen danach *alle* $\mathcal{L}_{\mathrm{Ar}}$-Aussagen in der Folge erscheinen. Die Rosser-Liste r hat beim Erreichen von Phase 2 genug Information aufgenommen und wird nicht mehr verändert. Dementsprechend sind auch die zweiten Komponenten der f-Glieder in Phase 2 immer dieselben.

Schließen wir die letzten Lücken dieser Beschreibung. Wenn ich davon gesprochen habe, dass ein Rosser-Satz ρ das ‚Gegenteil' eines Satzes ρ' aus der Rosser-Liste ist, dann war damit gemeint, dass entweder $\rho = \neg\rho'$ oder $\rho' = \neg\rho$ ist.

Hat die Glocke geläutet, weil thAufz(m) selbst in der Rosser-Liste vorkommt, so werden am Anfang von Phase 2 die Glieder der Rosser-Liste (insbesondere thAufz(m)) unverändert in die Folge f übernommen. Ist jedoch thAufz(m) die Negation eines Gliedes der Liste, so werden an dieser Stelle die Negationen der Listenglieder verwendet (insbesondere thAufz(m)). Wie wir sehen werden, wird diese Konstruktion zur Folge haben, dass für beliebige ListTh-Rosser-Sätze ρ_1, ρ_2 entweder $\neg\rho_1$ vor ρ_1 *und* $\neg\rho_2$ vor ρ_2 ausgegeben wird oder keins von beiden. Aber die Rosser-Sätze ρ_i *besagen* gerade, dass $\neg\rho_i$ vor ρ_i ausgegeben wird; also haben wir entweder $\rho_1 \wedge \rho_2$ oder $\neg\rho_1 \wedge \neg\rho_2$, d.h. wir erhalten in jedem Fall: $\rho_1 \leftrightarrow \rho_2$.

Um uns die folgende Arbeit zu erleichtern, führen wir noch einige Abkürzungen ein. [24.3]

Ein Δ-pTerm, der für gegebenes m die Länge der Rosser-Liste, soweit sie *vor* Schritt m definiert wurde, aus der ListBF-Folge f extrahiert: [24.4]

$$\mathsf{LstLng}(\mathtt{m},\mathtt{f},\mathtt{l}) \quad := \quad \Big[(\mathtt{m}=\mathbf{0} \rightarrow \mathtt{l}=\mathbf{0}) \wedge \big(\mathtt{m}>\mathbf{0} \rightarrow \mathtt{l}=(\mathtt{f})_{\mathtt{m}\dot{-}1,1}\big)\Big].$$

Der Wert l ist damit auch der kleinste Index, zu dem vor Schritt m noch kein Listenglied festgelegt wurde, der kleinste bei Schritt m ‚freie' Index sozusagen.

Eine Δ-Formel, die angibt, dass bei Schritt m das ‚Gegenteil' von a bereits in der Rosser-Liste steht: [24.5]

$$\mathsf{InLst}^{\neg}(\mathtt{m},\mathtt{f},\mathtt{r},\mathtt{a}) \quad := \quad (\exists \mathtt{l} < \mathsf{lstLng}(\mathtt{m},\mathtt{f}))\ \Big[(\mathtt{r})_{\mathtt{l}} = \ominus\mathtt{a} \ \vee\ \mathtt{a} = \ominus(\mathtt{r})_{\mathtt{l}}\Big].$$

Das in Schritt m betrachtete Theorem, thAufz(m), ist ein Glied der Rosser-Liste oder die Negation eines solchen (eine Δ-Formel): [24.6]

$$\mathsf{ThEntscheidetRS}(\mathtt{m},\mathtt{f},\mathtt{r}) \quad := \quad (\exists \mathtt{l} < \mathsf{lstLng}(\mathtt{m},\mathtt{f}))\ \Big[\mathsf{thAufz}(\mathtt{m}) = (\mathtt{r})_{\mathtt{l}} \ \vee\ \mathsf{thAufz}(\mathtt{m}) = \ominus(\mathtt{r})_{\mathtt{l}}\Big].$$

Dabei steht das „RS" im Namen dieser und späterer Formeln für „Rosser-Satz (bezüglich ListTh)". Man beachte, dass wir hier tatsächlich genau nach der Negation von Listengliedern fragen, nicht nach der Negation von thAufz(m); im rechten Disjunktionsglied wird nicht die großzügigere Bedingung verwendet, dass das ‚Gegenteil' von thAufz(m) in der Rosser-Liste ist.

Die Glocke läutet irgendwann bis inklusive Schritt n (eine Δ-Formel): [24.7]

$$\mathsf{GlckLtBis}(\mathtt{n},\mathtt{f},\mathtt{r}) \quad := \quad (\exists \mathtt{m} \leq \mathtt{n})\ \mathsf{ThEntscheidetRS}(\mathtt{m},\mathtt{f},\mathtt{r}).$$

Wenn ThEntscheidetRS(m, f, r) das erste Mal erfüllt ist, läutet die Glocke und Phase 2 beginnt (eine Δ-Formel): [24.8]

$$\mathsf{GlckLtBei}(\mathtt{g},\mathtt{f},\mathtt{r}) \quad := \quad (\mathtt{g}\ \mathrm{min}\ \mathtt{m})\ \mathsf{ThEntscheidetRS}(\mathtt{m},\mathtt{f},\mathtt{r}).$$

[24.9] **FA** $\vdash$ $\mathsf{GlckLtBei}(g_1, \mathtt{f}, \mathtt{r}) \wedge \mathsf{GlckLtBei}(g_2, \mathtt{f}, \mathtt{r}) \rightarrow g_1 = g_2$.

Beweis In **FA**. – Gelte $\mathsf{GlckLtBei}(g_1, \mathtt{f}, \mathtt{r}) \wedge \mathsf{GlckLtBei}(g_2, \mathtt{f}, \mathtt{r})$. Nehmen wir an, es wäre $g_1 \neq g_2$; o.B.d.A. sei $g_1 < g_2$. Dann folgt mit **[24.8]** (s. **[3.26]**) sowohl $\mathsf{ThEntscheidetRS}(g_1, \mathtt{f}, \mathtt{r})$ als auch, wegen der Minimalität von g_2, $\neg\mathsf{ThEntscheidetRS}(g_1, \mathtt{f}, \mathtt{r})$: Widerspruch. – Also ist $g_1 = g_2$. ∎

[24.10] **FA** $\vdash$ $\mathsf{GlckLtBis}(\mathtt{n}, \mathtt{f}, \mathtt{r}) \leftrightarrow (\exists g \leq \mathtt{n})\ \mathsf{GlckLtBei}(g, \mathtt{f}, \mathtt{r})$.

Beweis In **FA**. – Man prüft die Behauptung leicht nach anhand von **[3.27]** und den Definitionen **[24.7]** und **[24.8]**. ∎

[24.11] **FA** $\vdash$ $\mathsf{GlckLtBis}(\mathtt{m}, \mathtt{f}, \mathtt{r}) \vee \mathsf{GlckLtBei}(\mathtt{m}, \mathtt{f}, \mathtt{r}) \vee \mathsf{ThEntscheidetRS}(\mathtt{m}, \mathtt{f}, \mathtt{r}) \rightarrow \mathtt{m} > \mathbf{0}$.

Beweis In **FA**. – Es gilt:

$$\mathsf{GlckLtBis}(\mathbf{0}, \mathtt{f}, \mathtt{r}) \overset{[24.7]}{\leftrightarrow} \mathsf{ThEntscheidetRS}(\mathbf{0}, \mathtt{f}, \mathtt{r}) \overset{[24.8]}{\leftrightarrow} \mathsf{GlckLtBei}(\mathbf{0}, \mathtt{f}, \mathtt{r});$$

daher genügt es, aus $\mathsf{ThEntscheidetRS}(\mathbf{0}, \mathtt{f}, \mathtt{r})$ einen Widerspruch herzuleiten. Aus $\mathsf{ThEntscheidetRS}(\mathbf{0}, \mathtt{f}, \mathtt{r})$ folgt aber nach **[24.6]**:

$$(\exists \mathtt{l})\ \ \mathtt{l} \overset{!}{<} \mathsf{lstLng}(\mathbf{0}, \mathtt{f}) \overset{[24.4]}{=} \mathbf{0},$$

Widerspruch. ∎

[24.12] Wir definieren einen Δ-pTerm, der uns, wenn die Glocke bis zum Schritt $\mathtt{n}$ läutet, denjenigen Schritt g liefert, bei dem sie läutet:

$$\mathsf{Glck}(\mathtt{n}, \mathtt{f}, \mathtt{r}, \mathtt{g}) \quad :=$$
$$\Big[\mathsf{GlckLtBis}(\mathtt{n}, \mathtt{f}, \mathtt{r}) \rightarrow \mathsf{GlckLtBei}(\mathtt{g}, \mathtt{f}, \mathtt{r})\Big] \ \wedge\ \Big[\neg\mathsf{GlckLtBis}(\mathtt{n}, \mathtt{f}, \mathtt{r}) \rightarrow \mathtt{g} = \mathbf{0}\Big].$$

[24.13] **FA** $\vdash$ $\mathsf{glck}(\mathtt{n}, \mathtt{f}, \mathtt{r}) \leq \mathtt{n}$.

Beweis In **FA**. – Seien $\mathtt{n}$, $\mathtt{f}$, $\mathtt{r}$ beliebig. Wenn $\neg\mathsf{GlckLtBis}(\mathtt{n}, \mathtt{f}, \mathtt{r})$, dann gilt nach **[24.12]**:

$$\mathsf{glck}(\mathtt{n}, \mathtt{f}, \mathtt{r}) \overset{!}{=} \mathbf{0} \leq \mathtt{n},$$

und wir sind fertig. – Gelte also $\mathsf{GlckLtBis}(\mathtt{n}, \mathtt{f}, \mathtt{r})$, d.h. nach **[24.10]**:

$$(\exists \mathtt{g} \leq \mathtt{n})\ \mathsf{GlckLtBei}(\mathtt{g}, \mathtt{f}, \mathtt{r}).$$

Sei g fest. Nach **[24.12]** gilt: $\mathsf{GlckLtBei}\big(\mathsf{glck}(\mathtt{n}, \mathtt{f}, \mathtt{r}), \mathtt{f}, \mathtt{r}\big)$, und mit **[24.9]** folgt:

$$\mathsf{glck}(\mathtt{n}, \mathtt{f}, \mathtt{r}) \overset{!}{=} \mathtt{g} \leq \mathtt{n},$$

und wir sind wiederum am Ziel. ∎

In **FA** ist beweisbar: **[24.14]**

$$\mathsf{GlckLtBis}(\mathtt{n},\mathtt{f},\mathtt{r}) \rightarrow$$
$$\mathsf{ThEntscheidetRS}\big(\mathsf{glck}(\mathtt{n},\mathtt{f},\mathtt{r}),\mathtt{f},\mathtt{r}\big) \wedge (\forall \mathtt{g}) \Big[\mathsf{GlckLtBei}(\mathtt{g},\mathtt{f},\mathtt{r}) \leftrightarrow \mathtt{g} = \mathsf{glck}(\mathtt{n},\mathtt{f},\mathtt{r})\Big].$$

In **FA**. – Gelte $\mathsf{GlckLtBis}(\mathtt{n},\mathtt{f},\mathtt{r})$. Mit **[24.12]** folgt: **Beweis**

$$\begin{aligned} & (\forall \mathtt{g}) \Big[\mathsf{Glck}(\mathtt{n},\mathtt{f},\mathtt{r},\mathtt{g}) \leftrightarrow \mathsf{GlckLtBei}(\mathtt{g},\mathtt{f},\mathtt{r})\Big]; \\ \leftrightarrow \quad & (\forall \mathtt{g}) \Big[\mathtt{g} = \mathsf{glck}(\mathtt{n},\mathtt{f},\mathtt{r}) \leftrightarrow \mathsf{GlckLtBei}(\mathtt{g},\mathtt{f},\mathtt{r})\Big], \\ \rightarrow \quad & \mathsf{GlckLtBei}\big(\mathsf{glck}(\mathtt{n},\mathtt{f},\mathtt{r}),\mathtt{f},\mathtt{r}\big), \\ \overset{[24.8]}{\rightarrow} \quad & \mathsf{ThEntscheidetRS}\big(\mathsf{glck}(\mathtt{n},\mathtt{f},\mathtt{r}),\mathtt{f},\mathtt{r}\big). \end{aligned}$$

■

Wir unterscheiden die zwei möglichen Fälle, wie die Glocke läuten kann: **[24.15]**

$$\begin{aligned} \mathsf{GlckLt}^{+}(\mathtt{g},\mathtt{f},\mathtt{r}) &:= \big(\exists \mathtt{l} < \mathsf{lstLng}(\mathtt{g},\mathtt{f})\big)\ \mathsf{thAufz}(\mathtt{g}) = (\mathtt{r})_{\mathtt{l}}, \\ \mathsf{GlckLt}^{-}(\mathtt{g},\mathtt{f},\mathtt{r}) &:= \big(\exists \mathtt{l} < \mathsf{lstLng}(\mathtt{g},\mathtt{f})\big)\ \mathsf{thAufz}(\mathtt{g}) = \ominus(\mathtt{r})_{\mathtt{l}}. \end{aligned}$$

FA $\vdash \mathsf{GlckLtBei}(\mathtt{g},\mathtt{f},\mathtt{r}) \rightarrow \mathsf{GlckLt}^{+}(\mathtt{g},\mathtt{f},\mathtt{r}) \vee \mathsf{GlckLt}^{-}(\mathtt{g},\mathtt{f},\mathtt{r})$. **[24.16]**

In **FA**. – Gelte $\mathsf{GlckLtBei}(\mathtt{g},\mathtt{f},\mathtt{r})$. Mit **[24.8]** folgt: **Beweis**

$$\begin{aligned} & \mathsf{ThEntscheidetRS}(\mathtt{g},\mathtt{f},\mathtt{r}), \\ \overset{[24.6]}{\leftrightarrow} \quad & \big(\exists \mathtt{l} < \mathsf{lstLng}(\mathtt{g},\mathtt{f})\big) \Big[\mathsf{thAufz}(\mathtt{g}) = (\mathtt{r})_{\mathtt{l}} \vee \mathsf{thAufz}(\mathtt{g}) = \ominus(\mathtt{r})_{\mathtt{l}}\Big], \end{aligned}$$

und daraus folgt die Behauptung. ■

In **[24.18]** verwenden wir einen Δ-pTerm, der zweifache Substitutionen abkürzt: **[24.17]**

$$\mathsf{subst}_2(\mathtt{f};\mathtt{v}_1,\mathtt{v}_2;\mathtt{t}_1,\mathtt{t}_2) \ := \ \mathsf{subst}\big(\mathsf{subst}(\mathtt{f},\mathtt{v}_1,\mathtt{t}_1),\mathtt{v}_2,\mathtt{t}_2\big).$$

Wir definieren einen Δ-pTerm, der für gegebenes ρ (hier vertreten durch eine Gödelnummer c) die zugehörige ‚Rosser-Satz-Aussage' **[24.18]**

$$\big(\mathsf{ListTh}(\neg\rho) \prec \mathsf{ListTh}(\rho)\big) \ = \ (\exists \mathsf{y}) \Big[\mathsf{ListBF}(\mathsf{y},\neg\rho) \wedge (\forall \mathsf{z} \leq \mathsf{y})\ \neg\mathsf{ListBF}(\mathsf{z},\rho)\Big]$$

angibt, soll heißen, diejenige Aussage, die ausdrückt, dass ρ bezüglich ListTh Rosser-widerlegbar ist. Da wir die Formel ListBF(n, a) erst später mittels des

Diagonallemmas erhalten werden, verwenden wir hier anstelle ihrer Gödelnummer die Variable x (vgl. **[25.2]**).

$$\mathsf{rSAuss}(\mathtt{x},\mathtt{c}) \quad := \quad (\textcircled{$\exists$}\ulcorner\underline{\mathtt{y}}\urcorner)\begin{bmatrix} \mathsf{subst}_2(\mathtt{x};\ulcorner\underline{\mathtt{n}}\urcorner,\ulcorner\underline{\mathtt{a}}\urcorner;\ulcorner\underline{\mathtt{y}}\urcorner,\mathsf{num}(\ominus\mathtt{c})) \\ \textcircled{$\wedge$}\ (\textcircled{$\forall$}\ulcorner\underline{\mathtt{z}}\urcorner \textcircled{$\leq$} \ulcorner\underline{\mathtt{y}}\urcorner)\ \ominus\mathsf{subst}_2(\mathtt{x};\ulcorner\underline{\mathtt{n}}\urcorner,\ulcorner\underline{\mathtt{a}}\urcorner;\ulcorner\underline{\mathtt{z}}\urcorner,\mathsf{num}(\mathtt{c}))\end{bmatrix}.$$

[24.19] Wir konstruieren einen weiteren Δ-pTerm, der den zu ρ gehörigen ‚Rosser-Satz-Zeugen'

$$\rho \leftrightarrow \big(\mathsf{ListTh}(\neg\rho) \prec \mathsf{ListTh}(\rho)\big)$$

beschreibt, d. h. diejenige Aussage, die ‚bezeugt', dass ρ (wieder vertreten durch die Variable c) ein Rosser-Satz bezüglich ListTh ist:

$$\mathsf{rSZg}(\mathtt{x},\mathtt{c}) \ := \ \big(\mathtt{c} \ \textcircled{$\leftrightarrow$}\ \mathsf{rSAuss}(\mathtt{x},\mathtt{c})\big).$$

[24.20] Eine weitere Abkürzung, die ausdrücken soll, dass thAufz(m) einen Rosser-Satz-Zeugen beweist:

$$\mathsf{ThBewRSZg}(\mathtt{x},\mathtt{m}) \quad := \quad (\exists \mathtt{c} < \mathsf{thAufz}(\mathtt{m}))\ \mathsf{thAufz}(\mathtt{m}) = \mathsf{rSZg}(\mathtt{x},\mathtt{c}).$$

[24.21] Um im Falle der Inkonsistenz von **FA** alle $\mathcal{L}_{\mathrm{Ar}}$-Aussagen in die ListBF-Folge aufnehmen zu können, benötigen wir noch eine rekursive Aufzählung der $\mathcal{L}_{\mathrm{Ar}}$-Aussagen in **FA**. Dafür definieren wir folgende Σ-Formel, die besagt, dass a in der Aufzählung der Aussagen an m-ter Stelle kommt (vgl. **[17.3]**, **[17.4]**):

$$\mathsf{AussAufz}(\mathtt{m},\mathtt{a}) \quad := \quad (\exists \mathtt{h})\begin{bmatrix} \mathsf{IstFolge}(\mathtt{h}) \wedge \mathsf{lng}(\mathtt{h}) = \mathtt{m}+\mathbf{1} \wedge (\mathtt{h})_{\mathtt{m}} = \mathtt{a} \\ \wedge\ (\forall \mathtt{m}' \leq \mathtt{m})\ \big((\mathtt{h})_{\mathtt{m}'}\ \min \mathtt{a}'\big)\Big[\mathsf{Aussage}(\mathtt{a}') \wedge (\forall \mathtt{m}''<\mathtt{m}')\ \mathtt{a}' > (\mathtt{h})_{\mathtt{m}''}\Big]\end{bmatrix}.$$

[24.22] Ähnlich wie in Abschnitt 17 kann man beweisen, dass AussAufz(m, a) ein pTerm ist und damit nach **[2.27]** sogar delta. (Um zu zeigen, dass es Aussagen mit beliebig großen Gödelnummern gibt, kann man z. B. die Folge $\bot$, $\bot\to\bot$, $\bot\to(\bot\to\bot)$, … verwenden.) Es gilt:

$$\mathbf{FA} \vdash \mathsf{Aussage}(\mathtt{a}) \leftrightarrow (\exists \mathtt{m})\ \mathtt{a} = \mathsf{aussAufz}(\mathtt{m}).$$

Um nun ListBF(n, a) zu erhalten, erklären wir zuerst, wie eine ListBF-*Folge* f (zusammen mit einer Rosser-Liste r) beschaffen sein soll: mittels der Δ-Formel ListBFFolgeGibtAus(n, f, r, a). Diese ist aber indirekt selbstreferenziell, weil sie nach Rosser-Sätzen bezüglich ListBF fragt; daher muss man sie via Diagonallemma aus einer Formel LBFFGA(x, n, f, r, a) gewinnen, wo x wieder stellvertretend für $\ulcorner$ListBF(n, a)$\urcorner$ steht. Das zweite Konjunktionsglied unter dem Quantor $(\forall m \leq n)$ beschreibt dabei Phase 1 aus **[24.2]**, das dritte Phase 2. **[24.23]**

$$\mathsf{LBFFGA}(x,n,f,r,a) \quad :=$$

$$\begin{aligned}
&\mathsf{IstFolge}(f) \wedge \mathsf{lng}(f) = n+1 \wedge \mathsf{IstFolge}(r) \wedge \mathsf{lng}(r) = (f)_{n1} \wedge (f)_{n0} = a \\
&\wedge (\forall m \leq n) \left[\begin{array}{l}
\mathsf{IstPaar}\big((f)_m\big) \\
\wedge \left[\begin{array}{l}
\neg\mathsf{GlckLtBis}(m,f,r) \rightarrow \\
\quad (f)_{m0} = \mathsf{thAufz}(m) \\
\wedge \ (\forall c < \mathsf{thAufz}(m)) \\
\quad \left[\begin{array}{l}
\mathsf{thAufz}(m) = \mathsf{rSZg}(x,c) \rightarrow \\
\quad \left[\begin{array}{l} \neg\mathsf{InLst}^{\neg}(m,f,r,c) \rightarrow \\ \quad (r)_{\mathsf{lstLng}(m,f)} = c \wedge (f)_{m1} = \mathsf{lstLng}(m,f) + 1 \end{array} \right] \\
\wedge \ \left[\mathsf{InLst}^{\neg}(m,f,r,c) \rightarrow (f)_{m1} = \mathsf{lstLng}(m,f)\right]
\end{array} \right] \\
\wedge \ \left[\neg\mathsf{ThBewRSZg}(x,m) \rightarrow (f)_{m1} = \mathsf{lstLng}(m,f)\right]
\end{array} \right] \\
\wedge \ (\forall g \leq m) \left[\begin{array}{l}
\mathsf{GlckLtBei}(g,f,r) \rightarrow \\
\quad (f)_{m1} = \mathsf{lstLng}(g,f) \\
\wedge \left[\begin{array}{l}
m < g + \mathsf{lstLng}(g,f) \rightarrow \\
\quad \left[\mathsf{GlckLt}^{+}(g,f,r) \rightarrow (f)_{m0} = (r)_{m \dot{-} g}\right] \\
\wedge \ \left[\mathsf{GlckLt}^{-}(g,f,r) \rightarrow (f)_{m0} = \ominus(r)_{m \dot{-} g}\right]
\end{array} \right] \\
\wedge \left[\begin{array}{l}
m \geq g + \mathsf{lstLng}(g,f) \rightarrow \\
\quad (f)_{m0} = \mathsf{aussAufz}\big(m \dot{-} g \dot{-} \mathsf{lstLng}(g,f)\big)
\end{array} \right]
\end{array} \right]
\end{array} \right].
\end{aligned}$$

Nach dem Diagonallemma **[4.11]** existiert dann eine Formel ListBF(n, a) mit **[24.24]**

$$\mathbf{FA} \vdash \mathsf{ListBF}(n,a) \leftrightarrow (\exists f,r)\,\mathsf{LBFFGA}\big(\ulcorner \mathsf{ListBF}(n,a) \urcorner, n, f, r, a\big).$$

Zur Abkürzung setzen wir: **[24.25]**

$$L := \ulcorner \mathsf{ListBF}(\mathtt{n}, \mathtt{a}) \urcorner,$$

und damit:

$$\mathsf{ListBFFolgeGibtAus}(\mathtt{n}, \mathtt{f}, \mathtt{r}, \mathtt{a}) := \mathsf{LBFFGA}(\boldsymbol{L}, \mathtt{n}, \mathtt{f}, \mathtt{r}, \mathtt{a}).$$

[24.26] Offensichtlich gilt dann auch:

$$\mathbf{FA} \vdash \mathsf{ListBF}(\mathtt{n}, \mathtt{a}) \leftrightarrow (\exists \mathtt{f}, \mathtt{r})\, \mathsf{ListBFFolgeGibtAus}(\mathtt{n}, \mathtt{f}, \mathtt{r}, \mathtt{a}).$$

[24.27] Das zugehörige Beweisbarkeitsprädikat ist

$$\mathsf{ListTh}(\mathtt{a}) := (\exists \mathtt{n})\, \mathsf{ListBF}(\mathtt{n}, \mathtt{a}).$$

25 ListBF ist ein Δ-pTerm

[25.1] Damit ListTh(a) ein SBP sein kann, muss ListBF(n, a) delta sein. Die Formel ist offenbar sigma, und wir zeigen im Folgenden ([25.2]–[25.21]), dass sie ein pTerm ist; dann ist sie nach [2.26] delta.

Zunächst führen wir weitere Abkürzungen ein und beweisen einige Hilfsaussagen.

[25.2] Wir definieren pTerme für die zu einem Rosser-Satz ρ (hier vertreten durch eine Gödelnummer c) gehörige ‚Rosser-Satz-Aussage' $\mathsf{ListTh}(\neg\rho) \prec \mathsf{ListTh}(\rho)$ und ihren ‚Rosser-Satz-Zeugen' $\rho \leftrightarrow \big(\mathsf{ListTh}(\neg\rho) \prec \mathsf{ListTh}(\rho)\big)$. Diese entsprechen den pTermen rSAuss(x, c) und rSZg(x, c) in [24.18], [24.19], erwähnen aber die Gödelnummer L nicht mehr.

$$\begin{aligned} \mathsf{rSAussage}(\mathtt{c}) &:= \mathsf{rSAuss}(\boldsymbol{L}, \mathtt{c}), \\ \mathsf{rSZeuge}(\mathtt{c}) &:= \mathsf{rSZg}(\boldsymbol{L}, \mathtt{c}). \end{aligned}$$

[25.3] In **FA** ist beweisbar:

$$\begin{aligned} \mathsf{rSAussage}(\mathtt{c}) &= \mathsf{rSAuss}(\boldsymbol{L}, \mathtt{c}) \\ &= (\circleddash\underline{\ulcorner \mathtt{y} \urcorner}) \begin{bmatrix} \mathsf{subst}(\underline{\ulcorner \mathsf{ListBF}(\mathtt{y}, \mathtt{a}) \urcorner}, \underline{\ulcorner \mathtt{a} \urcorner}, \mathsf{num}(\ominus \mathtt{c})) \\ \circledwedge\ (\circledvee\underline{\ulcorner \mathtt{z} \urcorner} \circledless \underline{\ulcorner \mathtt{y} \urcorner})\ \ominus \mathsf{subst}(\underline{\ulcorner \mathsf{ListBF}(\mathtt{z}, \mathtt{a}) \urcorner}, \underline{\ulcorner \mathtt{a} \urcorner}, \mathsf{num}(\mathtt{c})) \end{bmatrix}. \end{aligned}$$

In **FA**: **Beweis**

$$
\begin{aligned}
&\mathsf{rSAussage}(c) \;= \\
&\overset{[25.2],[24.25]}{=} \mathsf{rSAuss}\big(\underline{\ulcorner \mathsf{ListBF}(n,a)\urcorner}, c\big) \\
&\overset{[24.18]}{=} (\textcircled{$\exists$}\underline{\ulcorner y\urcorner})\left[\begin{array}{l} \mathsf{subst}_2\big(\underline{\ulcorner \mathsf{ListBF}(n,a)\urcorner}; \underline{\ulcorner n\urcorner}, \underline{\ulcorner a\urcorner}; \underline{\ulcorner y\urcorner}, \mathsf{num}(\textcircled{$\neg$}c)\big) \\ \textcircled{$\wedge$}\; (\textcircled{$\forall$}\underline{\ulcorner z\urcorner} \textcircled{$\leq$} \underline{\ulcorner y\urcorner}) \\ \textcircled{$\neg$}\mathsf{subst}_2\big(\underline{\ulcorner \mathsf{ListBF}(n,a)\urcorner}; \underline{\ulcorner n\urcorner}, \underline{\ulcorner a\urcorner}; \underline{\ulcorner z\urcorner}, \mathsf{num}(c)\big) \end{array}\right] \\
&\overset{[24.17]}{=} (\textcircled{$\exists$}\underline{\ulcorner y\urcorner})\left[\begin{array}{l} \mathsf{subst}\big(\underline{\ulcorner \mathsf{ListBF}(y,a)\urcorner}, \underline{\ulcorner a\urcorner}, \mathsf{num}(\textcircled{$\neg$}c)\big) \\ \textcircled{$\wedge$}\; (\textcircled{$\forall$}\underline{\ulcorner z\urcorner} \textcircled{$\leq$} \underline{\ulcorner y\urcorner})\; \textcircled{$\neg$}\mathsf{subst}\big(\underline{\ulcorner \mathsf{ListBF}(z,a)\urcorner}, \underline{\ulcorner a\urcorner}, \mathsf{num}(c)\big) \end{array}\right].
\end{aligned}
$$

■

$\mathbf{FA} \vdash \mathsf{rSZeuge}(c) = \mathsf{rSZg}(\boldsymbol{L}, c) = \big(c \textcircled{$\leftrightarrow$} \mathsf{rSAussage}(c)\big).$ **[25.4]**

In **FA**: **Beweis**

$$
\begin{aligned}
\mathsf{rSZeuge}(c) &\overset{[25.2]}{=} \mathsf{rSZg}(\boldsymbol{L}, c) \\
&\overset{[24.19]}{=} \big(c \textcircled{$\leftrightarrow$} \mathsf{rSAuss}(\boldsymbol{L}, c)\big) \\
&\overset{[25.3]}{=} \big(c \textcircled{$\leftrightarrow$} \mathsf{rSAussage}(c)\big).
\end{aligned}
$$

■

Für $\rho \in \mathrm{Aus}_{\mathrm{Ar}}$ gilt stets: **[25.5]**

$$\mathbf{FA} \vdash \mathsf{rSAussage}\big(\underline{\ulcorner\rho\urcorner}\big) = \underline{\ulcorner \mathsf{ListTh}(\neg\rho) \prec \mathsf{ListTh}(\rho)\urcorner}.$$

In **FA**: **Beweis**

$$
\begin{aligned}
&\mathsf{rSAussage}\big(\underline{\ulcorner\rho\urcorner}\big) \;= \\
&\overset{[25.3]}{=} (\textcircled{$\exists$}\underline{\ulcorner y\urcorner})\left[\begin{array}{l} \mathsf{subst}\Big(\underline{\ulcorner \mathsf{ListBF}(y,a)\urcorner}, \underline{\ulcorner a\urcorner}, \mathsf{num}\big(\textcircled{$\neg$}\underline{\ulcorner\rho\urcorner}\big)\Big) \\ \textcircled{$\wedge$}\; (\textcircled{$\forall$}\underline{\ulcorner z\urcorner} \textcircled{$\leq$} \underline{\ulcorner y\urcorner})\; \textcircled{$\neg$}\mathsf{subst}\Big(\underline{\ulcorner \mathsf{ListBF}(z,a)\urcorner}, \underline{\ulcorner a\urcorner}, \mathsf{num}\big(\underline{\ulcorner\rho\urcorner}\big)\Big) \end{array}\right] \\
&= (\textcircled{$\exists$}\underline{\ulcorner y\urcorner})\left[\begin{array}{l} \mathsf{subst}\Big(\underline{\ulcorner \mathsf{ListBF}(y,a)\urcorner}, \underline{\ulcorner a\urcorner}, \mathsf{num}\big(\underline{\ulcorner\neg\rho\urcorner}\big)\Big) \\ \textcircled{$\wedge$}\; (\textcircled{$\forall$}\underline{\ulcorner z\urcorner} \textcircled{$\leq$} \underline{\ulcorner y\urcorner})\; \textcircled{$\neg$}\underline{\ulcorner \mathsf{ListBF}(z,\rho)\urcorner} \end{array}\right] \\
&= (\textcircled{$\exists$}\underline{\ulcorner y\urcorner})\Big[\underline{\ulcorner \mathsf{ListBF}(y,\neg\rho)\urcorner} \;\textcircled{$\wedge$}\; \underline{\ulcorner(\forall z \leq y)\, \neg\mathsf{ListBF}(z,\rho)\urcorner}\Big] \\
&= \underline{\ulcorner(\exists y)\,\big[\mathsf{ListBF}(y,\neg\rho) \wedge (\forall z \leq y)\, \neg\mathsf{ListBF}(z,\rho)\big]\urcorner} \\
&= \underline{\ulcorner \mathsf{ListTh}(\neg\rho) \prec \mathsf{ListTh}(\rho)\urcorner}.
\end{aligned}
$$

■

[25.6] Für alle $\rho \in \mathrm{Aus}_{\mathrm{Ar}}$ gilt:

$$\mathbf{FA} \vdash \mathsf{rSZeuge}(\underline{\ulcorner\rho\urcorner}) = \underline{\ulcorner \rho \leftrightarrow [\mathsf{ListTh}(\neg\rho) \prec \mathsf{ListTh}(\rho)]\urcorner}.$$

Damit (und mit **[25.5]**) ist bestätigt, dass rSAussage(c) und rSZeuge(c) die intendierte Bedeutung haben.

Beweis In **FA**:

$$\begin{aligned}\mathsf{rSZeuge}(\underline{\ulcorner\rho\urcorner}) &\overset{[25.4]}{=} (\underline{\ulcorner\rho\urcorner} \ominus \mathsf{rSAussage}(\underline{\ulcorner\rho\urcorner}))\\ &\overset{[25.5]}{=} (\underline{\ulcorner\rho\urcorner} \ominus \underline{\ulcorner\mathsf{ListTh}(\neg\rho) \prec \mathsf{ListTh}(\rho)\urcorner})\\ &= \underline{\ulcorner \rho \leftrightarrow [\mathsf{ListTh}(\neg\rho) \prec \mathsf{ListTh}(\rho)]\urcorner}.\end{aligned}$$ ■

[25.7] **FA** $\vdash \mathsf{rSZeuge}(\mathsf{c}_1) = \mathsf{rSZeuge}(\mathsf{c}_2) \rightarrow \mathsf{c}_1 = \mathsf{c}_2$.

Beweis Dies beweist man ohne besondere Probleme, aber mit sehr viel Schreibaufwand, unter Verwendung von **[25.2]**, **[3.20]**, **[3.8]** und **[3.6]** in **FA**. ■

[25.8] Mit dem folgenden Δ-pTerm können wir von einem Rosser-Satz-Zeugen e zum zugehörigen Rosser-Satz c zurückgelangen:

$$\mathsf{RSZu}(\mathsf{e},\mathsf{c}) \;:=\; \left[\begin{array}{l}[(\exists \mathsf{c}' {<} \mathsf{e})\; \mathsf{e} = \mathsf{rSZeuge}(\mathsf{c}') \rightarrow \mathsf{e} = \mathsf{rSZeuge}(\mathsf{c})]\\ \wedge\; [(\forall \mathsf{c}' {<} \mathsf{e})\; \mathsf{e} \neq \mathsf{rSZeuge}(\mathsf{c}') \rightarrow \mathsf{c} = \mathbf{0}]\end{array}\right].$$

(Nach **[25.7]** ist c im ersten Konjunktionsglied für jedes e durch die Bedingung „e = rSZeuge(c)“ eindeutig festgelegt.)

[25.9] **FA** $\vdash \mathsf{e} = \mathsf{rSZeuge}(\mathsf{c}) \rightarrow \mathsf{c} = \mathsf{rSZu}(\mathsf{e})$.

Beweis In **FA**. – Sei

$$\mathsf{e} \overset{!}{=} \mathsf{rSZeuge}(\mathsf{c}) \overset{[25.4]}{=} (\mathsf{c} \ominus \mathsf{rSAussage}(\mathsf{c})). \qquad (1)$$

Nach **[3.20]** und **[3.8]** steckt dann c via Folgenverschachtelung in e, und nach **[3.10]** ist $\mathsf{c} < \mathsf{e}$. Daher gilt:

$$\begin{aligned}&(\exists \mathsf{c}' {<} \mathsf{e})\; \mathsf{e} = \mathsf{rSZeuge}(\mathsf{c}'),\\ \leftrightarrow\; &\neg(\forall \mathsf{c}' {<} \mathsf{e})\; \mathsf{e} \neq \mathsf{rSZeuge}(\mathsf{c}').\end{aligned}$$

Somit ist das zweite Konjunktionsglied in der Definition von RSZu(e, c) wahr, und das erste ist wegen unserer Voraussetzung (1) wahr; also gilt RSZu(e, c), d.h. c = rSZu(e). ■

Wir verwenden im Folgenden eine weitere ‚Abkürzung': [25.10]

$$\mathsf{ThBeweistRSZeuge}(\mathtt{m}) \;:=\; \mathsf{ThBewRSZg}(\boldsymbol{L}, \mathtt{m}).$$

Wegen **[24.25]** und **[25.4]** ist ListBFFolgeGibtAus(n, f, r, a) offensichtlich **FA**-beweisbar äquivalent zu der Formel, die man erhält, wenn man in der Formel LBFFGA(x, n, f, r, a) (s. **[24.23]**) die Vorkommen von ThBewRSZg(x, m) und rSZg(x, c) durch ThBeweistRSZeuge(m) bzw. rSZeuge(c) ersetzt. (In dieser Formel kommt x nicht mehr frei vor.) [25.11]

FA ⊢ ListBFFolgeGibtAus(n, f, r, a) → lng(r) = lstLng(n+1, f). [25.12]

In **FA**. – Unter der angegebenen Voraussetzung gilt: **Beweis**

$$\mathsf{lng}(\mathtt{r}) \overset{[25.11]/[24.23]}{=} (\mathtt{f})_{\mathtt{n}1} \overset{[24.4]}{=} \mathsf{lstLng}(\mathtt{n}+1, \mathtt{f}).$$

■

In **FA** ist beweisbar: [25.13]

$$\begin{array}{lll}
\multicolumn{2}{l}{\mathsf{ListBFFolgeGibtAus}(\mathtt{n},\mathtt{f},\mathtt{r},\mathtt{a}) \wedge \mathtt{g} \le \mathtt{n}+1 \wedge \mathsf{GlckLtBei}(\mathtt{g},\mathtt{f},\mathtt{r}) \;\rightarrow} & \\
 & \Big[\mathtt{g} \le \mathtt{m}, \mathtt{m}' \le \mathtt{n}+1 \;\rightarrow\; \mathsf{lstLng}(\mathtt{m},\mathtt{f}) = \mathsf{lstLng}(\mathtt{m}',\mathtt{f}) = \mathsf{lng}(\mathtt{r})\Big] & (\alpha) \\
\wedge & \left[\begin{array}{l} \mathtt{m} \le \mathtt{n} \wedge \mathtt{g} \le \mathtt{m} < \mathtt{g}+\mathsf{lng}(\mathtt{r}) \;\rightarrow \\ \quad \big[\mathsf{GlckLt}^{+}(\mathtt{g},\mathtt{f},\mathtt{r}) \rightarrow (\mathtt{f})_{\mathtt{m}0} = (\mathtt{r})_{\mathtt{m}\dot{-}\mathtt{g}}\big] \\ \wedge\; \big[\mathsf{GlckLt}^{-}(\mathtt{g},\mathtt{f},\mathtt{r}) \rightarrow (\mathtt{f})_{\mathtt{m}0} = \ominus(\mathtt{r})_{\mathtt{m}\dot{-}\mathtt{g}}\big] \end{array}\right] & \begin{array}{r} \\ (\beta) \\ (\gamma) \end{array} \\
\wedge & \Big[\mathtt{g}+\mathsf{lng}(\mathtt{r}) \le \mathtt{m} \le \mathtt{n} \;\rightarrow\; (\mathtt{f})_{\mathtt{m}0} = \mathsf{aussAufz}\big(\mathtt{m}\dot{-}\mathtt{g}\dot{-}\mathsf{lng}(\mathtt{r})\big)\Big]. & (\delta)
\end{array}$$

Das heißt, wenn bei g die Glocke läutet, dann sind die zweiten Komponenten $(\mathtt{f})_{\mathtt{m}1}$ (= $\mathsf{lstLng}(\mathtt{m}+1, \mathtt{f})$) ab Schritt $\mathtt{g}\dot{-}1$ alle gleich:

$$(\mathtt{f})_{\mathtt{g}\dot{-}1,1} = (\mathtt{f})_{\mathtt{g}1} = \cdots = (\mathtt{f})_{\mathtt{n}1} = \mathsf{lng}(\mathtt{r}).$$

Weiter werden für $\mathtt{m} \ge \mathtt{g}$ in den ersten Komponenten $(\mathtt{f})_{\mathtt{m}0}$ der ListBF-Folgen-Glieder zuerst die Glieder der Rosser-Liste ausgegeben, entweder unverändert oder negiert, je nachdem ob die Glocke wegen eines Rosser-Listen-Gliedes oder der Negation eines solchen geläutet hat; und darauf folgen alle $\mathcal{L}_{\mathrm{Ar}}$-Aussagen, gegeben durch aussAufz.

Beweis In **FA**. – Gelte

$$\text{ListBFFolgeGibtAus}(n, f, r, a) \quad (1)$$
$$\land\ g \leq n{+}1 \quad (2)$$
$$\land\ \text{GlckLtBei}(g, f, r). \quad (3)$$

Aus (3) folgt wegen **[24.11]**:

$$g > 0. \quad (4)$$

Sei $g \leq n$. (Den Fall $g = n{+}1$ untersuchen wir gesondert.) Betrachten wir die Informationen, die uns **[25.11]**/**[24.23]** (und **[24.4]**) über die zweiten Komponenten der f-Glieder gibt:

$$\begin{aligned} & (f)_{g\dot{-}1,1} \overset{[24.4],(4)}{=} \text{lstLng}(g, f),\\ \text{lstLng}(g, f) \overset{[24.23]}{=} & (f)_{g1},\\ \vdots \qquad & \ \ \vdots \\ \text{lstLng}(g, f) \overset{[24.23]}{=} & (f)_{n1} \overset{[24.23]}{=} \text{lng}(r). \end{aligned}$$

Offenbar sind alle vorkommenden Werte gleich, und daher = $\text{lng}(r)$. Wegen **[24.4]** ist außerdem jeweils $\text{lstLng}(m{+}1, f) = (f)_{m1}$. – Im Falle $g = n{+}1$ gilt:

$$\text{lstLng}(g, f) \overset{[24.4]}{=} (f)_{g\dot{-}1,1} \overset{!}{=} (f)_{n1} \overset{[24.23]}{=} \text{lng}(r),$$

womit das erste Konjunktionsglied bewiesen wäre.

Insbesondere haben wir gesehen, dass $\text{lstLng}(g, f) = \text{lng}(r)$ ist, und daraus folgen mit **[25.11]**/**[24.23]** und (1)–(3) die beiden übrigen Konjunktionsglieder. (Im Falle $g = n{+}1$ sind sie trivial erfüllt.) ■

[25.14] In **FA** ist beweisbar, dass $\text{lstLng}(m, f)$ für gegebene Folge f monoton wachsend ist, d.h.

$$\text{ListBFFolgeGibtAus}(n, f, r, a) \rightarrow$$
$$(\forall m_2 \leq n{+}1)\ (\forall m_1 \leq m_2)\ \text{lstLng}(m_1, f) \leq \text{lstLng}(m_2, f).$$

Beweis In **FA**. – Gelte $\text{ListBFFolgeGibtAus}(n, f, r, a)$. Wir machen Vollständige Induktion nach m_2.

<u>$m_2 = 0$:</u> Wegen **[24.4]** gilt für alle $m_1 \leq m_2$:

$$\text{lstLng}(m_1, f) = 0 = \text{lstLng}(m_2, f).$$

<u>$m_2 + 1$:</u> Sei

$$m_2{+}1 \leq n{+}1 \quad (1)$$

und gelte

$$(\forall \mathtt{m} < \mathtt{m}_2{+}1)\ (\forall \mathtt{m}_1 \le \mathtt{m})\ \mathsf{lstLng}(\mathtt{m}_1, \mathtt{f}) \le \mathsf{lstLng}(\mathtt{m}, \mathtt{f}). \qquad (2)$$

Offensichtlich genügt es, $\mathsf{lstLng}(\mathtt{m}_1, \mathtt{f}) \le \mathsf{lstLng}(\mathtt{m}_2{+}1, \mathtt{f})$ für alle $\mathtt{m}_1$ *kleiner* als $\mathtt{m}_2{+}1$ zu zeigen. Wir machen eine Fallunterscheidung:

$\neg\mathsf{GlckLtBis}(\mathtt{m}_2, \mathtt{f}, \mathtt{r})$: Wenn es ein $\mathsf{c} < \mathsf{thAufz}(\mathtt{m}_2)$ gibt mit

$$\mathsf{thAufz}(\mathtt{m}_2) = \mathsf{rSZeuge}(\mathsf{c}) \quad \wedge \quad \neg\mathsf{lnLst}^{\urcorner}(\mathtt{m}_2, \mathtt{f}, \mathtt{r}, \mathsf{c}),$$

dann gilt nach **[25.11]**/**[24.23]**:

$$(\mathtt{f})_{\mathtt{m}_2 1} = \mathsf{lstLng}(\mathtt{m}_2, \mathtt{f}) + 1,$$

andernfalls

$$(\mathtt{f})_{\mathtt{m}_2 1} = \mathsf{lstLng}(\mathtt{m}_2, \mathtt{f}).$$

In beiden Fällen gilt für alle $\mathtt{m}_1 \le \mathtt{m}_2$:

$$\mathsf{lstLng}(\mathtt{m}_1, \mathtt{f}) \overset{(2)}{\le} \mathsf{lstLng}(\mathtt{m}_2, \mathtt{f}) \overset{!}{\le} (\mathtt{f})_{\mathtt{m}_2 1} \overset{[24.4]}{=} \mathsf{lstLng}(\mathtt{m}_2{+}1, \mathtt{f}),$$

und die Behauptung ist wahr.

$\mathsf{GlckLtBis}(\mathtt{m}_2, \mathtt{f}, \mathtt{r})$: Mit **[24.10]** folgt:

$$(\exists \mathsf{g} \le \mathtt{m}_2)\ \mathsf{GlckLtBei}(\mathsf{g}, \mathtt{f}, \mathtt{r}).$$

Sei g fest, dann haben wir $\mathsf{g} \le \mathtt{m}_2 \overset{(1)}{\le} \mathtt{n}$ und erhalten mit **[25.13]** für alle $\mathtt{m}_1$ mit $\mathsf{g} \le \mathtt{m}_1 \le \mathtt{n}{+}1$:

$$\mathsf{lstLng}(\mathtt{m}_1, \mathtt{f}) = \mathsf{lstLng}(\mathsf{g}, \mathtt{f}) = \mathsf{lstLng}(\mathtt{m}_2{+}1, \mathtt{f}). \qquad (3)$$

Ist hingegen $\mathtt{m}_1 < \mathsf{g}$, so gilt wegen (2):

$$\mathsf{lstLng}(\mathtt{m}_1, \mathtt{f}) \overset{!}{\le} \mathsf{lstLng}(\mathsf{g}, \mathtt{f}) \overset{(3)}{=} \mathsf{lstLng}(\mathtt{m}_2{+}1, \mathtt{f}).$$

Zusammen ergibt das:

$$\mathsf{lstLng}(\mathtt{m}_1, \mathtt{f}) \le \mathsf{lstLng}(\mathtt{m}_2{+}1, \mathtt{f})$$

für *alle* $\mathtt{m}_1 \le \mathtt{m}_2$, und wieder ist die Behauptung wahr. ■

Aus **[25.14]** und **[25.12]** folgt leicht, dass in **FA** beweisbar ist: **[25.15]**

$$\mathsf{ListBFFolgeGibtAus}(\mathtt{n}, \mathtt{f}, \mathtt{r}, \mathsf{a}) \to (\forall \mathtt{m} \le \mathtt{n}{+}1)\ \mathsf{lstLng}(\mathtt{m}, \mathtt{f}) \le \mathsf{lng}(\mathtt{r}).$$

Man setze $\mathtt{m}_2 := \mathtt{n}{+}1$ und $\mathtt{m}_1 := \mathtt{m}$. ■ **Beweis**

[25.16] Wir möchten zu gegebenem Index $\mathtt{l}$ für die Rosser-Liste $\mathtt{r}$ jeweils denjenigen Schritt $\mathtt{m}'$ finden, in dem das Glied $(\mathtt{r})_\mathtt{l}$ in die Liste kommt. Dazu verwenden wir ein **FA**-Theorem, das uns diejenigen Schritte $\mathtt{m}'$ angibt, zu deren Beginn $(\mathtt{r})_\mathtt{l}$ das letzte Listenglied ist:

$$\begin{aligned}\mathbf{FA} \vdash \quad & \mathsf{ListBFFolgeGibtAus}(\mathtt{n},\mathtt{f},\mathtt{r},\mathtt{a}) \ \wedge\ \mathtt{m} \leq \mathtt{n}{+}\mathbf{1} \\ \wedge \ & (\forall \mathtt{m}'{<}\mathtt{m})\, \neg\mathsf{GlckLtBei}(\mathtt{m}',\mathtt{f},\mathtt{r}) \ \wedge\ \mathtt{l} < \mathsf{lstLng}(\mathtt{m},\mathtt{f}) \\ \to \ & (\exists \mathtt{m}' {\leq} \mathtt{m})\ \mathtt{l}{+}\mathbf{1} = \mathsf{lstLng}(\mathtt{m}',\mathtt{f}).\end{aligned}$$

Der letzte Schritt *vor* diesen $\mathtt{m}'$ ist dann der, in dem $(\mathtt{r})_\mathtt{l}$ an die Liste angehängt wird. (Die Voraussetzung, dass die Glocke frühestens bei $\mathtt{m}$ läutet, ist eigentlich unnötig, erleichtert aber den Beweis und stört später nicht.)

Beweis In **FA**. – Gelte $\mathsf{ListBFFolgeGibtAus}(\mathtt{n},\mathtt{f},\mathtt{r},\mathtt{a})$, sei $\mathtt{m} \leq \mathtt{n}+\mathbf{1}$ und gelte darüber hinaus:

$$(\forall \mathtt{m}'{<}\mathtt{m})\, \neg\mathsf{GlckLtBei}(\mathtt{m}',\mathtt{f},\mathtt{r}). \tag{1}$$

Wir nehmen an, dass $\mathsf{lstLng}(\mathtt{m},\mathtt{f}) > \mathbf{0}$ ist; andernfalls ist die Implikation trivial erfüllt. Wir machen eine Abwärtsinduktion nach $\mathtt{l}$:

$\underline{\mathtt{l} = \mathsf{lstLng}(\mathtt{m},\mathtt{f}) \dot{-} \mathbf{1}:}$ Mit $\mathtt{m}' := \mathtt{m}$ ist das Hinterglied wahr.

$\underline{\mathtt{l}{+}\mathbf{1} \to \mathtt{l}:}$ Sei $\mathtt{l}{+}\mathbf{1} < \mathsf{lstLng}(\mathtt{m},\mathtt{f})$ mit

$$(\exists \mathtt{m}' {\leq} \mathtt{m})\ \mathtt{l}{+}\mathbf{2} = \mathsf{lstLng}(\mathtt{m}',\mathtt{f}), \tag{2}$$

und sei $\mathtt{m}'$ mit dieser Eigenschaft minimal. Dann ist $\mathsf{lstLng}(\mathtt{m}',\mathtt{f}) \geq \mathbf{2}$ und mit **[24.4]** folgt, dass $\mathtt{m}' > \mathbf{0}$ ist. Wegen (1) gilt:

$$\begin{aligned} & (\forall \mathtt{m}'' {\leq} \mathtt{m}' \dot{-} \mathbf{1})\ \neg\mathsf{GlckLtBei}(\mathtt{m}'',\mathtt{f},\mathtt{r}), \\ \overset{[24.10]}{\leftrightarrow}\ & \neg\mathsf{GlckLtBis}(\mathtt{m}' \dot{-} \mathbf{1},\mathtt{f},\mathtt{r}); \end{aligned}$$

daher ist $(\mathtt{f})_{\mathtt{m}'\dot{-}\mathbf{1},\mathbf{1}}$ nach **[25.11]**/**[24.23]** entweder $\mathsf{lstLng}(\mathtt{m}' \dot{-} \mathbf{1},\mathtt{f}) + \mathbf{1}$ oder $\mathsf{lstLng}(\mathtt{m}' \dot{-} \mathbf{1},\mathtt{f})$. Außerdem gilt aber wegen der Minimalität von $\mathtt{m}'$:

$$\mathsf{lstLng}(\mathtt{m}' \dot{-} \mathbf{1},\mathtt{f}) \overset{!}{\neq} \mathtt{l}{+}\mathbf{2} \overset{(2)}{=} \mathsf{lstLng}(\mathtt{m}',\mathtt{f}) \overset{[24.4]}{=} (\mathtt{f})_{\mathtt{m}'\dot{-}\mathbf{1},\mathbf{1}},$$

also haben wir:

$$\mathtt{l}{+}\mathbf{2} = (\mathtt{f})_{\mathtt{m}'\dot{-}\mathbf{1},\mathbf{1}} \overset{!}{=} \mathsf{lstLng}(\mathtt{m}' \dot{-} \mathbf{1},\mathtt{f}) + \mathbf{1}$$

und somit:

$$\mathtt{l}{+}\mathbf{1} = \mathsf{lstLng}(\mathtt{m}' \dot{-} \mathbf{1},\mathtt{f}).$$

■

Das folgende **FA**-Theorem liefert uns zu einem Index $\mathtt{l}$ für die Rosser-Liste den Schritt $\mathtt{m}'$, in dem der Rosser-Satz $(\mathtt{r})_\mathtt{l}$ in die Liste kommt, weil der zugehörige Zeuge bewiesen wird: **[25.17]**

$$\textbf{FA} \vdash \quad \mathsf{ListBFFolgeGibtAus}(\mathtt{n},\mathtt{f},\mathtt{r},\mathtt{a}) \wedge \mathtt{m} \leq \mathtt{n}{+}1$$
$$\wedge\ (\forall \mathtt{m}'{<}\mathtt{m})\, \neg\mathsf{GlckLtBei}(\mathtt{m}',\mathtt{f},\mathtt{r}) \wedge \mathtt{l} < \mathsf{lstLng}(\mathtt{m},\mathtt{f})$$
$$\to (\exists \mathtt{m}'{<}\mathtt{m}) \left[\begin{array}{l} \mathsf{lstLng}(\mathtt{m}',\mathtt{f}) = \mathtt{l} \wedge (\mathtt{f})_{\mathtt{m}'\mathtt{l}} = \mathtt{l}{+}1 \\ \wedge\ \mathsf{thAufz}(\mathtt{m}') = \mathsf{rSZeuge}\big((\mathtt{r})_\mathtt{l}\big) \wedge \neg\mathsf{lnLst}^{\neg}\big(\mathtt{m}',\mathtt{f},\mathtt{r},(\mathtt{r})_\mathtt{l}\big) \end{array} \right].$$

In **FA**. – Gelte $\mathsf{ListBFFolgeGibtAus}(\mathtt{n},\mathtt{f},\mathtt{r},\mathtt{a})$ und $(\forall \mathtt{m}' < \mathtt{m})\, \neg\mathsf{GlckLtBei}(\mathtt{m}',\mathtt{f},\mathtt{r})$, und sei $\mathtt{m} \leq \mathtt{n}{+}1$ und $\mathtt{l} < \mathsf{lstLng}(\mathtt{m},\mathtt{f})$. Mit **[25.16]** folgt: **Beweis**

$$(\exists \mathtt{m}'' \leq \mathtt{m})\ \mathtt{l}{+}1 = \mathsf{lstLng}(\mathtt{m}'',\mathtt{f}).$$

Sei $\mathtt{m}''$ minimal mit dieser Eigenschaft, dann gilt:

$$\mathbf{0} \overset{[24.4]}{<} \mathtt{m}'' \leq \mathtt{m}$$

und

$$\mathsf{lstLng}(\mathtt{m}''{\dot-}1,\mathtt{f}) \overset{!}{\neq} \mathtt{l}{+}1 \overset{!}{=} \mathsf{lstLng}(\mathtt{m}'',\mathtt{f}) \overset{[24.4]}{=} (\mathtt{f})_{\mathtt{m}''\dot-1,\mathtt{l}}. \tag{1}$$

Wir setzen

$$\mathtt{m}' := \mathtt{m}''{\dot-}1 < \mathtt{m}$$

und erhalten:

$$\mathtt{l} = (\mathtt{f})_{\mathtt{m}'\mathtt{l}} \dot- 1 = \mathsf{lstLng}(\mathtt{m}',\mathtt{f}), \tag{2}$$

den ersten Teil des Hintergliedes. Wir haben in (1) schon gesehen, dass $(\mathtt{f})_{\mathtt{m}'\mathtt{l}} \neq \mathsf{lstLng}(\mathtt{m}',\mathtt{f})$ ist, und anhand von **[25.11]**/**[24.23]** ergibt sich, dass es ein $\mathtt{c} < \mathsf{thAufz}(\mathtt{m}')$ geben muss mit

$$\mathsf{thAufz}(\mathtt{m}') = \mathsf{rSZeuge}(\mathtt{c}) \wedge \neg\mathsf{lnLst}^{\neg}(\mathtt{m}',\mathtt{f},\mathtt{r},\mathtt{c}) \wedge (\mathtt{r})_\mathtt{l} \overset{(2)}{=} (\mathtt{r})_{\mathsf{lstLng}(\mathtt{m}',\mathtt{f})} = \mathtt{c}.$$

Daraus folgt die Behauptung. ■

Kein Glied der Rosser-Liste ist die Negation eines anderen: **[25.18]**

$$\textbf{FA} \vdash \mathsf{ListBFFolgeGibtAus}(\mathtt{n},\mathtt{f},\mathtt{r},\mathtt{a}) \wedge \mathtt{l}, \mathtt{l}' < \mathsf{lng}(\mathtt{r}) \to (\mathtt{r})_\mathtt{l} \neq \ominus(\mathtt{r})_{\mathtt{l}'}.$$

In **FA**. – Nach **[3.20]** gilt: **Beweis**

$$\ominus(\mathtt{r})_\mathtt{l} \overset{!}{=} \mathsf{tripel}(\ulcorner\!\to\!\urcorner, (\mathtt{r})_\mathtt{l}, \ulcorner\!\bot\!\urcorner) \overset{[3.8],[3.6],[3.10]}{>} (\mathtt{r})_\mathtt{l},$$

das heißt, für $\mathtt{l} = \mathtt{l}'$ ist die Behauptung wahr.

Gelte $\mathsf{ListBFFolgeGibtAus}(\mathtt{n},\mathtt{f},\mathtt{r},\mathtt{a})$ und seien $\mathtt{l}, \mathtt{l}' < \mathsf{lng}(\mathtt{r})$ verschieden; es gelte

$$\mathtt{l}' \overset{!}{<} \mathtt{l} < \mathsf{lng}(\mathtt{r}) \overset{[25.12]}{=} \mathsf{lstLng}(\mathtt{n}+1,\mathtt{f}), \tag{1}$$

dann müssen wir sowohl $(\mathtt{r})_{\mathtt{l}} \neq \ominus(\mathtt{r})_{\mathtt{l}'}$ als auch $(\mathtt{r})_{\mathtt{l}'} \neq \ominus(\mathtt{r})_{\mathtt{l}}$ zeigen. Weiter sei $\mathtt{m}$ maximal mit

$$\mathtt{m} \leq \mathtt{n}+1 \quad \wedge \quad (\forall \mathtt{m}'<\mathtt{m})\, \neg\mathsf{GlckLtBei}(\mathtt{m}',\mathtt{f},\mathtt{r}). \tag{2}$$

Wir zeigen zunächst:

$$\mathtt{l}' \overset{(1)}{<} \mathtt{l} \overset{(1)}{<} \mathsf{lstLng}(\mathtt{n}+1,\mathtt{f}) \overset{!}{=} \mathsf{lstLng}(\mathtt{m},\mathtt{f}). \tag{3}$$

Wenn $\mathtt{m} = \mathtt{n}+1$ ist, dann ist dies trivial erfüllt; sei also $\mathtt{m} \leq \mathtt{n}$. In diesem Fall impliziert die Maximalität von $\mathtt{m}$:

$$(\exists \mathtt{m}' < \mathtt{m}+1)\ \mathsf{GlckLtBei}(\mathtt{m}',\mathtt{f},\mathtt{r}),$$

und mit (2) folgt: $\mathsf{GlckLtBei}(\mathtt{m},\mathtt{f},\mathtt{r})$. Aus **[25.13]** erhalten wir dann:

$$\mathsf{lstLng}(\mathtt{m},\mathtt{f}) = \mathsf{lng}(\mathtt{r}) = \mathsf{lstLng}(\mathtt{n}+1,\mathtt{f}),$$

womit (3) bewiesen ist.

Um nun $(\mathtt{r})_{\mathtt{l}} \neq \ominus(\mathtt{r})_{\mathtt{l}'}$ und $(\mathtt{r})_{\mathtt{l}'} \neq \ominus(\mathtt{r})_{\mathtt{l}}$ zu zeigen, müssen wir den Schritt $\mathtt{m}'$ finden, in dem $(\mathtt{r})_{\mathtt{l}}$ in die Rosser-Liste kommt. Wegen (2) und (3) liefert uns **[25.17]**:

$$(\exists \mathtt{m}'<\mathtt{m})\, \neg\mathsf{InLst}^{\neg}\big(\mathtt{m}',\mathtt{f},\mathtt{r},(\mathtt{r})_{\mathtt{l}}\big).$$

Sei $\mathtt{m}'$ fest. Dann gilt nach **[24.5]**:

$$\big(\forall \mathtt{l}'' < \mathsf{lstLng}(\mathtt{m},\mathtt{f})\big)\ \Big[(\mathtt{r})_{\mathtt{l}} \neq \ominus(\mathtt{r})_{\mathtt{l}''} \wedge (\mathtt{r})_{\mathtt{l}''} \neq \ominus(\mathtt{r})_{\mathtt{l}}\Big],$$

insbesondere wegen (3):

$$(\mathtt{r})_{\mathtt{l}} \neq \ominus(\mathtt{r})_{\mathtt{l}'} \quad \wedge \quad (\mathtt{r})_{\mathtt{l}'} \neq \ominus(\mathtt{r})_{\mathtt{l}}.$$

■

[25.19] Wenn die Glocke läutet, dann ist es, weil thAufz ein Glied der Rosser-Liste oder die Negation eines solchen ausgibt; aber beides zugleich kann nicht vorkommen:

$$\textbf{FA} \vdash \mathsf{ListBFFolgeGibtAus}(\mathtt{n},\mathtt{f},\mathtt{r},\mathtt{a}) \wedge \mathtt{g} \leq \mathtt{n}+1 \wedge \mathsf{GlckLtBei}(\mathtt{g},\mathtt{f},\mathtt{r}) \rightarrow \big[\neg\mathsf{GlckLt}^{+}(\mathtt{g},\mathtt{f},\mathtt{r}) \leftrightarrow \mathsf{GlckLt}^{-}(\mathtt{g},\mathtt{f},\mathtt{r})\big].$$

In **FA**. – Gelte ListBFFolgeGibtAus($\mathtt{n}, \mathtt{f}, \mathtt{r}, \mathtt{a}$), und sei $\mathtt{g} \leq \mathtt{n}+1$ mit **Beweis**

Dann gilt nach **[25.13]**:

$$\mathsf{GlckLtBei}(\mathtt{g}, \mathtt{f}, \mathtt{r}). \qquad (1)$$

$$\mathsf{lstLng}(\mathtt{g}, \mathtt{f}) = \mathsf{lng}(\mathtt{r}). \qquad (2)$$

Mit **[24.16]** folgt aus (1):

$$\mathsf{GlckLt}^{+}(\mathtt{g}, \mathtt{f}, \mathtt{r}) \lor \mathsf{GlckLt}^{-}(\mathtt{g}, \mathtt{f}, \mathtt{r}).$$

Nehmen wir an, beides gilt. Das bedeutet nach **[24.15]**:

$$\begin{aligned} &\big(\exists \mathtt{l} < \mathsf{lstLng}(\mathtt{g}, \mathtt{f})\big)\ \mathsf{thAufz}(\mathtt{g}) = (\mathtt{r})_{\mathtt{l}} \\ \land\ &\big(\exists \mathtt{l}' < \mathsf{lstLng}(\mathtt{g}, \mathtt{f})\big)\ \mathsf{thAufz}(\mathtt{g}) = \ominus(\mathtt{r})_{\mathtt{l}'}. \end{aligned}$$

Seien $\mathtt{l}$ und $\mathtt{l}'$ fest. Mit (2) folgt:

$$\mathtt{l}, \mathtt{l}' < \mathsf{lng}(\mathtt{r}) \ \land\ (\mathtt{r})_{\mathtt{l}} = \ominus(\mathtt{r})_{\mathtt{l}'},$$

im Widerspruch zu **[25.18]**. ■

Eine eher technische Bemerkung, die besagt, dass ListBF-Folgen und ihre ‚Ergebnisse' existieren und eindeutig bestimmt sind. Es ist **FA**-beweisbar: **[25.20]**

$$\begin{aligned}
&(\forall \mathtt{n}) \\
&\Big[\ (\exists \mathtt{f}, \mathtt{r}, \mathtt{a})\,(\forall \mathtt{f}', \mathtt{r}', \mathtt{a}') \\
&\qquad \big[\mathsf{ListBFFolgeGibtAus}(\mathtt{n}, \mathtt{f}', \mathtt{r}', \mathtt{a}') \leftrightarrow \mathtt{f}' = \mathtt{f} \land \mathtt{r}' = \mathtt{r} \land \mathtt{a}' = \mathtt{a}\big] && (\alpha,\beta) \\
&\ \land (\forall \mathtt{n}', \mathtt{f}, \mathtt{f}', \mathtt{r}, \mathtt{r}', \mathtt{a}, \mathtt{a}') \\
&\qquad \Big[\mathtt{n}' < \mathtt{n} \land \mathsf{ListBFFolgeGibtAus}(\mathtt{n}, \mathtt{f}, \mathtt{r}, \mathtt{a}) \\
&\qquad\qquad \land \mathsf{ListBFFolgeGibtAus}(\mathtt{n}', \mathtt{f}', \mathtt{r}', \mathtt{a}') \\
&\qquad\quad \Big[\ (\forall \mathtt{m} \leq \mathtt{n}')\ (\mathtt{f}')_{\mathtt{m}} = (\mathtt{f})_{\mathtt{m}} && (\gamma) \\
&\qquad\quad \land\ \mathsf{lng}(\mathtt{r}') \leq \mathsf{lng}(\mathtt{r}) && (\delta) \\
&\qquad \rightarrow \land\ \big(\forall \mathtt{l} < \mathsf{lng}(\mathtt{r}')\big)\ (\mathtt{r}')_{\mathtt{l}} = (\mathtt{r})_{\mathtt{l}} && (\varepsilon) \\
&\qquad\quad \land\ (\forall \mathtt{g} \leq \mathtt{n})\,(\forall \mathtt{g}' \leq \mathtt{n}') \\
&\qquad\qquad \big[\mathsf{GlckLtBei}(\mathtt{g}, \mathtt{f}, \mathtt{r}) \land \mathsf{GlckLtBei}(\mathtt{g}', \mathtt{f}', \mathtt{r}') \rightarrow \mathtt{g}' = \mathtt{g}\big]\Big]\Big]\Big] && (\zeta)
\end{aligned}$$

Beweis In **FA**. – Wir beweisen aus Gründen der Beweisökonomie die äquivalente Aussage

$$
\begin{aligned}
&(\forall n)\,(\exists f, r, a)\\
&\Big[\ \mathsf{ListBFFolgeGibtAus}(n, f, r, a) && (\alpha)\\
&\ \wedge\ (\forall n', f', r', a')\\
&\qquad\Big[\mathsf{ListBFFolgeGibtAus}(n', f', r', a') \rightarrow\\
&\qquad\quad [n' = n \rightarrow f' = f \wedge r' = r \wedge a' = a] && (\beta)\\
&\qquad \wedge\ \Big[n' < n \rightarrow\\
&\qquad\qquad (\forall m \le n')\ (f')_m = (f)_m && (\gamma)\\
&\qquad\quad \wedge\ \mathsf{lng}(r') \le \mathsf{lng}(r) && (\delta)\\
&\qquad\quad \wedge\ (\forall l < \mathsf{lng}(r'))\ (r')_l = (r)_l && (\varepsilon)\\
&\qquad\quad \wedge\ (\forall g \le n)\,(\forall g' \le n')\\
&\qquad\qquad \big[\mathsf{GlckLtBei}(g, f, r) \wedge \mathsf{GlckLtBei}(g', f', r') \rightarrow g' = g\big]\Big]\Big]\Big] && (\zeta)
\end{aligned}
$$

Wir machen Induktion nach n:

$n = \mathbf{0}$: Nach **[24.4]** gilt:

$$(\forall f)\ \mathsf{lstLng}(\mathbf{0}, f) = \mathbf{0}, \tag{1}$$

und mit **[24.5]** folgt:

$$(\forall f, r, c)\ \neg\mathsf{InLst}^{\neg}(\mathbf{0}, f, r, c). \tag{2}$$

Nach **[24.11]** gilt außerdem:

$$(\forall f, r)\ \neg\mathsf{GlckLtBis}(\mathbf{0}, f, r). \tag{3}$$

Wir setzen

$$a := \mathsf{thAufz}(\mathbf{0}); \tag{4}$$

$$f := \begin{cases} \mathsf{single}(\mathsf{paar}(a, \mathbf{1})), & \text{falls } \mathsf{ThBeweistRSZeuge}(\mathbf{0}),\\ \mathsf{single}(\mathsf{paar}(a, \mathbf{0})), & \text{sonst;}\end{cases} \tag{5}$$

$$r := \begin{cases} \mathsf{single}(\mathsf{rSZu}(a)), & \text{falls } \mathsf{ThBeweistRSZeuge}(\mathbf{0}),\\ \mathsf{folge}_0, & \text{sonst.}\end{cases} \tag{6}$$

Man überprüft nun leicht, dass wegen (2)–(6) gilt:

$$\mathsf{ListBFFolgeGibtAus}(\mathbf{0}, f, r, a),$$

womit (α) bewiesen wäre.

Zum Beweis von (β) gelte

$$\mathsf{ListBFFolgeGibtAus}(\mathbf{0}, \mathtt{f}', \mathtt{r}', \mathsf{a}'). \tag{7}$$

Dann haben wir laut **[25.11]**/**[24.23]**: $\mathsf{IstFolge}(\mathtt{f}')$, $\mathsf{lng}(\mathtt{f}') = \mathbf{1}$,

$$\mathsf{IstFolge}(\mathtt{r}'), \tag{8}$$

$$\mathsf{IstPaar}\big((\mathtt{f}')_{\mathbf{0}}\big), \tag{9}$$

und deswegen:

$$\mathtt{f}' = \mathsf{single}\big((\mathtt{f}')_{\mathbf{0}}\big). \tag{10}$$

Wegen (1) ist

$$\mathsf{IstLng}(\mathbf{0}, \mathtt{f}') = \mathbf{0}, \tag{11}$$

wegen (2) gilt:

$$(\forall \mathsf{c})\, \neg \mathsf{InLst}^{\urcorner}(\mathbf{0}, \mathtt{f}', \mathtt{r}', \mathsf{c}), \tag{12}$$

und wegen (3):

$$\neg \mathsf{GlckLtBis}(\mathbf{0}, \mathtt{f}', \mathtt{r}'); \tag{13}$$

daher folgt mit (7) und **[25.11]**/**[24.23]**:

$$\mathsf{a}' \overset{!}{=} (\mathtt{f}')_{\mathbf{00}} \overset{!}{=} \mathsf{thAufz}(\mathbf{0}) \overset{(4)}{=} \mathsf{a}. \tag{14}$$

Es gibt nun zwei Möglichkeiten:

<u>$\mathsf{ThBeweistRSZeuge}(\mathbf{0})$:</u> Das heißt nach **[25.10]**:

$$\big(\exists \mathsf{c} < \mathsf{thAufz}(\mathbf{0})\big)\ \mathsf{thAufz}(\mathbf{0}) = \mathsf{rSZeuge}(\mathsf{c}). \tag{15}$$

Sei c fest. Wegen (12) gilt $\neg \mathsf{InLst}^{\urcorner}(\mathbf{0}, \mathtt{f}', \mathtt{r}', \mathsf{c})$, und mit (7), **[25.11]**/**[24.23]**, (13) und (15) folgt:

$$(\mathtt{r}')_{\mathbf{0}} \overset{(11)}{=} (\mathtt{r}')_{\mathsf{IstLng}(\mathbf{0},\mathtt{f}')} \overset{!}{=} \mathsf{c} \overset{[25.9]}{=} \mathsf{rSZu}\big(\mathsf{thAufz}(\mathbf{0})\big) \overset{(4)}{=} \mathsf{rSZu}(\mathsf{a})$$

und

$$\mathsf{lng}(\mathtt{r}') \overset{(7)}{=} (\mathtt{f}')_{\mathbf{01}} \overset{!}{=} \mathsf{IstLng}(\mathbf{0}, \mathtt{f}') + \mathbf{1} \overset{(11)}{=} \mathbf{1}.$$

Aus diesen beiden Gleichungen erhalten wir wegen (8):

$$\mathtt{r}' \overset{!}{=} \mathsf{single}\big(\mathsf{rSZu}(\mathsf{a})\big) \overset{(6)}{=} \mathtt{r},$$

und wegen (9) und (14):

$$(\mathtt{f}')_{\mathbf{0}} \overset{!}{=} \mathsf{paar}(\mathsf{a}, \mathbf{1}) \overset{(5)}{=} (\mathtt{f})_{\mathbf{0}}.$$

$\underline{\neg\mathsf{ThBeweistRSZeuge}(\mathbf{0}):}$ Daraus folgt mit (7), **[25.11]**/**[24.23]** und (13):

$$\mathsf{lng}(\mathtt{r}') = (\mathtt{f}')_{01} \stackrel{!}{=} \mathsf{lstLng}(\mathbf{0}, \mathtt{f}') \stackrel{(11)}{=} \mathbf{0}.$$

Somit ist wegen (8)

$$\mathtt{r}' \stackrel{!}{=} \mathsf{folge}_0 \stackrel{(6)}{=} \mathtt{r}$$

und, weil nach (7) gilt: $\mathsf{IstPaar}\big((\mathtt{f}')_0\big)$, wegen (14):

$$(\mathtt{f}')_0 \stackrel{!}{=} \mathsf{paar}(\mathsf{a}, \mathbf{0}) \stackrel{(5)}{=} (\mathtt{f})_0.$$

In jedem Fall gilt also:

$$\mathtt{r}' = \mathtt{r}$$

und

$$\mathtt{f}' \stackrel{(10)}{=} \mathsf{single}\big((\mathtt{f}')_0\big) \stackrel{!}{=} \mathsf{single}\big((\mathtt{f})_0\big) \stackrel{(5)}{=} \mathtt{f}.$$

Damit und mit (14) ist (β) bewiesen. Der Rest der Behauptung, (γ)–(ζ), ist wegen $\mathtt{n}=\mathbf{0}$ trivial erfüllt. Somit ist der Induktionsanfang erledigt.

$\underline{\mathtt{n}+\mathbf{1}:}$ Wir setzen voraus, dass (α)–(ζ) für $\mathtt{n}$ gelten. Nach (α) und (β) existieren eindeutig bestimmte $\mathtt{f}_0$, $\mathtt{r}_0$, a_0, so dass gilt:

$$\mathsf{ListBFFolgeGibtAus}(\mathtt{n}, \mathtt{f}_0, \mathtt{r}_0, \mathsf{a}_0)$$

und für alle $\mathtt{n}' < \mathtt{n}$ und alle $\mathtt{f}'$, $\mathtt{r}'$, a' mit $\mathsf{ListBFFolgeGibtAus}(\mathtt{n}', \mathtt{f}', \mathtt{r}', \mathsf{a}')$:

$$(\gamma)\text{–}(\zeta) \text{ mit } \mathtt{f}_0, \mathtt{r}_0, \mathsf{a}_0 \text{ anstelle von } \mathtt{f}, \mathtt{r}, \mathsf{a}.$$

Verschaffen wir uns eine Übersicht über die möglichen Fälle:

(I) $\neg\mathsf{GlckLtBis}(\mathtt{n}+\mathbf{1}, \mathtt{f}_0, \mathtt{r}_0)$.
Das bedeutet, wir befinden uns auch bei Schritt $\mathtt{n}+1$ noch in Phase 1 des Verfahrens.

- (*i*) $\mathsf{ThBeweistRSZeuge}(\mathtt{n}+\mathbf{1}) \wedge \neg\mathsf{InLst}^{\urcorner}\big(\mathtt{n}+\mathbf{1}, \mathtt{f}_0, \mathtt{r}_0, \mathsf{rSZu}(\mathsf{thAufz}(\mathtt{n}+\mathbf{1}))\big)$.
  Dann wird in Schritt $\mathtt{n}+\mathbf{1}$ die Rosser-Liste $\mathtt{r}_0$ ein Glied länger.
- (*ii*) $\mathsf{ThBeweistRSZeuge}(\mathtt{n}+\mathbf{1}) \rightarrow \mathsf{InLst}^{\urcorner}\big(\mathtt{n}+\mathbf{1}, \mathtt{f}_0, \mathtt{r}_0, \mathsf{rSZu}(\mathsf{thAufz}(\mathtt{n}+\mathbf{1}))\big)$.
  Die Rosser-Liste bleibt gleich.

(II) $\mathsf{GlckLtBis}(\mathtt{n}+\mathbf{1}, \mathtt{f}_0, \mathtt{r}_0)$.
Sei $\mathsf{g}_0 := \mathsf{glck}(\mathtt{n}+\mathbf{1}, \mathtt{f}_0, \mathtt{r}_0)$ (s. **[24.12]**), dann gilt nach **[24.14]**:

$$\mathsf{ThEntscheidetRS}(\mathsf{g}_0, \mathtt{f}_0, \mathtt{r}_0) \wedge \mathsf{GlckLtBei}(\mathsf{g}_0, \mathtt{f}_0, \mathtt{r}_0). \qquad (*)$$

(*i*) $\mathtt{n}+1 < g_0 + \mathsf{lstLng}(g_0, \mathtt{f}_0)$.
In Schritt $\mathtt{n}+1$ wird ein Glied der Rosser-Liste ausgegeben, eventuell negiert.

(a) $\mathsf{GlckLt}^+(g_0, \mathtt{f}_0, \mathtt{r}_0)$.
Es wird unverändert ausgegeben.

(b) $\neg\mathsf{GlckLt}^+(g_0, \mathtt{f}_0, \mathtt{r}_0)$.
Dann folgt wegen (∗) mit **[24.16]**: $\mathsf{GlckLt}^-(g_0, \mathtt{f}_0, \mathtt{r}_0)$, d.h. das Rosser-Listen-Glied wird negiert ausgegeben.

(*ii*) $\mathtt{n}+1 \geq g_0 + \mathsf{lstLng}(g_0, \mathtt{f}_0)$.
In Schritt $\mathtt{n}+1$ wird mittels aussAufz eine x-beliebige Aussage ausgegeben.

Wir setzen

$$\mathtt{a} := \begin{cases} \mathsf{thAufz}(\mathtt{n}+1), & \text{falls (I)},\\ (\mathtt{r}_0)_{\mathtt{n}+1\dot{-}g_0}, & \text{falls (II.}i\text{.a)},\\ \ominus(\mathtt{r}_0)_{\mathtt{n}+1\dot{-}g_0}, & \text{falls (II.}i\text{.b)},\\ \mathsf{aussAufz}\big(\mathtt{n}+1\dot{-}g_0\dot{-}\mathsf{lstLng}(g_0,\mathtt{f}_0)\big), & \text{falls (II.}ii\text{);} \end{cases}$$

$$\mathtt{f} := \begin{cases} \mathtt{f}_0 * \mathsf{paar}\big(\mathsf{a}, \mathsf{lstLng}(\mathtt{n}+1, \mathtt{f}_0) + 1\big), & \text{falls (I.}i\text{)},\\ \mathtt{f}_0 * \mathsf{paar}\big(\mathsf{a}, \mathsf{lstLng}(\mathtt{n}+1, \mathtt{f}_0)\big), & \text{sonst;} \end{cases}$$

$$\mathtt{r} := \begin{cases} \mathtt{r}_0 * \mathsf{rSZu}\big(\mathsf{thAufz}(\mathtt{n}+1)\big), & \text{falls (I.}i\text{)},\\ \mathtt{r}_0, & \text{sonst.} \end{cases}$$

Der Rest dieses Beweises, sauber ausgeführt, würde schrecklich langwierig werden.[13] Ich begnüge mich deswegen damit, einen kurzen Abriss der übrigen Schritte zu geben.

Zunächst zeigt man:

$$\mathsf{ListBFFolgeGibtAus}(\mathtt{n}+1, \mathtt{f}, \mathtt{r}, \mathtt{a}),$$

womit (α) erledigt wäre. Als Zwischenstationen auf dem Weg dorthin beweist man nacheinander, dass es für alle $\mathtt{m} \leq \mathtt{n}+1$ egal ist, ob man bei den folgenden Ausdrücken $\mathtt{f}$ und $\mathtt{r}$ stehenlässt oder sie durch $\mathtt{f}_0$ bzw. $\mathtt{r}_0$ ersetzt:

$$\mathsf{lstLng}(\mathtt{m}, \mathtt{f}),$$
$$\mathsf{ThEntscheidetRS}(\mathtt{m}, \mathtt{f}, \mathtt{r}),$$
$$\mathsf{InLst}^{\neg}(\mathtt{m}, \mathtt{f}, \mathtt{r}, \mathtt{c}),$$

[13] Langwieriger, als es in diesem Text ohnehin schon oft genug vorkommt.

$$\mathsf{GlckLtBis}(\mathtt{m}, \mathtt{f}, \mathtt{r}),$$
$$\mathsf{GlckLtBei}(\mathtt{m}, \mathtt{f}, \mathtt{r}),$$
$$\mathsf{GlckLt}^{+}(\mathtt{m}, \mathtt{f}, \mathtt{r}),$$
$$\mathsf{GlckLt}^{-}(\mathtt{m}, \mathtt{f}, \mathtt{r}).$$

Man kann dann nachrechnen, dass der Phase-1- und der Phase-2-Teil von $\mathsf{ListBFFolgeGibtAus}(\mathtt{n}+1, \mathtt{f}, \mathtt{r}, \mathsf{a})$ auch für $\mathtt{m} = \mathtt{n}+1$ erfüllt sind.

Um (β) zu beweisen, nimmt man an, dass für gewisse $\mathtt{f}'$, $\mathtt{r}'$, a' gilt:

$$\mathsf{ListBFFolgeGibtAus}(\mathtt{n}+1, \mathtt{f}', \mathtt{r}', \mathsf{a}').$$

Definiert man passend dazu $\mathtt{f}_1$, $\mathtt{r}_1$, a_1, nämlich in der Form

$$\mathtt{f}_1 := \mathsf{kastr}(\mathtt{f}'),$$
$$\mathtt{r}_1 := \begin{cases} \mathsf{kastr}(\mathtt{r}'), & \text{falls } (\mathtt{f}')_{\mathtt{n}+1,1} \neq (\mathtt{f}')_{\mathtt{n}1}, \\ \mathtt{r}', & \text{sonst,} \end{cases}$$
$$\mathsf{a}_1 := (\mathtt{f}')_{\mathtt{n}0},$$

so folgt:

$$\mathsf{ListBFFolgeGibtAus}(\mathtt{n}, \mathtt{f}_1, \mathtt{r}_1, \mathsf{a}_1).$$

Ähnlich wie vorher zeigt man dazu, dass es für kein $\mathtt{m} \leq \mathtt{n}+1$ einen Unterschied macht, wenn man in einem der Ausdrücke

$$\mathsf{IstLng}(\mathtt{m}, \mathtt{f}_1),$$
$$\mathsf{ThEntscheidetRS}(\mathtt{m}, \mathtt{f}_1, \mathtt{r}_1),$$
$$\mathsf{InLst}^{\neg}(\mathtt{m}, \mathtt{f}_1, \mathtt{r}_1, \mathsf{c}),$$
$$\mathsf{GlckLtBis}(\mathtt{m}, \mathtt{f}_1, \mathtt{r}_1),$$
$$\mathsf{GlckLtBei}(\mathtt{m}, \mathtt{f}_1, \mathtt{r}_1),$$
$$\mathsf{GlckLt}^{+}(\mathtt{m}, \mathtt{f}_1, \mathtt{r}_1),$$
$$\mathsf{GlckLt}^{-}(\mathtt{m}, \mathtt{f}_1, \mathtt{r}_1).$$

die Terme $\mathtt{f}_1$ und $\mathtt{r}_1$ durch $\mathtt{f}'$ bzw. $\mathtt{r}'$ ersetzt. Aufgrund der Eindeutigkeitsaussage (β) aus der Induktionsvoraussetzung gilt dann:

$$\mathtt{f}_1 = \mathtt{f}_0 \qquad \text{und} \qquad \mathtt{r}_1 = \mathtt{r}_0; \tag{16}$$

insbesondere stimmen $\mathtt{f}$ und $\mathtt{f}'$ sowie $\mathtt{r}$ und $\mathtt{r}'$ zumindest weitgehend überein:

$$(\forall \mathtt{m} < \mathtt{n}+1) \;\; (\mathtt{f}')_{\mathtt{m}} = (\mathtt{f})_{\mathtt{m}},$$
$$(\forall \mathtt{l} < \mathsf{lng}(\mathtt{r}_0)) \;\; (\mathtt{r}')_{\mathtt{l}} = (\mathtt{r})_{\mathtt{l}}.$$

Wegen (16) ist klar, dass es für $\mathtt{m} \leq \mathtt{n}+1$ aufs selbe hinausläuft, ob man $\mathtt{f}'$ und $\mathtt{r}'$ oder $\mathtt{f}_0$ bzw. $\mathtt{r}_0$ in der obigen Liste von Ausdrücken stehen hat. Durch getrennte Untersuchung der Fälle von S. 222 f. bestätigt man nun, dass f und $\mathtt{f}'$ sowie r und $\mathtt{r}'$ sogar völlig miteinander übereinstimmen, womit (β) bewiesen ist.

Die Teilbehauptungen (γ)–(ζ) überprüft man schließlich ziemlich schnell unter Verwendung der Induktionsvoraussetzung und des bereits für f, r, $\mathtt{f}_0$ und $\mathtt{r}_0$ Bewiesenen. ∎

Nach **[25.20]**(α,β) gibt es zu jedem n ein eindeutig bestimmtes a, so dass (eindeutig bestimmte) f und r existieren mit ListBFFolgeGibtAus(n, f, r, a). Wegen **[24.26]** ist dann ListBF(n, a) ein pTerm, und somit delta, wie angekündigt (s. **[25.1]**). **[25.21]**

26 Eigenschaften von ListTh

FA $\vdash$ $(\forall \mathtt{n})\,(\exists \mathtt{f}, \mathtt{r})$ ListBFFolgeGibtAus(n, f, r, listBF(n)). **[26.1]**

Siehe **[25.21]**. ∎ **Beweis**

Wir definieren einen pTerm, der uns zu jedem n die zugehörige ListBF-Folge liefert: **[26.2]**

$$\text{ListBFFolge}(\mathtt{n}, \mathtt{f}) \;:=\; (\exists \mathtt{r}, \mathtt{a})\ \text{ListBFFolgeGibtAus}(\mathtt{n}, \mathtt{f}, \mathtt{r}, \mathtt{a}).$$

Nach **[25.20]**(α,β) ist dies ein pTerm; da ListBFFolgeGibtAus eine Σ-Formel ist, ist ListBFFolge ein Σ-, also sogar ein Δ-pTerm.

FA $\vdash$ $(\forall \mathtt{n})\,(\exists \mathtt{r})$ ListBFFolgeGibtAus(n, listBFFolge(n), r, listBF(n)). **[26.3]**

In **FA**. – Sei n beliebig. Nach **[26.1]** gilt: **Beweis**

$$(\exists \mathtt{f}, \mathtt{r})\ \text{ListBFFolgeGibtAus}(\mathtt{n}, \mathtt{f}, \mathtt{r}, \text{listBF}(\mathtt{n})). \tag{1}$$

Sei f fest. Dann gilt offenbar:

$$(\exists \mathtt{r}, \mathtt{a})\ \text{ListBFFolgeGibtAus}(\mathtt{n}, \mathtt{f}, \mathtt{r}, \mathtt{a}),$$

also ist f = listBFFolge(n) wegen **[26.2]**, und mit (1) folgt die Behauptung. ∎

[26.4] Dieser Δ-pTerm gibt uns zu jedem $\mathtt{n}$ die zugehörige Rosser-Liste:

$$\mathsf{RosserListe}(\mathtt{n},\mathtt{r}) \;:=\; (\exists \mathtt{f},\mathtt{a})\ \mathsf{ListBFFolgeGibtAus}(\mathtt{n},\mathtt{f},\mathtt{r},\mathtt{a}).$$

[26.5] **FA** $\vdash$ $\mathsf{ListBFFolgeGibtAus}(\mathtt{n}, \mathsf{listBFFolge}(\mathtt{n}), \mathsf{rosserListe}(\mathtt{n}), \mathsf{listBF}(\mathtt{n}))$.

Beweis In **FA**. – Sei $\mathtt{n}$ beliebig. Nach **[26.3]** haben wir:

$$(\exists \mathtt{r})\ \mathsf{ListBFFolgeGibtAus}(\mathtt{n}, \mathsf{listBFFolge}(\mathtt{n}), \mathtt{r}, \mathsf{listBF}(\mathtt{n})).$$

Sei $\mathtt{r}$ fest. Dann gilt:

$$(\exists \mathtt{f},\mathtt{a})\ \mathsf{ListBFFolgeGibtAus}(\mathtt{n},\mathtt{f},\mathtt{r},\mathtt{a}),$$

also ist $\mathtt{r} = \mathsf{rosserListe}(\mathtt{n})$ laut **[26.4]**. ■

[26.6] Aus **[26.5]** und **[25.20]**(α,β) folgt sofort, dass in **FA** beweisbar ist:

$$\mathsf{ListBFFolgeGibtAus}(\mathtt{n},\mathtt{f},\mathtt{r},\mathtt{a}) \leftrightarrow \mathtt{f} = \mathsf{listBFFolge}(\mathtt{n}) \;\wedge\; \mathtt{r} = \mathsf{rosserListe}(\mathtt{n}) \;\wedge\; \mathtt{a} = \mathsf{listBF}(\mathtt{n}).$$

[26.7] Der folgende Δ-pTerm schließlich liefert zu $\mathtt{n}$ jeweils die Länge der zugehörigen Rosser-Liste:

$$\mathsf{listLänge}(\mathtt{n}) \;:=\; \mathsf{lng}(\mathsf{rosserListe}(\mathtt{n})).$$

[26.8] **FA** $\vdash$ $\mathsf{listLänge}(\mathtt{n}) \;=\; \mathsf{lstLng}(\mathtt{n}+1, \mathsf{listBFFolge}(\mathtt{n}))$.

Beweis In **FA**. – Aus **[26.5]** folgt mit **[25.12]**:

$$\mathsf{listLänge}(\mathtt{n}) \overset{[26.7]}{=} \mathsf{lng}(\mathsf{rosserListe}(\mathtt{n})) \overset{!}{=} \mathsf{lstLng}(\mathtt{n}+1, \mathsf{listBFFolge}(\mathtt{n})).$$ ■

[26.9] **FA** $\vdash$ $\mathtt{l}, \mathtt{l}' < \mathsf{listLänge}(\mathtt{n}) \;\rightarrow\; (\mathsf{rosserListe}(\mathtt{n}))_{\mathtt{l}} \;\neq\; \ominus(\mathsf{rosserListe}(\mathtt{n}))_{\mathtt{l}'}$.

Beweis Dies folgt mit **[26.5]** und **[26.7]** sofort aus **[25.18]**. ■

[26.10] Wegen **[26.5]** und **[26.7]** können wir nun auch **[25.20]**(γ)–(ε) kürzer formulieren:

$$\begin{aligned} \mathbf{FA} \vdash \mathtt{n}' \leq \mathtt{n} \rightarrow\ & (\forall \mathtt{m} \leq \mathtt{n}')\ (\mathsf{listBFFolge}(\mathtt{n}'))_{\mathtt{m}} = (\mathsf{listBFFolge}(\mathtt{n}))_{\mathtt{m}} \\ & \wedge\ \mathsf{listLänge}(\mathtt{n}') \leq \mathsf{listLänge}(\mathtt{n}) \\ & \wedge\ (\forall \mathtt{l} < \mathsf{listLänge}(\mathtt{n}'))\ (\mathsf{rosserListe}(\mathtt{n}'))_{\mathtt{l}} = (\mathsf{rosserListe}(\mathtt{n}))_{\mathtt{l}}. \end{aligned}$$

(Offensichtlich kann der Fall $\mathtt{n}'=\mathtt{n}$ eingeschlossen werden.)

In **FA** ist beweisbar: **[26.11]**

$$\mathtt{m} \leq \mathtt{n}' \leq \mathtt{n} \ \rightarrow \left[\begin{array}{l} \ \ \ \ \mathsf{ThEntscheidetRS}\big(\mathtt{m}, \mathsf{listBFFolge}(\mathtt{n}'), \mathsf{rosserListe}(\mathtt{n}')\big) \\ \leftrightarrow \mathsf{ThEntscheidetRS}\big(\mathtt{m}, \mathsf{listBFFolge}(\mathtt{n}), \mathsf{rosserListe}(\mathtt{n})\big) \end{array}\right].$$

In **FA**. – Seien $\mathtt{m}, \mathtt{n}', \mathtt{n}$ beliebig mit $\mathtt{m} \leq \mathtt{n}' \leq \mathtt{n}$, und seien **Beweis**

$$\mathtt{f}' := \mathsf{listBFFolge}(\mathtt{n}'), \qquad \mathtt{r}' := \mathsf{rosserListe}(\mathtt{n}'),$$
$$\mathtt{f} := \mathsf{listBFFolge}(\mathtt{n}), \qquad \mathtt{r} := \mathsf{rosserListe}(\mathtt{n}).$$

Dann gilt nach **[26.5]**:

$$\mathsf{ListBFFolgeGibtAus}\big(\mathtt{n}', \mathtt{f}', \mathtt{r}', \mathsf{listBF}(\mathtt{n}')\big),$$
$$\mathsf{ListBFFolgeGibtAus}\big(\mathtt{n}, \mathtt{f}, \mathtt{r}, \mathsf{listBF}(\mathtt{n})\big),$$

und nach **[26.10]**:

$$(\forall \mathtt{m} \leq \mathtt{n}')\ (\mathtt{f}')_{\mathtt{m}} = (\mathtt{f})_{\mathtt{m}} \tag{1}$$

und

$$\big(\forall \mathtt{l} < \mathsf{listLänge}(\mathtt{n}')\big)\ (\mathtt{r}')_{\mathtt{l}} = (\mathtt{r})_{\mathtt{l}}. \tag{2}$$

Nun gilt:

$$\mathsf{lstLng}(\mathtt{m}, \mathtt{f}) \overset{[24.4],(1)}{=} \mathsf{lstLng}(\mathtt{m}, \mathtt{f}') \overset{[25.14]}{\leq} \mathsf{lstLng}(\mathtt{n}'+1, \mathtt{f}') \overset{[26.8]}{=} \mathsf{listLänge}(\mathtt{n}'),$$

und so folgt mit (2):

$$\begin{aligned} &\mathsf{ThEntscheidetRS}(\mathtt{m}, \mathtt{f}', \mathtt{r}') \ \leftrightarrow \\ &\overset{[24.6]}{\leftrightarrow} \ \big(\exists \mathtt{l} < \mathsf{lstLng}(\mathtt{m}, \mathtt{f}')\big) \Big[\mathsf{thAufz}(\mathtt{m}) = (\mathtt{r}')_{\mathtt{l}} \ \vee \ \mathsf{thAufz}(\mathtt{m}) = \ominus(\mathtt{r}')_{\mathtt{l}}\Big] \\ &\overset{!}{\leftrightarrow} \ \big(\exists \mathtt{l} < \mathsf{lstLng}(\mathtt{m}, \mathtt{f})\big) \Big[\mathsf{thAufz}(\mathtt{m}) = (\mathtt{r})_{\mathtt{l}} \ \vee \ \mathsf{thAufz}(\mathtt{m}) = \ominus(\mathtt{r})_{\mathtt{l}}\Big] \\ &\overset{[24.6]}{\leftrightarrow} \ \mathsf{ThEntscheidetRS}(\mathtt{m}, \mathtt{f}, \mathtt{r}). \end{aligned}$$

■

FA $\vdash \ \mathsf{listBF}(\mathtt{n}) = \big(\mathsf{listBFFolge}(\mathtt{n})\big)_{\mathtt{n}0}$. **[26.12]**

Mit **[26.5]** folgt dies direkt aus **[25.11]**/**[24.23]**. ■ **Beweis**

FA $\vdash \ \mathtt{m} \leq \mathtt{n} \ \rightarrow \ \mathsf{listBF}(\mathtt{m}) = \big(\mathsf{listBFFolge}(\mathtt{n})\big)_{\mathtt{m}0}$. **[26.13]**

In **FA**. – Sei $\mathtt{n}$ beliebig und $\mathtt{m} \leq \mathtt{n}$. Dann gilt: **Beweis**

$$\mathsf{listBF}(\mathtt{m}) \overset{[26.12]}{=} \big(\mathsf{listBFFolge}(\mathtt{m})\big)_{\mathtt{m}0} \overset{[26.10]}{=} \big(\mathsf{listBFFolge}(\mathtt{n})\big)_{\mathtt{m}0}.$$

■

[26.14] In **FA** ist beweisbar:

$$\mathtt{m} \leq \mathtt{n} \ \wedge\ \neg\mathsf{GlckLtBis}(\mathtt{m}, \mathsf{listBFFolge}(\mathtt{n}), \mathsf{rosserListe}(\mathtt{n})) \ \rightarrow \ (\forall \mathtt{m}' \leq \mathtt{m})\ \mathsf{listBF}(\mathtt{m}') = \mathsf{thAufz}(\mathtt{m}').$$

Das heißt, solange die Glocke nicht läutet, stimmen listBF und thAufz überein.

Beweis In **FA**. – Sei n beliebig, $\mathtt{f} := \mathsf{listBFFolge}(\mathtt{n})$ und $\mathtt{r} := \mathsf{rosserListe}(\mathtt{n})$. Dann gilt nach **[26.5]**:

$$\mathsf{ListBFFolgeGibtAus}(\mathtt{n}, \mathtt{f}, \mathtt{r}, \mathsf{listBF}(\mathtt{n})). \tag{1}$$

Sei nun $\mathtt{m} \leq \mathtt{n}$ mit

$$\neg\mathsf{GlckLtBis}(\mathtt{m}, \mathtt{f}, \mathtt{r}),$$

und sei $\mathtt{m}' \leq \mathtt{m}$. Dann gilt erst recht $\mathtt{m}' \leq \mathtt{n}$ und (s. **[24.10]**): $\neg\mathsf{GlckLtBis}(\mathtt{m}', \mathtt{f}, \mathtt{r})$; und wegen (1) folgt mit **[25.11]**/**[24.23]**:

$$\mathsf{listBF}(\mathtt{m}') \overset{[26.13]}{=} (\mathtt{f})_{\mathtt{m}'0} \overset{!}{=} \mathsf{thAufz}(\mathtt{m}').$$

■

[26.15] Wir definieren eine Δ-Formel, die schon anhand von n allein feststellt, ob die Glocke bei n läutet (vgl. **[24.8]**):

$$\mathsf{GlockeL\ddot{a}utetBei}(\mathtt{n}) := \mathsf{GlckLtBei}(\mathtt{n}, \mathsf{listBFFolge}(\mathtt{n}), \mathsf{rosserListe}(\mathtt{n})).$$

[26.16] In **FA** ist beweisbar:

$$\mathtt{g} \leq \mathtt{n} \rightarrow \left[\mathsf{GlockeL\ddot{a}utetBei}(\mathtt{g}) \ \leftrightarrow\ \mathsf{GlckLtBei}(\mathtt{g}, \mathsf{listBFFolge}(\mathtt{n}), \mathsf{rosserListe}(\mathtt{n}))\right].$$

Beweis In **FA**. – Sei $\mathtt{g} \leq \mathtt{n}$ und seien

$$\mathtt{f}' := \mathsf{listBFFolge}(\mathtt{g}), \qquad \mathtt{r}' := \mathsf{rosserListe}(\mathtt{g}),$$
$$\mathtt{f} := \mathsf{listBFFolge}(\mathtt{n}), \qquad \mathtt{r} := \mathsf{rosserListe}(\mathtt{n}).$$

Dann gilt nach **[26.11]** (mit $\mathtt{m} := \mathtt{n}' := \mathtt{g}$):

$$\begin{aligned}
&\mathsf{GlockeL\ddot{a}utetBei}(\mathtt{g}) \ \leftrightarrow \\
&\quad \overset{[26.15]}{\leftrightarrow}\ \mathsf{GlckLtBei}(\mathtt{g}, \mathtt{f}', \mathtt{r}') \\
&\quad \overset{[24.8]}{\leftrightarrow}\ \mathsf{ThEntscheidetRS}(\mathtt{g}, \mathtt{f}', \mathtt{r}') \ \wedge\ (\forall \mathtt{m} < \mathtt{g})\, \neg\mathsf{ThEntscheidetRS}(\mathtt{m}, \mathtt{f}', \mathtt{r}') \\
&\quad \overset{!}{\leftrightarrow}\ \mathsf{ThEntscheidetRS}(\mathtt{g}, \mathtt{f}, \mathtt{r}) \ \wedge\ (\forall \mathtt{m} < \mathtt{g})\, \neg\mathsf{ThEntscheidetRS}(\mathtt{m}, \mathtt{f}, \mathtt{r}) \\
&\quad \overset{[24.8]}{\leftrightarrow}\ \mathsf{GlckLtBei}(\mathtt{g}, \mathtt{f}, \mathtt{r}),
\end{aligned}$$

und wir sind fertig. ■

Die folgenden zwei Δ-Formeln sagen uns, ob die Glocke geläutet hat wegen eines Rosser-Listen-Gliedes oder wegen der Negation eines solchen (vgl. **[24.15]**): **[26.17]**

$$\begin{aligned}\mathsf{GlockeLäutet}^{+}(g) &:= \mathsf{GlckLt}^{+}\big(g, \mathsf{listBFFolge}(g), \mathsf{rosserListe}(g)\big),\\ \mathsf{GlockeLäutet}^{-}(g) &:= \mathsf{GlckLt}^{-}\big(g, \mathsf{listBFFolge}(g), \mathsf{rosserListe}(g)\big).\end{aligned}$$

In **FA** ist beweisbar: **[26.18]**

$$\begin{aligned}g \leq n \rightarrow\ & \Big[\mathsf{GlockeLäutet}^{+}(g) \rightarrow \mathsf{GlckLt}^{+}\big(g, \mathsf{listBFFolge}(n), \mathsf{rosserListe}(n)\big)\Big]\\ \wedge\ & \Big[\mathsf{GlockeLäutet}^{-}(g) \rightarrow \mathsf{GlckLt}^{-}\big(g, \mathsf{listBFFolge}(n), \mathsf{rosserListe}(n)\big)\Big].\end{aligned}$$

Beweis

In **FA**. – Seien g, n beliebig mit

$$g \leq n. \tag{1}$$

Weiter seien

$$\begin{aligned} f &:= \mathsf{listBFFolge}(g), & r &:= \mathsf{rosserListe}(g),\\ f' &:= \mathsf{listBFFolge}(n), & r' &:= \mathsf{rosserListe}(n);\end{aligned}$$

dann gilt nach **[26.6]**:

$$\mathsf{ListBFFolgeGibtAus}\big(g, f, r, \mathsf{listBF}(g)\big), \tag{2}$$

$$\mathsf{ListBFFolgeGibtAus}\big(n, f', r', \mathsf{listBF}(n)\big), \tag{3}$$

und wegen (1) folgt mit **[25.20]**(ε) bzw. (β):

$$\big(\forall l < \mathsf{lng}(r')\big)\ (r)_l = (r')_l. \tag{4}$$

Gelte nun $\mathsf{GlockeLäutet}^{+}(g)$, d.h. nach **[26.17]**: $\mathsf{GlckLt}^{+}(g, f, r)$, d.h. nach **[24.15]**:

$$\big(\exists l < \mathsf{lstLng}(g, f)\big)\ \mathsf{thAufz}(g) = (r)_l. \tag{5}$$

Sei l fest. Da $\mathsf{lstLng}(g, f)$ positiv ist, muss g ebenfalls positiv sein (s. **[24.4]**), und dann gilt:

$$\mathsf{lstLng}(g, f') \overset{!}{=} (f')_{g \dot{-} 1, 0} \overset{[25.20](\gamma), (2), (3), (1)}{=} (f)_{g \dot{-} 1, 0} \overset{!}{=} \mathsf{lstLng}(g, f) \overset{[25.15], (2)}{\leq} \mathsf{lng}(r).$$

Insbesondere ist $l < \mathsf{lstLng}(g, f')$ und $< \mathsf{lng}(r)$, woraus mit (4) folgt:

$$\mathsf{thAufz}(g) \overset{(5)}{=} (r)_l \overset{!}{=} (r')_l.$$

Somit gilt auch $\mathsf{GlckLt}^{+}(g, f', r')$ (s. **[24.15]**).

Analog zeigt man, dass aus $\mathsf{GlockeLäutet}^{-}(g)$ folgt: $\mathsf{GlckLt}^{-}(g, f', r')$ ■

[26.19] In **FA** ist beweisbar (vgl. [25.13]):

$$\begin{aligned}
&\text{GlockeLäutetBei}(\mathtt{g}) \rightarrow\\
&\quad\left[\mathtt{n} \geq \mathtt{g} \rightarrow \begin{array}{l}\text{listLänge}(\mathtt{n}) = \text{listLänge}(\mathtt{g})\\ \wedge\ \text{rosserListe}(\mathtt{n}) = \text{rosserListe}(\mathtt{g})\end{array}\right]\\
&\quad\wedge \left[\begin{array}{l}\mathtt{g} \leq \mathtt{n} < \mathtt{g} + \text{listLänge}(\mathtt{g}) \rightarrow\\
\quad\left[\text{GlockeLäutet}^{+}(\mathtt{g}) \rightarrow \text{listBF}(\mathtt{n}) = \left(\text{rosserListe}(\mathtt{g})\right)_{\mathtt{n}\dot{-}\mathtt{g}}\right]\\
\wedge \left[\text{GlockeLäutet}^{-}(\mathtt{g}) \rightarrow \text{listBF}(\mathtt{n}) = \ominus\left(\text{rosserListe}(\mathtt{g})\right)_{\mathtt{n}\dot{-}\mathtt{g}}\right]\end{array}\right]\\
&\quad\wedge \left[\mathtt{n} \geq \mathtt{g} + \text{listLänge}(\mathtt{g}) \rightarrow \text{listBF}(\mathtt{n}) = \text{aussAufz}\left(\mathtt{n}\dot{-}\mathtt{g}\dot{-}\text{listLänge}(\mathtt{g})\right)\right].
\end{aligned}$$

Beweis In **FA**. – Gelte

$$\text{GlockeLäutetBei}(\mathtt{g}), \tag{1}$$

und seien

$$\mathtt{f} := \text{listBFFolge}(\mathtt{g}), \quad \mathtt{r} := \text{rosserListe}(\mathtt{g}), \quad \mathtt{a} := \text{listBF}(\mathtt{g}), \tag{2}$$

$$\mathtt{f}' := \text{listBFFolge}(\mathtt{n}), \quad \mathtt{r}' := \text{rosserListe}(\mathtt{n}), \quad \mathtt{a}' := \text{listBF}(\mathtt{n}). \tag{3}$$

Dann folgt zum einen mit [26.6]:

$$\text{ListBFFolgeGibtAus}(\mathtt{g}, \mathtt{f}, \mathtt{r}, \mathtt{a}), \tag{4}$$

$$\text{ListBFFolgeGibtAus}(\mathtt{g}', \mathtt{f}', \mathtt{r}', \mathtt{a}'), \tag{5}$$

und zum anderen mit [26.15]:

$$\text{GlckLtBei}(\mathtt{g}, \mathtt{f}, \mathtt{r}). \tag{6}$$

Gelte $\mathtt{n} \geq \mathtt{g}$. Wegen (1) folgt mit [26.16]:

$$\text{GlckLtBei}(\mathtt{g}, \mathtt{f}', \mathtt{r}'). \tag{7}$$

Weiter ist

$$\begin{aligned}
\text{listLänge}(\mathtt{n}) &\overset{[26.7],(3)}{=} \text{lng}(\mathtt{r}')\\
&\overset{[25.13],(5),(7)}{=} (\mathtt{f}')_{\mathtt{g}1}\\
&\overset{[26.10],(2),(3)}{=} (\mathtt{f})_{\mathtt{g}1}\\
&\overset{[25.13],(4),(6)}{=} \text{lng}(\mathtt{r})\\
&\overset{[26.7]}{=} \text{listLänge}(\mathtt{g}).
\end{aligned} \tag{8}$$

Mit [26.10] erhalten wir:

$$(\forall \mathtt{l} < \text{lng}(\mathtt{r}))\ (\mathtt{r}')_{\mathtt{l}} = (\mathtt{r})_{\mathtt{l}},$$

und da nach (8) $\mathsf{lng}(\mathtt{r}') = \mathsf{lng}(\mathtt{r})$ ist, folgt:

$$\mathtt{r}' = \mathtt{r}, \tag{9}$$

womit das erste Konjunktionsglied bewiesen wäre.

Sei nun zusätzlich

$$\mathtt{g} \leq \mathtt{n} \overset{!}{<} \mathtt{g} + \mathsf{listLänge}(\mathtt{g}) \overset{(8)}{=} \mathtt{g} + \mathsf{lng}(\mathtt{r}'),$$

und gelte $\mathsf{GlockeLäutet}^{+}(\mathtt{g})$. Daraus folgt nach **[26.18]**: $\mathsf{GlckLt}^{+}(\mathtt{g}, \mathtt{f}', \mathtt{r}')$, und mit **[25.13]** ergibt sich:

$$\mathtt{a}' \overset{[26.12],(3)}{=} (\mathtt{f}')_{\mathtt{n}0} \overset{!}{=} (\mathtt{r}')_{\mathtt{n} \dot{-} \mathtt{g}} \overset{(9)}{=} (\mathtt{r})_{\mathtt{n} \dot{-} \mathtt{g}}.$$

– Analog kann man für $\mathsf{GlockeLäutet}^{-}(\mathtt{g})$ vorgehen, womit auch das zweite Konjunktionsglied erledigt ist.

Gelte

$$\mathtt{n} \overset{!}{\geq} \mathtt{g} + \mathsf{listLänge}(\mathtt{g}) \overset{(8)}{=} \mathtt{g} + \mathsf{lng}(\mathtt{r}').$$

In diesem Fall gilt nach **[25.13]** und (7):

$$\begin{aligned} \mathtt{a}' &\overset{[26.12],(3)}{=} (\mathtt{f}')_{\mathtt{n}0} \\ &\overset{!}{=} \mathsf{aussAufz}(\mathtt{n} \dot{-} \mathtt{g} \dot{-} \mathsf{lng}(\mathtt{r}')) \\ &\overset{(8)}{=} \mathsf{aussAufz}(\mathtt{n} \dot{-} \mathtt{g} \dot{-} \mathsf{listLänge}(\mathtt{g})). \end{aligned}$$

Damit ist der Beweis abgeschlossen. ■

In **FA** ist beweisbar (vgl. **[25.19]**): **[26.20]**

$$\mathsf{GlockeLäutetBei}(\mathtt{g}) \rightarrow \left[\neg\mathsf{GlockeLäutet}^{+}(\mathtt{g}) \leftrightarrow \mathsf{GlockeLäutet}^{-}(\mathtt{g})\right].$$

Dies folgt wegen **[26.15]**, **[26.6]** und **[26.17]** leicht aus **[25.19]**. ■ **Beweis**

Wir definieren ein Analogon zu $\mathsf{GlckLtBis}(\mathtt{n}, \mathtt{f}, \mathtt{r})$, das nur noch von $\mathtt{n}$ abhängt (s. **[24.10]**): **[26.21]**

$$\mathsf{GlockeLäutetBis}(\mathtt{n}) \quad := \quad \mathsf{GlckLtBis}\big(\mathtt{n}, \mathsf{listBFFolge}(\mathtt{n}), \mathsf{rosserListe}(\mathtt{n})\big).$$

Diese Formel ist wieder delta.

In **FA** ist beweisbar (vgl. **[24.10]**): **[26.22]**

$$\mathsf{GlockeLäutetBis}(\mathtt{n}) \leftrightarrow (\exists \mathtt{g} \leq \mathtt{n})\ \mathsf{GlockeLäutetBei}(\mathtt{g}).$$

In **FA**: **Beweis**

$$\begin{aligned} \mathsf{GlockeLäutetBis}(\mathtt{n}) &\overset{[26.21]}{\leftrightarrow} \mathsf{GlckLtBis}\big(\mathtt{n}, \mathsf{listBFFolge}(\mathtt{n}), \mathsf{rosserListe}(\mathtt{n})\big) \\ &\overset{[24.10]}{\leftrightarrow} (\exists \mathtt{g} \leq \mathtt{n})\ \mathsf{GlckLtBei}\big(\mathtt{g}, \mathsf{listBFFolge}(\mathtt{n}), \mathsf{rosserListe}(\mathtt{n})\big) \\ &\overset{[26.16]}{\leftrightarrow} (\exists \mathtt{g} \leq \mathtt{n})\ \mathsf{GlockeLäutetBei}(\mathtt{g}). \end{aligned}$$
■

[26.23] In **FA** ist beweisbar (vgl. **[24.9]**):

$$\mathsf{GlockeL\ddot{a}utetBei}(g_1) \wedge \mathsf{GlockeL\ddot{a}utetBei}(g_2) \rightarrow g_1 = g_2.$$

Beweis In **FA**. – Gelte das Vorderglied, und seien

$$\begin{aligned} \mathtt{f}_1 &:= \mathsf{listBFFolge}(g_1), & \mathtt{r}_1 &:= \mathsf{rosserListe}(g_1), \\ \mathtt{f}_2 &:= \mathsf{listBFFolge}(g_2), & \mathtt{r}_2 &:= \mathsf{rosserListe}(g_2); \end{aligned}$$

dann gilt nach **[26.6]**:

$$\begin{aligned} &\mathsf{ListBFFolgeGibtAus}(g_1, \mathtt{f}_1, \mathtt{r}_1, \mathsf{listBF}(g_1)), \\ &\mathsf{ListBFFolgeGibtAus}(g_2, \mathtt{f}_2, \mathtt{r}_2, \mathsf{listBF}(g_2)), \end{aligned}$$

und nach **[26.15]**:

$$\mathsf{GlckLtBei}(g_1, \mathtt{f}_1, \mathtt{r}_1) \wedge \mathsf{GlckLtBei}(g_2, \mathtt{f}_2, \mathtt{r}_2).$$

Mit **[25.20]**(ζ) folgt: $g_1 = g_2$. ∎

[26.24] In **FA** ist beweisbar (vgl. **[24.7]**):

$$(\exists \mathtt{m} \leq \mathtt{n})\ \mathsf{ThEntscheidetRS}(\mathtt{m}, \mathsf{listBFFolge}(\mathtt{n}), \mathsf{rosserListe}(\mathtt{n})) \rightarrow \mathsf{GlockeL\ddot{a}utetBis}(\mathtt{n}).$$

Beweis In **FA**. – Sei $\mathtt{n}$ beliebig, und sei $\mathtt{f} := \mathsf{listBFFolge}(\mathtt{n})$ und $\mathtt{r} := \mathsf{rosserListe}(\mathtt{n})$. Sei außerdem $\mathtt{m} \leq \mathtt{n}$ mit $\mathsf{ThEntscheidetRS}(\mathtt{m}, \mathtt{f}, \mathtt{r})$. Mit **[24.7]** folgt: $\mathsf{GlckLtBis}(\mathtt{n}, \mathtt{f}, \mathtt{r})$, und das ist wegen **[26.21]** äquivalent zu $\mathsf{GlockeL\ddot{a}utetBis}(\mathtt{n})$. ∎

[26.25] In **FA** ist beweisbar (vgl. **[24.13]**):

$$\mathsf{GlockeL\ddot{a}utetBis}(\mathtt{n}) \wedge \mathsf{GlockeL\ddot{a}utetBei}(g) \rightarrow g \leq \mathtt{n}.$$

Beweis In **FA**. – Seien $\mathtt{n}$ und g beliebig mit

$$\mathsf{GlockeL\ddot{a}utetBis}(\mathtt{n}) \wedge \mathsf{GlockeL\ddot{a}utetBei}(g).$$

Mit **[26.22]** folgt:

$$(\exists g' \leq \mathtt{n})\ \mathsf{GlockeL\ddot{a}utetBei}(g').$$

Sei g' fest. Dann gilt wegen **[26.23]**: $g \stackrel{!}{=} g' \leq \mathtt{n}$. ∎

FA $\vdash \neg\mathsf{GlockeL\ddot{a}utetBis}(\mathtt{n}) \rightarrow (\forall \mathtt{m} \leq \mathtt{n})\ \mathsf{listBF}(\mathtt{m}) = \mathsf{thAufz}(\mathtt{m}).$ **[26.26]**

In **FA**. – Gelte $\neg\mathsf{GlockeL\ddot{a}utetBis}(\mathtt{n})$, das heißt nach **[26.21]**: **Beweis**

$$\neg\mathsf{GlckLtBis}\big(\mathtt{n}, \mathsf{listBFFolge}(\mathtt{n}), \mathsf{rosserListe}(\mathtt{n})\big),$$

und mit **[26.14]** folgt die Behauptung. ■

In **FA** ist beweisbar: **[26.27]**

$$\begin{array}{ll} & \mathsf{GlockeL\ddot{a}utetBei}(\mathtt{g}) \ \wedge\ \mathtt{1} < \mathsf{listL\ddot{a}nge}(\mathtt{g}) \\ \wedge & (\forall \mathtt{m}<\mathtt{g})\ \big(\mathsf{rosserListe}(\mathtt{g})\big)_{\mathtt{1}} \neq \mathsf{listBF}(\mathtt{m}) \neq \ominus\big(\mathsf{rosserListe}(\mathtt{g})\big)_{\mathtt{1}} \\ \rightarrow & \left[\begin{array}{l}\mathsf{GlockeL\ddot{a}utet}^{+}(\mathtt{g}) \rightarrow \\ \quad \mathsf{ListTh}\Big(\big(\mathsf{rosserListe}(\mathtt{g})\big)_{\mathtt{1}}\Big) \prec \mathsf{ListTh}\Big(\ominus\big(\mathsf{rosserListe}(\mathtt{g})\big)_{\mathtt{1}}\Big)\end{array}\right] \\ \wedge & \left[\begin{array}{l}\mathsf{GlockeL\ddot{a}utet}^{-}(\mathtt{g}) \rightarrow \\ \quad \mathsf{ListTh}\Big(\ominus\big(\mathsf{rosserListe}(\mathtt{g})\big)_{\mathtt{1}}\Big) \prec \mathsf{ListTh}\Big(\big(\mathsf{rosserListe}(\mathtt{g})\big)_{\mathtt{1}}\Big)\end{array}\right]. \end{array}$$

In **FA**. – Es gelte $\mathsf{GlockeL\ddot{a}utetBei}(\mathtt{g})$ und $\mathtt{1} < \mathsf{listL\ddot{a}nge}(\mathtt{g})$, und es seien **Beweis**

$$\mathtt{f} := \mathsf{listBFFolge}(\mathtt{g}), \qquad \mathtt{r} := \mathsf{rosserListe}(\mathtt{g});$$

dann haben wir nach **[26.6]**:

$$\mathsf{ListBFFolgeGibtAus}\big(\mathtt{g}, \mathtt{f}, \mathtt{r}, \mathsf{listBF}(\mathtt{g})\big).$$

Gelte außerdem

$$(\forall \mathtt{m}<\mathtt{g})\ (\mathtt{r})_{\mathtt{1}} \neq \mathsf{listBF}(\mathtt{m}) \neq \ominus(\mathtt{r})_{\mathtt{1}}. \tag{1}$$

Wir beweisen das erste Konjunktionsglied des Sukzedens; das zweite kann man analog erhalten. Gelte $\mathsf{GlockeL\ddot{a}utet}^{+}(\mathtt{g})$, dann folgt mit **[26.19]**:

$$\mathsf{listBF}(\mathtt{g}+\mathtt{1}) = (\mathtt{r})_{\mathtt{1}}, \tag{2}$$

das heißt, es gilt $\mathsf{ListTh}\big((\mathtt{r})_{\mathtt{1}}\big)$ und $\mathtt{g}+\mathtt{1}$ ist ein zugehöriger ‚Beweis'.

Nun müssen wir noch zeigen, dass $\ominus(\mathtt{r})_{\mathtt{1}}$ von ListTh höchstens für ein $\mathtt{m}$ *größer* als $\mathtt{g}+\mathtt{1}$ ausgegeben wird. Nehmen wir an, es gibt ein $\mathtt{m} \leq \mathtt{g}+\mathtt{1}$ mit

$$\mathsf{listBF}(\mathtt{m}) = \ominus(\mathtt{r})_{\mathtt{1}}. \tag{3}$$

Dann ist zum einen $\mathtt{g} \overset{!}{\leq} \mathtt{m} \leq \mathtt{g}{+}\mathtt{1} < \mathtt{g} + \mathsf{listLänge}(\mathtt{g})$ wegen (1); zum anderen ist $\mathtt{m} \dot{-} \mathtt{g} \leq \mathtt{1} < \mathsf{listLänge}(\mathtt{g})$, und wir erhalten:

$$\mathsf{listBF}(\mathtt{m}) \overset{[26.19]}{=} (\mathtt{r})_{\mathtt{m}\dot{-}\mathtt{g}} \overset{[26.9]}{\neq} \ominus(\mathtt{r})_{1},$$

im Widerspruch zu (3). – Also gilt:

$$(\forall \mathtt{m} \leq \mathtt{g}{+}\mathtt{1})\ \neg\mathsf{ListBF}\big(\mathtt{m}, \ominus(\mathtt{r})_{1}\big),$$

und mit (2) folgt:

$$\mathsf{ListTh}\big((\mathtt{r})_{1}\big) \prec \mathsf{ListTh}\big(\ominus(\mathtt{r})_{1}\big).$$

■

27 Äquivalente Rosser-Sätze

[27.1] In einer vereinfachten Form lautet der Satz, den wir beweisen wollen, wie folgt.

[27.2] **(Äquivalente Rosser-Sätze 1**, Guaspari und Solovay 1979, vgl. **[22.4])** Wenn **FA** korrekt ist, dann gibt es ein SBP $\mathsf{Th}'(\mathsf{a})$, so dass alle Rosser-Sätze bezüglich $\mathsf{Th}'(\mathsf{a})$ in **FA** beweisbar äquivalent sind; d.h. so dass für alle $\rho_1, \rho_2 \in \mathrm{Aus}_{\mathrm{Ar}}$ mit

$$\mathbf{FA} \vdash \rho_i \leftrightarrow \big[\mathsf{Th}'(\neg\rho_i) \prec \mathsf{Th}'(\rho_i)\big] \qquad (i = 1, 2)$$

gilt:

$$\mathbf{FA} \vdash \rho_1 \leftrightarrow \rho_2.$$

[27.3] Genauer gesagt werden wir Folgendes zeigen.

[27.4] **(Äquivalente Rosser-Sätze 2**, Guaspari und Solovay 1979**)** Sei **FA** korrekt, und sei $\mathsf{Th}(\mathsf{a})$ ein SBP mit der zusätzlichen Eigenschaft (+). Dann gibt es ein SBP $\mathsf{ListTh}(\mathsf{a})$, das zu $\mathsf{Th}(\mathsf{a})$ beweisbar äquivalent ist, so dass alle Rosser-Sätze bezüglich $\mathsf{ListTh}(\mathsf{a})$ beweisbar äquivalent sind. Das heißt, es gilt

$$\mathbf{FA} \vdash \mathsf{Aussage}(\mathsf{a}) \rightarrow \big[\mathsf{ListTh}(\mathsf{a}) \leftrightarrow \mathsf{Th}(\mathsf{a})\big],$$

und für alle $\rho_1, \rho_2 \in \mathrm{Aus}_{\mathrm{Ar}}$ mit

$$\mathbf{FA} \vdash \rho_i \leftrightarrow \big[\mathsf{ListTh}(\neg\rho_i) \prec \mathsf{ListTh}(\rho_i)\big] \qquad (i = 1, 2)$$

gilt:

$$\mathbf{FA} \vdash \rho_1 \leftrightarrow \rho_2.$$

Die Eigenschaft (+) für SBP'e Th hat zwei Komponenten: **FA** soll zum einen wissen, dass es (repräsentiert durch Th) unter prädikatenlogischer Folgerung abgeschlossen ist, zum anderen, dass es Σ-vollständig ist.[14,15] [27.5]

Bei der prädikatenlogischen Abgeschlossenheit machen wir es uns einfach und formulieren nur die konkreten prädikatenlogischen Schlüsse, die wir im Laufe unserer Beweise (zu [27.8] und [27.9]) tatsächlich benötigen:[16]

$(+_1)$ **FA** $\vdash \mathsf{Th}(\mathtt{a}) \land \mathsf{Th}(\text{\textcircled{$\neg$}}\mathtt{a}) \to \mathsf{Th}(\bot)$,

$(+_2)$ **FA** $\vdash \mathsf{Th}(\mathtt{a}_1 \text{\textcircled{$\leftrightarrow$}} \mathtt{a}_2) \land \mathsf{Th}(\mathtt{a}_1) \to \mathsf{Th}(\mathtt{a}_2)$,

$(+_3)$ **FA** $\vdash$

$$\begin{aligned} & \mathsf{Th}\big((\text{\textcircled{$\forall$}}\mathtt{v})\,(\text{\textcircled{$\forall$}}\mathtt{w})\,\mathtt{f}\big) \land \mathtt{v} \neq \mathtt{w} \land \mathsf{Term}(\mathtt{s}) \land \mathsf{Term}(\mathtt{t}) \\ \land\ & (\forall \mathtt{u})\big[\mathsf{Var}(\mathtt{u}) \to \neg\mathsf{FreiIn}(\mathtt{u},\mathtt{s}) \land \neg\mathsf{FreiIn}(\mathtt{u},\mathtt{t})\big] \\ \to\ & \mathsf{Th}\big(\mathsf{subst}_2(\mathtt{f};\mathtt{v},\mathtt{w};\mathtt{s},\mathtt{t})\big), \end{aligned}$$

$(+_4)$ **FA** $\vdash \mathsf{Th}(\mathtt{a}_1 \text{\textcircled{$\to$}} \mathtt{a}_2) \land \mathsf{Th}(\mathtt{a}_1) \to \mathsf{Th}(\mathtt{a}_2)$,

$(+_5)$ **FA** $\vdash \mathsf{Th}(\mathtt{a}_1 \text{\textcircled{$\leftrightarrow$}} \mathtt{a}_2) \land \mathsf{Th}(\text{\textcircled{$\neg$}}\mathtt{a}_1) \to \mathsf{Th}(\text{\textcircled{$\neg$}}\mathtt{a}_2)$,

$(+_6)$ **FA** $\vdash \mathsf{Th}(\bot) \to (\forall \mathtt{a})\,\big[\mathsf{Aussage}(\mathtt{a}) \to \mathsf{Th}(\mathtt{a})\big]$.

Die Bedingungen $(+_1)$–$(+_5)$ könnten wir weiter abschwächen, indem wir auch dort für a bzw. $\mathtt{a}_1$, $\mathtt{a}_2$ noch jeweils explizit die Voraussetzung einfügen, dass sie unter Aussage fallen, bzw. dass f unter Formel und v, w unter Var fallen; aber diese Komplikation ersparen wir uns ebenfalls.

Wie man die Σ-Vollständigkeit ausdrücken kann, haben wir in Abschnitt 23 gesehen ([23.35]):

---

[14]Tatsächlich könnten wir die Forderung der beweisbaren Σ-Vollständigkeit von Th wegfallen lassen, weil diese schon aus der Abgeschlossenheit unter prädikatenlogischer Konsequenz zusammen mit (SBP2) folgt, wie mir Bob Solovay mitteilt. Ich erspare mir aber lieber einen entsprechenden Beweis und führe $(+_\Sigma)$ explizit als Teil von (+) an.

[15]Die Version von (+), die in Guaspari und Solovay 1979, S. 97, angegeben wird, schließt nur aussagen-, nicht prädikatenlogische Folgerung ein. Das langt nicht aus, um [27.8] (d.i. Lemma 6.3 in Guaspari und Solovay 1979, S. 98) zu beweisen. Ich danke Bob Solovay, der mir die hier verwendete (genauer: die in der folgenden Fußnote skizzierte) Verstärkung der Eigenschaft vorgeschlagen hat. – Smoryński (1985), der die in diesem Abschnitt ausgeführten Sätze ebenfalls beweist (Sec. 6.3, S. 289–96), hat kein entsprechendes Problem, weil seine Definition von „Standard-Beweisbarkeitsprädikat" (S. 279) schon beweisbare Äquivalenz zum üblichen Beweisbarkeitsprädikat (hier: Theorem) einschließt, und damit auch unsere verstärkte Fassung von (+).

[16]Die Alternative wäre, zum einen zu fordern, dass Th unter Modus ponens abgeschlossen ist $(+_4)$, und zum anderen, dass Th alle Theoreme der Prädikatenlogik erster Stufe in der Sprache $\mathcal{L}_{\mathrm{Ar}}$ beweist. Um Letzteres auszudrücken, würden wir ein neues Prädikat PL1Axiom definieren, unter das keine arithmetischen, sondern nur die prädikatenlogischen Axiome (in $\mathcal{L}_{\mathrm{Ar}}$) fallen. Dann würden wir Beweis, BeweisFür und Theorem abwandeln zu PL1Beweis, PL1BeweisFür bzw. PL1Theorem, indem wir Axiom, Beweis resp. BeweisFür in deren Definitionen jeweils durch ihre PL1-Variante ersetzen (s. [3.33]). Schließlich würden wir fordern:

$$\mathbf{FA} \vdash \mathsf{Aussage}(\mathtt{a}) \land \mathsf{PL1Theorem}(\mathtt{a}) \to \mathsf{Th}(\mathtt{a}).$$

$(+_\Sigma)$ **FA** $\vdash$ $\mathsf{Aussage(s)} \land \mathsf{SStrSigmaFml(s)} \land \mathsf{Erfüllt(s, b)} \rightarrow \mathsf{Th(s)}$.

Ein SBP Th hat also die Eigenschaft $(+)$ genau dann, wenn es $(+_1)$–$(+_6)$ und $(+_\Sigma)$ erfüllt.

[27.6] Das übliche Beweisbarkeitsprädikat $\mathsf{Theorem(a)}$ hat die Eigenschaft $(+)$.

Beweis Ich erkläre nur die Beweisideen für $(+_2)$ (die übrigen Bedingungen $(+_1)$ und $(+_3)$–$(+_6)$ können ähnlich behandelt werden) und für $(+_\Sigma)$.

Die Argumentation für die Behauptung

$$\mathbf{FA} \vdash \mathsf{Theorem}(\mathsf{a}_1 \ominus \mathsf{a}_2) \land \mathsf{Theorem}(\mathsf{a}_1) \rightarrow \mathsf{Theorem}(\mathsf{a}_2) \qquad (+_2)$$

verläuft kurz gesagt wie folgt: Wenn $\mathsf{Theorem}(\mathsf{a}_1 \ominus \mathsf{a}_2)$ und $\mathsf{Theorem}(\mathsf{a}_1)$ gelten, dann gibt es nach **[3.33]** Beweise für $\mathsf{a}_1 \ominus \mathsf{a}_2$ und für a_1. Außerdem gibt es einen Beweis für die Tautologie $(\mathsf{a}_1 \ominus \mathsf{a}_2) \ominus (\mathsf{a}_1 \ominus \mathsf{a}_2)$. Wenn wir diese drei Beweise aneinanderhängen und die resultierende Folge noch um die Formeln $\mathsf{a}_1 \ominus \mathsf{a}_2$ und a_2 erweitern, so erhalten wir einen Beweis für a_2. (Die beiden letzten Formeln können jeweils durch Modus ponens gewonnen werden.) Also gilt auch $\mathsf{Theorem}(\mathsf{a}_2)$.

Etwas ausführlicher: Der kniffligste Teil der Überlegung besteht darin, in **FA** zu zeigen, dass es einen Beweis für

$$(\mathsf{a}_1 \ominus \mathsf{a}_2) \ominus (\mathsf{a}_1 \ominus \mathsf{a}_2)$$

gibt. Natürlich ist klar, dass für $\alpha_1, \alpha_2 \in \mathcal{L}_{\mathrm{Ar}}$ stets $(\alpha_1 \leftrightarrow \alpha_2) \rightarrow (\alpha_1 \rightarrow \alpha_2)$ in **FA** beweisbar ist. Aber wir müssen glaubhaft darlegen, dass **FA** nicht nur für jeden einzelnen konkreten Beweis $(\varphi_1, \ldots, \varphi_n)$ weiß, dass er einer ist: **FA** $\vdash$ $\mathsf{Beweis}(\overline{\langle \varphi_1, \ldots, \varphi_n \rangle})$ (s. **[3.3]**), sondern dass **FA** Beweise für Formeln der Gestalt $\overline{(\alpha_1 \leftrightarrow \alpha_2) \rightarrow (\alpha_1 \rightarrow \alpha_2)}$ auch dann noch erkennt, wenn wir von konkreten Formeln α_1, α_2 abstrahiert haben und stattdessen Variablen $\mathsf{a}_1, \mathsf{a}_2$ für (die Gödelnummern von) Formeln verwenden.

Wie machen wir das? – **FA** umfasst nach **[2.1]** ein vollständiges axiomatisches System für die Prädikatenlogik erster Stufe, insbesondere also für die Aussagenlogik in $\mathcal{L}_{\mathrm{Ar}}$. Daher gibt es für Tautologien von der Gestalt

$$(p_1 \leftrightarrow p_2) \rightarrow (p_1 \rightarrow p_2)$$

ein **FA**-Beweisschema, das bei Einsetzung jeweils geeigneter Formeln die Herleitung jeder beliebigen $\mathcal{L}_{\mathrm{Ar}}$-Instanz dieser Tautologie erlaubt. Ein solches Beweisschema können wir in mechanischer Weise gödelisieren. Dabei verwende ich das aussagenlogische Fragment unserer modallogischen Sprache $\mathcal{L}_{\mathrm{M}}$ zur Darstellung von Formel- und Beweisschemata.

Wir haben uns in **[2.1]** nicht auf eine bestimmte Axiomatisierung der Aussagenlogik festgelegt. Zu Illustrationszwecken nehmen wir an, dass die Formelschemata

$$(p_1 \leftrightarrow p_2) \to (p_1 \to p_2) \wedge (p_2 \to p_1), \qquad (\leftrightarrow\text{B})$$

$$p_3 \wedge p_4 \to p_3, \qquad (\wedge\text{B}_\text{l})$$

$$(p_5 \to p_6) \to \big[(p_6 \to p_7) \to (p_5 \to p_7)\big] \qquad (\text{KS})$$

zu den aussagenlogischen Axiomenschemata von **FA** gehören;[17] d.h., für alle Formeln $\varphi, \psi \in \mathcal{L}_{\text{Ar}}$ ist $(\varphi \leftrightarrow \psi) \to (\varphi \to \psi) \wedge (\psi \to \varphi)$ ein Axiom von **FA**, usw. Dann könnte ein Beweisschema für $(p_1 \leftrightarrow p_2) \to (p_1 \to p_2)$ folgende Gestalt haben:[18]

(1) $(p_1 \leftrightarrow p_2) \to (p_1 \to p_2) \wedge (p_2 \to p_1)$ (↔B)

(2) $(p_1 \to p_2) \wedge (p_2 \to p_1) \to (p_1 \to p_2)$ (∧B$_\text{l}$)

(3) $\big[(p_1 \leftrightarrow p_2) \to (p_1 \to p_2) \wedge (p_2 \to p_1)\big] \to$ (KS)
$\to \Big[\big[(p_1 \to p_2) \wedge (p_2 \to p_1) \to (p_1 \to p_2)\big] \to \to \big[(p_1 \leftrightarrow p_2) \to (p_1 \to p_2)\big]\Big]$

(4) $\big[(p_1 \to p_2) \wedge (p_2 \to p_1) \to (p_1 \to p_2)\big] \to$ MP: (1), (3)
$\to \big[(p_1 \leftrightarrow p_2) \to (p_1 \to p_2)\big]$

(5) $(p_1 \leftrightarrow p_2) \to (p_1 \to p_2)$ MP: (2), (4)

Dieses Beweisschema können wir gödelisieren zu einem ‚Beweis' für die ‚Formel' $(\mathsf{a}_1 \ominus \mathsf{a}_2) \ominus (\mathsf{a}_1 \ominus \mathsf{a}_2)$, indem wir „$p_1$" und „$p_2$" überall durch „$\mathsf{a}_1$" bzw. „$\mathsf{a}_2$" ersetzen und „↔" bzw. „→" durch „⊖" resp. „⊖", und die resultierenden pTerme zu einem zusammenfassen:

$$\mathsf{folge}_5 \begin{pmatrix} (\mathsf{a}_1 \ominus \mathsf{a}_2) \ominus (\mathsf{a}_1 \ominus \mathsf{a}_2) \circledwedge (\mathsf{a}_2 \ominus \mathsf{a}_1), \\ (\mathsf{a}_1 \ominus \mathsf{a}_2) \circledwedge (\mathsf{a}_2 \ominus \mathsf{a}_1) \ominus (\mathsf{a}_1 \ominus \mathsf{a}_2), \\ \big[(\mathsf{a}_1 \ominus \mathsf{a}_2) \ominus (\mathsf{a}_1 \ominus \mathsf{a}_2) \circledwedge (\mathsf{a}_2 \ominus \mathsf{a}_1)\big] \ominus \\ \ominus \left[\begin{matrix}\big[(\mathsf{a}_1 \ominus \mathsf{a}_2) \circledwedge (\mathsf{a}_2 \ominus \mathsf{a}_1) \ominus (\mathsf{a}_1 \ominus \mathsf{a}_2)\big] \ominus \\ \ominus \big[(\mathsf{a}_1 \ominus \mathsf{a}_2) \ominus (\mathsf{a}_1 \ominus \mathsf{a}_2)\big]\end{matrix}\right], \\ \big[(\mathsf{a}_1 \ominus \mathsf{a}_2) \circledwedge (\mathsf{a}_2 \ominus \mathsf{a}_1) \ominus (\mathsf{a}_1 \ominus \mathsf{a}_2)\big] \ominus \\ \ominus \big[(\mathsf{a}_1 \ominus \mathsf{a}_2) \ominus (\mathsf{a}_1 \ominus \mathsf{a}_2)\big], \\ (\mathsf{a}_1 \ominus \mathsf{a}_2) \ominus (\mathsf{a}_1 \ominus \mathsf{a}_2) \end{pmatrix} =: \mathsf{b}_{\to}\,.$$

[17] Die Kürzel sollen für „↔-Beseitigung", „∧-Beseitigung links" bzw. „Kettenschluss" stehen.
[18] Zum besseren Verständnis füge ich Zeilennummern und Erläuterungen hinzu.

Der Nachweis, dass Theorem die Bedingung $(+_2)$ erfüllt, wird dann in **FA** folgendermaßen erbracht: Gelte $\mathsf{Theorem}(\mathtt{a}_1 \ominus \mathtt{a}_2)$ und $\mathsf{Theorem}(\mathtt{a}_1)$; dann gibt es nach **[3.33]** Beweise $\mathtt{b}_{12}$ und $\mathtt{b}_1$ mit

$$\mathsf{BeweisFür}(\mathtt{b}_{12},\ \mathtt{a}_1 \ominus \mathtt{a}_2) \qquad (1)$$

$$\wedge\ \mathsf{BeweisFür}(\mathtt{b}_1, \mathtt{a}_1), \qquad (2)$$

und es gilt: $\mathsf{Formel}(\mathtt{a}_1)$ und $\mathsf{Formel}(\mathtt{a}_1 \ominus \mathtt{a}_2)$, woraus folgt: $\mathsf{Formel}(\mathtt{a}_2)$. Weiter gelten (weil das Prädikat $\mathsf{Axiom}(\mathtt{f})$ die Formen der als Beispiel von uns gewählten Axiomenschemata erkennen kann):

$$\mathsf{Axiom}\big((\mathtt{b}_{\to})_{\mathbf{0}}\big),\quad \mathsf{Axiom}\big((\mathtt{b}_{\to})_{\mathbf{1}}\big),\quad \mathsf{Axiom}\big((\mathtt{b}_{\to})_{\mathbf{2}}\big)$$

sowie

$$\mathsf{MPLiefert}\big((\mathtt{b}_{\to})_{\mathbf{0}}, (\mathtt{b}_{\to})_{\mathbf{2}}, (\mathtt{b}_{\to})_{\mathbf{3}}\big) \quad \wedge \quad \mathsf{MPLiefert}\big((\mathtt{b}_{\to})_{\mathbf{1}}, (\mathtt{b}_{\to})_{\mathbf{3}}, (\mathtt{b}_{\to})_{\underline{4}}\big)$$

(weil $(\mathtt{b}_{\to})_{\mathbf{2}} = (\mathtt{b}_{\to})_{\mathbf{0}} \ominus (\mathtt{b}_{\to})_{\mathbf{3}}$ ist und $(\mathtt{b}_{\to})_{\mathbf{3}} = (\mathtt{b}_{\to})_{\mathbf{1}} \ominus (\mathtt{b}_{\to})_{\underline{4}}$). Daraus folgt:

$$\mathsf{BeweisFür}\big(\mathtt{b}_{\to},\ (\mathtt{a}_1 \ominus \mathtt{a}_2) \ominus (\mathtt{a}_1 \ominus \mathtt{a}_2)\big). \qquad (3)$$

Nun können wir aus $\mathtt{b}_{12}$ und $\mathtt{b}_{\to}$ einen Beweis für $\mathtt{a}_1 \ominus \mathtt{a}_2$ bilden:

$$\mathtt{b}'_{\to} \ := \ \mathsf{kett}(\mathtt{b}_{12}, \mathtt{b}_{\to}) * (\mathtt{a}_1 \ominus \mathtt{a}_2).$$

Wegen (1), (3) und $\mathsf{MPLiefert}\big(\mathtt{a}_1 \ominus \mathtt{a}_2,\ (\mathtt{a}_1 \ominus \mathtt{a}_2) \ominus (\mathtt{a}_1 \ominus \mathtt{a}_2),\ \mathtt{a}_1 \ominus \mathtt{a}_2\big)$ gilt:

$$\mathsf{BeweisFür}(\mathtt{b}'_{\to},\ \mathtt{a}_1 \ominus \mathtt{a}_2). \qquad (4)$$

Aus $\mathtt{b}_1$ und $\mathtt{b}'_{\to}$ erhalten wir schließlich einen Beweis für $\mathtt{a}_2$:

$$\mathtt{b}_2 \ := \ \mathsf{kett}(\mathtt{b}_1, \mathtt{b}'_{\to}) * \mathtt{a}_2;$$

denn wegen (2), (4) und $\mathsf{MPLiefert}(\mathtt{a}_1,\ \mathtt{a}_1 \ominus \mathtt{a}_2,\ \mathtt{a}_2)$ gilt:

$$\mathsf{BeweisFür}(\mathtt{b}_2, \mathtt{a}_2).$$

Daraus folgt dann sofort $\mathsf{Theorem}(\mathtt{a}_2)$, und wir sind fertig mit $(+_2)$.

Ich deute nun an, wie die Behauptung

$$\mathbf{FA} \vdash \mathsf{Aussage}(\mathtt{s}) \wedge \mathsf{SStrSigmaFml}(\mathtt{s}) \wedge \mathsf{Erfüllt}(\mathtt{s}, \mathtt{b}) \ \to \ \mathsf{Theorem}(\mathtt{s}) \qquad (+_\Sigma)$$

zu beweisen wäre.

Zunächst definieren wir einen ,Grad' für superstrenge Σ-Formeln, der sie nach der Komplexität ihres syntaktischen Aufbaus prä-ordnet. Es bietet sich an, dazu die Länge der kürzesten SStrSigmaFml-Folgen zu verwenden, die bezeugen, dass die jeweilige Formel superstreng sigma ist:

$$\mathsf{deg}(\mathtt{s}) := \begin{cases} \mu_1(\exists \mathtt{f}')\left[\mathsf{SStrSigmaFmlFolge}(\mathtt{f}' * \mathtt{s}) \land \mathsf{lng}(\mathtt{f}) = \mathtt{1}\right], & \text{wenn } \mathsf{SStrSigmaFml}(\mathtt{s}); \\ \mathbf{0}, & \text{sonst.} \end{cases}$$

Dies ist ein pTerm (s. **[17.6]**).

Wir machen nun in **FA** Vollständige Induktion à la **[3.25]** nach dem Grad superstrenger Σ-Aussagen s. Und zwar zeigen wir, dass in **FA** beweisbar ist:

$$(\forall \mathtt{d}_0)\left[\begin{array}{l}(\forall \mathtt{d} < \mathtt{d}_0)\,(\forall \mathtt{s}) \\ \left[\begin{array}{l}\mathsf{Aussage}(\mathtt{s}) \land \mathsf{SStrSigmaFml}(\mathtt{s}) \land (\exists \mathtt{b})\,\mathsf{Erfüllt}(\mathtt{s}, \mathtt{b}) \land \mathsf{deg}(\mathtt{s}) = \mathtt{d} \\ \quad \rightarrow \mathsf{Theorem}(\mathtt{s})\end{array}\right] \rightarrow \\ \rightarrow (\forall \mathtt{s}) \\ \quad \left[\begin{array}{l}\mathsf{Aussage}(\mathtt{s}) \land \mathsf{SStrSigmaFml}(\mathtt{s}) \land (\exists \mathtt{b})\,\mathsf{Erfüllt}(\mathtt{s}, \mathtt{b}) \land \mathsf{deg}(\mathtt{s}) = \mathtt{d}_0 \\ \quad \rightarrow \mathsf{Theorem}(\mathtt{s})\end{array}\right]\end{array}\right].$$

Daraus folgt dann mit **[3.25]** die Behauptung.

Sei also $\mathtt{d}_0$ beliebig mit

$$\mathsf{Aussage}(\mathtt{s}) \land \mathsf{SStrSigmaFml}(\mathtt{s}) \land (\exists \mathtt{b})\,\mathsf{Erfüllt}(\mathtt{s}, \mathtt{b}) \land \mathsf{deg}(\mathtt{s}) = \mathtt{d} \rightarrow \mathsf{Theorem}(\mathtt{s})$$

für alle $\mathtt{d} < \mathtt{d}_0$ und alle s; und sei s eine superstrenge Σ-Aussage mit $\mathsf{deg}(\mathtt{s}) = \mathtt{d}_0$, die unter irgendeiner Belegung b erfüllt ist. Dann gibt es laut Definition **[23.29]** eine Erfüllt-Folge zu (einer SStrSigmaFml-Folge für) s und der Belegung b, die mit dem Wahrheitswert 1 aufhört. Wir betrachten die verschiedenen möglichen Gestalten, die s nach **[23.3]** haben kann:

<u>$\mathtt{s} = \ulcorner\bot\urcorner$:</u> Dieser Fall kann nicht eintreten, weil $\ulcorner\bot\urcorner$ niemals erfüllt ist.

<u>$\mathtt{s} = \ulcorner \mathtt{t}_1 \ominus \mathtt{t}_2 \urcorner$:</u> Weil s unter b erfüllt ist, gilt in diesem Fall (s. **[23.28]**):

$$\mathsf{wert}(\mathtt{t}_1, \mathtt{b}) = \mathsf{wert}(\mathtt{t}_2, \mathtt{b}).$$

Auf der Basis dieses Wissens müssen wir nun einen Beweis für $\mathtt{t}_1 \ominus \mathtt{t}_2$ angeben. Mehr noch: Wir müssen ein allgemeines *Verfahren* angeben, das einen Beweis für $\mathtt{t}_1 \ominus \mathtt{t}_2$ liefert, egal welche Form $\mathtt{t}_1$ und $\mathtt{t}_2$ haben, wenn sie nur von gleichem Wert sind. (Das gilt mutatis mutandis auch für die übrigen Fälle.) Dieses Verfahren müssen wir in $\mathcal{L}_{\mathrm{Ar}}$ ausdrücken, z. B. als pTerm $\mathsf{BewFürGlchg}(\mathtt{t}_1, \mathtt{t}_2, \mathtt{p})$, und in **FA** zeigen, dass es unter der Voraussetzung gleicher Werte auch wirklich ans Ziel gelangt. Ein solches Verfahren würde etwa damit beginnen, die $\mathtt{t}_i$ unter Beibehaltung ihres Wertes schrittweise durch Umformungen entsprechend unseren arithmetischen Axiomen (s. **[2.2]**) auf eine Normalform $\mathtt{t}'_i$ zu bringen, z.B. die Zifferndarstellung $\mathsf{num}(\mathsf{wert}(\mathtt{t}_i, \mathtt{b}))$ ihres Wertes. Eine solche Umformung kann man dann zu einer **FA**-Ableitung von $\mathtt{t}_1 \ominus \mathtt{t}_2$ aus $\mathtt{t}'_1 \ominus \mathtt{t}'_2$ ausbauen, indem man die fehlenden identitätslogischen Zwischenschritte ergänzt. Da die Terme $\mathtt{t}'_1$ und $\mathtt{t}'_2$ in Normalform sind, liegt wegen ihrer Wertgleichheit zweimal *derselbe* Term vor. Die Gleichung $\mathtt{t}'_1 \ominus \mathtt{t}'_2$ ($= [\mathtt{t}'_1 \ominus \mathtt{t}'_1]$) ist dann eine identitätslogische Wahrheit, und wir können auf mechanische Weise einen zugehörigen **FA**-Beweis konstruieren und an diesen die Ableitung von $\mathtt{t}_1 \ominus \mathtt{t}_2$ aus $\mathtt{t}'_1 \ominus \mathtt{t}'_2$ anhängen. Das Resultat ist ein Beweis für s.

$\mathtt{s} = [\mathtt{t}_1 \otimes \mathtt{t}_2]$: Dann ist $\mathsf{wert}(\mathtt{t}_1, \mathtt{b}) < \mathsf{wert}(\mathtt{t}_2, \mathtt{b})$, d.h. es gibt ein r, so dass $\mathsf{wert}(\mathtt{t}_1, \mathtt{b}) + (\mathtt{r}+1) = \mathsf{wert}(\mathtt{t}_2, \mathtt{b})$ ist. Einen Beweis für $\mathtt{t}_1 \otimes \mathtt{t}_2$ erhalten wir durch eine geeignete prädikatenlogische Verlängerung eines Beweises für $\mathtt{t}_1 \oplus (\mathsf{num}(\mathtt{r}) \oplus \ulcorner \underline{1} \urcorner) \ominus \mathtt{t}_2$, wobei wir eine gödelisierte Form des Axiomenschemas

$$t_1 < t_2 \quad \leftrightarrow \quad (\exists \mathrm{x})\ t_1 + (\mathrm{x}+1) = t_2$$

verwenden. Einen Beweis für die wahre Gleichung $\mathtt{t}_1 \oplus (\mathsf{num}(\mathtt{r}) \oplus \ulcorner \underline{1} \urcorner) \ominus \mathtt{t}_2$ erhalten wir so wie im Falle „$\mathtt{s} = [\mathtt{t}_1 \ominus \mathtt{t}_2]$“.

$\mathtt{s} = [\mathtt{s}_1 \owedge \mathtt{s}_2]$: In diesem Fall sind $\mathtt{s}_1, \mathtt{s}_2$ ebenfalls wahre superstrenge Σ-Aussagen, und für $i = 1, 2$ gilt: $\mathsf{deg}(\mathtt{s}_i) < \mathsf{deg}(\mathtt{s})$. Nach Induktionsvoraussetzung gibt es also für beide Aussagen Beweise. Diese hängen wir aneinander und fügen noch eine Ableitung von $\mathtt{s}_1 \owedge \mathtt{s}_2$ aus $\mathtt{s}_1$ und $\mathtt{s}_2$ hinzu, dann haben wir einen Beweis für s.

$\mathtt{s} = [\mathtt{s}_1 \ovee \mathtt{s}_2]$: In diesem Fall hat zumindest eine der beiden Teilaussagen den Wahrheitswert 1. Nach Induktionsvoraussetzung gibt es für sie einen Beweis, und den verlängern wir um eine Ableitung von $\mathtt{s}_1 \ovee \mathtt{s}_2$ aus der betreffenden Aussage.

$\mathtt{s} = (\exists \mathrm{v})\, \mathtt{s}'$: Wenn die Aussage $(\exists \mathrm{v})\, \mathtt{s}'$ unter b erfüllt ist, dann gibt es eine Zahl r, so dass die Formel s′ erfüllt ist unter der Belegung $\mathsf{belVnte}(\mathtt{b}, \mathrm{v}, \mathtt{r})$. Daraus folgt aber nach dem Substitutionslemma **[23.33]**, dass die Aussage $\mathsf{subst}(\mathtt{s}', \mathrm{v}, \mathsf{num}(\mathtt{r}))$ unter der Ausgangsbelegung b erfüllt ist. Es gilt:

$$\mathsf{deg}\Big(\mathsf{subst}(\mathtt{s}', \mathrm{v}, \mathsf{num}(\mathtt{r}))\Big) = \mathsf{deg}(\mathtt{s}') < \mathsf{deg}(\mathtt{s}),$$

also gibt es nach Induktionsvoraussetzung für subst(s′, v, num(r)) einen Beweis. Diesem fügen wir eine Ableitung von (∃v) s′ an – fertig.

s = (∀v<t) s′: Da s eine Aussage ist, ist t hier ein konstanter Term. Wegen der Erfülltheit von s unter b ist für jedes $r <$ wert(t, b) die Formel s′ erfüllt unter belVnte(b, v, r). Nach **[23.33]** ist dann auch jeweils die Aussage subst(s′, v, num(r)) erfüllt unter b. Nach Induktionsvoraussetzung gibt es Beweise für all diese Aussagen: subst(s′, v, ⌜0⌝), subst(s′, v, ⌜1⌝), …, subst(s′, v, num(wert(t, b) ∸ 1)). Außerdem gibt es eine Ableitung von (∀v < t) s′ aus diesen Aussagen. Hängen wir all dies hintereinander, so erhalten wir einen Beweis für s.

Wir haben damit glaubhaft gemacht, dass in jedem Fall ein p mit BeweisFür(p, s) existiert; und das ist äquivalent zu Theorem(s), was zu beweisen war. ■

Aus **[27.6]** folgt, dass es ein Standard-Beweisbarkeitsprädikat Th(a) mit der Eigenschaft (+) gibt. Mit Th′(a) := ListTh(a) folgt daher Satz **[27.2]** sofort aus Satz **[27.4]**. Uns bleibt nur noch, **[27.4]** zu beweisen. **[27.7]**

Vorausgesetzt, dass Th die Eigenschaft (+) hat, gilt Folgendes: Wenn die Glocke jemals läuten sollte, ist **FA** inkonsistent – und **FA** weiß das: **[27.8]**

$$\mathbf{FA} \;\vdash\; \mathsf{GlockeL\ddot{a}utetBei}(g) \;\rightarrow\; \mathsf{Th}(\bot).$$

Beweis

In **FA**. – Sei g beliebig und seien

$$f := \mathsf{listBFFolge}(g), \qquad r := \mathsf{rosserListe}(g);$$

dann gilt nach **[26.6]**:

$$\mathsf{ListBFFolgeGibtAus}(g, f, r, \mathsf{listBF}(g)).$$

Gelte GlockeLäutetBei(g), das heißt nach **[26.15]** und **[24.8]**:

$$\mathsf{ThEntscheidetRS}(g, f, r) \;\wedge\; (\forall m < g)\ \neg\mathsf{ThEntscheidetRS}(m, f, r),$$

und wegen **[26.25]**:

$$(\forall z < g)\ \neg\mathsf{GlockeL\ddot{a}utetBis}(z). \tag{1}$$

Anders gesagt wird bei g von thAufz eine Aussage c (= thAufz(g)) bewiesen, die ein (eventuell negiertes) Glied der Rosser-Liste r ist. Mit **[17.17]** folgt:

$$\mathsf{Th}(c), \tag{2}$$

und mit **[24.6]**:

$$(\exists \mathtt{l} < \mathsf{lstLng}(\mathsf{g}, \mathtt{f})) \left[\mathsf{c} = (\mathtt{r})_{\mathtt{l}} \;\vee\; \mathsf{c} = \ominus(\mathtt{r})_{\mathtt{l}} \right]. \tag{3}$$

Sei $\mathtt{l}$ fest. Bemerkung **[25.17]** liefert uns den Schritt $\mathtt{m}$, bei dem das Glied $(\mathtt{r})_{\mathtt{l}}$ in die Liste gelangt ist, weil $\mathsf{thAufz}(\mathtt{m})$ der Rosser-Satz-Zeuge zu $(\mathtt{r})_{\mathtt{l}}$ ist:

$$(\exists \mathtt{m} < \mathsf{g}) \begin{bmatrix} \; \mathsf{lstLng}(\mathtt{m}, \mathtt{f}) = \mathtt{l} \;\wedge\; (\mathtt{f})_{\mathtt{ml}} = \mathtt{l}+1 & (4) \\ \wedge\; \mathsf{thAufz}(\mathtt{m}) = \mathsf{rSZeuge}\big((\mathtt{r})_{\mathtt{l}}\big) & (5) \\ \wedge\; \neg\mathsf{lnLst}^{\neg}\big(\mathtt{m}, \mathtt{f}, \mathtt{r}, (\mathtt{r})_{\mathtt{l}}\big) & (6) \end{bmatrix}.$$

Sei $\mathtt{m}$ fest. Wir wenden die Definition **[25.4]** an:

$$\mathsf{thAufz}(\mathtt{m}) = \mathsf{rSZeuge}\big((\mathtt{r})_{\mathtt{l}}\big) \overset{!}{=} \left[(\mathtt{r})_{\mathtt{l}} \ominus \mathsf{rSAussage}\big((\mathtt{r})_{\mathtt{l}}\big) \right],$$

und daraus folgt mit **[17.17]**:

$$\mathsf{Th}\Big((\mathtt{r})_{\mathtt{l}} \ominus \mathsf{rSAussage}\big((\mathtt{r})_{\mathtt{l}}\big)\Big). \tag{7}$$

Wir zeigen jetzt, dass **FA** (repräsentiert durch Th) inkonsistent ist (oder genauer: dass **FA** glaubt, dass dies unter der Bedingung $\mathsf{GlockeL\ddot{a}utetBei}(\mathsf{g})$ der Fall ist). Dazu untersuchen wir die beiden laut (3) möglichen Fälle getrennt:

$\underline{\mathsf{c} = (\mathtt{r})_{\mathtt{l}}}$: Das heißt, bei g wird von thAufz der Rosser-Satz $(\mathtt{r})_{\mathtt{l}}$ bewiesen (und nicht seine Negation). Sollte es ein $z < g$ geben, so dass

$$\ominus\mathsf{c} \overset{!}{=} \mathsf{listBF}(\mathsf{z}) \overset{[26.26],(1)}{=} \mathsf{thAufz}(\mathsf{z})$$

ist, dann würde offenbar neben $\mathsf{Th}(\mathsf{c})$ (s. (2)) auch $\mathsf{Th}(\ominus\mathsf{c})$ gelten; mit

$$\mathsf{Th}(\mathsf{a}) \wedge \mathsf{Th}(\ominus\mathsf{a}) \rightarrow \mathsf{Th}(\bot) \tag{$+_1$}$$

folgte $\mathsf{Th}(\bot)$, und wir wären bereits am Ziel. Wir können also im Weiteren annehmen, dass gilt:

$$(\forall \mathsf{z} < \mathsf{g})\; \neg\mathsf{ListBF}(\mathsf{z}, \ominus\mathsf{c}). \tag{8}$$

Da einerseits $\mathsf{Th}(\mathsf{c})$ gilt und andererseits $\mathsf{Th}\big(\mathsf{c} \ominus \mathsf{rSAussage}(\mathsf{c})\big)$ (s. (7)), folgt unter Verwendung von

$$\mathsf{Th}(\mathsf{a}_1 \ominus \mathsf{a}_2) \wedge \mathsf{Th}(\mathsf{a}_1) \rightarrow \mathsf{Th}(\mathsf{a}_2), \tag{$+_2$}$$

dass auch gilt:

$$\mathsf{Th}\big(\mathsf{rSAussage}(\mathsf{c})\big). \tag{9}$$

Wir definieren:

$$\mathtt{d} :\overset{!}{=} \ominus\mathtt{c} = \ominus(\mathtt{r})_1.$$

(Genauer heißt das, wir führen als zusätzliche Annahme $\mathsf{Neg}(\mathtt{c},\mathtt{d})$ ein, was der ursprüngliche pTerm für „$\mathtt{d} = \ominus\mathtt{c}$“ sein soll.) Damit können wir folgendermaßen umformen:

$$\begin{aligned}
\mathsf{rSAussage}(\mathtt{c}) \quad &= \\
&\overset{[25.3]}{=} (\circledexists\underline{\ulcorner \mathtt{y}\urcorner})\left[\begin{array}{l} \mathsf{subst}\big(\underline{\ulcorner \mathsf{ListBF}(\mathtt{y},\mathtt{a})\urcorner}, \underline{\ulcorner \mathtt{a}\urcorner}, \mathsf{num}(\ominus\mathtt{c})\big) \\ \owedge\ (\circledforall\underline{\ulcorner \mathtt{z}\urcorner} \circledleq \underline{\ulcorner \mathtt{y}\urcorner})\ \ominus\mathsf{subst}\big(\underline{\ulcorner \mathsf{ListBF}(\mathtt{z},\mathtt{a})\urcorner}, \underline{\ulcorner \mathtt{a}\urcorner}, \mathsf{num}(\mathtt{c})\big)\end{array}\right] \\
&\overset{!}{=} (\circledexists\underline{\ulcorner \mathtt{y}\urcorner})\left[\begin{array}{l} \mathsf{subst}\big(\underline{\ulcorner \mathsf{ListBF}(\mathtt{y},\mathtt{d})\urcorner}, \underline{\ulcorner \mathtt{d}\urcorner}, \mathsf{num}(\mathtt{d})\big) \\ \owedge\ (\circledforall\underline{\ulcorner \mathtt{z}\urcorner} \circledleq \underline{\ulcorner \mathtt{y}\urcorner})\ \ominus\mathsf{subst}\big(\underline{\ulcorner \mathsf{ListBF}(\mathtt{z},\mathtt{c})\urcorner}, \underline{\ulcorner \mathtt{c}\urcorner}, \mathsf{num}(\mathtt{c})\big)\end{array}\right] \\
&= \mathsf{subst}_2\left(\begin{array}{l}\underline{\ulcorner(\exists \mathtt{y})\,[\mathsf{ListBF}(\mathtt{y},\mathtt{d}) \wedge (\forall \mathtt{z} \leq \mathtt{y})\,\neg\mathsf{ListBF}(\mathtt{z},\mathtt{c})]\urcorner};\\ \underline{\ulcorner \mathtt{c}\urcorner},\ \underline{\ulcorner \mathtt{d}\urcorner};\ \mathsf{num}(\mathtt{c}),\ \mathsf{num}(\mathtt{d})\end{array}\right) \\
&\overset{[4.14]}{=} \mathsf{subst}_2\big(\underline{\ulcorner \mathsf{ListTh}(\mathtt{d}) \prec \mathsf{ListTh}(\mathtt{c})\urcorner};\ \underline{\ulcorner \mathtt{c}\urcorner},\ \underline{\ulcorner \mathtt{d}\urcorner};\ \mathsf{num}(\mathtt{c}),\ \mathsf{num}(\mathtt{d})\big) \\
&\overset{[14.20]}{=} \mathsf{subst}\big(\underline{\ulcorner \mathsf{ListTh}(\mathtt{d}) \prec \mathsf{ListTh}(\dot{\mathtt{c}})\urcorner},\ \underline{\ulcorner \mathtt{d}\urcorner},\ \mathsf{num}(\mathtt{d})\big) \\
&\overset{[14.20]}{=} \underline{\ulcorner \mathsf{ListTh}(\dot{\mathtt{d}}) \prec \mathsf{ListTh}(\dot{\mathtt{c}})\urcorner}.
\end{aligned}$$ [19]

Dabei haben wir im letzten Term die pTerm-Schreibweise aus **[14.20]** auf zwei Variablen verallgemeinert.

Wir haben also wegen (9):

$$\mathsf{Th}\big(\mathsf{ListTh}(\dot{\mathtt{d}}) \prec \mathsf{ListTh}(\dot{\mathtt{c}})\big), \qquad (10)$$ [20]

wobei $\mathtt{c} = (\mathtt{r})_1$ ist und $\mathtt{d} = \ominus(\mathtt{r})_1$.

---

[19] MancheR wird sich vielleicht wundern, warum ich die zusätzliche Variable $\mathtt{d}$ eingeführt habe. Hätte ich nicht einfach

$$„\underline{\ulcorner \mathsf{ListTh}(\ominus\dot{\mathtt{c}}) \prec \mathsf{ListTh}(\dot{\mathtt{c}})\urcorner}“$$

schreiben können? Das hätte ich tun können; aber die Aussage, deren Gödelnummer durch diesen pTerm beschrieben wird (in Abhängigkeit von $\mathtt{c}$), wäre keine von der Gestalt $\mathsf{ListTh}(\neg\rho) \prec \mathsf{ListTh}(\rho)$ (für eine Aussage ρ). Vielmehr hätte sie, weil wir hier den pTerm „$\ominus$“ mit-gödelisiert haben, in Wirklichkeit die Form:

$$(\exists \mathtt{d})\ \big[\mathsf{Neg}(\underline{\ulcorner\rho\urcorner}, \mathtt{d})\ \wedge\ [\mathsf{ListTh}(\mathtt{d}) \prec \mathsf{ListTh}(\rho)]\big].$$

Dies habe ich vermieden, weil wir sonst später in Schwierigkeiten geraten würden. – Was wir schon gar nicht schreiben dürfen, ist

$$„\underline{\ulcorner \mathsf{ListTh}(\ominus\mathtt{c}) \prec \mathsf{ListTh}(\mathtt{c})\urcorner}“,$$

denn dabei wäre auch die Variable $\mathtt{c}$ gödelisiert und somit nicht mehr frei in diesem Term.

[20] Ich erlaube mir, auch für die pTerm-Schreibweise mit den punktierten Variablen Unterstreichung und Gödel-Ecken wegzulassen (vgl. **[4.1]**).

Auf dieser Grundlage können wir wie folgt die Inkonsistenz von **FA** beweisen (dabei tue ich der besseren Lesbarkeit halber zunächst so, als hätte ich in Gestalt von c bzw. $(\mathtt{r})_1$ die Gödelnummer eines konkreten Rosser-Satzes ρ[21]). Wir haben bereits gezeigt (s. (10)):

$$\mathsf{Th}\big(\mathsf{ListTh}(\neg\rho) \prec \mathsf{ListTh}(\rho)\big).$$

So, wie wir das Verhalten von ListTh in Phase 2 festgelegt haben, wird das Rosser-Listen-Glied ρ, wenn die Glocke seinetwegen läutet, von ListTh vor $\neg\rho$ ausgegeben. Daher gilt: $\mathsf{ListTh}(\rho) \preccurlyeq \mathsf{ListTh}(\neg\rho)$. Da dies eine Σ-Aussage ist, erhalten wir nach **[23.34]**:

$$\mathsf{Erfüllt}\Big(\mathsf{ListTh}(\rho) \preccurlyeq \mathsf{ListTh}(\neg\rho),\ \mathsf{folge}_0\Big),$$

und somit wegen der Σ-Vollständigkeit ($+_\Sigma$) auch:

$$\mathsf{Th}\big(\mathsf{ListTh}(\rho) \preccurlyeq \mathsf{ListTh}(\neg\rho)\big).$$

Nun gilt aber nach **[4.16]**:

$$\mathbf{FA} \vdash (\forall \mathsf{a}, \mathsf{a}') \Big[\big[\mathsf{ListTh}(\mathsf{a}') \prec \mathsf{ListTh}(\mathsf{a})\big] \rightarrow \neg\big[\mathsf{ListTh}(\mathsf{a}) \preccurlyeq \mathsf{ListTh}(\mathsf{a}')\big]\Big],$$

was wegen (DC1) wiederum in **FA** beweisbar ist:

$$\mathsf{Th}\bigg((\forall \mathsf{a}, \mathsf{a}') \Big[\big[\mathsf{ListTh}(\mathsf{a}') \prec \mathsf{ListTh}(\mathsf{a})\big] \rightarrow \neg\big[\mathsf{ListTh}(\mathsf{a}) \preccurlyeq \mathsf{ListTh}(\mathsf{a}')\big]\Big]\bigg).$$

Weil Allaussagen jede ihrer Einsetzungsinstanzen prädikatenlogisch implizieren,

$$\begin{aligned} &\mathsf{Th}\big((\circledforall \mathtt{v})(\circledforall \mathtt{w})\,\mathtt{f}\big) \wedge \mathtt{v} \neq \mathtt{w} \wedge \mathsf{Term}(\mathtt{s}) \wedge \mathsf{Term}(\mathtt{t}) \\ \wedge\ &(\forall \mathtt{u})\big[\mathsf{Var}(\mathtt{u}) \rightarrow \neg\mathsf{FreiIn}(\mathtt{u},\mathtt{s}) \wedge \neg\mathsf{FreiIn}(\mathtt{u},\mathtt{t})\big] \\ \rightarrow\ &\mathsf{Th}\big(\mathsf{subst}_2(\mathtt{f};\mathtt{v},\mathtt{w};\mathtt{s},\mathtt{t})\big), \end{aligned} \qquad (+_3)$$

erhalten wir insbesondere:

$$\mathsf{Th}\Big(\neg\big[\mathsf{ListTh}(\rho) \preccurlyeq \mathsf{ListTh}(\neg\rho)\big]\Big);$$

und so gelangen wir schließlich durch Anwendung von ($+_1$) zu $\mathsf{Th}(\perp)$, was zu beweisen war.

---

[21] Dadurch werden einige technische Schwierigkeiten verschleiert, um die wir uns später aber kümmern werden.

Die Aussage $\mathsf{ListTh}(\rho) \preccurlyeq \mathsf{ListTh}(\neg\rho)$ werden wir auf folgende Weise zeigen. Da bei g die Glocke läutet – und zwar für ein *nicht*-negiertes Glied

$$\mathsf{thAufz}(g) = c = (r)_1 = \underline{\ulcorner\rho\urcorner}$$

der Rosser-Liste r –, gibt listBF von g an die unveränderten Glieder der Rosser-Liste aus. Der Rosser-Satz $\underline{\ulcorner\rho\urcorner}$ ist das 1-Glied, kommt also an (1+1)-ter Stelle, d.h. beim Schritt $g\underline{+1}$. Somit gilt:

$$\mathsf{ListBF}(g+1, \rho),$$

und wir müssen nur noch zeigen, dass $\underline{\ulcorner\neg\rho\urcorner} = \ominus c$ nicht vor Schritt g+1 ausgegeben wird, d.h.

$$(\forall z < g+1)\ \neg\mathsf{ListBF}(z, \neg\rho).$$

Dann gilt:

$$(\exists y)\ \Big[\mathsf{ListBF}(y, \rho)\ \wedge\ (\forall z{<}y)\,\neg\mathsf{ListBF}(z, \neg\rho)\Big],$$

also $\mathsf{ListTh}(\rho) \preccurlyeq \mathsf{ListTh}(\neg\rho)$.

Präzisieren und korrigieren wir nun diese grobe Skizze. Wir beweisen zunächst

$$\mathsf{ListBF}(g+1, c)$$

und betrachten dafür die zum Schritt g + 1 gehörige ListBF-Folge und Rosser-Liste:

$$f' := \mathsf{listBFFolge}(g+1), \qquad r' := \mathsf{rosserListe}(g+1) \overset{[26.19]}{=} r.$$

(Die Rosser-Liste verändert sich von Schritt g an nicht mehr.) Nach **[26.6]** gilt wieder:

$$\mathsf{ListBFFolgeGibtAus}\big(g+1,\ f',\ r',\ \mathsf{listBF}(g+1)\big).$$

Weiter gilt wegen **[26.16]**: $\mathsf{GlckLtBei}(g, f', r')$.

Betrachten wir die Werte von listBF für die Argumente g, g+1, …, g+l. Wir zeigen, dass dies gerade die Rosser-Listen-Glieder $(r)_0, \ldots, (r)_1$ sind. – Sei $1' \leq 1$. Dann gilt:

$$1' \leq 1 \overset{(3)}{<} \mathsf{lstLng}(g, f) \overset{[25.13]}{=} \mathsf{lng}(r) = \mathsf{lng}(r') \overset{[25.13]}{=} \mathsf{lstLng}(g, f'), \qquad (11)$$

wegen $\mathsf{thAufz}(g) = c = (r)_1 = (r')_1$ folgt mit **[24.15]**:

$$\mathsf{GlckLt}^+(g, f', r'),$$

und mit **[25.13]**(β) (für $\mathtt{n} := \mathtt{g}+\mathtt{l}$ und $\mathtt{m} := \mathtt{g}+\mathtt{l}'$) ergibt sich:

$$(\mathtt{f}')_{\mathtt{g}+\mathtt{l}',0} = (\mathtt{r}')_{\mathtt{l}'}.$$

– Damit haben wir gezeigt:

$$(\forall \mathtt{l}' \leq \mathtt{l}) \quad \mathsf{listBF}(\mathtt{g}+\mathtt{l}') \overset{[26.13]}{=} (\mathtt{f}')_{\mathtt{g}+\mathtt{l}',0} \overset{!}{=} (\mathtt{r}')_{\mathtt{l}'} = (\mathtt{r})_{\mathtt{l}'}, \tag{12}$$

und insbesondere: $\mathsf{listBF}(\mathtt{g}+\mathtt{l}) \overset{!}{=} (\mathtt{r})_{\mathtt{l}} = \mathtt{c}$, d.h.

$$\mathsf{ListBF}(\mathtt{g}+\mathtt{l}, \mathtt{c}), \tag{13}$$

womit die erste Etappe bewältigt wäre.

Als Zweites wollen wir die Aussage $\mathsf{ListTh}(\mathtt{c}) \preccurlyeq \mathsf{ListTh}(\ominus\mathtt{c})$ beweisen, d.h.

$$(\exists \mathtt{y}) \Big[\mathsf{ListBF}(\mathtt{y}, \mathtt{c}) \;\wedge\; (\forall \mathtt{z} < \mathtt{y}) \neg \mathsf{ListBF}(\mathtt{z}, \ominus\mathtt{c})\Big].$$

Wegen (13) genügt es dazu zu zeigen: $(\forall \mathtt{z} < \mathtt{g}+\mathtt{l}) \neg \mathsf{ListBF}(\mathtt{z}, \ominus\mathtt{c})$. Aussage (6) bedeutet nach **[24.5]**:

$$(\forall \mathtt{l}' < \mathsf{lstLng}(\mathtt{m}, \mathtt{f})) \Big[(\mathtt{r})_{\mathtt{l}'} \neq \ominus\mathtt{c} \;\wedge\; \mathtt{c} \neq \ominus(\mathtt{r})_{\mathtt{l}'}\Big], \tag{14}$$

und daher gilt für jedes z mit $\mathtt{g} \leq \mathtt{z} < \mathtt{g}+\mathtt{l} \overset{(4)}{=} \mathtt{g}+\mathsf{lstLng}(\mathtt{m}, \mathtt{f})$:

$$\mathsf{listBF}(\mathtt{z}) \overset{(12)}{=} (\mathtt{r})_{\mathtt{z} \dot{-} \mathtt{g}} \overset{!}{\neq} \ominus\mathtt{c}.$$

Wir haben also

$$(\forall \mathtt{z}) \Big[\mathtt{g} \leq \mathtt{z} < \mathtt{g}+\mathtt{l} \;\rightarrow\; \neg \mathsf{ListBF}(\mathtt{z}, \ominus\mathtt{c})\Big], \tag{15}$$

und mit (8) folgt:

$$(\forall \mathtt{z} < \mathtt{g}+\mathtt{l}) \neg \mathsf{ListBF}(\mathtt{z}, \ominus\mathtt{c}).$$

Damit ist

$$\mathsf{ListTh}(\mathtt{c}) \preccurlyeq \mathsf{ListTh}(\ominus\mathtt{c}) \tag{16}$$

bewiesen.

Wir wollen nun auf die Aussage (16) die Voraussetzung ($+_\Sigma$) über die Σ-Vollständigkeit anwenden, um sie (oder etwas Äquivalentes) unter den Th-Operator zu bekommen, wie es in (10) der Fall ist. Dazu müssen wir zeigen, dass diese Aussage (oder etwas Äquivalentes) unter irgendeiner Belegung erfüllt ist; und um das in **FA**-beweisbarer Form ausdrücken zu können, brauchen wir die Gödelnummer einer zu (16) äquivalenten superstrengen Σ-Aussage. Das Problem ist, dass wir es bei (16) nicht wirklich mit einer konkreten $\mathcal{L}_{\mathrm{Ar}}$-Aussage zu tun haben, sondern vielmehr nur mit einer sozusagen hypothetischen, die von vielen für unseren Beweis gemachten Voraussetzungen abhängt: Wenn die Glocke irgendwann läuten *sollte*, dann gibt es Zahlen $\mathtt{r}$ und $\mathtt{l}$, so dass $\mathtt{c} = (\mathtt{r})_{\mathtt{l}}$ die Gödelnummer eines ListTh-Rosser-Satzes mit bestimmten Zusatzeigenschaften ist. Wir reden hier also nicht über bestimmte, konkrete Zahlen bzw. Aussagen, sondern darüber, was für Eigenschaften Zahlen (bzw. Aussagen) eines bestimmten Typs, wenn es sie denn gibt, haben würden. Welche Zahl bzw. Aussage $\mathtt{c}$ ist, bleibt während all unserer Herleitungen offen. Wir können somit kein superstrenges Σ-Äquivalent zu ‚der Aussage' (16) finden, sondern nur eines z. B. zu der offenen Σ-Formel

$$\mathsf{ListTh}(\mathtt{V}_0) \preccurlyeq \mathsf{ListTh}(\mathtt{V}_1).$$

(Nach **[25.21]** ist $\mathsf{ListTh}(\mathtt{a})$ sigma; also ist wegen **[4.14]** und **[2.21]** auch $\mathsf{ListTh}(\mathtt{V}_0) \preccurlyeq \mathsf{ListTh}(\mathtt{V}_1)$ eine Σ-Formel.)

Nach **[23.2]** gibt es eine superstrenge Σ-Formel $\mathsf{LThVorglLTh}(\mathtt{V}_0, \mathtt{V}_1)$, für die gilt:

$$\mathbf{FA} \vdash \big[\mathsf{ListTh}(\mathtt{V}_0) \preccurlyeq \mathsf{ListTh}(\mathtt{V}_1)\big] \leftrightarrow \mathsf{LThVorglLTh}(\mathtt{V}_0, \mathtt{V}_1) \tag{17}$$

und

$$\mathbf{FA} \vdash \mathsf{SStrSigmaFml}\big(\underline{\ulcorner \mathsf{LThVorglLTh}(\mathtt{V}_0, \mathtt{V}_1) \urcorner}\big). \tag{18}$$

Daher ist (16) gleichbedeutend mit $\mathsf{LThVorglLTh}(\mathtt{c}, \ominus\mathtt{c})$, und das wiederum ist nach **[23.34]** äquivalent zu

$$\mathsf{Erfüllt}\left(\begin{array}{l}\underline{\ulcorner \mathsf{LThVorglLTh}(\mathtt{V}_0, \mathtt{V}_1) \urcorner},\\ \mathsf{belVnte}\Big(\mathsf{belVnte}\big(\mathsf{folge}_0, \underline{\ulcorner \mathtt{V}_0 \urcorner}, \mathtt{c}\big), \underline{\ulcorner \mathtt{V}_1 \urcorner}, \ominus\mathtt{c}\Big)\end{array}\right). \tag{19}$$

Dabei ist

$$\mathsf{belVnte}\Big(\mathsf{belVnte}\big(\mathsf{folge}_0, \underline{\ulcorner \mathtt{V}_0 \urcorner}, \mathtt{c}\big), \underline{\ulcorner \mathtt{V}_1 \urcorner}, \ominus\mathtt{c}\Big)$$

diejenige Belegung, die der Variable $\underline{\ulcorner \mathtt{V}_0 \urcorner}$ den Wert $\mathtt{c}$ und der Variable $\underline{\ulcorner \mathtt{V}_1 \urcorner}$ den Wert $\ominus\mathtt{c}$ zuweist und allen übrigen Variablen den Wert $\mathbf{0}$.

Nun ist $\underline{\ulcorner \mathsf{LThVorglLTh}(\mathtt{V}_0, \mathtt{V}_1) \urcorner}$ zwar superstreng sigma, aber immer noch eine offene Formel, keine Aussage. Die formalisierte Σ-Vollständigkeit ist jedoch nur auf Aussagen anwendbar. Die Aussage, auf die wir $(+_\Sigma)$ anwenden wollen, ist diejenige, die man erhält, wenn man in $\underline{\ulcorner \mathsf{LThVorglLTh}(\mathtt{V}_0, \mathtt{V}_1) \urcorner}$ für $\underline{\ulcorner \mathtt{V}_0 \urcorner}$ die Zifferndarstellung von $\mathtt{c}$ und für $\underline{\ulcorner \mathtt{V}_1 \urcorner}$ die von $\ominus\mathtt{c} = \mathtt{d}$ substituiert. Diese Aussage (bzw. ihre Gödelnummer) können wir nicht konkret angeben; aber wir können sie durch einen pTerm beschreiben:

$$\mathsf{subst}_2\Big(\underline{\ulcorner \mathsf{LThVorglLTh}(\mathtt{V}_0, \mathtt{V}_1) \urcorner};\ \underline{\ulcorner \mathtt{V}_0 \urcorner}, \underline{\ulcorner \mathtt{V}_1 \urcorner};\ \mathsf{num}(\mathtt{c}), \mathsf{num}(\mathtt{d})\Big).$$ [22]

Und das Substitutionslemma **[23.33]** für Formeln erlaubt uns, wegen (18) aus (19) zu schließen:

$$\mathsf{Erfüllt}\Big(\mathsf{subst}_2\big(\ulcorner\underline{\mathsf{LThVorglLTh}(v_0, v_1)}\urcorner;\ \ulcorner\underline{v_0}\urcorner, \ulcorner\underline{v_1}\urcorner;\ \mathsf{num}(c), \mathsf{num}(d)\big),\ \mathsf{folge}_0\Big),$$

was gleichbedeutend ist mit

$$\mathsf{Erfüllt}\Big(\mathsf{subst}_2\big(\ulcorner\underline{\mathsf{LThVorglLTh}(c, d)}\urcorner;\ \ulcorner\underline{c}\urcorner, \ulcorner\underline{d}\urcorner;\ \mathsf{num}(c), \mathsf{num}(d)\big),\ \mathsf{folge}_0\Big),$$

$$\overset{[14.20]}{\leftrightarrow}\ \mathsf{Erfüllt}\big(\ulcorner\underline{\mathsf{LThVorglLTh}(\dot{c}, \dot{d})}\urcorner, \mathsf{folge}_0\big).$$

Wegen der formalisierten Σ-Vollständigkeit $(+_\Sigma)$ erhalten wir nun:

$$\mathsf{Th}\big(\mathsf{LThVorglLTh}(\dot{c}, \dot{d})\big). \tag{20}$$

Aber aus **[4.16]** geht hervor, dass in **FA** auch beweisbar ist:

$$(\forall a, a')\ \Big[\big[\mathsf{ListTh}(a') \prec \mathsf{ListTh}(a)\big] \rightarrow \neg\big[\mathsf{ListTh}(a) \preccurlyeq \mathsf{ListTh}(a')\big]\Big],$$

was wegen (17) äquivalent ist zu

$$(\forall a, a')\ \Big[\big[\mathsf{ListTh}(a') \prec \mathsf{ListTh}(a)\big] \rightarrow \neg\mathsf{LThVorglLTh}(a, a')\Big].$$

Mit (DC1) folgt:

$$\mathsf{Th}\Big((\forall a, a')\ \Big[\big[\mathsf{ListTh}(a') \prec \mathsf{ListTh}(a)\big] \rightarrow \neg\mathsf{LThVorglLTh}(a, a')\Big]\Big).$$

Zu dieser Allaussage liefert uns $(+_3)$ eine Einsetzungsinstanz:

$$\mathsf{Th}\Big(\big[\mathsf{ListTh}(\dot{d}) \prec \mathsf{ListTh}(\dot{c})\big] \rightarrow \neg\mathsf{LThVorglLTh}(\dot{c}, \dot{d})\Big),$$

und mit $(+_4)$ erhalten wir wegen (10):

$$\mathsf{Th}\big(\neg\mathsf{LThVorglLTh}(\dot{c}, \dot{d})\big).$$

Da aber auch (20) gilt, folgt mit $(+_1)$: $\mathsf{Th}(\bot)$, was zu beweisen war.

---

[22] Die Formel

$$\mathsf{subst}_2\big(\ulcorner\underline{\mathsf{LThVorglLTh}(v_0, v_1)}\urcorner;\ \ulcorner\underline{v_0}\urcorner, \ulcorner\underline{v_1}\urcorner;\ \mathsf{num}(c), \mathsf{num}(d)\big)$$

ist tatsächlich eine Aussage, obwohl in diesem Ausdruck, als pTerm betrachtet, die Variablen c, d frei vorkommen: In der offenen Formel $\ulcorner\underline{\mathsf{LThVorglLTh}(v_0, v_1)}\urcorner$ sind die beiden einzigen freien Variablen, $\ulcorner\underline{v_0}\urcorner$ und $\ulcorner\underline{v_1}\urcorner$, durch die Zifferndarstellungen $\mathsf{num}(c)$ bzw. $\mathsf{num}(d)$ ersetzt worden, also durch konstante Terme. Die im pTerm freien Variablen sind nur ein Symptom der Tatsache, dass wir nicht wirklich wissen, auf welche Zahl wir uns mit „c" bzw. „$(r)_1$" eigentlich beziehen.

$c = \ominus(r)_1$: Dieser Fall kann weitgehend analog zum vorigen behandelt werden. – Ähnlich wie dort können wir zeigen, dass aus $(\exists z < g)\ \mathsf{ListBF}(z, d)$ folgt: $\mathsf{Th}(\bot)$. Daher können wir im weiteren Verlauf annehmen:

$$(\forall z < g)\ \neg\mathsf{ListBF}(z, d). \tag{21}$$

Wir setzen $d := (r)_1$. Nach (2) gilt: $\mathsf{Th}(\ominus d)$. Mittels

$$\mathsf{Th}(a_1 \ominus a_2)\ \wedge\ \mathsf{Th}(\ominus a_1)\ \rightarrow\ \mathsf{Th}(\ominus a_2) \tag{$+_5$}$$

folgt wegen (7): $\mathsf{Th}(\ominus \mathsf{rSAussage}(d))$, d.h.

$$\mathsf{Th}\Big(\neg\big[\mathsf{ListTh}(\dot{c}) \prec \mathsf{ListTh}(\dot{d})\big]\Big). \tag{22}$$

Mit f', r' wie vorher erhalten wir $\mathsf{GlckLt}^-(g, f', r')$ und

$$(\forall 1' \leq 1)\quad \mathsf{listBF}(g+1') = (f')_{g+1',0} \stackrel{!}{=} \ominus(r')_{1'} = \ominus(r)_{1'}; \tag{23}$$

und wegen $\ominus(r)_1 = c$ gilt insbesondere:

$$\mathsf{ListBF}(g+1, c). \tag{24}$$

Als Nächstes beweisen wir $\mathsf{ListTh}(c) \prec \mathsf{ListTh}(d)$, wozu es wegen (24) genügt zu zeigen: $(\forall z \leq g+1)\ \neg\mathsf{ListBF}(z, d)$. Mit Hilfe von (6) erhalten wir für alle z mit $g \leq z < g+1$:

$$\mathsf{listBF}(z) \stackrel{(23)}{=} \ominus(r)_{z \dot{-} g} \stackrel{!}{\neq} (r)_1 = d;$$

außerdem ist $\mathsf{listBF}(g+1) = c = \ominus(r)_1 \stackrel{!}{>} (r)_1 = d$; also gilt sogar:

$$(\forall z)\ \big[g \leq z \leq g+1\ \rightarrow\ \neg\mathsf{ListBF}(z, d)\big].$$

Mit (21) folgt:

$$\begin{aligned} &(\forall z \leq g+1)\ \neg\mathsf{ListBF}(z, d),\\ \stackrel{(24)}{\rightarrow}\ &\big[\mathsf{ListTh}(c) \prec \mathsf{ListTh}(d)\big]. \end{aligned}$$

Die Formel $\mathsf{ListTh}(a') \prec \mathsf{ListTh}(a)$ ist sigma, also gibt es eine Formel $\mathsf{LThVorLTh}(a', a)$ mit

$$\mathbf{FA}\ \vdash\ \big[\mathsf{ListTh}(a') \prec \mathsf{ListTh}(a)\big]\ \leftrightarrow\ \mathsf{LThVorLTh}(a', a) \tag{25}$$

und

$$\mathbf{FA}\ \vdash\ \mathsf{SStrSigmaFml}(\ulcorner \mathsf{LThVorLTh}(a', a) \urcorner).$$

Analog zum vorigen Fall erhalten wir unter Verwendung von **[23.33]**:

$$\mathsf{Erfüllt}\Big(\underline{\ulcorner \mathsf{LThVorLTh}(\dot{c},\dot{d})\urcorner},\ \mathsf{folge}_0\Big),$$

und aufgrund der Σ-Vollständigkeit $(+_\Sigma)$ folgt:

$$\mathsf{Th}\big(\mathsf{LThVorLTh}(\dot{c},\dot{d})\big). \tag{26}$$

Wegen (25) ist in **FA** beweisbar:

$$(\forall a, a')\ \Big[\mathsf{LThVorLTh}(a', a)\ \rightarrow\ \big[\mathsf{ListTh}(a') \prec \mathsf{ListTh}(a)\big]\Big],$$

woraus wir wegen (DC1) erhalten:

$$\mathsf{Th}\Big((\forall a, a')\ \Big[\mathsf{LThVorLTh}(a', a)\ \rightarrow\ \big[\mathsf{ListTh}(a') \prec \mathsf{ListTh}(a)\big]\Big]\Big).$$

Noch einmal liefert uns $(+_3)$ eine Einsetzungsinstanz:

$$\mathsf{Th}\Big(\mathsf{LThVorLTh}(\dot{c},\dot{d})\ \rightarrow\ \big[\mathsf{ListTh}(\dot{c}) \prec \mathsf{ListTh}(\dot{d})\big]\Big),$$

und mit $(+_4)$ folgt wegen (26):

$$\mathsf{Th}\big(\mathsf{ListTh}(\dot{c}) \prec \mathsf{ListTh}(\dot{d})\big).$$

Weil aber auch (22) gilt, erhalten wir mit $(+_1)$ wieder $\mathsf{Th}(\bot)$. ■

[27.9] Wenn Th die Eigenschaft (+) hat, sind die Beweisbarkeitsprädikate Th und ListTh beweisbar äquivalent:

$$\mathbf{FA}\ \vdash\ \mathsf{Aussage}(a)\ \rightarrow\ \big[\mathsf{ListTh}(a) \leftrightarrow \mathsf{Th}(a)\big].$$

Beweis In **FA**. – Wir machen eine Fallunterscheidung:

$\underline{\neg(\exists g)\ \mathsf{GlockeLäutetBei}(g):}$ Daraus folgt offenbar:

$$(\forall n)\ \neg(\exists g \leq n)\ \mathsf{GlockeLäutetBei}(g),$$

und mit **[26.22]** erhalten wir:

$$(\forall n)\ \neg\mathsf{GlockeLäutetBis}(n).$$

Mit **[26.26]** folgt:

$$(\forall n)\ \mathsf{listBF}(n) = \mathsf{thAufz}(n),$$

und daraus ergibt sich:

$$\mathsf{ListTh}(a)\ \overset{[24.27]}{\leftrightarrow}\ (\exists n)\ a = \mathsf{listBF}(n)\ \overset{!}{\leftrightarrow}\ (\exists n)\ a = \mathsf{thAufz}(n)\ \overset{[17.17]}{\leftrightarrow}\ \mathsf{Th}(a).$$

Daraus folgt sofort die Behauptung.

$(\exists g)$ GlockeLäutetBei(g): Sei g fest; dann folgt mit **[27.8]**: Th$(\bot)$, und das impliziert wegen der prädikatenlogischen Abgeschlossenheit –

$$\mathsf{Th}(\bot) \;\rightarrow\; (\forall a)\left[\mathsf{Aussage}(a) \rightarrow \mathsf{Th}(a)\right] \;-, \qquad (+_6)$$

dass Th *jede* Aussage ausgibt:

$$(\forall a)\left[\mathsf{Aussage}(a) \rightarrow \mathsf{Th}(a)\right]. \qquad (1)$$

Wir zeigen, dass in diesem Fall auch ListTh jede Aussage ausgibt. – Sei a beliebig mit Aussage(a). Nach **[24.22]** heißt das:

$$(\exists m)\; a = \mathsf{aussAufz}(m). \qquad (2)$$

Sei m fest. Offensichtlich ist $g + \mathsf{listLänge}(g) + m \;\geq\; g + \mathsf{listLänge}(g)$. Mit **[26.19]** folgt:

$$\mathsf{listBF}(g+\mathsf{listLänge}(g)+m) \overset{!}{=} \mathsf{aussAufz}(m) \overset{(2)}{=} a,$$

und mit **[24.27]** erhalten wir ListTh(a).

Also gilt:

$$(\forall a)\left[\mathsf{Aussage}(a) \rightarrow \mathsf{ListTh}(a)\right],$$

und wegen (1) folgt die Behauptung. ■

Wenn **FA** korrekt ist und Th die Eigenschaft (+) hat, dann erfüllt ListTh die Bedingungen (SBP1)–(SBP4) (s. **[4.2]**). **[27.10]**

Beweis **FA** sei korrekt, und für Th gelte (+). Dann können wir **[27.9]** anwenden und erhalten sowohl

$$\mathbf{FA} \;\vdash\; (\forall a)\Big[\mathsf{Aussage}(a) \rightarrow \left[\mathsf{ListTh}(a) \leftrightarrow \mathsf{Th}(a)\right]\Big] \qquad (1)$$

als auch

$$\mathbb{N} \;\models\; (\forall a)\Big[\mathsf{Aussage}(a) \rightarrow \left[\mathsf{ListTh}(a) \leftrightarrow \mathsf{Th}(a)\right]\Big]. \qquad (2)$$

(SBP1): Nach **[24.27]** ist ListTh(a) $=$ $(\exists n)$ ListBF(n, a); und laut **[25.21]** ist ListBF delta.

(SBP2): Sei $\alpha \in \mathrm{Aus}_{\mathrm{Ar}}$; dann ist Aussage$(\ulcorner\alpha\urcorner)$ wahr. Mit (2) folgt die Wahrheit von ListTh$(\alpha)\leftrightarrow$Th(α); deswegen gilt:

$$\mathbb{N} \models \mathsf{ListTh}(\alpha) \overset{!}{\iff} \mathbb{N} \models \mathsf{Th}(\alpha) \overset{(\mathrm{SBP2})}{\iff} \mathbf{FA} \vdash \alpha.$$

(SBP3): Seien $\alpha, \beta \in \mathrm{Aus}_{\mathrm{Ar}}$; dann ist für $\chi \in \{\alpha, \beta, \alpha \to \beta\}$ stets $\mathsf{Aussage}(\underline{\ulcorner\chi\urcorner})$ wahr und, weil es sich um eine Δ-Aussage handelt, auch beweisbar. Mit (1) folgt jeweils: **FA** $\vdash \mathsf{ListTh}(\chi) \leftrightarrow \mathsf{Th}(\chi)$; und da nach (SBP3) für Th gilt:

$$\mathbf{FA} \vdash \mathsf{Th}(\alpha \to \beta) \to \left[\mathsf{Th}(\alpha) \to \mathsf{Th}(\beta)\right],$$

trifft auch das ListTh-Pendant zu.

(SBP4): Es sei σ eine Σ-Aussage; dann ist wie gerade eben beweisbar:

$$\sigma \overset{(\mathrm{SBP4})}{\to} \mathsf{Th}(\sigma) \overset{!}{\leftrightarrow} \mathsf{ListTh}(\sigma).$$

■

[27.11] Nach **[27.10]** hat ListTh bei korrektem **FA** und Th mit (+) alle Eigenschaften eines Standard-Beweisbarkeitsprädikats bis auf (SBP5). Diesen Mangel hätten wir auch noch beheben können, indem wir in **[24.27]** statt

$$„\mathsf{ListTh}(\mathtt{a}) := (\exists \mathtt{n})\, \mathsf{ListBF}(\mathtt{n}, \mathtt{a})“$$

setzen:

$$\mathsf{ListTh}(\mathtt{a}) := (\exists \mathtt{n})\, (\exists \mathtt{n}' \leq \mathtt{n})\, \mathsf{ListBF}(\mathtt{n}', \mathtt{a}),$$

wie in **[4.4]** besprochen, d.h. indem wir als ‚Beweis'-Relation nicht $\mathsf{ListBF}(\mathtt{n}, \mathtt{a})$, sondern $(\exists \mathtt{n}' \leq \mathtt{n})\, \mathsf{ListBF}(\mathtt{n}', \mathtt{a})$ verwenden.

Bei den Rosser-Fragen in diesem Kapitel kommt es immer nur darauf an, wann verschiedene Aussagen jeweils zum ersten Mal ‚bewiesen' werden; und in dieser Hinsicht ändert sich durch die obige Abwandlung nichts. Wir können also genauso gut davon ausgehen, dass ListTh ein SBP in unserem stärkeren Sinne, mit (SBP5), ist, ohne dass dadurch eine der bewiesenen Aussagen ihre Gültigkeit verlöre.

[27.12] Wenn **FA** korrekt ist, läutet faktisch die Glocke nie:

$$\mathbb{N} \models \neg(\exists \mathtt{g})\, \mathsf{GlockeLäutetBei}(\mathtt{g}).$$

Beweis Wir setzen voraus, dass **FA** korrekt ist.

Nehmen wir an, $(\exists \mathtt{g})\, \mathsf{GlockeLäutetBei}(\mathtt{g})$ sei wahr (d.h. gültig in $\mathbb{N}$); dann gibt es ein $g \in \mathbb{N}$ mit

$$\mathbb{N} \models \mathsf{GlockeLäutetBei}(\boldsymbol{g}). \tag{1}$$

Nun beweist **FA**, dass es, wenn die Glocke irgendwann läutet, inkonsistent ist (**[27.8]**); und wegen der Korrektheit ist dies auch wahr:

$$\mathbb{N} \models (\forall \mathtt{g})\, \left[\mathsf{GlockeLäutetBei}(\mathtt{g}) \to \mathsf{Th}(\bot)\right].$$

Insbesondere gilt:

$$\mathbb{N} \models \mathsf{GlockeL\ddot{a}utetBei}(g) \rightarrow \mathsf{Th}(\bot),$$

und wegen (1) folgt:

$$\mathbb{N} \models \mathsf{Th}(\bot).$$

Das ist aber nach (SBP2) äquivalent zu **FA** $\vdash \bot$, woraus wegen der Korrektheit folgt:

$$\mathbb{N} \models \bot;$$

und das kann offensichtlich nicht der Fall sein.
Also ist $(\exists \mathsf{g})\, \mathsf{GlockeL\ddot{a}utetBei}(\mathsf{g})$ falsch. ■

Wenn **FA** korrekt ist, dann kommt jeder Rosser-Satz bezüglich ListTh früher oder später auf die Rosser-Liste; d.h. für alle $\rho \in \mathrm{Aus}_{\mathrm{Ar}}$ gilt: [27.13]

$$\mathbf{FA} \vdash \rho \leftrightarrow \big[\mathsf{ListTh}(\neg\rho) \prec \mathsf{ListTh}(\rho)\big] \implies$$
$$\mathbb{N} \models (\exists \mathtt{n})\,\big(\exists \mathtt{l} < \mathsf{listL\ddot{a}nge}(\mathtt{n})\big)\; \underline{\ulcorner\rho\urcorner} = \big(\mathsf{rosserListe}(\mathtt{n})\big)_{\mathtt{l}}.$$

Ich skizziere zunächst die Beweisidee: Wir nehmen an, der ListTh-Rosser-Satz ρ kommt niemals auf die Rosser-Liste. Dass ρ ein Rosser-Satz ist, heißt, dass der zugehörige Rosser-Satz-Zeuge $\rho \leftrightarrow \big[\mathsf{ListTh}(\neg\rho) \prec \mathsf{ListTh}(\rho)\big]$ beweisbar ist, was wiederum äquivalent dazu ist, dass $\mathsf{Th}\big(\mathsf{rSZeuge}(\underline{\ulcorner\rho\urcorner})\big)$ wahr ist. Daher gibt es ein $n \in \mathbb{N}$, so dass gilt: $\mathbb{N} \models \mathsf{thAufz}(\boldsymbol{n}) = \mathsf{rSZeuge}(\underline{\ulcorner\rho\urcorner})$. Da die Glocke nicht geläutet haben kann (**[27.12]**), würde ρ dann normalerweise in Schritt n auf die Rosser-Liste kommen. Wenn das, wie wir vorausgesetzt haben, nicht geschieht, so muss es daran liegen, dass sich auf der Liste bereits sein ‚Gegenteil' befindet. Das heißt aber, dass auch $\neg\rho$ (oder ein ρ' mit $\rho = \neg\rho'$) ein ListTh-Rosser-Satz ist. Einer der beiden Sätze ρ, $\neg\rho$ (bzw. ρ', $\neg\rho'$) muss wahr sein, daher gibt es dann einen wahren Rosser-Satz, im Widerspruch zu **[4.20]**. Beweis

---

Nun zu den Feinheiten. – Sei **FA** korrekt, und sei $\rho \in \mathrm{Aus}_{\mathrm{Ar}}$ ein Rosser-Satz bezüglich ListTh, d.h.:

$$\mathbf{FA} \vdash \rho \leftrightarrow \big[\mathsf{ListTh}(\neg\rho) \prec \mathsf{ListTh}(\rho)\big],$$
$$\overset{\text{(SBP2)}}{\Longleftrightarrow} \quad \mathbb{N} \models \mathsf{Th}\Big(\rho \leftrightarrow \big[\mathsf{ListTh}(\neg\rho) \prec \mathsf{ListTh}(\rho)\big]\Big),$$
$$\overset{[25.6]}{\Longleftrightarrow} \quad \mathbb{N} \models \mathsf{Th}\Big(\mathsf{rSZeuge}(\underline{\ulcorner\rho\urcorner})\Big).$$

Mit **[17.17]** folgt, dass es ein $n \in \mathbb{N}$ gibt, für das gilt:

$$\mathbb{N} \models \mathsf{thAufz}(\boldsymbol{n}) \overset{!}{=} \mathsf{rSZeuge}(\underline{\ulcorner\rho\urcorner}) > \underline{\ulcorner\rho\urcorner}. \tag{1}$$

Sei n fest. Da listBFFolge und rosserListe Δ-pTerme sind, gibt es zu n Zahlen $f, r \in \mathbb{N}$ mit

$$\mathbf{FA} \vdash \boldsymbol{f} = \mathsf{listBFFolge}(\boldsymbol{n}) \wedge \boldsymbol{r} = \mathsf{rosserListe}(\boldsymbol{n}). \tag{2}$$

Seien f und r fest. Anhand dieser beiden Folgen wird dann in Schritt n erwogen, ob ρ wegen (1) in die Rosser-Liste aufgenommen wird (s. **[26.6]**):

$$\mathbb{N} \models \mathsf{ListBFFolgeGibtAus}\big(\boldsymbol{n}, \boldsymbol{f}, \boldsymbol{r}, \mathsf{listBF}(\boldsymbol{n})\big). \tag{3}$$

Nun läutet nach **[27.12]** die Glocke niemals:

$$\begin{aligned}
\mathbb{N} \models \quad & \neg(\exists \mathtt{g})\, \mathsf{GlockeLäutetBei}(\mathtt{g}), \\
\overset{[26.22],[26.16]}{\longrightarrow} \quad & \neg\mathsf{GlockeLäutetBei}(\boldsymbol{n}) \wedge (\forall \mathtt{m}<\boldsymbol{n})\, \neg\mathsf{GlckLtBei}(\mathtt{m}, \boldsymbol{f}, \boldsymbol{r}), & (4)\\
\overset{[26.21]}{\longrightarrow} \quad & \neg\mathsf{GlckLtBis}(\boldsymbol{n}, \boldsymbol{f}, \boldsymbol{r}), \\
\overset{[25.11]/[24.23],(3),(1)}{\longrightarrow} \quad & \begin{bmatrix}\neg\mathsf{lnLst}^{\neg}(\boldsymbol{n}, \boldsymbol{f}, \boldsymbol{r}, \underline{\ulcorner\rho\urcorner}) \rightarrow \\ \quad (\boldsymbol{r})_{\mathsf{lstLng}(\boldsymbol{n},\boldsymbol{f})} = \underline{\ulcorner\rho\urcorner} \wedge (\boldsymbol{f})_{\boldsymbol{n}1} = \mathsf{lstLng}(\boldsymbol{n}, \boldsymbol{f}) + 1\end{bmatrix} & (5)\\
& \wedge \big[\mathsf{lnLst}^{\neg}(\boldsymbol{n}, \boldsymbol{f}, \boldsymbol{r}, \underline{\ulcorner\rho\urcorner}) \rightarrow (\boldsymbol{f})_{\boldsymbol{n}1} = \mathsf{lstLng}(\boldsymbol{n}, \boldsymbol{f})\big]. & (6)
\end{aligned}$$

Das heißt, steht das ‚Gegenteil' von ρ zu Anfang von Schritt n *nicht* auf der Liste, dann wird ρ an die Liste angehängt; wenn sich das ‚Gegenteil' hingegen bereits auf der Liste befindet, dann bleibt die Rosser-Liste gleich.

Wir nehmen an, dass ρ nie auf die Rosser-Liste kommt:

$$\mathbb{N} \models (\forall \mathtt{n})\big(\forall \mathtt{l} < \mathsf{listLänge}(\mathtt{n})\big)\ \underline{\ulcorner\rho\urcorner} \neq \big(\mathsf{rosserListe}(\mathtt{n})\big)_{\mathtt{l}}.$$

Dann ist ρ auch bei Schritt n nicht auf der Liste (s. (2)):

$$\mathbb{N} \models \big(\forall \mathtt{l} < \mathsf{listLänge}(\boldsymbol{n})\big)\ \underline{\ulcorner\rho\urcorner} \neq (\boldsymbol{r})_{\mathtt{l}}. \tag{7}$$

Aber dann muss zu diesem Zeitpunkt schon das ‚Gegenteil' von ρ auf der Liste stehen; denn andernfalls, d.h. wenn $\mathsf{lnLst}^{\neg}(\boldsymbol{n}, \boldsymbol{f}, \boldsymbol{r}, \underline{\ulcorner\rho\urcorner})$ falsch wäre, hätten wir in $\mathbb{N}$ wegen (5) erstens:

$$\begin{aligned}
\mathsf{lstLng}(\boldsymbol{n}, \boldsymbol{f}) \ & < \ \mathsf{lstLng}(\boldsymbol{n}, \boldsymbol{f}) + 1 \\
& \overset{!}{=} \ (\boldsymbol{f})_{\boldsymbol{n}1} \\
& \overset{[24.4]}{=} \ \mathsf{lstLng}(\boldsymbol{n}+1, \boldsymbol{f}) \\
& \overset{[26.8],(2)}{=} \ \mathsf{listLänge}(\boldsymbol{n}),
\end{aligned}$$

und zweitens:

$$(\boldsymbol{r})_{\mathsf{lstLng}(\boldsymbol{n},\boldsymbol{f})} \stackrel{!}{=} \underline{\ulcorner\rho\urcorner} \stackrel{(7)}{\neq} (\boldsymbol{r})_{\mathsf{lstLng}(\boldsymbol{n},\boldsymbol{f})}.$$

Also ist $\mathsf{InLst}^{\neg}(\boldsymbol{n}, \boldsymbol{f}, \boldsymbol{r}, \underline{\ulcorner\rho\urcorner})$ wahr, das heißt nach **[24.5]**:

$$\mathbb{N} \vDash (\exists \mathbf{1} < \mathsf{lstLng}(\boldsymbol{n}, \boldsymbol{f})) \left[(\boldsymbol{r})_{\mathbf{1}} = \ominus\underline{\ulcorner\rho\urcorner} \vee \underline{\ulcorner\rho\urcorner} = \ominus(\boldsymbol{r})_{\mathbf{1}}\right];$$

und wegen (6) gilt außerdem:

$$\mathbb{N} \vDash (\boldsymbol{f})_{\boldsymbol{n}\mathbf{1}} = \mathsf{lstLng}(\boldsymbol{n}, \boldsymbol{f}).$$

Dann gibt es ein $l \in \mathbb{N}$, so dass in $\mathbb{N}$ gilt:

$$\boldsymbol{l} < \mathsf{lstLng}(\boldsymbol{n}, \boldsymbol{f}) \tag{8}$$
$$\wedge \left[(\boldsymbol{r})_{\boldsymbol{l}} = \underline{\ulcorner\neg\rho\urcorner} \vee \underline{\ulcorner\rho\urcorner} = \ominus(\boldsymbol{r})_{\boldsymbol{l}}\right]. \tag{9}$$

Sei l fest. Mit **[25.17]** folgt aus (3), (4) und (8) die Existenz eines $m < n$, so dass in Schritt m der Rosser-Satz-Zeuge zum ‚Gegenteil' von ρ bewiesen wurde:

$$\mathbb{N} \vDash \mathsf{thAufz}(\boldsymbol{m}) = \mathsf{rSZeuge}\big((\boldsymbol{r})_{\boldsymbol{l}}\big).$$

Wegen **[17.17]** gilt dann:

$$\mathbb{N} \vDash \mathsf{Th}\Big(\mathsf{rSZeuge}\big((\boldsymbol{r})_{\boldsymbol{l}}\big)\Big). \tag{10}$$

Die Disjunktion (9) impliziert u. a.: $\mathbb{N} \vDash \mathsf{Aussage}\big((\boldsymbol{r})_{\boldsymbol{l}}\big)$, also gibt es ein $\rho' \in \mathrm{Aus}_{\mathrm{Ar}}$ (das ‚Gegenteil' von ρ), dessen Gödelnummer $(\boldsymbol{r})_{\boldsymbol{l}}$ ist:

$$\mathbb{N} \vDash (\boldsymbol{r})_{\boldsymbol{l}} = \underline{\ulcorner\rho'\urcorner}.$$

Sei ρ' fest. Aus (10) erhalten wir dann mit (SBP2) und **[25.6]**:

$$\mathbf{FA} \vdash \rho' \leftrightarrow \left[\mathsf{ListTh}(\neg\rho') \prec \mathsf{ListTh}(\rho')\right],$$

d.h. auch ρ' ist ein Rosser-Satz bezüglich ListTh. Außerdem gilt wegen (9):

$$\mathbb{N} \vDash \underline{\ulcorner\rho'\urcorner} = \underline{\ulcorner\neg\rho\urcorner} \vee \underline{\ulcorner\rho\urcorner} = \underline{\ulcorner\neg\rho'\urcorner};$$

also ist $\rho' = \neg\rho$ oder $\rho = \neg\rho'$. In jedem Fall ist ρ genau dann wahr, wenn ρ' falsch ist. Aber da ρ und ρ' Rosser-Sätze bezüglich des SBP's ListTh sind und **FA** korrekt ist, müssen sie *beide* falsch sein (s. **[4.20]**) – Widerspruch.

Also gelangt ρ doch irgendwann auf die Rosser-Liste. ■

[27.14] **(Äquivalente Rosser-Sätze 0)** Seien ρ_1 und ρ_2 Rosser-Sätze bezüglich ListTh. Wenn **FA** korrekt ist und Th die Eigenschaft (+) hat, dann sind ρ_1 und ρ_2 **FA**-beweisbar äquivalent zueinander.

Beweis **FA** sei korrekt; und $\rho_1, \rho_2 \in \mathrm{Aus}_{\mathrm{Ar}}$ seien Rosser-Sätze bezüglich ListTh, d.h. für $i = 1, 2$ gelte:

$$\mathbf{FA} \vdash \rho_i \leftrightarrow \left[\mathsf{ListTh}(\neg\rho_i) \prec \mathsf{ListTh}(\rho_i)\right]. \qquad (1)$$

Der Beweis verläuft folgendermaßen: Wir argumentieren zuerst auf der Metaebene, dann in **FA**. Da alle Rosser-Sätze früher oder später auf die Rosser-Liste gesetzt werden, stehen für ein hinreichend großes $n \in \mathbb{N}$ auch ρ_1 und ρ_2 auf der Liste (5). Weil ρ_1 und ρ_2 unentscheidbar sind, gibt es Th-Beweise weder für ρ_1 oder ρ_2 noch für $\neg\rho_1$ oder $\neg\rho_2$; insbesondere gibt thAufz sie bis zum Argument n nicht aus (6). Die Glocke läutet niemals, also läutet sie auch bis zum Schritt n nicht (7). Daher stimmt listBF bis dahin mit thAufz überein, und so gibt auch listBF bis zum Argument n keine der Aussagen $\rho_1, \rho_2, \neg\rho_1, \neg\rho_2$ aus (8). Die Resultate dieser vier Überlegungen sind als wahre Δ-Aussagen beweisbar in **FA**.

Wir fahren nun fort in **FA** und zeigen: $\rho_1 \rightarrow \rho_2$. Aus Symmetriegründen ist $\rho_2 \rightarrow \rho_1$ analog in **FA** beweisbar; daher ist ρ_1 dann **FA**-äquivalent zu ρ_2, wie behauptet. – Wenn der Rosser-Satz ρ_1 zutrifft, dann gibt es insbesondere einen ListBF-‚Beweis' y für $\neg\rho_1$ (12). Wir wissen, dass die Glocke erst nach $\boldsymbol{n}$ läutet; aber spätestens bei y muss sie läuten, weil spätestens dort von thAufz ein Rosser-Satz entschieden wird: ρ_1. Sagen wir also, die Glocke läutet bei g mit $\boldsymbol{n} < \mathrm{g} \leq \mathrm{y}$ (13). *Vor* g kann von listBF keiner der Sätze $\rho_1, \rho_2, \neg\rho_1, \neg\rho_2$ ausgegeben werden, weil sonst die Glocke schon dann geläutet hätte (16). Ob nun $\neg\rho_2$ von listBF vor oder nach ρ_2 ausgegeben wird (und entsprechend ρ_2 wahr oder falsch ist), hängt davon ab, aus welchem Grund bei g die Glocke geläutet hat: Hat thAufz ein Glied der Rosser-Liste widerlegt oder eines bewiesen? Hätte thAufz bei g eines bewiesen, dann wären von listBF als Nächstes sämtliche Listenglieder ausgegeben worden, und zwar vor ihren Negationen. Unter anderem hätte dann gegolten: $\mathsf{ListTh}(\rho_1) \prec \mathsf{ListTh}(\neg\rho_1)$, im Widerspruch zur Aussage unser Ausgangsprämisse ρ_1. Also hat thAufz bei g ein Listenglied widerlegt und listBF gibt als Nächstes die Negationen der Listenglieder aus – vor den Gliedern selbst. Damit gilt aber auch $\mathsf{ListTh}(\neg\rho_2) \prec \mathsf{ListTh}(\rho_2)$, und das ist, was ρ_2 behauptet.

Hier die Einzelheiten: Nach **[27.13]** kommen ρ_1 und ρ_2 irgendwann auf die Rosser-Liste, d.h. es gibt $n_1, n_2, l_1, l_2 \in \mathbb{N}$, so dass für $i = 1, 2$ gilt:

$$\mathbb{N} \vDash \boldsymbol{l}_i < \mathsf{listLänge}(\boldsymbol{n}_i) \wedge \underline{\ulcorner\rho_i\urcorner} = \left(\mathsf{rosserListe}(\boldsymbol{n}_i)\right)_{\boldsymbol{l}_i}. \qquad (2)$$

Seien n_1, n_2, l_1, l_2 fest; sei $n := \max\{n_1, n_2\}$ und seien $f, r \in \mathbb{N}$ mit

$$\mathbf{FA} \;\vdash\; \boldsymbol{f} = \mathsf{listBFFolge}(\boldsymbol{n}) \;\wedge\; \boldsymbol{r} = \mathsf{rosserListe}(\boldsymbol{n}). \tag{3}$$

Für $i = 1, 2$ gilt: Als wahre Δ-Aussage ist $\boldsymbol{n}_i \leq \boldsymbol{n}$ beweisbar, und mit **[26.10]** folgt:

$$\begin{aligned} \mathbf{FA} \vdash \quad & \boldsymbol{l}_i \overset{(2)}{<} \mathsf{listL\ddot{a}nge}(\boldsymbol{n}_i) \overset{!}{\leq} \mathsf{listL\ddot{a}nge}(\boldsymbol{n}) & (4) \\ \wedge \quad & \underline{\ulcorner \rho_i \urcorner} \overset{(2)}{=} \big(\mathsf{rosserListe}(\boldsymbol{n}_i)\big)_{\boldsymbol{l}_i} \overset{!}{=} (\boldsymbol{r})_{\boldsymbol{l}_i}. & (5) \end{aligned}$$

Als Rosser-Sätze sind ρ_1, ρ_2 beide unentscheidbar, daher folgt mit (SBP2) für $\rho \in \mathrm{P} := \{\rho_1, \neg\rho_1, \rho_2, \neg\rho_2\}$:

$$\begin{aligned} \mathbb{N} \models \quad & \neg\mathsf{Th}(\rho), \\ \overset{[17.17]}{\leftrightarrow} \quad & (\forall \mathtt{m})\; \mathsf{thAufz}(\mathtt{m}) \neq \underline{\ulcorner \rho \urcorner}, \\ \rightarrow \quad & (\forall \mathtt{m} \leq \boldsymbol{n})\; \mathsf{thAufz}(\mathtt{m}) \neq \underline{\ulcorner \rho \urcorner}. \end{aligned}$$

Als wahre Δ-Aussage ist dies wiederum in **FA** beweisbar, also gilt auch:

$$\mathbf{FA} \vdash (\forall \mathtt{m}) \big[\mathsf{thAufz}(\mathtt{m}) = \underline{\ulcorner \rho \urcorner} \rightarrow \mathtt{m} > \boldsymbol{n}\big]. \tag{6}$$

Nach **[27.12]** läutet die Glocke nie; daher gilt insbesondere:

$$\begin{aligned} \mathbb{N} \models \quad & \neg(\exists \mathtt{g} \leq \boldsymbol{n})\; \mathsf{GlockeL\ddot{a}utetBei}(\mathtt{g}), \\ \overset{[26.22]}{\leftrightarrow} \quad & \neg\mathsf{GlockeL\ddot{a}utetBis}(\boldsymbol{n}). \end{aligned}$$

Da alle wahren Δ-Aussagen beweisbar sind, folgt:

$$\mathbf{FA} \vdash \neg\mathsf{GlockeL\ddot{a}utetBis}(\boldsymbol{n}). \tag{7}$$

Wegen (6) wird ρ dann auch von listBF frühestens nach Schritt $\boldsymbol{n}$ ausgegeben: Nehmen wir in **FA** an, es gäbe ein $\mathtt{m} \leq \boldsymbol{n}$, so dass $\underline{\ulcorner \rho \urcorner} = \mathsf{listBF}(\mathtt{m})$ ist. Da die Glocke laut (7) bis $\boldsymbol{n}$ nicht läutet, folgt mit **[26.26]**:

$$\mathsf{thAufz}(\mathtt{m}) \overset{!}{=} \mathsf{listBF}(\mathtt{m}) = \underline{\ulcorner \rho \urcorner}.$$

Aber daraus folgt mit (6), dass $\mathtt{m}$ doch größer als $\boldsymbol{n}$ sein muss. – Also gilt für jedes $\rho \in \mathrm{P}$:

$$\mathbf{FA} \vdash (\forall \mathtt{m}) \big[\mathsf{listBF}(\mathtt{m}) = \underline{\ulcorner \rho \urcorner} \rightarrow \mathtt{m} > \boldsymbol{n}\big]. \tag{8}$$

Wir beweisen, dass **FA** Folgendes weiß: Wenn von listBF ein $\rho \in \mathrm{P}$ ausgegeben wird, bevor die Glocke geläutet hat, dann beweist oder widerlegt Th in diesem Schritt einen ListTh-Rosser-Satz:

$$\mathbf{FA} \vdash (\forall \mathtt{m}) \begin{bmatrix} \neg\mathsf{GlockeL\ddot{a}utetBis}(\mathtt{m}) \wedge \mathsf{listBF}(\mathtt{m}) = \underline{\ulcorner \rho \urcorner} \quad \rightarrow \\ \quad (\forall \mathtt{n} \geq \mathtt{m})\; \mathsf{ThEntscheidetRS}\big(\mathtt{m}, \mathsf{listBFFolge}(\mathtt{n}), \mathsf{rosserListe}(\mathtt{n})\big) \end{bmatrix}. \tag{9}$$

Sei $\mathtt{m}$ beliebig mit $\neg\mathsf{GlockeL\ddot{a}utetBis}(\mathtt{m})$ und $\mathsf{listBF}(\mathtt{m}) = \underline{\ulcorner\rho\urcorner}$; nach (8) ist dann $\mathtt{m} > \boldsymbol{n}$. Nun sei $\mathtt{n} \geq \mathtt{m}$ beliebig, und es sei $\mathtt{f} := \mathsf{listBFFolge}(\mathtt{n})$ und $\mathtt{r} := \mathsf{rosserListe}(\mathtt{n})$. Dann gilt wegen **[26.10]** bzw. **[25.14]**:

$$\begin{aligned} \boldsymbol{l}_i &\overset{(4)}{<} \mathsf{listL\ddot{a}nge}(\boldsymbol{n}) \\ &\overset{[26.8]}{=} \mathsf{lstLng}(\boldsymbol{n}+1, \boldsymbol{f}) \\ &\overset{[24.4]}{=} (\boldsymbol{f})_{\boldsymbol{n}1} \\ &\overset{!}{=} (\mathtt{f})_{\boldsymbol{n}1} \\ &\overset{[24.4]}{=} \mathsf{lstLng}(\boldsymbol{n}+1, \mathtt{f}) \\ &\overset{!}{\leq} \mathsf{lstLng}(\mathtt{m}, \mathtt{f}). \end{aligned}$$

Also gilt nach **[24.6]**: $\mathsf{ThEntscheidetRS}(\mathtt{m}, \mathtt{f}, \mathtt{r})$. – Damit ist (9) bewiesen.

Jetzt können wir in **FA** zeigen, dass ρ_1 und ρ_2 äquivalent sind. – Gelte ρ_1; das ist nach (1) äquivalent zu

$$\mathsf{ListTh}(\neg\rho_1) \prec \mathsf{ListTh}(\rho_1), \tag{10}$$

$$\overset{[4.14]}{\leftrightarrow} (\exists \mathrm{y}) \left[\mathsf{listBF}(\mathrm{y}) = \underline{\ulcorner\neg\rho_1\urcorner} \wedge (\forall \mathrm{z} \leq \mathrm{y})\ \mathsf{listBF}(\mathrm{z}) \neq \underline{\ulcorner\rho_1\urcorner}\right]. \tag{11}$$

Sei y fest; dann gilt insbesondere:

$$\mathsf{listBF}(\mathrm{y}) = \underline{\ulcorner\neg\rho_1\urcorner}. \tag{12}$$

Da $\neg\rho_1 \in \mathrm{P}$ ist, folgt mit (8): $\mathrm{y} > \boldsymbol{n}$.

Nehmen wir an, die Glocke hätte bei y immer noch nicht geläutet: $\neg\mathsf{GlockeL\ddot{a}utetBis}(\mathrm{y})$. Wegen (12) folgt daraus mit (9):

$$\begin{aligned} &\mathsf{ThEntscheidetRS}\big(\mathrm{y}, \mathsf{listBFFolge}(\mathrm{y}), \mathsf{rosserListe}(\mathrm{y})\big), \\ \overset{[26.24]}{\longrightarrow}\ &\mathsf{GlockeL\ddot{a}utetBis}(\mathrm{y}). \end{aligned}$$

– Also läutet die Glocke doch spätestens bei Schritt y. Da sie bis $\boldsymbol{n}$ nicht läutet (s. (7)), folgt aus **[26.22]** die Existenz eines g mit

$$\begin{aligned} &\boldsymbol{n} < \mathrm{g} \leq \mathrm{y} \\ \wedge\ &\mathsf{GlockeL\ddot{a}utetBei}(\mathrm{g}). \end{aligned} \tag{13}$$

Sei g fest. Mit **[26.10]** folgt:

$$\boldsymbol{l}_1, \boldsymbol{l}_2 \overset{(4)}{<} \mathsf{listL\ddot{a}nge}(\boldsymbol{n}) \overset{!}{\leq} \mathsf{listL\ddot{a}nge}(\mathrm{g}). \tag{14}$$

Angenommen, es gäbe ein $\mathtt{m} < \mathrm{g}$, so dass $\mathsf{listBF}(\mathtt{m}) = \underline{\ulcorner\rho\urcorner}$ ist für ein $\rho \in \mathrm{P}$. Weil $\mathtt{m} < \mathrm{g}$ ist, folgt mit **[26.25]** aus (13):

$$\begin{aligned} & \neg\mathsf{GlockeL\ddot{a}utetBis}(\mathtt{m}), \\ \overset{(9)}{\rightarrow}\ & \mathsf{ThEntscheidetRS}(\mathtt{m}, \mathsf{listBFFolge}(\mathrm{g}), \mathsf{rosserListe}(\mathrm{g})), \\ \overset{[26.24]}{\rightarrow}\ & \mathsf{GlockeL\ddot{a}utetBis}(\mathtt{m}), \end{aligned}$$

Widerspruch. – Also gilt für jedes $\rho \in \mathrm{P}$:

$$(\forall \mathtt{m} < \mathrm{g})\ \mathsf{listBF}(\mathtt{m}) \neq \underline{\ulcorner\rho\urcorner}.$$

Da wegen $\boldsymbol{n} < \mathrm{g}$ und $\boldsymbol{l}_i \overset{(4)}{<} \mathsf{listL\ddot{a}nge}(\boldsymbol{n})$ aus **[26.10]** für $i = 1, 2$ folgt:

$$\big(\mathsf{rosserListe}(\mathrm{g})\big)_{\boldsymbol{l}_i} \overset{!}{=} \big(\mathsf{rosserListe}(\boldsymbol{n})\big)_{\boldsymbol{l}_i} \overset{(3)}{=} (\boldsymbol{r})_{\boldsymbol{l}_i} \overset{(5)}{=} \underline{\ulcorner\rho_i\urcorner}, \tag{15}$$

gilt dann insbesondere:

$$(\forall \mathtt{m} < \mathrm{g})\ \ \big(\mathsf{rosserListe}(\mathrm{g})\big)_{\boldsymbol{l}_i} = \underline{\ulcorner\rho_i\urcorner} \overset{!}{\neq} \mathsf{listBF}(\mathtt{m}) \overset{!}{\neq} \underline{\ulcorner\neg\rho_i\urcorner} = \ominus\big(\mathsf{rosserListe}(\mathrm{g})\big)_{\boldsymbol{l}_i}. \tag{16}$$

Würde die Glocke bei g läuten, weil Th ein Glied der Rosser-Liste *bewiesen* hat, d.h. $\mathsf{GlockeL\ddot{a}utet}^{+}(\mathrm{g})$, so würde wegen (13), (14) und (16) mit **[26.27]** folgen:

$$\mathsf{ListTh}\Big(\big(\mathsf{rosserListe}(\mathrm{g})\big)_{\boldsymbol{l}_1}\Big) \prec \mathsf{ListTh}\Big(\ominus\big(\mathsf{rosserListe}(\mathrm{g})\big)_{\boldsymbol{l}_1}\Big),$$

d.h. wegen (15):

$$\begin{aligned} & \mathsf{ListTh}(\rho_1) \prec \mathsf{ListTh}(\neg\rho_1), \\ \overset{[4.14]}{\rightarrow}\ & [\mathsf{ListTh}(\rho_1) \preccurlyeq \mathsf{ListTh}(\neg\rho_1)], \\ \overset{[4.17]}{\rightarrow}\ & \neg[\mathsf{ListTh}(\neg\rho_1) \prec \mathsf{ListTh}(\rho_1)], \end{aligned}$$

und wir hätten einen Widerspruch zu (10). – Also läutet die Glocke bei g nicht, weil ein Listenglied *bewiesen* wurde: $\neg\mathsf{GlockeL\ddot{a}utet}^{+}(\mathrm{g})$, und das ist nach **[26.20]** äquivalent zu $\mathsf{GlockeL\ddot{a}utet}^{-}(\mathrm{g})$; d.h. sie läutet, weil eins *widerlegt* wurde. Wiederum folgt wegen (13), (14) und (16) mit **[26.27]**:

$$\mathsf{ListTh}(\neg\rho_2) \prec \mathsf{ListTh}(\rho_2).$$

Aber das ist gerade, was ρ_2 besagt (s. (1)). Also gilt auch ρ_2. – Damit haben wir $\rho_1 \rightarrow \rho_2$ gezeigt. ■

Aus **[27.9]**, **[27.11]** und **[27.14]** zusammen folgt Satz **[27.4]**. **[27.15]**

Literaturverzeichnis

Börger, Egon. 1985. *Berechenbarkeit, Komplexität, Logik: Eine Einführung in Algorithmen, Sprachen und Kalküle unter besonderer Berücksichtigung ihrer Komplexität*. Braunschweig, Wiesbaden: Vieweg. Dritte Auflage 1992.

Boolos, George. 1979. *The Unprovability of Consistency: An essay in modal logic*. Cambridge, London, New York, Melbourne: Cambridge University Press.

———. 1993. *The Logic of Provability*. Cambridge, New York, Oakleigh: Cambridge University Press.

———. 1994. „Gödel's Second Incompleteness Theorem Explained in Words of One Syllable". *Mind* N.S. 103 (409): 1–3 (January).

Carnap, Rudolf. 1934. *Logische Syntax der Sprache*. Wien, New York: Springer. Zweite Auflage 1968.

Feferman, S[olomon]. 1960. „Arithmetization of metamathematics in a general setting". *Fundamenta Mathematicae* 49:35–92.

Friedrichsdorf, Ulf. 1992. *Einführung in die klassische und intensionale Logik*. Braunschweig, Wiesbaden: Vieweg.

Gebstadter, Egbert B. 2006. *Gödel, Rosser, Solovay: eine Randlose Geflochtene Strippe*. Stuttgart: Klett-Cotta.

Gödel, Kurt. 1931. „Über formal unentscheidbare Sätze der Principia Mathematica und verwandter Systeme I". *Monatshefte für Mathematik und Physik* 38:173–198.

Guaspari, D[avid], und R[obert] M. Solovay. 1979. „Rosser Sentences". *Annals of Mathematical Logic* 16 (1): 81–99 (May).

Henkin, Leon. 1952. „A problem concerning provability". *Journal of Symbolic Logic* 17 (2): 160 (June).

Hermes, Hans. 1961. *Aufzählbarkeit, Entscheidbarkeit, Berechenbarkeit: Einführung in die Theorie der rekursiven Funktionen*. Die Grundlehren der mathematischen Wissenschaften, Band 109. Berlin, Göttingen, Heidelberg:

Springer. Dritte Auflage Berlin, Heidelberg, New York: Springer 1978 (Heidelberger Taschenbücher, Band 87).

Hilbert, David, und Paul Bernays. 1939. *Grundlagen der Mathematik II*. Die Grundlehren der mathematischen Wissenschaften, Band 50. Berlin, Heidelberg, New York: Springer. Zweite Auflage 1970.

Hofstadter, Douglas R. 1979. *Gödel, Escher, Bach: an Eternal Golden Braid*. New York: Basic Books.

———. 1985. *Gödel, Escher, Bach: ein Endloses Geflochtenes Band*. Stuttgart: Klett-Cotta. Taschenbuchausgabe dtv 1991; Neuausgabe Klett-Cotta 2006.

de Jongh, Dick, und Franco Montagna. 1991. „Rosser Orderings and Free Variables". *Studia Logica* 50 (1): 71–79.

Kaye, Richard. 1991. *Models of Peano Arithmetic*. Oxford Logic Guides 15. Oxford: Oxford University Press.

Löb, M[artin] H[ugo]. 1955. „Solution of a Problem of Leon Henkin". *Journal of Symbolic Logic* 20 (2): 115–118 (June).

Prestel, Alexander. 1986. *Einführung in die Mathematische Logik und Modelltheorie*. Braunschweig, Wiesbaden: Vieweg.

Rosser, Barkley. 1936. „Extensions of Some Theorems of Gödel and Church". *Journal of Symbolic Logic* 1 (3): 87–91 (September).

Shoenfield, Joseph R. 1967. *Mathematical Logic*. Reading (Mass.) etc.: Addison-Wesley.

Smoryński, C[raig]. 1985. *Self-Reference and Modal Logic*. Universitext. New York, Berlin, Heidelberg, Tokyo: Springer.

Smullyan, Raymond. 1987. *Forever Undecided: A Puzzle Guide to Gödel*. New York: Alfred A. Knopf. Auch New York, Oxford: Oxford University Press, 1988.

———. 1992. *Gödel's Incompleteness Theorems*. Oxford Logic Guides 19. New York, Oxford: Oxford University Press.

Solovay, Robert M. 1976. „Provability Interpretations of Modal Logic". *Israel Journal of Mathematics* 25 (3–4): 287–304.

Anhang

Der erste Gödelsche Unvollständigkeitssatz

Eine Darstellung für Logiker in spe

1 Vorbemerkung

Zur Unterscheidung von *metasprachlichen* Variablen (kurz: *Metavariablen*) wie „x", „φ", „t" und „Σ", die z. B. für Mengen und Funktionen, aber auch für Zeichen(-reihen) der von uns betrachteten Objektsprache stehen können, und *objektsprachlichen* Variablen wie etwa „v_7" oder, im Falle der hier gewählten Syntax, „′′′′′′′v", die zunächst einmal bloße Zeichen (der Objektsprache) sind, benütze ich die Konvention, Zeichen zu unterstreichen, wenn sie nur für sich selbst stehen. (Das dient auch der Unterscheidung von objektsprachlichen Ausdrücken und metasprachlichen Abkürzungen für solche.) Das ist nichts anderes als eine ungewohnte Art von Anführungsstrichen. So ist also $\underline{i}$ dasselbe wie „i", nämlich der neunte Buchstabe des lateinischen Alphabets (kleingeschrieben), während i je nach Kontext die imaginäre Einheit oder etwa eine natürliche Zahl ist. Man sollte sich dabei nicht davon verwirren lassen, dass das Plus- und das Kleiner-Zeichen unserer Objektsprache, $\underline{+}$ und $\underline{<}$, unter dieser Schreibweise dem Plusminus- und dem Kleiner-gleich-Zeichen der Metasprache, „$\pm$" und „$\leq$", ähnlich sehen. Wem all das zu umständlich ist, der oder die wird keine Probleme haben, wenn er oder sie die Unterstreichungen einfach übersieht.

Im Text bezeichnet „$\mathbb{N}$" die Menge der natürlichen Zahlen und „$\mathfrak{N}$" die *Struktur* der natürlichen Zahlen: $(\mathbb{N}, <_{\mathbb{N}}, +_{\mathbb{N}}, \cdot_{\mathbb{N}}, 0, 1)$. $\mathcal{L}_{\mathfrak{N}}$ sei die zugehörige Sprache $(\underline{\leq}, \underline{+}, \underline{\cdot}, \underline{0}, \underline{1})$. Wenn $n \in \mathbb{N}$ ist, schreibe ich „$[n]$" als Abkürzung für „$\{1, 2, \ldots, n\}$".

Als logische Symbole (bzw. Abkürzungen) der Metasprache verwende ich „&", „$\Rightarrow$" und „$\Leftrightarrow$" in den naheliegenden Bedeutungen.

Ich setze Grundkenntnisse über rekursive Funktionen voraus und benütze speziell den Repräsentierbarkeitssatz sowie die rekursiven arithmetischen Funktionen und Prädikate $\dot{-}$, Seq, lh, $(s, m) \mapsto (s)_m$ und für jedes $l \in \mathbb{N}$: $(n_1, n_2, \ldots, n_l) \mapsto \langle n_1, n_2, \ldots, n_l \rangle$, die folgende Eigenschaften haben: $\dot{-}$ ist einfach eine Subtraktion mit natürlichzahligen Werten, d.h. für $m, n \in \mathbb{N}$:

$$m \dot{-} n \quad := \quad \begin{cases} m - n, & \text{falls } m \geq n, \\ 0, & \text{sonst.} \end{cases}$$

Weiter ist für jede endliche Folge $(n_1, n_2, \ldots, n_l)$ natürlicher Zahlen

$$\langle n_1, n_2, \ldots, n_l \rangle \in \mathbb{N}$$

deren *Folgennummer;* keine zwei solchen Folgen haben dieselbe Folgennummer. Seq(s) („Seq" wie *sequence number*) ist genau dann wahr, wenn s eine Folgennummer ist. In diesem Fall gibt $\mathrm{lh}(s) \in \mathbb{N}$ („lh" wie *length*) die Länge der verschlüsselten Folge an und $(s)_m$ deren m-tes Glied (wobei die Folgenglieder mit 0 beginnend numeriert sein sollen), d.h.:

$$\mathrm{Seq}(s) \quad \Leftrightarrow \quad s = \big\langle (s)_0, (s)_1, \ldots, (s)_{\mathrm{lh}(s)-1} \big\rangle.$$

Wir können also mit Hilfe der beiden letzteren Funktionen aus einer mittels Seq erkannten Folgennummer die zugehörige Folge wiedergewinnen. Weiter gilt für nicht-leere Folgen $(n_1, n_2, \ldots, n_l)$:

$$\langle n_1, n_2, \ldots, n_l \rangle > l \qquad \& \qquad \text{für alle } i \in \mathbb{N}\text{: } \langle n_1, n_2, \ldots, n_l \rangle > n_i.$$

Folgennummern sind also stets größer als jede Folgenkomponente. Wenn eine Komponente n_i selbst eine Folgennummer $\langle m_1, m_2, \ldots, m_k \rangle$ ist, so ist $\langle n_1, n_2, \ldots, n_l \rangle$ insbesondere größer als jede Komponente m_j. Und so weiter. Ich kürze „$((s)_i)_j$" durch „$(s)_{ij}$" ab. Eine komplizierte Folgennummer könnte also folgende Gestalt haben:

$$s = \Big\langle (s)_0, \big\langle (s)_{10}, (s)_{11} \big\rangle, \Big\langle (s)_{20}, \big\langle (s)_{210}, (s)_{211}, (s)_{212} \big\rangle, (s)_{22} \Big\rangle \Big\rangle,$$

wobei dann natürlich auch beispielsweise $s > (s)_{211}$ wäre. Ich verwende in diesem Fall die laxe Sprechweise, $(s)_{211}$ sei – über Folgencodierung verschachtelt – in s enthalten.

Der Beweis des Unvollständigkeitssatzes orientiert sich an Shoenfield 1967, Kap. 6, und Friedrichsdorf 1992, § 8, die Terminologie an Prestel 1986 (s. Literaturverzeichnis).

2 Worum es geht

2.1 Axiomatisierungen

Der eigentliche Gegenstand des ersten Gödelschen Unvollständigkeitssatzes (ab jetzt: *GUS*) sind *Axiomatisierungen*. Eine Axiomatisierung einer mathematischen Theorie[1] spielt in der Logik eine ähnliche Rolle wie das Erzeugendensystem eines Vektorraums in der Linearen Algebra: In beiden Fällen dient eine Gruppe mehr oder weniger geschickt ausgewählter Repräsentanten[2] dazu, eine Menge (von Vektoren im einen und von Aussagen im anderen Fall) besser in den Griff zu kriegen. Kennt man das Erzeugendensystem (bzw. die Axiome), so kennt man in gewisser Weise schon den ganzen Vektorraum (die ganze Theorie), denn es gibt ein Verfahren, die Elemente der umfassenden Menge aus den Repräsentanten zu ‚basteln': durch Linearkombination im einen und durch logische Ableitung im anderen Fall.

Definition 1 *Eine Menge Σ von $\mathcal{L}$-Formeln* axiomatisiert *(ist eine* Axiomatisierung für*) eine $\mathcal{L}$-Theorie T genau dann, wenn* $T = \mathrm{Ded}_{\mathcal{L}}(\Sigma)$.[3]

Nun sind solche Repräsentationen einer Menge im Prinzip sehr leicht zu haben: Die Menge selbst tut's in jedem Fall. Aber diese trivialen Repräsentationen sind natürlich völlig unnütz, da sie keinerlei Zuwachs an ‚Handlichkeit' bewirken. Brauchbar ist ein Erzeugendensystem beispielsweise dann, wenn es linear unabhängig ist, d.h. wenn es eine Basis bildet. In der Logik gibt es den entsprechenden Begriff der *logischen* Unabhängigkeit, aber man kann schon froh sein, wenn man nur ein Verfahren hat zu entscheiden, ob eine gegebene Formel ein Axiom ist oder nicht. Genauer gesagt gibt man sich oft schon mit der Entscheidbarkeit des Axiomensystems zufrieden, was verglichen mit

[1]Eine *Theorie* ist eine widerspruchsfreie und deduktiv abgeschlossene Menge von Aussagen einer Sprache, und eine Menge Σ von $\mathcal{L}$-Formeln heißt *widerspruchsfrei* genau dann, wenn es keine $\mathcal{L}$-Formel φ gibt, so dass sowohl $\Sigma \vdash \varphi$ als auch $\Sigma \vdash \neg\varphi$. Wegen ihrer deduktiven Abgeschlossenheit heißt das für eine Theorie T: Es gibt keine $\mathcal{L}$-Formel φ, so dass sowohl $\varphi \in T$ als auch $\neg\varphi \in T$.

[2]Genau genommen ist der Begriff „Repräsentant" hier irreführend, da Axiome für eine Theorie nicht unbedingt Elemente dieser Theorie sein müssen. Oft wählt man nämlich aus Ökonomiegründen Formeln mit freien Variablen als Axiome. Diese Ungenauigkeit ist jedoch nicht schlimm, da jede Formel φ logisch gleichwertig mit ihrem Allabschluss $\forall\varphi$ ist, und der *ist* eine Aussage.

[3]Wobei $\mathrm{Ded}_{\mathcal{L}}(\Sigma) := \{\, \varphi \in \mathrm{Aus}(\mathcal{L}) \mid \Sigma \vdash \varphi \,\}$ der deduktive ($\mathcal{L}$-)Abschluss einer $\mathcal{L}$-Formelmenge ist. Üblicherweise lassen wir den Index „$\mathcal{L}$" weg.

der logischen Unabhängigkeit eine unter Umständen wesentlich leichter zu erfüllende Forderung ist.

Definition 2 *Eine* $\mathcal{L}_{\mathfrak{N}}$*-Formelmenge* Δ *heißt* entscheidbar *genau dann, wenn das Prädikat, Gödelnummer einer Formel aus* Δ *zu sein (bzw. die Menge* $\{ \ulcorner\alpha\urcorner \mid \alpha \in \Delta \}$*), rekursiv ist. Andernfalls heißt* Δ unentscheidbar.

Gödelnummern und die Funktion $\ulcorner\cdot\urcorner$ werden wir erst in Abschnitt 5.1 einführen. Bis dahin stellt man sich Entscheidbarkeit am besten lax als eine Art von Berechenbarkeit bzw. Rekursivität vor.

Nicht verwechselt werden sollten die Entscheidbarkeit von *Formelmengen* und die von einzelnen *Aussagen* in einer Theorie (s. Fußnote 4).

2.2 Korrektheit und Vollständigkeit

Das übliche Vorgehen, wenn man eine Axiomatisierung für eine Theorie sucht, ist jedoch eher umgekehrt. Nicht etwa streicht man so lange Aussagen der Theorie fort, bis eine handliche und doch leistungsfähige Menge übrig bleibt – denn man hat ja die Theorie selbst noch gar nicht gut im Griff –, sondern man häuft (bildlich gesprochen) so lange Axiome aufeinander, bis der Stapel hoch genug ist, dass man von ihm aus auch das komplizierteste Theorem erreichen kann. Man wird dabei automatisch darauf achten, dass der Haufen nicht zu unübersichtlich wird und seine Entscheidbarkeit verliert; d.h. man stapelt säuberlich ein einzelnes Axiom oder Axiomenschema auf das andere, anstatt mit dem Bagger Axiome sorglos dazuzuschaufeln.

Das Problem hierbei ist, dass der Stapel nicht zu hoch, aber auch nicht zu niedrig werden darf: Der Stapel ist ‚zu hoch', wenn man aus dem Axiomensystem *zu viele* Aussagen ableiten kann, d.h. wenn man Aussagen erhält, die gar nicht in der anvisierten Theorie enthalten sind,[4] und er ist ‚zu niedrig', wenn man *zu wenig* Aussagen ableiten kann, d.h. wenn man einige in der Theorie enthaltene Aussagen nicht erhält.

Soll ein formales System (hier die Prädikatenlogik 1. Stufe, ergänzt durch eine Menge von $\mathcal{L}$-Formeln, die Axiome) ‚reale' mathematische Objekte beschreiben (in diesem Fall eine bestimmte $\mathcal{L}$-Struktur), so fasst man die Qualität einer solchen Beschreibung mittels des Begriffspaars der Korrektheit und der Vollständigkeit. Sie entsprechen in der Stapel-Metapher den Sachverhalten

[4] In dem Spezialfall, dass diese Theorie *vollständig* ist (d.h. für alle $\varphi \in \mathrm{Aus}(\mathcal{L})$: $\varphi \in T$ oder $\neg\varphi \in T$), z.B. weil sie die Theorie einer einzelnen Struktur (z.B. der natürlichen Zahlen) ist, bedeutet das, dass man Aussagen beweisen kann, die in der betrachteten Theorie (bzw. Struktur) *falsch* sind. Für eine $\mathcal{L}$-Aussage φ und eine $\mathcal{L}$-Theorie T bedeutet jedoch $\varphi \notin T$ i.a. nicht, dass φ ‚falsch' ist ($\neg\varphi \in T$), denn es ist auch der Fall möglich, dass T unvollständig und φ in T schlichtweg unentscheidbar ist ($\varphi, \neg\varphi \notin T$).

‚niedrig genug' und ‚hoch genug'. In der folgenden, etwas unüblichen Definition verzichte ich darauf, die verwendete Logik zu erwähnen.

Definition 3 *Eine $\mathcal{L}$-Formelmenge Σ heißt* korrekt für *eine nicht-leere Klasse $\mathfrak{M}$ von $\mathcal{L}$-Strukturen genau dann, wenn* $\mathrm{Ded}_{\mathcal{L}}(\Sigma) \subset \mathrm{Th}(\mathfrak{M})$ *ist,*[5] *d.h. wenn für alle $\mathcal{L}$-Aussagen φ gilt:*

$$\Sigma \vdash \varphi \quad \Rightarrow \quad \text{für alle } \mathcal{A} \in \mathfrak{M}\text{: } \mathcal{A} \models \varphi.$$

Andernfalls heißt Σ inkorrekt für $\mathfrak{M}$.

Umgekehrt heißt Σ vollständig für $\mathfrak{M}$ *genau dann, wenn* $\mathrm{Th}(\mathfrak{M}) \subset \mathrm{Ded}_{\mathcal{L}}(\Sigma)$ *ist, d.h. wenn für alle $\varphi \in \mathrm{Aus}(\mathcal{L})$ gilt:*

$$\big(\text{für alle } \mathcal{A} \in \mathfrak{M}\text{: } \mathcal{A} \models \varphi\big) \quad \Rightarrow \quad \Sigma \vdash \varphi.$$[6]

Andernfalls heißt Σ unvollständig für $\mathfrak{M}$.

Enthält $\mathfrak{M}$ nur eine einzige Struktur $\mathcal{A}$, so schreibe ich auch „$\mathrm{Th}(\mathcal{A})$" statt „$\mathrm{Th}(\mathfrak{M})$" und „*korrekt* (bzw. *inkorrekt* bzw. *vollständig* bzw. *unvollständig*) *für* $\mathcal{A}$" statt „... für $\mathfrak{M}$".

Ist $\mathfrak{M}$ eine nicht-leere Klasse von $\mathcal{L}$-Strukturen, so axiomatisiert eine $\mathcal{L}$-Formelmenge Σ deren Theorie $\mathrm{Th}(\mathfrak{M})$ offenbar genau dann, wenn Σ korrekt und vollständig für $\mathfrak{M}$ ist.

Manchmal ist der Korrektheitsbegriff weniger nützlich, weil noch unklar ist, wie die betrachteten Strukturen überhaupt beschaffen sein sollen. So legen wir etwa durch die Wahl von Axiomen für die Mengenlehre teilweise erst fest, was für Eigenschaften Mengen eigentlich haben sollen. In solchen Fällen hält man sich besser an den schwächeren Begriff der Widerspruchsfreiheit.

In Abbildung 1 sind die logischen Zusammenhänge zwischen den bekannten und den hier neu eingeführten Korrektheits- und Vollständigkeitsbegriffen sowie dem Begriff der Widerspruchsfreiheit dargestellt. Alle Begriffe sind bezogen auf ein $\Sigma \subset \mathrm{Fml}(\mathcal{L})$, wobei vorausgesetzt wird, dass $\mathfrak{M}$ eine Klasse von $\mathcal{L}$-Strukturen ist, die $\mathcal{A}$ als Element enthält. Pfeile stehen für Implikation, und die Abkürzungen neben den Pfeilen geben jeweils Bedingungen an, unter denen das Zutreffen eines Begriffes auf Σ das eines anderen impliziert („v.f.$\mathcal{A}$" heißt: „vollständig für $\mathcal{A}$" und „k.f.$\mathcal{A}$" analog „korrekt für $\mathcal{A}$"). Wir beweisen hier als Beispiel nur eine dieser Beziehungen.

Bemerkung 1 *Ist $\mathcal{A}$ eine $\mathcal{L}$-Struktur, so sind alle vollständigen und für $\mathcal{A}$ korrekten $\Sigma \subset \mathrm{Fml}(\mathcal{L})$ schon vollständig für $\mathcal{A}$.*

---

[5] $\mathrm{Th}(\mathfrak{M}) := \{\, \varphi \in \mathrm{Aus}(\mathcal{L}) \mid \text{für alle } \mathcal{A} \in \mathfrak{M}\text{: } \mathcal{A} \models \varphi \,\}$ heißt *die Theorie von* $\mathfrak{M}$.

[6] Wohingegen Σ ‚an sich' *vollständig* genau dann ist, wenn für alle $\varphi \in \mathrm{Aus}(\mathcal{L})$ gilt: $\Sigma \vdash \varphi$ oder $\Sigma \vdash \neg\varphi$.

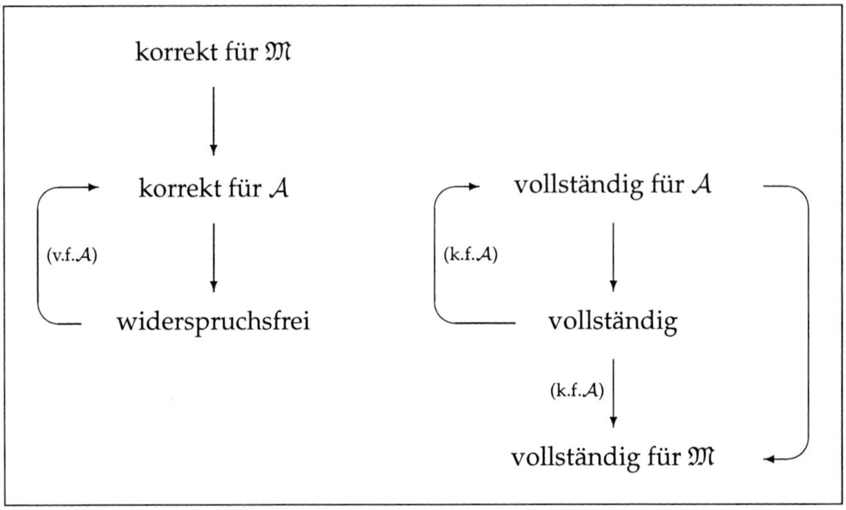

Abbildung 1: Logische Zusammenhänge zwischen den verschiedenen Korrektheits- und Vollständigkeitsbegriffen

Beweis: Nehmen wir an, unter den obigen Voraussetzungen sei Σ unvollständig für $\mathcal{A}$. Das heißt, es gibt ein $\alpha \in \mathrm{Th}(\mathcal{A})$ mit $\Sigma \nvdash \alpha$. Da Σ vollständig ist, muss gelten: $\Sigma \vdash \neg\alpha$. Daraus folgt aber $\mathcal{A} \models \neg\alpha$, da Σ korrekt für $\mathcal{A}$ ist. Damit haben wir $\mathcal{A} \not\models \alpha$ und $\mathcal{A} \models \alpha$, was ein Widerspruch ist. ■

Die übrigen Beziehungen sind genauso leicht zu beweisen.

Im allgemeinen ist es einfacher, eine Menge von Axiomen für eine Klasse von Strukturen korrekt zu halten, als ihre Vollständigkeit zu erreichen. Darüber spricht der GUS.

2.3 Was der Satz besagt

Die wichtigste Frage, auf die der GUS eine Antwort gibt, ist der dritte Punkt des Hilbertschen Programms:

> Ist es möglich, die gesamte Mathematik in ein handliches Axiomensystem zu packen?

oder, genauer gesagt:

> Gibt es eine entscheidbare Axiomatisierung für die gesamte Mathematik?

Angenommen, die Antwort auf diese Frage wäre *Ja* und wir hätten solch eine Axiomatisierung, so könnte theoretisch ein Computer für jede gewünschte Aussage φ (beispielsweise die Goldbachsche Vermutung) in endlicher Zeit berechnen, ob sie wahr oder falsch ist. Warum dies?

Wir können die gesamte Mathematik in der (abzählbaren) Sprache der Mengenlehre formulieren (Punkt 1 des Hilbertschen Programms); d.h. die Menge der sinnvollen mathematischen Aussagen ist entscheidbar. Weiter können wir alles, was in der Mathematik an Logik benötigt wird, in einer entscheidbaren (bzw. rekursiven) Menge logischer Axiome und Schlussregeln zusammenfassen (Punkt 2 des Hilbertschen Programms und Gödelscher Vollständigkeitssatz); d.h. die Menge der formalen Beweise ist rekursiv, *sofern* die Axiomatisierung der Mathematik entscheidbar ist. Damit sind wir bei Punkt 3 des Hilbertschen Programms: Gibt es eine entscheidbare Axiomatisierung für die gesamte Mathematik? Wäre eine solche gegeben, so gäbe es aufgrund ihrer Vollständigkeit einen Beweis für φ oder für $\neg\varphi$, und es könnte wegen der Korrektheit der Axiomatisierung nicht Beweise für *beide* geben. Ein geeignet mit Sprache, Logik und mathematischen Axiomen programmierter Computer könnte also nacheinander alle möglichen Beweise durchgehen und würde den gesuchten früher oder später tatsächlich finden. (In der Praxis würde das natürlich unbrauchbar lange dauern.)

Die Antwort lautet jedoch *Nein*. Genauer besagt der GUS, dass es für keine mathematische Theorie, die so stark ist, dass ihr eigener Beweisbegriff in ihr repräsentiert werden kann, eine entscheidbare Axiomatisierung gibt. Was wir beweisen werden, ist:

Satz 2 (Erster Gödelscher Unvollständigkeitssatz, 1931) *Jede entscheidbare, für $\mathfrak{N}$ korrekte $\mathcal{L}_{\mathfrak{N}}$-Formelmenge $\Sigma_{\mathfrak{N}}$, die die Peano-Axiome enthält, ist unvollständig für $\mathfrak{N}$ und sogar unvollständig überhaupt.*

Man kann sich denken, dass der Satz nicht aus trivialen Gründen gelten soll. Wir werden sehen, dass die Menge der Peano-Axiome entscheidbar ist (es also entscheidbare $\mathcal{L}_{\mathfrak{N}}$-Formelmengen $\Sigma_{\mathfrak{N}}$, die die Peano-Axiome enthalten, *gibt*) und $\mathrm{Th}(\mathfrak{N})$ tatsächlich im oben erwähnten Sinne stark genug ist.

Das Hilbertsche Programm hat noch einen vierten Punkt, nämlich die Frage, ob für eine Axiomatisierung (eines Teilbereiches) der Mathematik mit ihren eigenen oder schwächeren Mitteln bewiesen werden kann, dass sie widerspruchsfrei ist. Die (wiederum negative) Antwort auf diese Frage gibt der *zweite* Gödelsche Unvollständigkeitssatz: Kann aus einem Axiomensystem eine Aussage abgeleitet werden, die dessen Widerspruchsfreiheit behauptet, so muss dieses Axiomensystem widerspruchsvoll sein. Der strenge Beweis dieses Satzes ist noch weitaus komplizierter als der des ersten Unvollständigkeitssatzes. Der Nichtexperte kann jedoch mit Hilfe von Smullyan 1988 auf spielerische Weise einen Eindruck vom Inhalt des zweiten Unvollständigkeitssatzes gewinnen.

3 Wie der Beweis funktioniert

Wir gehen davon aus, dass wir ein entscheidbares, für $\mathfrak{N}$ korrektes Axiomensystem $\Sigma_{\mathfrak{N}}$ für Th($\mathfrak{N}$) besitzen, das die Peano-Axiome enthält. Der Beweis dafür, dass $\Sigma_{\mathfrak{N}}$ unvollständig für $\mathfrak{N}$ ist, wird dadurch erbracht, dass wir eine $\mathcal{L}_{\mathfrak{N}}$-Aussage γ konstruieren, die besagt:

Ich bin aus $\Sigma_{\mathfrak{N}}$ nicht ableitbar.[7]

Nehmen wir an, γ wäre aus $\Sigma_{\mathfrak{N}}$ ableitbar. Dann wäre die Aussage falsch, denn sie besagt ja gerade, dass dies *nicht* der Fall ist. Falsche Aussagen können wir aber aus unserem für $\mathfrak{N}$ korrekten Axiomensystem nicht ableiten. Also ist γ doch nicht aus $\Sigma_{\mathfrak{N}}$ ableitbar. Damit aber ist γ wahr. Das heißt, wir haben eine in $\mathfrak{N}$ gültige Aussage, die aus $\Sigma_{\mathfrak{N}}$ nicht ableitbar ist, und das beweist unsere Behauptung. Dies ist die erste wichtige Idee, die dem GUS zugrunde liegt: Wenn wir zu einem gegebenen für eine Struktur korrekten Axiomensystem eine Aussage konstruieren können, die gerade ihre Nichtbeweisbarkeit aus diesem System behauptet, so haben wir damit dessen Unvollständigkeit für diese Struktur gezeigt.

Die Schwierigkeit besteht in der Konstruktion einer solchen Aussage. Die Aussage γ soll von sich selbst besagen, dass sie nicht ableitbar ist; hier soll also eine $\mathcal{L}_{\mathfrak{N}}$-Formel *über* eine $\mathcal{L}_{\mathfrak{N}}$-Formel sprechen. $\mathcal{L}_{\mathfrak{N}}$-Formeln sprechen aber zunächst einmal nur über natürliche Zahlen, nicht über Formeln. Die Lösung dieses Problems besteht darin, dass wir unsere ganze *Logik* der Arithmetik in die *Arithmetik* übersetzen, so dass wir gewissermaßen in dieser ein isomorphes Abbild von jener erhalten. Bestimmte natürliche Zahlen stehen dann für logische Objekte (Terme, Formeln, Beweise), und wir können bestimmte komplizierte arithmetische Funktionen und Eigenschaften anstelle syntaktischer Funktionen (wie der Substitution) und logischer Eigenschaften (wie Ableitbarkeit) betrachten.

Können wir nun diese Funktionen und Relationen wiederum in der Sprache der Arithmetik formalisieren[8] (d. h. repräsentieren im Sinne des Repräsentierbarkeitssatzes), so haben wir den Kreis geschlossen: Wir haben Formeln beigebracht, über *Formeln* zu sprechen.

[7] Diese Aussage ist verwandt mit der so genannten Lügner-Antinomie von Epimenides, dem Kreter, der sagt: „Alle Kreter lügen." Kürzer kann man die Antinomie in dem Satz fassen: „Dieser Satz ist falsch." Unsere Aussage ist jedoch vergleichsweise unproblematisch.

[8] An dieser Stelle wird dann übrigens die Entscheidbarkeit des Axiomensystems eingehen.

Man kann sich diese Übersetzungsvorgänge als ein Hin- und Herspringen zwischen drei Ebenen veranschaulichen: Die oberste Ebene ist die der üblichen Mathematik, wo wir informell, in der Metasprache, u. a. über natürliche Zahlen reden. Diese Ebene nenne ich M wie „Mathematik“ oder „Metaebene“.

Zu vielen metasprachlichen Objekten, Begriffen, Beziehungen, Sachverhalten gibt es Entsprechungen auf der formalen, objektsprachlichen Ebene, die ich mit F bezeichnen will. So steht etwa die Konstante $\underline{0}$ für die Zahl 0, und die Addition wird durch bestimmte Formeln oder Terme repräsentiert.

Durch unser Übersetzungs- oder Codierungsverfahren können wir nun diesen Entitäten der formalen Ebene F natürliche Zahlen als Codenummern zuordnen, ihre *Gödelnummern*. Wenn wir durch Bezugnahme auf solche Zahlen und ihre ‚arithmetischen‘ Eigenschaften in Wirklichkeit über Formeln und ihre formallogischen Eigenschaften sprechen, befinden wir uns auf der ‚Gödel-Ebene‘ G. Diese als Arithmetik verklausulierte Logik ist aber wiederum Teil der Arithmetik und damit der Metaebene M. Die Arithmetik (bzw. ihre Logik) in dieser Weise in sich selbst hineinzustopfen, ist der zweite wichtige Grundgedanke des GUS.

Das F-Objekt γ kann sich also auf sich selbst beziehen (das nennt man Selbstbezüglichkeit), indem es sich auf seine Gödelnummer bezieht und dieser die G-Eigenschaft abspricht, Codenummer einer ableitbaren Formel zu sein. Hier begegnen wir aber einer zweiten Schwierigkeit. Wenn wir die Gödelnummer von γ in γ selbst hineinschreiben wollen, verfallen wir offenbar in einen infiniten Regress: Es scheint, als müssten wir, bevor wir γ codieren können, erst einmal γ inklusive seiner darin vorkommenden Codenummer hingeschrieben haben; dazu aber müssten wir den Code vor dem Hinschreiben schon kennen!

Eine analoge, fast genauso schwierige Übung in der natürlichen Sprache ist es, in einem Satz aufzuzählen, welche Zeichen er in welcher Anzahl enthält. Schreibt man z. B. zusätzlich in einen Satz die Worte „siebzehn e’s“ hinein, so erhöht das die e-Zahl des Satzes um drei, so dass man also stattdessen eintragen müsste: „zwanzig e’s“ – wenn die e-Zahl dadurch nicht auf achtzehn sinken würde. Dieses Problem ist aber nicht prinzipiell unlösbar, wie das folgende Beispiel von Lee Sallows (Hofstadter 1985, S. 27) zeigt:

> Only the fool would take trouble to verify that his sentence was composed of ten a’s, three b’s, four c’s, four d’s, forty-six e’s, sixteen f’s, four g’s, thirteen h’s, fifteen i’s, two k’s, nine l’s, four m’s, twenty-five n’s, twenty-four o’s, five p’s, sixteen r’s, forty-one s’s, thirty-seven t’s, ten u’s, eight v’s, eight w’s, four x’s, eleven y’s, twenty-seven commas, twenty-three apostrophes, seven hyphens, and, last but not least, a single !

Die oben erwähnten Probleme kann man anhand natürlichsprachlicher Beispiele folgendermaßen illustrieren. Was wir möchten, ist ein Satz, der besagt:

> Ich bin nicht ableitbar.

Wir haben jedoch in unserer formalen Sprache keine Ausdrucksmittel für „ich" oder „diese Aussage", deswegen ist die nächstbeste Idee die, den Satz in sich selbst zu benennen, d. h. zu zitieren:

> Der Satz „Der Satz ‚Der Satz [...] ist nicht ableitbar.' ist nicht ableitbar." ist nicht ableitbar.

Das geht selbstverständlich so weder in der natürlichen noch in unserer formalen Sprache, wie ich schon weiter oben angedeutet habe. Was geht, ist, innerhalb des Satzes eine *Konstruktionsvorschrift* anzugeben, bei deren Befolgung man schließlich den Satz selber wieder erhält:

> „ergibt eine unbeweisbare Aussage, wenn es in Anführungsstriche gesetzt sich selbst vorausgeht." ergibt eine unbeweisbare Aussage, wenn es in Anführungsstriche gesetzt sich selbst vorausgeht.

Dieses Verfahren ist der dritte entscheidende Punkt beim Beweis des Satzes. Wie das in unserer formalen Sprache funktioniert, werden wir in Abschnitt 6 sehen.

4 Die verwendete Logik

Ich beschreibe zunächst die hier verwendete formale Logik im allgemeinen und die der Arithmetik im speziellen. Die Ausführlichkeit, in der das geschieht, mag überraschen, da außer der ungewohnten Syntax kaum etwas Neues vorkommt; sie ist aber gerechtfertigt, da wir später für unseren ersten Übersetzungsschritt (von F nach G) eine detaillierte Darstellung der formallogischen Begriffe benötigen.

4.1 Die Syntax

Die hier verwendete Syntax (eine Variante der so genannten polnischen Notation) ist gerade so gewählt, dass die Übersetzung von F nach G möglichst unkompliziert wird, z. B. dadurch, dass stets das erste Zeichen einer Formel das Hauptzeichen ist und kein Ballast in Form unnötiger Hilfszeichen vorkommt. Dadurch wird das Lesen objektsprachlicher Formeln erschwert, aber wir werden hier ohnehin kaum längeren rein objektsprachlichen Formeln begegnen.

Wir benutzen drei Sorten von Grundzeichen:

logische Zeichen: $\underline{\neg}$, $\underline{\rightarrow}$, $\underline{\forall}$, $\underline{\doteq}$ (Die übrigen Zeichen („$\wedge$", „$\vee$", „$\leftrightarrow$", „$\exists$") werden später mit Hilfe dieser Grundzeichen über metasprachliche Abkürzungen eingeführt.)

Variablenzeichen: $\underline{\mathtt{v}}$

Hilfszeichen: $\underline{'}$ (Ein Komma oder Klammern werden nicht benötigt.)

Die weiteren Zeichen werden durch die jeweilige Sprache $\mathcal{L} = (\lambda, \mu, K)$ festgelegt, wobei $\lambda\colon I \to \mathbb{N}$, $\mu\colon J \to \mathbb{N}$, und I, J und K Mengen sind. (Im Falle von Th($\mathfrak{N}$) sei $\lambda := \{(0,2)\}$, $\mu := \{(0,2),(1,2)\}$, $K := \{0,1\}$.) Dabei sei jeweils R_i für $i \in I$ ein $\lambda(i)$-stelliges Relationszeichen, f_j für $j \in J$ ein $\mu(j)$-stelliges Funktionszeichen und c_k für $k \in K$ eine Konstante. (Es darf nicht $f_j = \underline{\mathtt{v}}$ oder $c_k = \underline{\mathtt{v}}$ vorkommen.)

Im Folgenden werden durch induktive Definitionen die syntaktischen Grundbegriffe eingeführt:

Variablen:

(a) $\underline{\mathtt{v}}$ ist eine Variable.

(b) Ist x eine Variable, so ist auch $\underline{'}x$ eine Variable.

(c) Keine weiteren Zeichenreihen sind Variablen.

Vbl sei die Menge aller Variablen. Wir kürzen

$$\underbrace{\underline{'}\,\underline{'}\ldots\underline{'}}_{n\text{-mal}}\underline{\mathtt{v}}$$

metasprachlich auch als „v_n" ab.

Konstanten: $\mathcal{L}$-Konstanten sind gerade die c_k mit $k \in K$. (Im Falle von Th($\mathfrak{N}$): $c_0 := \underline{0}$, $c_1 := \underline{1}$.)

Terme:

(a) Alle Variablen und $\mathcal{L}$-Konstanten sind $\mathcal{L}$-Terme.

(b) Ist $j \in J$ und sind $t_1, t_2, \ldots, t_{\mu(j)}$ $\mathcal{L}$-Terme, so ist auch $f_j t_1 t_2 \ldots t_{\mu(j)}$ ein $\mathcal{L}$-Term. (Im Falle von Th($\mathfrak{N}$): $f_0 := \underline{+}$, $f_1 := \underline{\cdot}$. Zusammengesetzte Terme haben hier also die Gestalt $\underline{+}t_1t_2$ oder $\underline{\cdot}t_1t_2$.)

(c) Keine weiteren Zeichenreihen sind $\mathcal{L}$-Terme.

Tm($\mathcal{L}$) sei die Menge aller $\mathcal{L}$-Terme. Ein einer natürlichen Zahl n entsprechender $\mathcal{L}_{\mathfrak{N}}$-Term ist z. B.

$$\underbrace{\underline{+}\underline{1}\underline{+}\underline{1}\ldots\underline{+}\underline{1}}_{n\text{-mal}}\underline{0} =: \mathrm{k}_n.$$

Primformeln:

(a) Sind t_1 und t_2 $\mathcal{L}$-Terme, so ist $\underline{\doteq}t_1t_2$ eine $\mathcal{L}$-Primformel.

(b) Ist $i \in I$ und sind $t_1, t_2, \ldots, t_{\lambda(i)}$ $\mathcal{L}$-Terme, so ist $R_it_1t_2 \ldots t_{\lambda(i)}$ eine $\mathcal{L}$-Primformel. (Im Falle von Th($\mathfrak{N}$): $R_0 := \underline{<}$. Primformeln von $\mathcal{L}$ haben hier also die Gestalt $\underline{\doteq}t_1t_2$ oder $\underline{<}t_1t_2$.)

(c) Keine weiteren Zeichenreihen sind $\mathcal{L}$-Primformeln.

Formeln:

(a) Alle $\mathcal{L}$-Primformeln sind $\mathcal{L}$-Formeln.

(b) Sind φ und ψ $\mathcal{L}$-Formeln und ist x eine Variable, so sind auch $\underline{\neg}\varphi$, $\underline{\rightarrow}\varphi\psi$ und $\underline{\forall}x\varphi$ $\mathcal{L}$-Formeln.

(c) Keine weiteren Zeichenreihen sind $\mathcal{L}$-Formeln.

Fml($\mathcal{L}$) sei die Menge aller $\mathcal{L}$-Formeln.

$\mathcal{L}$-Ausdrücke sind gerade die $\mathcal{L}$-Terme und $\mathcal{L}$-Formeln.

Zeichen der Stelligkeit
$$\begin{cases} 0: & \underline{\mathrm{v}} \text{ und alle Konstanten,} \\ 1: & \underline{\neg}, \underline{'}, \\ 2: & \underline{\rightarrow}, \underline{\forall}, \underline{\doteq}. \end{cases}$$

Weiterhin ist für $i \in I$ jeweils R_i ein Zeichen der Stelligkeit $\lambda(i)$, und für $j \in J$ jeweils f_j eines der Stelligkeit $\mu(j)$. (Im Falle von Th($\mathfrak{N}$) sind also $\underline{0}$ und $\underline{1}$ Zeichen der Stelligkeit 0, und $\underline{+}$, $\underline{\cdot}$ und $\underline{<}$ solche der Stelligkeit 2.)

Man mache sich klar, dass in dieser Syntax auch ohne Komma und Klammern für jede Zeichenreihe eindeutig bestimmt ist, wie und aus welchen Termen und Formeln sie aufgebaut ist; das heißt z. B. für Formeln $\varphi_1, \varphi_2, \psi_1, \psi_2$, dass $\underline{\rightarrow}\varphi_1\varphi_2 = \underline{\rightarrow}\psi_1\psi_2$ stets $\varphi_1 = \psi_1$ und $\varphi_2 = \psi_2$ impliziert. Denn es ist für jedes Zeichen eindeutig festgelegt, welche Stelligkeit es hat und ob an einer gegebenen ‚Argumentstelle' ein Term oder eine Formel zu stehen hat. Man kann leicht einen Beweis via Induktion über Term- und Formelaufbau führen, der zeigt, dass für jede syntaktisch korrekt gebildete Zeichenreihe der Sprache eindeutig bestimmt ist, wo ein darin einmal begonnener Ausdruck wieder endet. Danach beginnt dann gegebenenfalls der nächste Ausdruck, sofern noch ‚Argumentstellen' ausstehen. Damit sind Trennungszeichen überflüssig.

Wir können nun Konjunktion, Disjunktion, Bikonditional und Existenzquantor einführen:

$$\begin{aligned} \varphi \wedge \psi &:= \underline{\neg}\underline{\rightarrow}\varphi\underline{\neg}\psi && (\widehat{=}\ \neg(\varphi \rightarrow \neg\psi)), \\ \varphi \vee \psi &:= \underline{\neg}((\underline{\neg}\varphi) \wedge (\underline{\neg}\psi)), && \\ \varphi \leftrightarrow \psi &:= (\underline{\rightarrow}\varphi\psi) \wedge (\underline{\rightarrow}\psi\varphi) && (\widehat{=}\ (\varphi \rightarrow \psi) \wedge (\psi \rightarrow \varphi)), \\ \exists x &:= \underline{\neg}\underline{\forall}x\underline{\neg}. && \end{aligned}$$

4.2 Die Axiome

Statt einzelner Axiome benutze ich überall Axiomen*schemata*, weil hier in diesem Punkt durch Sparsamkeit nichts zu gewinnen wäre – obwohl das zumindest bei den identitätslogischen und den Peano-Axiomen (das Induktions‚axiom' ausgenommen) nicht notwendig wäre.

Ich gebe die Axiome zunächst der besseren Lesbarkeit halber in der gebräuchlichen Schreibweise an, dann eventuell (in der gebräuchlichen Schreibweise) unter ausschließlicher Verwendung der Grundzeichen $\underline{\neg}$, $\underline{\to}$, $\underline{\forall}$, $\underline{\doteq}$, $\underline{\mathrm{v}}$, $\underline{'}$, c_k $(k \in K)$, f_j $(j \in J)$ und R_i $(i \in I)$ und schließlich noch streng nach den Vorschriften der im vorigen Abschnitt eingeführten Syntax, in welcher Form wir sie später für die Übersetzung von F nach G brauchen werden.

Aussagenlogische Axiome sind die $\mathcal{L}$-Formeln der Gestalten

(A$_1$) $\varphi \wedge \psi \to \varphi$ (ex quolibet verum)
(genauer: $\varphi \to (\psi \to \varphi)$;
ganz streng: $\underline{\to}\,\varphi\,\underline{\to}\psi\varphi$),

(A$_2$) $(\varphi \to (\psi\to\chi) \wedge \psi) \to (\varphi \to \chi)$ (MP-ähnlich)
($\hat{=}$ $(\varphi \to (\psi\to\chi)) \to ((\varphi\to\psi) \to (\varphi\to\chi))$
$\hat{=}$ $\underline{\to}\,\underline{\to}\,\varphi\,\underline{\to}\psi\chi\,\underline{\to}\,\underline{\to}\varphi\psi\,\underline{\to}\varphi\chi$),

(A$_3$) $\varphi \wedge \neg\varphi \to \psi$ (ex falso quodlibet)
($\hat{=}$ $\varphi \to (\neg\varphi \to \psi)$
$\hat{=}$ $\underline{\to}\,\varphi\,\underline{\to}\,\underline{\neg}\varphi\,\psi$),

(A$_4$) $(\varphi \vee \neg\varphi \to \psi) \to \psi$ (Dilemma)
($\hat{=}$ $(\varphi \to \psi) \to ((\neg\varphi \to \psi) \to \psi)$
$\hat{=}$ $\underline{\to}\,\underline{\to}\varphi\psi\,\underline{\to}\,\underline{\to}\,\underline{\neg}\varphi\,\psi\,\psi$),

wenn φ, ψ und χ $\mathcal{L}$-Formeln sind.

Man kann zeigen (z.B. Friedrichsdorf 1992), dass diese Axiomatisierung der Aussagenlogik genau gleich stark wie die in Prestel 1986 ist, wo als aussagenlogische Axiome alle (Einsetzungsinstanzen von) aussagenlogischen Tautologien gewählt werden. Die übrigen hier angegebenen logischen und nichtlogischen Axiome sowie Schlussregeln folgen Prestel 1986.

Quantorenlogische Axiome sind die $\mathcal{L}$-Formeln der Gestalten

(Q$_1$) $\forall x\varphi \to \varphi(x/t)$ (Spezialisierung)
($\hat{=}$ $\underline{\to}\,\underline{\forall}x\varphi\,\varphi(x/t)$)
wenn φ eine $\mathcal{L}$-Formel, x eine Variable und t ein $\mathcal{L}$-Term ist, und t frei für x in φ ist,

(Q_2) $\forall x(\varphi \to \psi) \to (\varphi \to \forall x\psi)$
$(\widehat{=}\ \underline{\to}\,\underline{\forall}x\,\underline{\to}\varphi\psi\,\underline{\to}\,\varphi\,\underline{\forall}x\psi)$
wenn φ und ψ Formeln der Sprache $\mathcal{L}$ sind und x eine Variable ist, die in φ nicht frei vorkommt.

Identitätslogische Axiome: Ist $i \in I$, $j \in J$, sind x, y, z Variablen, u_1, u_2, ..., $u_{\lambda(i)}$ paarweise verschiedene Variablen, w_1, w_2, ..., $w_{\mu(j)}$ paarweise verschiedene Variablen, $l \in [\lambda(i)]$ und $m \in [\mu(j)]$, so sind

(I_1) $x \doteq x$ (Reflexivität)
$(\widehat{=}\ \underline{\doteq}xx)$,

(I_2) $x \doteq y \land x \doteq z \to y \doteq z$ (Komparativität[9])
$(\widehat{=}\ x \doteq y \to (x \doteq z \to y \doteq z)$,
$\widehat{=}\ \underline{\to}\,\underline{\doteq}xy\,\underline{\to}\,\underline{\doteq}xz\,\underline{\doteq}yz)$,

(I_3) $x \doteq y \land R_i(u_1, u_2, \ldots, u_{\lambda(i)})(u_l/x) \to R_i(u_1, u_2, \ldots, u_{\lambda(i)})(u_l/y)$
(Ersetzung von Gleichem I)
$(\widehat{=}\ \underline{\to}\,\underline{\doteq}xy\,\underline{\to}\,(R_i u_1 u_2 \ldots u_{\lambda(i)})(u_l/x)\,(R_i u_1 u_2 \ldots u_{\lambda(i)})(u_l/y))$,

(I_4) $x \doteq y \to f_j(w_1, w_2, \ldots, w_{\mu(j)})(w_m/x) \doteq f_j(w_1, w_2, \ldots, w_{\mu(j)})(w_m/y)$
(Ersetzung von Gleichem II)
$(\widehat{=}\ \underline{\to}\,\underline{\doteq}xy\,\underline{\doteq}\,(f_j w_1 w_2 \ldots w_{\mu(j)})(w_m/x)\,(f_j w_1 w_2 \ldots w_{\mu(j)})(w_m/y))$,

identitätslogische Axiome.

Im Falle von Th($\mathfrak{N}$) nehmen wir als **nichtlogische Axiome** die Peano-Axiome der Arithmetik hinzu, d.h. für alle Variablen x und y und alle $\varphi \in \mathrm{Fml}(\mathcal{L})$:

(P_1) $x+1 \neq 0$ (Null)
$(\widehat{=}\ \underline{\neg}\,\underline{\doteq}\,\underline{+}x\underline{1}\,\underline{0})$,

(P_2) $x+1 \doteq y+1 \to x \doteq y$ (Nachfolger)
$(\widehat{=}\ \underline{\to}\,\underline{\doteq}\,\underline{+}x\underline{1}\,\underline{+}y\underline{1}\,\underline{\doteq}xy)$,

(P_3) $x+0 \doteq x$ (Neutralelement)
$(\widehat{=}\ \underline{\doteq}\,\underline{+}x\underline{0}\,x)$,

(P_4) $x + (y+1) \doteq (x+y) + 1$ (Assoziativität)
$(\widehat{=}\ \underline{\doteq}\,\underline{+}\,x\,\underline{+}y\underline{1}\,\underline{+}\,\underline{+}xy\,\underline{1})$,

(P_5) $x \cdot 0 \doteq 0$ (Multiplikation)
$(\widehat{=}\ \underline{\doteq}\,\underline{\cdot}x\underline{0}\,\underline{0})$,

[9] Unter Voraussetzung der Reflexivität ist die Komparativität äquivalent zur Konjunktion von Symmetrie und Transitivität.

(P$_6$) $x \cdot (y{+}1) \doteq x{\cdot}y + x$ (Distributivität)
$(\widehat{=}\ \underline{\doteq}\,\underline{:}\,x\,\underline{+}\,y\,\underline{1}\ \underline{+}\,\underline{:}\,xy\,x)$,

(P$_7$) $\varphi(x/0) \wedge \forall x\big(\varphi \to \varphi(x/x{+}1)\big) \to \varphi$ (Induktion)
$(\widehat{=}\ \underline{\to}\,\varphi(x/\underline{0})\ \underline{\to}\,\underline{\forall}x\,\underline{\to}\,\varphi\,\varphi(x/\underline{+}\,x\,\underline{1})\,\varphi)$.

Wir beschäftigen uns mit Axiomensystemen für die Arithmetik, die die Peano-Axiome enthalten. Es ist egal, ob und was diese Axiomensysteme über die Peano-Axiome hinaus enthalten (solange sie korrekt für $\mathfrak{N}$ sind), daher bezeichne ich die im folgenden als gegeben angenommene Menge nichtlogischer Axiome für Th($\mathfrak{N}$) einfach mit „$\Sigma_{\mathfrak{N}}$".

4.3 Die logischen Regeln

Modus ponens: Für alle $\mathcal{L}$-Formeln φ und ψ: $\dfrac{\underline{\to}\varphi\psi \quad \varphi}{\psi}$.

Generalisierungsregel: Für alle $\mathcal{L}$-Formeln φ und alle Variablen x: $\dfrac{\varphi}{\underline{\forall}x\varphi}$.

5 Die ‚Repräsentation' der Logik in der Arithmetik

Ich gebe nun, wie angekündigt, eine Übersetzung der formallogischen Ebene F in die Codeebene G an.

5.1 Gödelnummern

Einzelnen Zeichen werden über die Funktion SN Zahlen zugeordnet, ihre *Symbolnummern.* Ausdrücke werden ihrem Aufbau folgend induktiv aufgedröselt und sukzessive in Zahlen übersetzt, die *Gödelnummern* der Ausdrücke. Dies geschieht mit Hilfe der zu Beginn erwähnten Folgennummern.

SN:			für Th($\mathfrak{N}$)	für Th($\mathfrak{N}$)
	$\underline{\neg} \mapsto 1$	$\underline{\doteq} \mapsto 4$	$\underline{\leq} \mapsto 7$	$\underline{0} \mapsto 10$
	$\underline{\to} \mapsto 2$	$\underline{\mathrm{v}} \mapsto 5$	$\underline{+} \mapsto 8$	$\underline{1} \mapsto 11$
	$\underline{\forall} \mapsto 3$	$\underline{'} \mapsto 6$	$\underline{:} \mapsto 9$	

Ausdrücke haben die Gestalt $\sigma\beta_1\beta_2 \ldots \beta_n$, wobei σ ein Zeichen der Stelligkeit n ist und $\beta_1, \beta_2, \ldots, \beta_n$ wiederum Ausdrücke sind. (Im Falle von Th($\mathfrak{N}$) ist dabei stets $n \leq 2$.)

Gödelnummer von $\sigma\beta_1\beta_2 \ldots \beta_n$ $:= \ulcorner\sigma\beta_1\beta_2 \ldots \beta_n\urcorner$
$:= \big\langle \mathrm{SN}(\sigma), \ulcorner\beta_1\urcorner, \ulcorner\beta_2\urcorner, \ldots, \ulcorner\beta_n\urcorner \big\rangle$.

Man mache sich bewusst, dass die so definierte Gödelnummer eines Ausdrucks dessen Struktur widerspiegelt; d.h. wenn wir eine Gödelnummer in die einzelnen Glieder der codierten Folge auflösen, so erhalten wir nicht etwa die Folge der Symbolnummern der *einzelnen Zeichen*, sondern die Symbolnummer des *Hauptzeichens*, gefolgt von den Gödelnummern der im syntaktischen Aufbau des Ausdrucks *,nächstkleineren' Ausdrücke*.

5.2 ,Arithmetisierung' der Logik (F → G)

Wir definieren jetzt – oft induktiv – einige (i.a. rekursive) arithmetische Prädikate und Funktionen, die jeweils metasprachlichen syntaktisch-logischen Prädikaten bzw. Funktionen entsprechen.[10] Man kann diese Definitionen jeweils mit den entsprechenden Definitionen in Abschnitt 4 vergleichen. Verstehen können wird man sie ohne diese Gegenüberstellung sowieso kaum. Von den durch die Codierung bedingten Eigentümlichkeiten abgesehen, entsprechen sich diese Definitionen meist ziemlich detailliert.

$$\mathrm{Var}(n) \quad :\Leftrightarrow \quad n = \langle \mathrm{SN}(\underline{\mathrm{v}})\rangle \text{ oder } \big[n = \big\langle \mathrm{SN}(\underline{'}), (n)_1\big\rangle \quad \& \quad \mathrm{Var}((n)_1)\big].$$

Var trifft genau auf diejenigen natürlichen Zahlen zu, die Gödelnummern von Variablen sind.

n ist Gödelnummer eines Terms:

$$\mathrm{Term}_{\mathfrak{N}}(n) \ :\Leftrightarrow \begin{cases} \quad n = \langle \mathrm{SN}(\underline{0})\rangle \text{ oder } n = \langle \mathrm{SN}(\underline{1})\rangle \text{ oder } \mathrm{Var}(n) \\ \text{oder } \big[\quad n = \big\langle (n)_0, (n)_1, (n)_2\big\rangle \quad \& \quad (n)_0 \in \{\mathrm{SN}(\underline{+}), \mathrm{SN}(\underline{\cdot})\} \\ \qquad \& \ \mathrm{Term}_{\mathfrak{N}}((n)_1) \quad \& \quad \mathrm{Term}_{\mathfrak{N}}((n)_2)\big]. \end{cases}$$

Primformel:

$$\mathrm{PFor}_{\mathfrak{N}}(n) \ :\Leftrightarrow \begin{cases} \quad n = \big\langle (n)_0, (n)_1, (n)_2\big\rangle \quad \& \quad (n)_0 \in \{\mathrm{SN}(\underline{\doteq}), \mathrm{SN}(\underline{\leq})\} \\ \& \ \mathrm{Term}_{\mathfrak{N}}((n)_1) \quad \& \quad \mathrm{Term}_{\mathfrak{N}}((n)_2). \end{cases}$$

[10] Außer bei Var machen diese Definitionen nur Sinn, wenn zuvor eine konkrete Sprache $\mathcal{L}$ festgelegt wurde. Die Namen derjenigen Prädikate und Funktionen, deren Definition sich ausdrücklich auf Th($\mathfrak{N}$) bezieht, sind mit einem Index „$\mathfrak{N}$" versehen. Allgemein hat man sich dazuzudenken, dass z.B. „$\mathrm{For}_{\mathfrak{N}}$" das For entsprechende Prädikat bezeichnet, das sich speziell auf Th($\mathfrak{N}$) bezieht, und umgekehrt z.B. PFor das $\mathrm{PFor}_{\mathfrak{N}}$ entsprechende Prädikat für eine nicht näher bestimmte Sprache ist. Wo möglich, wurde die allgemeinere Fassung angegeben, ansonsten die $\mathfrak{N}$-Fassung. Im allgemeinen ist es bei den $\mathfrak{N}$-Definitionen leicht, sie für Sprachen mit endlich vielen Relations- und Funktionszeichen und Konstanten abzuändern.

Formel:

$$\mathrm{For}(n) \;:\Leftrightarrow\; \begin{cases} \quad \mathrm{PFor}(n) \\ \text{oder } \big[n = \langle \mathrm{SN}(\underline{\neg}), (n)_1 \rangle \;\;\&\;\; \mathrm{For}((n)_1)\big] \\ \text{oder } \big[\;\; n = \big\langle (n)_0, (n)_1, (n)_2 \big\rangle \;\;\&\;\; \mathrm{For}((n)_2) \\ \quad \& \;\big(\quad \big[(n)_0 = \mathrm{SN}(\underline{\rightarrow}) \;\;\&\;\; \mathrm{For}((n)_1)\big] \\ \qquad \text{oder } \big[(n)_0 = \mathrm{SN}(\underline{\forall}) \;\;\&\;\; \mathrm{Var}((n)_1)\big]\big)\big]. \end{cases}$$

Die beiden nächsten Definitionen beziehen sich nur auf Sprachen mit höchstens zweistelligen Relationen und Funktionen, können aber für andere Sprachen leicht verallgemeinert werden.

Sind b, x, t die Gödelnummern eines Ausdrucks, einer Variable respektive eines Terms, so liefert $\mathrm{Sub}(b, x, t)$ die Gödelnummer des Ausdrucks, den man durch Substitution des Terms für die Variable in dem Ausdruck erhält; d.h. $\mathrm{Sub}(\ulcorner \beta \urcorner, \ulcorner x \urcorner, \ulcorner t \urcorner) = \ulcorner \beta(x/t) \urcorner$.

$$\mathrm{Sub}(b, x, t) \;:=\; \begin{cases} t, & \text{falls } \mathrm{Var}(b) \;\&\; b = x, \\ \big\langle (b)_0, \mathrm{Sub}((b)_1, x, t) \big\rangle, & \text{falls } b = \big\langle (b)_0, (b)_1 \big\rangle \\ & \;\&\;\; (b)_0 \neq \mathrm{SN}(\underline{'}), \\ \big\langle (b)_0, \mathrm{Sub}((b)_1, x, t), \mathrm{Sub}((b)_2, x, t) \big\rangle, & \text{falls} \\ & b = \big\langle (b)_0, (b)_1, (b)_2 \big\rangle \\ & \;\&\;\; (b)_0 \neq \mathrm{SN}(\underline{\forall}), \\ \big\langle \mathrm{SN}(\underline{\forall}), (b)_1, \mathrm{Sub}((b)_2, x, t) \big\rangle, & \text{falls} \\ & b = \big\langle \mathrm{SN}(\underline{\forall}), (b)_1, (b)_2 \big\rangle \\ & \;\&\;\; (b)_1 \neq x, \\ b, & \text{sonst.} \end{cases}$$

‚x' ist frei im Ausdruck ‚b':

$$\mathrm{Fr}(x, b) \;:\Leftrightarrow\; \begin{cases} \quad \big[\mathrm{Var}(b) \;\;\&\;\; x = b\big] \\ \text{oder } \big[b = \langle \mathrm{SN}(\underline{\neg}), (b)_1 \rangle \;\;\&\;\; \mathrm{Fr}(x, (b)_1)\big] \\ \text{oder } \big[\;\; b = \big\langle (b)_0, (b)_1, (b)_2 \big\rangle \;\;\&\;\; (b)_0 \neq \mathrm{SN}(\underline{\forall}) \\ \quad \& \;\big(\mathrm{Fr}(x, (b)_1) \text{ oder } \mathrm{Fr}(x, (b)_2)\big)\big] \\ \text{oder } \big[b = \big\langle \mathrm{SN}(\underline{\forall}), (b)_1, (b)_2 \big\rangle \;\;\&\;\; (b)_1 \neq x \;\;\&\;\; \mathrm{Fr}(x, (b)_2)\big]. \end{cases}$$

‚t' ist substituierbar (frei) für ‚x' in ‚b':

$$\mathrm{Sbar}(t,x,b) \;:\Leftrightarrow\; \begin{cases} \quad \big[b = \langle \mathrm{SN}(\underline{\neg}), (b)_1\rangle \;\&\; \mathrm{Sbar}(t,x,(b)_1)\big] \\ \text{oder } \big[\; b = \big\langle (b)_0, (b)_1, (b)_2\big\rangle \;\&\; (b)_0 \neq \mathrm{SN}(\underline{\forall}) \\ \quad \& \; \mathrm{Sbar}(t,x,(b)_1) \;\&\; \mathrm{Sbar}(t,x,(b)_2)\big] \\ \text{oder } \Big[\; b = \big\langle \mathrm{SN}(\underline{\forall}), (b)_1, (b)_2\big\rangle \\ \quad \& \; \Big((b)_1 \neq x \;\Rightarrow \\ \qquad \text{nicht } \big(\mathrm{Fr}(x,(b)_2) \;\&\; \mathrm{Fr}((b)_1,t)\big) \\ \qquad \& \; \mathrm{Sbar}(t,x,(b)_2)\Big)\Big]. \end{cases}$$

Aussagenlogische Axiome:

$$\mathrm{aAx}(n) \;:\Leftrightarrow\; \begin{cases} \quad \Big[\; n = \Big\langle \mathrm{SN}(\underline{\rightarrow}), (n)_1, \big\langle \mathrm{SN}(\underline{\rightarrow}), (n)_{21}, (n)_1\big\rangle\Big\rangle \\ \quad \& \; \mathrm{For}((n)_1) \;\&\; \mathrm{For}((n)_{21})\Big] \\ \text{oder } \Big[\; n = \Big\langle \mathrm{SN}(\underline{\rightarrow}), \\ \qquad \Big\langle \mathrm{SN}(\underline{\rightarrow}), (n)_{11}, \big\langle \mathrm{SN}(\underline{\rightarrow}), (n)_{121}, (n)_{122}\big\rangle\Big\rangle, \\ \qquad \Big\langle \mathrm{SN}(\underline{\rightarrow}), \\ \qquad\quad \big\langle \mathrm{SN}(\underline{\rightarrow}), (n)_{11}, (n)_{121}\big\rangle, \\ \qquad\quad \big\langle \mathrm{SN}(\underline{\rightarrow}), (n)_{11}, (n)_{122}\big\rangle\Big\rangle\Big\rangle \\ \quad \& \; \mathrm{For}((n)_{11}) \;\&\; \mathrm{For}((n)_{121}) \;\&\; \mathrm{For}((n)_{122})\Big] \\ \text{oder } \Big[\; n = \Big\langle \mathrm{SN}(\underline{\rightarrow}), (n)_1, \Big\langle \mathrm{SN}(\underline{\rightarrow}), \big\langle \mathrm{SN}(\underline{\neg}), (n)_1\big\rangle, (n)_{22}\Big\rangle\Big\rangle \\ \quad \& \; \mathrm{For}((n)_1) \;\&\; \mathrm{For}((n)_{22})\Big] \\ \text{oder } \Big[\; n = \Big\langle \mathrm{SN}(\underline{\rightarrow}), \\ \qquad \big\langle \mathrm{SN}(\underline{\rightarrow}), (n)_{11}, (n)_{12}\big\rangle, \\ \qquad\quad \big\langle \mathrm{SN}(\underline{\rightarrow}), \big\langle \mathrm{SN}(\underline{\neg}), (n)_{11}\big\rangle, (n)_{12}\big\rangle, \\ \qquad\quad (n)_{12}\Big\rangle\Big\rangle \\ \quad \& \; \mathrm{For}((n)_{11}) \;\&\; \mathrm{For}((n)_{12})\Big]. \end{cases}$$

Quantorenlogische Axiome:

$$\mathrm{qAx}(n) \;:\Leftrightarrow \begin{cases} \text{ex. } t < n\text{: } \Big[\; n = \Big\langle \mathrm{SN}(\underline{\rightarrow}), \\ \qquad\qquad \langle \mathrm{SN}(\underline{\forall}), (n)_{11}, (n)_{12}\rangle, \\ \qquad\qquad \mathrm{Sub}\big((n)_{12}, (n)_{11}, t\big)\Big\rangle \\ \qquad \;\&\; \mathrm{Var}((n)_{11}) \;\&\; \mathrm{For}((n)_{12}) \;\&\; \mathrm{Term}(t) \\ \qquad \;\&\; \mathrm{Sbar}(t, (n)_{11}, (n)_{12})\Big] \\ \text{oder } \Big[\; n = \Big\langle \mathrm{SN}(\underline{\rightarrow}), \\ \qquad \Big\langle \mathrm{SN}(\underline{\forall}), (n)_{11}, \langle \mathrm{SN}(\underline{\rightarrow}), (n)_{121}, (n)_{122}\rangle\Big\rangle, \\ \qquad \Big\langle \mathrm{SN}(\underline{\rightarrow}), (n)_{121}, \langle \mathrm{SN}(\underline{\forall}), (n)_{11}, (n)_{122}\rangle\Big\rangle\Big\rangle \\ \;\&\; \mathrm{Var}((n)_{11}) \;\&\; \mathrm{For}((n)_{121}) \;\&\; \mathrm{For}((n)_{122}) \\ \;\&\; \text{nicht } \mathrm{Fr}\big((n)_{11}, (n)_{121}\big)\Big]. \end{cases}$$

Diese Definition ist insofern etwas trickreicher als die vorigen, als in ihr eine – allerdings beschränkte – Existenzaussage vorkommt. Das Prädikat qAx ‚untersucht' n darauf hin, ob es Gödelnummer einer Instanz eines der beiden Axiomenschemata (Q_1), (Q_2) ist. Ist n Gödelnummer einer Instanz von (Q_1), so gibt es einen Term (dessen Gödelnummer t sei), so dass $(n)_2$ das Ergebnis der ‚Substitution'von t für $(n)_{11}$ ($\widehat{=}\ x$) in $(n)_{12}$ ($\widehat{=}\ \varphi$) ist. Damit qAx *alle* Instanzen von (Q_1) findet, müssen wir für t im Prinzip alle Gödelnummern von $\mathcal{L}$-Termen zulassen, d.h. beliebig große Zahlen. Würde man dazu jedoch zu Beginn des ersten Falles der Definition eine *unbeschränkte* Existenzaussage für t machen, so wäre qAx nicht mehr rekursiv, da ja i.a. kein solches t existieren wird.

Die Einschränkung $t < n$ schließt jedoch nicht wirklich mögliche Fälle aus: Nehmen wir an, n sei Gödelnummer einer Instanz von (Q_1). Dann kann t zum einen, über Folgencodierung mehr oder weniger tief verschachtelt, in $\mathrm{Sub}\big((n)_{12}, (n)_{11}, t\big)$ ‚vorkommen'; es kann zum anderen aber auch sein, dass t gar nicht darin ‚enthalten' ist. Weiter ist $\mathrm{Sub}\big((n)_{12}, (n)_{11}, t\big)$, über Folgencodierung einmal verschachtelt, in n ‚enthalten'. Wenn also t in $\mathrm{Sub}\big((n)_{12}, (n)_{11}, t\big)$ ‚vorkommt', so gilt aufgrund unserer Bemerkungen über Folgennummern in Abschnitt 1:

$$n > \mathrm{Sub}\big((n)_{12}, (n)_{11}, t\big) > t.$$

Wenn hingegen t in $\mathrm{Sub}\big((n)_{12}, (n)_{11}, t\big)$ nicht ‚vorkommt' (d.h. t ist zwar ‚frei für' $(n)_{11}$ in $(n)_1$, wird aber nicht wirklich in $(n)_{12}$ ‚eingesetzt', z.B. weil die ‚Variable' $(n)_{11}$ in $(n)_{12}$ gar nicht ‚frei vorkommt'), so ist $\mathrm{Sub}\big((n)_{12}, (n)_{11}, t\big) = \mathrm{Sub}\big((n)_{12}, (n)_{11}, (n)_{11}\big)$ und wir haben wiederum:

$$n > (n)_1 > (n)_{11} =: t',$$

in welchem Falle die Existenzaussage von t' erfüllt wird.

Identitätslogische Axiome für $\mathrm{Th}(\mathfrak{N})$:

$$
\mathrm{iAx}_{\mathfrak{N}}(n) \;:\Leftrightarrow\; \left\{ \begin{array}{l}
\quad [n = \langle \mathrm{SN}(\underline{\doteq}), (n)_1, (n)_1 \rangle \;\; \& \;\; \mathrm{Var}((n)_1)] \\
\text{oder} \Big[\quad n = \Big\langle \mathrm{SN}(\underline{\rightarrow}), \\
\qquad\qquad \langle \mathrm{SN}(\underline{\doteq}), (n)_{11}, (n)_{12} \rangle, \\
\qquad\qquad \Big\langle \mathrm{SN}(\underline{\rightarrow}), \\
\qquad\qquad\quad \langle \mathrm{SN}(\underline{\doteq}), (n)_{11}, (n)_{212} \rangle, \\
\qquad\qquad\quad \langle \mathrm{SN}(\underline{\doteq}), (n)_{12}, (n)_{212} \rangle \Big\rangle \Big\rangle \\
\quad \& \;\; \mathrm{Var}((n)_{11}) \;\; \& \;\; \mathrm{Var}((n)_{12}) \;\; \& \;\; \mathrm{Var}((n)_{212}) \Big] \\
\text{oder} \Big[\quad n = \Big\langle \mathrm{SN}(\underline{\rightarrow}), \\
\qquad\qquad \langle \mathrm{SN}(\underline{\doteq}), (n)_{11}, (n)_{12} \rangle, \\
\qquad\qquad \langle \mathrm{SN}(\underline{\rightarrow}), (n)_{21}, (n)_{22} \rangle \Big\rangle \\
\quad \& \;\; \Big(\quad \Big[\;\; (n)_{21} = \langle \mathrm{SN}(\underline{\leq}), (n)_{11}, (n)_{212} \rangle \\
\qquad\qquad \& \;\; (n)_{22} = \langle \mathrm{SN}(\underline{\leq}), (n)_{12}, (n)_{212} \rangle \Big] \\
\qquad\quad \text{oder} \Big[\;\; (n)_{21} = \langle \mathrm{SN}(\underline{\leq}), (n)_{211}, (n)_{11} \rangle \\
\qquad\qquad \& \;\; (n)_{22} = \langle \mathrm{SN}(\underline{\leq}), (n)_{211}, (n)_{12} \rangle \Big] \Big) \\
\quad \& \;\; \mathrm{Var}((n)_{11}) \;\; \& \;\; \mathrm{Var}((n)_{12}) \;\; \& \;\; \mathrm{Var}((n)_{211}) \;\; \& \;\; \mathrm{Var}((n)_{212}) \Big] \\
\text{oder} \Big[\quad n = \Big\langle \mathrm{SN}(\underline{\rightarrow}), \\
\qquad\qquad \langle \mathrm{SN}(\underline{\doteq}), (n)_{11}, (n)_{12} \rangle, \\
\qquad\qquad \langle \mathrm{SN}(\underline{\doteq}), (n)_{21}, (n)_{22} \rangle \Big\rangle \\
\quad \& \;\; \Big(\quad \Big[\;\; (n)_{21} = \langle (n)_{210}, (n)_{11}, (n)_{212} \rangle \\
\qquad\qquad \& \;\; (n)_{22} = \langle (n)_{210}, (n)_{12}, (n)_{212} \rangle \Big] \\
\qquad\quad \text{oder} \Big[\;\; (n)_{21} = \langle (n)_{210}, (n)_{211}, (n)_{11} \rangle \\
\qquad\qquad \& \;\; (n)_{22} = \langle (n)_{210}, (n)_{211}, (n)_{12} \rangle \Big] \Big) \\
\quad \& \;\; (n)_{210} \in \{ \mathrm{SN}(\underline{+}), \mathrm{SN}(\underline{\cdot}) \} \\
\quad \& \;\; \mathrm{Var}((n)_{11}) \;\; \& \;\; \mathrm{Var}((n)_{12}) \;\; \& \;\; \mathrm{Var}((n)_{211}) \;\; \& \;\; \mathrm{Var}((n)_{212}) \Big].
\end{array} \right.
$$

Peano-Axiome:

$$
\mathrm{nlAx}_{\mathfrak{N}}(n) \;:\Leftrightarrow\;
\begin{cases}
\Big[n = \Big\langle \mathrm{SN}(\underline{\neg}), \Big\langle \mathrm{SN}(\underline{\doteq}), \langle \mathrm{SN}(\underline{+}), (n)_{111}, \ulcorner\underline{1}\urcorner\rangle, \ulcorner\underline{0}\urcorner\Big\rangle\Big\rangle \;\&\; \mathrm{Var}((n)_{111}\Big] \\
\text{oder} \Big[\quad n = \Big\langle \mathrm{SN}(\underline{\rightarrow}), \\
\qquad \Big\langle \mathrm{SN}(\underline{\doteq}), \langle \mathrm{SN}(\underline{+}), (n)_{111}, \ulcorner\underline{1}\urcorner\rangle, \langle \mathrm{SN}(\underline{+}), (n)_{121}, \ulcorner\underline{1}\urcorner\rangle\Big\rangle, \\
\qquad \langle \mathrm{SN}(\underline{\doteq}), (n)_{111}, (n)_{121}\rangle\Big\rangle \\
\quad \& \;\mathrm{Var}((n)_{111}) \;\&\; \mathrm{Var}((n)_{121})\Big] \\
\text{oder} \Big[n = \Big\langle \mathrm{SN}(\underline{\doteq}), \langle \mathrm{SN}(\underline{+}), (n)_{11}, \ulcorner\underline{0}\urcorner\rangle, (n)_{11}\Big\rangle \;\&\; \mathrm{Var}((n)_{11})\Big] \\
\text{oder} \Big[\quad n = \Big\langle \mathrm{SN}(\underline{\doteq}), \\
\qquad \Big\langle \mathrm{SN}(\underline{+}), (n)_{11}, \langle \mathrm{SN}(\underline{+}), (n)_{121}, \ulcorner\underline{1}\urcorner\rangle\Big\rangle, \\
\qquad \Big\langle \mathrm{SN}(\underline{+}), \langle \mathrm{SN}(\underline{+}), (n)_{11}, (n)_{121}\rangle, \ulcorner\underline{1}\urcorner\Big\rangle\Big\rangle \\
\quad \& \;\mathrm{Var}((n)_{11}) \;\&\; \mathrm{Var}((n)_{121})\Big] \\
\text{oder} \Big[n = \Big\langle \mathrm{SN}(\underline{\doteq}), \langle \mathrm{SN}(\underline{\cdot}), (n)_{11}, \ulcorner\underline{0}\urcorner\rangle, \ulcorner\underline{0}\urcorner\Big\rangle \;\&\; \mathrm{Var}((n)_{11})\Big] \\
\text{oder} \Big[\quad n = \Big\langle \mathrm{SN}(\underline{\doteq}), \\
\qquad \Big\langle \mathrm{SN}(\underline{\cdot}), (n)_{11}, \langle \mathrm{SN}(\underline{+}), (n)_{121}, \ulcorner\underline{1}\urcorner\rangle\Big\rangle, \\
\qquad \Big\langle \mathrm{SN}(\underline{+}), \langle \mathrm{SN}(\underline{\cdot}), (n)_{11}, (n)_{121}\rangle, (n)_{11}\Big\rangle\Big\rangle \\
\quad \& \;\mathrm{Var}((n)_{11}) \;\&\; \mathrm{Var}((n)_{121})\Big] \\
\text{oder} \Big[\quad n = \Big\langle \mathrm{SN}(\underline{\rightarrow}), \\
\qquad \mathrm{Sub}\big((n)_{2121}, (n)_{211}, \ulcorner\underline{0}\urcorner\big), \\
\qquad \Big\langle \mathrm{SN}(\underline{\rightarrow}), \\
\qquad\quad \Big\langle \mathrm{SN}(\underline{\forall}), (n)_{211}, \\
\qquad\qquad \Big\langle \mathrm{SN}(\underline{\rightarrow}), (n)_{2121}, \\
\qquad\qquad\quad \mathrm{Sub}\Big((n)_{2121}, (n)_{211}, \langle \mathrm{SN}(\underline{+}), (n)_{211}, \ulcorner\underline{0}\urcorner\rangle\Big)\Big\rangle\Big\rangle, \\
\qquad (n)_{2121}\Big\rangle\Big\rangle \\
\quad \& \;\mathrm{Fml}((n)_{2121}) \;\&\; \mathrm{Var}((n)_{211})\Big].
\end{cases}
$$

Enthält $\Sigma_{\mathfrak{N}}$ mehr als die Peano-Axiome, so ist diese Definition noch um weitere Klauseln zu ergänzen. Ist jedoch $\Sigma_{\mathfrak{N}}$ entscheidbar, so ist per definitionem das zugehörige Prädikat $\mathrm{nlAx}_{\mathfrak{N}}$ stets rekursiv.
Axiom:

$$\mathrm{Ax}(n) \quad :\Leftrightarrow \quad \mathrm{aAx}(n) \text{ oder } \mathrm{qAx}(n) \text{ oder } \mathrm{iAx}(n) \text{ oder } \mathrm{nlAx}(n).$$

‚k' folgt mittels Modus ponens aus ‚m' und ‚n':

$$\mathrm{MP}(m,n,k) \quad :\Leftrightarrow \quad m = \langle \mathrm{SN}(\underline{\rightarrow}), n, k\rangle \quad \& \quad \mathrm{For}(n) \quad \& \quad \mathrm{For}(k).$$

‚k' folgt mittels Generalisierungsregel aus ‚n':

$$\mathrm{Gen}(n,k) \quad :\Leftrightarrow \quad k = \langle \mathrm{SN}(\underline{\forall}), (k)_1, n\rangle \quad \& \quad \mathrm{Var}((k)_1) \quad \& \quad \mathrm{For}(n).$$

Die Zahl b ist die Folgennummer einer Folge von Gödelnummern von Formeln, die zusammen einen Beweis bilden:

$$\mathrm{Bew}(b) \; :\Leftrightarrow \begin{cases} & \mathrm{Seq}(b) \quad \& \quad \mathrm{lh}(b) \neq 0 \\ \& & \text{für alle } i \text{ mit } i < \mathrm{lh}(b): \\ & \Big[\qquad \mathrm{Ax}\big((b)_i\big) \\ & \quad \text{oder ex. } j,k < i\text{: } \big[\mathrm{Gen}\big((b)_j,(b)_i\big) \text{ oder } \mathrm{MP}\big((b)_j,(b)_k,(b)_i\big)\big]\Big]. \end{cases}$$

‚b' ist ein Beweis der Formel ‚f':

$$\mathrm{BewVon}(b,f) \quad :\Leftrightarrow \quad \mathrm{Bew}(b) \quad \& \quad f = (b)_{\mathrm{lh}(b) \dot{-} 1}.$$

Bew und BewVon sind rekursiv, wenn die Menge der nichtlogischen Axiome der betrachteten Theorie rekursiv ist, d.h. wenn das Prädikat nlAx, das die Gödelnummern nichtlogischer Axiome identifiziert, rekursiv ist.

‚f' ist ein Theorem, d.h. ‚f' ist beweisbar aus den betrachteten nichtlogischen Axiomen (dieses Prädikat ist *nicht* notwendigerweise rekursiv, da in der Definition ein unbeschränkter Existenzquantor vorkommt!):

$$\mathrm{Thm}(f) \quad :\Leftrightarrow \quad \text{ex. } b\text{: } \mathrm{BewVon}(b,f).$$

Wir führen zum Schluss noch über eine induktive Definition eine Funktion ein, deren Argumente natürliche Zahlen sind, die *nicht* als Gödelnummern aufgefasst werden, und deren Werte die Gödelnummern der $\mathcal{L}_{\mathfrak{N}}$-Terme sind, die jeweils diesen natürlichen Zahlen entsprechen. Das heißt wir stecken in diese Funktion etwas Uncodiertes aus der Metaebene M hinein und erhalten daraus etwas Codiertes, ein Objekt der Gödel-Ebene G.

$$\begin{aligned} \mathrm{Num}(0) \quad &:= \quad \langle \mathrm{SN}(\underline{0})\rangle, \\ \text{für alle } n \in \mathbb{N}\text{: } \mathrm{Num}(n+1) \quad &:= \quad \langle \mathrm{SN}(\underline{+}), \ulcorner\underline{1}\urcorner, \mathrm{Num}(n)\rangle. \end{aligned}$$

Damit gilt für alle $n \in \mathbb{N}$:

$$\mathrm{Num}(n) = \ulcorner \mathrm{k}_n \urcorner.$$

Zur Übersicht seien hier noch einmal alle für die Gödel-Ebene eingeführten Funktionen und Prädikate zusammen mit ihren Bedeutungen aufgelistet:

M	G
$x \in \mathrm{Vbl}$	$\mathrm{Var}(\ulcorner x \urcorner)$
$t \in \mathrm{Tm}(\mathcal{L}_{\mathfrak{N}})$	$\mathrm{Term}_{\mathfrak{N}}(\ulcorner t \urcorner)$
φ ist eine $\mathcal{L}_{\mathfrak{N}}$-Primformel	$\mathrm{PFor}_{\mathfrak{N}}(\ulcorner \varphi \urcorner)$
$\varphi \in \mathrm{Fml}(\mathcal{L}_{\mathfrak{N}})$	$\mathrm{For}_{\mathfrak{N}}(\ulcorner \varphi \urcorner)$
$b(x/t)$	$\mathrm{Sub}(\ulcorner b \urcorner, \ulcorner x \urcorner, \ulcorner t \urcorner)$
x ist frei in b	$\mathrm{Fr}(\ulcorner x \urcorner, \ulcorner b \urcorner)$
t ist frei für x in b	$\mathrm{Sbar}(\ulcorner t \urcorner, \ulcorner x \urcorner, \ulcorner b \urcorner)$
φ ist aussagenlogisches Axiom für $\mathrm{Th}(\mathfrak{N})$	$\mathrm{aAx}_{\mathfrak{N}}(\ulcorner \varphi \urcorner)$
φ ist quantorenlogisches Axiom für $\mathrm{Th}(\mathfrak{N})$	$\mathrm{qAx}_{\mathfrak{N}}(\ulcorner \varphi \urcorner)$
φ ist identitätslogisches Axiom für $\mathrm{Th}(\mathfrak{N})$	$\mathrm{iAx}_{\mathfrak{N}}(\ulcorner \varphi \urcorner)$
φ ist nichtlogisches Axiom für $\mathrm{Th}(\mathfrak{N})$	$\mathrm{nlAx}_{\mathfrak{N}}(\ulcorner \varphi \urcorner)$
φ ist Axiom für $\mathrm{Th}(\mathfrak{N})$	$\mathrm{Ax}_{\mathfrak{N}}(\ulcorner \varphi \urcorner)$
χ folgt mittels Modus ponens aus φ und ψ	$\mathrm{MP}(\ulcorner \varphi \urcorner, \ulcorner \psi \urcorner, \ulcorner \chi \urcorner)$
χ folgt mittels Generalisierung aus φ	$\mathrm{Gen}(\ulcorner \varphi \urcorner, \ulcorner \chi \urcorner)$
$(\varphi_1, \varphi_2, \ldots, \varphi_n)$ ist ein $\Sigma_{\mathfrak{N}}$-Beweis	$\mathrm{Bew}_{\mathfrak{N}}(\langle \varphi_1, \varphi_2, \ldots, \varphi_n \rangle)$
$(\varphi_1, \varphi_2, \ldots, \varphi_n)$ ist ein $\Sigma_{\mathfrak{N}}$-Beweis für φ	$\mathrm{BewVon}_{\mathfrak{N}}(\langle \varphi_1, \varphi_2, \ldots, \varphi_n \rangle, \ulcorner \varphi \urcorner)$
$\Sigma_{\mathfrak{N}} \vdash \varphi$	$\mathrm{Thm}_{\mathfrak{N}}(\ulcorner \varphi \urcorner)$

5.3 Formalisierung der arithmetisierten Logik (M $\longrightarrow$ F)

Die Mühe, auch den zweiten Schritt unserer Übersetzung zu Fuß durchzuführen, erspart uns der Repräsentierbarkeitssatz für rekursive arithmetische Funktionen. Zur Erinnerung hier noch einmal die relevanten Begriffe und der Satz (k_n liefert dabei einen der natürlichen Zahl n entsprechenden $\mathcal{L}_{\mathfrak{N}}$-Term, s. S. 273):

Definition 4 *Es sei φ eine $\mathcal{L}_{\mathfrak{N}}$-Formel, und $x_1, x_2, \ldots, x_m, y$ seien paarweise verschiedene Variablen. Für Funktionen f von $\mathbb{N}^m$ nach $\mathbb{N}$ sagen wir,* φ mit $x_1, x_2, \ldots, x_m, y$ repräsentiere f (ziffernweise) in $\Sigma_{\mathfrak{N}}$, *wenn für alle $n_1, n_2, \ldots, n_m \in \mathbb{N}$ gilt:*

$$\Sigma_{\mathfrak{N}} \ \vdash \ \varphi(x_1/\mathrm{k}_{n_1}, x_2/\mathrm{k}_{n_2}, \ldots, x_m/\mathrm{k}_{n_m}) \leftrightarrow \ \dot{=}\, y\ \mathrm{k}_{f(n_1, n_2, \ldots, n_m)}.$$

Weiter sagen wir für m-stellige Relationen R auf $\mathbb{N}$, die Formel φ mit $x_1, x_2, \ldots, x_m$ repräsentiere R (ziffernweise) in $\Sigma_{\mathfrak{N}}$, *wenn für alle $n_1, n_2, \ldots, n_m \in \mathbb{N}$ gilt:*

$$R(n_1, n_2, \ldots, n_m) \ \Rightarrow \ \Sigma_{\mathfrak{N}} \vdash \varphi(x_1/\mathrm{k}_{n_1}, x_2/\mathrm{k}_{n_2}, \ldots, x_m/\mathrm{k}_{n_m})$$

und

$$\text{nicht } R(n_1, n_2, \ldots, n_m) \;\Rightarrow\; \Sigma_{\mathfrak{N}} \vdash \neg\varphi(x_1/\mathrm{k}_{n_1}, x_2/\mathrm{k}_{n_2}, \ldots, x_m/\mathrm{k}_{n_m}).$$

Gibt es eine $\mathcal{L}_{\mathfrak{N}}$-Formel φ und Variablen, so dass φ mit diesen Variablen f (bzw. R) in $\Sigma_{\mathfrak{N}}$ ziffernweise repräsentiert, so heißt f (bzw. R) in $\Sigma_{\mathfrak{N}}$ (ziffernweise) repräsentierbar.

Dass eine Funktion oder eine Relation repräsentierbar ist, heißt also, dass es eine Formel gibt, die sich gewissermaßen beweisbarerweise gerade so wie jene verhält.

Satz 3 (Repräsentierbarkeitssatz) *Alle rekursiven arithmetischen Funktionen und Relationen sind in $\Sigma_{\mathfrak{N}}$ ziffernweise repräsentierbar.*

Damit sind auch alle in Abschnitt 5.2 eingeführten Prädikate und Funktionen mit Ausnahme von Thm repräsentierbar.

6 Selbstbezüglichkeit: Das Diagonallemma

Nachdem wir im vorigen Abschnitt Formeln beigebracht haben, über andere Formeln zu sprechen, werden wir nun sehen, wie Formeln auch über sich selbst sprechen können. Wir zeigen hier allgemein, dass es zu jeder ‚Eigenschaft σ von ($\underline{\mathrm{v}}$)' (d.h. zu jeder Formel σ, in der $\underline{\mathrm{v}}$ frei vorkommt) eine Formel γ gibt, die – im Rahmen der Peano-Arithmetik – gerade von sich selbst behauptet, diese ‚Eigenschaft' zu haben.

Definition 5 *Sind γ und σ $\mathcal{L}_{\mathfrak{N}}$-Formeln, so heißt γ ein* ($\Sigma_{\mathfrak{N}}$-)Fixpunkt von σ *genau dann, wenn gilt:*

$$\Sigma_{\mathfrak{N}} \;\vdash\; \gamma \leftrightarrow \sigma(\underline{\mathrm{v}}/\mathrm{k}_{\ulcorner\gamma\urcorner}).$$

Üblicherweise heißt ein Argument *a Fixpunkt* einer Funktion *f*, wenn $f(a) = a$ ist. Ein solcher Fixpunkt gibt eine Stelle an, wo der Graph von f die ‚Diagonale' $\{\, (x, x) \mid x \in \mathrm{Def}(f) \,\}$ schneidet. Analog nennt man γ hier einen $\Sigma_{\mathfrak{N}}$-Fixpunkt von σ, weil nach Einsetzen von γ (genauer: seiner Gödelnummer $\ulcorner\gamma\urcorner$) für $\underline{\mathrm{v}}$ in σ wieder γ ‚herauskommt' – modulo $\Sigma_{\mathfrak{N}}$-Äquivalenz. Deswegen heißt das folgende Lemma auch *Diagonallemma*: Weil es besagt, dass jede Formel σ eine ‚Stelle' γ hat, an der sie ‚die Diagonale schneidet'. (Die Variablen $\mathrm{v}_1, \mathrm{v}_2, \ldots, \mathrm{v}_n$ sind dabei als ‚Parameter' für σ bzw. γ aufzufassen.)

Lemma 4 (Diagonallemma von Gödel) *Ist σ eine $\mathcal{L}_{\mathfrak{N}}$-Formel mit den freien Variablen $\mathrm{v}_0, \mathrm{v}_1, \ldots, \mathrm{v}_n$, so gibt es einen $\Sigma_{\mathfrak{N}}$-Fixpunkt γ von σ mit den freien Variablen $\mathrm{v}_1, \mathrm{v}_2, \ldots, \mathrm{v}_n$.*

Beweis: (In den zunächst folgenden heuristischen Überlegungen sei $n = 0$, d.h. wir tun der Einfachheit halber so, als gäbe es keine zusätzlichen ,Parameter' $v_1, v_2, \ldots, v_n$.) Wir wollen eine Formel γ konstruieren, die sich auf sich selbst bezieht. Dies kann γ nur auf dem Umweg über seine Gödelnummer tun; γ kann jedoch seine eigene Gödelnummer nicht explizit enthalten, weil die Gödelnummer einer Formel stets größer ist als die jedes in der Formel vorkommenden Terms. Also muss die Gödelnummer von γ in γ irgendwie beschrieben werden (vgl. Abschnitt 3, S. 271).

Nehmen wir einmal an, wir hätten eine abhängig von m eindeutige syntaktische Beschreibung der Gödelnummer von γ durch α; d.h. wenn m festgelegt ist, so gebe es genau ein x mit $\Sigma_{\mathfrak{N}} \vdash \big(\alpha(\underline{v}, x)\big)(\underline{v}/k_m)$. Setzen wir dann in

$$\exists x\big(\alpha(\underline{v}, x) \wedge \sigma(x)\big) \tag{1}$$

den Term k_m anstelle von $\underline{v}$ ein, so ist die erhaltene Aussage gleichbedeutend mit

Das x, das man durch α aus m erhält, hat die Eigenschaft σ. (2)

Was wir möchten, ist, dass x durch α gerade auf die Gödelnummer unserer zu konstruierenden Formel γ festgelegt wird. Haben wir unser m richtig gewählt, so besagt also (2) gerade:

$\ulcorner\gamma\urcorner$ hat die Eigenschaft σ.

Das ist aber genau, was wir als Inhalt von γ haben wollten! Haben wir unser ,Verfahren' α zur Konstruktion von γ richtig gewählt und substituieren wir das richtige k_m in (1) für $\underline{v}$, so erhalten wir γ. Ein mögliches Konstruktionsverfahren für γ wäre damit eine Substitution (in (1)).

Gibt es nun ein m, das uns über dieses Verfahren tatsächlich $\ulcorner\gamma\urcorner$ liefert? – Wenn wir γ über eine Substitution in (1) erhalten wollen, muss das diese Substitution widerspiegelnde ,Konstruktionsverfahren' α auf jeden Fall irgendwie auf die Gödelnummer von (1) zurückgreifen. Da α aber selbst in (1) vorkommt, kann α die Gödelnummer von (1) nicht von vornherein enthalten. Wir müssen also mindestens diese Gödelnummer nachträglich in α bzw. in (1) einsetzen. Dies *genügt* aber auch schon, wenn das Verfahren α richtig gewählt ist. Die richtige Beschreibung des x, das bei α ,herauskommen' soll – bzw. die Umschreibung eines geeigneten α –, ist:

> Man erhält x, wenn man in (1) dessen eigene Gödelnummer für $\underline{v}$ substituiert.

Der Witz ist, dass wir *dieses* Verfahren in (1) angeben können, ohne die Gödelnummer von (1) zu benützen, nämlich wenn wir (1) folgendermaßen in Abhängigkeit von einer Variablen spezifizieren:

> Das x, das man erhält, wenn man in ($\underline{\mathrm{v}}$) dessen eigene Gödelnummer für $\underline{\mathrm{v}}$ substituiert, hat die Eigenschaft σ. (3)

Die (3) entsprechende Formel ((1) mit geeignetem α) werden wir „β" nennen.[11] Wenn wir nun in dieses β seine eigene Gödelnummer einsetzen, geben wir damit die Formel an, in der substituiert werden soll, und gleichzeitig die Gödelnummer, die dort eingesetzt werden soll. An dieser Stelle beißt sich quasi die Schlange in den eigenen Schwanz.

Machen wir uns klar, dass wir, wenn wir in β für $\underline{\mathrm{v}}$ nicht die Gödelnummer *irgendeiner* Formel, sondern gerade die von β *selbst* einsetzen, die gewünschte selbstbezügliche Formel γ erhalten. Die erhaltene Aussage würde besagen (vgl. (3)):

> Das, was man erhält, wenn man in β dessen eigene Gödelnummer für $\underline{\mathrm{v}}$ substituiert, hat die Eigenschaft σ.

Diese Aussage hätten wir aber gerade über die darin beschriebene Substitution erhalten; sie ist gerade *das, was man erhält, wenn man in β dessen eigene Gödelnummer für $\underline{\mathrm{v}}$ substituiert*. Sie spräche sich also selbst die Eigenschaft σ zu. Eine solche Aussage wäre tatsächlich gerade das Ziel γ all unserer Mühen.

Um jetzt die Formel β mit dem in (3) angegebenen Inhalt zu konstruieren, damit wir einen strengen Beweis für die Behauptung des Lemmas liefern können, brauchen wir zunächst eine formalisierte Fassung des Substitutionsbegriffs in seiner G-Version. Diese wird uns der Repräsentierbarkeitssatz liefern. Unter Rückgriff auf die Gödelnummern der betrachteten Ausdrücke hatten wir die Substitution in der arithmetischen bzw. G-Funktion Sub gefasst (s. S. 279). Wir wollen hier in einer Formel deren eigene Gödelnummer substituieren, also müssen wir Sub folgendermaßen abwandeln:

$$S(f) := \mathrm{Sub}\big(f, \ulcorner\underline{\mathrm{v}}\urcorner, \mathrm{Num}(f)\big). \tag{4}$$

[11] Die Formel β wird als einzige freie Variable $\underline{\mathrm{v}}$ enthalten. Diese Variable ist die ‚Leerstelle', an der später $\ulcorner\beta\urcorner$ eingesetzt werden wird. Nun kommt $\underline{\mathrm{v}}$ in der Umschreibung (3) von β an *zwei* Stellen vor. Die erste davon, das eingeklammerte Vorkommen von $\underline{\mathrm{v}}$, bezeichnet die Leerstelle; für dieses $\underline{\mathrm{v}}$ wird später $\ulcorner\beta\urcorner$ substituiert werden. Das zweite Vorkommen spezifiziert, wie mit β syntaktisch verfahren werden soll, nämlich, für welche Variable substituiert werden soll. Dieses zweite Vorkommen in der Umschreibung wird in der *Formel* β kein Vorkommen von $\underline{\mathrm{v}}$ mehr sein: Es ist Teil der Beschreibung eines syntaktischen Verfahrens, und diese Beschreibung wird in β die Formalisierung (F-Übersetzung) einer G-Funktion sein, die auf die Gödelnummer (d. h. die G-Übersetzung) der Formel β und der Variable $\underline{\mathrm{v}}$ zurückgreift. Kürzer gesagt, wird dieses zweite $\underline{\mathrm{v}}$ in der Formel β bereits einmal die Übersetzungsschleife von F über G (und damit M) wieder nach F durchgemacht haben. Noch kürzer gesagt: Das zweite $\underline{\mathrm{v}}$ in der *Umschreibung* von β wird in β *selbst* ‚wegcodiert' sein.

Ist φ eine $\mathcal{L}_{\mathfrak{N}}$-Formel und $f = \ulcorner\varphi\urcorner$, so ist $\mathrm{Num}(f) = \ulcorner \mathrm{k}_f \urcorner$ die Gödelnummer der $\mathcal{L}_{\mathfrak{N}}$-Darstellung von $\ulcorner\varphi\urcorner$, also die Gödelnummer desjenigen Terms, den wir in φ selbst einsetzen wollen. Der Wert $S(f)$ ist dann *das, was man erhält, wenn man in φ dessen eigene Gödelnummer für $\underline{\mathrm{v}}$ substituiert* – in G-Begriffen formuliert.

Man sieht leicht, dass aufgrund der Rekursivität von Sub und Num auch S rekursiv ist. Also existiert wegen des Repräsentierbarkeitssatzes (s. S. 286) eine $\mathcal{L}_{\mathfrak{N}}$-Formel α mit $\mathrm{Fr}(\alpha) = \{\underline{\mathrm{v}}, \underline{'\mathrm{v}}\}$, so dass für alle $f \in \mathbb{N}$ gilt:[12]

$$\begin{array}{rl} & \Sigma_{\mathfrak{N}} \vdash \alpha(\mathrm{k}_f, \underline{'\mathrm{v}}) \leftrightarrow \underline{\doteq}\, \underline{'\mathrm{v}}\, \mathrm{k}_{S(f)}, \\ \Rightarrow & \Sigma_{\mathfrak{N}} \vdash \alpha(\mathrm{k}_{\ulcorner\beta\urcorner}, \underline{'\mathrm{v}}) \leftrightarrow \underline{\doteq}\, \underline{'\mathrm{v}}\, \mathrm{k}_{S(\ulcorner\beta\urcorner)}, \\ \overset{(\forall)}{\Rightarrow} & \Sigma_{\mathfrak{N}} \vdash \underline{\forall}\underline{'\mathrm{v}}\big(\alpha(\mathrm{k}_{\ulcorner\beta\urcorner}, \underline{'\mathrm{v}}) \leftrightarrow \underline{\doteq}\, \underline{'\mathrm{v}}\, \mathrm{k}_{S(\ulcorner\beta\urcorner)}\big). \end{array} \tag{5}$$

Sei x eine Variable, die weder in σ noch in α vorkommt. Damit können wir setzen:

$$\beta \;:=\; \underline{\exists} x\big(\alpha(\underline{\mathrm{v}}, x) \wedge \sigma(x)\big) \tag{6}$$

und

$$\gamma \;:=\; \beta(\mathrm{k}_{\ulcorner\beta\urcorner}). \tag{7}$$

Nun gilt:

$$\begin{array}{rl} & S(\ulcorner\beta\urcorner) \overset{(4)}{=} \mathrm{Sub}(\ulcorner\beta\urcorner, \ulcorner\underline{\mathrm{v}}\urcorner, \mathrm{Num}(\ulcorner\beta\urcorner)) = \ulcorner\beta(\mathrm{k}_{\ulcorner\beta\urcorner})\urcorner \overset{(7)}{=} \ulcorner\gamma\urcorner, \\ \overset{(5)}{\Rightarrow} & \Sigma_{\mathfrak{N}} \vdash \underline{\forall}\underline{'\mathrm{v}}\big(\alpha(\mathrm{k}_{\ulcorner\beta\urcorner}, \underline{'\mathrm{v}}) \leftrightarrow \underline{\doteq}\, \underline{'\mathrm{v}}\, \mathrm{k}_{\ulcorner\gamma\urcorner}\big), \\ \overset{\text{(geb. Umb.)}}{\Leftrightarrow} & \Sigma_{\mathfrak{N}} \vdash \underline{\forall} x\big(\alpha(\mathrm{k}_{\ulcorner\beta\urcorner}, x) \leftrightarrow \underline{\doteq}\, x\, \mathrm{k}_{\ulcorner\gamma\urcorner}\big), \\ \overset{(\forall\mathrm{B})}{\Rightarrow} & \Sigma_{\mathfrak{N}} \vdash \alpha(\mathrm{k}_{\ulcorner\beta\urcorner}, x) \leftrightarrow \underline{\doteq}\, x\, \mathrm{k}_{\ulcorner\gamma\urcorner}; \end{array} \tag{8}$$

d.h., setzt man in α die Gödelnummer von β für $\underline{\mathrm{v}}$ ein und x für $\underline{'\mathrm{v}}$, so wird x dadurch auf die Gödelnummer von γ festgelegt. Weiter gilt:

$$\begin{array}{rcl} \gamma & \overset{(7)}{=} & \beta(\mathrm{k}_{\ulcorner\beta\urcorner}) \\ & \overset{(6)}{=} & \big[\underline{\exists} x\big(\alpha(\underline{\mathrm{v}}, x) \wedge \sigma(\underline{\mathrm{v}}/x)\big)\big](\underline{\mathrm{v}}/\mathrm{k}_{\ulcorner\beta\urcorner}) \\ & = & \underline{\exists} x\big(\alpha(\mathrm{k}_{\ulcorner\beta\urcorner}, x) \wedge \sigma(x)\big), \end{array}$$

und daraus folgt:

$$\begin{array}{rl} & \Sigma_{\mathfrak{N}} \vdash \gamma \leftrightarrow \underline{\exists} x\big(\alpha(\mathrm{k}_{\ulcorner\beta\urcorner}, x) \wedge \sigma(x)\big), \\ \overset{(8)}{\Leftrightarrow} & \Sigma_{\mathfrak{N}} \vdash \gamma \leftrightarrow \underline{\exists} x\big(\underline{\doteq}\, x\, \mathrm{k}_{\ulcorner\gamma\urcorner} \wedge \sigma(x)\big), \\ \Leftrightarrow & \Sigma_{\mathfrak{N}} \vdash \gamma \leftrightarrow \sigma(\mathrm{k}_{\ulcorner\gamma\urcorner}). \end{array}$$

■

[12]Ich verwende die Konvention, „$\varphi(t_0, t_1, \ldots, t_m)$“ statt „$\varphi(\mathrm{v}_0/t_0, \mathrm{v}_1/t_1, \ldots, \mathrm{v}_m/t_m)$“ zu schreiben.

7 Erster Unvollständigkeitsbeweis

Wir erinnern uns, dass wir die Unvollständigkeit von $\Sigma_{\mathfrak{N}}$ für $\mathfrak{N}$ durch die Konstruktion einer $\mathcal{L}_{\mathfrak{N}}$-Aussage beweisen wollten, die gerade von sich selbst behauptet, nicht aus $\Sigma_{\mathfrak{N}}$ ableitbar zu sein (s. Abschnitt 3). Dies ist nun wegen des Diagonallemmas nicht mehr schwierig.

Zwar wissen wir nicht, ob das Prädikat $\mathrm{Thm}_{\mathfrak{N}}$, das genau auf die Gödelnummern $\Sigma_{\mathfrak{N}}$-beweisbarer Formeln zutrifft, in $\Sigma_{\mathfrak{N}}$ repräsentierbar ist, aber der Repräsentierbarkeitssatz garantiert uns, dass zumindest $\mathrm{BewVon}_{\mathfrak{N}}$ es ist. Also gibt es eine Formel β mit $\mathrm{Fr}(\beta) = \{\underline{\mathtt{v}}, \underline{\mathtt{'v}}\}$, so dass für alle $\mathcal{L}_{\mathfrak{N}}$-Formeln $\varphi_1, \varphi_2, \ldots, \varphi_n$ gilt:

$$\begin{aligned} & (\varphi_1, \varphi_2, \ldots, \varphi_n) \text{ ist ein } \Sigma_{\mathfrak{N}}\text{-Beweis von } \varphi_n \\ \Leftrightarrow\ & \mathrm{BewVon}_{\mathfrak{N}}(\langle \varphi_1, \varphi_2, \ldots, \varphi_n \rangle, \ulcorner \varphi_n \urcorner) \\ \overset{!}{\Rightarrow}\ & \Sigma_{\mathfrak{N}} \vdash \beta(\mathrm{k}_{\langle \varphi_1, \varphi_2, \ldots, \varphi_n \rangle}, \mathrm{k}_{\ulcorner \varphi_n \urcorner}) \end{aligned} \tag{9}$$

und

$$\begin{aligned} & (\varphi_1, \varphi_2, \ldots, \varphi_n) \text{ ist kein } \Sigma_{\mathfrak{N}}\text{-Beweis von } \varphi_n \\ \Leftrightarrow\ & \text{nicht } \mathrm{BewVon}_{\mathfrak{N}}(\langle \varphi_1, \varphi_2, \ldots, \varphi_n \rangle, \ulcorner \varphi_n \urcorner) \\ \overset{!}{\Rightarrow}\ & \Sigma_{\mathfrak{N}} \vdash \underline{\neg}\beta(\mathrm{k}_{\langle \varphi_1, \varphi_2, \ldots, \varphi_n \rangle}, \mathrm{k}_{\ulcorner \varphi_n \urcorner}). \end{aligned} \tag{10}$$

Dass eine Formel $(\underline{\mathtt{v}})$ nicht aus $\Sigma_{\mathfrak{N}}$ ableitbar ist, können wir nun durch

$$\underline{\neg \exists}\, \underline{\mathtt{'v}}\ \beta(\underline{\mathtt{'v}}, \underline{\mathtt{v}}) \tag{11}$$

ausdrücken. Die Formel (11) besagt, dass es keine natürliche Zahl $(\underline{\mathtt{'v}})$ gibt, die Codenummer eines Beweises für die Formel mit der Gödelnummer $(\underline{\mathtt{v}})$ ist. Das Gödelsche Diagonallemma liefert uns zu (11) einen Fixpunkt γ, d.h.:

$$\Sigma_{\mathfrak{N}} \vdash \gamma \leftrightarrow \underline{\neg \exists}\, \underline{\mathtt{'v}}\ \beta(\underline{\mathtt{'v}}, \mathrm{k}_{\ulcorner \gamma \urcorner}). \tag{12}$$

Die Aussage γ ist also genau dann aus $\Sigma_{\mathfrak{N}}$ ableitbar, wenn es einen Beweis dafür gibt, dass γ nicht ableitbar ist. (Solche Fixpunkte heißen *Gödel-Fixpunkte.*) Daraus werden wir einen Widerspruch zur Vollständigkeit von $\Sigma_{\mathfrak{N}}$ für $\mathfrak{N}$ erhalten.

Angenommen, γ sei aus $\Sigma_{\mathfrak{N}}$ ableitbar, so gibt es $\mathcal{L}_{\mathfrak{N}}$-Formeln $\varphi_1, \varphi_2, \ldots, \varphi_n$, so dass $(\varphi_1, \varphi_2, \ldots, \varphi_n, \gamma)$ ein $\Sigma_{\mathfrak{N}}$-Beweis ist. Dann gilt:

$$\begin{aligned} & \mathrm{BewVon}_{\mathfrak{N}}(\langle \varphi_1, \varphi_2, \ldots, \varphi_n, \gamma \rangle, \ulcorner \gamma \urcorner), \\ \overset{(9)}{\Rightarrow}\ & \Sigma_{\mathfrak{N}} \vdash \beta(\mathrm{k}_{\langle \varphi_1, \varphi_2, \ldots, \varphi_n, \gamma \rangle}, \mathrm{k}_{\ulcorner \gamma \urcorner}), \\ \Rightarrow\ & \Sigma_{\mathfrak{N}} \vdash \underline{\exists}\, \underline{\mathtt{'v}}\ \beta(\underline{\mathtt{'v}}, \mathrm{k}_{\ulcorner \gamma \urcorner}), \\ \overset{(12)}{\Leftrightarrow}\ & \Sigma_{\mathfrak{N}} \vdash \underline{\neg}\gamma, \\ \Rightarrow\ & \Sigma_{\mathfrak{N}} \nvdash \gamma, \end{aligned}$$

denn $\Sigma_\mathfrak{N}$ ist widerspruchsfrei. Damit haben wir einen Widerspruch zur Annahme.

Die Aussage γ ist also nicht aus $\Sigma_\mathfrak{N}$ ableitbar. Das bräuchte uns keine Sorgen zu machen, wenn γ in $\mathfrak{N}$ falsch wäre. Das Gegenteil ist aber der Fall, wie wir sehen werden. Aus $\Sigma_\mathfrak{N} \nvdash \gamma$ folgt nämlich:

$$\begin{array}{ll} & \text{für alle } b \in \mathbb{N}\text{: nicht } \mathrm{BewVon}_\mathfrak{N}(b, \ulcorner\gamma\urcorner), \\ \overset{(10)}{\Rightarrow} & \text{für alle } b \in \mathbb{N}\text{: } \Sigma_\mathfrak{N} \vdash \underline{\neg}\beta(\mathrm{k}_b, \mathrm{k}_{\ulcorner\gamma\urcorner}), \\ \Rightarrow & \text{für alle } b \in \mathbb{N}\text{: } \mathfrak{N} \vDash \underline{\neg}\beta(\mathrm{k}_b, \mathrm{k}_{\ulcorner\gamma\urcorner}), \end{array}$$

da $\Sigma_\mathfrak{N}$ nach Voraussetzung korrekt für $\mathfrak{N}$ ist. Das bedeutet:

$$\begin{array}{lll} & \text{für alle } b \in \mathbb{N}\text{: für alle Bel'en } h \text{ in } \mathfrak{N}\text{:} & \mathfrak{N} \vDash \underline{\neg}\beta(\mathrm{k}_b, \mathrm{k}_{\ulcorner\gamma\urcorner})\,[h], \\ \overset{(\text{Überf.lemma})}{\Leftrightarrow} & \text{für alle Bel'en } h \text{ in } \mathfrak{N}\text{: für alle } b \in \mathbb{N}\text{:} & \mathfrak{N} \vDash \underline{\neg}\beta(\underline{'\mathrm{v}}, \mathrm{k}_{\ulcorner\gamma\urcorner}) \left[h\left(\frac{'\mathrm{v}}{b}\right)\right], \\ \Leftrightarrow & \text{für alle Belegungen } h \text{ in } \mathfrak{N}\text{:} & \mathfrak{N} \vDash \underline{\forall '\mathrm{v}}\ \underline{\neg}\beta(\underline{'\mathrm{v}}, \mathrm{k}_{\ulcorner\gamma\urcorner})\,[h], \\ \Leftrightarrow & & \mathfrak{N} \vDash \underline{\forall '\mathrm{v}}\ \underline{\neg}\beta(\underline{'\mathrm{v}}, \mathrm{k}_{\ulcorner\gamma\urcorner}), \\ \Leftrightarrow & & \mathfrak{N} \vDash \underline{\neg\exists '\mathrm{v}}\ \beta(\underline{'\mathrm{v}}, \mathrm{k}_{\ulcorner\gamma\urcorner}). \end{array}$$

Aus (12) erhalten wir, wieder wegen der Korrektheit von $\Sigma_\mathfrak{N}$:

$$\mathfrak{N} \vDash \gamma \leftrightarrow \underline{\neg\exists '\mathrm{v}}\ \beta(\underline{'\mathrm{v}}, \mathrm{k}_{\ulcorner\gamma\urcorner}).$$

Aus diesen Aussagen folgt schlussendlich:

$$\mathfrak{N} \vDash \gamma.$$

Wie versprochen ist also γ eine in $\mathfrak{N}$ wahre, aber aus $\Sigma_\mathfrak{N}$ nicht ableitbare Aussage. Das Axiomensystem $\Sigma_\mathfrak{N}$ ist damit unvollständig für $\mathfrak{N}$ und wegen Bemerkung 1 sogar unvollständig überhaupt. ■

8 Zweiter Unvollständigkeitsbeweis

Wir erhalten auch noch ein etwas stärkeres Resultat (vgl. Satz 2):

Satz 5 *Jede entscheidbare, widerspruchsfreie (z. B. für $\mathfrak{N}$ korrekte) Menge $\Sigma_\mathfrak{N}$ von $\mathcal{L}_\mathfrak{N}$-Formeln, die die Peano-Axiome enthält, ist unvollständig, insbesondere für $\mathfrak{N}$.*

Dazu brauchen wir zunächst den folgenden Satz:

Satz 6 *Ist $\Sigma_\mathfrak{N}$ eine widerspruchsfreie Menge von $\mathcal{L}_\mathfrak{N}$-Formeln, die die Peano-Axiome enthält, so ist die Menge $\{\, \alpha \in \mathrm{Fml}(\mathcal{L}_\mathfrak{N}) \mid \Sigma_\mathfrak{N} \vdash \alpha \,\}$ der aus $\Sigma_\mathfrak{N}$ ableitbaren Formeln unentscheidbar bzw.* $\mathrm{Thm}_\mathfrak{N}$ *nicht rekursiv.*

Beweis: Wir zeigen, dass eine $\mathcal{L}_{\mathfrak{N}}$-Formelmenge $\Sigma_{\mathfrak{N}}$, die die Peano-Axiome enthält, widerspruchsvoll sein muss, wenn die Menge der aus $\Sigma_{\mathfrak{N}}$ ableitbaren Formeln entscheidbar ist.

Sei also $\{\, \alpha \in \text{Fml}(\mathcal{L}_{\mathfrak{N}}) \mid \Sigma_{\mathfrak{N}} \vdash \alpha \,\}$ entscheidbar. Dann ist

$$G := \{\, \ulcorner\alpha\urcorner \mid \alpha \in \text{Fml}(\mathcal{L}_{\mathfrak{N}}) \;\&\; \Sigma_{\mathfrak{N}} \vdash \alpha \,\}$$

rekursiv, und nach dem Repräsentierbarkeitssatz existiert eine $\mathcal{L}_{\mathfrak{N}}$-Formel β mit $\text{Fr}(\beta) = \{\underline{\text{v}}\}$, die G repräsentiert, d.h. für alle $\alpha \in \text{Fml}(\mathcal{L}_{\mathfrak{N}})$ gilt:

$$\Sigma_{\mathfrak{N}} \vdash \alpha \quad \Leftrightarrow \quad \ulcorner\alpha\urcorner \in G \quad \overset{!}{\Rightarrow} \quad \Sigma_{\mathfrak{N}} \vdash \beta(\mathbf{k}_{\ulcorner\alpha\urcorner}) \tag{13}$$

und

$$\Sigma_{\mathfrak{N}} \nvdash \alpha \quad \Leftrightarrow \quad \ulcorner\alpha\urcorner \notin G \quad \overset{!}{\Rightarrow} \quad \Sigma_{\mathfrak{N}} \vdash \underline{\neg}\beta(\mathbf{k}_{\ulcorner\alpha\urcorner}). \tag{14}$$

Nun besitzt $\underline{\neg}\beta$ wegen des Diagonallemmas einen Fixpunkt $\gamma \in \text{Fml}(\mathcal{L}_{\mathfrak{N}})$, d.h.:

$$\Sigma_{\mathfrak{N}} \vdash \gamma \leftrightarrow \underline{\neg}\beta(\mathbf{k}_{\ulcorner\gamma\urcorner}). \tag{15}$$

Damit ist aber $\Sigma_{\mathfrak{N}}$ widerspruchsvoll, denn sowohl γ als auch $\underline{\neg}\gamma$ sind aus $\Sigma_{\mathfrak{N}}$ ableitbar:

Angenommen, es gälte $\Sigma_{\mathfrak{N}} \nvdash \gamma$. Daraus folgt nach (14):

$$\begin{aligned} & \Sigma_{\mathfrak{N}} \vdash \underline{\neg}\beta(\mathbf{k}_{\ulcorner\gamma\urcorner}), \\ \overset{(15)}{\Leftrightarrow} \quad & \Sigma_{\mathfrak{N}} \vdash \gamma. \end{aligned}$$

Also ist γ doch ableitbar. Mit (13) folgt:

$$\begin{aligned} & \Sigma_{\mathfrak{N}} \vdash \beta(\mathbf{k}_{\ulcorner\gamma\urcorner}), \\ \overset{(15)}{\Leftrightarrow} \quad & \Sigma_{\mathfrak{N}} \vdash \underline{\neg}\gamma. \end{aligned}$$

■

Nun können wir Satz 5 beweisen:

Beweis: Wäre $\Sigma_{\mathfrak{N}}$ vollständig, so wäre die Menge der aus $\Sigma_{\mathfrak{N}}$ ableitbaren Formeln entscheidbar, wie wir gleich sehen werden. Das widerspräche aber Satz 6. Zu zeigen ist also nur, dass $\text{Thm}_{\mathfrak{N}}$ unter der Annahme der Vollständigkeit von $\Sigma_{\mathfrak{N}}$ rekursiv ist. Dazu skizzieren wir im Folgenden einen Algorithmus, mit dem in endlicher Zeit festgestellt werden kann, ob $\text{Thm}_{\mathfrak{N}}$ auf eine natürliche Zahl n zutrifft.

Zunächst testen wir n mit dem (rekursiven) Prädikat $\text{For}_{\mathfrak{N}}$ darauf hin, ob es überhaupt die Gödelnummer einer $\mathcal{L}_{\mathfrak{N}}$-Formel ist. Fällt die Prüfung negativ aus, so kann auch $\text{Thm}_{\mathfrak{N}}(n)$ nicht gelten.

Andernfalls gibt es ein $\alpha \in \mathrm{Fml}(\mathcal{L}_{\mathfrak{N}})$ mit $\ulcorner\alpha\urcorner = n$. Wir konstruieren (in rekursiver Weise) eine Art von Allabschluss $\bar{\alpha}$ zu α, indem wir für alle $l \in \mathbb{N}$ setzen:

$$\begin{aligned} \mathrm{Gnrl}(0,l) &:= l, \\ \text{für alle } k \in \mathbb{N}: \quad \mathrm{Gnrl}(k+1,l) &:= \langle \mathrm{SN}(\underline{\forall}), \ulcorner \mathrm{v}_k \urcorner, \mathrm{Gnrl}(k,l) \rangle, \\ \bar{n} &:= \mathrm{Gnrl}(n,n). \end{aligned}$$

Diejenige Formel, deren Gödelnummer $\bar{n}$ ist, können wir nun $\bar{\alpha}$ nennen, denn es gilt:

$$\bar{n} = \ulcorner \underline{\forall} \mathrm{v}_{n-1} \underline{\forall} \mathrm{v}_{n-2} \ldots \underline{\forall} \mathrm{v}_0 \, \alpha \urcorner.$$

Da n größer als die Gödelnummer jeder in α vorkommenden Variable v_k (und damit erst recht größer als k) sein muss, haben wir in $\bar{\alpha}$ alle Variablen aus $\mathrm{Fr}(\alpha)$ gebunden; $\bar{\alpha}$ ist also eine Aussage.

Nun fahren wir fort, indem wir nacheinander für die Zahlen 0, 1, 2, … betrachten, ob diese in der (rekursiven) Relation $\mathrm{BewVon}_{\mathfrak{N}}$ zu $\bar{n}$ ($= \ulcorner\bar{\alpha}\urcorner$) oder $\langle \mathrm{SN}(\underline{\neg}), \bar{n} \rangle$ ($= \ulcorner \underline{\neg}\bar{\alpha} \urcorner$) stehen. Da wir angenommen haben, dass $\Sigma_{\mathfrak{N}}$ vollständig ist, ist eine der beiden Aussagen ableitbar und es gibt also eine natürliche Zahl m, die für einen Beweis entweder von $\bar{\alpha}$ oder von $\underline{\neg}\bar{\alpha}$ steht. Für das kleinste solche m überprüfen wir jetzt, ob $\mathrm{BewVon}_{\mathfrak{N}}(m, \ulcorner\bar{\alpha}\urcorner)$ wahr ist. Wenn ja, so codiert m einen Beweis für $\bar{\alpha}$, und sonst einen für $\underline{\neg}\bar{\alpha}$. Im ersten Fall gilt dann auch $\mathrm{Thm}_{\mathfrak{N}}(\ulcorner\alpha\urcorner)$, d.h. $\mathrm{Thm}_{\mathfrak{N}}(n)$; im zweiten ist $\mathrm{Thm}_{\mathfrak{N}}(n)$ falsch. ■

Literaturverzeichnis

Friedrichsdorf, Ulf. 1992. *Einführung in die klassische und intensionale Logik.* Braunschweig, Wiesbaden: Vieweg.

Hofstadter, Douglas R. 1979. *Gödel, Escher, Bach: an Eternal Golden Braid.* New York: Basic Books.

Ein vor allem vom didaktischen Standpunkt aus wunderschönes Buch, das sich sehr intensiv mit dem GUS, aber auch mit vielen anderen Dingen befasst.

———. 1985. *Metamagical Themas: Questing for the Essence of Mind and Pattern.* New York: Basic Books.

Eine Sammlung von Hofstadters Kolumnen für den *Scientific American*, die sich – neben vielem anderen – auch mit Selbstreferenz befassen.

Lorenz, Kuno. 2005. „Äquivalenzrelation“. In: *Enzyklopädie Philosophie und Wissenschaftstheorie*, zweite Auflage, herausgegeben von Jürgen Mittelstraß, Band 1, S. 189. Stuttgart, Weimar: J. B. Metzler.

Prestel, Alexander. 1986. *Einführung in die Mathematische Logik und Modelltheorie*. Braunschweig, Wiesbaden: Vieweg.

Shoenfield, Joseph R. 1967. *Mathematical Logic*. Reading (Mass.), Menlo Park, London, Don Mills: Addison-Wesley.

Smullyan, Raymond M. 1988. *Forever Undecided: A Puzzle Guide to Gödel*. Oxford: Oxford University Press.

Dieses Buch befasst sich mit dem *zweiten* Gödelschen Unvollständigkeitssatz und steht hier nur der Unvollständigkeit halber. Wer sich für den zweiten Unvollständigkeitssatz interessiert, bekommt hier auf eher spielerische Weise ein Verständnis des Satzes vermittelt.

Symbole und Schreibweisen

$\mathcal{L}_{\mathrm{Ar}}$ 5
$\perp$ 5
$\rightarrow$ 5
$\forall$ 5
$\mathtt{v}$ 5
$'$ 5
$=$ 5
$\mathbf{0}$ 5
$\mathbf{1}$ 5
$+$ 5
$\cdot$ 5
$<$ 5
a, b, c, ... 6
$(s + t)$ 6
$(s \cdot t)$ 6
$\mathrm{Tm}_{\mathrm{Ar}}$ 6
$(s = t)$ 7
$(s < t)$ 7
$(\varphi \rightarrow \psi)$ 7
$((\forall \mathrm{v})\, \varphi)$ 7
$\mathrm{Fml}_{\mathrm{Ar}}$ 7
$(\neg \varphi)$ 7
$\top$ 7
$(\varphi \wedge \psi)$ 7
$(\varphi \vee \psi)$ 7
$(\varphi \leftrightarrow \psi)$ 7
$((\exists \mathrm{v})\, \varphi)$ 7
$\mathrm{Fr}(a)$ 7
$e(\mathrm{v}/t)$ 7
$\mathrm{Aus}_{\mathrm{Ar}}$ 8
$\varphi(r, s, t)$ 8
$(s \neq t)$ 8
$(s \leq t)$ 8
$(s > t)$ 8
$(s \geq t)$ 8
$((\forall \mathrm{v}_1, \ldots, \mathrm{v}_n)\, \varphi)$ 8
$((\exists \mathrm{v}_1, \ldots, \mathrm{v}_n)\, \varphi)$ 8
$((\forall \mathrm{v} < t)\, \varphi)$ 8
$((\exists \mathrm{v} < t)\, \varphi)$ 8
$((\forall \mathrm{v}_1, \ldots, \mathrm{v}_n < t)\, \varphi)$ 9
$((\exists \mathrm{v}_1, \ldots, \mathrm{v}_n < t)\, \varphi)$ 9
$(\exists! \mathrm{v})\, \varphi$ 9
$\bigwedge_{i<n} \varphi_i$ 10
$\bigvee_{i<n} \varphi_i$ 10
$\underline{n}$ 10
$\boldsymbol{n}$ 10
$\mathbf{2}$ 10
$\mathbf{3}$ 10
$\mathbb{N}$ 10
$\mathbb{N} \models \varphi$ 10
$\mathbb{N} \not\models \varphi$ 10
FA 11
$\mathbf{FA} \vdash \varphi$ 12

$\mathbf{FA} \nvdash \varphi$ 12
$\langle n_0, \ldots, n_{l-1} \rangle$ 20
$(\mathtt{f})_{\mathtt{i}}$ 20
$(\mathtt{f})_{\mathtt{i,j}}, (\mathtt{f})_{\mathtt{i,j,k}}, \ldots$ 20
$(\mathtt{f})_{\mathtt{ij}}, (\mathtt{f})_{\mathtt{ijk}}, \ldots$ 20
$\mathtt{f} * \mathtt{x}$ 22
$\mathtt{m} \dot{-} \mathtt{n}$ 22
$\ulcorner a \urcorner$ 22
$(\mathtt{s} \oplus \mathtt{t})$ 24
$(\mathtt{s} \odot \mathtt{t})$ 24
$(\mathtt{s} \circledequal \mathtt{t})$ 24
$(\mathtt{s} \circledless \mathtt{t})$ 24
$(\mathtt{f} \circledrightarrow \mathtt{g})$ 24
$((\circledforall \mathtt{v})\, \mathtt{f})$ 24
$(\circledneg\, \mathtt{f})$ 24
$(\mathtt{f} \circledwedge \mathtt{g})$ 24
$(\mathtt{f} \circledvee \mathtt{g})$ 24
$(\mathtt{f} \circledleftrightarrow \mathtt{g})$ 24
$((\circledexists \mathtt{v})\, \mathtt{f})$ 24
$(\mathtt{s} \circledleq \mathtt{t})$ 24
$(\mathtt{s} \circledgreater \mathtt{t})$ 24
$(\mathtt{s} \circledgeq \mathtt{t})$ 24
$((\circledforall \mathtt{v} \circledless \mathtt{t})\, \mathtt{f})$ 24
$((\circledexists \mathtt{v} \circledless \mathtt{t})\, \mathtt{f})$ 24
$((\circledforall \mathtt{v} \circledleq \mathtt{t})\, \mathtt{f})$ 24
$((\circledexists \mathtt{v} \circledleq \mathtt{t})\, \mathtt{f})$ 24
$((\circledforall \mathtt{v} \circledgreater \mathtt{t})\, \mathtt{f})$ 24
$((\circledexists \mathtt{v} \circledgreater \mathtt{t})\, \mathtt{f})$ 24
$((\circledforall \mathtt{v} \circledgeq \mathtt{t})\, \mathtt{f})$ 24
$((\circledexists \mathtt{v} \circledgeq \mathtt{t})\, \mathtt{f})$ 24
$(\mathtt{m} \min \mathtt{y})\, \varphi(\mathtt{y})$ 26
$((\exists \mathtt{x})\, \varphi(\mathtt{x}) \prec (\exists \mathtt{x})\, \psi(\mathtt{x}))$ 34
$((\exists \mathtt{x})\, \varphi(\mathtt{x}) \preccurlyeq (\exists \mathtt{x})\, \psi(\mathtt{x}))$ 34
$\mathsf{Con}^{\mathsf{Th}}_{\mathbf{FA}}$ 38
$\mathsf{Con}^{\mathsf{RTh}}_{\mathbf{FA}}$ 39
$\Box S$ 41
$\Diamond S$ 41
$\mathcal{L}_{\mathrm{M}}$ 43
$p_0, p_1, \ldots$ 43
$\mathrm{Var}_{\mathrm{M}}$ 43
$\Box$ 43
$(A \to B)$ 43
$(\Box A)$ 43
$\bigwedge X$ 44
$\bigwedge_{i=1}^{n} A_i$ 44
$\bigvee X$ 44
$\bigvee_{i=1}^{n} A_i$ 44
$w \lhd x$ 44
$w \unlhd x$ 44
$w \rhd x$ 44
$w \unrhd x$ 44
$w \ntriangleleft x$ 44
$w \ntrianglelefteq x$ 44
$w \ntriangleright x$ 44
$w \ntrianglerighteq x$ 44
$V(w, p)$ 44
$w \Vdash A$ 44
$w \nVdash A$ 44
K 46
K4 46
GL 47
$F \vdash A$ 47
W_A 53
V_A 53
$\lhd_A$ 53
M_A 53
$\Vdash_A$ 53
R_A 55
$\#X$ 56
2^X 56
$W_{\unrhd x}$ 61
$R_{\unrhd x}$ 61
$M_{\unrhd x}$ 62
$\mathcal{L}_{\mathrm{R}}$ 67
$\preccurlyeq$ 67

$\prec$ 67
$(\Box A \preccurlyeq \Box B)$ 67
$(\Box A \prec \Box B)$ 67
$(\Box A \equiv \Box B)$ 67
Σ 67
$x \preccurlyeq y$ 69
$x \prec y$ 70
$x \equiv y$ 70
$[x]_{\equiv}$ 70
$X/{\equiv}$ 70
$\preccurlyeq_Y|_X$ 71
$\Box_S$ 72
$\mathrm{G}_w^{\Vdash}$ 72
$\mathrm{UG}_w^{\Vdash}$ 72
G_w 72
UG_w 72
$A \preccurlyeq_w^{\Vdash} B$ 72
$A \prec_w^{\Vdash} B$ 72
$A \preccurlyeq_w B$ 72
$A \prec_w B$ 72
$\mathrm{AG}_y^{\Vdash}$ 76
AG_y 76
$\mathrm{FG}_y^{\Vdash}$ 76
FG_y 76
$\preccurlyeq_w^*$ 79
$\mathbf{R}^-$ 84
$\mathbf{R}$ 84
$[m]$ 86
$\boxdot B$ 86
$B(p_1/C_1, \ldots, p_n/C_n)$ 86
$B(p_i/C_i)_{i\in[n]}$ 86
B^{M} 87
B^{R} 88
$\mathrm{S}A$ 91
$\mathrm{d}(B)$ 92
$\mathbf{R}^+$ 94
$\Box^n A$ 97
$\mu_{\mathtt{x}}\, \varphi(\mathtt{x})$ 138
$(\mathtt{m}\ \max\ \mathtt{x} < \mathtt{n})\ \varphi(\mathtt{x})$ 141
$(\mathtt{i} \Vdash B)$ 160
$(\mathtt{i} \nVdash B)$ 160
RS 168
$\mathrm{R}D$ 171
$2\bot$ 174
$\Box^{\mathrm{R}} A$ 176
$\mathtt{V}_m$ 183
$\mathtt{b}_\mathtt{r}$ 188
$\mathsf{subst}_\mathtt{r}(\mathtt{e})$ 188
$\mathsf{subst}_\mathtt{t}(\mathtt{e})$ 194
$\mathtt{b}_\mathtt{r}$ 196
$\mathsf{subst}_\mathtt{r}(\mathtt{e})$ 196
$\mathsf{InLst}^{\urcorner}$ 205
$\mathsf{subst}_2(\mathtt{f}; \mathtt{v}_1, \mathtt{v}_2; \mathtt{t}_1, \mathtt{t}_2)$ 207
L 209
$(+)$ 234
$(+_1)$ 235
$(+_2)$ 235
$(+_3)$ 235
$(+_4)$ 235
$(+_5)$ 235
$(+_6)$ 235
$(+_\Sigma)$ 236
$\mathbb{N}$ 264
$\mathfrak{N}$ 264
$\mathcal{L}_{\mathfrak{N}}$ 264
$[n]$ 264
& 264
$\Rightarrow$ 264
$\Leftrightarrow$ 264
$\dot{-}$ 264
Seq 264
lh 264
$(s)_m$ 264
$\langle n_1, n_2, \ldots, n_l \rangle$ 264
$(s)_{ij}$ 264
$\forall\varphi$ 265
$\mathrm{Ded}(\Sigma)$ 265
$\mathrm{Ded}_{\mathcal{L}}(\Sigma)$ 265
$\mathrm{Th}(\mathcal{A})$ 267
$\mathrm{Th}(\mathfrak{M})$ 267
$\underline{\urcorner}$ 272

$\underline{\rightarrow}$	272
$\underline{\forall}$	272
$\dot{\underline{=}}$	272
$\underline{\mathtt{v}}$	273
$\underline{'}$	273
λ	273
μ	273
I	273
J	273
K	273
R_i	273
f_j	273
c_k	273
$\underline{'}x$	273
Vbl	273
$\mathtt{v}_n$	273
$\underline{0}$	273
$\underline{1}$	273
$f_j t_1 t_2 \dots t_{\mu(j)}$	273
$\underline{+}$	273
$\underline{\cdot}$	273
Tm($\mathcal{L}$)	273
k_n	273
$\dot{\underline{=}} t_1 t_2$	274
$R_i t_1 t_2 \dots t_{\lambda(i)}$	274
$\underline{\leq}$	274
$\underline{\neg}\varphi$	274
$\underline{\rightarrow}\varphi\psi$	274
$\underline{\forall}x\varphi$	274
Fml($\mathcal{L}$)	274
$\varphi \wedge \psi$	274
$\varphi \vee \psi$	274
$\varphi \leftrightarrow \psi$	274
$\exists x$	274
Var(n)	278
Term$_{\mathfrak{N}}$(n)	278
PFor$_{\mathfrak{N}}$(n)	278
For(n)	279
Sub(b, x, t)	279
Fr(x, b)	279
Sbar(t, x, b)	280
aAx(n)	280
qAx(n)	281
iAx$_{\mathfrak{N}}$(n)	282
nlAx$_{\mathfrak{N}}$(n)	283
Ax(n)	284
MP(m, n, k)	284
Gen(n, k)	284
Bew(b)	284
BewVon(b, f)	284
Thm(f)	284
Num(n)	284
$S(f)$	288
$\varphi(t_0, t_1, \dots, t_m)$	289
Gnrl(k, l)	293

Register

$\lhd$-abgeschlossen, nach oben, 61
Abkürzungen
  für $\mathcal{L}_{\mathrm{Ar}}$, 7–9
  für $\mathcal{L}_{\mathrm{M}}$, 43
ableitbar, 12, 47
Ableitbarkeitsbedingungen, 32
Ableitung, 12
  $\sim$ von, 12
adäquat, 71
allgemeingültig, 10
Alphabet
  von $\mathcal{L}_{\mathrm{Ar}}$, 5, 21
  von $\mathcal{L}_{\mathrm{M}}$, 43
  von $\mathcal{L}_{\mathrm{R}}$, 67
alt gültig, 76
antisymmetrisch, 63
$\equiv$-Äquivalenzklasse, 70
Äquivalenzrelation, zu $\preccurlyeq$ gehörige, 70
arithmetisch
  $\sim$es Axiom, 11, 276
$\mathcal{L}$-Ausdruck, 274
Aussage
  $\sim$variable von $\mathcal{L}_{\mathrm{M}}$, 43
  von $\mathcal{L}_{\mathrm{Ar}}$, 8
Aussage, 25
AussAufz („Aussagenaufzählung"), 208
Axiom
  arithmetisches, 11, 276
  aussagenlogisches, 275
  $\sim$ensystem, 11, 275–277
  identitätslogisches, 276
  nichtlogisches, 11, 276
  quantorenlogisches, 275
Axiom, 29
axiomatisiert, 265
Axiomatisierung, 265

basiert auf, 45, 69
Baum, 59
  1W-$\sim$, 63
Bel, 184
Belegung (in $\mathbb{N}$), 183
BelVnte („Belegungsvariante"), 185
Bernays–Löb-Ableitbarkeitsbedingungen, 32
Bew, 30
Beweis, 12, 47
  $\sim$ für, 12, 47
Beweis, 30
beweisbar, 12, 42
Beweisbarkeitslogik, 2, 42
BeweisFür, 30
Bewertung (der Aussagevariablen von $\mathcal{L}_{\mathrm{M}}$), 44
BF („Beweis für"), 31
BFPaar, 138
Boolos, George, 2
Bovens, Luc, 3

Box („□"), 41, 43
  ∼-Formel, 67
  Interpretation, 42
Buldt, Bernd, 3
von Bülow, Eckhart, 4
von Bülow-Nooney, Brigitta, 4

Codenummer einer Folge, 20
$\mathsf{Con}^{\mathsf{RTh}}_{\mathbf{FA}}$, 39
$\mathsf{Con}^{\mathsf{Th}}_{\mathbf{FA}}$, 38

deg, 239
delta, 17
Δ-Formel, 17
Denecessitation, 65
  ∼sregel, 65
Diagonallemma, 33, 286
Distributionsaxiome, 46
Douven, Igor, 3

Ein-Wurzel-Baum (1W-Baum), 63
Eintrag
  in der 1-Zeile, 148
  von f, 148
enthält, 81
entscheidbar, 12, 266
Entscheidbarkeit
  von **GL**, 65
  von **R**, 98
  von $\mathbf{R}^-$, 90
  von **RS**, 170
erfüllbar
  in einem Modell, 45
  in einem Rahmen, 45
  in einer Klasse von Rahmen, 45
Erfüllt, 193
ErfülltFolgeZu, 192
Erweiterung
  einer RPO, 71
  einer S-Gültigkeitsbeziehung
    ∼ für zusätzliche Box-Formeln, 78
    ∼ zu einer $\mathcal{L}_{\mathrm{R}}$-Gültigkeitsbeziehung, 80

F (formale Ebene), 271
FA („formalisierte Arithmetik"), 11
Fahrbach, Ludwig, 3
falsch, 10
Fehige, Christoph, 3
Fixpunkt, 33, 286
FlgVnte („Folgenvariante"), 184
folge_l (Folge der Länge l), 19
Folgennummer, 264
Formel, 274
  A-∼, 53
  Σ-∼, 17
  von $\mathcal{L}_{\mathrm{Ar}}$, 7
  von $\mathcal{L}_{\mathrm{M}}$, 43
  von $\mathcal{L}_{\mathrm{R}}$, 67
Formel, 25
frei für, 7
frei in, 7
FreiIn, 25
Friedrichsdorf, Ulf, 3
frisch gültig, 76
frStNach („freie Stelle nach"), 148
Fuhrmann, André, 3

G (Gödel-Ebene), 271
G (= **GL**), 47
Gabriel, Gottfried, 3
‚Gegenteil' (eines Rosser-Satzes), 204
Generalisierungsregel, 11, 277
GenLiefert („Generalisierungsregel liefert"), 30
GibtAus, 149
gilt, 44, 68
GL, 47
Glck („Glocke"), 206
GlckLt^+ („Glocke läutet wegen Beweis eines Rosser-Satzes"), 207
GlckLt^- („Glocke läutet wegen Widerlegung eines Rosser-Satzes"), 207

GlckLtBei („Glocke läutet bei"), 205
GlckLtBis („Glocke läutet bis"), 205
glied, 20
i-Glied einer Folge, 19
Glocke, 204
GlockeLäutet^{+} („Glocke läutet wegen Beweis eines Rosser-Satzes"), 229
GlockeLäutet^{-} („Glocke läutet wegen Widerlegung eines Rosser-Satzes"), 229
GlockeLäutetBei, 228
GlockeLäutetBis, 231
Gödel
  ∼-Fixpunkt
    in **GL**, 48, 49
  ∼ Fixpunkt, 290
  ∼, Kurt, 1, 33, 47, 286
  ∼nummer, 22, 28, 271, 277
  ∼-Satz, 1, 33
Grad, modaler, 92
Grundlagenkrise, 1
Grundmenge, 44
Guaspari, David, 2, 4, 204
gültig, 10, 68
  alt ∼, 76
  frisch ∼, 76
  in einem Modell, 45
  in einem Rahmen, 45
  in einer Klasse von Rahmen, 45
Gültigkeit, 10
  ∼sbeziehung, 43, 44
    Y-∼, 68
  ∼sklauseln, 44
GUS, *siehe* Unvollständigkeitssatz, erster Gödelscher

Hartmann, Stephan, 3
Henkin
  ∼, Leon, 37
  ∼-Satz, 37
Hilbertsches Programm, 1, 268–269
Hilfszeichen, 273
Hitler, Adolf, 42
Hoyningen-Huene, Paul, 3

Index (einer Variablen), 183
Index, 183
Induktion
  baumabwärts, 64
  baumaufwärts, 64
inkonsistent, 13, 47
  ω-∼, 13
inkorrekt
  für eine Modellklasse, 267
  für eine Struktur, 267
  für $\mathbb{N}$, 12
InLst$^{\neg}$ („in der Rosser-Liste, ‚negiert'"), 205
IPO („irreflexive Prä-Ordnung"), 70
irreflexiv, 50
ist in, 81
IstFolge, 20
IstPaar, 21
IstTripel, 21

K, 46
K4, 46
Kanger, Stig, 45
kastr (Funktion, die das letzte Glied einer Folge abtrennt), 22
KBFFlg („KltBF-Folge"), 148
kBFFml$_{\mathrm{v},B}$ („KltBF-Formel zu v und B"), 146
kett („Verkettung (zweier Folgen)"), 22
$\lhd$-Kette, 56
Klammerkonventionen
  für $\mathcal{L}_{\mathrm{Ar}}$, 9, 24
  für $\mathcal{L}_{\mathrm{M}}$, 43
  für $\mathcal{L}_{\mathrm{R}}$, 67
KltBF („klt-Beweis für"), 144, 149
KltBF-Formel zu v und B, 146

KltBFFolge, 149
KltTh („klt-Theorem“), 149
konnex, 69
konsistent, 12, 13, 42, 47
  F-∼, 53
    maximal ∼, 53
  maximal ∼, 53
  ω-∼, 13
Konstante, 273
korrekt
  A-∼, 90
  für eine Klasse von Rahmen, 50
  für eine Modellklasse, 267
  für eine Struktur, 267
  für $\mathbb{N}$, 12
  X-∼, 90
Korrektheit
  arithmetische, 50
  semantische, 50
  ∼sregel, 94
Korrektheitssatz
  für **GL**, 52
  für **K**, 52
  für **K4**, 52
  für **R**, 97
  für $\mathbf{R}^+$, 94
  für $\mathbf{R}^-$, 84
  für **RS**, arithmetischer, 168
Kreisel, Georg, 37
Kripke
  ∼, Saul, 45, 46
  ∼-Semantik, 45
KW (= **GL**), 47

L (= **GL**), 47
LBFFGA („ListBF-Folge gibt aus“), 209
Leibniz, Gottfried Wilhelm, 42
lh („*length*“, Länge einer Folge), 264
ListBF („(Rosser-)Listen-Beweis für“), 203, 209
ListBF-Folge, 203
ListBFFolge, 225
ListBFFolgeGibtAus, 203, 210
listLänge („Länge der Rosser-Liste“), 226
ListTh („(Rosser-)Listen-Theorem“), 203, 210
lng („Länge (einer Folge)“), 20
Löb
  ∼-Axiom, 47
  ∼, Martin Hugo, 37, 47
  ∼-Satz, 38
  Satz von ∼, 37
    formalisierter ∼, 47
LstLng („Länge der (Rosser-)Liste“), 205
LThVorglLTh („dass ... unter ListTh fällt, wird vor oder gleichzeitig damit bezeugt, dass ... unter ListTh fällt“), 247
LThVorLTh („dass ... unter ListTh fällt, wird früher bezeugt, als dass ... unter ListTh fällt“), 249
Lügner-Antinomie, 270 fn

M (Mathematik/Metaebene), 271
Makosch, Susanne, 4
Mathiss, Michael, 3
max („Maximum (zweier Zahlen)“), 165
maximal
  $\lhd$-∼, 50
  ∼ F-konsistent, 53
  ∼ konsistent, 53
McGee, Vann, 2
$\lhd$-minimal, 63
minus (Differenz zweier Zahlen), 22
Mittelstraß, Jürgen, 3
modaler Grad, 92
Modallogik, 41
Modaloperator, 43

Modell, 43, 45
  1W-∼, 63, 69
  endliches, 50
  für $\mathcal{L}_{\mathrm{R}}$, 69
  irreflexives, 50
  S-∼, 74, 76
  transitives, 50
  umgekehrt wohlfundiertes, 50
  Y-∼, 68
Modus ponens, 11, 277
möglich, 41, 42
  ∼e Welt, 42, 44
MPLiefert („Modus ponens liefert"), 30
$\mathsf{my}_{\mathtt{x},\varphi(\mathtt{x})}$ (μ-Operator: „das kleinste x, für das gilt: $\varphi(\mathtt{x})$"), 138
μ-Operator, 138

nach oben $\lhd$-abgeschlossen, 61
$\lhd$-Nachfolger, 63
Necessitation, 46
  ∼sregel, 46
Neg („Negation (einer Formel)"), 243
Nonstandard-Modell, 13
Notation, polnische, 272
notwendig, 41, 42
NullEntf (Funktion, die am Ende einer Folge Nullen entfernt), 185
num („*numeral*", Zifferndarstellung einer Zahl), 28
NumFlgGAus („num-Folge gibt aus"), 28

ω-inkonsistent, 13
ω-konsistent, 13
ω-widersprüchlich, 13
ω-widerspruchsfrei, 13
Ordnungs-
  ∼axiome, 69
  ∼bedingungen, 68
  ∼formel, 67
  ∼zeichen, 67

paar, 21
Parakenings, Brigitte, 3
Parikh, Rohit, 38
Peano-Axiome, 276
Σ-Persistenz, 68
  ∼-Axiome, 69
prä-konnex, 70
Prä-Ordnung
  irreflexive, 70
    zu $\preccurlyeq$ gehörige ∼, 70
  reflexive, 69
Prestel, Alexander, 3
Primformel, 274
  von $\mathcal{L}_{\mathrm{Ar}}$, 7
pTerm („Pseudo-Term"), 14

R, 84
$\mathbf{R}^{\omega}$ (= **RS**), 168
$\mathbf{R}^{+}$, 94
$\mathbf{R}^{-}$, 84
Rahmen, 43, 44
  endlicher, 50
  irreflexiver, 50
  transitiver, 50
  umgekehrt wohlfundierter, 50
reflexiv, 69
Repräsentant, 265 fn
repräsentierbar, ziffernweise, 286
Repräsentierbarkeitssatz, 286
repräsentiert ziffernweise, 285
Repräsentierung in **FA**
  von S-Modellen, 155
Rosenthal, Jacob, 3
Rosser
  ∼-Fixpunkt in **R**, 99
  ∼-Beweisbarkeitsprädikat, 40
  ∼, John Barkley, 1, 34

~-Konsistenz, 39
~-Liste, 203
~-Satz, 36, 170
~-Aussage, 207
~-Zeuge, 203, 208
~-Sätze
äquivalente ~, 234, 256
inäquivalente ~, 170
~scher Unvollständigkeitssatz, 35
in **R**, 98
RosserListe, 226
Rott, Hans, 3
RPO („reflexive Prä-Ordnung"), 69
RS, 168
RS („Rosser-Satz (für ListTh)"), 205
rSAuss („Rosser-Satz-Aussage"), 208
rSAussage („Rosser-Satz-Aussage"), 210
rSZeuge („Rosser-Satz-Zeuge"), 210
rSZg („Rosser-Satz-Zeuge"), 208
RSZu („Rosser-Satz zu (einem Rosser-Satz-Zeugen)"), 212
RTh („Rosser-Theorem"), 176
RTheorem („Rosser-Theorem"), 34

Sahnwaldt, Anne Mone, 4
Sallows, Lee, 271
Satz
über erzeugte Untermodelle, 62, 82
von Löb, 37
SBP, *siehe* Standard-Beweisbarkeitsprädikat (SBP)
Scheffler, Uwe, 4
Schlussregeln von **FA**, 11
schrk („Schranke (für die Codenummer einer Folge)"), 21
Schroeder-Heister, Peter, 3
Selbstbezüglichkeit, 271
Selbstreferenz, 271
Seq („*sequence number*", „(ist eine) Folgennummer"), 264
sigma, 17
Σ-Formel, 17, 67
strenge, 16, 17
superstrenge, 181
Σ-Persistenz, 68
~-Axiome, 69
Σ-vollständig, 17
Σ-Vollständigkeit, 202
single („*singleton*", eingliedrige Folge), 21
Smoryński, Craig, 235 fn
SN („Symbolnummer"), 277
Solovay, Robert M., 1, 2, 4, 204, 235 fn
Spohn, Wolfgang, 3
SStrSigmaFml („superstrenge Σ-Formel"), 182
SStrSigmaFmlFolge, 182
Standard-Beweisbarkeitsprädikat (SBP), 31
Standardmodell, 10
Stelligkeit, 274
Stier, Ulrike, 3
Stolz, Otto, 3
strenge Σ-Formel, 17
subst („(Ergebnis einer) Substitution"), 25
subst_2, 207
X-Substitut, 93
Substitution, 7
simultane, 86
~slemma, formalisiertes
für Formeln, 195
für Terme, 188
Subtraktion, 22
Symbolnummer, 277

TAFlgGAus („thAufz-Folge gibt aus"), 138
Term, 273
von $\mathcal{L}_{\text{Ar}}$, 6

Term, 25, 26
TermFlgGAus („Term-Folge gibt aus"), 25
Th („Theorem"), 31
thAufz („Theorem-Aufzählung"), 137, 138, 141
ThBeweistRSZeuge, 213
ThBewRSZg („Th beweist Rosser-Satz-Zeuge"), 208
ThEntscheidetRS („Th entscheidet einen Rosser-Satz"), 205
Theorem, 12, 47
Theorem, 30
Theorie, 265 fn
  einer Modellklasse, 267 fn
transitiv, 50
Transitivitätsaxiome, 46
tripel, 21

üb$_B$ („Übersetzung von B"), 145, 146
Übersetzung
  $\Box_S$-∼, 144
  ∼sfolge zu i, 147
übFlg$_i$ („Übersetzungsfolge zu i"), 149
üF$_i$ („Übersetzungsfolge zu i"), 147
umgekehrt wohlfundiert (uwf), 50
unentscheidbar, 12, 266, 266 fn
ungültig, 10
  in einem Modell, 45
  in einem Rahmen, 45
  in einer Klasse von Rahmen, 45
Untermodell, erzeugtes, 62, 82
Unterrahmen, erzeugter, 61
Unterstreichung, 10, 263
unvollständig
  für eine Modellklasse, 267
  für eine Struktur, 267
  für $\mathbb{N}$, 12
Unvollständigkeitssatz
  erster Gödelscher ∼, 33, 269
  Rosserscher ∼ in **R**, 98
  zweiter Gödelscher ∼, 38, 269
uwf, *siehe* umgekehrt wohlfundiert (uwf)

Var („Variable"), 25
Variable, 273
  ∼nbelegung (in $\mathbb{N}$), 183
  ∼nzeichen, 273
  von $\mathcal{L}_{\mathrm{Ar}}$, 6
  zum Index, 183
VarZuIndex („Variable zum Index"), 183
VarZuIndexFolge, 183
Vbl (Menge der Variablen von $\mathcal{L}$), 273
Vergrößerung S-korrekter S-Modelle um zusätzliche Welten, 91
vollständig, 266, 267 fn
  für eine Klasse von Rahmen, 50
  für eine Modellklasse, 267
  für eine Struktur, 267
  für $\mathbb{N}$, 12
Vollständigkeit
  arithmetische, 50
  semantische, 50
  Σ-∼, 17, 202
Vollständigkeitssatz
  für **GL**, 57
    2. Version, 60
    3. Version, 64
  für **K**, 58
  für **K4**, 59
  für **R**, 97
    arithmetischer, 167
  für $\mathbf{R}^+$, 94
  für $\mathbf{R}^-$, 86
  für **RS**, arithmetischer, 168
  Gödelscher, 269
Vorg („Vorgänger (in $\mathbb{N}$)"), 14
$\lhd$-Vorgänger, 63

wahr, 10
Weihnachtsmann, 37
Welt, mögliche, 42, 44
Wert (eines Terms unter einer Belegung), 186
Wert, 186
WertFolgeZu, 186
widerlegbar, 12, 42, 47
Widerlegung, 12
widersprüchlich, 13
  ω-$\sim$, 13
widerspruchsfrei, 13, 265 fn
  ω-$\sim$, 13
Wurzel (eines Baums), 63

Zeichen, logische, 272
1-Zeile von f, 148
Ziffernndarstellung, 10, 28
zugänglich, 42, 44
Zugänglichkeitsrelation, 43, 44
zulässig für, 7
ZulässigFür, 25

Bereits erschienene und geplante Bände der Reihe

Logische Philosophie
Hrsg.: H. Wessel, U. Scheffler, Y. Shramko, M. Urchs

ISSN: 1435-3415

In der Reihe „Logische Philosophie“ werden philosophisch relevante Ergebnisse der Logik vorgestellt. Dazu gehören insbesondere Arbeiten, in denen philosophische Probleme mit logischen Methoden gelöst werden.

Uwe Scheffler/Klaus Wuttich (Hrsg.)

Terminigebrauch und Folgebeziehung

ISBN: 978-3-89722-050-8 Preis: 30,- €

Regeln für den Gebrauch von Termini und Regeln für das logische Schließen sind traditionell der Gegenstand der Logik. Ein zentrales Thema der vorliegenden Arbeiten ist die umstrittene Forderung nach speziellen Logiken für bestimmte Aufgabengebiete - etwa für Folgern aus widersprüchlichen Satzmengen, für Ersetzen in gewissen Wahrnehmungs- oder Behauptungssätzen, für die Analyse von epistemischen, kausalen oder mehrdeutigen Termini. Es zeigt sich in mehreren Arbeiten, daß die nichttraditionelle Prädikationstheorie eine verläßliche und fruchtbare Basis für die Bearbeitung solcher Probleme bietet. Den Beiträgen zu diesem Problemkreis folgen vier diese Thematik erweiternde Beiträge. Der dritte Abschnitt beschäftigt sich mit der Theorie der logischen Folgebeziehungen. Die meisten der diesem Themenkreis zugehörenden Arbeiten sind explizit den Systemen F^S bzw. S^S gewidmet.

Horst Wessel

Logik

ISBN: 978-3-89722-057-7 Preis: 37,- €

Das Buch ist eine philosophisch orientierte Einführung in die Logik. Ihm liegt eine Konzeption zugrunde, die sich von mathematischen Einführungen in die Logik unterscheidet, logische Regeln als universelle Sprachregeln versteht und sich bemüht, die Logik den Bedürfnissen der empirischen Wissenschaften besser anzupassen.

Ausführlich wird die klassische Aussagen- und Quantorenlogik behandelt. Philosophische Probleme der Logik, die Problematik der logischen Folgebeziehung, eine nichttraditionelle Prädikationstheorie, die intuitionistische Logik, die Konditionallogik, Grundlagen der Terminitheorie, die Behandlung modaler Prädikate und ausgewählte Probleme der Wissenschaftslogik gehen über die üblichen Einführungen in die Logik hinaus.

Das Buch setzt keine mathematischen Vorkenntnisse voraus, kann als Grundlage für einen einjährigen Logikkurs, aber auch zum Selbststudium genutzt werden.

Yaroslav Shramko

Intuitionismus und Relevanz

ISBN: 978-3-89722-205-2 Preis: 25,- €

Die intuitionistische Logik und die Relevanzlogik gehören zu den bedeutendsten Rivalen der klassischen Logik. Der Verfasser unternimmt den Versuch, die jeweiligen Grundideen der Konstruktivität und der Paradoxienfreiheit durch eine „Relevantisierung der intuitionistischen Logik“ zusammenzuführen. Die auf diesem Weg erreichten Ergebnisse sind auf hohem technischen Niveau und werden über die gesamte Abhandlung hinweg sachkundig philosophisch diskutiert. Das Buch wendet sich an einen logisch gebildeten philosophisch interessierten Leserkreis.

Horst Wessel

Logik und Philosophie

ISBN: 978-3-89722-249-6 Preis: 15,30 €

Nach einer Skizze der Logik wird ihr Nutzen für andere philosophische Disziplinen herausgearbeitet. Mit minimalen logisch-technischen Mitteln werden philosophische Termini, Theoreme und Konzeptionen analysiert. Insbesondere bei der Untersuchung von philosophischer Terminologie zeigt sich, daß logische Standards für jede wissenschaftliche Philosophie unabdingbar sind. Das Buch wendet sich an einen breiten philosophisch interessierten Leserkreis und setzt keine logischen Kenntnisse voraus.

S. Wölfl

Kombinierte Zeit- und Modallogik. Vollständigkeitsresultate für prädikatenlogische Sprachen

ISBN: 978-3-89722-310-3 Preis: 40,- €

Zeitlogiken thematisieren „nicht-ewige“ Sätze, d. h. Sätze, deren Wahrheitswert sich in der Zeit verändern kann. Modallogiken (im engeren Sinne des Wortes) zielen auf eine Logik alethischer Modalbegriffe ab. Kombinierte Zeit- und Modallogiken verknüpfen nun Zeit- mit Modallogik, in ihnen geht es also um eine Analyse und logische Theorie zeitabhängiger Modalaussagen.

Kombinierte Zeit- und Modallogiken stellen eine ausgezeichnete Basistheorie für Konditionallogiken, Handlungs- und Bewirkenstheorien sowie Kausalanalysen dar. Hinsichtlich dieser Anwendungsgebiete sind vor allem prädikatenlogische Sprachen aufgrund ihrer Ausdrucksstärke von Interesse. Die vorliegende Arbeit entwickelt nun kombinierte Zeit- und Modallogiken für prädikatenlogische Sprachen und erörtert die solchen logischen Systemen eigentümlichen Problemstellungen. Dazu werden im ersten Teil ganz allgemein multimodale Logiken für prädikatenlogische Sprachen diskutiert, im zweiten dann Kalküle der kombinierten Zeit- und Modallogik vorgestellt und deren semantische Vollständigkeit bewiesen.

Das Buch richtet sich an Leser, die mit den Methoden der Modal- und Zeitlogik bereits etwas vertraut sind.

H. Franzen, U. Scheffler

Logik. Kommentierte Aufgaben und Lösungen

ISBN: 978-3-89722-400-1 Preis: 15,- €

Üblicherweise wird in der Logik-Ausbildung viel Zeit auf die Vermittlung metatheoretischer Zusammenhänge verwendet. Das Lösen von Übungsaufgaben — unerläßlich für das Verständnis der Theorie — ist zumeist Teil der erwarteten selbständigen Arbeit der Studierenden. Insbesondere Logik-Lehrbücher für Philosophen bieten jedoch häufig wenige oder keine Aufgaben. Wenn Aufgaben vorhanden sind, fehlen oft die Lösungen oder sind schwer nachzuvollziehen.

Das vorliegende Trainingsbuch enthält Aufgaben mit Lösungen, die aus Klausur- und Tutoriumsaufgaben in einem 2-semestrigen Grundkurs Logik für Philosophen entstanden sind. Ausführliche Kommentare machen die Lösungswege leicht verständlich. So übt der Leser, Entscheidungsverfahren anzuwenden, Theoreme zu beweisen u. ä., und erwirbt damit elementare logische Fertigkeiten. Erwartungsgemäß beziehen sich die meisten Aufgaben auf die Aussagen- und Quantorenlogik, aber auch andere logische Gebiete werden in kurzen Abschnitten behandelt.

Diese Aufgabensammlung ist kein weiteres Lehrbuch, sondern soll die vielen vorhandenen Logik-Lehrbücher ergänzen.

U. Scheffler

Ereignis und Zeit. Ontologische Grundlagen der Kausalrelationen

ISBN: 978-3-89722-657-9 Preis: 40,50 €

Das Hauptergebnis der vorliegenden Abhandlung ist eine philosophische Ereignistheorie, die Ereignisse über konstituierende Sätze einführt. In ihrem Rahmen sind die wesentlichen in der Literatur diskutierten Fragen (nach der Existenz und der Individuation von Ereignissen, nach dem Verhältnis von Token und Typen, nach der Struktur von Ereignissen und andere) lösbar. In weiteren Kapiteln werden das Verhältnis von kausaler und temporaler Ordnung sowie die Existenz von Ereignissen in der Zeit besprochen und es wird auf der Grundlage der Token-Typ-Unterscheidung für die Priorität der singulären Kausalität gegenüber genereller Verursachung argumentiert.

Horst Wessel

Antiirrationalismus

Logisch-philosophische Aufsätze

ISBN: 978-3-8325-0266-9 Preis: 45,- €

Horst Wessel ist seit 1976 Professor für Logik am Institut für Philosophie der Humboldt-Universität zu Berlin. Nach seiner Promotion in Moskau 1967 arbeitete er eng mit seinem Doktorvater, dem russischen Logiker A. A. Sinowjew, zusammen. Wessel hat großen Anteil daran, daß am Berliner Institut für Philosophie in der Logik auf beachtlichem Niveau gelehrt und geforscht wurde.

Im vorliegenden Band hat er Artikel aus einer 30-jährigen Publikationstätigkeit ausgewählt, die zum Teil nur noch schwer zugänglich sind. Es handelt sich dabei um logische, philosophische und logisch-philosophische Arbeiten. Von Kants Antinomien der reinen Vernunft bis zur logischen Terminitheorie, von Modalitäten bis zur logischen Folgebeziehung, von Entwicklungstermini bis zu intensionalen Kontexten reicht das Themenspektrum.

Antiirrationalismus ist der einzige -ismus, dem Wessel zustimmen kann.

Horst Wessel, Klaus Wuttich

daß-Termini

Intensionaliät und Ersetzbarkeit

ISBN: 978-3-89722-754-5 Preis: 34,- €

Von vielen Autoren werden solche Kontexte als intensional angesehen, in denen die üblichen Ersetzbarkeitsregeln der Logik nicht gelten. Eine besondere Rolle spielen dabei *daß*-Konstruktionen.

Im vorliegenden Buch wird gezeigt, daß diese Auffassungen fehlerhaft sind. Nach einer kritischen Sichtung der Arbeiten anderer Logiker zu der Problematik von *daß*-Termini wird ein logischer Apparat bereitgestellt, der es ermöglicht, *daß*-Konstruktionen ohne Einschränkungen von Ersetzbarkeitsregeln und ohne Zuflucht zu Intensionalitäten logisch korrekt zu behandeln.

Fabian Neuhaus

Naive Prädikatenlogik

Eine logische Theorie der Prädikation

ISBN: 978-3-8325-0556-1 Preis: 41,- €

Die logischen Regeln, die unseren naiven Redeweisen über Eigenschaften zugrunde liegen, scheinen evident und sind für sich alleine betrachtet völlig harmlos - zusammen sind sie jedoch widersprüchlich. Das entstehende Paradox, das Russell-Paradox, löste die sogenannte Grundlagenkrise der Mathematik zu Beginn des 20. Jahrhunderts aus. Der klassische Weg, mit dem Russell-Paradox umzugehen, ist eine Vermeidungsstrategie: Die logische Analysesprache wird so beschränkt, daß das Russell-Paradox nicht formulierbar ist.

In der vorliegenden Arbeit wird ein anderer Weg aufgezeigt, wie man das Russell-Paradox und das verwandte Grelling-Paradox lösen kann. Dazu werden die relevanten linguistischen Daten anhand von Beispielen analysiert und ein angemessenes formales System aufgebaut, die Naive Prädikatenlogik.

Bente Christiansen, Uwe Scheffler (Hrsg.)

Was folgt

Themen zu Wessel

ISBN: 978-3-8325-0500-4 Preis: 42,- €

Die vorliegenden Arbeiten sind Beiträge zu aktuellen philosophischen Diskussionen – zu Themen wie Existenz und Referenz, Paradoxien, Prädikation und dem Funktionieren von Sprache überhaupt. Gemeinsam ist ihnen der Bezug auf das philosophische Denken Horst Wessels, ein Vierteljahrhundert Logikprofessor an der Humboldt-Universität zu Berlin, und der Anspruch, mit formalen Mitteln nachvollziehbare Ergebnisse zu erzielen.

Vincent Hendricks, Fabian Neuhaus, Stig Andur Pedersen, Uwe Scheffler, Heinrich Wansing (Eds.)

First-Order Logic Revisited

ISBN: 978-3-8325-0475-5 Preis: 75,- €

Die vorliegenden Beiträge sind für die Tagung „75 Jahre Prädikatenlogik erster Stufe“ im Herbst 2003 in Berlin geschrieben worden. Mit der Tagung wurde der 75. Jahrestag des Erscheinens von Hilberts und Ackermanns wegweisendem Werk „Grundzüge der theoretischen Logik“ begangen.

Im Ergebnis entstand ein Band, der eine Reflexion über die klassische Logik, eine Diskussion ihrer Grundlagen und Geschichte, ihrer vielfältigen Anwendungen, Erweiterungen und Alternativen enthält.

Der Band enthalt Beiträge von Andréka, Avron, Ben-Yami, Brünnler, Englebretsen, Ewald, Guglielmi, Hajek, Hintikka, Hodges, Kracht, Lanzet, Madarasz, Nemeti, Odintsov, Robinson, Rossberg, Thielscher, Toke, Wansing, Willard, Wolenski

Pavel Materna

Conceptual Systems

ISBN: 978-3-8325-0636-0 Preis: 34,- €

We all frequently use the word "concept". Yet do we know what we mean using this word in sundry contexts? Can we say, for example, that there can be several concepts of an object? Or: can we state that some concepts develop? What relation connects concepts with expressions of a natural language? What is the meaning of an expression? Is Quine's 'stimulus meaning' the only possibility of defining meaning? The author of the present publication (and of "Concepts and Objects", 1998) offers some answers to these (and many other) questions from the viewpoint of transparent intensional logic founded by the late Czech logician Pavel Tichý (†1994 Dunedin).

Johannes Emrich

Die Logik des Unendlichen

Rechtfertigungsversuche des *tertium non datur* in der Theorie des mathematischen Kontinuums

ISBN: 978-3-8325-0747-3 Preis: 39,- €

Im Grundlagenstreit der Mathematik geht es um die Frage, ob gewisse in der modernen Mathematik gängige Beweismethoden zulässig sind oder nicht. Der Verlauf der Debatte – von den 1920er Jahren bis heute – zeigt, dass die Argumente auf verschiedenen Ebenen gelagert sind: die der meist konstruktivistisch eingestellten Kritiker sind erkenntnistheoretischer oder logischer Natur, die der Verteidiger ontologisch oder pragmatisch. Die Einschätzung liegt nahe, der Streit sei gar nicht beizulegen, es handele sich um grundlegend unterschiedliche Auffassungen von Mathematik. Angesichts der immer wieder auftretenden Erfahrung ihrer Unverträglichkeit wäre es aber praktisch wie philosophisch unbefriedigend, schlicht zur Toleranz aufzurufen. Streiten heißt nach Einigung streben. In der Philosophie manifestiert sich dieses Streben in der Überzeugung einer objektiven Einheit oder Einheitlichkeit, insbesondere geistiger Sphären. Im Sinne dieser Überzeugung unternimmt die vorliegende Arbeit einen Vermittlungsversuch, der sich auf den logischen Kern der Debatte konzentriert.

Christopher von Bülow

Beweisbarkeitslogik

– Gödel, Rosser, Solovay –

ISBN: 978-3-8325-1295-8 Preis: 29,- €

Kurt Gödel erschütterte 1931 die mathematische Welt mit seinem Unvollständigkeitssatz. Gödel zeigte, wie für jedes noch so starke formale System der Arithmetik ein Satz konstruiert werden kann, der besagt: „Ich bin nicht beweisbar." Würde das System diesen Satz beweisen, so würde es sich damit selbst Lügen strafen. Also ist dies ein wahrer Satz, den es nicht beweisen kann: Es ist unvollständig. John Barkley Rosser verstärkte später Gödels Ergebnisse, wobei er die Reihenfolge miteinbezog, in der Sätze bewiesen werden, gegeben irgendeine Auffassung von „Beweis". In der Beweisbarkeitslogik werden die formalen Eigenschaften der Begriffe „beweisbar" und „wird früher bewiesen als" mit modallogischen Mitteln untersucht: Man liest den notwendig - Operator als beweisbar und gibt formale Systeme an, die die Modallogik der Beweisbarkeit erfassen.

Diese Arbeit richtet sich sowohl an Logik-Experten wie an durchschnittlich vorgebildete Leser. Ihr Ziel ist es, in die Beweisbarkeitslogik einzuführen und deren wesentliche Resultate, insbesondere die Solovayschen Vollständigkeitssätze, präzise, aber leicht zugänglich zu präsentieren.

Niko Strobach

Alternativen in der Raumzeit

Eine Studie zur philosophischen Anwendung multidimensionaler Aussagenlogiken

ISBN: 978-3-8325-1400-6 Preis: 46.50 €

Ist der Indeterminismus mit der Relativitätstheorie und ihrer Konzeption der Gegenwart vereinbar? Diese Frage lässt sich beantworten, indem man die für das alte Problem der futura contingentia entwickelten Ansätze auf Aussagen über das Raumartige überträgt. Die dazu hier Schritt für Schritt aufgebaute relativistische indeterministische Raumzeitlogik ist eine erste philosophische Anwendung der multidimensionalen Modallogiken.

Neben den üblichen Zeitoperatoren kommen dabei die Operatoren „überall" und „irgendwo" sowie „für jedes Bezugssystem" und „für manches Bezugssystem" zum Einsatz. Der aus der kombinierten Zeit- und Modallogik bekannte Operator für die historische Notwendigkeit wird in drei verschiedene Operatoren („wissbar", „feststehend", „beeinflussbar") ausdifferenziert. Sie unterscheiden sich bezüglich des Gebiets, in dem mögliche Raumzeiten inhaltlich koinzidieren müssen, um als Alternativen zueinander gelten zu können. Die Interaktion zwischen den verschiedenen Operatoren wird umfassend untersucht.

Die Ergebnisse erlauben es erstmals, die Standpunkt-gebundene Notwendigkeit konsequent auf Raumzeitpunkte zu relativieren. Dies lässt auf einen metaphysisch bedeutsamen Unterschied zwischen deiktischer und narrativer Determiniertheit aufmerksam werden. Dieses Buch ergänzt das viel diskutierte Paradigma der verzweigten Raumzeit („branching spacetime") um eine neue These: Der Raum ist eine Erzählform der Entscheidungen der Natur.

Erich Herrmann Rast

Reference and Indexicality

ISBN: 978-3-8325-1724-3 Preis: 43.00 €

Reference and indexicality are two central topics in the Philosophy of Language that are closely tied together. In the first part of this book, a description theory of reference is developed and contrasted with the prevailing direct reference view with the goal of laying out their advantages and disadvantages. The author defends his version of indirect reference against well-known objections raised by Kripke in Naming and Necessity and his successors, and also addresses linguistic aspects like compositionality. In the second part, a detailed survey on indexical expressions is given based on a variety of typological data. Topics addressed are, among others: Kaplan's logic of demonstratives, conversational versus utterance context, context-shifting indexicals, the deictic center, token-reflexivity, vagueness of spatial and temporal indexicals, reference rules, and the epistemic and cognitive role of indexicals. From a descriptivist perspective on reference, various examples of simple and complex indexicals are analyzed in first-order predicate logic with reified contexts. A critical discussion of essential indexicality, de se readings of attitudes and accompanying puzzles rounds up the investigation.

Magdalena Roguska

Exklamation und Negation

ISBN: 978-3-8325-1917-9 Preis: 39.00 €

Im Deutschen, aber auch in vielen anderen Sprachen gibt es umstrittene Negationsausdrücke, die keine negierende Kraft haben, wenn sie in bestimmten Satztypen vorkommen. Für das Deutsche handelt sich u.a. um die exklamativ interpretierten Sätze vom Typ:

Was macht sie nicht alles! Was der nicht schafft!

Die Arbeit fokussiert sich auf solchen Exklamationen. Ihre wichtigsten Thesen lauten:

- Es gibt keine Exklamativsätze aber es gibt Exklamationen.
- *Alles* und *nicht alles* in solchen Sätzen, haben semantische und nicht pragmatische Funktionen.
- Das „nicht-negierende“ *nicht* ohne *alles* in einer Exklamation ist doch eine Negation. Die Exklamation bezieht sich aber trotzdem auf denselben Wert, wie die entsprechende Exklamation ohne Negation.
- In skalaren Exklamationen besteht der Unterschied zwischen Standard- und „nicht-negierenden“ Negation im Skopus von *nicht.*

Die Analyse erfolgt auf der Schnittstelle zwischen Semantik und Pragmatik.

August W. Sladek

Aus Sand bauen. Tropentheorie auf schmaler relationaler Basis

Ontologische, epistemologische, darstellungstechnische Möglichkeiten und Grenzen der Tropenanalyse

ISBN: 978-3-8325-2506-4 (4 Bände) Preis: 198.00 €

Warum braucht eine Tropentheorie zweieinhalbtausend Seiten Text, wenn zweieinhalb Seiten ausreichen, um ihre Grundidee vorzustellen? Weil der Verfasser zuerst sich und dann seine Leser, auf deren Geduld er baut, überzeugen will, dass die ontologische Grundidee von Tropen als den Bausteinen der Welt wirklich trägt und sich mit ihnen die Gegenstände nachbilden lassen, die der eine oder andere glaubt haben zu müssen. Um metaphysischen, epistemologischen Dilemmata zu entgehen, sie wenigstens einigermaßen zu meistern, preisen viele Philosophen Tropen als „Patentbausteine“ an. Die vorliegende Arbeit will Tropen weniger empfehlen als zeigen, wie sie sich anwenden lassen. Dies ist weit mühseliger als sich mit Andeutungen zu begnügen, wie brauchbar sich doch Tropen erweisen werden, machte man sich die Mühe sie einzusetzen. Lohnt sich die Mühe wirklich? Der Verfasser wollte zunächst nachweisen, dass sie sich nicht lohnt. Das Gegenteil ist ihm gelungen. Zwar sind Tropen wie Sandkörner. Was lässt sich schon aus Sand bauen, das Bestand hat? Wenn man nur genug „Zement“ nimmt, gelingen gewiss stabile Bauten, doch wie viel und welcher „Zement“ ist erlaubt? Nur schwache Bindemittel dürfen es sein; sonst gibt man sich mit einer hybriden Tropenontologie zufrieden, die Bausteine aus fremden, konkurrierenden Ontologien hinzunimmt. Die vier Bände bieten eine schwächstmögliche und damit unvermischte, allerdings mit Varianten und Alternativen behaftete Tropentheorie an samt ihren Wegen, Nebenwegen, Anwendungstests.

Mireille Staschok

Existenz und die Folgen

Logische Konzeptionen von Quantifikation und Prädikation

ISBN: 978-3-8325-2191-2 Preis: 39.00 €

Existenz hat einen eigenwilligen Sonderstatus in der Philosophie und der modernen Logik. Dieser Sonderstatus erscheint in der klassischen Prädikatenlogik – übereinstimmend mit Kants Diktum, dass Existenz kein Prädikat sei – darin, dass „Existenz" nicht als Prädikat erster Stufe, sondern als Quantor behandelt wird. In der natürlichen Sprache wird „existieren" dagegen prädikativ verwendet.

Diese andauernde und philosophisch fruchtbare Diskrepanz von Existenz bietet einen guten Zugang, um die Funktionsweisen von Prädikation und Quantifikation zu beleuchten. Ausgangspunkt der Untersuchungen und Bezugssystem aller Vergleiche ist die klassische Prädikatenlogik erster Stufe. Als Alternativen zur klassischen Prädikatenlogik werden logische Systeme, die sich an den Ansichten Meinongs orientieren, logische Systeme, die in der Tradition der aristotelischen Termlogik stehen und eine nichttraditionelle Prädikationstheorie untersucht.